普通高等教育“十一五”国家级规划教材
高 等 院 校 环 境 类 系 列 教 材

环境仪器分析

（第二版）

钱沙华　韦进宝　编著

中国环境出版集团 · 北京

图书在版编目（CIP）数据

环境仪器分析/钱沙华，韦进宝编著. —2 版. —北京：中国环境出版集团，2011（2023.2 重印）
（高等院校环境类系列教材）
普通高等教育“十一五”国家级规划教材
ISBN 978-7-5111-0648-3

Ⅰ. ①环…　Ⅱ. ①钱…②韦…　Ⅲ. ①环境监测—仪器分析—高等学校—教材　Ⅳ. ①X830.2

中国版本图书馆 CIP 数据核字（2011）第 133889 号

出 版 人　武德凯
责任编辑　宾银平　陈金华
责任校对　任　丽
封面设计　彭　杉

出版发行　中国环境出版集团
（100062　北京市东城区广渠门内大街 16 号）
网　　址：http://www.cesp.com.cn
联系电话：010-67112765（总编室）
　　　　　010-67113412（第二分社）
发行热线：010-67125803，010-67113405（传真）

印　　刷　北京中科印刷有限公司
经　　销　各地新华书店
版　　次　2004 年 11 月第 1 版，2011 年 6 月第 2 版
印　　次　2023 年 2 月第 5 次印刷
开　　本　787×1092　1/16
印　　张　28.25
字　　数　500 千字
定　　价　68.00 元

第一版前言

环境问题是当今全球关注的重大问题之一。由于大量的环境问题都直接或间接与化学物质有关，因此，认识与解决环境问题必须弄清环境中的化学问题，必须对环境中化学物质的性质、来源、含量及其形态进行细致的分析和监测。

仪器分析方法具有检出限低、准确度高、选择性好、操作简便、分析速度快、易于实现自动化等优点，因而是环境分析和监测中不可缺少的重要手段。

从化学物质的成分、含量到结构分析，从总体到表面、微区分析，从总量到形态分析，均涉及相当多的仪器分析方法。在国家环境保护局颁布的大气、水质监测项目 150 多种标准方法中，主要是仪器分析方法。仪器分析所提供的环境中化学物质的信息为评价环境质量、污染控制和治理的成效，制定环境保护政策以及解决环境问题等提供了科学依据。随着现代科学技术的发展，相邻学科之间的相互渗透，仪器分析的新方法、新技术不断出现，这必将有力地推动环境科学的发展。

在《环境仪器分析》这本书中，我们系统地介绍了环境分析及监测中常用的一些仪器分析方法的基本原理、技术、特点及应用（尤其是在环境分析和监测中的应用）。该书既可作为大专院校的教材或参考书，也可作为各级环境科学研究机构和环境监测站的科技工作者和监测人员学习与培训的教材或参考书。

本书在编写、出版过程中，陈金华编辑对此书的编写给予大力支持并对全书的质量进行了认真把关；齐文启教授花费了大量时间对本书进行了细致的审阅，并提出许多宝贵意见；吴再思编审对部分计量单位的换算、标准的更替提出了建设性的意见；肖玫、张琳、胡超珍、吴峰、陈洁端、顾春盛等教师参与了本书的打印与校对工作，在此一并表示诚挚的谢意。

由于编者水平有限，书中难免存在缺点和错误，欢迎读者批评指正。

编者

2003 年 12 月于武昌珞珈山

第二版前言

《环境仪器分析》第二版为普通高等教育“十一五”国家级规划教材，是 2004 年出版的《环境仪器分析》第一版的修订版。

《环境仪器分析》第一版总共 13 章，分别介绍了环境分析与监测中应用较多的 13 种仪器分析方法。这次修订，根据仪器分析技术进展情况，对原有章节的内容进行了调整和更新。例如，删除了原子发射光谱法中陈旧的内容，并对结构进行了大的调整；在原子荧光光谱法中增加了技术已成熟、对于砷、锑、硒等元素的测量具有明显优势的非色散型氢化物原子荧光光谱仪的结构、工作原理和特点；在介绍各种仪器分析方法在环境分析与监测的应用中，引用了一些新的国家或环境保护部标准方法作为应用实例。

并且 ，鉴于近年来 X 射线荧光光谱分析仪器、分析技术和应用软件的显著进步，在固体环境试样（土壤、沉积物等）分析中的应用越来越广泛，以及仪器分析联用技术在解决复杂环境分析问题（如复杂体系中痕量有机污染物分析、超痕量元素分析和形态分析）中发挥的有效作用，在第二版中新增了 X 射线荧光光谱法和仪器分析的联用技术两章内容。

此外，对第一版中的打印错误和笔误进行了更正。

张旭博士参加了本书部分内容的编写，肖玫、张琳、胡超珍等教师参与了校对工作，在此一并表示诚挚的谢意。

特别感谢中国环境科学出版社和陈金华编辑对该书编写、出版和申报普通高等教育“十一五”国家级规划教材给予的大力支持，吴再思编审对于全书质量的严格把关，以及教育部对于本书的资助。

编者

2010 年 7 月于武昌珞珈山

目录

光学分析法概述

电化学分析法概述

色谱分析法概述

光学分析法概述

仪器分析是依据物质的某些物理或物理化学性质，应用电子学、微电子学、计算机科学等不断发展的高新技术设计和制造的各种分析仪器来研究物质的化学组成、含量、形态和结构等，具有检出限低、准确度高、选择性好、操作简便、分析速度快，易于实现自动化等优点，是环境分析和监测的主要手段。

本书介绍的仪器分析方法除了质谱分析法（第八章）和仪器分析的联用技术（第十五章）外，分为光学分析法、电化学分析法和色谱分析法三大部分，第 1 章～第 7 章为光学分析法部分。

一、光的基本性质

光是一种辐射能，也称电磁辐射，近代物理学的研究表明：光既具有波动性又具有微粒性即波粒二象性。

（一）光的波动性

光以波的形式进行传播，可发生干涉、衍射等现象，其波动性可用下列参数来描述。

1．波长λ

波的相邻两极大或两极小间的直线距离称为波长。所用单位随着不同的波谱区而不同，最常用的单位有厘米（cm）、微米（μm）、纳米（nm）和埃（Å）。

2．波数$\tilde{\nu}$

波长的倒数，即每厘米长度中包含波动的数目称为波数，单位为 cm^{-1}。

3．周期 T

完成一次振动所需要的时间为一个周期，单位为 s。

4．频率ν

每秒钟振动的次数称为频率，它等于周期 T 的倒数。单位为 s^{-1}，这一量值称为赫兹，用符号 Hz 表示。

5．传播速度υ

将频率ν乘以波长，就得到辐射的速度，即$\upsilon=\nu\lambda$，单位为 cm/s。

辐射的频率只决定于辐射源，而与介质无关。无论辐射通过什么介质，它的频率保持不变。与此相反，传播速度υ和波长λ则与介质有关，随着辐射通过不同的介质而不同。

真空中所有电磁辐射传播速度相同，是它们的极大值，这一速度用符号 c 表示，其数值为 2.998×10^{10} cm/s。

（二）光的微粒性

1900 年普朗克在关于黑体辐射的假设中提出光子概念。认为光是由一粒粒运动着的粒子流（称光子）组成，光的能量不是连续分布在波面上，而是集中于一个个的光子上，每个光子都具有一份能量 E（光能的最小单位）。因此，光能是不连续的，即量子化的。此外，1923 年，康普顿发现：光子不但具有能量 E，还具有动量 P。

（三）波粒二象性的联系

单个光子的行径是无规则的，间或落在这一点，间或落在那一点，测不准。但用统计的方法可找到大量光子在空间的几率分布（运动的轨迹）。也就是说，光的波动性是微粒性的统计性表现。更重要的是，光的这两种性质可以通过普朗克常数 h 定量地联系起来，即

$$E=h\nu$$

式中：E ——光量子能量；

ν ——光子的频率；

h ——普朗克常量，它的数值为 $6.626\times10^{-34}\,\mathrm{J\cdot s}$。

二、电磁波谱

按波长次序排列的系列电磁波称为电磁波谱，各种波谱的特性见表 1。

表 1　各种波谱的特性

λ	电磁波	跃迁类型
<0.01 nm	γ 射线区	核能级
0.01～10 nm	X 射线区	内层电子能级
10～200 nm	真空紫外光区	外层电子能级
200～400 nm	近紫外光区	
400～750 nm	可见光区	
0.75～2.5 μm	近红外光区	分子振动能级
2.5～25 μm	中红外光区	
25～1 000 μm	远红外光区	分子转动能级
1～300 mm	微波区	
>300 mm	无线电波区	电子和核的自旋

三、光学分析法

利用待测物质发射电磁辐射以及与电磁辐射的相互作用而建立的分析方法称为光学

分析法。

（一）物质发射电磁辐射

当外界能量（除光能外的其他能量，如电能、热能）作用于物质时，物质可以以光的形式释放所得到的能量，产生发射光谱。利用物质发射光谱建立的分析方法有原子发射光谱法、火焰光度法等。

（二）物质与电磁辐射相互作用产生的效应

1. 吸收效应

光作用于物质时，物质选择性地吸收某些频率的光的现象称为吸收效应。如钙原子吸收波长为 422.7 nm 的光，汞原子吸收波长为 253.7 nm 的光。原子吸收、分子吸收光谱法就是利用吸收效应建立的分析方法。

2. 散射效应

光通过某种介质时，引起介质内带电粒子受迫振动，使光向四周辐射形成散射光的现象称为散射效应。利用散射效应建立的分析方法有比浊法、拉曼光谱法。

3. 折射效应

光从一种介质斜射进入另一种介质中时传播方向发生改变的现象称为折射效应。利用折射效应建立的分析方法有折射法。

4. 衍射效应

光在传播途中遇到微小障碍物时传播方向发生改变。X 射线衍射法是利用 X 射线与晶体作用产生的衍射效应建立的分析方法。

5. 偏振效应

天然光是向各个方向振动的非偏振光，但它通过某些物质后可使某一方向的振动保留，而另一方向的振动消除。利用偏振效应建立的分析方法有偏振法。

6. 荧光、磷光效应

当电磁波（一次光）作用于物质时，物质可发射出电磁波（二次光）。发光时间很短的（10^{-8}～10^{-6} s）的二次光称为荧光；发光时间较长的（10^{-2}～10^{2} s）称为磷光。利用荧光、磷光效应建立的分析方法有原子荧光法、分子荧光法、分子磷光法。

7. 光电效应

物体受光照射后，可将接受到的部分光能转化为电子的动能。光电子能谱是建立在光电效应基础上的分析方法。

四、光学分析法的分类

光学分析法包括的方法很多，它们可分为两大类。

(一) 光谱分析法

这类方法是通过测量物质产生的特征光谱的波长、强度进行物质的定性、定量或结构分析。根据所检测的电磁辐射的基本性质，又可将光谱分析法分为吸收、发射、散射光谱3类。

光谱分析法灵敏度较高、选择性较好、所涉及的方法多、应用广泛，本书中介绍的原子发射、原子吸收、原子荧光、X 射线荧光、紫外-可见以及红外光谱等几种光学分析法均为光谱分析法。

（二）非光谱分析法

这类方法不涉及特征光谱的测定，而是利用光的传播方向和其他物理量的变化对物质进行分析。例如，X 射线衍射法进行晶体结构分析，测量的是 X 射线通过晶体后衍射峰的 2θ 角；光电子能谱法是通过测量试样元素的电子结合能获取试样的信息。由于非光谱分析法具有较大的局限性，应用不及光谱分析法广泛。

各种光学分析法归纳于表2。

表2　光学分析法

光谱分析法			非光谱分析法
发射光谱法	吸收光谱法	散射光谱法	
原子发射光谱法	原子吸收光谱法	拉曼光谱法	折射法
火焰光度法	紫外-可见吸收光谱法		比浊法
分子荧光光度法	红外吸收光谱法		干涉法
原子荧光光谱法	X射线吸收光谱法		偏振法
分子磷光光谱法	核磁共振波谱法		旋光法
X射线荧光光谱法	顺磁共振波谱法		圆二向色性法
化学发光分析法	电子自旋共振波谱法		X射线衍射法
γ射线光谱法	穆斯堡尔谱法		光电子能谱法
	激光吸收光谱法		
	激光光声光谱法		
	激光热透镜光谱法		

第一章　原子发射光谱分析

第一节　基本原理

原子发射光谱分析法是利用原子受电能或热能激发，外层电子跃迁所发射的特征光谱来研究物质的组成及含量的方法。

一、原子发射光谱的产生

（一）原子的运动状态

原子由原子核和核外电子组成，电子绕原子核作高速运动。在量子力学中原子中每一个电子的运动状态可用四个量子数来描述。

1．主量子数 n

表示电子在哪一个电子主层上运动，是决定电子能量高低的主要因素。n 是一个整数，它的值可以是 1，2，3，…正整数。n 值越大，电子的能量越高。对于不同的 n 值，相应的表示符号为：

n=1，2，3，4，5，…

相应的符号：K，L，M，N，O，…

2．轨道角动量量子数 l

它决定体系的角动量，也就是电子云的形状，其值为 0，1，2，3，…，$n-1$ 之间的正整数。对于不同的 l 值，相应的表示符号为：

l= 0，1，2，3，4，…

相应的符号：s，p，d，f，g，…

在 n 相同的同一电子层中，l 不同（电子云的形状不同），能量也有差别，其能量的高低顺序为：s＜p＜d＜f＜g＜…

3．磁量子数 m

它决定角动量沿磁场方向的分量，也就是电子云在空间的伸展方向，它的数值是在 $-l$ 和 $+l$ 之间的整数。例如对于 l=0 的电子云，m=0，这表明 S 电子云是球形对称的，不存在空间的伸展方向问题。对于 l=1 的 P 电子云，它的 m 可以是 0、+1 和－1，这表明 P 电子云在空间可以有三个不同的伸展方向。当存在外磁场时，n 和 l 相同而 m 不同的轨道具有不同的能量。而没有外磁场时不同的 m 值具有相同的能量，这种情况称为简并。

4. 自旋角动量量子数 m_S

电子除了绕核运动外，还有自旋运动。自旋角动量量子数 m_S 决定自旋角动量沿磁场方向的分量。电子的自旋运动只有顺时针和反时针两种不同的方向，所以 m_S 的数值只有两个，即 $+\frac{1}{2}$ 或 $-\frac{1}{2}$。

电子的能量取决于它的运动状态，不同运动状态下所具有的能量称作能级。

（二）光谱项

在光谱学上，原子中电子所处的能级用光谱项来表示，光谱项符号为：

$$n^{M}L_{J}$$

其中：n——主量子数；

L——总角量子数，用符号 S，P，D，F，…依次表示 L=0，1，2，3，…；

M——谱线的多重性，表示由于总自旋量子数不同原子的一个能级分裂成多个能量差别很小能级的数目。由于价电子以外的内部电子的自旋都互相抵消了，所以，M 只与价电子的总自旋量子数 S 有关，其值为 $2S+1$。例如钠，只有一个价电子，$S=\frac{1}{2}$，因此 $M=2(\frac{1}{2})+1=2$。若为碱土金属，有两个价电子，两个电子若向同一个方向自旋，$S=1$，$M=3$；如果两个电子向相反方向自旋，则 $S=0$，$M=1$；

J——内量子数，它是总角量子数与总自旋量子数 S 的矢量和。如 $L\geqslant S$，则其取值从 $J=L+S$ 到 $L-S$，共（$2S+1$）个数值；如 $L<S$ 则其取值从 $J=S+L$ 到 $S-L$，共（2 L+1）个数值。例如 $L=2$，$S=1$，则 J 可取 3，2，1 三个数值。又如 $L=0$，$S=\frac{1}{2}$，则 J 仅可取 $\frac{1}{2}$ 一个数值。

用光谱项符号 $3^2S_{1/2}$ 表示钠原子电子的某一能级时，即可知道该电子处于 $n=3$，$L=0$，$M=2(S=\frac{1}{2})$，$J=\frac{1}{2}$ 的运动状态。

（三）原子发射光谱的产生

在无外界能量作用时，原子中的电子按一定的规律排布在各自的轨道中，作绕核和自旋运动，此时，原子处于最低能量状态（基态）。但当原子获得一定能量后，原子中的外层电子就从它原来运动的能级被激发到能量较高的能级（这种状态称激发态）。原子处于激发态时是很不稳定的，约停留 10^{-8} s，被激发到高能级的电子又返回到（跃迁）原来的能级，与此同时，以光子的形式释放出多余的能量——产生发射光谱。

一条谱线是原子的价电子在两个能级之间跃迁而产生的，因此，也可以两个光谱项符号来表示，例如，钠的双线：

Na 588.996 nm　$3^2S_{1/2}-3^2P_{3/2}$

Na 589.593 nm　$3^2S_{1/2}-3^2P_{1/2}$

根据量子力学的推导，跃迁并不能在任意两个能级间进行，只有遵循“选择定则”时才能产生跃迁，这些定则是：

（1）主量子数的变化，Δn 是一整数。

（2）角量子数的变化$\Delta L=\pm1$（如有多个价电子时ΔL 可以为 0）。

（3）内量子数的变化$\Delta J=0$，±1，但当 $J=0$ 时，$\Delta J=0$ 的跃迁是不允许的。

（4）$\Delta S=0$，即不同多重性状态之间的跃迁是禁止的。

（5）只允许单个电子的跃迁，而不允许多个电子的跃迁。

符合选择定则的谱线，可以从光谱实验中得到。

原子所发射的光波波长取决于发生跃迁的两个能级之间的能量差ΔE，可通过下式计算：

$$\lambda=\frac{hc}{\Delta E}$$

式中：h ——普朗克常量，6.626×10^{-34} J · s；

c ——光速，2.998×10^{10}cm/s；

ΔE ——发生跃迁的两个能级间的能量差；

λ ——波长。

原子的核外层，存在若干能量不同的能级，当原子获得能量后，这些能级之间若符合选择定则，电子均可产生跃迁，从而发射多条谱线。由于电子的轨道是不连续的，即量子化的，因此原子所发射的谱线也是不连续的，称作线光谱。

ΔE 的大小与原子结构有关，不同元素的原子，由于原子结构不同，能级之间的ΔE便不同，因而，不同的原子具有不同的特征光谱线及谱线组。

原子的外层电子由基态激发到激发态所需要的能量称激发电位，其单位以电子伏特表示。原子的每条光谱线都有其相应的激发电位。

同一元素的原子有多种激发态，激发电位各不相同，原子的最低激发电位称为共振电位（由基态激发到第一激发态所需要的能量）。

由激发态直接跃迁到基态所辐射的谱线称为共振线。每个元素有多条共振线，由第一激发态跃迁至基态所辐射的谱线，称为第一共振线。

原子的外层电子获得足够能量后有可能脱离原子而形成自由电子，失去电子的原子即成为离子。使原子电离所需要的电离能要比使原子激发的能量大，这个使原子变为离子所需的最低能量称为电离电位。在中性原子的外层电子中，失去一个电子，称为一次电离；一次电离的原子，再失去一个电子，就称为二次电离，依此类推。

离子亦可被激发而产生光谱，离子外层电子跃迁发射的谱线称为离子线。每条离子线也有其相应的激发电位。原子发射的谱线用罗马字 I 表示，一次电离离子发射的谱线用II表示，二次电离离子所发射的谱线用III表示。例如：Na Ⅰ589.593 nm 表示 Na 原子线的波长，Mg II 280.270 nm 表示 Mg 一次电离离子线的波长。

元素的一次电离离子光谱与原子序数比该元素少 1 的元素的原子光谱相似；元素的二次电离离子光谱与原子序数比该元素少 2 的元素的原子光谱相似。例如 Na I 、Mg II、Al III的光谱都很相似。

二、能级图

把一种元素的各种光谱项及光谱项的能量和可能产生的光谱线用图解的形式表示出来称为能级图。图 1-1 是锂原子的能级图，水平线代表能级或光谱项，它们之间的距离从下至上逐渐减小；纵坐标表示能量，能量的单位是电子伏（eV）或波数（cm^{-1}），它们之间的换算关系为：$1eV\approx1.602\times10^{-19}J=8\ 065\ cm^{-1}$。

原子的外层电子在两个能级之间跃迁时发射出的谱线用两横线间的连线表示，原子由各种不同的高能级跃迁到同一个低能级时发射的一系列谱线称为线系。

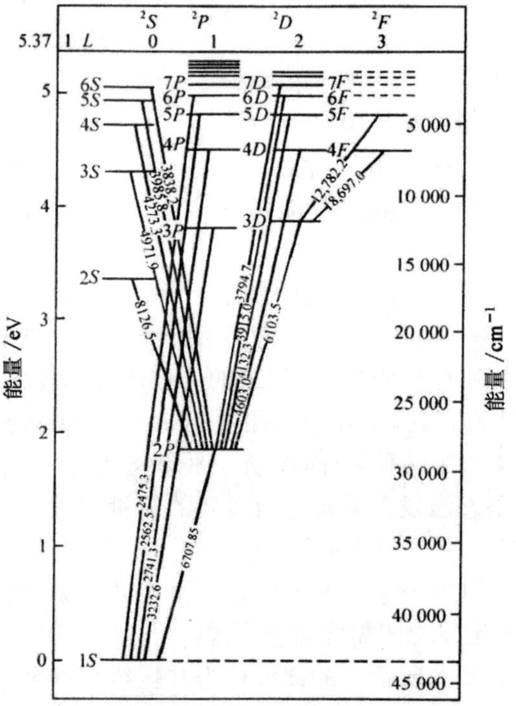

图 1-1　锂原子能级图

三、谱线强度

原子发射线是原子的外层电子在符合选择定则的两个能级之间跃迁产生的。若高能级以 i 表示，低能级以 j 表示，i 与 j 两能级间的能量差为：

$$E_i-E_j=h\nu_{ij}$$

则 i 与 j 两能级间跃迁产生的谱线强度（I_{ij}）为：

$$I_{ij}=N_iA_{ij}h\nu_{ij} \tag{1.1}$$

式中：N_i —— 单位体积内处于高能级的原子数；

A_{ij}—— i、j 两能级间的跃迁几率；

h——普朗克常量；

ν_{ij}——发射线的频率。

若激发处于热力学平衡状态下，各激发态和基态的原子数目 N_i 与 N_0 的分配，应遵守统计力学中的麦克斯韦-玻耳兹曼分布定律：

$$N_i = N_0 \frac{g_i}{g_0} e^{-\frac{E_i}{kT}} \tag{1.2}$$

式中：N_i ——单位体积内处于激发态的原子数；

N_0 ——单位体积内处于基态的原子数；

g_i、g_0——激发态和基态的统计权重，也称激发态和基态能级的简并度；

E_i ——激发态的能量（激发电位）；

k——玻耳兹曼常量，其值为 1.380 658×10^{-23}J/K；

T——激发温度，K。

把式（1.2）代入式（1.1）得到

$$I_{ij} = \frac{g_i}{g_0} A_{ij} h\nu_{ij} N_0 e^{-\frac{E_i}{kT}} \tag{1.3}$$

从式（1.3）可看出谱线强度与下列因素有关：

（1）激发电位。谱线强度与激发电位的关系是负指数关系，激发电位愈大，谱线强度就愈小。这是由于随着激发电位的增高，处于该激发态的原子数迅速减少。实验证明，绝大多数激发电位较低的谱线都是比较强的，激发电位最低的第一共振线往往是最强线。

（2）跃迁几率。谱线强度与跃迁几率成正比，跃迁几率可通过实验数据计算得到，对于遵循选择定则的那些跃迁，A_{ij} 的数值是 10^6～10^9 s^{-1}，一般情况下，跃迁几率等于激发态寿命的倒数。

（3）统计权重。谱线强度与激发态、基态统计权重的比值 $\frac{g_i}{g_0}$ 成正比。

（4）激发温度。激发温度升高，体系的运动能增大，有利于原子激发，因此谱线强度增大。但是，温度太高，体系中被电离的原子数目将增多，中性原子数目减少，导致原子线强度减弱。对于电离能较高的元素，激发温度的变化对原子线的强度影响不大。

图 1-2 为某些元素谱线强度和温度的关系曲线。曲线表明，各元素有其最合适的激发温度，在此温度时，原子线强度最大，高于该温度，谱线强度反而减小。

（5）基态原子数。谱线强度与基态原子数 N_0 成正比，而 N_0 是由元素的含量（c）决定的，在一定条件下 $N_0 \propto c$，所以谱线强度与元素的含量成正比，这就是光谱定量分析的依据。

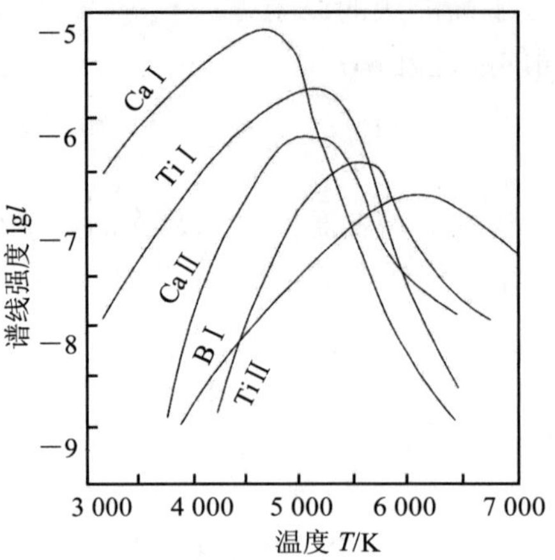

图 1-2 谱线强度和温度的关系

Ⅰ. 原子线；Ⅱ. 离子线

四、自吸与自蚀

原子获得一定能量后被激发，发射某一波长的谱线，被处于基态的同类原子吸收的现象称为自吸。

以电弧作为激发源的原子发射光谱分析中，待测元素在弧焰中蒸发为气态原子，然后激发，跃迁、发射光谱线。弧焰具有一定的厚度（图 1-3），弧焰中心（a）的温度最高，边缘（b）的温度较低。弧焰中心发射出来的辐射光必须通过整个弧层射出。由于边缘的温度较低，因而处于基态的原子较多，这些低能态的原子能够对高能态同类原子发射出来的光产生吸收。自吸既影响谱线形状，又影响谱线强度。

自吸对谱线强度的影响可用朗伯-比尔定律描述：

$$I=I_o e^{-ad} \tag{1.4}$$

式中：I——射出弧层的谱线强度；

I_o——弧焰中心发射的谱线强度；

a——吸收系数（与基态原子数目有关）；

d——弧层厚度。

从式（1.4）可见：弧层愈厚，弧焰中被测元素的含量愈高，则自吸现象愈严重，此外，自吸的大小还与谱线的性质有关，基态原子对于共振线的吸收最为严重。

自吸现象对谱线形状的影响见图 1-4。当自吸严重时，谱线中心的辐射几乎完全被吸收了，看起来似乎是两条谱线的现象称为自蚀。

由于自吸现象影响谱线强度，因此在光谱定量分析中必须注意。

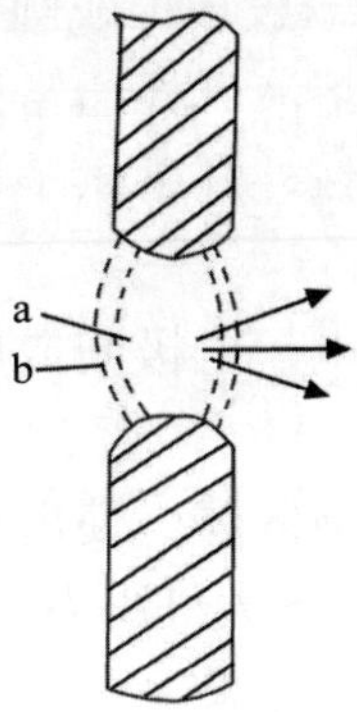

图 1-3　弧焰示意图

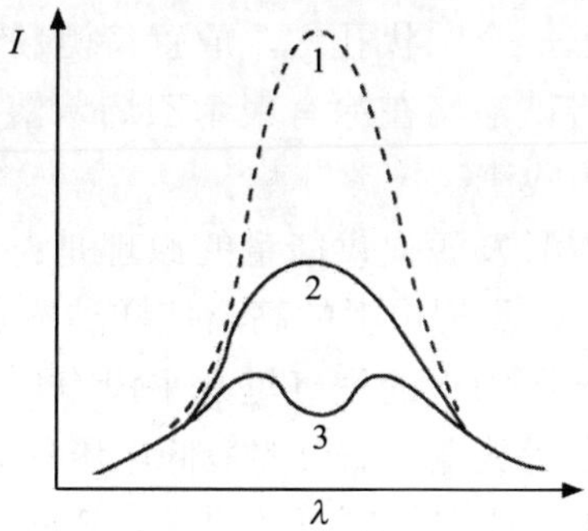

图 1-4　自吸收现象对谱线强度及形状的影响

1. 无自吸；2. 自吸；3. 自蚀

第二节　原子发射光谱仪

原子发射光谱仪主要由激发源、分光系统、检测器三部分构成。

一、激发源

激发源的作用是提供试样蒸发（成为气态原子）、激发所需要的能量，使之产生光谱。激发源对于光谱分析的检出限，精密度和准确度均有较大影响。下面介绍适用于环境样品分析的电弧和电感耦合等离子体激发源。

（一）电弧激发源

电弧激发源分直流电弧和交流电弧两种。

1. 直流电弧工作原理

直流电弧的线路图如图 1-5 所示。E 是直流电源，可由直流发电机或整流器供给，电压为 220～380V，电流 5～30A。G 为分析间隙，上、下是两个电极，电极之间是空气。

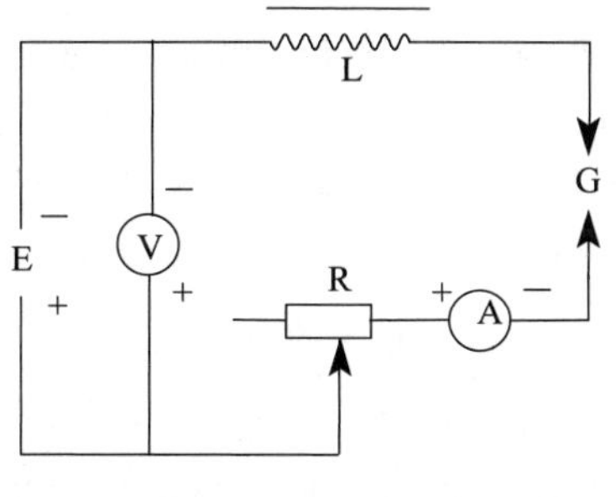

图 1-5　直流电弧线路

R. 镇流电阻；G. 分析间隙；A. 电流表；E. 直流电源；V. 直流电压表；L. 电感

电弧激发源通常使用的是石墨材料做成的电极。上电极一般加工成圆锥形端头，下电极头车一个凹状孔穴，放置待测粉末、颗粒状固体样品。溶液试样通常采用干渣法进样，即将试液滴在涂有聚苯乙烯苯溶液的平头下电极上，在红外灯下烘干，分析留在电极头上的残渣。

电弧激发源提供能量的原理是：使电极间的空气电离导电，电极间放电流过电流，产生电弧，利用电弧的高温使样品蒸发、激发。

大气压力下的空气里几乎没有电子或离子，是不导电的绝缘体。使电极间气体电离并产生自持放电所需要的最低电压称为“击穿电压”。在 0.1MPa 大气压力下，欲使 1 mm 的间隙中发生自持放电必须具有 3 300V 的电压。因此，直流电弧采用 220～380V 供电是不可能使空气电离的。

直流电弧使空气电离（点弧）产生自持放电采用两种方法：一种是接触起弧，接通电源后使上、下电极接触，电路短路片刻，产生瞬间大电流击穿电极间的空气。另一种是高频引燃，利用高频电流产生的高压使空气击穿。高频引燃与交流电弧引燃线路相同，于交流电弧中详述。电弧引燃后阴极产生热电子发射，电子在电场作用下高速通过分析间隙射向阳极，在此过程中和气体分子、原子等碰撞，使气体进一步电离。电离产生的阳离子高速射向阴极，使阴极电子又不断发射，这样循环往复，维持电弧不灭。由于直流电弧的燃弧完全依靠自持放电维持，因此放电不够稳定，分析的重现性较差。

待测组分在电弧高温中蒸发为气体分子，气体分子解离为原子，部分原子解离为离子，原子、离子获得能量而被激发发射光谱线。

2. 交流电弧工作原理

我国广泛采用的是高频高压引火的低压交流电弧，其线路图如图 1-6 所示。

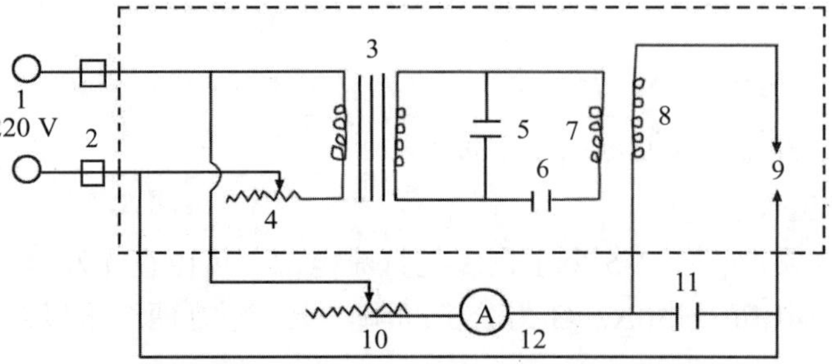

图 1-6 低压交流电弧发生器线路

1. 电源；2. 保险丝；3. 升压变压器可将次级电压升至 3 000V；4. 0～400Ω、0.5A 的可变电阻器；5. 硬质金属制成的放电盘，距离可调；6. 振荡电容（0.012 μF，耐压 3 000V）；7、8. 两个感应线圈；9. 分析隙；10. 燃弧线路中的可变电阻；11. 0.01 μF 的旁路电容（避免高频电流流入低频燃弧线路）；12. 0～20 A 的交流电流计

----内为 I　　——外为 II

低压交流电弧，不能像直流电弧那样，一经点燃即可持续放电，电极间隙需要周期性地点燃，因此必须用一个引燃装置。

低压交流电弧线路是由高频高压引火线路Ⅰ和低频低压燃弧线路Ⅱ，借助于线圈7、8耦合所组成。当接通电源1后，220 V的交流电通过保险丝2进入变压器3，经过变压器后，次级电压升至3 000 V，此高压电流通过高频感应线圈7向电容器6充电。当其电压在每半周波中逐渐升高至能够击穿放电盘5的间隙时，放电盘被击穿而跳过火花，此时5、6、7构成一个振荡回路产生高频振荡电流。因高频感应线圈7、8有耦合作用，则在其次级线圈8中产生高达10 000 V的高压，使弧隙之间的空气电离，引燃电弧。此时，低压电流就通过了分析隙进行正常工作。

交流电弧的电流具有脉冲性，电流密度较高，并且每交流半周强制点弧，控制放电，因而其放电稳定性比直流电弧好，分析的重现性较好。

3．电弧激发源的电学特性

弧隙间气体中通过电流时，电极间电压和电流的关系不遵守欧姆定律。当电极间距离不变时，随着电弧电流的增加，电极间的电压相反减小。这是因为随着电流增大，电弧内的游离作用加强，离子浓度增加，导电性增强，电阻值减小。

当弧隙增大时，电流会减小，电极间的电压会升高。由于样品在蒸发过程中，弧隙的距离是变化的（样品在电极中逐渐蒸发完，弧隙距离不断增加），因此，使得电弧放电不稳定。为了稳定电弧放电，在直流电弧电路和交流电弧燃弧线路中均串联了一个可调大电阻R。

4．电弧激发源的温度特性

电弧的温度通常分为电极头温度和弧焰温度两部分。电极头温度对样品蒸发过程影响较大，而弧焰温度则影响激发过程。

电极头的温度与电流大小有关，电流越大，电极头的温度越高。直流电弧的电极头温度较高，阳极可达 4 000 K，蒸发能力强。这是由于高速运动的电子向阳极轰击，在阳极表面产生一个炽热的斑点（阳极斑点）。交流电弧因放电的间歇性，电极温度比直流电弧低得多（3 000 K左右）。

石墨电极电弧激发源的弧温一般是4 000～7 000K（交流电弧电流密度比直流电弧大，电弧温度略高），激发能力不够强。弧隙中试样蒸气元素的电离电位对弧焰温度影响大，当弧隙中气体是低电离电位元素时，弧焰的导电性增加，降低了电极间的电位差，于是弧焰温度亦随之降低。当不同电离电位的元素同时存在时，弧焰温度取决于有效电离电位，有效电离电位与各元素的电离电位及浓度有关，当各元素的浓度相差不大时，弧焰温度取决于电离电位最低的元素。因此，试样组成对弧温的影响大。

5．电弧激发源的特点

电弧激发源的优点是操作简单，耗资低廉，能直接测定固体试样（如土壤、沉积物等）。缺点是易产生自吸或自蚀现象，基体效应较为严重，难以激发电离电位高的元素。电弧激发源主要适用于粉末、颗粒状固体样品易激发元素的定性、半定量及低含量定量分析。

（二）电感耦合等离子体（ICP）激发源

等离子体一般指有相当电离程度的气体，它由离子、电子和未电离的中性分子所组成，能够导电。它的正负电荷密度几乎相等，从整体来看是呈电中性的。

ICP 激发源是 20 世纪 60 年代发展起来的，由于性能优良，现已成为原子发射光谱分析最主要的、应用最广泛的激发源。

1. ICP 激发源的结构

ICP 激发源主要由高频发生器、等离子炬管、雾化器 3 部分组成。高频发生器的作用是产生高频电流。高频发生器的工作频率大多采用工业标准 27.13 MHz 或 40.68 MHz，功率通常为 2.5 kW。

ICP 的主体是等离子炬管，见图 1-7，炬管由 3 层同心石英管套接而成。石英炬管管口绕有数匝ϕ 5～6 mm 的空心紫铜管或镀银紫铜管作感应线圈，线圈与高频发生器相连。

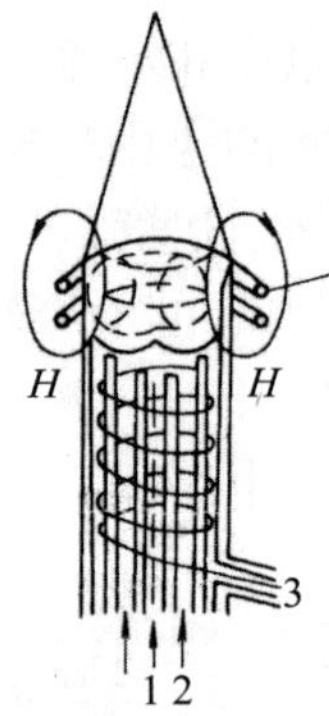

图 1-7 ICP 炬管结构

I. 高频电流；*H*. 高频电流产生的磁场；1. 载气；2. 辅助气；3. 冷却气

有三股惰性气流（通常是氩气流）分别通入炬管，以切线方向引入最外层的气流称为冷却气（等离子气），其作用是把等离子体焰炬和石英管隔离开，以免烧熔石英炬管。同时由于它的冷却作用造成中心气压变低，引起焰炬收缩，管口 ICP 焰炬稳定；中间管气流称为辅助气，其作用是把点燃的等离子体焰稍稍向上托起，防止中心管口因过热而熔融，一旦等离子体中心通道形成，便可不用辅助气；中心层的气流称载气，其作用是把经过雾化器的试样溶液以气溶胶形式引入等离子体中。

2. ICP 焰的形成

当高频发生器产生的高频电流流过线圈时，在炬管内产生高频磁场，当炬管内没有导电离子时，高频电磁场不会形成焰炬。若用高压火花引燃使炬管内惰性气体电离产生一些离子和电子，则这些离子和电子在交变磁场作用下加速，同时和气体分子、原子等碰撞，使更多的气体电离，电子和离子各在相反方向上在炬管内沿闭合回路流动，形成涡流。由于强大涡电流产生的高温使气体加热，从而形成等离子体焰。在 ICP 激发源中，石英炬管内离子和电子是通过与高频磁场相互作用获得能量的，相互作用是通过电感耦合的方式进行的。高频感应线圈和炬管内的导电粒子犹如一个变压器，感应线圈相当于变压器的初级线圈，感应区内的离子、电子相当于变压器的次级线圈。

可以粗略地把等离子焰分为 3 个区域。

（1）感应区。感应线圈所包围的区域，呈白色不透明状，该区为高频电流形成的涡流区，温度可达 10 000 K，电子密度也很高。由于该区能发射很强的连续背景辐射，因此光谱分析应避开这个区域。

（2）分析区。位于感应线圈上方 10～20 mm 处，焰炬呈淡蓝色半透明状，温度 6 000～8 000 K，是光谱分析的观测区，待测物在此区蒸发、原子化、激发发射光谱。

（3）尾焰区。无色透明区，该区温度较低（6 000 K 以下），只能激发激发电位较低的元素。

3. ICP 激发源的特点

（1）检出限低，多数元素的检出限为 0.1～100 μg/L。

（2）蒸发和激发能力强，可用于高温元素和难激发元素的分析。

（3）稳定性好，分析结果的精密度高（相对标准偏差约为 1%）。

（4）基体效应小，化学干扰少。

（5）自吸效应小，可分析的含量范围宽。

ICP 激发源的局限性是：用于非金属元素分析灵敏度低，仪器价格较贵。

二、分光系统

分光系统的作用是准光、色散和成像。色散元件有棱镜和光栅，现代商品光谱仪器通常用光栅作为色散元件，这类光谱仪称为光栅光谱仪。

（一）光栅光谱仪分光系统

光栅光谱仪的分光系统主要有 Czerny-Turner、Ebert-Fastis、Paschen-Runge（凹面光栅分光系统）和中阶梯光栅分光系统 4 种类型，现介绍不仅用于发射光谱仪，还广泛用于紫外-可见分光光度计、原子吸收和原子荧光光谱仪的 Czerny-Turner 分光系统。

Czerny-Turner 分光系统由入射狭缝、反射物镜 1（准光）、光栅和反射物镜 2（成像）构成，见图 1-8。入射狭缝、光栅、光谱焦面处于同一水平面上，狭缝与焦面对称分布于光栅两侧，两块焦距相等的凹面镜分别用作准光和成像。

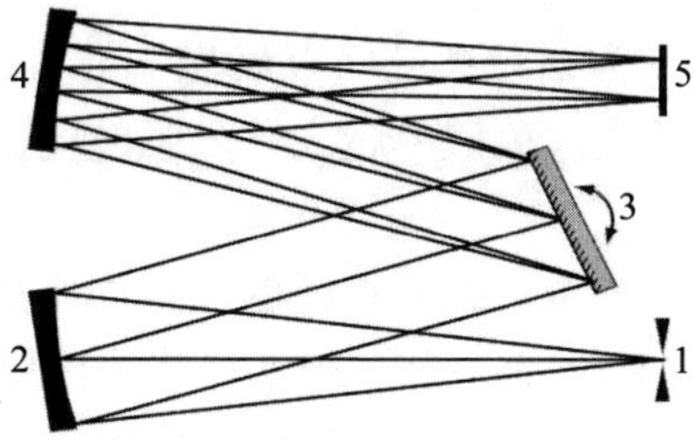

图 1-8 Czerny-Turner 分光系统

1.入射狭缝；2、4.反射物镜 1、反射物镜 2；3.光栅；5.焦面

入射狭缝置于反射物镜 1 焦点位置。激发源中试样元素发射的光被聚焦在狭缝上，反射物镜 1 将狭缝入射的光变成平行光投向光栅。

光栅是分光系统的核心元件，其作用是将经过准光镜后得到的平行光束（复合光）分解成按波长次序排列的单色光。

反射物镜 2 将经色散后的各波长平行光束聚焦在其焦面上形成各波长单色狭缝像——光谱。

Czerny-Turner 分光系统用于摄谱仪时，感光板放在物镜焦面上；用于单道扫描式光谱仪、紫外-可见分光光度计、原子吸收和原子荧光光谱仪时，焦面上开有一个出射狭缝，出射缝和入射缝宽度相等，同步调节。

（二）光栅类型及分光原理

1. 平面透射光栅

平面透射光栅是用一块玻璃片（或金属片）制成的。在玻璃片上刻有大量宽度和距离都相等的平行线条（刻痕），刻痕相当于毛玻璃，不透光。当光线照射到光栅表面时，只有两刻痕之间的光滑部分，光线才能通过。这光滑部分就相当于一条狭缝，即光栅有一系列等宽、等距的狭缝。

当某一波长为λ的光通过光栅平面的单缝时，由于衍射作用向各方向传播。从大量狭缝发出的同一波长的衍射光到达屏幕上，由于干涉作用，产生明暗相间的衍射条纹。

若以 a 表示每一狭缝的宽度，c 表示两条狭缝之间的距离，通常（$a+c$）称为光栅常数，以 d 表示。

当入射线以φ角方向传播，则产生亮度条纹的条件为：

$$m\lambda = d\sin\varphi \tag{1.5}$$

式中：m ——谱线级数，$m=0$，±1，+2，±3，…；

$d\sin\varphi$ ——相邻两缝光束的光程差；当 m、λ一定时，d 值越小，φ 越大，条纹分得越开。因此，光栅上每毫米刻痕的数目越多，光栅常数 d 值越小，则衍射条纹就越明亮，条纹间的距离也就越大。

从式（1.5）可见，在给定光栅常数的情况下，φ 角的大小和入射光的波长有关，波长不同，产生亮条纹的位置不同。因此，光栅可将复合光分解为按波长排列的单色光，形成光谱。

复合光通过光栅后，中央条纹为白色条纹（零级光谱），在中央条纹两旁对称地排列着第一级、第二级等光谱，级数越大，色散率越大，光强越弱。

2. 一般平面反射光栅

反射光栅由许多平行、等距、等宽、间隔很近的反射面组成。从图 1-9 可见：当两束光线 R_1 和 R_2 投射到光栅平面时，R_2 比 R_1 超前 $d\sin\alpha$。当光线被反射离开光栅平面时，R_2 比 R_1 超前 $d\sin\beta$。若这两条光线的总光程差等于波长的整数倍时，即 $d\sin\alpha+d\sin\beta=m\lambda$时，则光线 R_1 和 R_2 的相位是相同的，在反射角 β 的方向上形成互相加强的干涉。若光栅的装置使其入射角和反射角在光栅法线的两侧，则 R_2 与 R_1 的总光程差为 $d\sin\alpha-d\sin\beta$。故普遍的光程差可写为 $d\sin\alpha \pm d\sin\beta$，光产生互相加强的干涉条件为：

$$m\lambda = d\,(\sin\alpha \pm \sin\beta) \tag{1.6}$$

式（1.6）为光栅公式，对于平面、凹面、反射或透射光栅都适用。

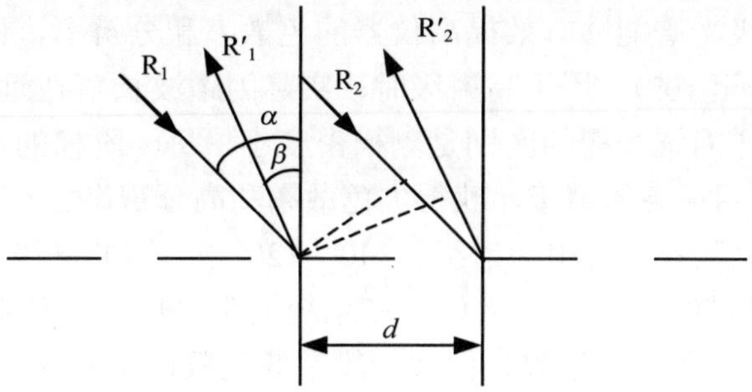

图 1-9　平面反射光栅的衍射

R_1、R_2. 入射光束；R_1'、R_2'. 衍射光束；α. 入射角；β. 衍射角；d. 光栅常数

根据光栅公式，当 d 和 α 为固定值时，对于不同波长、不同级次的光谱，只要其乘积 $m\lambda$ 相同，则都可以在同一衍射角 β 的方向上出现。例如，一级光谱中的 1 200 nm 谱线与二级光谱的 600 nm 谱线、三级光谱的 400 nm 谱线、四级光谱的 300 nm 谱线的衍射角 β 相同，叠加在一起。这种现象称为光谱级次的重叠。显然，这给分析工作带来了困难。解决的方法有两种：一是选用合适的滤光片分离低级次光谱；二是采用预色散器进行高级次光谱分离。

3. 闪耀光栅

上述讨论的两种光栅有一个很大的缺点，就是它们的光强主要分布在没有色散的零级，使光能得不到有效利用。实际上使用光栅时，只利用它的某一级谱线，因此需要设法把光能集中到这一谱级上来。

闪耀光栅是由许多平行、等距、等宽的反射槽面组成，反射槽面与光栅的平面成一夹角（θ 角），这样可将单缝衍射的零级与槽面干涉的零级错开（图 1-10），使大部分光强集中到预定的波长范围。

设光束（1）（2）沿槽面法线 N'方向入射，单缝衍射的零级是几何光学的反射方向，即沿原方向返回。但对槽间干涉来讲，相邻两槽面之间的光束之间有了光程差 $2d\sin\theta$。

当 $2d\sin\theta=\lambda$时，光栅的单槽衍射零级的主极强正好落在λ的一级衍射位置；当 $2d\sin\theta=2\lambda$时，单槽衍射的零级便落到了λ的二级光谱中。

θ角称为闪耀角，可根据需要设计，θ角所对应的光谱强度最大的波长称为闪耀波长。

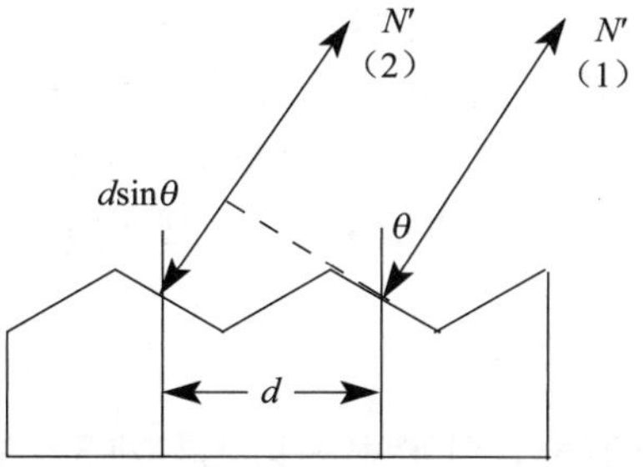

图 1-10　闪耀光栅

4. 中阶梯光栅

使用光栅的高谱级光谱能够有效提高仪器的色散率和分辨率，但是，普通闪耀光栅的闪耀角较小（通常 5°至 10°），用于高谱级时，实际闪耀波长落在远紫外短波。

中阶梯光栅与普通闪耀光栅的区别是刻槽密度小，每一阶梯的宽度是高度的几倍，闪耀角大。因此可以利用很高的谱级，获得大色散率和高分辨率。

中阶梯光栅在可见紫外区可用的谱级达 40～120 级，因此谱级重叠现象十分严重。为了将不同级次的重叠谱线分开，光谱仪分光系统通常采用交叉色散方式。即在中阶梯光栅的前方或后方安设一个辅助色散元件（一般是低色散棱镜），使棱镜的色散方向与中阶梯光栅的色散方向互相垂直。这样得到的是一个二维色散图像，见图 1-11。图中从下至上谱级增加，同一谱级内是波长的分布，由于所有谱线在一个平面上按波长和谱级排列,因而非常适合用 CCD、CID 等面阵式检测器检测。

普通光栅是通过增加焦距提高线散率，而中阶梯光栅由于角色散率很大，不必依赖焦距的增加，就能获得较大的线散率。例如焦距 1 m，3 600 条/mm 的平面光栅在 200 nm 处，一级光谱的倒数线色散率仅为 0.22 nm/mm，而 0.5 m 焦距，52.6 条/mm 的中阶梯光栅光谱仪在 168 级处同一波长的倒数线色散率可达 0.14 nm/mm。由于中阶梯光栅的角色散率足够大，焦距反而可缩小（如 0.5 m），因此，物镜相对孔径变大，仪器的集光本领增强。

由于色散率大，中阶梯光栅每一级光谱的波长范围相当小，在这个范围内各波长的衍射角基本一致，而且各级基本上是在同一角度下（闪耀角）观察整个波长范围，所以闪耀的波段范围宽。中阶梯光栅在 175～800 nm 全波段范围内均可达到很大的闪耀强度。

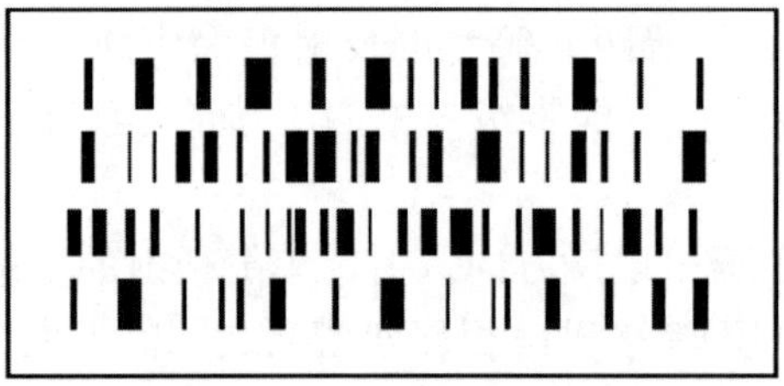

图 1-11　二维色散谱图

5. 凹面反射光栅

凹面光栅是在球面刻划一系列等距刻痕的反射式衍射光栅。与平面光栅必须借助成像系统形成谱线不同，凹面光栅在光路中兼具色散和聚焦两种作用。因此在凹面光栅光谱仪的分光系统中只有狭缝、凹面光栅，光路紧凑，光能量损失减少。多通道发射光谱仪均采用凹面光栅作为色散元件。凹面光栅的缺点是像散问题比较严重。

（三）光栅光谱仪的光学特性

光谱仪的光学特性可用色散率、分辨率和集光本领 3 个指标来表征。

1. 色散率

表示光谱仪将不同波长的光分散开的能力。

（1）光栅的角色散率。指两条波长相差 $d\lambda$的光线经过光栅后被分开的角度 $d\beta$，用 $\frac{d\beta}{d\lambda}$表示。当入射角α不变时，对光栅公式求导，得：

$$\frac{d\beta}{d\lambda}=\frac{m}{d\cos\beta} \tag{1.7}$$

（2）光栅光谱仪的线色散率。指在焦面上波长相差 $d\lambda$的两条光线被分开的距离 dl，用 $\frac{dl}{d\lambda}$表示。

$$\frac{dl}{d\lambda}=\frac{d\beta}{d\lambda}\cdot\frac{f}{\sin\varepsilon}=\frac{m}{d\cos\beta}\cdot\frac{f}{\sin\varepsilon}$$

式中：f——物镜焦距；

ε——光谱焦面倾斜角，光栅光谱仪通常采用凹面镜聚焦，$\varepsilon=90°$，所以 $\sin\varepsilon=1$，故

$$\frac{dl}{d\lambda}=\frac{mf}{d\cos\beta}$$

实际应用时，通常用倒线色散率来表示光栅的色散特性，即$\frac{d\lambda}{dl}$，单位为 $nm\cdot mm^{-1}$。

$$\frac{d\lambda}{dl}=\frac{d\cos\beta}{mf} \tag{1.8}$$

从式（1.8）可见，影响光栅光谱仪色散特性的因素有：

a）光谱级数。谱级越高，色散率越大。

b）光栅常数。光栅常数越小（每毫米内光栅的刻线数越多），色散率越大。

c）物镜焦距。焦距长，色散率大。

d）衍射角。衍射角又与波长成正比，但是实际光谱分析中，由于衍射角变化很小[从光栅法线处（$\beta=0$）到离法线 8°处]，$\cos\beta$ 的变化仅由 1.00 变到 0.99，因此可认为色散率与波长无关。

2. 分辨率

表示光谱仪分辨紧邻两条谱线的能力，惯用光栅的理论分辨率来表征。其定义是：若两谱线可分辨，其平均波长为$\bar{\lambda}$，波长差为$\Delta\lambda$，则分辨率为：

$$R=\frac{\bar{\lambda}}{\Delta\lambda}$$

可分辨是根据 Rayleigh 准则确定的。准则假定：两谱线呈衍射轮廓，强度相等，且强度的衍射极小落在另一条的衍射极大上。在此情况下，两谱线部分重叠，两衍射图样中间的光强约为中央最大的 80%，两谱线中央最大的距离是光学仪器可分辨的最小距离（图 1-12）。

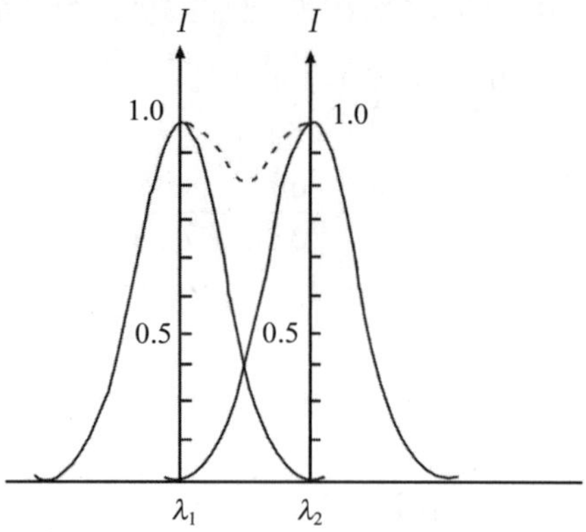

图 1-12 Rayleigh 准则

光栅的理论分辨率 R 等于光谱级次 m 与光栅刻痕总数 N（刻线密度 1/d 与刻划宽度 w 的乘积）的乘积，即

$$R = \frac{\overline{\lambda}}{\Delta\lambda} = mN \tag{1.9}$$

R 值越大，表明分辨能力越强。例如某光谱仪的光栅在 300.0 nm 附近的分辨率为 50 000，那么可分辨的两条谱线的波长差为 0.006 nm；若采用分辨率为 100 000 的光栅，则可分辨的波长差为 0.003 nm。

3. 集光本领

表示光谱仪光学系统传递辐射的能力。集光本领与物镜的相对孔径的平方（d/f）^{2} 成正比，d 为物镜孔径，f 为焦距。在摄谱仪中，集光本领与狭缝宽度无关，因为狭缝宽度变大，像也增宽，单位面积上光能量不变，谱线黑度不变。而光电法中谱线强度随狭缝宽度增大而增强。

三、检测器

光谱分析的检测方法有摄谱法、光电法，下面分别介绍它们所采用的检测器。

（一）摄谱法检测器

摄谱法的检测器部分包括感光板、映谱仪和测微光度计。

1. 感光板

感光板是用于记录光谱的。将它置于摄谱仪焦面上通过曝光可摄取被测元素的光谱，经过显影、定影、冲洗等过程制得光谱底片。

（1）乳剂的感光作用。感光板由感光层与支持体（玻璃板组成），感光层通常称为乳剂，由卤化银、明胶和增感剂所组成。

当乳剂受到光线的作用时，其中卤化银分子将有小部分分解为金属银及卤素，前者形成不可见的潜影中心，这个过程称为曝光。包含有潜影中心的卤化银结晶，在某些还原物质的作用下，很快被还原为金属银，形成清楚的“像”，这一过程称为显影。而没有潜影中心的卤化银结晶，则还原得很慢，仅产生雾翳。显影以后，应把乳剂中未被作用的卤化银除去。为此，使其溶解于适当的溶液中，这一过程称为定影。

（2）乳剂特性曲线。感光板的作用在于把接收到的曝光量 H 转换为感光板的黑度 S。感光板的乳剂经过曝光，显影，定影以后，显示出黑的谱线来，其黑度的大小与落在感光板上的曝光量有关。但是，感光板上黑度与曝光量的关系比较复杂，不能用一个简单的数学公式完全表达出来，通常只能用图解的方法来表示。这种描述黑度与曝光量关系的图解曲线称为乳剂特性曲线，如图 1-13 所示。

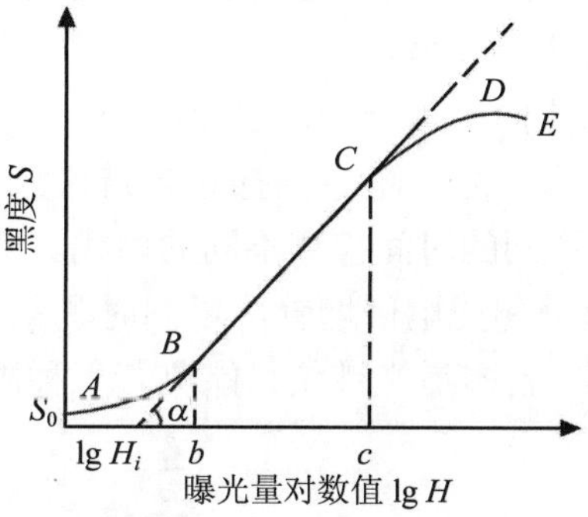

图 1-13　乳剂特性曲线

曲线可分为 3 部分：*BC* 直线部分为正常曝光部分，*AB* 为曝光不足部分，*CD* 为曝光过度部分。图中：

曝光量 H 是感光层所接受的照度和曝光时间的乘积。

黑度 S 表示谱线在感光板上变黑程度，其定义为：将某一光束 α 射至谱片上，透过未受光作用部分的光强度为 I_0，透过变黑部分的光强度为 I，则

$$S=\lg\frac{I_0}{I}$$

S_0 为雾翳黑度，显影时未感光的乳剂产生的灰雾。

H_i 为惰延量，曲线的直线部分 *BC* 外推至 $S=0$ 时的曝光量，H_i 的倒数表示感光板乳剂的灵敏度，H_i 愈大，愈不灵敏。

γ 为反衬度，正常曝光部分曲线的斜率，与波长有关，表示曝光量改变时，黑度变化的快慢。在定量分析中，常常利用曲线的正常曝光部分 *BC* 线段。在这一段，当波长一定时，斜率不变，黑度 S 与曝光量的对数值 $\lg H$ 可用式（1.10）表示

$$S=\gamma(\lg H-\lg H_i)=\gamma\lg H-i \tag{1.10}$$

bc 线段是 *BC* 部分在横坐标上的投影，称为乳剂的展度，在一定程度上决定了用某种感光板做定量分析时所能分析的含量范围。

2. 映谱仪

映谱仪又称光谱放大仪（或光谱投影仪），其放大倍数约为 20 倍，将谱板置于映谱仪上，可清楚地看到摄取的被测元素光谱。映谱仪用于光谱定性和半定量分析。

3. 测微光度计

定量分析时用来测量感光板上所记录的谱线黑度的仪器称为测微光度计。根据黑度的定义，谱线黑度的测量包括测量通过未感光部分的透过光强度 I_0 和通过谱线的透过光强度 I。

（二）光电法检测器

光电法是利用光电转换元件（如光电倍增管，其工作原理在第二章中详述）将光信号转换为电信号来检测谱线强度。这类光谱仪常称为光电直读光谱仪，有单道扫描式、多道固定狭缝式和全谱直读式 3 种类型。

在单、多道光电光谱仪的焦面上，一个出射狭缝和一个光电倍增管构成一个光通道，可接收一条谱线，将其转变为电信号。单道扫描式光谱仪只有一个通道，这个通道可以在光谱仪的焦面上扫描移动，在不同的时间检测不同的谱线。多道光电直读光谱仪（图 1-14）则是安装了多个固定的出射狭缝和光电倍增管，可同时测量多条谱线。但由于出射狭缝位置固定，测量波长有限，因而一台多道光谱仪只能测若干种固定元素。

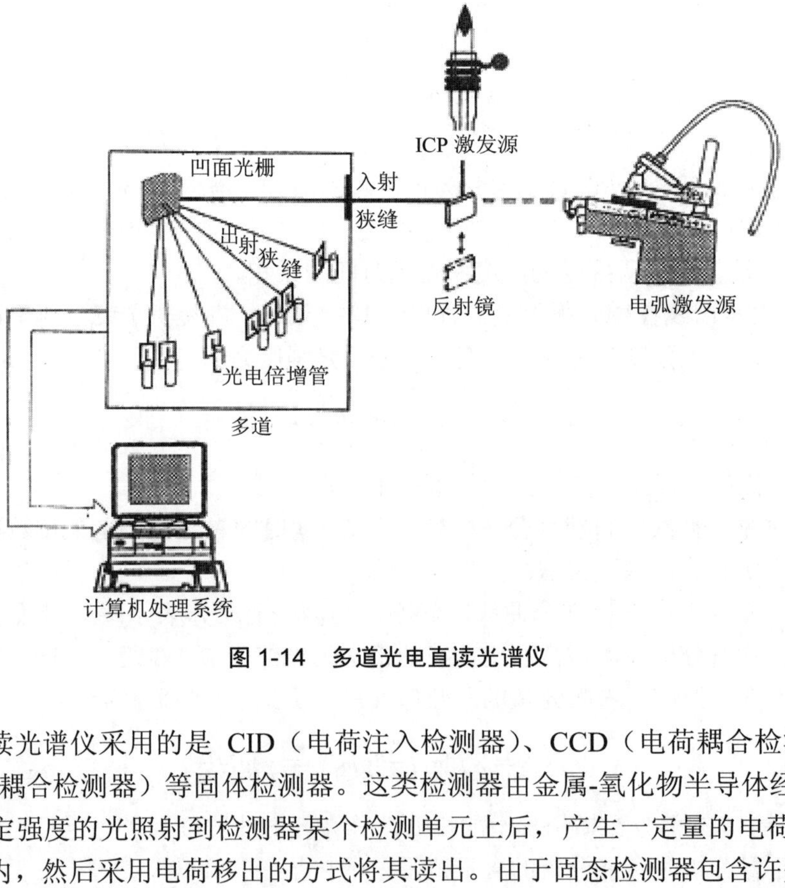

图 1-14 多道光电直读光谱仪

全谱直读光谱仪采用的是 CID（电荷注入检测器）、CCD（电荷耦合检测器）、SCD（分段式电荷耦合检测器）等固体检测器。这类检测器由金属-氧化物半导体经过特殊加工制成。当一定强度的光照射到检测器某个检测单元上后，产生一定量的电荷，并且储存在检测单元内，然后采用电荷移出的方式将其读出。由于固态检测器包含许多检测单元，因此可以同时记录很多谱线，快速进行全谱直读。目前，以 ICP 作为激发源、中阶梯光栅作为色散元件的全谱直读光谱仪，已经成为现代原子发射光谱仪的发展趋势。

光电法的优点是：分析速度快、准确度高、适用的波长范围宽。

第三节 原子发射光谱分析方法

原子发射光谱分析法能够进行元素的定性、半定量以及定量分析，与其他分析方法相比，该法最突出的优点是：具有多元素同时测定的能力。

原子发射光谱分析法能够进行元素的定性、半定量以及定量分析，与其他分析方法相比，该法最突出的优点是：具有多元素同时测定的能力。

一、光谱定性分析

（一）光谱定性分析的依据

根据前面所叙原子发射光谱的产生，可知：由于元素的原子结构不同，它们激发时所产生的光谱也不同，即每种元素都具有自己的特征光谱。因此如果在获得的试样光谱中发现某种元素的特征光谱线存在，就可以断定试样中存在该元素。

有些元素的光谱线比较简单，如氢。但有些元素的原子结构比较复杂，谱线可达数千条。铁、钴、镍、钨、钼、钒、钛、铀、铬、锆、铪、铌、钽、钍以及稀土元素，都属于多谱线元素。然而，在定性分析中，并不要求对各元素的每条谱线都进行测定，一般只要根据 2～3 条特征灵敏线是否出现。即可确定该元素是否存在。

最后线是当某元素含量逐渐减少时，最后仍能观察到的谱线。最后线往往是激发电位最低的第一共振线，也称最灵敏线。

此外，有时亦采用元素的特征谱线组来检测元素的存在。特征谱线组往往是元素的双重线、三重线或者几组双重线，并不包括这些元素的最后线。例如，镁的最后线是 285.213 nm（单重线），而很容易辨认的是在 277.6～278.2 nm 的五重线。因此，可借助该谱线组来判断镁元素是否存在。但由于此五重线不是最后线，所以在低含量时不能使用。低含量时应用最后线是否出现来判断该元素是否存在。

（二）定性分析的灵敏度

光谱分析的灵敏度，有绝对灵敏度与相对灵敏度两种表示方法，绝对灵敏度表示能检出某元素需要该元素最少的质量；而相对灵敏度则表示能检出某元素需要该元素在样品中最少的质量分数。

不同的元素，灵敏度不同。当某元素的谱线未出现时，并不表示试样中该元素绝对不存在，而仅仅表示该元素的含量可能低于光谱定性分析方法的灵敏度。

（三）光谱定性分析工作条件的选择

单道扫描仪及多道光电直读的光谱仪不适用于定性。单道光谱仪进行一次全波段扫描耗时多；多道光谱仪可测量的波长有限，并且由于使用较宽的狭缝，光谱分辨率不如摄谱仪，光谱干扰较严重。

定性分析通常采用具有中等色散率的中型摄谱仪，这样可将欲测元素在同一板上摄谱，便于检出。定性分析所采用的狭缝应较小，以免谱线互相重叠，而且狭缝小可减少背景强度（背景随狭缝增大而增大）。直流电弧激发源蒸发能力强，能确保试样中难挥发元素充分蒸发到弧焰中被激发，因而适用于定性分析。

全谱直读等离子体发射光谱仪能够快速进行定性分析。

（四）定性分析方法

谱线图比较法是摄谱法光谱定性分析最常用的方法。“谱线图”是将纯铁与混合标准粉末（由 68 种元素的氧化物混合磨匀制得）并列摄谱。摄得的谱片放大 20 倍制成的谱图，记载着 68 种元素的灵敏线。由于铁的光谱丰富，且在各波段有容易记忆的特征光谱，故被作为波长标尺。

分析试样时，将试样与纯铁在完全相同条件下并列摄谱，摄得的谱片置于映谱仪上放大 20 倍，再与“谱线图”进行比较。比较时首先须将谱片上的铁谱与“谱线图”上的铁谱对准，然后检查试样中的元素谱线。若试样中的元素谱线与谱图中标明的某一元素出现的波长位置相同，即为该元素的谱线。根据被测元素 2～3 根灵敏线是否出现，即可确定此元素存在与否。

对于光谱定性分析，除了要求给出试样中有哪些元素外，还应指出哪些元素在试样中是主要成分、哪些是少量及微量成分。首先查找试样的主要成分。将谱板自波长 240.0～420.0 nm 一一检查，就会发现谱板中有又粗又黑的谱线，这些就是试样中主要成分的谱线。如在试样中发现 324.745 nm 与 327.396 nm 两根又粗又黑的谱线，就可判定试样中含有大量的铜。然后对其他杂质元素的 2～3 条灵敏线进行检查，并根据灵敏线的强弱来判断它们在试样中的大致含量。

（五）光谱干扰及其消除

光谱干扰是原子发射光谱分析最主要的干扰。定性分析涉及的元素多，谱线复杂，因此光谱干扰更加突出。

1．光谱干扰的来源

光谱干扰包括谱线的重叠和背景，主要由以下几种情况造成：

（1）试样中待测元素分析线与某些共存元素发射线波长相差很小仪器分辨不开产生的干扰。例如：分析 Bi 矿中的 Sn 时，主体元素 Bi 波长为 286.38 nm 的谱线干扰分析元素 Sn 灵敏线 286.30 nm 的测量。

（2）谱线变宽引起的光谱干扰。谱线变宽可以导致原来可以分开的两条谱线相互重叠产生干扰，这种情况在 ICP 激发源中较为显著，如 Ca Ⅱ 393.4 nm 和 396.8 nm 由于共振变宽分别与 Al Ⅰ 394.4 nm 和 396.2 nm 相重叠。

（3）分子辐射、连续光谱及强扩散性谱线（基体元素强烈发射造成的散射光）产生的强背景对分析线的干扰。例如，ICP 激发源中电子-离子复合产生的连续光谱使背景加深；大气气氛下，石墨电极电弧激发源产生的 CN 分子光谱密集在 350.0～421.6 nm，而且强度很大，使落在该波段范围内的灵敏线无法检出；ICP 激发源中由于试样引入带入的水分子解离产生的 OH 谱带干扰位于 281.0～294.5 nm 和 306.0～324.5 nm 区域内分析线的检测。

2．光谱干扰的防止及消除

（1）采用大色散率仪器，提高分辨率，使干扰谱线分开。

（2）用电弧作为激发源的摄谱仪进行定性分析时，利用分馏效应（由于元素的挥发顺序不同，易挥发的元素先蒸发，难挥发的元素后蒸发的现象叫“分馏”）采取分段摄谱，减少各元素谱线之间的相互干扰。如先用小电流摄谱 1 min，摄取易挥发元素的光谱，然后以大电流将试样烧完，摄取难挥发元素的光谱。

（3）使用电弧激发源时，不用石墨电极，选用其他电极，防止氰带产生。

（4）选用另外的谱线代替被干扰的分析线。如 Al 的最后线 Al Ⅰ 394.4 nm、396.2 nm 有光谱干扰时，可选用 Al Ⅰ 308.2 nm、309.2 nm 作为分析线。

二、光谱半定量分析

摄谱半定量分析通常采用谱线强度比较法。

感光板接受光照产生的黑度，取决于谱线的强度和曝光时间，而谱线强度与发射该谱线的元素含量有关，当曝光时间不变时，试样中待测元素的含量越高，感光板上所产生的谱线黑度越大。

谱线强度比较法是配制被测元素的标准系列（如 1%，0.1%，0.01%，0.001%），在相同条件下，在同一块感光板上将标准系列与试样并列摄谱，然后在映谱仪上目视比较试样中被测元素分析线与标准系列中该元素分析线的黑度，若被测元素分析线的黑度与某一个被测元素的标准样品黑度相同，则可认为它们的含量近似相等。采用该法时，应使标准系列的基体物质与被测试样组成尽量相近。

光电法光谱半定量分析是配制一个待测元素标样，与试样同一条件下测量，通过比较试样中待测元素与其标样的谱线强度，确定其含量。

三、光谱定量分析

（一）光谱定量分析原理

1．定量分析的基本关系式

本章第一节中式（1.3）描述了影响谱线强度的有关因素，即

$$I_{ij}=\frac{g_i}{g_0}A_{ij}h\nu_{ij}N_0\mathrm{e}^{-\frac{E_i}{kT}}$$

在一定条件下，对某一条谱线而言，A、$\frac{g_i}{g_0}$ 以及 $\mathrm{e}^{-\frac{E_i}{kT}}$ 等均为常数，基态原子数目 N_0 与待测元素的含量 c*成正比。将所有的常数合并，用 a 表示，并且考虑到自吸现象对谱

* 按 GB 3100 的规定，质量浓度的符号应为 ρ，考虑到此公式中的使用习惯，此处质量浓度的符号仍沿用 c。以下有类似情况。

线强度的影响，该式可写为：

$$I = ac^b \tag{1.11}$$

式中：b 为自吸系数，其数值取决于光源的性质，谱线的性质以及待测元素的含量。无自吸收存在时，$b=1$；有自吸时 $b<1$，且自吸愈严重，b 值愈小。a 值则与待测元素的蒸发、激发条件以及试样的组成有关。将式（1.11）两边取对数，则

$$\lg I = \lg a + b\lg c \tag{1.12}$$

这就是光谱定量分析的基本关系式。当 a、b 为常数时，$\lg I$ 与 $\lg c$ 成直线关系。

2．内标准法

由于试样的蒸发、激发条件以及试样组成等的任何变化均会直接影响谱线强度，且这种变化往往很难绝对避免，所以在实际光谱分析中，常选用一条比较谱线，用分析线与比较线的强度比进行光谱定量分析，以抵偿这些难以控制的变化因素的影响，这种方法称内标法。所采用的比较线称为内标线；提供这种比较线的元素称为内标元素，内标元素可以是试样的基体元素，也可以是外加的元素。所选用的分析线与内标线的组合叫做分析线对。

设分析线强度　　$I_1= a_1c_1^{\ b}$

内标线强度　　$I_2= a_2c_2^{\ b}$

当内标元素的含量为一定值时，内标的含量 c_2 可以合并到常 a_2 之内，

则　　$I_2=a_2$

所以分析线对强度之比为：

$$\frac{I_1}{I_2}=ac^b \tag{1.13}$$

式（1.13）两边取对数得：

$$\lg R=\lg\frac{I_1}{I_2}=b\lg c+\lg a \tag{1.14}$$

式（1.14）为内标法定量分析关系式。内标法的优点是：虽然蒸发、激发条件等变化对谱线强度有影响，但对分析线和内标线的影响基本上是一样的，所以对其强度比值的影响不大。

光电直读光谱仪商品仪器上带有内标通道，可直接检测分析线对的强度，自动进行内标法测定。但是，摄谱法不能直接用内标法关系式进行定量分析。

3．摄谱法光谱定量分析

摄谱法光谱定量分析是采用照相的方式将待测元素的谱线拍摄在感光板上然后通过测量谱线的黑度，从而确定待测元素的含量。

谱线影像的黑度与作用于感光板上的光强度、曝光时间、显影剂的化学成分、浓度、温度、显影时间以及乳剂本身的性质等有关。当乳剂的种类和显影条件保持一致时，则黑度仅与落在乳剂上的曝光量有关。设 H 为曝光量、I 为光线射入乳剂上的光强，t 为曝光时间，则

$$H=It \tag{1.15}$$

当摄谱时间控制一定时，曝光量 H 与光强 I 成正比。光强愈强，则黑度 S 值愈大，如果测得 S，就得到了 I。

当谱线强度 I 所产生的黑度落在乳剂特性曲线的直线部分，根据式（1.10）和式（1.15）：

对于分析线：　$S_1=\gamma_1 \lg H_1-i_1=\gamma_1 \lg I_1 \cdot t_1-i_1$

对于内标线：　$S_2=\gamma_2 \lg H_2-i_2=\gamma_2 \lg I_2 \cdot t_2-i_2$

由于在同一感光板上曝光时间相等，则

$$t_1=t_2$$

当两条谱线的波长很接近，而且谱线的黑度都落在乳剂特性曲线的直线部分，则

$$i_1=i_2,\quad \gamma_1=\gamma_2$$

将 S_1 减 S_2，则

$$\Delta S=S_1-S_2=\gamma_1 \lg I_1-\gamma_2 \lg I_2=\gamma \lg \frac{I_1}{I_2} \tag{1.16}$$

由前面已经讨论的内标法已知：

$$\lg R=\lg \frac{I_1}{I_2}=b \lg c+\lg a$$

所以　$$\Delta S=\gamma \lg R=\gamma b \lg c+\gamma \lg a \tag{1.17}$$

式（1.16）为摄谱法光谱定量分析关系式，此公式使用的条件是：

（1）分析线对的黑度值必须落在乳剂特性曲线的直线部分。

（2）在分析线对波长范围内，乳剂的反衬度 γ 值应保持不变。

（3）a 为常数，b=1，内标元素的含量为一定值。

（二）光谱定量分析方法

1．校准曲线法

校准曲线法亦称标准曲线法、工作曲线法，是最常用的一种光谱定量分析方法。该法是配制 3 个或 3 个以上的已知不同含量的标样，测量其谱线的强度或黑度，从所获得的分析线对的 $\lg R$ 或 ΔS 为纵坐标，待测元素含量的对数 $\lg c$ 为横坐标绘制校准曲线。

2．标准加入法

从光谱定量分析内标法关系式 $R=ac^b$ 可以看出，当自吸系数 $b=1$ 时，$R=ac$。设试样中待测元素原先含量为 c_x，在几份试样中加入的量分别为 c_1，c_2，c_3，…，则 $R_x=ac_x$，$R_1=a(c_x+c_1)$，$R_2=a(c_x+c_2)$，…。以 R 对加入量 c 作图，可得如图 1-15 所示曲线，将直线外推至与 c 轴相交（$R_x=0$ 处），则其截距的绝对值即为 c_x。

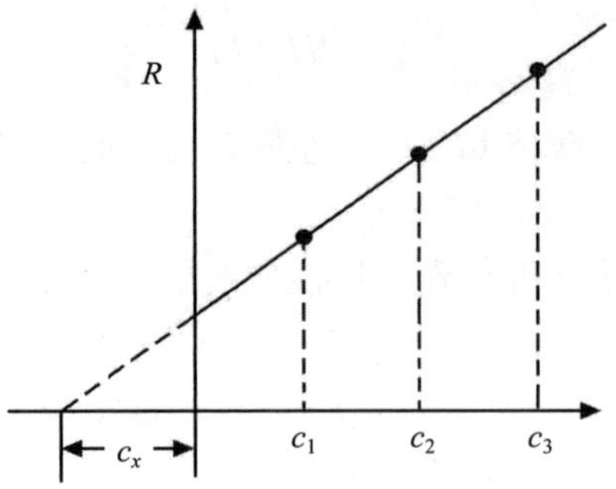

图 1-15 标准加入法工作曲线

该法仅适用于低含量成分的分析（b=1）。对于高含量成分的测定，因自吸存在，b 不等于 1，使曲线弯曲，外推的结果影响准确度。此外，加入量不得少于 3 个，且加入量的含量范围应与待测元素在同一数量级上。

（三）光谱定量分析工作条件的选择

（1）激发源。应特别注意激发源的稳定性，测量高含量元素时，应选用自吸小的激发源。

（2）光谱仪。对于一般谱线不太复杂的试样，选用中型光谱仪即可，对于谱线复杂的元素，则需用色效率大的大型光谱仪。所选用的狭缝要比定性分析宽得多，一般可达 20μm 左右。

（3）分析线对。

1）分析线对要匹配，即或两条都是原子线，或两条都是离子线。并且，它们的激发电位尽量相近。根据定量分析的基本关系式：分析线的强度 $I_1 = a_1 e^{-\frac{E_1}{kT}} c^b$，内标线的强度 $I_2 = a_2 e^{-\frac{E_2}{kT}}$（由于内标元素含量可以认为是一定的，故可包括常数 a_2 中）。分析线对的相对强度为：

$$\frac{I_1}{I_2} = A e^{-\frac{E_1 - E_2}{kT}} c^b$$

由此可以看到，这个相对强度与激发温度 T 有关。假如在放电中，由于某种原因使激发温度发生变化，则强度比就会产生误差，只有在 $E_1 = E_2$ 时，即两谱线的激发电位完全相等时才能消除此影响。这种激发电位相等，不因放电条件改变而影响谱线强度比的线对称为均称线对。实际上很难找到激发电位完全相等的谱线，通常选用激发电位相近的谱线作为分析线对。

2）分析线对的波长应尽量靠近，以免受乳剂及显影不均匀的影响。

3）分析线对附近的背景应尽量小，并无其他的干扰谱线存在。

4）分析线对应无自吸或自吸很小，在高含量分析时要避免选用最后线。

（4）内标元素。内标元素若是外加的，应符合以下几个条件：

1）分析样品中应不含此元素或含量甚微对分析结果不产生影响。

2）内标元素中应不含有被分析的元素。

3）内标元素与分析元素的蒸发行为相似，否则由于分馏效应而引入较大的误差。

（5）ICP 工作参数。

采用 ICP 激发源时，要注意以下工作参数的选择：

1）射频输出功率。增大射频功率，可提高 ICP 温度，使谱线增强，同时减轻基体影响，但背景会增大。因此，通常信背比随功率增大而下降。取低功率有利于获得大的信背比，降低检出限，但基体影响较重。因此，一般取稍大的功率 1.0～1.1 kW 作为信背比和基体影响两种因素的折中。

2）观测高度。观测高度是光谱仪观察窗中点与线圈上缘之间的高度，以 mm 为单位。由于 ICP 激发源中温度、电子密度、氩的各种粒子密度在中心通道内的轴向分布不同，因而各元素谱线的信背比以及干扰情况与观测高度有关，在进行 ICP-AES 分析时，需要根据元素、分析线波长及干扰情况选择最适合的观察高度。

3）冷却气（等离子气）流速。对于给定的 ICP 体系，冷却气流速有个最低限，低于这个限度会导致外管过热而烧毁，或使焰炬熄灭。从经济角度考虑，通常采用比稳定 ICP 焰炬所需最低限稍大的冷却气流速。

4）载气流速。载气流速影响导入等离子焰炬中的气溶胶的量和等离子体特性。当载气流速增大时，通过雾化器导入的样品气溶胶增多，可使谱线强度增大；但同时较大量的样品气溶胶使等离子体温度下降，也可使谱线强度减弱。故要根据不同载气流速下，气溶胶流量和等离子体特性对谱线强度的综合影响，选择最适宜的载气流速。

（四）光谱缓冲剂

电弧激发源的弧焰温度取决于弧隙中气体元素的电离电位。用该激发源进行含有多种元素的粉末试样分析时，试样的组成对待测元素谱线强度的影响显著。主要原因是：元素按其沸点顺序从电极孔中蒸发到弧焰中去，即沸点低的元素先蒸发，沸点高的元素后蒸发，由于先、后进入弧焰蒸汽元素的电离电位不一样，因而导致弧焰温度不同，从而影响谱线强度。如相同含量的 As 在 K、Na 含量高的试样中得到的谱线强度低于无 K、Na 存在试样中的谱线强度。为了消除试样组成对谱线强度的影响，必须严格选择合适的分析线对，并使标准试样的组成与分析试样完全一致，但这在实际上很难办到，尤其是对于复杂试样的分析。因此，往往在粉末试样和其标样中，加入一种或多种经特殊选择的且量较大的物质，这种物质称为光谱缓冲剂。

光谱缓冲剂的作用一是稀释样品，使标样与试样的组成趋于一致，减少试样组成对谱线强度的影响，如炭粉的作用。二是控制和稳定弧温，使之有利于待测元素的激发，如当待测元素是易挥发、易电离的元素时，用挥发性与之相似，电离电位接近的物质作光谱缓冲剂。

（五）光谱背景的扣除

当分析线出现背景时，分析线强度应包括其背景的强度，如分析线强度远远大于背景强度，此时背景影响较小，可不考虑；但当背景强度与分析线强度相接近时，背景影响严重，使工作曲线低含量部分明显向上弯曲，因此必须扣除。而内标线上出现背景时，仅使工作曲线产生平移，故一般可不扣除。

光电直读光谱仪商品仪器具有自动校正背景的功能，可直接扣除背景。

在摄谱法中，不能用分析线黑度减去背景黑度扣除背景，而只能用它们的强度相减。因此，扣除背景必须利用乳剂特性曲线，将测得的黑度值换算为强度。如设测出的被测元素分析线与背景相加的黑度为 S_{L+B}，背景的黑度为 S_B，可在乳剂特性曲线上查出对应的 $\lg I_{(L+B)}$ 与 $\lg I_B$，再换算成 I_{L+B} 与 I_B，二者相减，即可得出 I_L。

（六）定量分析方法的检出限、灵敏度

检出限、灵敏度是衡量分析方法质量的两个重要参数。

1．检出限（c_L）

国际纯粹和应用化学联合会（IUPAC）规定检出限为：信号为空白测量值（至少 20 次）标准偏差的 3 倍所对应的浓度（或质量）。即置信度为 99.7%时被检出的待测物的最小浓度（或最小量）。

原子发射光谱分析实际测量检出限的方法是：测量分析线波长位置的空白信号值（背景信号值）20 次，算出空白信号平均值 $\bar{X}_B$ 和标准偏差 S_B：

$$S_B=\sqrt{\frac{\sum_{i=1}^{n}(\bar{X}_B-X_i)^2}{n-1}}$$

取一个分析线信号为空白信号 10～50 倍的分析元素标样（含量为 c_A），测量分析线信号 20 次，算出净信号平均值（测量值平均值减去空白平均值）$\bar{X}_A$，则检出限为：

$$c_L=\frac{3S_B\cdot c_A}{\bar{X}_A}$$

c_L 与 c_A 单位相同，通常用μg/ml 或 ng/ml 表示。

2．灵敏度（S）

IUPAC 规定灵敏度为：待测物浓度（或质量）改变一个单位时所引起的测量信号的变化量，用 S 表示，$S=\frac{dx}{dc}$，也可以把灵敏度理解为分析曲线的斜率。

检出限与灵敏度的关系：

$$c_L=\frac{3S_B}{S}$$

第四节 原子发射光谱法在环境分析中的应用

一、ICP-AES 法测定大气颗粒物中 Be 和 Pb

在环境分析中应用最广泛的是以电感耦合等离子体作为激发源的原子发射光谱法（ICP-AES）。该法具有灵敏度高，测量精度好，基体效应小，线性范围宽，并且能同时进行多元素测定的特点，可用于环境试样中 70 余种元素的分析。如大气、水体、垃圾、水

体沉积物、土壤等介质中重金属元素，海水中稀有元素以及水体、土壤中稀土元素的测定。

大气颗粒物中有害成分通过呼吸影响人体健康，其中铍和铅具有显著致突变性，因此在大气环境分析监测中对铍和铅的测定显得尤为重要。用电感耦合等离子体原子发射光谱法分析大气颗粒物时，试样必须先消解制备成溶液。采用微波在密闭加压下以硝酸-过氧化氢及氢氟酸消解大气颗粒物试样、ICP-AES 测定铍和铅，可获得满意的结果。

（一）主要试剂

分析纯硝酸、盐酸、氢氟酸、硼酸。

铅标准溶液配制：将纯度为 99.9%的金属铅溶于适量硝酸（1+1）溶液中，配制成含铅 1 000 mg/L 的标准溶液，备用。将纯度为 99.9%的金属铍溶于适量盐酸（1+1）溶液中，配制成含铍 1 000 mg/L 的标准溶液，备用。将上述标准溶液经适当稀释配制成含铍 10 μg/ml、含铅 100 μg/ml、含硝酸 1%（体积分数）的工作标准溶液。该工作标准液用于加入至空白中配制成含铍 1 μg/ml、含铅 10 μg/ml 的实际标样，供校准用。

（二）仪器与工作条件

电感耦合等离子体光谱仪。

正向功率 1.2 kW，反向功率 5W；氩：工作气体冷却气 15 L/min，辅助气 1.2 L/min，载气 1.0 L/min，护套气 3.5 L/min；观察高度为感应线圈上方 16 mm。

分析线：Be 234.8 nm，Pb 220.3 nm。

（三）分析步骤

称取大气颗粒试样 0.250 0 g 于聚四氟乙烯溶样杯中，加入浓硝酸 5 ml、过氧化氢 1 ml，盖上杯盖。溶样杯放入工程塑料外套中，盖好套盖，置入微波溶样炉中消解 3 min，取出，自然冷却 15 min，打开套盖和溶样杯盖，加入氢氟酸 0.5 ml，在同样条件下再加热消解 3 min。冷却后，在溶样杯中加入结晶硼酸 0.5 g，以络合过量的氢氟酸。转入 50 ml 容量瓶中并定容。消解后得到澄清的溶液，同时准备两份空白，供配制低标、高标作校准用。

将一份空白留作校准用的低标，另一份空白中加入工作标准液使之成为含铍 1 μg/ml、含铅 10 μg/ml 的高标。

分别对低标、高标雾化进样，测量铍、铅的分析线强度，进行校准。再对试样溶液雾化进样，测量铍和铅的分析线强度，求得样品溶液中铍和铅的浓度，并换算成大气颗粒物中的含量。

加标回收率：铍为 97%～103%，铅为 96%～105%。

二、ICP-AES 法同时测定废水中的 Cd、Cr、Cu、Ni、Pb 和 Zn

废水中的重金属元素曾采用极谱法、原子吸收法或其他的化学分析法进行测定，但不管哪种方法，都不能做到同时测定多种元素。对于共存离子的干扰问题，极谱法需加入支持电解质，原子吸收法需加入干扰抑制剂消除，而 ICP-AES 由于基体效应小，可直接同时测定废水中的 Cd、Cr、Cu 等 6 种元素。该法简便、快速，可用于金属冶炼、选矿等生产过程排放的废水中 Cd、Cr、Cu、Ni、Pb 和 Zn 的测定。

（一）主要试剂

分析纯硝酸、高氯酸。

标准溶液：低标 2%（体积分数）HNO_3；高标 Cd1 mg/L，Cr 、Ni 、Cu、Zn2.5 mg/L，Pb5.0 mg/L（2% HNO_3 溶液）。

（二）仪器与工作条件

全谱直读等离子光谱仪。

工作条件：功率 1 150W，频率 27.12MHz，雾化压力为 2.07×10^5Pa，冷却气 14 L/min，辅助气 0.5 L/min，提升量 1.67 ml/min。

分析线及线性范围分别为：Cd－214.4 nm（0～1.0 mg /L）；Cr－267.7 nm（0～2.5 mg/L）；Ni－341.4 nm（0～2.5 mg/L）；Pb－220.3 nm（0～5.0 mg/L）；Zn－213.8 nm（0～2.5 mg/L）。

（三）分析步骤

取 25 ml 水样于 50 ml 烧杯中，低温蒸至 5 ml 左右，加 3 ml HNO_3 和 0.5 ml $HClO_4$ 消解，蒸至近干（冒白烟），取下稍冷，加 1 ml（1+1）HNO_3 和少量水溶解残渣，通过 0.45 μm 孔径的滤膜过滤到 25 ml 的比色管中，水洗定容后测定。

三、ICP-AES 测定土壤中的稀土元素 La、Ce、Pr、Nd、Sm、Y

稀土元素能促进高等植物光合作用效率和叶绿素的形成，推迟叶片衰老过程。在土壤中喷施一定量稀土元素，有利于农作物的生长，增加产量。但是，如果土壤中稀土元素积累量达到一定程度，便会带来稀土元素污染问题。因此准确测定土壤中的稀土元素，对于防止土壤稀土元素的污染具有重要意义。原子吸收和原子发射光谱法是进行元素分析的重要手段。原子吸收光谱法可以测定许多 ICP-AES 能测定的元素，并且对 K、Na、Ag、Zn 等元素，检出限低于 ICP-AES。但是，对于 V、Mo、W、Si 以及稀土等原子化效率低的高温元素，检测性能没有 ICP-AES 好。采用 ICP-AES 测定土壤中微量 La、Ce、Pr、Nd、Sm、Y 6 个元素，为了消除和减小土壤中基体元素如铝、铁、钙等的干扰影响，进行了两次沉淀分离，除去了绝大部分基体元素，有效地消除了这些元素的干扰，提高了测定结果的准确度。

（一）主要试剂

氯化镁、氯化铵、氨水、三乙醇胺均为分析纯。

标准溶液：用光谱纯稀土元素氧化物制备浓度为 1.0 mg/ml 的各单一元素的储备液，使用前按待测元素含量稀释混合配制，用盐酸控制酸度为 2 mol/L。

（二）仪器与工作条件

电感耦合等离子体光谱仪。

工作条件：频率 27.120MHz，正向功率 1.4 kW，炬管为石英同心三重管，冷却气（氩气）流量 10.5 L/min，氩气载气流量 1.0 L/min。

La、Ce、Pr、Nd、Sm、Y 的分析线波长分别为 398.85 nm、413.77 nm、414.31 nm、430.36 nm、442.43、371.03 nm。

（三）分析步骤

称取土壤样品 0.500 0 g 于镍坩埚中，加入 4～5 g 氢氧化钠，在电炉上烤干，放进已升温至 700℃马弗炉内熔融 10 min，取出冷却后放入盛有 10 ml 1+1 三乙醇胺的烧杯中，加沸水 100 ml 提取。洗净坩埚后加 10 mg 氯化镁，并将溶液煮沸，冷却后用中速滤纸过滤，用 2%氢氧化钠溶液洗涤沉淀，弃去滤液。然后用 1+1 盐酸溶解沉淀，并洗净滤纸，用原烧杯承接滤液。在烧杯中加 3 g 氯化铵、100 ml 去离子水、20 ml 氨水煮沸进行沉淀。冷却后用中速滤纸过滤，用 2%氨-氯化铵溶液洗涤沉淀，然后用热的 2 mol/L 盐酸将沉淀溶解于 10 ml 容量瓶中，用 2 mol/L 盐酸定容。

方法的回收率：元素 La、Ce、Pr、Nd、Sm、Y 的回收率分别为 94.1%～97.4%、103%～104%、95%～102%、97.2%～105%、102%～104%、97.5%～99.2%。

四、原子发射光谱法直接测定土壤、水系沉积物中微量银

以电弧（直流、交流电弧）作为激发源的原子发射光谱法可以采用固体进样方式，直接测定土壤、水系沉积物等固体环境样品中某些微量元素。为了减少土壤、水系沉积物基体成分影响引起的分析误差，测定时通常在样品中加入合适的光谱缓冲剂。

（一）主要试剂

光谱缓冲剂：由光谱纯氧化铅、氧化锌、碳粉、氧化铝、分析纯碳酸钙、氟化钠组成。

（二）仪器及工作条件

WPG-100 型 1 m 光栅摄谱仪。

工作条件：国产天津Ⅱ型相板，交流电弧激发源，下电极规格 5 mm×5.5 mm×0.5 mm，曝光时间 40s，电弧强度 14A；分析线对 Ag328.06 nm/Ge303.97 nm；缓冲剂与样品比例为 2∶3。

（三）实验方法

1. 银校准曲线的绘制

采用地矿部地球化学级标样作标准系列。

称取 40 mg（含银量不同的系列标样，分别加入缓冲剂 60 mg），用玛瑙研钵研磨混匀后装入下电极，滴一滴蒸馏水润湿，在烘箱内于 105℃烘干后，按选定工作条件摄谱。

用测微光度计测量分析线对ΔS。以 $\lg c$ 为横坐标，ΔS 为纵坐标绘制校准曲线。

2. 样品分析

样品分析按标样相同步骤操作，根据所测得的ΔS，在$\Delta S \sim \lg c$ 校准曲线上查得样品中银含量。

习题

1. 解释下列名词。

激发电位　电离电位　第一共振线　自吸　倒线色散率

2. 计算汞原子 253.652 nm 共振线的激发电位。

3. 试求宽 52 mm，刻痕为 1 180 条/mm 的光栅的一级光谱分辨率。此光栅能否将 Na330.23 nm 和 333.29 nm 两条谱线分辨出来？

4. 试述闪耀光栅和中阶梯光栅的特点。

5. 原子发射光谱仪主要由哪几个部分组成？简述各部分的作用。

6. 以电弧作为激发源的原子发射光谱分析中，为什么试样组成对谱线强度的影响较为严重？

7. 试述 ICP 焰的形成，ICP 激发源的特点。

8. 光电光谱仪有哪几种类型，各有何特点？

9. 试述原子发射光谱定性分析的原理。

10. 原子发射光谱定量分析为什么要采用内标法，内标法的原理是什么？

11. 光谱定量分析时，下列各公式各在什么条件下才能使用。

（1）$I = ac^b$

（2）$\lg R = b\lg c + \lg a$

（3）$\Delta S = \gamma \lg R = \gamma b\lg c + \gamma \lg a$

参考文献

[1] 钱沙华，韦进宝. 环境仪器分析[M]. 北京：中国环境科学出版社，2004.

[2] 武汉大学化学系. 仪器分析[M]. 北京：高等教育出版社，2002.

[3] 北京大学化学系仪器分析教学组. 仪器分析教程[M]. 北京：北京大学出版社，2002.

[4] 邱德仁. 原子光谱分析[M]. 上海：复旦大学出版社，2002.

[5] 阎吉昌，徐书坤，张兰英. 环境分析[M]. 北京：化学工业出版社，2002.

第二章　原子吸收光谱分析

第一节　概　述

原子吸收光谱法又称原子吸收分光光度法，是通过测量气态基态原子对其特征谱线的吸收程度而进行定量分析的方法。

待测元素在高温中成为气态基态原子，光源发出的该元素特征谱线通过原子蒸气时被吸收。在一定条件下，吸收程度与元素含量有一定关系。因而，通过测量特征谱线被吸收的程度，即可求得待测元素的含量。

原子吸收光谱法具有如下优点：

1. 检出限低

火焰原子吸收光谱法的检出限为 10^{-10} g 数量级，非火焰原子吸收光谱法的检出限一般比火焰法低 1 000 倍到 1 万倍，即可达到 10^{-14} g 数量级，是痕量分析常用的一种分析手段。

2. 干扰小

在原子发射光谱分析中，试样元素发射的光谱线不仅有待测元素产生的，还有其他共存元素产生的，加之激发源的激发能量较大、温度较高（与原子吸收光谱分析的光源比较），并且激发一般是在大气中进行的，因而得到的谱线多而宽，容易产生光谱干扰。而在原子吸收光谱分析中，最常用的空心阴极灯光源其阴极由待测元素的金属或合金做成，且在低电流和低气压下被激发，因而产生的谱线少而窄、光谱干扰小。

此外，由于原子化温度下（一般小于 3 000K）达到热平衡状态时，激发态原子数目很少超过总原子数的 1%，基态原子数目则占总原子数的 99%以上。因而试样基体、共存元素以及原子化温度等因素对原子吸收光谱分析的影响也比较小。

3. 分析速度快

由于原子吸收光谱法干扰小，并且容易克服，因此在复杂样品分析中，有可能制备一份溶液，不经化学分离即能直接测定多种元素。

4. 精密度高

单光束原子吸收光谱法的相对标准偏差一般为 0.5%～2%，若采用双光束原子吸收光谱仪，精密度还可以提高。

5. 应用范围广

能够测定的元素达 70 多个。

6. 可进行微量试样测定

采用无火焰原子吸收光谱法，试液用量仅需 5～100μl。

7. 仪器结构简单，价格较低廉

由于原子吸收分析法具有上述优点，因而自 1955 年问世以来，发展相当迅速。它广泛用于冶金、地质、石油、化工、农业、医学和环境保护等部门，在生产和科研中承担了大量分析任务。

原子吸收光谱法的缺点是多数情况下每分析一种元素需要更换一个光源，多元素分析仪器结构复杂，多元素同时检测的能力不及原子发射光谱。

第二节　基本原理

一、原子吸收光谱的产生

光的发射和吸收是原子从一个状态向另一个状态转变的过程。处于基态的原子，当它受到入射光照射时，如果入射光的能量恰好等于原子的两个能级之间的能量差，即 $hv = \Delta E$，那么，处于基态的原子就会吸收该入射光，从基态被激发到激发态（原子中的外层价电子从低能级到高能级）。不同元素的原子，由于它们的原子结构不同，能级间的 ΔE 不同，因而，它们对于光的吸收具有选择性，即不同原子具有不同的特征吸收光谱。一般情况下，原子能发射这条谱线，也能吸收这条谱线，因为同类原子的ΔE 是确定的。结构简单的原子，如碱金属和碱土金属，其吸收线少；结构复杂的原子，如铁、镍等过渡元素，其吸收线较多。原子吸收光谱分析中常用第一共振线作为分析线。但有的元素第一共振线在真空紫外区，不便采用。

吸收光能后处于激发态的原子，或者是以无辐射跃迁形式返回基态，或者以辐射光量子形式返回基态。在原子吸收光谱分析中，大多数原子返回基态是以无辐射形式释放其能量。原子返回基态所释放的辐射能称荧光，通过测量原子发射的荧光强度进行定量分析的方法称原子荧光光谱分析法。

二、基态原子和激发态原子的玻耳兹曼分布

原子吸收光谱分析测量的是气态基态原子对其特征谱线的吸收。在原子吸收分析中，通常利用高温使试样原子化来得到气态基态原子。但是在高温中，气态基态原子也可以通过热激发成为激发态原子。

理论研究和实验观察表明，在高温下达到热平衡状态时，激发态原子数目 N_j 与基态数目 N_o 的关系遵守玻耳兹曼（Boltzman）分布定律，即

$$\frac{N_j}{N_o} = \frac{g_j}{g_o} e^{-\frac{E_j}{kT}} \tag{2.1}$$

式中：g_j、g_o ——激发态和基态的统计权重；

E_j——激发能；

k——玻耳兹曼常量；

T——热平衡时气体的热力学温度。

从式（2.1）可以看出，原子在热平衡状态时，处于高能级的原子数目总是少于低能级的原子数目。同时还可以看出，温度升高，基态原子数减少，激发态原子数增加。

在原子吸收光谱分析中，我们所关心的主要是那些能够产生共振吸收的基态原子数。表 2-1 列出在不同温度下根据式（2.1）计算得到的某些元素的 N_j / N_o 值。可以看出，N_j 仅仅是基态原子数目的很小一部分，对于大多数元素，N_j 不超过原子总数的 1%。所以 N_j 与 N_o 比较，N_j 可忽略不计，N_o 可以认为接近原子总数。此外可见，虽然 N_j 随温度呈指数变化，但由于 N_o 数目很大，温度对 N_o 的影响较小。

表 2-1　某些元素不同温度下的 N_j/ N_o 值

共振线/nm		g_j / g_o	激发能/eV	N_j / N_o		
				2 000K	2 500K	3 000K
Na	589.0	2	2.104	0.99×10^{-5}	1.14×10^{-4}	5.83×10^{-4}
Ba	553.5	3	2.239	6.38×10^{-6}	3.19×10^{-5}	5.19×10^{-4}
Sr	460.7	3	2.690	4.99×10^{-7}	11.32×10^{-6}	9.07×10^{-5}
Ca	422.7	3	2.932	1.22×10^{-7}	3.67×10^{-6}	3.55×10^{-5}
Co	352.7	1	3.664	5.85×10^{-10}	4.11×10^{-8}	6.99×10^{-7}
Ag	328.1	2	3.778	6.03×10^{-10}	4.84×10^{-8}	8.99×10^{-7}
Cu	324.8	2	3.817	4.82×10^{-10}	4.04×10^{-8}	6.65×10^{-7}
Mg	285.2	3	4.346	3.35×10^{-11}	5.20×10^{-9}	1.50×10^{-7}
Pb	283.3	3	4.375	2.83×10^{-11}	4.55×10^{-9}	1.34×10^{-7}
Au	267.6	1	4.632	2.12×10^{-12}	4.60×10^{-10}	1.65×10^{-8}
Zn	213.9	3	5.795	7.45×10^{-15}	6.22×10^{-12}	5.50×10^{-10}

在上述讨论中只考虑了热平衡状态，但在火焰中的自由电子和紫外线等也能引起原子激发，因此激发态原子比只考虑热平衡时要多。但即使激发态原子增加 10 倍，基态原子还是多得多。原子的电离也会影响基态原子数，将另加讨论。

三、谱线的轮廓

原子光谱线（无论是发射线还是吸收线）并不是一根无限细，严格单色的几何线（几何线无宽度），而是具有相当窄的频率范围。用吸收系数 K_v（单位长度内光强的衰减率$-\frac{dIv}{Iv}$，单位是 cm^{-1}）对频率 v 作图，所得曲线为吸收线轮廓，如图 2-1 所示。

图 2-1 中最高点对应的频率 v_o 称为吸收线的中心频率，K_o 称为最大吸收系数，或称峰值吸收系数；在最大吸收一半处所包含的频率宽度Δv 称为吸收线的半宽度，习惯上用谱线的半宽度来表示谱线的轮廓。原子吸收是窄带吸收，其吸收线的半宽度仅为 0.00x nm 数量级。

原子吸收光谱分析法要求发射线半宽度比吸收线半宽度小得多，所以谱线轮廓的研究是原子吸收分析的一个重要问题。

影响谱线轮廓变宽的因素有：自然宽度、多普勒变宽、压力变宽、自吸变宽、场致变宽和同位素效应。

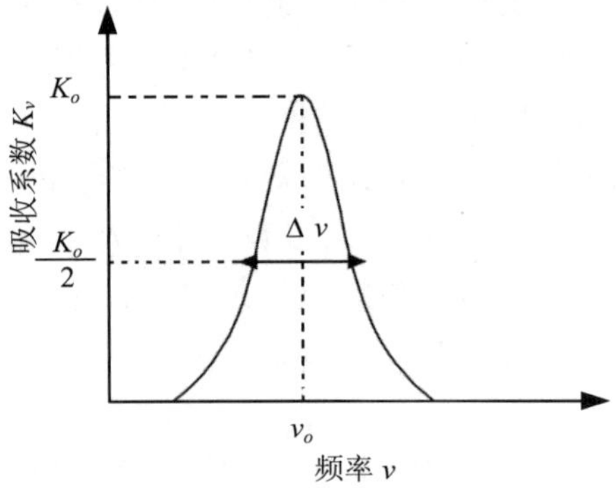

图 2-1 吸收系数与频率的关系

（一）自然宽度

自然宽度是谱线所固有的宽度，取决于激发态原子的平均寿命，寿命越短，谱线越宽；寿命越长，谱线越窄，其大小一般为 10^{-5} nm 数量级。在原子吸收光谱分析的实验条件下，自然宽度与其他原因引起的谱线宽度相比可以忽略。

（二）多普勒（Doppler）变宽

多普勒变宽又称热变宽，它由原子无规则的热运动产生。谱线的多普勒宽度 $\Delta\nu_D$ 可通过式（2.2）计算。

$$\Delta\nu_D = 7.16\times10^{-7}\nu_o\sqrt{\frac{T}{M}} \tag{2.2}$$

式中：ν_o——谱线的中心频率；

M——相对原子质量；

T——热力学温度，K。

由式（2.2）可知，原子量小的元素，多普勒宽度大；温度升高，原子或分子的无规则运动加剧，谱线的多普勒宽度增加。

待测元素原子化的温度通常是 1 500～3 000K，吸收线的多普勒变宽一般是 10^{-3} nm 数量级（表 2-2）。空心阴极灯光源在不同灯电流下工作，阴极温度不同，发射线的多普勒宽度不一样。可见，在原子吸收分析中，多普勒变宽既影响发射线轮廓，又影响吸收线轮廓。

（三）压力变宽

微粒相互碰撞引起谱线变宽称为压力变宽。其中由同类原子碰撞产生的变宽叫做赫兹马克（Holtmark）变宽，又称共振变宽；由不同微粒碰撞引起的变宽称为罗伦兹（Lorentz）

变宽，它是压力变宽的主要部分（由于罗伦兹变宽和共振变宽都和气体压力有关，所以这两种变宽统称为压力变宽）。碰撞除了使谱线变宽以外，还会使谱线的中心频率发生位移。压力变宽主要影响吸收线轮廓。

在 1 500～3 000K 的原子化温度和一个大气压下，当各种气体分子、原子的浓度较高时，罗伦兹变宽与多普勒变宽的数量级相同（表 2-2），并使吸收线中心波长红移。若原子化器中气体分子、原子的浓度较低，罗伦兹变宽和共振变宽则很小，可忽略不计。

表 2-2 多普勒和罗伦兹半宽度 单位：Å

元 素	谱线/nm	相对原子质量	2 000 K		2 500K		3 000 K	
			$\Delta\lambda_D$	$\Delta\lambda_L$	$\Delta\lambda_D$	$\Delta\lambda_L$	$\Delta\lambda_D$	$\Delta\lambda_L$
Na	589.0	22.99	0.039	0.032	0.044	0.029	0.049	0.027
Ba	553.5	137.24	0.015	0.032	0.017	0.028	0.018	0.026
Sr	460.7	87.62	0.016	0.026	0.017	0.023	0.019	0.021
V	437.9	50.94	0.02	—	0.022	—	0.024	—
Ca	422.7	40.08	0.021	0.015	0.024	0.013	0.026	0.012
Fe	372.0	55.85	0.016	0.013	0.018	0.011	0.019	0.010
Co	352.7	58.93	0.013	0.016	0.015	0.014	0.016	0.013
Ag	328.1	107.87	0.010	0.015	0.011	0.013	0.013	0.012
Cu	324.8	63.54	0.013	0.009	0.014	0.08	0.016	0.007
Mg	285.2	24.31	0.018	—	0.021	—	0.023	—
Pb	283.3	207.19	0.006 3	—	0.007	—	0.008	—
Au	267.6	196.67	0.006 1	—	0.007	—	0.007 5	—
Zn	213.9	65.37	0.008 5	—	0.009 5	—	0.010	—

（四）自吸变宽

自吸变宽是光源周围温度较低的原子蒸气吸收同种原子的发射线（一般是共振线）而导致的谱线变宽。减小光源强度和原子蒸气的浓度，可以减小自吸变宽。自吸变宽在空心阴极灯的制造和使用中需要特别注意，当空心阴极灯的发射线存在自吸变宽时，会使吸光度降低，工作曲线线性关系变坏。

（五）场致变宽

场致变宽是电场与磁场的影响引起的谱线变宽。若将光源置于强磁场中，则原来表现为一条的谱线，可以分裂成三条或更多条谱线，这种现象称为塞曼（Zeeman）效应或塞曼变宽。这种效应只发生在特别强的磁场中，在一般原子吸收分析条件下，无需考虑塞曼变宽。值得注意的是，近些年来，在原子吸收光谱学中，利用塞曼效应校正背景的方法，取得了很好的效果。

谱线在强电场中分裂的现象称为斯塔克（Stark）变宽。谱线分裂程度随电场强度增加而增加，在强电场激发源中产生的谱线（如高压火花），斯塔克变宽显著。但在空心阴极光源中，因电场强度小，这种变宽可以忽略。

（六）同位素效应

同种元素含有各种同位素，各种同位素能产生波长十分接近又有一定差别的谱线。大多数同位素的谱线，难以用一般的单色器分开，往往相互重叠，致使谱线具有一定宽度。这种由同位素引起的谱线变宽称为同位素效应，通常是可以忽略的。

综上所述，光源发射线的轮廓主要受热变宽和自吸变宽两种因素影响；吸收线轮廓主要受热变宽和压力变宽影响。

四、测量原子吸收的方法

（一）积分吸收系数与原子浓度的关系

在吸收线轮廓内，不同频率下吸收系数的积分称积分吸收系数。根据经典色散理论，谱线的积分吸收系数与产生吸收的原子数之间的关系为：

$$\int kv\mathrm{d}v = \frac{\pi e^2}{mc} \cdot N_0 f \tag{2.3}$$

式中：e——元电荷，其值约为 $1.602\times10^{-19}C$；

m——电子质量；

N_0——单位体积中产生吸收的原子数；

f——振子强度，即能被入射光线激发的每个原子的平均电子数，对于电子结构简单的原子，可以从理论上计算出振子强度；结构复杂的原子，可以通过实验测得。

式（2.3）是原子吸收光谱分析的理论依据。从该式可见，如果能准确测定谱线的积分吸收系数，就能准确计算出 N_0，从而得到样品中元素浓度 c。但是，测定谱线的积分吸收系数是非常困难的。因为原子吸收线的半宽度非常窄，即使包括种种可能的变宽，也不过为 0.00x nm 数量级，要测定如此狭窄谱线轮廓内的积分吸收系数，需要分辨率非常高的仪器以及相当窄的狭缝，这是难以做到的。

（二）峰值吸收系数的测量

吸收线中心波长处的吸收系数 K_0 为峰值吸收系数。如果原子吸收线的轮廓主要取决于多普勒变宽，则吸收系数为：

$$Kv = K_0 \cdot \exp\left\{-\left[\frac{2(v-v_0)\sqrt{\ln 2}}{\Delta v_D}\right]^2\right\} \tag{2.4}$$

将式（2.4）积分得

$$\int_0^{\infty} kv\mathrm{d}v = \frac{1}{2}\sqrt{\frac{\pi}{\ln 2}} K_0 \Delta v_D \tag{2.5}$$

将式（2.3）代入式（2.5）得

$$K_0 = \frac{2}{\Delta\nu_D}\sqrt{\frac{\ln 2}{\pi}}\frac{\pi e^2}{mc}N_0 f \tag{2.6}$$

从式（2.6）可见：峰值吸收系数 K_0 与基态原子数目成正比，只要测出 K_0，就可得到 N_0。

1955 年，沃尔什提出采用发射线半宽度比吸收线半宽度小得多，并且发射线中心波长与吸收线中心波长相一致的锐线光源测量峰值吸收系数。当采用这种锐线光源（如空心阴极灯）时，发射线的轮廓可看作一个狭窄矩形，所测得的吸收系数即可代表峰值吸收系数（图 2-2）。

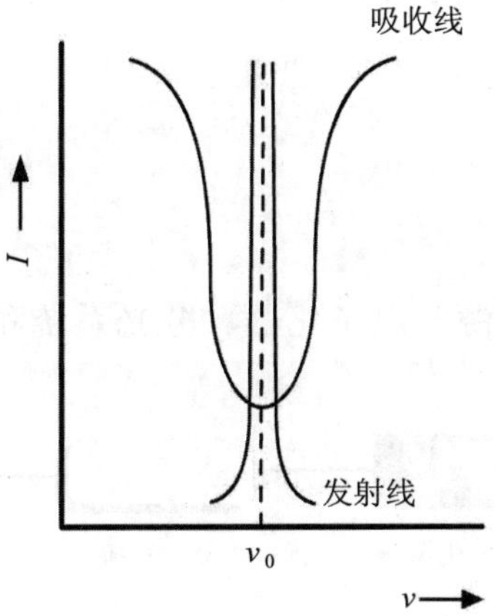

图 2-2　峰值吸收系数的测量

（三）原子吸收光谱定量分析关系式

假定频率为 ν，强度为 I_0 的平行光束入射 l cm 长的原子蒸气，则被气态原子吸收后的透射光强度 I_ν 可用式（2.7）表示。

$$I_\nu = I_0 e^{-K_\nu l} \tag{2.7}$$

式中：K_ν——吸收系数（与 ν 有关）。

根据吸光度定义，得

$$A = \lg\frac{I_0}{I_\nu} = K_\nu \cdot l \cdot \lg e$$

lge = lg2.718 = 0.43，当采用发射线半宽度比吸收线半宽度窄得多，且中心波长与吸收线一致的锐线光源时，K_ν 用 K_0 代替，则

$$A = \lg\frac{I_0}{I_\nu} = 0.43K_0 l \tag{2.8}$$

将式（2.6）代入式（2.8）得

$$A = (0.43\frac{2}{\Delta\nu_D}\sqrt{\frac{\ln 2}{\pi}} \cdot \frac{\pi e^2}{mc} \cdot f\,)\,N_0 l \tag{2.9}$$

对某一吸收线而言，括号内的参数是一定的，因此式（2.9）可写成

$$A = K N_0 l \tag{2.10}$$

当实验条件一定时，l为常数，基态原子数N_0正比于试液中元素的质量浓度c，则

$$A = Kc \tag{2.11}$$

式（2.11）就是原子吸收光谱定量分析关系式——比尔定律，利用该关系式，通过测定吸光度A，便可求得样品中待测元素的含量。

第三节　原子吸收分光光度计

一、仪器的基本结构

原子吸收分光光度计主要由光源、原子化器、分光系统和检测系统四部分组成，见图 2-3。

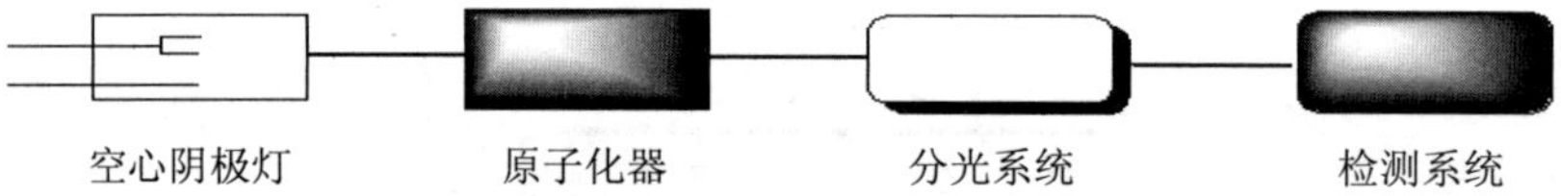

图 2-3　原子吸收分光光度计结构示意图

光源（空心阴极灯）发射待测元素的谱线，其强度为I_0，通过原子化器被基态原子吸收后谱线强度为I，谱线经过分光系统分出并投射到检测系统测量，由测得的吸光度求得试样中待测元素的含量。下面具体讨论仪器各部分的构造原理。

（一）光源

光源的作用是发射待测元素的特征谱线（一般是共振线）。原子吸收光谱分析对光源的要求是：

谱线窄。光源发射线的半宽度窄，有利于提高分析灵敏度和改善标准曲线的线性关系。

谱线强度大，背景小。光源发射线的强度大，背景小，有利于提高信噪比，改善检出极限。

谱线强度稳定。有利于提高测量精度。

可作为原子吸收光谱分析的光源有空心阴极灯，高频无极放电灯，蒸气放电灯等。下面介绍应用最广泛的空心阴极灯光源。

1. 空心阴极灯的构造

空心阴极灯是一种阴极呈空心圆柱形的气体放电管，图 2-4 是其结构图。灯的阴极和阳极固定在硬质玻璃管中，管内充入一定压强的惰性气体，一般是氖气或氩气。灯的前

部装有透光窗口，窗片材料视元素的波长而定。波长大于 350.0 nm 的可用玻璃片，小于 350.0 nm 的用石英片。

阳极为一钨棒，其上装有钽片或钛丝作为吸气剂。阴极制成空心圆柱形状，是为了在一定的气体压强下，使放电集中在阴极的凹部进行。为了防止阴极外部发光，使发光集中在阴极凹部，阴极管常带有屏蔽罩（一般采用云母片、瓷套管或玻璃管为屏蔽罩）。根据阴极材料的不同，分为单元素灯和多元素灯。

单元素灯的阴极由某一种分析元素的金属或合金制成，发射的谱线强度大，干扰少，但只能用于一种元素的测定。

多元素灯的阴极由几种分析元素的混合金属或合金制成，能同时发射出几种元素的特征谱线。多元素灯可避免每测一种元素换一个灯，但发射强度低于单元素灯，容易产生光谱干扰。

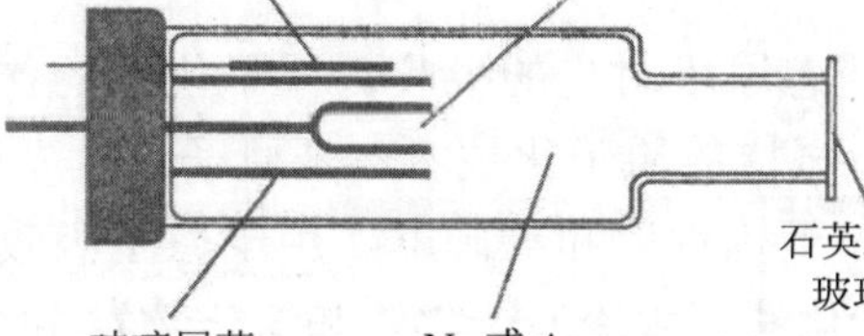

图 2-4 空心阴极灯的结构

2. 空心阴极灯的作用原理

当阳极和阴极间施加一定的电压时，阴极发出的电子在电场作用下，高速射向阳极，在此过程中电子与载气（惰性气体）碰撞并使其电离而放出二次电子。在电场的作用下，一方面电子继续向阳极输送而将载气电离；另一方面，正离子向阴极输送，经过高电位梯度的克洛克斯暗区（位于阴极表面极小区域）时，正离子被大大加速而获得很大的能量轰击阴极表面，使阴极表面的元素从其晶格中溅射出来。溅射出来的原子大量积聚在阴极表面并与电子和离子等碰撞而激发出阴极元素的光谱。

空心阴极灯的发光强度取决于阴极溅射（或蒸发）过程和阴极区内的激发过程，这两个过程是互相联系的。增大灯电流，可使阴极的溅射程度加剧而提高激发效率，导致灯的发光强度增大，光强度稳定性好，信噪比较高，谱线强度 I 和电流 i 的关系，可用以下经验公式表示：

$$I = ai^n \tag{2.12}$$

式中：a、n ——常数，其中 n 与阴极材料，载气性质和谱线性质有关。对于氖和氩，n 值一般为 2～3。在四种惰性气体中，氦的 n 值最大，其次为氖、氩、氪。

由此可见，灯电流的变化会引起谱线强度的显著变化，因此，在进行原子吸收光谱分析时，必须保持灯电流恒定，才能得到重现性好的分析结果。

空心阴极灯内气压很低，一般只有几百帕，电场强度和磁场强度也很小，因此，压力变宽、斯塔克变宽和塞曼效应变宽均很小，发射线半宽度主要取决于多普勒变宽和自吸变宽。不同灯电流下放电（空心阴极灯的灯电流一般为几毫安到几十毫安），阴极温度便不同，发射线具有不同的多普勒宽度和自吸宽度。当灯电流较低时，多普勒变宽和自吸变宽小，空心阴极灯发射的谱线半宽度窄。提高灯电流，一方面，阴极温度增高，多普勒变宽随之增大；另一方面，阴极元素的溅射增强，灯中基态原子蒸气密度增加，自吸变宽增大，从而使谱线变宽。

3．空心阴极灯的供电

空心阴极灯发射的谱线特性除与灯本身的结构有关外，还与其供电线路有关。由式（2.12）可知，灯的发射线强度与其供电电流有很大关系。供电电流微小变化，将会引起谱线强度的显著变化。所以空心阴极灯的供电线路，应当是一种稳流装置。一般要求灯电流的稳定度为 0.05%～0.1%。此外，为了消除原子化器中待测元素发射光谱对原子吸收测量的影响，需要将光源调制到一定频率。

（二）原子化器

原子吸收的本质是气态基态原子对光的吸收。原子化器的作用是提供能量使待测试样成为气态基态原子的形式。试样的原子化技术，是原子吸收光谱分析的一个关键问题，它直接影响到分析的灵敏度、干扰程度和准确度。用于原子吸收分析的原子化技术主要有火焰原子化法、石墨炉原子化法、汞冷原子化法和氢化物发生原子化法。

1．火焰原子化法

（1）火焰原子化器的结构及作用原理。火焰原子化法是利用化学火焰产生的高温使试样成为气态基态原子。原子吸收光谱分析通常采用预混合型火焰原子化器，即使燃气和助燃预先混合，并与雾化试液充分混合后导入火焰。它由喷雾器、雾化室和燃烧器三部分构成，见图 2-5。

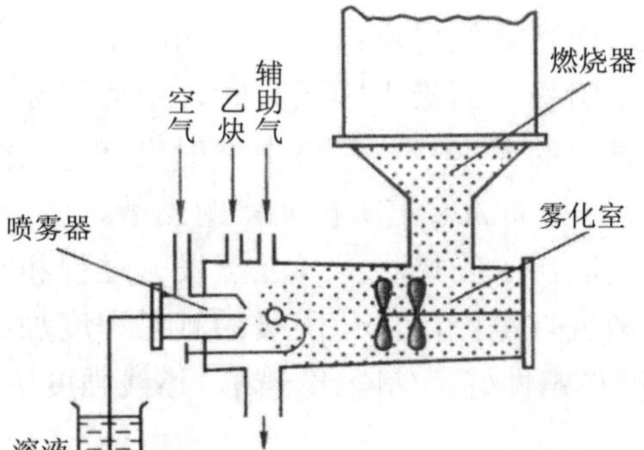

图 2-5　预混合型火焰原子化器装置

1）喷雾器。喷雾器是火焰原子化装置的核心部件，其作用是将试液变成细雾。雾滴越细，越多，在火焰中生成的基态原子就越多，分析的灵敏度就越高。原子吸收光谱分析对喷雾器主要有以下三个要求。

雾化效率高：雾化效率是指在一定的气体压强和流量下，喷雾溶液中有多少被雾化成细小的雾滴，进入火焰参与原子化反应。例如，当空气压强为 2 kg/cm^2，流量为 5 L/min

时，喷雾溶液的体积 100 ml，其中 90 ml 喷雾溶液由雾化室的排泄管中排出，其余的 10 ml 雾液进入火焰参与原子化反应，那么，喷雾器的雾化效率为 10%。喷雾器的雾化效率一般可达到 10%～15%，若采用一些特殊的措施，雾化效率能达到 30%。

雾滴细：雾滴大小是不均匀的，其直径一般是微米数量级。雾滴越小，蒸发效率越高，产生的基态原子就越多。此外，元素的干扰情况也与雾滴大小有关，颗粒较小的雾滴，在火焰中容易分解，元素间干扰小。

喷雾稳定：喷雾稳定才能获得较好的精密度。

在原子吸收光谱分析中，应用最广的是气动同轴型喷雾器，见图 2-6。当压缩气体（空气或其他助燃气体）通入喷雾器时，由于高速气流的作用，在毛细管上端形成负压，导致毛细管两端产生压强差，从而使溶液沿着毛细管上升，并在毛细管出口处，将溶液分散成直径很小的雾滴喷出。

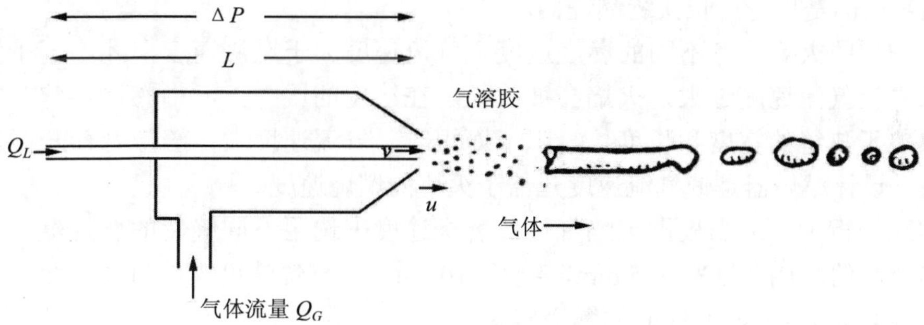

图 2-6 气动同轴型喷雾器

试样的提升量 Q_L（溶液的流量，用 ml/min 表示）由式（2.13）决定：

$$Q_L = \frac{\pi R^4 \Delta P}{8\eta L} \tag{2.13}$$

式中：R——毛细管半径，cm；

ΔP——压强差，Pa；

η——黏度，Pa • s；

L——毛细管长度，cm。

由式（2.13）可知影响试样提升量的各种因素。当喷雾器的毛细管压强差一定时，溶液的流量与毛细管半径的 4 次方成正比，与毛细管的长度和溶液的黏度成反比；当喷雾器一定时，溶液的流量与压强差成正比。实际上，毛细管的压强差随气体的流量或流速增大而增大，所以在实际操作中，可通过控制压缩气体的流量来控制喷雾器的提升量。若提升量太小，由于进入火焰的溶液少，测量灵敏度低；提升量太大，则由于较大雾滴进入火焰，未能得到完全蒸发，反而使原子化效率低，测量灵敏度降低，同时溶液消耗过多。提升量一般以 3～8 ml/min 为宜。

影响雾滴大小的因素则很复杂，除了溶液的表面张力、黏度和密度等物理性能外，还有喷雾器本身的结构和喷雾条件的影响。

2）雾化室。雾化室的作用一是进一步细化雾滴，二是使燃料气体与助燃气体混合均匀，得到一个平稳的火焰。为了细化雾滴，通常采用两种方法。一种是在雾化器前方安装碰撞球；另一种是在雾化室后半部加装扰流器，亦称“挡板”。

碰撞球对细化雾滴效果是很明显的。毛细管喷出的雾滴撞击碰撞球，直径较大的雾滴被进一步“破碎”，形成更多的小雾滴。扰流器由几个叶片组成，由于扰流器的阻挡作用，一方面使雾滴粒度减小；另一方面可阻挡粒度较大的雾滴进入火焰，降低由于大粒度雾滴进入火焰带来的噪声。同时，扰流器能使燃气和助气得到充分混合，使火焰更加稳定。

性能良好的雾化室，应具有“记忆”效应小（指从喷雾样品转为吸喷去离子水时仪器读数返回零点或基线的时间短），噪声低的特性。为了减小“记忆”效应，应使与喷雾器连接的废液排气管排泄畅通。为了防止燃气通过排泄管溢出空间，引起火灾，废液排泄管应有“水封”。

3）燃烧器。燃烧器的用途是通过火焰产生的高温使试样原子化。燃烧器多用不锈钢制成。最常用的是单缝、长狭缝燃烧器。

不同类型的火焰具有不同的燃烧速度。气流速度大于燃烧速度，才不至于发生“回火”现象。但气流速度过大，火焰会被吹灭。在给定的压力下，由燃烧器狭缝喷出的气流速度取决于狭缝的宽度和长度。缝隙窄而短时，气流速度大；缝隙宽而长时，气流速度小。通常设计燃烧器是使气流速度几倍于火焰的燃烧速度。

在实际分析中，应当根据火焰气体的燃烧速度来选用不同缝宽的燃烧器。如空气—乙炔火焰所用的燃烧器缝宽 0.5 mm，缝长 10 cm；而燃烧速度大的氧化亚氮—乙炔火焰则用宽为 0.4 mm，缝长为 5 cm 的燃烧器。

燃烧器高度应能上下调节，以便选取适宜的火焰部位测量。改变燃烧器的长度 l 可改变原子吸收的灵敏度，在实际测量中，为了降低灵敏度，可将燃烧器旋转一定角度。

（2）火焰中试样的原子化过程。火焰原子化过程是一个极复杂的物理化学过程。为了便于讨论，我们可将预混合式火焰（由预混合式原子化器提供的）大致划分为干燥、蒸发、原子化、电离化合四个作用区域（图 2-7）。

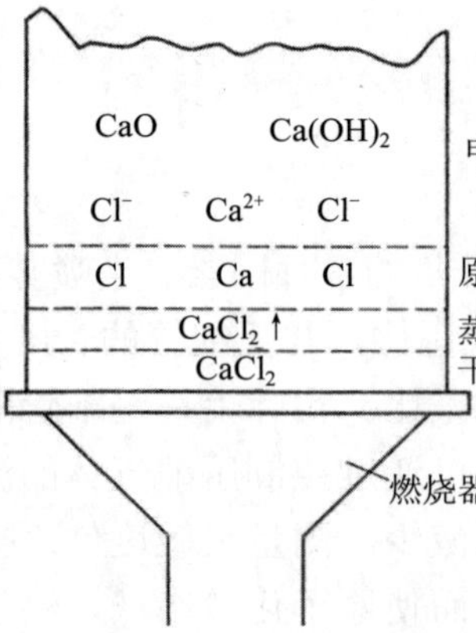

图 2-7 预混合式火焰的结构

干燥区是靠燃烧器最近的一条宽度不大、亮度较小的光带。由于燃烧不充分，干燥区的温度不高，试液在这里去溶剂成为固态颗粒。

蒸发区亦称第一反应区，温度比干燥区高，固体颗粒在这里被熔化，蒸发成为气态分子。

原子化区是紧靠蒸发区的一个小薄层，燃烧完全，温度较高，气态分子在这里被高温离解，产生大量基态原子。原子吸收光谱主要利用这个区域。

电离化合区亦称第二反应区，由于助燃气充足，火焰气体得到充分燃烧，温度很高。但再往外层，由于热扩散加剧，温度下降。因此，在这个区域，既有原子的电离，也有原子的化合。

（3）火焰的状态和类型。根据燃料气体和助燃气体的比例不同，可将火焰分为三种状态：

化学计量火焰（中性焰） 这种火焰的燃气与助燃气的比例和它们之间化学反应当量关系相近。它具有温度高、干扰小、背景低、稳定等特点，适用于许多元素的测定。

贫燃火焰 燃气与助燃气比例小于化学计量的火焰叫贫燃火焰。这种火焰的氧化性较强，温度较低，适用于易解离、易电离元素（如碱金属）的测定。

富燃火焰 燃气与助燃气比例大于化学计量的火焰称为富燃火焰，这种火焰层次模糊，呈黄色亮光。其特点是还原性强，温度低于化学计量焰，背景高，不如化学计量火焰稳定。但它有利于氧化物解离能较大的元素的原子化，如 Mo、Cr、Ca 等。金属氧化物在火焰中的还原作用过程，可表示为：

$$2MO + C \longrightarrow 2M + CO_2$$
$$5MO + 2CH \longrightarrow 5M + 2CO_2 + H_2O$$

用于原子吸收光谱分析的火焰有空气-乙炔焰和氧化亚氮-乙炔焰两种类型。最常用的是空气-乙炔焰，氧化亚氮-乙炔焰用得较少。这两种火焰中，乙炔是燃气，空气和氧化亚氮均为助燃气。

空气-乙炔火焰能测定 Ag、As、Au、Ca、Cd、Cu、Fe、Mg、Mn、Na、Pb 等 30 多种元素，在短波紫外区有较大吸收。由于温度（2 300℃左右）不及氧化亚氮-乙炔高，因此不能用于化合物分子解离能很大的元素的分析。

氧化亚氮-乙炔焰的温度可达到 3 000℃，惯常分析倾向于应用富燃性。富燃焰中，除了 CH、CO、C 蒸气等还原物质外，还有强还原性的 CN 和 NH 基团，能有效地与氧化物分子反应，提高原子化效率。使用氧化亚氮火焰使原子吸收可分析的元素扩增到近 70 个，如 Al、Si、B 及稀土元素。但这种火焰易产生“回火”，操作者须高度注意。

（4）火焰原子化法的特点。火焰原子化法的应用最普遍，这是因为它具有结构简单、造价低廉、操作简便快速、分析精度高等优点。

火焰原子化法的局限性是：第一，样品利用率低。由于火焰法的雾化效率低，被喷雾的试样溶液只有 5%～15%进入火焰参与原子化反应。第二，火焰气体的稀释作用与高速燃烧一方面使原子浓度降低；另一方面使原子在吸收区停留时间很短（约 10^{-3}s 数量级）。第三，火焰法不能直接测定固体试样，也难以分析哪些来源困难，或数量很少的样品。

2. 石墨炉原子化法

为了弥补火焰法的不足，发展了多种非火焰原子化器。比如石墨炉、石墨棒（条）、金属舟（片）、阴极溅射、等离子喷焰、激光原子化器等。石墨炉原子化器是目前应用最多，发展最快的一种非火焰原子化器。

（1）石墨炉原子化器的结构和工作程序。石墨炉原子化器是一种利用电加热石墨管产生高温使样品原子化的装置，它由以下五部分构成：

1）石墨管　是用高纯度和高密度的热解石墨车制而成，长几十毫米，内径几毫米至 10 mm。石墨管中央有一小孔——进样孔，管子两端分别有一小孔，用于通入和排泄惰性气体。

2）炉体　用于安放石墨管，炉体上设有水冷装置和惰性气体保护装置。两端装有可卸式的石英窗，中部装有可卸式窗口。

3）水冷装置　通过水冷却，石墨管温度很快达室温。当水温为 20℃，水的流量为 4～6 L/min 时，切断电源后 20～30s，炉子即可冷却至室温。

4）惰性气体保护装置　惰性气体的作用在于保护石墨管在高温中不被氧化；防止被测元素形成氧化物；同时排除分析过程中出现的烟雾。通常使用纯的氩气或氮气。实验表明，采用氩气灵敏度一般比用氮气高，有人认为是由于氩气原子量大，扩散迁移速度比氮气小的原因。有些元素在高温下易与氮形成金属氮化物而使原子浓度减少（如 Mo、Ba）；有些元素（如 Cr）的分析线靠近或者位于 N_2 在高温石墨管中形成的 CN 分子吸收带中。因此，这类元素的测定必须使用氩气。而在满足测量灵敏度以及待测元素分析线不在 CN 带范围的情况下，可用价格便宜的氮气。

气体流量随元素和工作条件不同而异。通常，对于易挥发元素，宜用小流量；对难熔元素流量适当用大些；对某些元素（如钛），采用大的流量，往往能有效地降低“记忆”效应。另一方面，流量小，石墨管寿命短；流量大，可延长石墨管寿命。

目前，保护气体大多改用从石墨管两端进入，由进样孔排出，并且在原子化阶段切断气体。这样，有助于提高测定灵敏度。

5）电源　石墨炉电源是一种低压（约 10V）大电流（约 500A）供电装置，能使石墨管迅速达到 2 000℃以上的高温。

石墨炉原子化器工作时，经历干燥、灰化、原子化和去除残渣四个阶段完成整个分析流程。干燥是为了蒸发样品的溶剂或含水组分；灰化的作用是减少或消除试样在原子化过程中可能带来的干扰，这种干扰主要来自于样品组分的分子吸收和烟雾造成的光散射。在灰化阶段，应尽可能地除去干扰组分而不至于损失被测元素；原子化是将待测元素转化为气态基态原子；去除残渣的目的是净化石墨管，减少和消除“记忆”效应。

（2）石墨炉原子化过程。石墨炉中的原子化过程是很复杂的，有许多问题还未弄清楚。但由于试样的原子化是在高温下，并且有惰性气体和碳存在的气氛中进行的，因此可以认为，试样的原子化主要还是通过热解作用和还原作用。

例如：以硝酸盐或硫酸盐形式存在的元素，它们在灰化阶段先被热分解为 M_xO_y 形式的氧化物，然后按下述过程原子化。

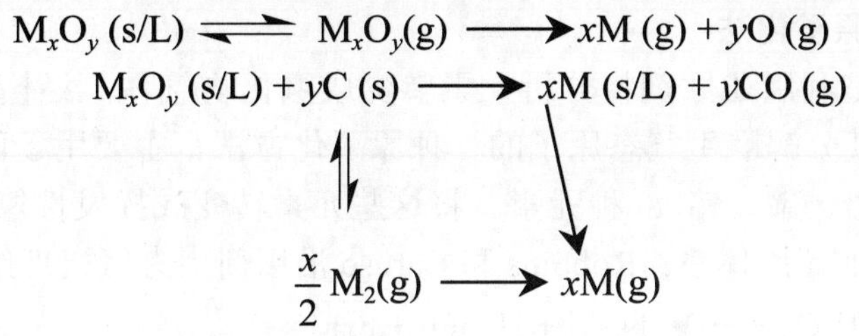

以卤化物形式存在的元素原子化则为：

$$MX_m\ (s/L) \rightleftharpoons MX_m\ (g) \longrightarrow M\ (g) + mX\ (g)$$

式中：X——卤素；

s ——固态；

s/L——固态或液态；

g ——气态。

（3）石墨炉原子化法的特点。石墨炉原子化法的优点是：

1）样品的利用率高（几乎达到 100%），气体对待测元素的稀释效应小。因此石墨炉原子吸收分析法检出限低（比火焰法低 3～4 个数量级），适合于痕量和超痕量元素分析。

2）能直接分析黏度很大的试液或悬浮液。

3）样品用量少，液体试样只需几微升，在微量样品分析中有其独到之处。

石墨炉原子化法的缺点是结构复杂，稳定性较差，背景吸收较严重。

3. 汞冷原子化法

汞冷原子化法是在试液中加入还原剂使 Hg^{2+}还原成金属汞，然后利用金属汞在常温下具有较高的蒸汽压的性质，将汞蒸汽引入分析区测定其对特征谱线的吸收。

汞冷原子化装置是一个由反应瓶、吸收管、循环泵构成的系统（图 2-8）。吸收管置于汞灯的光路中。试液移取至反应瓶中，加入还原剂 $SnCl_2$ 后迅速盖好瓶塞，启动循环泵；循环泵将空气打入到试液中发生鼓泡，将还原产生的金属汞蒸汽从溶液中驱赶出来导入吸收管中，并均匀分布在系统内；汞灯发出的 Hg253.7 nm 特征谱线通过吸收管时，被管内汞蒸汽吸收。

国内外均有冷原子吸收光谱法测汞的商品仪器，该仪器体积小、结构简单、易操作，检测限可达 0.05 ng • ml^{-1}，已经广泛用于汞的痕量分析。

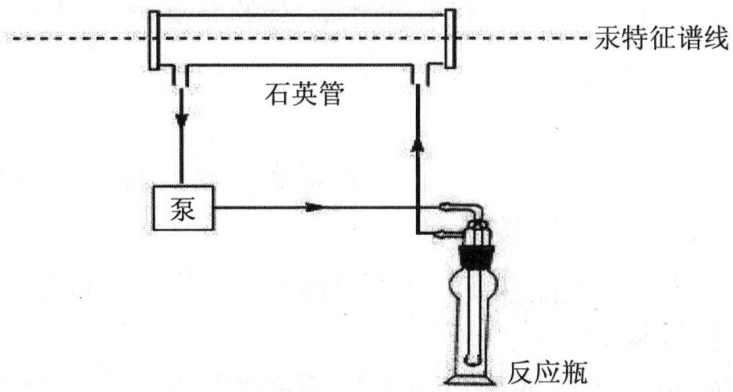

图 2-8　汞冷原子化装置

4. 氢化物发生原子化法

氢化物发生法是利用还原剂将分析元素转变成氢化物气体，经惰性气体（载气）带入石英管后加热使其分解产生气态原子的一种原子化方法。主要用于能生成氢化物的砷、锑、锡、硒、铋、铅、碲、锗 8 种元素。将这些元素转变成挥发性氢化物，普遍采用的是硼氢化钠（钾）-酸还原体系。Robbins 和 Caruso 沿用新生态氢机理给出如下反应式：

$$NaBH_4 + HCl + H_2O \longrightarrow NaCl + H_3BO_3 + 8H_*$$

$$8H_* \xrightarrow{E^{m+}} EH_n + H_2\ (过量)$$

式中 H_*为新生态氢，E 为氢化元素，m 可等于或不等于 n。

在原子吸收光谱分析中，通常使用石英管外绕电热丝的电热石英管原子化器。它具有管内原子化温度和气流流速可以调控的优点。已有性能良好的氢化物发生-电热石英管原子化器商品器材作为原子吸收仪器主机的选配附件。

与火焰原子化法相比，氢化物发生法样品利用率大大提高，并且能使待测元素与基体主成分分离，因此检测限比火焰原子化法低 2～3 个数量级，干扰小，选择性好。但是操作比火焰法烦琐，精密度没有火焰法好。

（三）分光系统

原子吸收光谱仪通常采用 Gzerny-Turner 光栅分光系统。利用光栅将待测元素谱线与其它谱线分开后，可通过选择光谱带宽有效地将分析线与最邻近的谱线隔除。

分光系统出射狭缝可通过的波长范围称为光谱带宽，它取决于狭缝宽度和色散率。

对于光栅光谱仪，其光谱带宽可用式（2.14）表示。

$$W=S\cdot\frac{d\lambda}{dl} \tag{2.14}$$

式中：W——光谱带宽，nm；

$\frac{d\lambda}{dl}$——倒线色散率，nm/mm；

S——狭缝宽度，mm。

通常仪器的倒线色散率是一定的，调节不同的狭缝宽度即可得到相应的光谱带宽。原子吸收光谱仪的光谱带宽有的是可连续调节的，有的是分档调节的。

（四）检测系统

原子吸收分光光度计的检测系统一般包括检测器、放大器和读数装置。

1. 光电倍增管（检测器）的结构原理

原子吸收光谱仪通常用光电倍增管作为检测器。光电倍增管不仅可将光信号转变为电信号，而且可以将电信号放大。

光电倍增管是由阴极和很多倍增极以及阳极构成的。见图 2-9。光阴极和倍增极上涂有光敏性的物质，此物质被光照射后容易放出电子，且每接收一个电子，便可放出 2～5 个电子。当光线照射阴极时，光量子碰撞阴极而发射出电子。由于第一倍增极的电位高于阴极，使这些电子得到加速而撞击到第一倍增极上。于是在第一倍增极上产生 2～5 倍的电子。这些电子又在第二倍增极上产生 2～5 倍的电子。这样继续下去，在第 n 个倍增极上就产生 2^n～5^n 倍于阴极的电子。假若阴极在光照下产生一个电子，则在第 10 个倍增极上将产生 2^{10}～5^{10} 个电子，即 10^3～10^7 个电子，相当于将微电流放大了 10^3～10^7 倍。

光电倍增管对微电流的放大作用，取决于倍增极数目和倍增极之间的电压。倍增极越多，放大倍数越大，一般有 9、11 或 13 个倍增极。倍增极的电压愈高，放大倍数愈大，光电倍增管的灵敏度就愈高。但过高时会产生不稳定现象，而且暗电流也相应增大。倍增极之间的电压一般为 50～100V。

由于光电倍增管具有灵敏度高（电子放大系数可达 10^8～10^9），线性响应范围宽（光电流在 10^{-9}～10^{-3}A 内与光通量成正比），响应时间短（约 10^{-9}s）等特性，因此广泛用于原子吸收分析仪和其他测量仪器。

光电倍增管的供电电压一般为－200～－2 000V。因为光电倍增管的灵敏度很高，所以光电倍增管的供电电压的微小变化，必将引起光电流的极大变化。因此光电倍增管的供电电压必须十分稳定，通常需要达到 0.01%～0.05%稳定度。

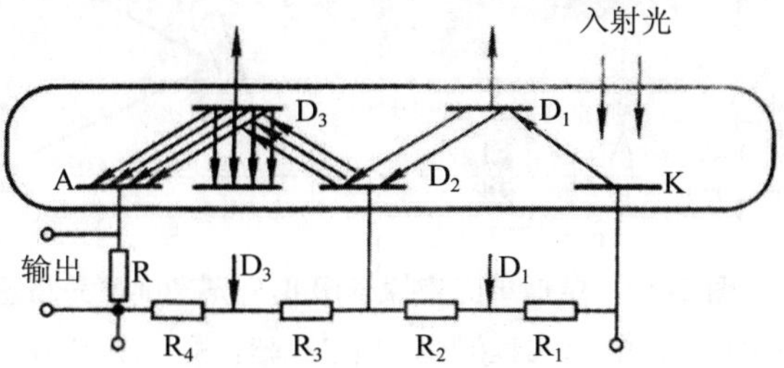

图 2-9 光电倍增管示意图

K. 光阴极；D_1、D_2、D_3. 倍增极；A. 阳极；R_1、R_2、R_3、R_4. 电阻

2. 放大器

放大器的作用是进一步提高测量灵敏度和消除原子化器中待测元素发射光谱的影响。

原子吸收光谱仪广泛采用的是同步检波放大器，这种放大器的信号频率与光源的调制频率相同，只放大光源辐射的与其频率相同的交流信号，而对直流信号不予以响应，因此，可以消除待测元素发射光谱对待测元素吸收信号测量的影响。

3. 读数装置

表头、数字显示器和记录器都可作为读数装置。表头是最简单和最普遍的读数装置，其缺点是反应迟钝，容易产生读数和记录上的误差。表头不能用于石墨炉原子吸收信号的记录，因为石墨炉原子化的峰值信号是瞬时的，大多数元素的峰值信号时间不到 1s。

数字显示器反应快，无读数误差，但数据不能保存。

记录器反应较快，可作永久性记录，便于保存和核对测量结果。由于记录器能够连续地记录测量结果和准确地测定噪声，因此，它能记录突然变化的信号和测定信噪比，从而测量检出限。当对波长扫描时，采用记录器也是最适宜的。

此外，现代商品仪器已与计算机联用，能够快速准确地存贮、处理大量数据并打印出来。

二、仪器类型

原子吸收分光光度计的型号很多，但依其结构原理划分不过是几种类型。按光束数划分有单光束与双光束型；按分光、检测系统数划分有单道、双道和多道型。

（一）单道单光束型

单道单光束仪器结构简单、灵敏度较高，能满足日常原子吸收分析要求。其缺点是，光源或检测器的不稳定性可引起吸光度零点漂移——基线漂移。因此，使用单光束仪器时，为了克服零点漂移现象，往往要使光源预热 20～30 min，并且在测量过程中，要时刻注意校正零位。其光路如图 2-10 所示。

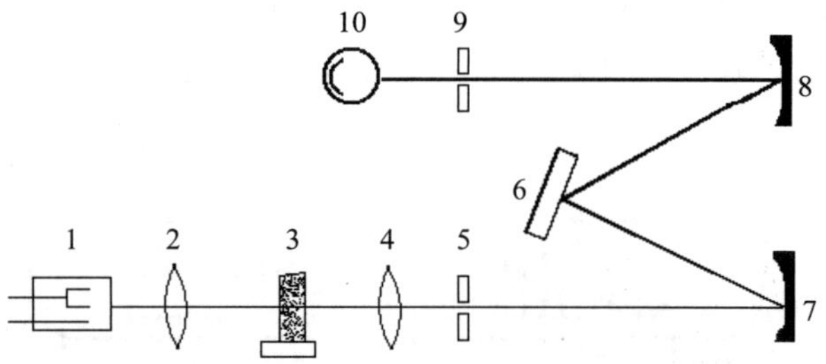

图 2-10 单道单光束原子吸收分光光度计光路图

1. 空心阴极灯；2、4. 透镜；3. 原子化器；5. 入射狭缝；6. 光栅；
7、8. 反射物镜；9. 出射狭缝；10. 光电倍增管

（二）单道双光束型

图 2-11 单道是双光束仪器的光路图。光源发出的共振线，被切光器分解成两光束——样品光束（S 光束）和参比光束（R 光束）。样品光束经反射镜 M_1 反射通过原子化器，被基态分子所吸收。参比光束从原子化器旁侧通过。两光束通过半透半反射镜 M_2，交替进入分光系统和检测器。

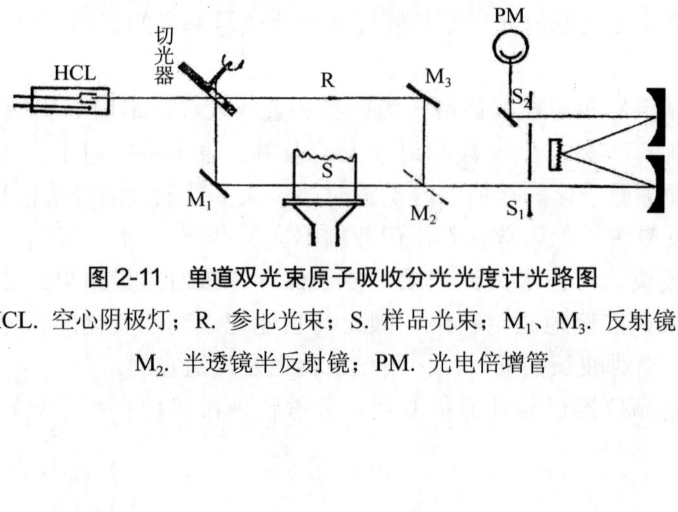

图 2-11 单道双光束原子吸收分光光度计光路图

HCL. 空心阴极灯；R. 参比光束；S. 样品光束；M_1、M_3. 反射镜；
M_2. 半透镜半反射镜；PM. 光电倍增管

由于两个光束均由同一光源发出，并且共用一个检测器，因此消除了光源和检测器不稳定的影响，但不能消除原子化器不稳定的影响。双光束仪器的稳定性和检出限比单光束仪器好，光源不需预热就能进行分析，提高了分析速度，延长了灯的使用寿命。现代仪器多采用这种类型。

（三）双道和多道型

双道双光束原子吸收分光光度计采用两个独立的光源、独立的分光系统和检测系统。图 2-12 是这种仪器的光路图。

光源 A 的共振辐射由半透半反射镜 M_1 分成两束光——样品光束 S 和参比光束 R，切光器分别将两光束进行调制，使它们相位差 180°。样品光束经 M_2 反射，参比光束经 M_4 反射到达 M_3，交替进入 A 道。光源 B 经 M_5 反射到 M_1，像光源 A 光束一样传播，最后进入 B 道。

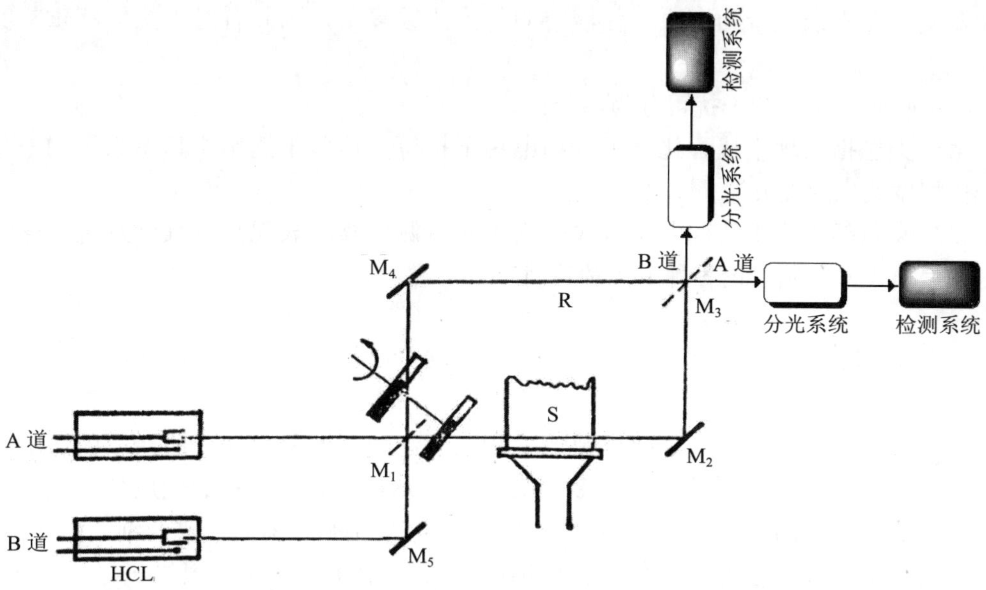

图 2-12 双道双光束原子吸收分光光度计光路图

HCL. 空心阴极灯；R. 参比光束；S. 样品光束；M_1、M_3. 半透镜半反射镜；M_2、M_4、M_5. 反射镜

双道双光束原子吸收分光光度计具有下列性能。

（1）可以同时测定两个元素。

（2）将 A 道置被测元素灯，B 道置内标元素灯，使用 A/B 运算方式，可以在一定程度上消除喷雾系统和火焰系统带来的干扰。这种干扰主要是由于试样黏度、火焰漂移和雾化效率的变化而带来的干扰效应。当然，作为内标元素，应当具有与被测元素相似的化学性质和对火焰参数变化的响应特性。例如，Sr 可作 Cu 的内标，但 Cu 不能作 Ca 的内标。因为 Cu 对火焰参数变化响应迟钝，而 Ca 响应灵敏。

（3）可以进行背景校正。如果将 A 道调节在被测元素共振吸收线处，B 道调节在吸收线邻近的非吸收线波长处，运用A－B运算方式，可将背景扣除。B道亦可用于氘灯连续光源，进行背景扣除。

由此可见，双道双光束型原子吸收分光光度计扩大了原子吸收分析的应用范围，消除了光源漂移、检测器和火焰系统不稳定的影响，测量的稳定性和检出限较好。但是，由于多使用一套分光系统和检测系统，使仪器结构复杂，价格昂贵。

多道型原子吸收分光光度计采用多个独立光源、独立分光系统和检测系统，可进行多元素同时测定。

原子吸收光谱分析普遍使用的是单道单光束和单道双光束原子吸收分光光度计。

第四节　原子吸收光谱分析中的干扰及其消除

与发射光谱法及分光光度法相比较，原子吸收分析法干扰较少。但是由于样品组成复杂多变，元素或化合物在原子化器中的行为比较复杂，因此有时干扰较严重，必须注意。

原子吸收分析中的干扰可分为两类：

第一类包括物理干扰、化学干扰和电离干扰等。这些干扰影响基态原子的产生（使原子化程度发生改变）；

第二类包括光谱干扰和背景吸收。它引起待测元素的表观吸收强度发生变化，导致测定误差。下面分别讨论各种干扰及其消除。

一、化学干扰

待测元素与共存元素发生化学反应，因而引起原子化程度改变所造成的影响，称为化学干扰。影响化学干扰的因素很多，除了待测元素与共存元素的性质外，还有喷雾器性能、火焰类型、温度等分析条件。例如：使用高效率喷雾器时，雾滴细，蒸发速度快，化学干扰较小；有些在低温火焰中存在的化学干扰，在高温火焰中消失。

为了抑制化学干扰，除了选择适当的分析条件外，还可以采用以下几种方法：

1. 加入释放剂

当待测元素和干扰元素形成稳定的化合物时，使待测元素原子化程度减弱。释放剂的作用是与干扰元素生成更稳定的化合物，从而使待测元素从干扰元素的化合物中释放出来。例如，测定植物中的钙时，为了消除磷酸盐和铝的干扰，可在试液中加入镁和硫酸，使钙从磷酸盐和铝的化合物中释放出来。

2. 加入保护剂

保护剂一般是络合剂，作用是与待测元素起形成稳定的络合物，使待测元素不与干扰元素起反应。如加入EDTA可抑制PO_4^{3-}对钙的干扰，加入F^-可抑制铝对铍的干扰。

3. 加入缓冲剂

如果干扰元素产生干扰，但是当其浓度较高时，干扰趋于稳定，那么，可在标样和试样中均加入过量的干扰元素以消除其影响，这种过量的干扰物质称为缓冲剂。

4．采用标准加入法

5．采用化学分离方法

用上述方法消除化学干扰无效时，可以采用化学分离方法将待测元素与共存干扰元素分开。例如用液-液萃取法，将待测元素选择性地萃取到有机相，使之与留在水相中的干扰元素分离。

二、电离干扰

电离干扰是某些元素所特有的。电离电位在 6eV 左右和低于 6eV 的元素，在火焰中容易电离。电离的结果使火焰中的基态原子数减少，测量灵敏度降低。这种现象在碱金属和碱土金属中特别显著。假若溶液中存在另一易电离元素时，则待测元素的电离平衡向生成中性原子方向移动，使基态原子浓度增加，测量灵敏度增高。

电离干扰还与待测元素浓度和温度有关。待测元素的浓度越低，温度越高，电离干扰越大。

为了消除电离干扰，常采用低温火焰或在待测元素溶液中加入一定量的易电离元素。

三、物理干扰

当溶液的物理性质（如表面张力、黏度、密度、温度）发生变化时，会引起喷雾效率或进入火焰试样量的改变，导致测定误差。溶液或酸的浓度较高时，一般喷雾效率下降，使火焰中原子浓度减少，吸光度下降。而有机溶剂可使吸收增强。为了减少或消除物理干扰，标样和试样的组成应尽量一致。如果试样组成复杂，可采用标准加入法。

四、光谱干扰

光谱干扰主要与仪器的分辨率和光源有关，有时也受共存元素的影响。光谱干扰有下列两种：

（一）分析线与相邻谱线不能被隔除造成的光谱干扰

空心阴极灯提供了原子吸收光谱测量所需要的分析线，但同时还辐射了其他谱线，如待测元素除分析线以外的谱线、惰性气体发射线、阴极材料中杂质的谱线等。这些谱线的波长有的与分析线波长十分相近。如：铅的分析线为 217.0 nm ，铅灯中痕量铜发射的谱线波长为 216.5 nm ；铬的分析线为 357.9 nm，充氩的铬灯中 Ar 发射线的波长为 357.7 nm；镍的分析线为 232.00 nm，镍灯中镍的另外一条谱线波长为 232.14 nm。如果仪器不能将这些谱线与分析线隔除，则导致待测元素吸光度降低，校准曲线发生弯曲。

（二）待测元素的分析线与共存元素的吸收线相重叠引起的干扰

这种干扰使吸光度增加，造成正误差。例如，用原子吸收光谱法测量铁时，由于 Fe 271.905 nm 分析线与 Pt 271.904 nm 吸收线重叠，若有铂共存时，使吸收加强。

为了避免光谱干扰，可选用待测元素的其他吸收线作为分析线。

五、背景吸收

背景吸收包括分子吸收和光散射。它使吸收值增加产生正误差。

（一）分子吸收

分子吸收指在原子化过程中生成的化合物分子（氧化物、氢氧化物和盐类）和火焰气体分子对辐射产生的吸收。分子吸收是一种宽带吸收，不同的化合物有不同的吸收波长。例如，在空气—乙炔焰中 Ca 形成 CaOH，它在 530.0～560.0 nm 有一个吸收峰，干扰 Ba553.5 nm 的测定；SrO 在 640.0～690.0 nm 有一个吸收峰，干扰 Li 670.7 nm 的测定。

在原子吸收分析中，常见的分子吸收有下面三类：

（1）碱金属的卤化物在紫外区的分子吸收。例如，KBr、KI 在 200.0～400.0 nm 均有分子吸收。图 2-13 是 10%和 5%NaCl 溶液的分子吸收曲线。显然，它干扰 Zn、Cd、Ni、Fe、Hg、Mn、Pb、Mg、Cu 等元素的测定。

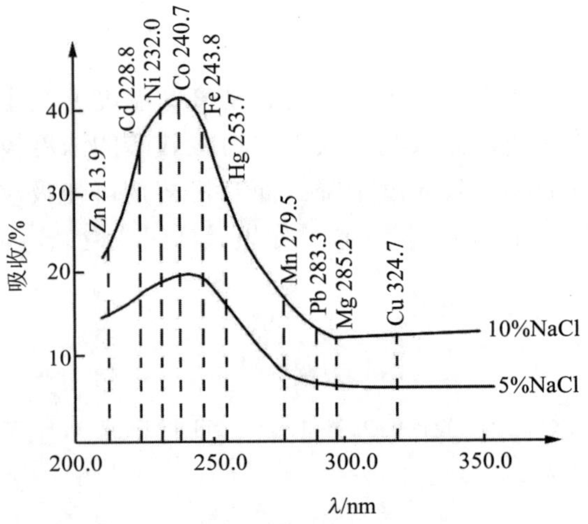

图 2-13　NaCl 的分子吸收光谱

（2）无机酸的分子吸收（图 2-14）。在波长 250.0 nm 以下，H_2SO_4和 H_3PO_4有很强的分子吸收，而 HNO_3、HCl 则吸收很小。所以在原子吸收分析中，试样处理一般采用 HNO_3、HCl，尽可能少用或不用 H_2SO_4、H_3PO_4。

分子吸收与干扰元素的浓度有关，浓度越高，分子吸收越强。另外，还与火焰温度有关。例如，碱金属卤化物，在低温火焰中（如空气—煤气等）存在分子吸收，但在温度较高的空气—乙炔火焰中，由于分子离解而不存在分子吸收。使用高温火焰是消除分子吸收干扰的简单方法。

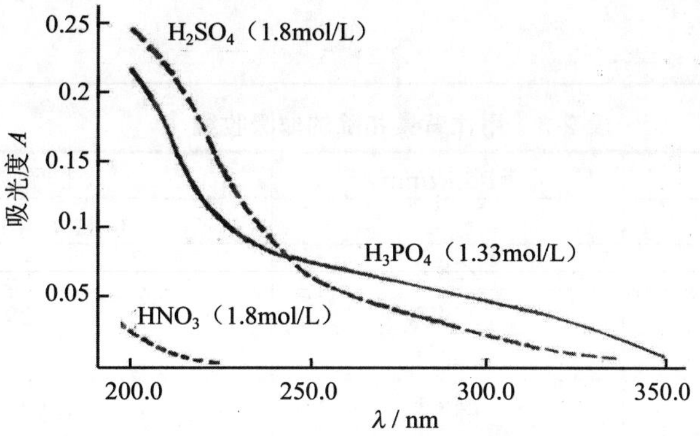

图 2-14　无机酸的分子吸收光谱

（3）火焰气体分子的吸收。波长越短，火焰气体吸收越强。对于空气—乙炔火焰，在波长小于 250.0 nm 时，就开始有明显的吸收。火焰气体的分子吸收，一般可用零点扣除（“调零”）的方法来消除，但严重时影响测量稳定性。

（二）光散射

光散射是原子化过程中未分解的固体微粒产生的，造成一种“假吸收”效应，使待测元素的吸光度增加。此外，富燃性火焰也能散射一些辐射，甚至散射可见光。由于这种散射对标样及试样是相同的，所以，一般在调整仪器零点时已被抵消。

按照雷利定律，散射光的强度与波长的四次方成反比（$I=\frac{1}{\lambda^4}$）。另外，基体的浓度越高，温度越低，散射现象越严重，因此，当测定短波区元素，而基体浓度又较高时，应特别注意这种干扰。

（三）扣除背景的方法

1. 用非吸收线扣除背景

用于测量背景吸收的非吸收线，不被待测元素的基态原子所吸收，因此，可以从待测元素的总吸收中减去背景吸收部分，其差值即为原子吸收部分。用这种方法扣除背景时，必须注意下列几点：

（1）必须证实所用的谱线确实是非吸收线。

（2）非吸收线的波长应尽可能靠近吸收线（一般相差 10.0 nm 以内），以减少背景误差，因为背景吸收是随波长而变化的。

（3）光源发射的非吸收线必须有足够的强度，以保证有较高的信噪比。例如，用 Pb 217.0 nm 测 Pb 时，当样品中确实没有 Sb 时，则可用 Sb 217.6 nm（Sb 的吸收线，Pb 的非吸收线）测量背景吸收。然后从 Pb 的总吸收中扣除背景吸收。

此外可采用同一测量条件下与分析线相比，吸收非常弱的待测元素其他谱线作为非吸收线扣除背景。例如用 Ni 232.0 nm 测定 Ni 时，可选用其邻近线 Ni 231.6 nm 作为非吸收线来校正背景吸收。这种扣背景方法的优点是操作简便，不需要更换光源，只要改变波长即可。缺点是难以找到合适的谱线。表 2-3 给出部分元素的吸收线和非吸收线，可供扣除背景选用。

表 2-3 用作背景扣除的非吸收线

元素	吸收线/nm	非吸收线/nm
		（待测元素的其他谱线）
Cd	228.8	226.5
Cu	324.7	296.1
Co	240.7	238.3
Fe	248.3	251.1，247.3
Mg	285.2	281.7
Mn	279.5	257.6
Ni	232.0	231.6
Pb	217.0	220.4
	283.3	282.0
Sb	217.6	215.2
Se	196.0	198.1
V	318.4	319.6
Zn	213.9	214.0
		其他元素的谱线
Sb	217.6	Pb 217.0
Mg	285.2	Sn 286.3
Zn	213.9	Cu 213.6
	213.9	Te 214.3, Sb 217.6
Cd	326.1	Zn 325.6
Pb	283.3	Cr 285.3, Sn 283.9

2．配制不含待测元素的基体溶液

在测量试样的工作条件下测定背景吸收，然后从待测元素的总吸收中减去背景吸收。也可以用与试样溶液有相似成分的标准溶液绘制标准曲线的办法来抵消背景吸收的干扰。采用此法时，应找出背景吸收的主要成分，然后使标准溶液中主要成分的浓度与试样中的浓度一致。例如，测定人体组织灰分中的锌时，发现背景吸收是来源于加入的释放剂镧，因此只要使标准溶液和试液中镧的浓度一致就可消除背景吸收。

3．用连续光源—氘灯背景校正器扣除背景

这是应用较多的一种校正背景的方法。前面已经谈到，背景吸收主要来源于分子吸收和光散射。分子吸收是宽带吸收，而原子吸收是窄带—谱线吸收。氘灯发射的连续光谱其谱带宽度取决于单色器通带，有 $0.x$～$x$nm，远比原子吸收线宽。因此，当氘灯辐射光通过原子化器时，原子吸收的信号在整个背景吸收中很小，可忽略不计，近似认为全部是背景吸收。当空心阴极灯辐射的待测元素分析线通过原子化器时，既产生原子吸收，又有背景吸收。因此，如果将空心阴极灯和氘灯辐射光交替通过原子化器时利用电子线路装置，将空心阴极灯的吸收信号（原子吸收+背景吸收）与氘灯信号（背景吸收）进行比较，便可得到扣除背景吸收后的原子吸收信号。

为了得到准确的背景吸收校正值，需要满足下列三个条件：

（1）两个灯（光源灯和氘灯）的光束应通过火焰的同一部位。

（2）两个灯的光束在火焰中应有相一致的形状和强度分布。

（3）两个灯的光束在强度上不应相差过大。

第（1）（2）项对于避免因火焰中背景吸收物质的不均匀分布而造成的误差是必要的；第（3）项则对减小信号处理中出现的误差来说是必要的。在实际操作中，可以通过调整氘灯像与元素灯像在燃烧器上方重合便可满足（1）（2）两个条件；改变灯电流和单色器的狭缝宽度即能满足第（3）个条件。

氘灯背景校正器是一种快速、简便扣除背景的方法。对于单光束型仪器的背景校正装置，氘灯相当于参比光束信号。因此，工作时必须让氘灯充分预热，使其光达到稳定后才能进行测定。

4．应用塞曼（Zeeman）效应校正背景

（1）塞曼效应的基本概念。一条谱线在磁场中分裂成多条偏振化谱线的现象称为塞曼效应。分裂成三条谱线称为正常塞曼效应，是原子的单重线系在磁场作用下分裂产生的。更普遍的情况是分裂成更多的谱线，称为反常塞曼效应。原子吸收分析中扣除背景利用的是正常塞曼效应。

按照观测方向的不同，Zeeman 效应有横效应、纵效应两种（图 2-15）。在与磁场垂直的方向观察到横效应，谱线分裂为三条，波数分别是ν_0、$\nu_0+\Delta\nu$、$\nu_0-\Delta\nu$（或波长分别是λ_0、$\lambda_0+\Delta\lambda$、$\lambda_0-\Delta\lambda$），都是平面偏振光。波数或波长不变的谱线称为π成分，偏振方向平行于磁场；两侧波数或波长改变的谱线称为σ^+、σ^-，偏振方向垂直于磁场。π成分和$\sigma^{\pm}$成分的偏振方向互相垂直，可利用偏振棱镜分离。Zeeman 调制原子吸收光谱仪是利用横效应。

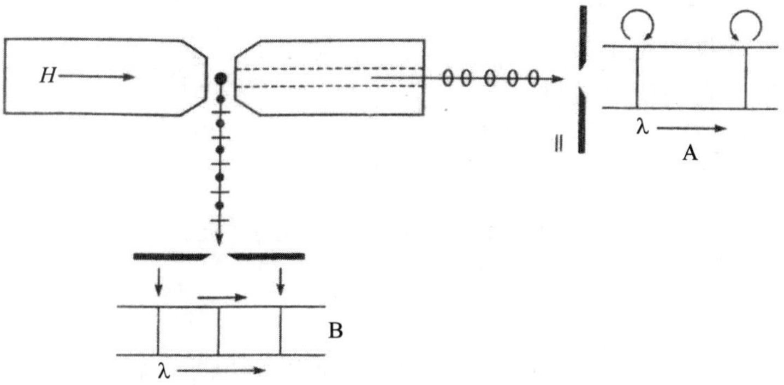

图 2-15　塞曼效应

A. 纵效应；B. 横效应

在与磁场平行的方向观察到纵向塞曼效应，谱线分裂成$\nu_0+\Delta\nu$和$\nu_0-\Delta\nu$两条圆偏振光，前者顺时针方向圆偏振，后者逆时针方向圆偏振。

无论横效应还是纵效应，塞曼分裂裂距与磁场的关系为：

$$\Delta\nu=\frac{eH}{4\pi m_e c}=37.157B \qquad (2.15)$$

式中：e——元电荷；

m_e——电子质量；

c——光速；

H——磁场强度，A/m；

B——磁感应强度，T。

（2）塞曼效应校正背景的原理。下面以汞为例说明塞曼效应校正背景的原理。

将汞灯置于磁场中，在垂直于磁场方向观察时，汞 253.652 nm 线分裂成 253.646 nm（σ^-）、253.652 nm（π）和 253.658 nm（σ^+）三条偏振线，π为与磁场方向平行的偏振线，$\sigma^\pm$为与之垂直的偏振线。当磁场强度大于 12×10^5 A/m 时，π与$\sigma^\pm$之间的波长差为 0.006 nm。π线 253.652 nm 与汞吸收线轮廓峰值完全重合，作为分析线，$\sigma^\pm$线作为参比线。当π和$\sigma^\pm$线分别通过吸收池时，π线不仅为汞原子蒸气吸收，而且亦为其他分子吸收和试样原子化时产生的烟雾散射，而$\sigma^\pm$线不为汞吸收，只被分子吸收和烟雾散射。

假设光源辐射的π和$\sigma^\pm$线的强度分别是I_π°、$I_{\sigma^\pm}^\circ$，经过原子化器后的光强度为I_π、$I_{\sigma^\pm}$，根据吸收定律可分别表示为：

$$I_\pi = I_\pi^\circ \exp[-al(n_A K_\pi^A + n_B K_\pi^B)]$$

$$I_{\sigma^\pm} = I_{\sigma^\pm}^\circ \exp[-al(n_A K_{\sigma^\pm}^A + n_B K_{\sigma^\pm}^B)]$$

式中：K_π^A、$K_{\sigma^\pm}^B$——π、$\sigma^\pm$ 成分的原子吸收系数；

K_π^B、$K_{\sigma^\pm}^B$——π、$\sigma^\pm$ 成分的背景吸收系数；

n_A——产生吸收的原子数；

n_B——背景吸收物质的数目。

根据吸光度的定义，有：

$$A_\pi = \lg\frac{I_\pi^\circ}{I_\pi} = al(K_\pi^A n_A + K_\pi^B n_B) \qquad (2.16)$$

$$A_{\sigma^\pm} = \lg\frac{I_{\sigma^\pm}^\circ}{I_{\sigma^\pm}} = al(K_{\sigma^\pm}^A n_A + K_{\sigma^\pm}^B n_B) \qquad (2.17)$$

因为磁致分裂下π和$\sigma^\pm$之间的波长差很小，故可认为$K_\pi^B = K_{\sigma^\pm}^B$，若通过光路中光学补偿措施，使$I_\pi^\circ = I_{\sigma^\pm}^\circ$，则式（2.16）减式（2.17）得：

$$\Delta A = A_\pi - A_{\sigma^\pm} = al(K_\pi^A - K_\sigma^A)n_A$$

由此可见，所测吸收信号仅与产生吸收的原子数成正比，背景吸收得到了很好的扣除。

（3）塞曼效应校正背景的方法：

1）光源调制法。光源调制的塞曼原子吸收光谱仪如图 2-16 所示。发射线分裂成π、$\sigma^{\pm}$组分，它们的偏振方向相互垂直，当偏振棱镜转动时，使发射线π组分和$\sigma^{\pm}$组分交替通过原子化分析区。

π组分中心波长不变，当发射线π组分通过分析区时，测得基态原子和背景的吸光度之和 $A_{原}+A_{背}$；$\sigma^{\pm}$组分偏离中心波长，$\sigma^{\pm}$组分通过分析区时，仅测得背景吸光度。两者之差即为分析元素的吸光度。

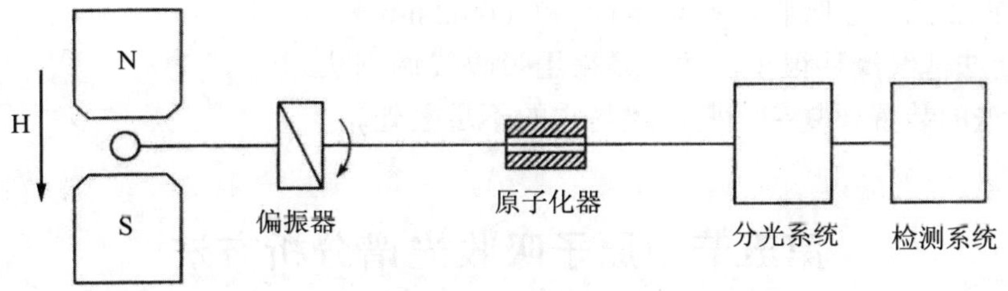

图 2-16　光源调制的塞曼原子吸收光谱仪

2）吸收线调制法。如图 2-17 所示，磁场加在原子化器上，分析元素吸收线分裂成π组分和$\sigma^{\pm}$组分。光源的发射线不发生分裂，用偏振棱镜将发射线分解为与磁场平行的偏振光和与磁场垂直的偏振光两部分，它们的波长均相同。

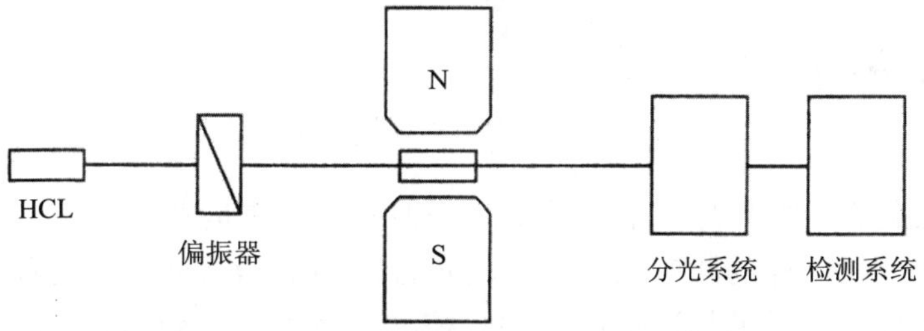

图 2-17　吸收线调制的原子吸收光谱仪

当发射线平行于磁场的偏振光 $P_{//}$通过原子化器时，由于与原子吸收π成分波长相同，偏振方向相同，因此，测得的是原子和背景吸光度之和 $A_{原}+A_{背}$；当发射线垂直于磁场的偏振光 $P_{\perp}$通过原子化器时，由于 $P_{\perp}$与原子吸收π成分虽波长相同，但振动方向不一样；与吸收线$\sigma^{\pm}$成分振动方向相同，但波长不同，因此，不为原子所吸收，测得的仅是背景吸收（分子吸收不发生 Zeeman 分裂）。两者之差即为分析元素的吸光度。

由于吸收线法采用光源的一条发射线作为原子吸收线（$P_{//}$）和参比线（$P_{\perp}$），因此不存在基线漂移，仪器十分稳定。但是光信号大约比普通单光束仪器弱 100～200 倍，因为仅取了光源辐射光中一个方向的偏振光分量，所以对电子线路系统要求高，要求光电元件的暗电流极小，放大系统具有高增益，低噪声的良好性能。日本日立 Zeeman－5000 型原子吸收分光光度计就是属于吸收线调制法的仪器。

（4）塞曼校正背景与氘灯校正背景的比较：

1）塞曼法只用一个光源（空心阴极灯），而氘灯法使用两个光源（氘灯和空心阴极灯）。因此，用氘灯法校正背景，光路系统，光斑大小的差异以及两个光斑像重叠与否都会引进误差。此外，大多数氘灯的使用波段在 190.0～360.0 nm，随着波长的增长强度减弱。应用中很难在大范围内使两个光源的强度调节到完全一致。光源强度的不一致性会给背景扣除引进误差。

2）塞曼法是用同一光源辐射波长相同（或相差<0.01 nm）的谱线作为吸收线和参比线，而氘灯法中吸收线和参比线的波长相差较大，因此塞曼法校正背景准确。

3）对于强吸收背景（如大于 0.10 nm），氘灯扣除不了，而塞曼法扣除背景彻底，能扣除吸光度为 2 的背景吸收，残余量仅为 0.000 2 nm。

4）塞曼法基线漂移很小，尤其是采用吸收线调制法。

但塞曼法的装置要复杂一些，这是它的不足之处。

第五节　原子吸收光谱分析方法

一、定量分析方法

原子吸收光谱通常用于元素的定量分析，定量分析方法主要有校准曲线法和标准加入法两种。

（一）校准曲线法

1．原理

校准曲线法是原子吸收分析中最常用的一种方法，它是根据比耳定律 $A=Kc$，配制一系列标准溶液，在同样的测量条件下，测定标准溶液和试样溶液的吸光度，绘制吸光度（A）与浓度（c）关系的标准曲线，并从校准曲线上查出待测元素的含量。此法最佳分析范围的吸光度值为 0.1～0.5。

2．引起校准曲线弯曲的原因

原子吸收光谱分析中，校准曲线弯曲的现象通常有两种（图 2-18），由下列几种原因造成。

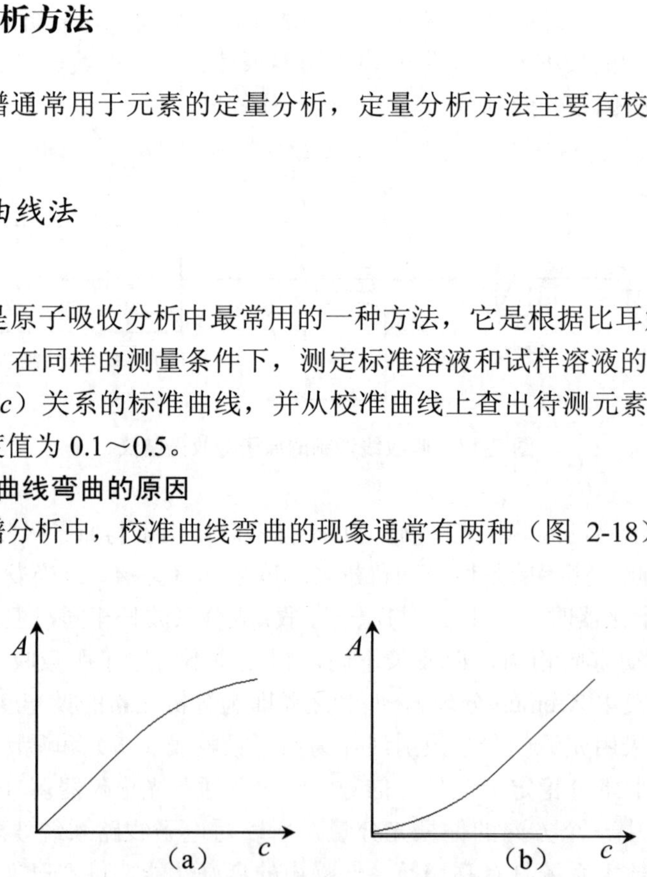

图 2-18　校准曲线弯曲的现象

（1）$\Delta\nu_{em}$（发射线半宽度）与$\Delta\nu_{ab}$（吸收线半宽度）的比值较大。比尔定律应用于原子吸收定量分析，必须满足沃尔什提出的测定峰值吸收系数的条件即发射线宽度比吸收线宽度小很多，且中心波长一致。

$\Delta\nu_{em}/\Delta\nu_{ab}$ 的大小反映了用来测量峰值吸收系数的发射线，相对于吸收线的宽窄度。有人认为，只有当$\Delta\nu_{em}/\Delta\nu_{ab}<\frac{1}{5}$时，校准曲线才是线性的；当$\frac{1}{5}<\Delta\nu_{em}/\Delta\nu_{ab}<1$ 时，校准曲线上部向浓度轴弯曲[图 2-18（a）]，当$\Delta\nu_{em}/\Delta\nu_{ab}>1$ 时，校准曲线严重弯曲。

（2）吸收线中心波长位移。由于测定的 A 值是峰值吸收处的吸光度，因而吸收线与发射线中心波长的微小移位都使得测定值不是峰值吸收系数，而是吸收线两翼较小的值。这就破坏了峰值吸收与原子浓度的线性关系。

在原子吸收分析中，主要是吸收线中心波长发生位移。这是由于待测元素的原子化是在大气压下进行。当待测元素浓度较高时，共振变宽导致吸收线中心波长位移。这种情况使校准曲线上部向浓度轴方向弯曲。

（3）非吸收线的干扰。在没有非吸收线干扰的情况下，所测得的待测元素的吸光度（用 A_1 表示）为：

$$A_1=\lg\frac{I_0}{I} \tag{2.18}$$

式中：I_0——待测元素分析线的初始强度；

I——经过待测元素的原子吸收后的强度。

当待测元素的分析线和非吸收线同时进入检测器时，假设 i_0 是非吸收光强度，由于 I_0、I 和 i_0 同时进入检测器，则测得的吸光度（A_2）为：

$$A_2=\lg\frac{I_0+i_0}{I+i_0}=\lg\frac{I_0(1+i_0/I_0)}{I(1+i_0/I\ )} \tag{2.19}$$

$$=\lg\frac{I_0}{I}+\lg\frac{(1+i_0/I_0)}{(1+i_0/I\ )}$$

$$=A_1+\lg(1+\frac{i_0}{I_0})-\lg(1+\frac{i_0}{I})$$

由于$1+\frac{i_0}{I}>1+\frac{i_0}{I_0}$，因此，$A_2<A_1$。此外，随着待测元素浓度的增大，$\frac{i_0}{I}$增大，故引起校准曲线上部向浓度轴方向弯曲。

（4）电离干扰。低浓度时，易电离元素的电离度相对比高浓度时大，电离干扰较严重；随着浓度的增加，电离干扰影响变小。因此，校准曲线下部弯曲较严重[图 2-18（b）]。

3．测量条件的选择

测量条件对原子吸收分析的灵敏度，精密度以及干扰情况影响较大，为了获得理想的分析结果，需要选用适宜的测量条件。原子吸收分析中，以下几个测量条件的选择较为重要。

（1）分析线的选择。通常选择元素的第一共振线作为分析线。但当分析元素的含量较高时，为了避免试样溶液大量稀释造成的分析误差，可选用吸收较弱的其他谱线作为分析线。此外，在选择分析线时，还要考虑邻近谱线的干扰及背景吸收情况。

（2）灯电流的选择。空心阴极灯的发射特性取决于灯的工作电流。灯电流小，发射线半宽度窄，测量灵敏度高，线性关系好；但是灯电流过小，阴极发光不稳定，谱线信噪比小，测量精密度差。对大多数元素而言，工作电流一般选择额定电流的 40%～60% 比较适宜。实际工作中，最好通过实验确定。

（3）光谱带宽的选择。光谱带宽小，可分辨谱线的波长差小，光谱干扰小；但是进入检测器的光强弱、信噪比小。原子吸收光谱分析所选用的光谱带宽应小于分析线波长与最邻近非测量线波长之差的绝对值，这样才可以完全消除非测量线的光谱干扰。

为了提高信噪比，在能分辨干扰谱线的前提下，可选择较宽的光谱带宽。在原子吸收分析中，大多数元素能在 0.7～4.0 nm 的光谱带宽测定。

（4）原子化条件的选择。

1）火焰原子化条件的选择。原子吸收分析中，最常用的空气-乙炔火焰分为贫焰、富焰、中性焰三种状态，它们的特性各不相同。测定性质不同的元素，应选用不同的火焰状态。火焰的状态取决于火焰的燃助比，因此，需要选择合适的燃助比。

由于火焰中温度及还原性基团的分布不一样，因此，分析元素的基态原子在火焰中分布不均匀。在进行原子吸收分析时，要选择适当的火焰观测高度，以提高测量灵敏度。而观测高度的选择，必须结合燃助比的优化来进行，图 2-19 以 Mo 为例说明燃助比的优化和观测高度的确定（观察高度是以燃烧器缝上的高度计算的）。

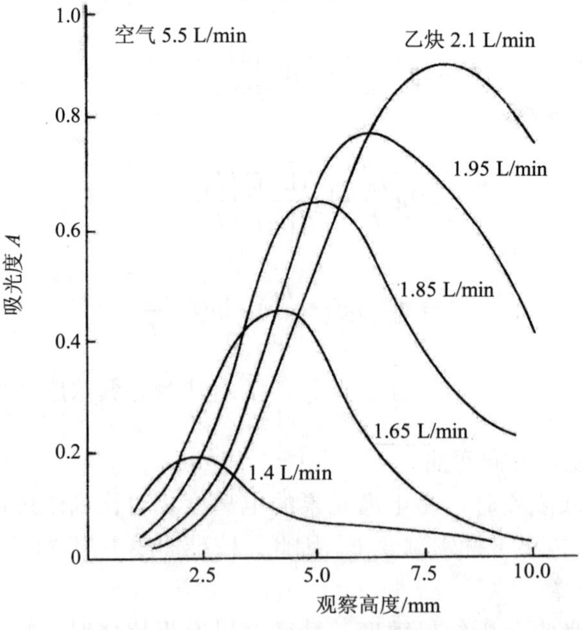

图 2-19 空气-乙炔燃助比与火焰观测高度对 Mo 吸收信号的影响

2）石墨炉原子化条件选择。石墨炉原子化法要合理选择干燥、灰化、原子化及去除残渣等阶段的温度与时间。干燥温度应根据溶剂沸点或含水情况来选择，通常干燥温度应稍高于溶剂沸点。例如，含水试样可选择 100～135℃干燥温度；MIBK 溶剂可选择 120℃（因为 MIBK 的沸点为 117℃）。干燥时间依样品体积而定，当然也要考虑到干燥温度，下列数据可供参考：当样品体积分别为 10、20、50、100μl 时，干燥时间分别是 15、20、40、60s。

在保证被测元素不损失的情况下，灰化阶段尽可能选择高的温度。可以在固定干燥、原子化条件下，改变灰化温度（或时间）来绘制吸光度随温度（或时间）的变化曲线（灰化曲线，见图 2-20a），根据灰化曲线选择灰化温度（或时间）。

原子化温度（或时间）可通过绘制吸光度随温度（或时间）的变化曲线（原子化曲线，见图 2-20b）来确定。对于易挥发元素，吸收-温度曲线可能出现波峰，从波峰来确定原子化温度；对于难挥发元素，吸收-温度曲线可能随温度增加而趋于平稳，从曲线平稳处确定原子化温度。

去除残渣温度应高于原子化温度，时间一般为 3～5s。

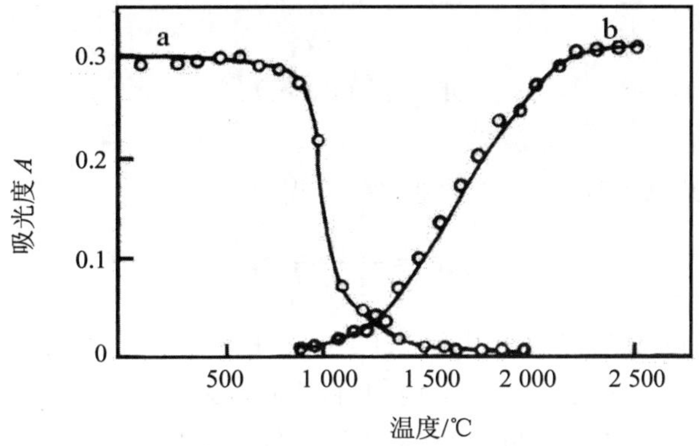

图 2-20　灰化曲线 a/原子化曲线 b

（二）标准加入法

标准加入法是消除或减少物理干扰、化学干扰和电离干扰的一种有效的方法。其做法是：

分取几份等体积的待测试样，其中 1 份不加入待测元素的标准溶液，其余各份试样中分别加入不同量的标准溶液，然后稀释至一定体积。若该试样中待测元素的含量为 c_x，则加入标准溶液后的各份试样含量分别为 c_x+c_0，c_x+2c_0，c_x+3c_0，c_x+4c_0 在同一条件下测量它们的吸光度。以各份试样的加标量为横坐标，吸光度为纵坐标，得到如图 2-21 所示曲线。外延曲线与横坐标的交点至原点的距离即为试样中待测元素的含量 c_x。

c_x 也可以用计算法求得。

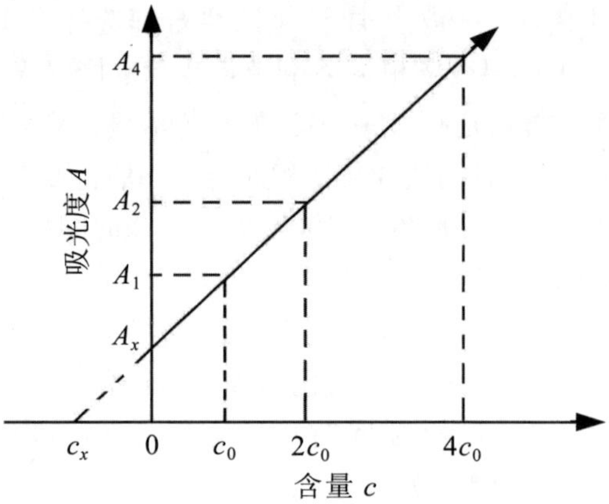

图 2-21　标准加入法的工作曲线

设试样溶液中待测元素的含量为 c_x，测得其吸光度为 A_x；试样溶液中加入的标准溶液浓度为 c_0，在此溶液中待测元素的总含量为 c_x+c_0，测得其吸光度为 A_1，根据比尔定律：

$$A_x = Kc_x \tag{2.20}$$

$$A_1 = K(c_0+c_x) \tag{2.21}$$

将式（2.20）与式（2.21）相比，经运算后得到：

$$c_x = \frac{A_x}{A_1 - A_x}c_0$$

标准加入法也可以用来检验分析结果的可靠性。在日常分析中，标准加入法是很有实用价值的，必须正确掌握这一方法。使用标准加入法时，必须注意下面几个问题：

（1）吸光度与待测元素的含量呈直线关系。即校准曲线应该是通过原点的直线。

（2）为了得到较精确的结果，最少应采用四个点（包括样液本身）来制作外推曲线。同时，首次加入的标准溶液含量最好大致和样液含量相当，即 $c_0 \approx c_x$。这可通过试测样液和标准，比较两者的吸光度来判断。然后按 $2c_0$、$3c_0$ 含量分别配制第三、第四个样液。

（3）标准加入法不能消除背景吸收干扰。如有背景吸收，必须先扣除。

二、检出限与特征量

检出限与特征量是评价原子吸收分析方法与仪器性能的重要指标。

（一）检出限（c_L）

其定义与原子发射光谱分析检出限相同。测试检出限的方法如下：

配制 1 份质量浓度为ρ，接近于空白值的标准溶液，用原子吸收分光光度计进行多次测量，求出测量信号的平均值 $\overline{A}$ 和标准偏差σ，用式（2.22）计算出检出限。

$$c_L = \frac{c \cdot 3\sigma}{\overline{A}}(\mu g/ml) \tag{2.22}$$

（二）特征量

特征量有特征浓度 c_0 和特征质量 m_0 两种表示方法。

1. 定义

特征浓度是在给定的实验条件下，某元素产生 1%吸收（A=0.004 4）时对应的质量浓度，以μg·ml^{-1}/1%表示。常用于火焰原子吸收分析。

特征质量是在给定的实验条件下，某元素产生 1%吸收时所需要的质量，以 g/1%表示。一般用于非火焰原子吸收分析。

2. 特征量计算公式

特征浓度 c_0 按式（2.23）计算。

$$c_0 = \frac{\rho \times 0.004\ 4}{\overline{A}} \tag{2.23}$$

式中：ρ ——某元素标准溶液的质量浓度；

$\overline{A}$——多次测量的吸光度平均值。

特征质量按式（2.24）计算。

$$m_0 = \frac{0.004\ 4 \times \rho \times V}{\overline{A}} \tag{2.24}$$

式中：V——测试溶液的体积。

3. 特征量的用途

（1）估算最适宜的测量浓度和取样量。原子吸收的最佳分析范围其吸光度值一般为 0.1～0.5，在该范围测量的准确度较高。根据特征浓度定义，当测量溶液的吸光度为 0.1～0.5（是 1%吸收的 25～120 倍）时，其质量浓度相应为特征浓度的 25～120 倍。由于不同元素的特征浓度不同，所以最适宜的测量浓度也不相同。例如，Mg 和 Cr 的特征浓度分别为 0.005μg/ml 和 0.05μg/ml，Mg 和 Cr 的最适宜于测量的质量浓度分别是 0.005（25～120）μg/ml 和 0.05（25～120）μg/ml。由最适宜的测量浓度可估算取样量。

例：已知 Mg 的特征浓度是 0.005 μg/ml，某球墨铸铁中 Mg 的含量 w(Mg)约为 0.01%。若用原子吸收法测定 Mg，其最适宜的测量浓度是多少？应称取多少克试样？

解：Mg 最适宜的测量质量浓度是其特征浓度的 25～120 倍，即（25～120）0.005 μg/ml= 0.125～0.6 μg/ml。

由于试样只要求测定 Mg，所以在一般情况下，试样制成 25 ml 溶液即可。设应称取的试样为 x 克，x 可由式（2.25）求得。

$$w(\text{Mg}) = \frac{25 \times (0.125 \sim 0.6)}{x \times 10^6} \times 100\% = 0.01\%$$

$$x = \frac{25 \times (0.125 \sim 0.6)}{10^6 \times 0.01} \times 100 = 0.031 \sim 0.15(\text{g}) \tag{2.25}$$

（2）检验仪器的固有性能。仪器安置调试后，可进行一些元素特征量的测试，若测得的特征量达不到说明书上指标时，可以从燃烧器等部件未调到最佳状态，测量条件选择不当等方面查找原因。

表 2-4 列出一些元素的特征量。

表 2-4 元素的特征量

元素	分析线波长/nm	火焰法/[（μg・ml^{-1}）/1%]	石墨炉法/（g/1%）	元素	分析线波长/nm	火焰法/[（μg・ml^{-1}）/1%]	石墨炉法/（g/1%）
Ag	328.1	0.05	1.3×10^{-12}	Mo	313.3	0.2	1.1×10^{-11}
Al	309.3	0.8	1.3×10^{-11}	Na	589.0	0.01	1.4×10^{-12}
As	193.7	0.6	1.9×10^{-11}	Ni	232.0	0.1	1.7×10^{-11}
Au	242.8	0.18	1.2×10^{-11}	Os	290.9	1	3.4×10^{-9}
B	249.8	35	7.5×10^{-8}	Pb	283.3	0.20	5.3×10^{-12}
Ba	553.6	0.4	5.8×10^{-11}	Pd	247.6	0.5	1.0×10^{-10}
Be	234.9	0.05	2.5×10^{-13}	Pt	265.9	2.5	3.5×10^{-10}
Bi	306.8	2.2	3.1×10^{-11}	Rb	780.0	0.5	5.6×10^{-12}
Ca	422.7	0.06	5.0×10^{-12}	Re	346.0	15	1.0×10^{-9}
Cd	228.8	0.01	3.6×10^{-13}	Rh	343.5	0.15	6.7×10^{-11}
Co	240.7	0.08	3.3×10^{-11}	Ru	349.9	2.0	1.4×10^{-10}
Cr	357.9	0.05	8.8×10^{-12}	Sb	217.6	0.5	1.2×10^{-11}
Cs	852.1	0.5	1.1×10^{-11}	Se	196.0	0.1	2.3×10^{-11}
Cu	324.8	0.04	7.0×10^{-12}	Si	251.6	2.0	1.2×10^{-10}
Fe	248.3	0.08	3.8×10^{-11}	Sn	286.3	10	4.7×10^{-11}
Ga	287.4	2.3	5.6×10^{-9}	Sr	460.7	0.04	1.3×10^{-11}
Ge	265.2	1.5	1.5×10^{-10}	Te	214.3	0.5	3.0×10^{-11}
Hg	253.7	5	3.6×10^{-6}	Ti	365.4	—	1.8×10^{-10}
In	303.9	0.9	2.3×10^{-11}	Tl	276.8	0.2	1.2×10^{-11}
Ir	264.0	20	6.0×10^{-10}	U	358.4	120	5.0×10^{-8}
K	766.5	0.03	1.0×10^{-12}	V	318.4	1.0	5.0×10^{-11}
Li	670.8	0.01	1.0×10^{-11}	Y	410.2	3.0	3.6×10^{-10}
Mg	285.2	0.005	6.0×10^{-14}	Yb	398.8	0.25	2.4×10^{-12}
Mn	279.5	0.025	3.3×10^{-12}	Zn	213.9	0.01	8.8×10^{-13}

第六节 原子吸收光谱法在环境分析中的应用

原子吸收光谱法是环境分析和监测中常用的分析方法。该法具有高的灵敏度和选择性，操作简便，易掌握，分析速度快。在大气、水质监测项目国家标准分析方法中，有 10 多个项目的分析、监测是采用原子吸收光谱法。如大气降水中钙、镁的测定；环境空气中铅的测定；水中汞以及铜、铅、锌、镉的测定。

应用实例：

一、火焰原子吸收光谱法测定环境空气中的铅（中华人民共和国国家标准 GB/T 15264—1994）

（一）定义

环境空气中的铅，系指酸溶性铅及铅的氧化物。

（二）适用范围

本方法适用于环境空气中颗粒铅的测定。当采样体积为 50 m^3 时。最低检出浓度为 5×10^{-4} mg/m^3。

（三）试剂

除另有说明外，均为无铅分析纯试剂和去离子水或同等纯度的水。

铅：含量不低于 99.99%。

硝酸（HNO_3），c＝1.42 g/ml，优级纯。

过氧化氢（H_2O_2），质量分数约 30%。

氢氟酸（HF），质量分数约 40%。

1%硝酸溶液。

1+1 硝酸溶液。

1+1 硝酸-过氧化氢混合液，临时现配。

铅标准储备溶液，c_{Pb}=1.000 mg/ml：称取（1.000±0.001）g 铅于器皿中，加入硝酸 15 ml，加热，直至溶解完全，然后用水稀释定容至 1 000 ml，混匀。

铅标准溶液，c_{Pb}=0.100 mg/ml：用移液管取 10.00 ml 铅标准储备溶液至 100 ml 容量瓶内，用 1%硝酸溶液稀释至标线，混匀。

（四）仪器

原子吸收分光光度计及相应的辅助设备（乙炔：纯度不低于 99.6%，用钢瓶或由乙炔发生器供给；空气：一般由气体压缩机供给，进入燃烧气以前，应以适当过滤，以除去其中的水、油和其他杂物）。

4 号多孔玻璃过滤器（滤膜：超细玻璃纤维滤膜）。空白滤膜的最大含铅量，要明显低于该法的最低检出浓度。

总悬浮颗采样器：中流量采样器。

注：实验用的玻璃器皿用洗涤剂洗净后，在 1+1 硝酸溶液中浸泡。使用前，先后用自来水和无铅水彻底清洗洁净。

（五）样品的采集

中流量采样器，玻璃纤维滤膜过滤直径为 8 cm 时，以 50～150 L/min 流量，采样 30～

60 m^3。采样应将滤膜毛面朝上，放入采样夹中拧紧。采样后小心取下滤膜尘面朝里对折两次叠成扇形，放回纸袋中，并详细记录采样条件。

（六）分析步骤

1．样品的处理

取试样滤膜，置于高型烧杯中，加入 10 ml 硝酸-过氧化氢混合溶液浸泡 2 h 以上，微火加热至沸腾，保持微沸 10 min，冷却后加入过氧化氢 10 ml，沸腾至微干，冷却，加 1%硝酸溶液 20 ml，再沸腾 10 min，热溶液通过多孔玻璃过滤器，收集于烧杯中，用少量 1%热硝酸溶液冲洗过滤器数次。待滤液冷却后，转移到 50 ml 容量瓶中，再用 1%硝酸溶液稀释至标线。取同批号等面积空白滤膜，按样品处理方法，制备成空白溶液。

2．工作标准溶液的配制

取 6 个 100 ml 容量瓶，分别加入 0.050、1.00、2.00、4.00、8.00、10.00 ml 质量浓度为 0.100 mg/L 的铅标准溶液，然后用 1%硝酸溶液稀释至标线，配制成工作标准溶液，其质量浓度范围包括试样中被测铅质量浓度。

3．吸光度的测量

根据选定的原子吸收分光光度计工作条件，测定工作标准溶液的吸光度。以吸光度对铅质量浓度（mg/L），绘制标准曲线。

按校准曲线绘制时的仪器工作条件，测量空白溶液和试样溶液的吸光度值。

（七）分析结果计算

根据所测的吸光度值，在校准曲线上查出试样溶液和空白溶液的质量浓度，并由式（2.26）计算空气中铅的含量，mg/m^3。

$$c=\frac{V\cdot(c_{\mathrm{a}}-c_{\mathrm{b}})\cdot N}{V_n\cdot 1\,000}\times\frac{S_{\mathrm{t}}}{S_{\mathrm{a}}} \tag{2.26}$$

式中：c——铅及其无机化合物（换算成铅）质量浓度，mg/m^3；

c_{a}——试样溶液中铅质量浓度，μg/ml；

c_{b}——空白溶液中铅质量浓度，μg/ml；

V——试样溶液体积，ml；

V_n——换算成标准状态下（0℃、100 kPa）的采样体积，m^3；

S_{t}——试样滤膜总面积，cm^2；

S_{a}——测定时所取滤膜面积，cm^2。

二、石墨炉原子吸收光谱法测定地表水和污水中铍（国家环境保护总局标准 HJ/T 59—2000）

石墨炉原子吸收光谱法具有灵敏度高的特点，可直接检测水体中的痕量铍。

（一）范围

该方法的检出限为 0.02 μg/L；测定范围为 0.2～0.5 μg/L。

（二）原理

铍在热解石墨管中原子化，成为气态基态原子，对空心阴极灯发射的特征谱线产生吸收。在一定浓度范围内，其吸收强度与试液中铍的含量成正比。

（三）试剂

除另有说明，测定时均使用符合国家标准或专业标准的分析试剂，去离子水或同等纯度的水。

（1）硫酸（H_2SO_4），c＝1.84 g/ml，优级纯。

（2）硝酸（HNO_3），c＝1.40 g/ml。

（3）硫酸溶液，1+1：将硫酸和水等体积混合。

（4）硝酸溶液，1+9：将 1 体积硝酸和 9 体积水混合。

（5）铍标准贮备液，0.100 mg/ml 称取 0.1966 g 四水合硫酸铍（$BeSO_4 \cdot 4H_2O$），准确至±0.000 2 g，置于小烧杯中用水溶解，然后移入 100 ml 容量瓶中，加入 1.0 ml 1+1 硫酸溶液，用水稀释至标线，摇匀。

（6）铍标准中间液，5.00μg/ml 准确移取铍标准贮备液 5.00 ml 至 100 ml 容量瓶中，加入 0.4 ml 1+1 硫酸溶液，用水稀释至标线，摇匀。

（7）铍标准使用液，0.10 μg/ml 准确移取铍标准中间液 2.00 ml 至 100 ml 容量瓶中，加入 0.4 ml 1+1 硫酸溶液，用水稀释至标线，摇匀。

（8）铝溶液，10 mg/ml 溶解 13.9 g 硝酸铝［$Al(NO_3)_3 \cdot 9H_2O$］于水中，定容至 100 ml。

（四）仪器

（1）一般实验室仪器。

（2）石墨炉原子吸收分光光度计（带有背景扣除装置）。

（3）铍空心阴极灯。

（4）热解石墨管。

（5）仪器工作条件。不同型号的仪器最佳测试条件不同。该标准方法通常采用的测量条件见表 2-5。

表 2-5 测量条件

测定波长/nm	234.9
光谱通带/nm	1.3
灯电流/mA	12.5
干燥	80～120℃，20s
灰化	800℃，20s
原子化	2 600℃，5s
清除	2 800℃，3s
氩气流量/（ml/min）	200
进样量/μl	20

（五）样品采集

（1）采样前，将所用的聚乙烯瓶用洗涤剂洗净，再用 10%硝酸溶液荡洗，最后用水冲洗干净。

（2）需测定铍的总量时，样品采集后立即加入硫酸，使样品 pH 为 1～2。

（3）需测定可滤态铍时，采样后尽快用 0.45μm 滤膜过滤，然后将滤液加硫酸酸化至 pH 为 1～2。

（六）分析步骤

1．试液的制备

清洁水样和一般污水可直接进行分析。取适量含铍样品（Be≤0.05μg）置于 10 ml 比色管中，加入铝溶液 0.5 ml，1+1 硫酸溶液 0.2 ml，用水稀释至标线，摇匀备测。

2．空白试验

用水代替试样，采用和试样相同的步骤和试剂，制备全程空白溶液。

3．测定

按照表 2-5 所列测量条件，测定空白溶液和试液的吸光度。

4．校准曲线

准确移取铍标准使用液 0.00 ml、0.05 ml、0.10 ml、0.20 ml、0.30 ml、0.40 ml、0.50 ml 于 10 ml 比色管中，余下操作与试样相同，配制成铍质量浓度为 0.0 μg/L、0.5 μg/L、1.0 μg/L、2.0 μg/L、3.0 μg/L、4.0 μg/L、5.0 μg/L 的标准溶液系列。然后在与试样相同的测量条件下，由低到高顺次测定标准溶液系列的吸光度。

用减去空白溶液吸收值的吸光度与相对应的元素质量浓度（μg/L）绘制铍的校准曲线。

（七）分析结果

水样中铍的质量浓度 c_{Be}（μg/L）按式（2.27）计算。

$$c_{\mathrm{Be}} = c'\frac{10}{V} \tag{2.27}$$

式中：c_{Be}——水样中铍的含量，μg/L；

c'——由校准曲线上查得的铍的质量浓度，μg/L；

10——定容体积，ml；

V——取样体积，ml。

三、火焰原子吸收测定被污染土壤中重金属铜、锌、铬

土壤重金属污染是通过污水灌溉、污泥施肥、工业废水排放及大气沉降等途径造成的。土壤中的重金属不仅影响植物的生长发育，还可通过植物对重金属的吸收和累积作用威胁人体健康，因此，分析土壤中重金属的含量对有效治理土壤重金属污染，提高农产品产量和质量，保护人体健康有重要意义。

（一）主要试剂

1.00 g/L 铜、锌、铬标准贮备液。

混合标准工作液：吸取 1.00 g/L 铬标准贮备液 1.00 ml，1.00 g/L 铜、锌标准贮备液各 0.5 ml 于 10 ml 的容量瓶中，以 1%的 HNO_3 溶液定容，此混合标准工作液中铜和锌的质量浓度为 50.0 mg/L，铬的质量浓度为 100.0 mg/L。

10%和 1%的 HNO_3 溶液。

（二）仪器与测量条件

火焰原子吸收分光光度计，铜、锌、铬空心阴极灯，高速离心机，超声波清洗器。

该法所用测量条件见表 2-6。

表 2-6　铜、锌、铬测量条件

元素	波长 /nm	狭缝 /nm	火焰类型	灯电流 /mA
Zn	213.9	0.7	空气-乙炔（贫燃）	10
Cu	324.8	0.7	空气-乙炔（贫燃）	8
Cr	359.3	0.7	空气-乙炔（富燃）	8

（三）分析步骤

1．样品的预处理　称取烘干后的土壤样品 10 g 于 50 ml 具塞比色管中，加入 10%硝酸溶液定容，加塞密封后置于超声波清洗器中，调电流为 250 mA 使超声波发生功率为 55W，超声提取 20 min，浸提上清液，于离心机中离心后备用。

2．标准系列溶液的配制　吸取标准工作液 0 ml，0.50 ml，1.00 ml，2.00 ml，3.00 ml，5.00 ml 于 6 个 100 ml 容量瓶中，用 1%硝酸溶液定容，此溶液含铜、锌为 0 μg/ml，0.25 μg/ml，0.50 μg/ml，1.00 μg/ml，1.50μ g/ml，2.50 μg/ml；含 Cr 为 0 μg/ml，0.50 μg/ml，1.00 μg/ml，2.00 μg/ml，3.00 μg/ml，5.00 μg /ml。

3．校准曲线的制作及样品的测定　在上述选定的火焰原子吸收工作条件下，分别测定不同标准系列溶液，得到铜、锌、铬的校准曲线。在相同条件下，对待测样品及空白溶液进行测定，便可测得样品中铜、锌、铬的含量（μg/ml）。

测定铜、锌、铬的相对标准偏差分别为 1.2%、2.5%和 1.4%；加标回收率分别为 98.6%、101%和 104%。

习题

1．原子吸收光谱分析为什么不能用连续光源？

2．在原子吸收实际分析中，同一波长的发射线和吸收线是否具有同样轮廓？为什么？

3．图 2-22 是原子吸收光谱法在不同灯电流条件下，测量某元素得到的校准曲线，试讨论校准曲线产生差异的原因。

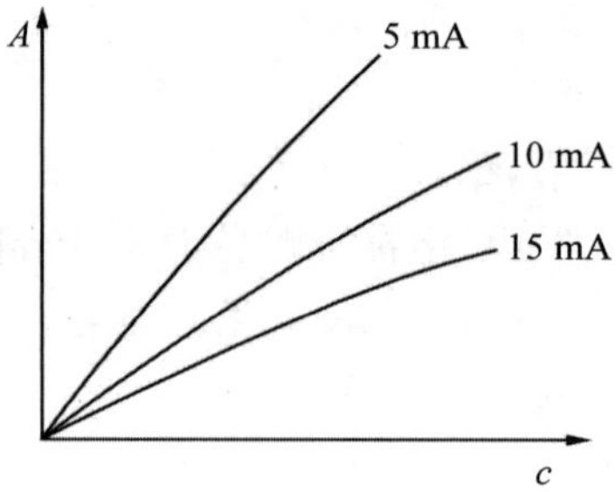

图 2-22 原子吸收光谱分析校准曲线（灯电流不同）

4．与原子发射光谱分析相比，为什么原子吸收分析中试样基体以及外界条件对测量的影响较小？

5．沃尔什提出的测量峰值吸收系数的条件是什么？

6．进行原子吸收测量时，燃烧器高度的改变为什么会影响测量结果？

7．试叙三种不同状态的空气-乙炔火焰的特性，以及它们对哪些元素适用？

8．石墨炉原子化法为什么比火焰原子化法的灵敏度高？

9．某原子吸收分光光度计的倒线色散率为 2.0 nm/mm，狭缝宽度分别为 0.05 mm，0.1 mm，0.2 mm，2 mm 时相应的光谱带宽为多大？欲将 404.4 nm 和 404.7 nm 双线分开，应选用多大的光谱带宽？

10．用原子吸收光谱法测量 Mg 原子对其波长为 285.2 nm 共振线的吸收时，火焰中 Mg 原子受热激发产生的 285.2 nm 发射线对 Mg 的测量结果影响如何？怎样消除？

11．用原子吸收光谱法测量某污水中铅时，分别取 10 ml 水样到两个 50 ml 容量瓶中，其中一个加入 2 ml 10μg/ml 铅标准溶液（称样 2），一个不加入铅标准溶液（称样 1），然后均用蒸馏水稀释至刻度。在同条件下测得样 2 和样 1 的吸光度分别为 0.38 和 0.18，试求：

（1）水样中铅的质量浓度。

（2）铅的特征浓度。

12．原子吸收光谱法测定氯化钠中微量钾时，采用纯氯化钾配制标准系列，经多次测定结果偏高，试分析其原因并提出改正办法。（钾分析线波长：766.5 nm）

13．试述氘灯校正器校正背景的原理。

14．试述光源调制法和吸收线调制法塞曼效应校正背景的原理。

参考文献

[1] 钱沙华，韦进宝. 环境仪器分析[M]. 北京：中国环境科学出版社，2004.

[2] 李超隆. 原子吸收分析理论基础[M]. 北京：高等教育出版社，1988.

[3] 邓勃. 原子吸收分光光度法[M]. 北京：清华大学出版社，1982.

[4] 北京大学化学系仪器分析教学组. 仪器分析教程[M]. 北京：北京大学出版社，2002.

[5] 阎吉昌，徐书绅，张兰英. 环境分析[M]. 北京：化学工业出版社，2002.

[6] 韦进宝，钱沙华. 环境分析化学[M]. 北京：化学工业出版社，2002.

[7] 水质分析方法//中国标准出版社第二编辑室. 中国环境保护标准汇编[M]. 北京：中国标准出版社，2001.

第三章　原子荧光光谱法

第一节　基本原理

原子荧光光谱法是通过测量待测元素原子在辐射能激发下所产生的荧光强度来测定其含量的一种仪器分析方法。

一、原子荧光光谱的产生

当入射光照射某一元素的气态原子时，若光子的能量（$h\nu$）恰好等于原子的两个能级之间的能量差（ΔE），原子便会吸收该辐射能，外层电子从低能级激发到较高能级。在返回到低能级时，再辐射与激发光波长相同或不同的光子。

原子荧光光谱和原子发射光谱都是激发态原子发射的线光谱，但激发机理不同。原子受热运动粒子非弹性碰撞而被激发，各能级激发态原子数遵守 Boltzmann 分布，发射的光谱线较为复杂。原子吸收光子而被光致激发，吸收具有选择性，各能级激发态原子数不遵守 Boltzmann 分布，再辐射的荧光光谱比较简单。

二、原子荧光的类型

原子荧光有以下三种类型。

（一）共振荧光

原子吸收某一波长的光辐射受激后，所发射的荧光波长与激发光波长相同，这种荧光称为共振荧光。

由于基态原子占原子中的几乎全部或大部分，从基态光致激发到激发态而后回到基态的共振跃迁有较大的跃迁几率，因此基态共振荧光（图 3-1A）强度通常最大。在原子荧光光谱分析中，共振荧光是最重要的测量信号，应用最为普遍。

若原子受热激发处于亚稳态（如在火焰原子化温度条件下，许多原子处于亚稳态），则共振跃迁也可能发生在亚稳态与激发态之间。所发射的共振荧光称为热助共振荧光（图 3-1B）。

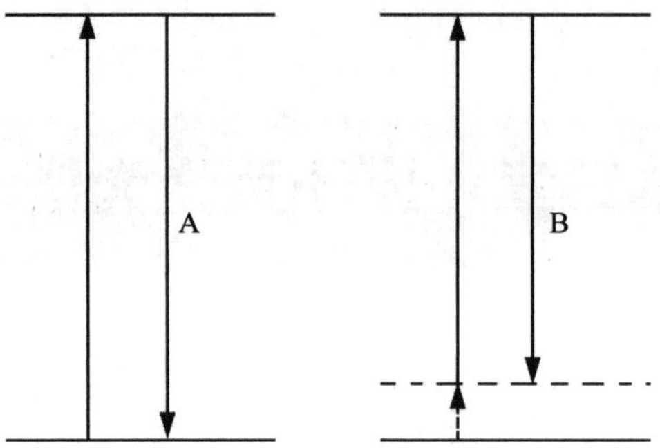

图 3-1 共振荧光

A. 基态共振荧光；B. 热助共振荧光；虚线代表亚稳态能级

（二）非共振荧光

非共振荧光包括直跃线荧光、阶跃线荧光和反 Stokes 荧光。其特点是荧光波长与激发光波长不同。

1. 直跃线荧光

原子从低能级（基态或亚稳态）光致激发到高能级，在跃迁返回到中间能级的过程中发射出荧光（图 3-2），然后又以非辐射形式去激发回到原来的能级。由于跃迁能级间的能量差比最初激发能级间的能量差小，因而，荧光的波长比激发光的波长长。

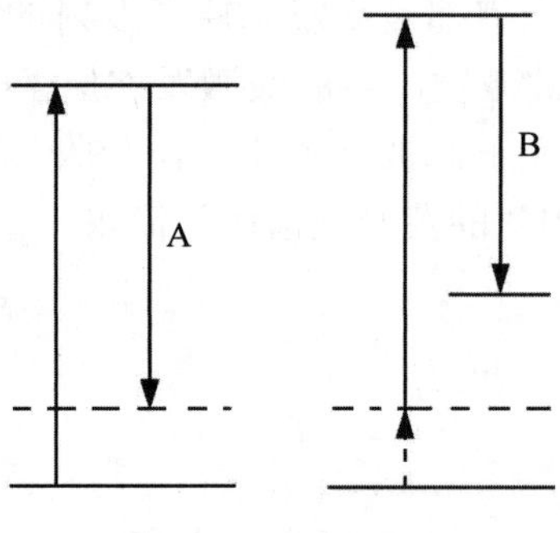

图 3-2 直跃线荧光

A. 从基态激发；B. 从亚稳态激发；虚线代表亚稳态能级

2. 阶跃线荧光

原子吸收光子从基态激发到高能级后，先以非辐射形式释放部分能量回到较低能级，再以辐射荧光形式返回基态。这种阶跃线荧光也称为“正常阶跃线荧光”（图 3-3A）。由于只有亚稳态原子有较长的寿命和不能发生自发辐射，所以阶跃跃迁常与亚稳态联系在一起。

光致激发后的原子也可进一步发生热激发（如从原子化火焰中获得能量）至更高能级，然后返回中间能级时发射荧光（图 3-3B）。这种阶跃线荧光称为“热助阶跃线荧光”。

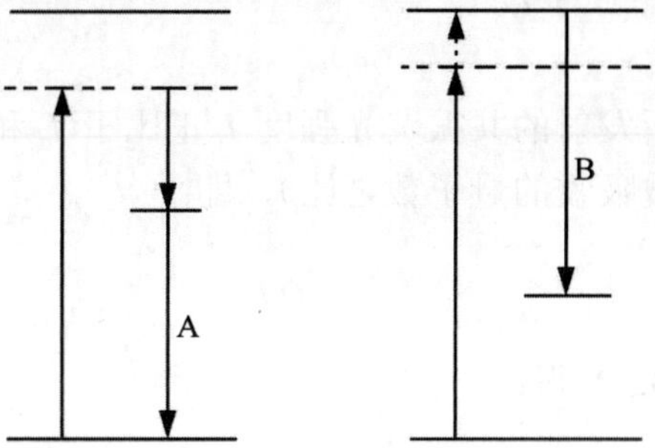

图 3-3　阶跃线荧光

A. 正常阶跃线荧光；B. 热助阶跃线荧光；虚线代表亚稳态能级

3. 反 Stokes 荧光

这种荧光的特点是其波长比激发光的波长短，即荧光光子的能量比激发光子的能量大。它们之间能量的差额是由热能补充的，因此具有热助的性质。例如波长为 410.2 nm 的铟原子荧光线和铬 357.8 nm 荧光线的产生（图 3-4）。

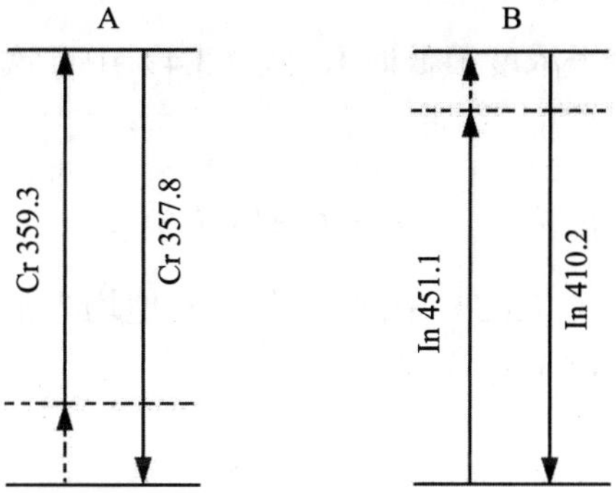

图 3-4　反 Stokes 荧光

（三）敏化荧光

受光激发的原子与另一种原子碰撞时，把激发能传递给另一个原子使其激发，后者再以辐射形式去激发而发射的荧光称为敏化荧光。

三、原子荧光定量分析关系式

基态原子吸收某一波长的谱线而被激发时，所吸收的辐射能量 I_a 可用下式表示：

$$I_a=I_0A[1-e^{(-\varepsilon lN)}] \tag{3.1}$$

式中：I_0——原子化器内单位面积上接收的光源强度；

A——受光源所照射的在检测系统中观察到的有效面积；

l——吸收光程长；

N——产生吸收的基态原子数；

ε——吸光系数。

激发态原子返回基态所发射的共振荧光强度 I_f 正比于 I_a 和荧光量子效率ϕ（单位时间内，荧光辐射的量子数与被吸收的量子数之比），即

$$I_f = \phi I_a \tag{3.2}$$

将式（3.2）代入式（3.1）得：

$$I_f = \phi A I_0 [1 - e^{(-\varepsilon l N)}] \tag{3.3}$$

将式（3.3）括号内的 Taylor 级数展开，即

$$I_f = \phi A I_0 \left[\varepsilon l N - \frac{(\varepsilon l N)^2}{2!} + \frac{(\varepsilon l N)^3}{3!} - \frac{(\varepsilon l N)^4}{4!} + \cdots \right] \tag{3.4}$$

$$= \phi A I_0 \varepsilon l N \left[1 - \frac{(\varepsilon l N)}{2} + \frac{(\varepsilon l N)^2}{6} - \cdots \right]$$

在弱吸收条件下（当原子浓度很低时），式（3.4）中高次项一般可以忽略，因此可得式（3.5）。

$$I_f = \phi A I_0 \varepsilon l N \tag{3.5}$$

在一定的实验条件下，式（3.5）中除 N 外，其他均为常数。N 则与试样中待测元素含量 c 成正比，因此，式（3.5）可写成

$$I_f = Kc \tag{3.6}$$

式（3.6）就是原子荧光光谱定量分析关系式。从该式可见，通过测量待测元素原子的荧光强度，可以确定待测元素的含量。

第二节　原子荧光分析技术

一、仪器装置

原子荧光光谱仪有色散型和非色散型两种类型。

（一）色散型原子荧光光谱仪

色散型原子荧光分光光度计与原子吸收分光光度计非常相似，也是由光源、原子化器、分光系统和检测系统四大部分构成（图 3-5）。二者的主要区别是原子荧光分光光度计采用高强度光源，并且光源和检测器不在一条直线上。

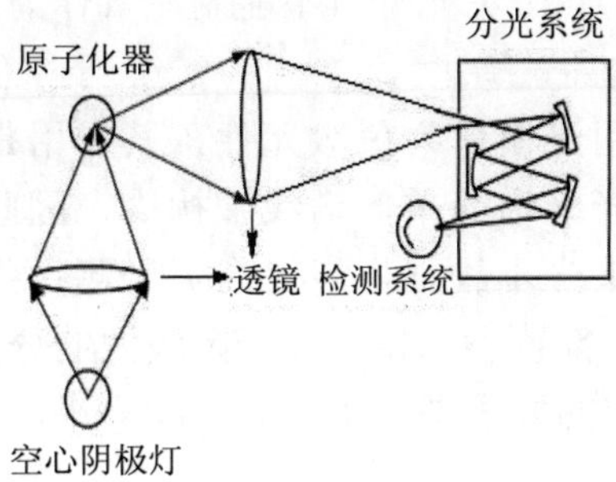

图 3-5 色散型原子荧光分光光度计结构示意图

1. 光源

光源的作用是使待测元素的原子激发而发射荧光。光源垂直于检测系统是为了避免光源发射线干扰荧光测定。原子荧光分析对激发光源的主要要求是:

(1) 强度大。因为荧光强度与激发光源强度成正比关系，所以欲提高测量灵敏度，必须采用高强度的光源为激发光源。

(2) 稳定。以保证分析的精密度高。

与原子吸收比较，光源发射线宽度对原子荧光并不重要。因此原子荧光分析既可以用锐线光源，也可以用连续光源。

常用的线光源为脉冲供电的特制高强度空心阴极灯。采用脉冲供电方式不仅可通过提供大的峰值电流，提高峰值荧光强度，而且能大幅度提高仪器的信噪比。这是由于信号采集系统只有在激发脉冲开启时才同步采样，其余时间停止采样，因此绝大部分噪声可被抑制。同时由于有足够长的脉冲间歇时间以保持低的平均电流，又不至于使空心阴极灯阴极过热而缩短使用寿命。线光源的优点是光谱干扰少，检出限低。

连续光源广泛采用的是高压氙灯。这是一种气体放电光源，灯内充有高压氙气，在高频高压电压下激发形成弧光放电，辐射出从紫外线到近红外的强烈连续光谱。高压氙灯的优点是寿命长，采用一个灯即可激发出各元素的荧光，适用于多元素分析。缺点是散射干扰及光谱干扰比较严重，检出限比用锐线光源差。

为消除因待测元素热激发产生的发射光谱的影响，必须对光源进行调制。

2. 原子化器

原子吸收光谱法常用的四种原子化方式（火焰原子化、石墨炉原子化、氢化物发生原子化、汞冷原子化）均适用于原子荧光光谱法。但对于原子化器的要求，这两种方法有所不同。

采用火焰原子化器时，为了获得低的检出限，原子荧光分析力求降低火焰发射和“闪烁”引起的噪声；为了获得较高的荧光效率，要求火焰气体的荧光猝灭效应小。

受激原子和其他粒子碰撞，把一部分能量变成热运动和其他形式的能量，因而发生无辐射的去激发过程，这种现象称为荧光猝灭。荧光的猝灭会使荧光的量子效率降低，荧光强度减弱。火焰中主要的荧光猝灭剂有 CO、CO_2、N_2 等，因此原子荧光分析尽量不用燃料气体中含碳的火焰，如原子吸收光谱分析常用的空气-乙炔焰，而用氢-氩或氩稀释的氢-氧火焰。

采用石墨炉原子化器时，原子荧光分析不能用氮气作为载气。

3. 分光与检测系统

色散型原子荧光光谱仪用光栅作为色散元件，其作用是将待测元素的荧光分析线与其他谱线分开。由于原子荧光光谱简单，谱线干扰少，因此对仪器分辨率要求不高。但是原子荧光分析希望仪器的聚光本领强，能提高荧光测量强度，因而有的原子荧光光谱分析仪器采用色散率，分辨率都较小，相对孔径则较大的分光系统。

原子荧光分析对检测系统的要求是灵敏度高，噪声小，以提高信噪比。

（二）非色散型原子荧光光谱仪

非色散型原子荧光光谱仪结构见图 3-6。与色散型原子荧光光谱仪不同之处是没有分光系统。

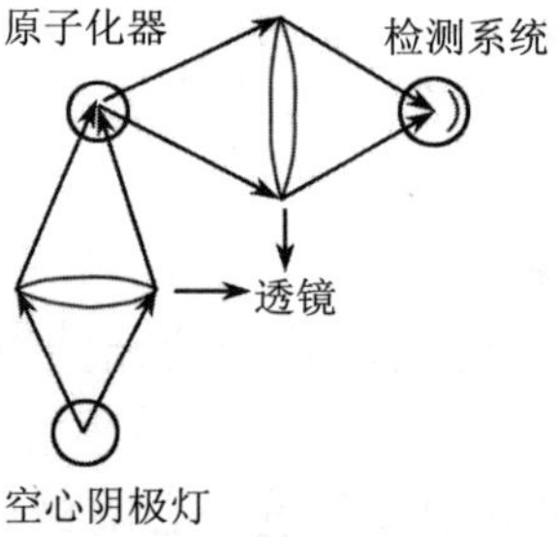

图 3-6 非色散型原子荧光分光光度计结构示意图

1. 光源

采用特制高强度空心阴极灯。由于非色散型原子荧光光谱仪没有分光系统，因此不能用连续光源，只能用线光源，而且对光源纯度要求较高。

2. 原子化器

主要采用氢化物发生原子化方式。氢化物发生和原子荧光光谱分析技术联用的仪器已商品化，并且技术成熟、性能良好，是目前原子荧光光谱分析中最具有实用价值的仪器，其中尤其以氢化物发生-非色散型原子荧光仪器应用面最广。

氢化物-非色散型原子荧光光谱仪专门用于测试可形成气态氢化物的 As、Sb、Bi、Se、Te、Pb、Sn、Ge、Cd 以及可形成挥发性气态组分的 Zn、Hg，下面以普析通用 PF6 非色散型原子荧光光度计为例，介绍其原子化器的结构及工作原理。

该仪器采用的是氩-氢火焰石英管原子化器。所用的石英管为双层结构（屏蔽式），见图 3-7。硼氢化物与待测元素酸性溶液反应产生的气态氢化物和多余的氢气由载气（氩气）推动进入石英管内层入口，在管口上端氢气被点燃形成氩-氢火焰，使同时进入的氢化物原子化。外层为屏蔽层，屏蔽气（氩气）切向进入并螺旋形上升，在管口上端外围形成氩气屏蔽层，防止了周围空气进入管中心样品原子化区，从而降低了被测元素被周围空气氧化的概率，提高了原子化效率和原子荧光测定灵敏度。

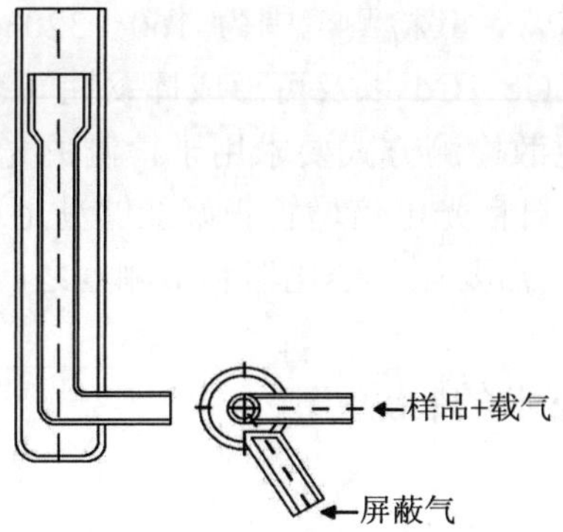

图 3-7　屏蔽式石英管结构示意图

石英管端口绕有电炉丝，加热后可点燃氩-氢火焰。氩-氢火焰温度为 650～700℃，最佳火焰观察高度一般处于 8～10 mm 范围内（图 3-8）。测定汞时可不必加热。

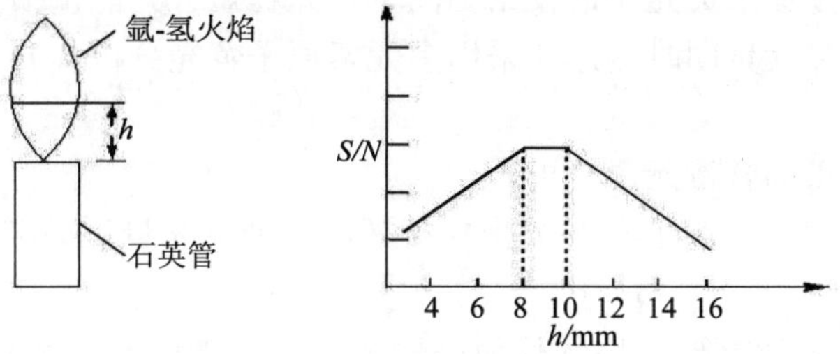

图 3-8　原子化器观察高度与仪器信噪比（S/N）的关系

氢化物发生采用注射泵与蠕动泵相结合的全自动顺序注射系统，见图 3-9。待测元素样品在注射泵推动作用下与蠕动泵推动的还原剂在氢化物发生装置中混合并反应，反应产生的氢化物和反应废液在氩气的推动下进入气液分离装置，通过自然重力作用完成气液分离后，气态组分进入石英管原子化器。

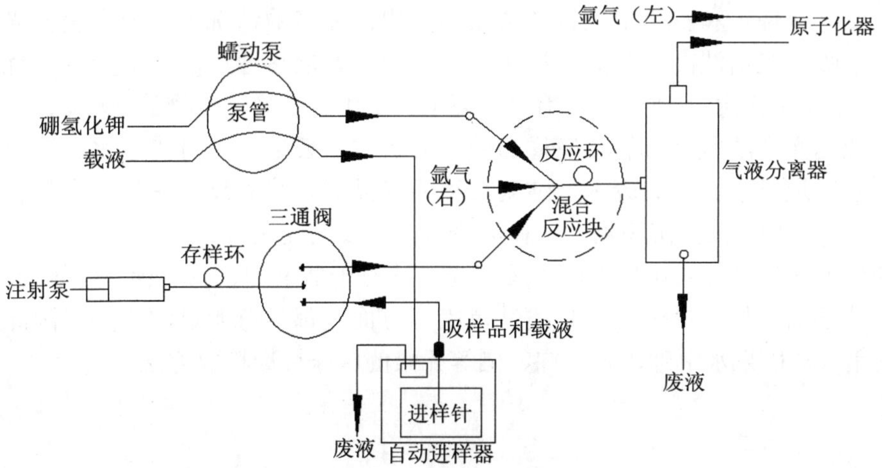

图 3-9　全自动顺序注射氢化物发生系统示意图

3. 检测系统

大多采用日盲光电倍增管，其检测范围为 160～320 nm。可形成气态氢化物的 As、Sb、Bi、Se、Te、Pb、Sn、Ge、Cd 以及可形成挥发性气态组分的 Zn、Hg 均在此范围有较强的原子荧光谱线。非色散检测方式要求用于检测的光谱带必须避开原子化器（氩-氢火焰）和日光的背景谱带，日盲光电倍增管正好能够满足这一要求。

若用一般光电倍增管，需要在原子化器和检测器之间加滤光片。

二、原子荧光分析技术的特点

1. 优点

（1）适用于低含量元素的分析，且在低浓度区，线性范围比原子发射和原子吸收光谱法宽，校准曲线线性范围可达 3～5 个数量级。

（2）色散型原子荧光光谱仪可用连续光源，不必采用锐线光源。并且光谱干扰小，对仪器分辨率要求不高。

（3）非色散型原子荧光光谱仪结构简单，光程短、光能量损失小，分析灵敏度高。

（4）可进行多元素同时测定（采用多元素原子荧光分析仪）。

2. 缺点

（1）不适用于高含量元素分析。

（2）某些情况下，由于存在荧光猝灭效应，使荧光量子效率ϕ降低，从而降低了测量灵敏度。

（3）由于荧光效率受火焰气体成分影响较大，因此原子荧光分析对于火焰的要求比原子吸收分析苛刻。

第三节　原子荧光光谱法在环境分析中的应用

1964 年，Winefordner 等人发表了第一篇关于原子荧光火焰光谱法作为一种新的分析方法的论文，从理论和实验上进行了考察后指出：在多数情况下，原子荧光光谱法的灵敏度比原子吸收光谱法高。此后，原子荧光光谱法发展迅速，现已成为一种优良的痕量分析技术，广泛应用于地质矿产、冶金、环境、卫生、食品、药物等领域。

原子荧光光谱法所分析的环境样品中水分析占主要地位，有矿泉水、江河水、海洋水、地面水、地下水、工业废水、酸雨及冰雪样品等。另外还有空气、大气粉尘、工业炉气、海洋沉积物、江河沉积物、工业废渣等。涉及的元素有 30 多种。

与其他方法相比，氢化物—原子荧光光谱法对于痕量砷、汞、锑、硒等元素的测量，无论在方法的简单性、灵敏性还是线性范围等方面，都具有明显的优势。因此，该法被确定为饮用天然矿泉水中砷、汞、锑、硒等元素的国家标准检验方法。

应用实例：

一、氢化物发生-原子荧光法测定饮用天然矿泉水中锑（中华人民共和国国家标准 GB/T 8538—2008）

（一）范围

本法最低检测质量浓度为 0.078 μg/L。

当砷、锗、锡、汞、硒浓度高时，对锑产生一定程度的干扰，浓度低时，无干扰。矿泉水中这些离子的浓度都较低。另外加入一定量的硫脲-抗坏血酸混合溶液，可以消除干扰离子对锑的干扰。

（二）原理

在酸性条件下，以硼氢化钠为还原剂使锑生成锑化氢，由载气带入原子化器原子化，受热分解为原子态锑，基态锑原子在特制锑空心阴极灯的激发下产生原子荧光，其荧光强度与锑含量成正比。

（三）试剂

（1）氢氧化钠溶液（2 g/L）：称取 1 g 氢氧化钠（NaOH）溶于纯水中，稀释至 500 ml。

（2）硼氢化钠溶液（20 g/L）：称取 10.0 g 硼氢化钠（$NaBH_4$），溶于 500 ml 氢氧化钠溶液中，混匀。

（3）盐酸（ρ_{20}=1.19 g/ml），优级纯。

（4）载流[盐酸溶液（φ=5%）]：取 25 ml 盐酸，用纯水稀释至 500 ml。

（5）硫脲-抗坏血酸溶液：称取 12.5 g 硫脲[（NH_2）$_2$CS]加约 80 ml 纯水，加热溶解，冷却后加入 12.5 g 抗坏血酸（$C_6H_8O_6$），稀释至 100 ml。

（6）锑标准贮备液[ρ（Sb）=1.0 mg/ml]：称取 0.500 0 g 锑（光谱纯）于 100 ml 烧杯中，加 10 ml 盐酸和 5 g 酒石酸（$C_4H_6O_6$），在水浴中温热使锑完全溶解，放冷后，转入 500 ml 容量瓶中，用纯水定容，摇匀备用。

（7）锑标准中间溶液[ρ（Sb）=10.0 μg/ml]：吸取 10.0 ml 锑标准贮备液于 1 000 ml 容量瓶中，加 3 ml 盐酸，用纯水定容。

（8）锑标准使用溶液[ρ（Sb）=0.10 μg/ml]：吸取 5.0 ml 锑标准中间溶液于 500 ml 容量瓶中，用纯水定容。

（四）仪器

（1）原子荧光光度计。

（2）锑特种空心阴极灯。

（五）分析步骤

（1）仪器工作条件

参考仪器说明书将仪器工作条件调整至测锑最佳状态，原子荧光工作条件见表 3-1。

表 3-1　原子荧光工作条件

项目	条件
灯电流/mA	75
光电倍增管负高压/V	310
原子化器高度/mm	8.5
载气流量/（ml/min）	500
屏蔽气流量/（ml/min）	1 000

（2）样品测定

吸取 10.0 ml 水样于 1 支比色管中。另分别吸取锑标准使用液（0.10μg/ml）0.00 ml，0.05 ml，0.10 ml，0.30 ml，0.50 ml，0.70 ml，1.00 ml 于 7 支比色管中，用纯水定容至 10 ml。

分别向水样和标准系列管中加入 1.0 ml 硫脲-抗坏血酸溶液，1.0 ml 盐酸，混匀，以硼氢化钠溶液为还原剂，上机测定，记录荧光强度值，绘制校准曲线，从校准曲线上查出水样中锑的质量。

（六）结果计算

水样中锑的质量浓度按式（3.7）计算。

$$\rho(\mathrm{Sb}) = \frac{m \times 1\ 000}{V} \tag{3.7}$$

式中：ρ（Sb）——水样中锑的质量浓度，μg/L；

m ——从校准曲线上查得的样品中锑的质量，μg；

V ——水样体积，ml。

（七）精密度与准确度

四个实验室测定含锑 0.97～8.07 μg/L 的水样，测定 8 次，其相对标准偏差为 1.2%～6.5%，在 1～8 μg/L 范围内，回收率为 85.7%～113%。

二、氢化物发生原子荧光法测定饮用天然矿泉水中砷（中华人民共和国国家标准 GB/T 8538—2008）

（一）范围

本法最低检测质量为 2.0 ng，若进样 5 ml 测定，最低检测质量浓度为 0.4 μg/L。

（二）原理

在盐酸介质中，硼氢化钾将砷转化为砷化氢。以氩气作载气将砷化氢导入石英炉原子化器中进行原子化。以砷特种空心阴极灯作激发光源，使砷原子发出荧光，荧光强度在一定范围内与砷的含量成正比。

（三）试剂

（1）盐酸（ρ_{20}=1.19 g/ml），优级纯。

（2）氢氧化钾（KOH），优级纯。

（3）硫脲溶液（150 g/L）：称取 15 g 硫脲[（NH_2）$_2$CS]溶于 100 ml 纯水中，用时现配。

（4）硼氢化钾溶液（7 g/L）：称取 2 g 氢氧化钾溶于 200 ml 纯水中，加入 7 g 硼氢化钾（KBH_4）并使之溶解。用纯水稀释至 1 000 ml，用时现配。

（5）砷标准储备溶液[ρ（As）=100μg/ml]：称取 0.132 0 g 经 105℃干燥 2 h 的三氧化二砷（As_2O_3）于 50 ml 烧杯中，加 10 ml 氢氧化钠溶液（40 g/L）使之溶解，加 5 ml 盐酸，转入 1 000 ml 容量瓶中定容，混匀。

（6）砷标准使用溶液[ρ（As）=0.1μg/ml]：吸取 5.00 ml 砷标准储备溶液于 500 ml 容量瓶中，以纯水定容，混匀。此溶液为[ρ（As）=1μg/ml]。再吸取 10.00 ml 此溶液于 100 ml 容量瓶中，以纯水定容。

（四）仪器

（1）原子荧光分析仪。

（2）砷特种空心阴极灯。

（五）分析步骤

（1）仪器工作条件

参考仪器说明书将仪器工作条件调整至测砷最佳状态，原子荧光工作条件见表 3-2。

表 3-2　原子荧光工作条件

项目	条件
灯电流/mA	40～50
光电倍增管负高压/V	250～300
原子化温度/℃	室温或 200
氩气压力/MPa	0.02
氩气流量/（ml/min）	800

（2）样品测定

吸取 20.0 ml 水样于 25 ml 比色管中，加入 3 ml 盐酸，2 ml 硫脲溶液，摇匀，放置 10 min。吸取 5 ml 该试液，注入仪器氢化物发生器中，记录荧光强度值。

（3）校准曲线的绘制

分别吸取砷标准使用溶液 0.00 ml，0.10 ml，0.20 ml，0.50 ml，1.00 ml，2.50 ml，5.00 ml 于一系列 25 ml 比色管中，加 3 ml 盐酸，2 ml 硫脲溶液，加纯水至 25 ml，摇匀，放置 10 min 后，按样品测定步骤操作。以比色管中砷的质量（μg）为横坐标，荧光信号值为纵坐标，绘制校准曲线。

（六）结果计算

水样中砷的质量浓度按式（3.8）计算。

$$\rho\text{（As）}=\frac{m}{V} \tag{3.8}$$

式中：ρ（As）——水样中砷的质量浓度，mg/L；

m ——从校准曲线上查得的样品管中砷的质量，μg；

V ——水样体积，ml。

（七）精密度与准确度

单个实验室的加标回收率和相对标准偏差如下：

低浓度加标（0.002 mg/L），加标回收率：（68.4±4.3）%；相对标准偏差：6.3%。

中浓度加标（0.006 mg/L），加标回收率：（92.4±3.9）%；相对标准偏差：4.2%。

高浓度加标（0.010 mg/L），加标回收率：（101.4±3.0）%；相对标准偏差：3.0%。

习题

1．解释下列名词。

共振荧光　非共振荧光　量子效率　猝灭效应

2．为什么荧光光谱谱线比发射光谱谱线简单？

3．原子荧光定量分析关系式的适用条件是什么？

4．试比较色散型原子荧光光谱仪与原子吸收光谱仪的相同和相异之处。

5．试述氢化物发生-非色散型原子荧光光谱法的应用和特点。

6．为什么进行原子吸收测量时，原子荧光信号的影响可忽略？

7．原子荧光光谱分析为什么要采用高强度光源？

参考文献

[1] 钱沙华，韦进宝. 环境仪器分析[M]. 北京：中国环境科学出版社，2004.

[2] 李超隆. 原子吸收分析理论基础（下册）[M]. 北京：高等教育出版社，1988.

[3] 邱德仁. 原子光谱分析[M]. 上海：复旦大学出版社，2002.

[4] 刘明钟，汤志勇，刘霁欣，等. 原子荧光光谱分析[M]. 北京：化学工业出版社，2008.

第四章　X 射线荧光光谱法

第一节　概　述

X 射线又叫伦琴射线，是 1895 年德国物理学家伦琴（W. C. Roentgen）发现的。1908 年，巴拉克（C.G.Barkla）发现了元素的次级 X 射线标识谱。1913 年，莫斯莱（H.G.J.Moseley）指示了特征 X 射线与原子序数的关系，为 X 射线光谱分析奠定了基础。

X 射线荧光光谱分析是一种用 X 射线管发出的初级 X 射线使元素内层电子激发，发射特征荧光 X 射线，通过测量谱线的波长和强度进行元素定性、半定量和定量分析的方法。

X 射线荧光光谱法于 20 世纪 50 年代应用于元素分析。50 多年来，随着电子技术、计算机技术的不断发展和进步，X 射线荧光光谱法的分析仪器、分析技术和应用软件不断改进、更新和完善，其应用越来越广泛。近年来的文献资料表明，X 射线荧光光谱分析已从工业和地矿等传统应用领域扩展到生物医药、考古和文物保护、环境保护等领域。

X 射线荧光光谱分析法具有以下优点：

1. 干扰少

X 射线荧光谱线简单（X 射线的特征谱线来自原子内层电子的跃迁），谱线干扰少。此外，除轻元素外，特征 X 射线光谱基本上不受化学键的影响。因此，对于化学性质极其相似的元素如稀土、铌、钽、锆、铪等，利用它们的荧光 X 射线波长不同，不需分离即可进行测定。

2. 测量范围广

（1）测量的元素范围宽。一般情况下，X 射线荧光法可分析的范围为 ^{9}F～^{92}U。

（2）测量的浓度范围宽，从常量组分到痕量杂质都能测定。

3. 可直接测定固体样品

对于固体样品，许多常规分析方法（如紫外-可见吸收光谱法、火焰原子吸收光谱法）需采用繁琐的化学前处理将其转化为溶液形式后再进行测定。而 X 射线荧光光谱法可不经化学处理，直接测定各种形式的固体样品（块状、颗粒状、粉末状等），并且制样简单，如金属样品大多只需抛光，粉末样品可直接放在容器中或采用压片法制样（将经过粉碎或研磨的样品加压成形）。

4. 可进行原位无损检测

X 射线荧光光谱是一种非破坏性分析方法，因此可进行原位无损检测，例如用于文物、珠宝无损分析以及活体分析。

5. 分析速度快

X 射线荧光光谱法具有进行多元素同时测定的功能。此外，现代商品 X 射线荧光光谱仪已实现全自动化，并配有定性、半定量和定量分析软件，简化了分析过程，提高了分析速度。

X 射线荧光光谱法的缺点是：准确分析轻元素较困难；对于金属元素分析，检出限不够低（高于石墨炉原子吸收光谱、电感耦合等离子体原子发射光谱等方法）。

第二节　基本原理

一、X 射线的产生和 X 射线谱

X 射线是波长范围为 0.1～100Å 的一种电磁辐射。在高度真空的 X 光管内，由钨、镍构成阴极，金属元素构成阳极（靶面），当它们之间施加几万伏的高电压时，被加速后的一束高速运动的电子流投射到阳极金属上时，电子运动突然被停止（被靶制止），电子损失的能量绝大部分转变为热能，小部分转变为波长在 1Å 左右连续变化的电磁波——连续 X 射线。

此外，当电子的能量大到某一数值时，不仅可以得到连续 X 射线，还可以得到强度很高的单色 X 射线——特征 X 射线。

这种在 X 光管中产生的 X 射线称初级 X 射线。

（一）连续 X 射线

1. 连续 X 射线的产生

由某一最短波长（短波限）开始的包括各种 X 射线波长所组成的连续光谱，见图 4-1。图中曲线 1 是钨靶 X 光管在 50 kV 电压下所发射的连续 X 射线，纵坐标表示强度，横坐标表示波长，其短波限是 0.248Å；曲线 2 和 3 分别是 40 kV 和 30 kV 所发射的连续 X 射线。

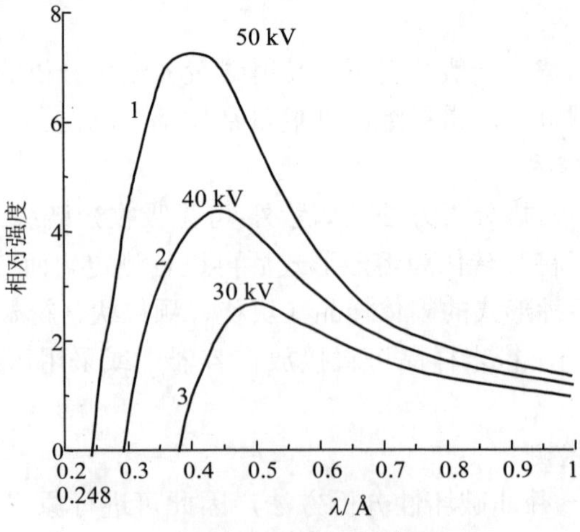

图 4-1　连续 X 射线谱

当极大数量的电子射到靶面上时，有两种情况产生：

（1）有的电子一次碰撞就被靶子制止，动能一次转化为辐射能，辐射出具有最大能量的X射线光子，这就是X射线谱中的短波限。

设 eV 为一个高速电子的动能，当全部转化为辐射能时，根据量子理论，短波限可用式（4.1）计算。

$$\lambda_{短}=\frac{hc}{eV}=\frac{1.24}{V} \tag{4.1}$$

式中：$\lambda_{短}$——短波限，nm；

h——普朗克常量，6.626×10^{-34}J·s；

c——光速，2.998×10^{10}cm/s；

eV——电子的动能，元电荷 e 的值约为 1.60×10^{-19}C；

V——X光管电压，kV。

（2）有的电子多次碰撞，逐渐丧失其动能转化为X光辐射能，直到完全丧失为止，从而产生具有不同波长的连续X射线。

2. 连续X射线谱具有以下特性

（1）连续X射线谱的总强度为：

$$I=AiZV^2 \tag{4.2}$$

式中：V——X光管的电压，kV；

i——X光管的管电流，mA；

Z——原子序数（靶材料）；

A——比例常数。

由式（4.2）可知：在工作需要强度较大的连续X射线时，必须采用原子序数较大的重金属（一般为钨）靶子、较大的X光管管流及施加尽可能高的X光管电压。

（2）连续X射线谱中短波限只与X光管电压有关，而和靶的材料无关。

从式（4.1）可见：只要X光管电压相同，不同靶元素的X光管所辐射出最强X射线光量子的能量是一样的。

（3）连续X射线谱中短波限及强度曲线的最大值都随管电压的增高而向短波方向移动，并逐步增大（图4.1）。

当管电压升高后，电子动能变大，转化为X光量子的能量也变大，所以短波限向短波方向位移。而管电压升高，每秒钟所产生的X光量子数目及每个X光量子的平均能量同时增加，所以强度曲线上升。

在X射线荧光分析中，一般以连续X射线作为激发源。为了获得高强度的X射线，在工作中常采用重金属靶的X光管，并尽可能在高的管电压下工作。

（二）特征X射线

特征X射线是作为靶的金属原子的内层电子激发、跃迁而产生的。X光管电压越高，电子的动能（eV）越大，当电子的能量大到某一数值（电压增到某一临界值——激发电压），与作为靶的金属原子碰撞时，可将其内层轨道（如 K，L 等轨道）上的电子撞击到能量较高的外层轨道，甚至打出原子之外，形成电子空穴。这时原子处于受激状态，外层电子随即填充到内层空穴，当发生这种跃迁时，原子能量降低，并释放出 X 射线——特征 X 射线。

特征 X 射线组成的光谱称为特征 X 射线谱，可分为 K，L，M 等线系（图 4-2）。当 K 层电子被击出后，所有外层电子都可能跃迁到 K 层空位，同时辐射出一系列的 K 系特征 X 射线。电子由 L 层跃迁到 K 层辐射的 X 射线叫 K_α 射线；由 M 层跃迁到 K 层而辐射的 X 射线叫 K_β射线；由 N 层跃迁到 K 层而辐射的 X 射线叫 K_γ 射线等等。L 系特征 X 射线也是以相同的方式产生，即 L 层中的一个电子被击出后，留下的空穴即由外面某层中的一个电子所填充，从而产生 L 系辐射。

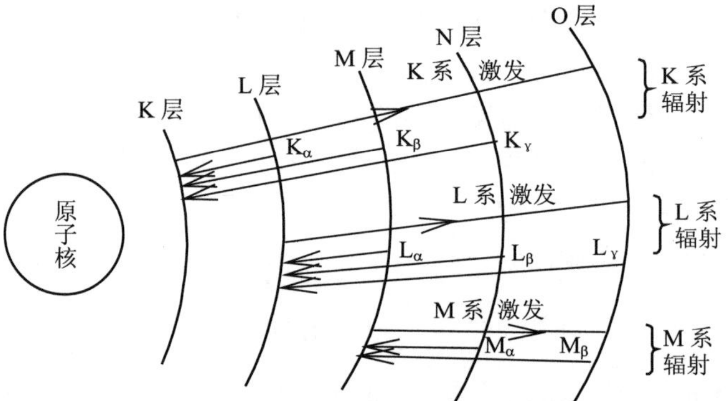

图 4-2 特征 X 射线产生示意图

特征 X 射线的波长取决于产生跃迁的两个电子层之间的能量差。设 E_K、E_L、E_M 分别为 K、L、M 电子层的能量，电子从 L 层跃迁到 K 层所释放出的 X 光量子的波长为：

$$\lambda_{K_\alpha}=\frac{hc}{E_L-E_K} \tag{4.3}$$

同理，电子从 M 层跃迁到 K 层所释放的 X 光量子的波长为：

$$\lambda_{K_\beta}=\frac{hc}{E_M-E_K} \tag{4.4}$$

作为靶的金属原子不同，释放出的 X 射线的波长便不同（因为不同的原子，其结构不同，K、M、L 等层之间的能量差是不同），即这些谱线代表了被轰击的金属靶元素的特征（随管中靶金属的原子序数而变化），故称为特征 X 射线。每一种元素有一套具有一定波长的 X 射线谱。

特征 X 射线的特性：

（1）当 X 光管上的电压达到某一临界值（这个临界值称激发电压），特征 X 射线才能产生。

以 K 系激发为例，当以 eV_K 能量轰击 K 层电子，将 K 层电子激发到无穷远所做的功为 W_K，则存在下列关系：

$$eV_K = W_K = h\nu_K = \frac{hc}{\lambda_K} \tag{4.5}$$

激发 K 系射线所施加的最低电压为：

$$V_K = \frac{hc}{e\lambda_K} = \frac{1.24}{\lambda_K} \tag{4.6}$$

（2）激发电压随着特征 X 射线的种类及原子的种类而异。

对于同类原子，不同电子内层激发电压 V 的高低顺序为：K ＞L ＞ M ＞O。因为 K 层离原子核最近，所以电子激发所需要的能量最高，L、M 等系射线总是伴随着 K 系特征 X 射线产生。

对于不同种类的原子，同一 K 层或 L、M 层电子，原子序数越大的原子，激发该层电子所需的电压越高。

（3）特征 X 射线的强度是管电流（i）与管电压（V）的函数，对于 K 系辐射，其关系如下：

$$I_{K系} = Ci(V - V_K)^n \tag{4.7}$$

式中：C——常数；

n——常数，其值为 1.5～1.7；

V——管电压，kV；

V_K ——K 系激发电压，kV；

I——X 光管管电流，mA。

一般取 V 为 V_K 的 3～5 倍。V 太高，连续光谱强度增大，不利于得到所需要的单色 X 射线。

（4）特征 X 射线的波长与靶元素的原子序数有关。

二、X 射线与晶体的相互作用

X 射线射入物质（晶体）之后，一部分能量透射过晶体并产生热能，其余的能量分为两部分：一部分用来产生散射和次级 X 射线，另一部分 X 射线的能量转移给晶体中的电子。下面仅讨论几种与 X 射线荧光分析有密切关系的 X 射线与晶体的作用。

（一）X 射线的散射

X 射线与晶体作用时发生的散射可以分为相干散射和非相干散射。

1. 非相干散射

非相干散射也称康普顿-吴有训散射。是 X 射线与原子中束缚较松的电子非弹性碰撞，把部分能量交给了电子并改变了原来的方向。非相干散射的结果是，使 X 射线能量变低，波长变长。散射 X 射线的周相与入射 X 射线的周相无确定的关系。

2. 相干散射

相干散射是 X 射线与原子中束缚较紧的电子作弹性碰撞（无能量传递），迫使原子中带电粒子振动，使 X 射线向四周辐射。散射的 X 射线只改变了方向而无能量损失，其周相与原来的周相有确定的关系，波长与入射 X 射线波长相同。原子散射 X 射线的能力和原子中所含的电子数目有关，原子序数愈大的元素，其散射能力也愈强。相干散射是产生 X 射线衍射的基础。

（二）X 射线的衍射

晶体是原子有规律排列起来（呈现周期性无限排列）的三维空间点阵结构。也可看成是由许多组平行的晶面族组成。晶体中二相邻近原子的距离在 1Å 数量级，与 X 射线波长相仿，因此可以作为 X 射线的光栅。

当 X 射线与晶体作用时，很大数目原子产生的相干散射会发生干涉现象，使散射的 X 射线强度增强或减弱。由于大量原子散射波的叠加，互相干涉而产生最大程度加强的光束称为 X 射线的衍射线。最大程度加强的方向称为衍射方向。

晶体的衍射如图 4-3 所示，设有平行晶面 1、2、3，晶面间距为 d，当 X 射线以 θ 角度射向晶面时，晶面 2 的入射和散射 X 射线的光程比晶面 1 多 $DB+BF$ 一段距离，而

$$DB+BF=2\,d\sin\theta$$

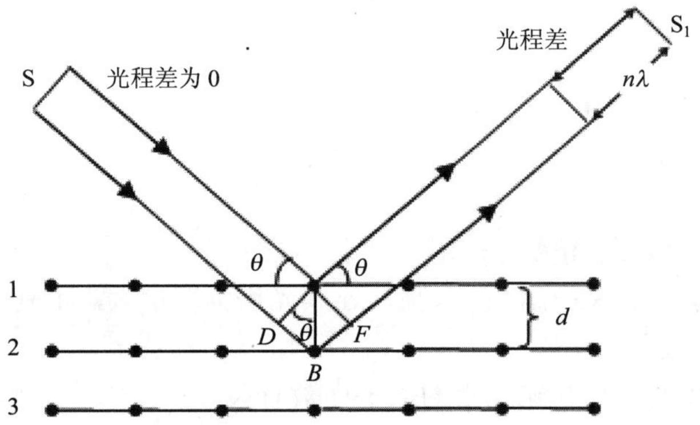

图 4-3　晶体的衍射示意图

根据布拉格衍射方程式（4.8），只有当光程差为波长的整数倍时，才能相互加强，即

$$n\lambda = 2d\sin\theta \tag{4.8}$$

式中：n ——衍射级数，等于 0，1，2，3，…整数；

θ ——入射角；

d ——晶面间距。

由于 $\sin\theta$ 的绝对值只能等于或小于 1，因此布拉格公式有下列关系：

当 $n=1$ 时：

$$\frac{\lambda}{2d} = |\sin\theta| \leqslant 1 \tag{4.9}$$

式（4.9）表明：只有 X 射线的波长小于或等于 2 倍的晶面间距时，才能产生衍射现象。

布拉格公式在实验方面具有两种重要作用：

（1）通过已知波长（λ）的 X 射线来测量晶体的θ 角，从而计算出晶面间距 d，即进行 X 射线结构分析。

（2）用已知的 d 来测θ角，从而计算出 X 射线波长，并从波长进一步查出样品中所含的元素，即进行 X 射线光谱分析。

（三）X 射线的吸收

当一束完全准直的 X 射线照射到一晶体上时，晶体对 X 射线会产生吸收。透射的入射 X 射线与入射 X 射线的关系为：

$$I_x = I_0 \mathrm{e}^{-u_\mathrm{L} x} \tag{4.10}$$

式中：I_0——入射 X 射线强度；

I_x——通过厚度 x 后的 X 射线强度；

u_L——线性吸收系数，与物质的密度和 X 射线波长有关；

x——物质的厚度。

若厚度 x 等于 1 cm 时，上式可写成：

$$u_\mathrm{L} = \ln \frac{I_0}{I_1} \tag{4.11}$$

从式（4.11）可知，线性吸收系数与 X 射线通过 1 cm 的物质时入射 X 射线强度与透射 X 射线强度比值有关，吸收越大，u_L 就越大。

1. 质量吸收系数

在 X 射线荧光分析中惯用质量吸收系数表示 X 射线通过物质时的衰减程度。质量吸收系数的定义为：一束平行的 X 射线穿过截面积为 1 cm^2 的一克物质时，X 射线强度的衰减系数，用 u_m 表示，单位为 cm^2/g。

线性吸收系数与质量吸收系数的关系为：

$$u_\mathrm{m} = \frac{u_\mathrm{L}}{\rho} \tag{4.12}$$

式中：ρ——物质密度，$\mathrm{g/cm}^3$。

X 射线与物质作用时强度的衰减主要由于物质的吸收和散射引起，质量吸收系数实际上是光电吸收系数的散射系数之和，但在常规 X 射线光谱分析中，因散射而引起的衰减远小于因吸收而引起的衰减。多组分物质或混合物的质量吸收系数近似等于各组分质量吸收系数的统计权重平均值，即

$$u_\mathrm{m} = \sum_i W_i u_{\mathrm{m}_i} \tag{4.13}$$

式中：W_i ——组分 i 的质量分数；

u_{m_i} ——组分 i 的质量吸收系数。

质量吸收系数与物质的物理状态无关，它是由物质组成元素和 X 射线波长而决定的固定值，可以从 X 射线手册中查找。

2. 吸收限

元素的质量吸收系数是入射线的波长和吸收元素原子序数的函数。图 4-4 是钼质量吸收系数随波长变化图，从图中可看到，随着 X 射线的波长增加，质量吸收系数增加，但当 X 射线波长增加到某一界限时，u_m 会突然降低出现突变。各元素 u_m 突变时的波长，称为该元素的吸收限。

短波长的 X 射线（所谓硬 X 射线）穿透能力大，而长波长的 X 射线（所谓软 X 射线）则容易被物质吸收。质量吸收系数随着波长的变化发生突变的原因，是因为当 X 光量子能量恰好能激发钼原子中 K 层电子时，即 X 射线波长略小于钼元素的 K 吸收限时，则入射 X 射线大部分被钼原子吸收而产生次级 X 射线，u_m 最大；但波长再长，能量就不足以激发 K 层电子，因此吸收减小，u_m 变小。对于给定的波长λ，u_m 随 Z 的增大也有类似元素一定时 u_m 随λ增大的规律。

在各个吸收限之间的区域内 u_m 与 X 射线波长及吸收物质的元素的原子序数近似符合下列关系：

$$u_m = K\lambda^3 Z^4 \tag{4.14}$$

式中：Z——原子序数；

λ——X 射线波长；

K——常数。

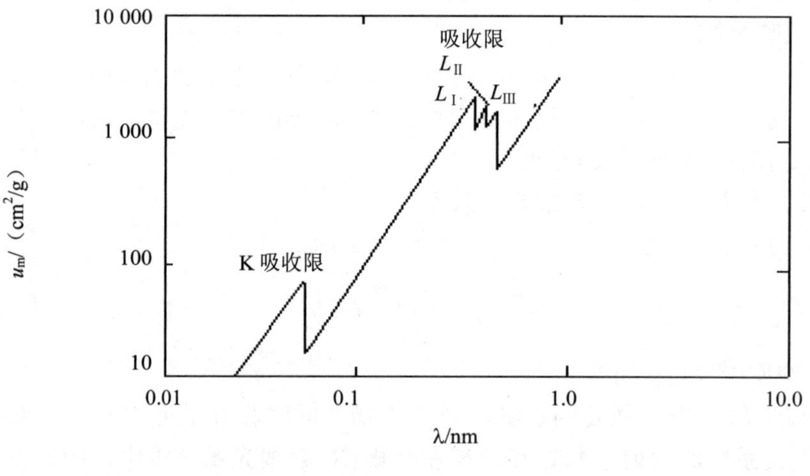

图 4-4 钼质量吸收系数 u_m 与波长的关系

三、荧光 X 射线的产生

在高真空的 X 射线发生器内产生的 X 射线称为初级 X 射线。以初级 X 射线作为激发光源照射样品物质（晶体），X 射线被吸收使其原子中的内层电子激发，较外层电子向内层轨道跃迁填充留下的空穴而释放出的光能称X射线荧光。

X 射线荧光产生的条件：只有入射 X 射线的能量稍大于样品原子内层电子的能量，也即入射X射线的波长略小于样品原子的吸收边波长（产生大量吸收），才能击出样品原子的内层电子产生荧光。

荧光X射线产生的机理与特征X射线相同，X射线荧光只包含特征谱线，没有连续谱线。

根据测得的 X 射线荧光的波长，可以确定元素的种类；根据测得的谱线强度，可以确定元素的含量，这便是X射线荧光分析法的基础。

四、莫斯莱定律

莫斯莱首先发现：随着元素的原子序数的增加，特征 X 射线有规律地向短波方向移动，莫斯莱根据这种谱线移动规律，建立了一条关于 X 射线波长与其元素的原子序数的关系定律即莫斯莱定律，其数学表达式为：

$$\sqrt{\frac{1}{\lambda}}=K(Z-S) \tag{4.15}$$

式中：K、S——与谱线类型有关的常数。

莫斯莱定律表明：

（1）不同的种类元素，有其特征的X射线，即也有其特征的X荧光线。

（2）不同元素的同名谱线的波长随原子序数的增大而减小，即 $\lambda\infty\frac{1}{Z^2}$，以 $K_{\alpha 1}$ 谱线为例：

铁	$Z=26$	$K_{\alpha 1}=1.936$
铜	$Z=29$	$K_{\alpha 1}=1.540$
银	$Z=47$	$K_{\alpha 1}=0.559$

莫斯莱定律为X射线荧光定性分析奠定了基础。

第三节 X射线荧光光谱仪

X射线荧光光谱仪具有波长色散谱仪和能量色散谱仪两种类型。

一、波长色散谱仪

波长色散谱仪主要由 X 光管激发源、试样室、晶体分光器、探测器、记录系统五部分构成（图4-5）。

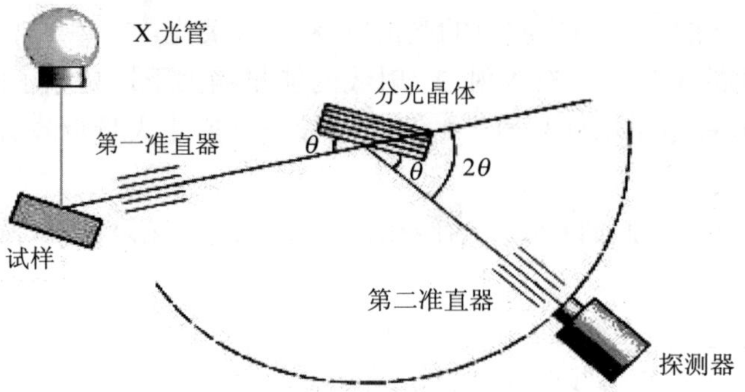

图 4-5 波长色散谱仪结构示意图

（一）X 光管发生器（激发源）

作用：提供产生次级 X 射线（X 荧光）的能量。

当在 X 光管阳极与阴极之间施加 50～100 kV 高压时，电子以极大速度轰击阳极靶面，产生包括连续谱与特征谱在内的初级 X 射线。激发源以使用连续光谱为主，X 光管可提供具有不同能量的 X 射线光量子作为激发源。

X 射线管的靶材和管工作电压决定了能有效激发受激元素的那部分一次 X 射线的强度。管工作电压升高，短波长一次 X 射线比例增加，故产生的荧光 X 射线的强度也增强。但并不是说管工作电压越高越好，因为入射 X 射线的荧光激发效率与其波长有关，越靠近被测元素吸收限波长，激发效率越高。

X 射线管的工作电压最好是待测元素吸收限相应电压 V_{ab} 的 3～10 倍，这样可使产生的 X 射线在吸收限的短波方向。吸收限相应电压可按式（4.16）计算。

$$V_{ab} = \frac{1.24}{\lambda_{ab}} \tag{4.16}$$

作为靶材料元素的原子序数愈大，X 射线连续光谱愈强。当靶材辐射的初级特征 X 射线的波长靠近分析元素吸收边的短波长一边时，分析元素的吸收最大，可最有效地激发分析元素的荧光 X 射线。在选择靶材时，一般原则是分析重元素用钨靶，分析轻元素用铬靶。因为 Z 大的靶材产生的初级 X 射线中的特征 X 射线的波长短。

（二）分光晶体

作用：利用晶体的衍射现象将不同波长的 X 射线荧光分开。

X 射线和可见光不一样，它的波长短，且穿透力强，几乎不发生折射，因此不能用棱镜分光；光栅缝太宽，大于 X 射线波长，不能产生衍射现象，因此也不能够用于 X 射线的色散。而晶体中二邻近原子的距离（晶面间距）在 1Å 数量级，与 X 射线波长相仿，因此可作为 X 光的光栅。

根据布拉格公式 $n\lambda = 2d\sin\theta$ ，当 d 一定时，X 荧光线照射到分析晶体上，对应于一定的入射角 θ_1，只有一种波长 λ_1 发生一级衍射。即在反射角 θ_1 方向产生 λ_1 的衍射线，在反射角 θ_2 方向产生 λ_2 的衍射线……探测器则在 2θ 角方向测量 X 射线。

当入射角θ从 0° 逐步转到 90°（分析晶体转动），衍射线波长将按布拉格公式变化，全部 X 射线荧光谱线都依顺序先后产生。探测器也同做相应的转动（始终正对衍射光束），测量不同波长的 X 射线。

这种利用分析晶体转到一定角度来衍射某种波长的 X 射线荧光，从而依据特征谱线确认元素的方法叫晶体分光法。

（三）探测器

作用：把 X 射线光量子的能量转化成电脉冲信号。

用于 X 射线荧光的检测器主要有正比计数器、闪烁计数器和半导体探测器 3 种。前两种用于波长色散谱仪，后一种用于能量色散谱仪。

1. 正比计数器

通常采用流气式正比计数器。

（1）结构及工作原理。流气式正比计数器由金属圆筒（阴极）、金属丝（阳极）、窗口和充填气体组成（图 4-6）。充填气体包括探测气体（氩、氦、氖等零族惰性气体）和猝灭气体（甲烷、丙烷等）两种组分。

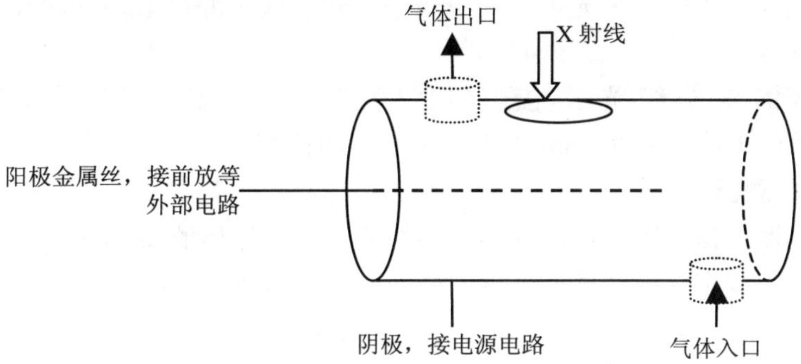

图 4-6 流气式正比计数器结构示意图

在一定电压下，射入计数管内的 X 射线光子与工作气体产生非弹性碰撞使其电离，产生初始离子-电子对。每个初始离子-电子对的电子在向阳极移动的过程中被高压加速，又可使其他原子电离，产生更多的新的离子对，如此继续进行，光能转化为电能。猝灭气体用于防止正离子与阴极碰撞产生新的电离。

电压足够大时，由初级电离引起的多级电离（二级、三级）现象，如同连锁反应那样，在瞬间内发生，我们称为雪崩现象。把最初从一个电子引发开始，最终得到的离子对数目称气体放大因子，用α表示。

（2）正比区的光电转换。在计数器内，依据气体放大因子与计数器电压的关系，可分为不饱和区（$\alpha<1$），电离室区（$\alpha=1$），正比区等若干区域。探测 X 射线必须选择正比区。该区的特点是：电压足够大，雪崩现象显著，$\alpha=10^2\sim10^5$。并且雪崩数目等于初级电离数目，每个雪崩之间又很少相互作用，因此在阳极收集的总电子电荷与 X 射线光量子的能量成正比。

在正比区，每个初始离子对的平均数应为 X 射线光量子能量除以气体原子的有效电离电位。例如，用一个 CuK_{α}X 射线光子撞击 Ar 原子，一个 CuK_{α}光量子能量为 8 040eV，Ar 原子的有效电离电位为 26.4eV，所产生的 Ar^{+}、e^{-}离子-电子对数目为：

$$8\,040/26.4=304$$

304 个电子在向阳极丝迅速移动时，又产生 304 个雪崩，最后全部电子被阳极丝收集而输出至电路中，产生瞬时的电压降，得到一个单独的脉冲。由此可见，X 射线光量子的能量越大，所产生的离子对数目越多，输出的瞬时电压降越大，脉冲高度越高。脉冲强度则正比于 X 光量子的数目。

脉冲高度指每个脉冲的最大振幅，以电压单位（V）来度量。脉冲强度指在一定脉冲高度范围内的脉冲总计数。

流气式正比计数器适用于长波长的 X 射线探测（轻元素的检测），对 0.15 nm 以下的波长，探测效率低。

2. 闪烁计数器

闪烁计数器由闪烁晶体和光电倍增管两部分构成。闪烁晶体是采用铊活化的碘化钠晶体。当 X 射线照射闪烁晶体时，闪烁晶体能瞬间发出可见光，可见光子的数量与 X 光量子能量成正比。产生的可见光再由光电倍增管转换成脉冲信号，脉冲高度与 X 光量子能量成正比。

闪烁计数器的 X 射线-光子-电子转换效率低（产生一个可见光子所需的有效能量相当于 50eV），适用于波长为 0.2 nm 以下的重元素的检测。

3. 半导体探测器

半导体探测器由掺有锂的锗或硅半导体做成。在半导体的 *n* 层和 *p* 层之间夹了一锂补偿本征区，称为放空层或敏感层（以 *i* 表示），见图 4-7。在该层，既没有空穴载流子也没有自由电子。当 X 射线光子射入放空层时被吸收，产生电子-空穴对。产生一个电子-空穴对所需的能量约为 3.8eV，入射 X 射线能量不同，产生电子-空穴对的数目就不同。这些电子和空穴在电场作用下分别移向 *n* 层和 *p* 层而形成电流脉冲，脉冲高度与 X 光量子能量成正比。

由于在半导体介质中产生一对电子-空穴对平均所需能量大约为在气体中产生一对所需能量的约 1/10，即同样能量的 X 射线光子在半导体中产生的离子对数比在气体中产生的约多一个数量级，因而电荷数的相对统计涨落也就小得多，半导体探测器的能量分辨率比正比计数器和闪烁计数器要好得多。

半导体探测器的缺点是必须在液氮温度（－196℃）或电致冷情况下放置和正常工作（防止 Li^{+}反向漂移），且售价很高。

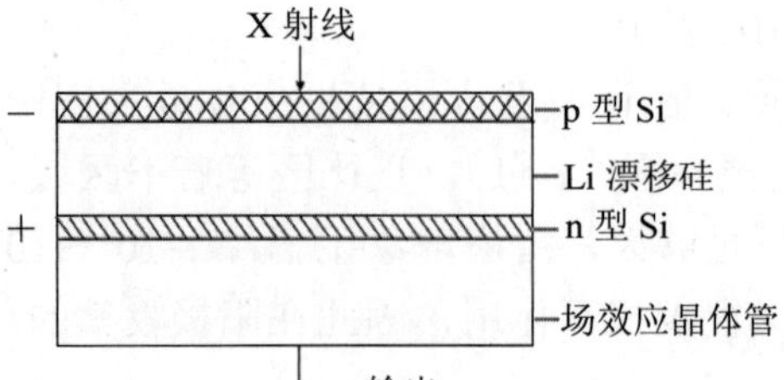

图 4-7 半导体探测器

（四）记录系统

记录系统由放大器、脉冲高度选择器和记录、显示部分组成。

脉冲高度选择器的作用是：从混合脉冲中选择出分析线的脉冲，并将所有脉冲都转换成等同的输出脉冲。

脉冲高度选择器中有两个甄别器 D_1，D_2。甄别器能使高度大于某预选值的所有脉冲通过，而滤掉小于预选值的所有低脉冲，这些低脉冲包括低能背景脉冲和探测器、放大器的噪声。在甄别线 D_1 中只允许大于 D_1 的脉冲通过，而滤掉低幅度的噪声及背景。甄别线 D_1 称作基线。在甄别线 D_2 中只允许大于 D_2 的脉冲通过，甄别线 D_2 称作窗或称道宽。经 D_1 和 D_2 后的脉冲，输至反符合电路，滤掉高于 D_2 的脉冲，只有高度介入 D_1 和 D_2 间的脉冲能通过窗，进入读示系统被计测强度。例如当道宽为 ΔV（$D_2=\Delta V$）时，若 $D_1=V_1$，那么只有 $V_1 \sim V_1+\Delta V$ 的脉冲可通过窗。通过道宽的选择可以让一定的脉冲高度通过，让需要检测的脉冲高度从混合脉冲中分开。

除按高度选择输入脉冲之外，脉冲高度选择器还能把输入脉冲变成等幅标准脉冲，其幅度、时间宽度和脉冲形状都能与计数率计、定标器和其他读出显示元件要求一致。

在波长色散谱仪中，由样品发出的每条特征线，在特定的 2θ 角上依次受到晶体衍射而进入探测器。试样中各元素的谱线在探测之前就已分开，原则上（无谱线干扰情况下）探测器每次只能输出一种脉高分布，但实际上波长色散谱仪通常需要配备脉高选择器。

在能量色散谱仪中，样品发出的全部特征线同时进入探测器，探测器的输出中含有多种不同的脉冲分布，需要通过脉高选择器将各分析元素的特征脉冲分布一一分开。

无论是波长色散谱仪还是能量色散谱仪，都要有一个鉴别器以消除探测器和放大器的噪声脉冲。

（五）X 射线荧光光谱图

波长色散 X 射线荧光光谱仪得到的是以检测器转动角度 2θ为横坐标，特征 X 射线荧光强度 I 为纵坐标的 X 射线荧光谱图，见图 4-8。

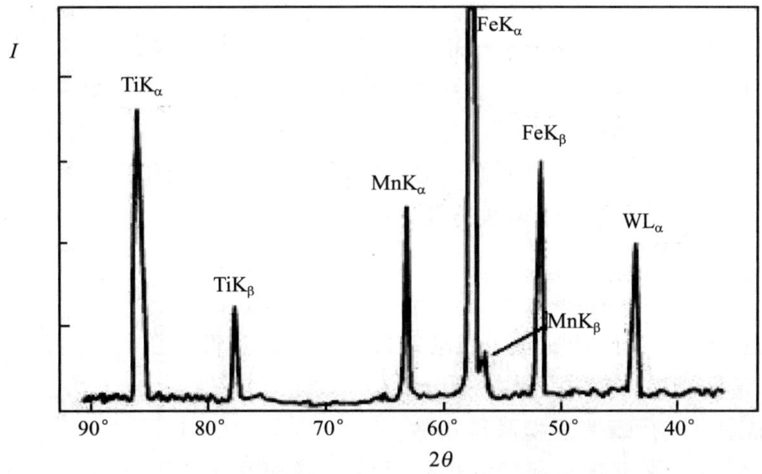

图 4-8　一种合金钢中元素的 X 射线荧光波长色散谱图

波长色散谱仪整体分辨率高，稳定性好，应用广泛。但仪器结构比能量色散谱仪复杂，体积庞大。

二、能量色散谱仪

能量色散谱仪与波长色散谱仪的主要区别是：不用分光晶体，采用高分辨率的半导体探测器和多道脉冲高度选择器直接测量试样元素的荧光 X 射线。

来自试样的包括不同波长的荧光 X 射线被半导体探测检测，得到一系列不同的脉冲高度，经放大器放大后送入多道（1 000 道以上）脉冲高度分析器。脉冲高度分析器选择输入脉冲，将各元素的脉冲高度分开，读示系统分别统计出各脉冲高度的脉冲数，从而得到脉冲强度（脉冲总计数）随 X 射线光子能量（脉冲高度）变化的曲线——能谱图。能谱图与波谱图不同的是横坐标用 X 光量子能量标度。

能量色散谱仪的优点是可以同时测定样品中几乎所有的元素，分析速度快；仪器结构紧凑，光程短，灵敏度高；对 X 射线的探测效率高，可以使用小功率 X 光管激发源；体积小，适合现场分析。缺点是对于低能量的 X 射线，分辨率较差，探测器必须在低温下保存和使用。

第四节　X 射线荧光光谱分析方法

一、定性分析

前面我们已经讲过，不同的元素发射出不同波长的荧光 X 射线。因此，根据试样辐射的荧光 X 射线波长即可确定试样的元素组成。定性分析分全元素定性和部分元素定性。前者是指对未知样品中包含的所有组分的确定；后者是确认某元素或某些元素是否存在于样品中。

如果要检测试样中是否存在某个指定元素，只需选择合适的测量条件，并对元素的主要谱线进行扫描，根据所得的扫描图谱，鉴别该元素是否存在。若要进行全元素定性，则需用不同的测量条件和扫描条件，对所有元素进行全程扫描。然后对扫描图中的谱峰逐一识别，确定组分元素，并根据谱线强度大致估计样品中的主要、次要或痕量元素。谱峰识别有自动识别和人工识别两种方法。

（一）自动识别

现代 X 射线荧光光谱仪配备了自动定性软件，在定性分析时，可以靠计算机自动识别谱线，给出定性结果。自动识别主要分两步完成：

1. 对扫描图谱进行峰搜索和背景扣除

用峰搜索程序区别真实峰和伪峰也就是区别峰和背景的强度波动，经多次判别确认真实峰。扣除背景，得到准确的峰净强度。

2. 确认元素

自动识别元素必须利用 X 射线的谱线数据库。自动定性程序的主要功能有：

（1）确认靶线的 2θ 角度，以免待测试样中含与靶材相同的元素时无法确认。

（2）主峰的 2θ 角度和其伴随的成对峰后确定主元素。

（3）根据 K_α/K_β，L_α/L_β的强度比进行验证。元素的 K_α、K_β或 L_α、L_β等有一定的强度比，这在谱图上应表现出来。例如：^{22}Ti～^{30}Zn 的 K_α 、K_β 之比为 5∶1 左右。

（4）根据半高宽进行重叠判定。

（5）检测弱峰。

此外，自动定性程序还包括谱峰分解、各种背景拟合、理论重叠校正和其他人工智能功能。

（二）人工识别

人工识别是 X 射线荧光定性分析早期的方法，几乎已被人工识别所取代。但对人工识别的了解，有助于提高对各类谱线及相互关系的认知能力。波长色散谱图的人工识别是借助于谱线表，对谱峰进行解析。谱线表是依据布拉格公式编制的，反映了 2θ 与波长及元素的关系，有以下两种类型：

（1）谱线-2θ表

谱线-2θ表的特点是元素特征谱线按原子序数增加的顺序排列，然后列出元素相应的 K 系和 L 系特征线的 2θ值。

（2）2θ-谱线表

2θ-谱线表是按 2θ递增的顺序排列的，便于从实测的 2θ值迅速鉴定未知元素。表中列出元素、特征谱线、衍射级次、强度、原子序数、光子能量以及与不同晶体对应的 2θ 值。

二、半定量分析

半定量分析的主要特点是在对样品成分不明的情况下，根据定性结果可进一步获得样品组分的含量信息。近十年来，X 射线荧光分析半定量分析软件不断更新、完善，使目前大部分 X 射线荧光光谱仪从定性分析到输出半定量结果在很短时间内就能完成。下面介绍半定量分析中常用的一类基于全程扫描的半定量软件。

该软件主要由两大部分构成。

1. 标样数据库

标样数据库大致按以下步骤建立：

（1）设置全程扫描程序，将设定标样逐个进行全程扫描。

（2）对设定标样的扫描图谱进行搜索（确定峰位、背景和峰位的净强度）和匹配（从 X 射线荧光特征谱线数据库中进行配对，以确定是何种元素的哪条谱线）。

（3）建立设定标样的浓度文件。

（4）用基本参数法计算设定标样中各个主要特征 X 射线在所测量条件和试样体系时的理论强度。

（5）将各元素主要特征 X 射线的理论计算强度和实测强度相比求得一系列转换因子（称灵敏度），建立灵敏度库。

2. 试样分析程序

（1）在标样同样的条件下，对试样进行全程扫描。

（2）对获得的扫描图谱进行搜索和匹配。

（3）输入与未知样有关的各项信息。例如是金属还是氧化物；是液体、粉末压片还是熔融片等。

（4）进行半定量分析计算。

三、定量分析

X 射线荧光光谱定量分析是将测得的样品中分析元素 X 荧光特征谱线的强度转换成含量。在背景准确扣除的情况下，元素的 X 射线荧光强度与其含量的关系为：

$$c_i=\alpha I_i$$

式中：c_i——被测元素的 i 的含量；

I_i——被测元素 I 的荧光 X 射线强度；

α ——常数，与仪器因素、测量条件、样品物理形态和化学组成等有关。

在定量分析中，为了获得较高的准确度和精确度，以及提高灵敏度，要全面考虑仪器、操作、标样、试样等各种因素，特别是分析对象——样品的因素尤为重要。

（一）定量分析中的主要影响因素

试样本身对 X 射线强度的影响既复杂又不容易控制，是影响分析准确度的主要因素。

1. 基体效应

基体是指分析元素以外的所有样品组分。在多元素的试样中，每一种分析元素又是另一种分析元素的基体的一个组成部分。基体效应是指基体元素和物理、化学状态分析元素 X 射线荧光强度的影响。这种影响包括吸收和增强两种效应。

吸收效应包括基体对入射 X 射线的吸收和对 X 射线荧光的吸收。二者均导致分析元素的 X 射线荧光强度减弱。

增强效应是由于基体元素发射的次级 X 射线波长恰好在分析元素吸收边短波长一边，被分析元素再吸收，从而激发出附加的特征辐射，使分析元素的特征辐射增强。

克服基体效应的实验方法有稀释法、薄膜样品法和内标法等。稀释法一般用轻元素作为稀释物（轻元素质量吸收系数小，此外，次级 X 射线波长长，可不在分析元素短波长一边），与试样混合均匀。薄膜样品法是将样品压得很薄，使吸收—增强效应可忽略。

基体效应还可以通过基本校正法、理论影响校正法、经验系数法等数学方法进行校正（现代商品仪器配有相关软件）。各种数学校正方法有其优点和局限性，关键是根据分析对象的具体情况选用最合适的校正方法。

现代商品仪器配有相关软件，可以根据分析对象的具体情况选用。

2. 不均匀性效应

多相合金、粉末等非均匀材料的特征 X 射线强度与颗粒大小有关，颗粒大吸收大，颗粒小吸收小。此外，试样表面粗糙不匀也有影响。因此，分析时需将样品磨细，粉末样品要压实，块状样品表面要抛光。

3. 谱线的干扰

X 射线光谱虽然较光学光谱简单，但复杂样品中的谱线干扰也是不可忽视的，有时甚至很严重。在 *K* 系特征线中，Z 元素的 K_β有时 与 Z+1、Z+ 2、Z+3 的 K_α 线靠近，如 23-VK_β与 24-CrK_α线，48-CdK_β与 51-SbK_α线之间部分重叠。K 系与 L 系之间，长波长的 M 系与 K、L 系之间也有干扰。此外，还有来自不同衍射级次的衍射线之间的干扰。

克服谱线干扰的办法有：

（1）降低电压至干扰元素激发电压以下，防止产生干扰元素的谱线。

（2）适当选择分析晶体、计数管、准直器或调整脉冲高度分析器，提高分别本领。

（3）在分析晶体与探测器之间放置滤光片，滤去干扰谱线。

（4）选择无干扰的谱线。

（二）定量分析方法

常用的定量分析方法有以下三种。

1. 校准曲线法

制备一套标准样品使标样的基体组成与试样一致或者相近，在相同条件下测定标样与试样的 X 射线荧光分析线强度（计数法测定的强度），作出标样的分析线强度与含量关系的工作曲线。根据试样分析线强度，从标准曲线上查出相应的含量。

X 射线荧光分析要求标样与试样的化学组成和物理状态相同，表面均匀性与光洁程度相似，否则将带来较大误差。

当试样的基体组成复杂或变化较大时，不易制得与试样组成相近的人工标样，这时可用稀释法，使标样和试样的稀释比例相同，稀释物成为主要成分。

2. 内标元素加入法

如果测定不同试样中某一微量元素时，用校准曲线法是很麻烦的，因为不同试样的主要成分相差很大，对于每种试样都要配置一套相应的标样，工作量很大。这种情况下可采用内标元素加入法。

内标元素加入法是在标准样品和分析样品中均加入一种选定元素（称为内标元素），内标元素在各样品中的含量相同，且为定值。若待测元素标准样品的分析线强度为 I_f, 内标元素强度为 I_L，以待测元素标准样品的浓度 c 为横坐标，I_f/I_L 为纵坐标，绘制校准曲线（图 4-9）。从校准曲线上即可查得试样中待测元素与内标元素分析线相对强度 I_x/I_L 对应的含量值。

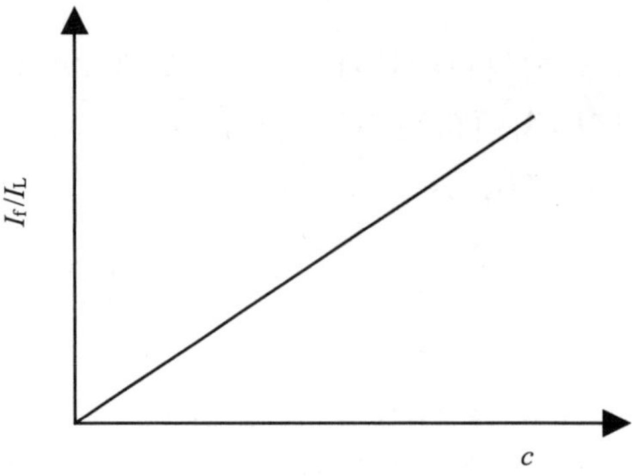

图 4-9 内标法校准曲线

内标法要取得好的结果，关键在于选择合适的内标元素。内标元素选择原则：

（1）样品中不含该内标元素。

（2）内标元素与分析元素的激发、基体效应等性质相似。当内标元素的原子序数与分析元素的原子序数之差为±1，基体效应对内标元素的影响与分析元素大致相同。一般在分析元素 Z±2 范围内选择；Z<23 的轻元素，内标元素在分析元素 Z±1 范围内选择。

（3）两种元素间没有相互作用。

3. 散射线内标法

散射线内标法是将 X 射线光管发出的一次 X 射线经样品散射产生的散射线作为内标线，有散射背景内标法和靶线散射线内标法。

（1）散射背景内标法。散射背景内标法是选择连续谱线的散射线造成的背景作为内标。由于分析线和其背景同样受仪器漂移、样品物理状态、基体元素吸收效应等方面的影响，因此分析线强度 I_f 和背景线强度 I_b 之比 I_f/I_b 可以不受它们的影响。

由于散射线造成的背景不会被基体元素所增强，所以散射背景内标法对增强效应没有补偿作用。该法通常用于分析轻基体中低含量重元素。

（2）靶线散射线内标法。靶线散射线有靶元素特征谱线的相干散射线（瑞利散射线）和非相干散射线（康普顿散射线）。以非相干散射线作为内标线的康普顿散射线内标法用得较多。康普顿散射线反比于样品质量吸收系数，因此，如果样品基体效应的变化主要是由吸收引起，分析线强度 I_f 和康普顿散射线强度 I_c 之比 I_f/I_c 可以不受影响。但康普顿散射线内标法不能校正增强效应。

康普顿散射线内标法还能在某种程度上降低样品粒度、光洁度和仪器管压波动的影响。在基体变动较大情况下，该法的准确度比散射背景内标法高。

4. 标准加入法

先将试样分为相同体积的若干份，除一份试样外，其余各份分别加入不同含量的待测元素标准样品，使试样中待测元素的含量大约增加 1～3 倍，然后分别测定它们的分析线强度（必须扣除背景）。以加入标准的含量为横坐标，分析线强度为纵坐标绘制校准曲线。当待测元素含量小于 10%时，校准曲线近似为一直线，将直线外推与横坐标相交，交点坐标的绝对值即为待测元素的含量。

当待测元素含量较高时，同样可以采用稀释的办法，用稀释剂与原试样按一定比例混合，使稀释试样中待测元素的含量降低到 3%左右，然后再用上述增量法进行测定。

标准加入法以试样作为基体，使试样和标样组成一致，克服了基体效应的不利影响。

第五节　X 射线荧光光谱在环境分析中的应用

20 世纪 90 年代以来，X 射线荧光光谱法分析技术和应用软件技术的显著进步，使其分析精度、灵敏度和准确度得到提高，定量、定性分析方法逐步简化，在环境分析中得到较多应用。

X 射线荧光光谱法具有无须化学处理直接分析固体样品和多元素同时测定的特点，与紫外—可见吸收光谱、原子吸收光谱等方法比较，在土壤、水系沉积物等固体环境样品分析中凸显优势。例如用 X 射线荧光分析技术可以快速测定土壤中的痕量元素，并研究其在不同粒度土壤中的分布情况。

X 射线荧光光谱法还被确定为测定原油中硫含量的国家标准方法。

应用实例：

一、X 射线荧光光谱法快速测定土壤中 Pb、As、Zn、Cu、Ni、Cr

土壤环境质量指标是确定土壤的应用功能、保护目标和主要性质的依据，土壤中 Pb、As、Zn、Cu、Ni、Cr 含量是其中的几项指标。采用粉末压片 X 射线荧光光谱法测定土壤样品中 Pb、As、Zn、Cu、Ni、Cr，样品制备简单，高效快速，检出限、精密度、准确度均满足需要。

（一）样品制备

用粉末压片法制备样品。称取（4.0±0.1） g 经无污染加工至粒度小于 74 μm 的土壤样品，倒入放置于平板模具上的聚乙烯塑料环（外径 40 mm、内径 35 mm、高 5 mm）中，300kN 压力加压 20s 压制成样片待测。

使用镀铬或含铬高的制样模具会导致铬测定结果明显偏高，在使用前必须进行空白检查，选用对待测指标无污染的模具。

（二）仪器及工作条件

日本理学 ZSX PrimusⅡ型顺序扫描波长色散 X 射线荧光光谱仪，4 kW 端窗铑靶 X 射线管。

工作条件为：电压 60 kV，电流 60 mA，真空光路，30 mm 视野限制光栏，S4 准直器，高土壤背景值的 Si、Al、Fe、Ca 使用 1/10 衰减器。

背景位置的选择对分析准确度影响较大，应使用高、低含量土壤标准物质，仔细选择谱峰附近没有其他谱线干扰的角度并求取背景影响系数。脉冲高度范围（PHA）也应使用高、低含量标准物质进行分布测量确定上下限，将噪声和干扰信号以及高次线排除，将待测谱线脉冲和逃逸峰包含在 PHA 范围内。各元素测量条件见表 4-1。

表 4-1 测量条件

元素	谱线	晶体	谱峰 2θ/（°）	背景 2θ/（°）	探测器	PHA	谱峰测量时间/s	背景测量时间/s
Pb	$L_{\beta1}$	LiF200	28.23	29.50	SC	10～30	15	8
As	K_α	LiF200	33.97	35.20	SC	10～30	15	8
Zn	K_α	LiF200	41.77	42.50	SC	10～30	10	5
Cu	K_α	LiF200	45.01	46.50	SC	10～30	10	5
Ni	K_α	LiF200	48.65	50.00	SC	10～30	10	5
Cr	$L_{\beta1}$	LiF200	69.34	70.40	SC	10～32	15	8

（三）基体校正

土壤基体组分 Si、Fe、Al、Ca、Mg、K、Na 对待测指标存在明显的吸收-增强效应，本法采用经验系数法校正 Si、Al、Fe、Mg、Ca、Na、K、Cr 等元素基体效应，Ni、Cu、Zn、As、Pb 用铑靶 K_α 线的康普顿散射线做内标，同时使用经验系数法对基体作适度校正。回归校正选用土壤一级国家标准物质 GBW07401～07408、07423～07430；水系沉积物一级国家标准物质 GBW07301a、07301～07312、07317～07318；土壤沉积物一级国家标准物质 GBW07431～07435；二级标样 22GRD31～45 等共 51 个标准物质，基本覆盖土壤中基体成分和分析指标的含量范围。

（四）检出限

用多个低含量标样回归校准曲线 $w=aI+b$，检出限 $c_t=3a\sqrt{-b/a+I_b}$（式中 w 为标样含量，I 为标样测量强度，a 为校准曲线斜率，b 为校准曲线截距，I_b 为土壤样品背景强度），满足土壤质量检测要求，结果见表 4-2。

表 4-2 各指标检出限

指标	检出限 c_L/（mg/kg）	一级土壤限值*/（mg/kg）
Pb	3	35
As	1	15
Zn	2	100
Cu	2	35
Ni	2	40
Cr	3	50

*《土壤环境质量标准》（GB 15618—1995）。

（五）精密度

X 射线荧光光谱法分析精密度明显优于其他分析测试方法，对土壤国家标准物质，GBW07404 进行 12 次独立分析，各测定指标相对标准偏差（RSD）均于 3%，精密度良好。

（六）准确度

单次测定土壤一级国家标准物质 GBW07401～7408，计算相对误差（*RE*），除低含量 As 及个别 Pb 差稍微偏大外，各测定指标相对误差基本上小于 10%，大多数小于 5%。

二、能量色散 X-射线荧光光谱法测定原油中硫含量（中华人民共和国国家标准 GB/T 17606—2009）

随着原油的重质化及重油的深度加工，油品中硫、氮、芳烃含量的增加，环境污染加重，尤其是硫，除造成空气污染，形成酸雨外，还将影响石油产品的稳定性，导致石油加工过程中的催化剂中毒等。硫的含量已引起了各国的普遍关注。美国环保局于 1993 年首先提出限制车用汽油和柴油中的硫含量（小于 0.05%），并进一步提出了新汽油配方。西欧和日本也分别于 1996 年和 1997 年 10 月起执行硫含量小于 0.05%的新柴油规格。我国目前对汽油和柴油产品中硫含量的要求分别为不高于 0.08%和 0.2%。

（一）范围

（1）本标准适用于测定原油的总硫含量，硫含量质量分数测定范围为 0.015%～5.000%。

（2）本标准适用于含水质量分数不超过 0.5%的原油样品，如果原油样品含水质量分数超过 0.5%，可在不破坏样品完整性的情况下进行脱水。原油水含量依据 GB/T 8929—2006 进行检测。

（3）以国际单位制中规定的浓度单位作为标准，首选的硫含量单位为质量分数。

（4）此标准没有列出所有的安全问题，使用者应建立一些合适的安全措施和实用的管理制度，以确保安全。

（二）规范性引用文件

下列文件中的条款通过本标准的应用而成为本标准的条款。凡是注日期的引用文件，其随后所有的修改单（不包括勘误的内容）或修订版均不适用于本标准，然而，鼓励根据本标准达成协议的各方研究是否可使用这些文件的最新版本。凡是不注日期的引用文件，其最新版本适用于本标准。

GB 4075—2009 密封放射源 一般要求和分级

GB/T 4756—1998 石油液体手工取样法

GB/T 8929—2006 原油水含量测定法 蒸馏法

（三）方法概述

将样品放在 X-射线源发出的射线束中，测定硫的特征 X-射线谱线强度，并将累积的谱线强度与预先制备好的标准样品的谱线强度相比较，且样品的硫含量应在已知校准标样的硫含量范围内，从而得到样品用质量分数表示的硫含量。

（四）干扰

（1）当原油样品中其他元素发射 X-射线，产生光谱干扰时，检测器就不能正确检测硫元素发射的 X-射线，结果产生叠加。样品中含水、烷基铅、硅、磷、钾以及卤化物时，含量超过硫含量 1/10 或几百毫克每千克时，会产生光谱干扰。按照仪器生产厂家的操作说明书去校正仪器，从而消除干扰。

（2）样品中元素浓度的变化可使基质发生变化，直接影响 X-射线吸收，从而改变每种元素的测量结果。此干扰通常发生在 X-射线荧光分析中，但不是光谱干扰。

（3）有的仪器装有减少干扰的软件，可自动检查并减少干扰。

（4）成分与本法中所用白油（硫含量质量分数小于 0.000 2%）有较大差别的原油样品，可由选用基质物的成分与之成分相同或相近的标样进行分析。

（五）仪器

能量色谱 X-射线荧光光谱分析仪，只要是设计结构完整的能量色散 X-射线荧光光谱分析仪都可使用，仪器至少应具有下列部件：

（1）X-射线发射源，其能量高于 2.5 keV。

警告：除其他的预防之外，使用放射源时，应按照 GB 4075—2009 要求将其很好地屏蔽起来，以免出现任何危险。任何时候都应注意，取出放射源时，应由经过专门训练并有能力的人员用正确的防护技术来完成。使用 X-射线管分析操作时，应符合厂家的安全指导和国家的相关规定。

（2）样品盒，装样深度至少 4 mm，使用可更换的，能被 X-射线穿透透明塑料膜做窗口。

（3）X-射线检测器，在能量为 2.3 keV 处具有最佳灵敏度，并且分辨率数值不应超过 800eV。可使用已见的一种气体填充式的均衡检测器。

（4）过滤器或能把硫 K_α谱线与能量高于 K_α谱线区分开的其他装置。

（5）信号调节和数据处理电子元件，包括如下功能：计算 X-射线强度、至少有两个能量区间（更正背景的 X-射线）、矫正光谱叠加、将硫 X-射线强度转化成硫含量。

（6）显示器和打印机，能给出硫的质量分数。

（六）试剂及材料

（1）试剂纯度，本标准使用的所有试剂都是分析纯以上级别，或者取得国家标准物质证书的标准物质。

（2）2-正丁基硫醚，硫含量分析标准试剂。

警告：2-正丁基硫醚是可燃和有毒的化合物。

注：应掌握 2-正丁基硫醚中硫含量的确切浓度，不纯的 2-正丁基硫醚可能含有其他硫化物。

（3）白油（MOW），硫质量分数小于 0.000 2%。

（4）能被 X-射线穿透的透明窗膜，需保证样品不受污染、不影响 X-射线的辐射、不影响硫含量的测定。

（5）样品盒，防止样品污染，满足光谱仪的结构特点。

（七）取样及样品的准备工作

（1）按照 GB/T 4756—1998 方法中相应的细则进行取样，将样品倒入样品盒后，应立即测定，避免产生气泡。

（2）如果使用可重复使用样品盒，在使用之前应保证其清洁、干燥。在用可重复使用样品盒测量样品时，首先要求 X-射线的透明窗膜应是新的，不得触摸样品盒的内侧和样品盒上透明窗膜或仪器上透明窗膜暴露在 X-射线中的部分。因为指纹留下的油印可影响低硫样品的读数，透明窗膜上的褶皱也可影响硫 X-射线的辐射强度。因此，为获得可靠结果，应拉展透明窗膜，并保持其清洁。如果透明窗膜的类型或厚度改变时，分析仪器需重新校准。

（八）校准及标准化

1. 校准标样的准备

（1）用白油（硫质量分数小于 0.000 2%）作为配制硫含量校准样品的稀释剂。

（2）分别配制硫质量分数为 0.1%、5%的初始标样，每个标样硫含量精确计算到四位小数。不得由单一浓度连续稀释。

（3）按照表 4-3 称量给定的白油，称准至 0.1 mg，倒入合适的细口瓶中，再按给定值称量 2-正丁基硫醚，使两者在室温下充分混合（可使带聚四氟乙烯涂层的磁力搅拌器）。

（4）制备包含样品预计硫浓度的校准标样，用白油（硫质量分数小于 0.000 2%）和初始标样（硫质量分数为 0.1%、5%）制备空白和已知浓度的标样分别建立不同的校准范围，参阅厂家的建议来确定制备标样的数量和范围。表 4-4 提供了一个用白油稀释初始样来制备两个含量范围的校准标样的例子。

表 4-3　给定初始标样组成

硫质量分数/%	白油用量/g	2-正丁基硫醚用量/g
5	48.6	14.4
0.1	48.6	0.200

表 4-4　硫标样含量范围

项目	硫的质量分数范围/%	
	0.002 0～0.100 0	0.100～5.000
标样 1	0.000 0	0.000
标样 2	0.002 0	0.100
标样 3	0.005 0	0.500
标样 4	0.010 0	1.000
标样 5	0.030 0	2.500
标样 6	0.060 0	5.000
标样 7	0.100 0	

（5）也可使用按上述方法制备或由待测基体构成能溯源到取得国家标准物质证书的

标准物质的标样。

（6）如果用于制备标样的白油含有硫，把这个硫的质量分数加到标样的硫含量计算上（参考供应商提供的有书面证明的硫含量）。

（7）按给定质量称量 2-正丁基硫醚和白油，称准至 0.1 mg，确知实际质量是很重要的，因为要计算制备标样的实际含量，并以校准为目的的输入仪器。硫含量可用式（4.17）计算：

$$w_s = \left[\left(m_{DBS} + w_{DBS}\right) + \left(m_{MO} \times w_{MO}\right)\right] / \left(m_{DBS} + m_{MO}\right) \tag{4.17}$$

式中：w_s——标样中硫的质量分数，%；

m_{DBS}——2-正丁基硫醚的实际质量，g；

w_{DBS}——2-正丁基硫醚中硫的质量分数，%，其值一般为 21.91%；

m_{MO}——白油的实际质量，g；

w_{MO}——白油中硫的质量分数，%。

2. 有证标准样品

取得国家标准物质证书的原油或重油含硫标样可取代本法中规定的部分或所有标样。其他国家的一级或二级原油或重油含硫标样也可使用。所用的标样应包括表 4-4 中给出的浓度范围。

3. 校准验证标样

额外的没有用来制作校准曲线的那些标样可用来验证校准曲线的可靠性，校准验证标样可以是依本法规定自行制备的，也可以是本法中规定的有证标样。校准验证标样的含量应接近预期分析样品的含量。

4. 质量控制样品

可进行定期检测有代表性的稳定的原油样品，来证系统是在统计学规律的控制下。

5. 标样和质量控制样品的储存

所有标样在不用时都应保存在棕色玻璃瓶中，由玻璃塞子封盖，惰性塑料衬里螺旋帽或其他同样惰性密封的盖子，放在低温黑暗处。一经发现某标样有沉淀或含量变化时，立即废弃该标样。

（九）仪器的准备

仪器应该连续通电以保持最佳的稳定性。

（十）实验步骤

1. 注入样品

在分析中注入样品盒的样品量宜为样品盒体积的 3/4。

警告：禁止将可燃性液体渗漏到仪器中。

2. 仪器校准

根据厂家说明书，将仪器校准到合适的范围。常用的校准步骤包括：通过测量已知标样设定仪器纯硫 X-射线强度记录。按照表 4-5 给定的仪器计数时间，获得标样的两个读数，在最短的时间内，用新样品盒和新注入的标样重复这一步骤。当所有的标样分析完毕，根据厂家的说明，基于每个标样四次分析得到的纯硫含量，生成最佳校准曲线。到校准完成时，立即测定一份或多份校准验证标样的硫含量，测量值和标称值的相对偏差不超过3%。否则，要进行校正检测和重新校准。

表4-5 硫含量分析计数时间

硫质量分数范围/%	计数时间/s
0.000～0.100	200～300
0.100～5.000	100

3. 未知样品分析

按 10.1 的叙述将待测样品注入样品盒中，在注入样品盒之前，可能要将黏稠的或较重的样品加热使之能容易注入到样品盒内，确保样品盒透明窗膜和液体样品之间不存在起跑。如果样品在注入样品盒前加热超过 50℃，应在将样品注入到样品盒后，使样品盒处于不密封状态，防止样品冷却时使透明窗膜变形。依表4-5中根据具体浓度范围给指定的计数时间进行样品测量，在最短的时间内，用新样品盒和新注入的样品重复测量，获得两次未知样品硫含量读数的平均值。如果该平均值读数不在校准曲线的浓度范围内，用能包括样品平均值的浓度范围的校准曲线，对样品重复进行两次测量。

（十一）计算

样品硫含量可自动从校准曲线上计算出来。

（十二）精密度

本试验方法的精密度是实验室间实验结果统计分析获得的，如下所述。

1. 重复性

同一操作者用同一仪器在恒定的操作条件下，用同一样品，在长期的正常的按此方法正确操作的情况下，连续试验各结果之间的差值，20次只有1次超过下列数值：

$$0.028\,9（X+0.169\,1）$$

式中：X——硫的质量分数，%。

2. 再现性

工作在不同实验室中的不同操作者用同一样品，获得的独立结果之间的差值，长期情况下，20次只有1次超过下列数值：

$$0.121\,5（X+0.055\,55）$$

式中：X——硫的质量分数，%。

（十三）质量控制

质量控制程序的运用，有助于维持本方法的统计学控制。

有效校准以后，以建立试验过程统计学控制状态为目的，按本法要求制备、选择并保存的质量控制样品就要定期的当作未知样品进行试验。记录结果并立即用控制曲线图或其他相当的统计学技术分析整个试验过程的统计学控制状态。如有超控的数据，就要调查原因，并进行仪器的重新校准。质量控制样品试验的频率依测量质量的临界性和试验过程的稳定性而定，在试验仪器使用状态下，可以每天一次，也可以每周两次。建议每次至少分析一个硫含量与常规分析中原油样品硫含量接近的质量控制样品。

注：强力推荐通过使用质量控制来验证系统控制，许多实验室都建立了质量控制措施，从而保证试验数据的准确性。

（十四）报告

报告样品中硫含量，用质量分数表示，结果取 3 位有效数字，并注明结果是依据本标准方法获得。

习题

1. 解释下列名词。

初级 X 射线　短波限　吸收限　脉冲高度　脉冲强度

2. 计算下表中一级衍射线的掠射角θ。

谱线 / θ / 衍射晶体	CaK_α（3.358 3Å）	FeK_α（1.936 0Å）	CuK_α（1.540 5Å）
LiF（$2d=4.02$Å）			
PET（$2d=8.742$Å）（异戊四醇）			

3. 试述 X 射线荧光的产生以及进行元素定性、定量分析的原理。
4. 波长色散谱仪主要由哪几个部分组成？简述各部分的作用。
5. 试述正比计数器、闪烁计数器和半导体探测器的工作原理。
6. 什么是能量色散？试述能量色散谱仪的特点。
7. 什么是吸收和增强效应？定量分析中克服这两种效应的实验方法有哪几种？

参考文献

[1] 北京大学化学系仪器分析教学组. 仪器分析教程[M]. 北京：北京大学出版社，2002.
[2] 吉昂，陶光仪，卓尚军，等. X 射线荧光光谱分析[M]. 北京：科学出版社，2003.
[3] 梁钰. X 射线荧光光谱分析基础[M]. 北京：科学出版社，2007.
[4] 刘明钟，汤志勇，刘霁欣，等. 原子荧光光谱分析[M]. 北京：化学工业出版社，2008.

第五章　紫外-可见吸收光谱法

第一节　分子吸收光谱概述

一、分子的能量及能级图

原子中只有电子的运动，电子在不同运动状态所具有的能量构成电子的能级。而分子中除了分子内电子的运动外，还有分子的转动、振动等运动。分子的总能量包括分子中电子的能量（E_e）、分子围绕重心振动能量（E_v）和转动能量（E_r）、分子重心的平移能量（E_t）以及分子中各基团的内旋转能量（E_i）等，因 E_t 和 E_i 与其他几项相比要小得多，假定不考虑分子内各运动形式间的相互作用，分子的总能量 E 则由下式表示：

$$E = E_e + E_v + E_r$$

分子不同运动状态下所具有的能量构成分子的能级。分子的能级图如图 5-1 所示：

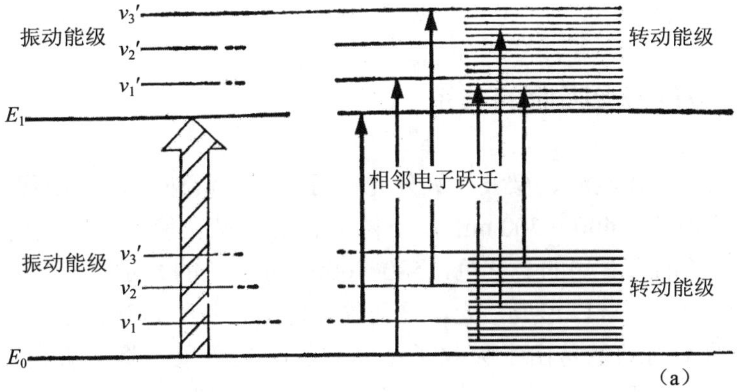

图 5-1　分子的能级图

从分子的能级图可见：在分子的同一电子能级，因振动能量不同分为若干“支级”——振动能级，在同一振动能级中，因转动能量不同又分为若干“支级”——转动能级。各能级之间的能量差ΔE 大小为：$\Delta E_e > \Delta E_v > \Delta E_r$。

二、分子吸收光谱的产生及特点

当能量为 $h\nu$ 的入射光照射分子时，若其能量等于分子中两个能级之间的能量差即 $h\nu=\Delta E$ 时，分子吸收此入射光，由较低的能级跃迁到较高能级，从而产生分子吸收光谱，分子吸收光谱包括远红外吸收光谱、红外吸收光谱、紫外及可见吸收光谱。

分子转动能级之间的能量差ΔE_r一般为 0.05～0.003 5eV，相当于远红外光的能量。分子吸收远红外光，引起转动能级之间跃迁，由此而得到的吸收光谱称为远红外光谱或转动光谱。

红外吸收光谱是分子吸收红外光，振动、转动能级之间跃迁产生的，分子振动能级之间的能量差ΔE_v一般为 0.05～1eV，相当于红外光的能量。因此，用红外光照射分子，可引起分子振动能级间的跃迁。由于分子的同一振动能级中还有间隔很小的转动能级，因而在发生振动能级之间跃迁的同时，还伴随着转动能级之间的跃迁，得到的不是对应于振动能级差的一条谱线，而是一组很密集的谱线组成的光谱带，这种光谱也称为振动-转动光谱。液体分子的红外光谱，由于分子间的相互作用较强，转动能级一般分辨不清，一个谱带通常只显示一个振动峰。

紫外-可见吸收光谱也称电子-振动-转动光谱。分子中电子的能量一般为 1～20eV，相当于紫外及可见光的能量。当紫外及可见光照射分子时，分子的能级变化更加复杂，在电子能级之间跃迁的同时，不仅伴随着振动能级之间的跃迁，还伴随着转动能级之间的跃迁。因此，紫外-可见吸收光谱是由许多波长非常相近的一系列谱带组成的，有较宽的波长范围。当分子间作用力较弱时（如蒸气状态时），采用高分辨率的仪器才可检测出这些吸收带，在多数场合，观察到的是平滑曲线。

由于各种物质分子内部结构不同，各种能级之间的能量差也互不相同，故决定了分子对光是选择性吸收。

三、溶液颜色与光吸收的关系

电磁波谱包括无线电波、微波、红外光、可见光、紫外光、X 射线、γ射线等，可见光只是其中一个波段（400～700 nm）。不同波长的可见光使人眼感觉出不同的颜色，如 400～470 nm 波长的光看到的是紫色，580～600 nm 波长的光是橙色。若将某两种颜色的光按适当比例混合时，可以形成白光，这两种颜色的光就称为互补色。

有色物质的不同颜色是由于吸收了不同波长的光所致。将一束白光通过某溶液时，如果该溶液对可见光区各种波长的光均不产生吸收，则该溶液呈无色透明状；如果该溶液对可见光区各种波长的光全部吸收时，则该溶液呈黑色；如果该溶液选择性地吸收了可见光区某种波长的光时，则该溶液的颜色呈吸收光的互补色。例如，重铬酸钾溶液因选择性地吸收了白光中的蓝色光而呈现黄色，高锰酸钾溶液因吸收了绿色光而呈现紫色。

四、光吸收定律

（一）透光率和吸光度

当一束平行单色光照射到任何均匀、非散射的介质，例如溶液时，光的一部分被吸收，一部分透过溶液，一部分被器皿的表面反射。如果入射光的强度为 I_0，吸收光的强度为 I_a，透过光的强度为 I_i，反射光的强度为 I_r，则

$$I_0 = I_a + I_i + I_r \tag{5.1}$$

在吸收光谱分析中，试液和参比液都是采用同样质料和厚度的比色皿，因此，反射光的影响可以互相抵消，于是式（5.1）可简化为：

$$I_0 = I_a + I_i$$

透过光强度 I_i 与入射光强度 I_0 之比称为透光率，用 T 表示，即

$$T = \frac{I_i}{I_0}$$

溶液的透光率越大，说明对光的吸收越小；相反，透光率越小，则溶液对光的吸收越大。常用吸光度来表示物质对光的吸收程度，其定义为：

$$A = \lg\frac{1}{T} = \lg\frac{I_0}{I_i}$$

A 值越大，表示物质对光的吸收越大。

（二）朗伯定律

设有某一波长的单色光，通过液层（光吸收层）厚度为 b 的均匀溶液（图 5-2）。如将液层分成无限小的相等的薄层，其厚度为 db。又设照射在薄层上的光强度为 I，当光通过薄层后，光强度减弱−dI，则−dI 应与 db 及 I 成正比，即

$$-\mathrm{d}I \propto I\mathrm{d}b$$

$$-\mathrm{d}I = K_1 I\mathrm{d}b$$

$$-\frac{\mathrm{d}I}{I} = K_1\mathrm{d}b \tag{5.2}$$

假定入射光强度为 I_0，透过光强度为 I_i，将式（5.2）积分得到：

$$-\int_{I_0}^{I_i}\frac{\mathrm{d}I}{I} = K_1\int_0^b \mathrm{d}b$$

$$-（\ln I_i - \ln I_0）= K_1 b$$

$$\ln I_0 - \ln I_i = K_1 b$$

根据吸光度的定义，则有

$$A = \ln\frac{I_0}{I_i} = K_1 b \tag{5.3}$$

将式（5.3）中自然对数换为常用对数，则变为：

$$A=\lg\frac{I_0}{I_i}=K_2b \tag{5.4}$$

在分光光度法中，透过光强度 I_i 一般用 I 表示，则式（5.4）变为：

$$A=\lg\frac{I_0}{I}=K_2b \tag{5.5}$$

式中：K_2——比例常数，它与入射光波长、溶液的性质、浓度和温度有关。

由式（5.5）可知：当入射光的波长、吸光物质的浓度和溶液的温度一定时，溶液的吸光度与液层厚度成正比，这就是朗伯定律。

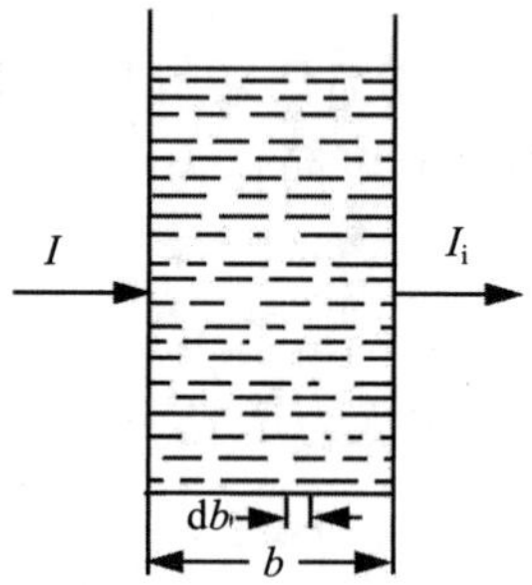

图 5-2 光吸收示意图

（三）比尔定律

当单色光通过液层厚度一定的均匀溶液时，溶液中的吸光质点浓度增加 dc，则入射光通过溶液后减弱 $-\mathrm{d}I$，$-\mathrm{d}I$ 应与入射光强度 I 成正比，也与浓度增加的变化值 dc 成正比，即

$$-\mathrm{d}I \propto I\mathrm{d}c$$

$$-\mathrm{d}I=K_3I\mathrm{d}c$$

$$-\frac{\mathrm{d}I}{I}=K_3\mathrm{d}c$$

同样亦可得到：

$$A=\lg\frac{I_0}{I}=K_4c \tag{5.6}$$

式（5.6）称为比尔定律，式中比例常数 K_4 与入射光波长、溶液性质、液层厚度和温度有关。比尔定律表示：当入射光的波长、液层厚度和溶液温度一定时，溶液的吸光度与溶液的浓度成正比。

（四）朗伯-比尔定律

如果要求同时考虑溶液浓度 c 和液层厚度 b 对光吸收的影响，可将朗伯定律和比尔定律合并为朗伯-比尔定律，即

$$A = \lg \frac{I_0}{I} = Kcb \tag{5.7}$$

式中：K—— 与入射光波长、物质的性质和溶液的温度等因素有关的比例常数。

式（5.7）表明，当一束单色光通过均匀溶液时，溶液的吸光度与溶液浓度和液层厚度的乘积成正比。

此定律以下列条件为前提：（1）入射光为单色光；（2）吸收过程中各物质无相互作用；（3）辐射与物质的作用仅限于吸收过程，没有荧光、散射和光化学现象；（4）吸收物是一种均匀分布的连续体系。

朗伯-比尔定律是紫外-可见、红外吸收光谱分析法定量分析的依据。实际应用时，式（5.7）中的浓度 c 用 mol/L 单位表示，液层厚度 b 用 cm 为单位表示，则 K 用另一符号 ε 来表示。ε 称为摩尔吸光系数，单位为 L/（mol · cm），它表示物质的浓度为 1 mol/L，液层厚度为 1 cm 时溶液的吸光度。摩尔吸光系数表示物质对某一特定波长光的吸收能力，ε 越大，说明该物质对某一波长光的吸收能力越强，测量的灵敏度就越高。ε 一般通过测量较稀浓度溶液的吸光度计算求得。

（五）吸光度的加和性

当溶液中含有多种对光产生吸收的物质，且各组分间不存在相互作用时，则该溶液对波长为λ的总吸光度 $A_{总}^{\lambda}$ 等于溶液中每一成分的吸光度之和，即吸光度具有加和性，可用式（5.8）表示：

$$\begin{aligned} A_{总}^{\lambda} &= A_1^{\lambda} + A_2^{\lambda} + A_3^{\lambda} + \cdots + A_n^{\lambda} \\ &= (\varepsilon_1 c_1 + \varepsilon_2 c_2 + \varepsilon_3 c_3 + \cdots + \varepsilon_n c_n)\, b \end{aligned} \tag{5.8}$$

五、吸收曲线

物质分子的吸收光谱用吸收曲线描述。通常吸收曲线的横坐标表示波长λ或波数$\bar{\nu}$（红外吸收光谱一般用$\bar{\nu}$），纵坐标表示透光度 T 或吸光度 A（图 5-3)。利用吸收曲线上反映的吸收峰位置、形状、数目、强度等可进行物质的定性及结构分析；通过吸收曲线选定的波长测量吸收物质的吸光度可进行定量分析。

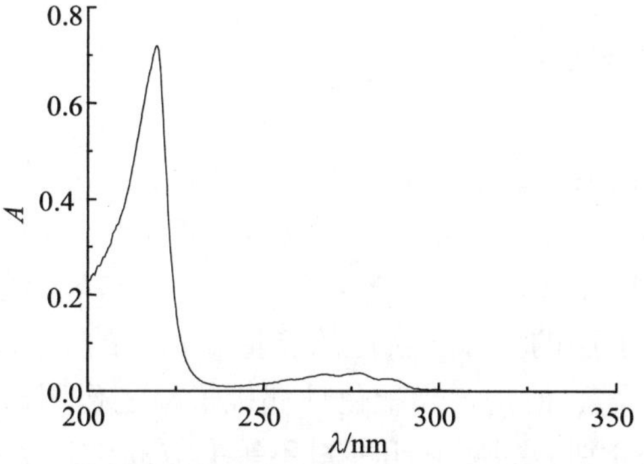

图 5-3　萘的紫外吸收光谱曲线

第二节 金属配合物的紫外-可见吸收光谱

金属配合物的紫外-可见吸收光谱有三种。

一、电荷转移吸收光谱

某些同时具有电子给予体部分和电子接受体部分的分子，吸收紫外或可见光，电子从给予体外层转道向接受体跃迁产生的光谱称为电荷转移光谱，电荷转移光谱可分为三种类型。

（一）配位体至金属的电荷转移

这一过程相当于金属的还原，因此，具有较易还原的金属和较易氧化的配位体分子中，易产生这类电荷转移吸收光谱。如具有高氧化态的金属阳离子的碘化物（TiI_4、HgI_2、AgI 等），金属与卤素生成的 MX_6^{2-}型配合物以及 MO_4^{n-}型化合物等。

（二）金属至配位体的电荷转移

产生这种电荷转移的必要条件是金属离子容易被氧化（处于低氧化态），而配位体容易被还原，配位体具有空的反键轨道，可接受从金属离子中转移出来的电子。如 Fe（Ⅱ）-（1,10 二氮杂菲）、Cu（I）-（2,2′ -联吡啶）吸收可见光后，电子从金属离子中的 d 轨道转移到配位体 *N* 原子的π*轨道上，在可见光谱区产生电荷转移吸收带。

（三）金属至金属的电荷转移

配合物中含有两种不同氧化态金属时，电子可以在两种不同氧化态金属之间转移。其中高氧化态金属起电子接受体的作用。例如，普鲁士蓝 $KFe[Fe(CN)_6]$，硅（磷、砷）钼蓝 $H_8[Si(Mo_2O_5)(Mo_2O_7)_5]$。

电荷转移吸收光谱在分光光度分析中有重要意义，因为其摩尔吸光系数较高（一般 $\varepsilon_{max}>10^4$），因此用这类谱带进行定量分析可获得较高的灵敏度。

二、配位体场吸收光谱

大多数 *d* 轨道或 *f* 轨道未充满（$d^{1\sim9}$、$f^{1\sim13}$ 结构）的金属离子与不含共轭体系的无色配位体（如 H_2O，NH_3，EDTA，酒石酸等）形成的配合物的光谱都属于这种类型。元素周期表中第四、第五周期的过渡元素分别含有 3 *d* 和 4 *d* 轨道，镧系和锕系元素分别含有 4*f* 和 5*f* 轨道。同一电子层的 *d* 或 *f* 轨道的能量是相等的（简并的），如：主量子数为 4 的 5 个 *d* 轨道或 7 个 *f* 轨道。但是，当配位体偶极子与之作用时，破坏了它们的简并性。5 个 *d* 轨道和 7 个 *f* 轨道分别分裂成 *n* 组能量不等的 *d* 轨道和 *f* 轨道，当吸收紫外-可见光能量时，就可能在分裂之后的能级之间发生电子跃迁，产生 *d*—*d*、*f*—*f* 电子跃迁光谱。

由于这两类跃迁必须在配位体的配位场作用下才有可能产生，因此这种光谱又称为配位体场吸收光谱。

三、金属离子微扰的配位体内电子跃迁产生的光谱

金属离子与有色配位体反应生成配合物后由于金属离子与配位体之间成键的影响，导致配合物的吸收光谱与配位体本身的吸收光谱相比，有不同程度的红移或紫移。如当金属离子与配位体分子是共价键和配位键即生色螯合物时，配位体分子的共轭体系在螯合前后发生显著的变化，金属离子一方面取代了试剂分子中氢离子或氢原子形成共价键，另一方面和具有孤对电子的杂原子（O，S，N 等）相联结，形成配位键，这样不仅扩大了分子中的共轭体系，而且改变了原有基团的吸电子性质或给电子性质。因此，螯合物的形成，多数情况下，均可使最大吸收峰显著红移，摩尔吸光系数明显提高。

第三节　有机化合物的紫外-可见吸收光谱

一、有机化合物的电子跃迁类型

根据分子轨道理论，有机分子有 3 种类型的价电子，即形成单键的σ电子，形成双键的π电子以及未参与成键的 n 电子。有 5 种类型的轨道，它们是：σ成键轨道（σ）、σ反键轨道（σ*）、π成键轨道（π），π反键轨道（π*）以及非键轨道（n）。这 5 种轨道的能量高低次序是：

$$\sigma < \pi < n < \pi^* < \sigma^*$$

分子处于基态时，价电子占据在低能量的成键轨道或非键轨道上。紫外-可见吸收光后，电子受激发跃迁至能量较高的反键分子轨道，有机分子产生的电子跃迁通常有σ—σ*、n—σ*、n—π*、π—π* 4 种类型。分子轨道能级及电子跃迁见图 5-4。

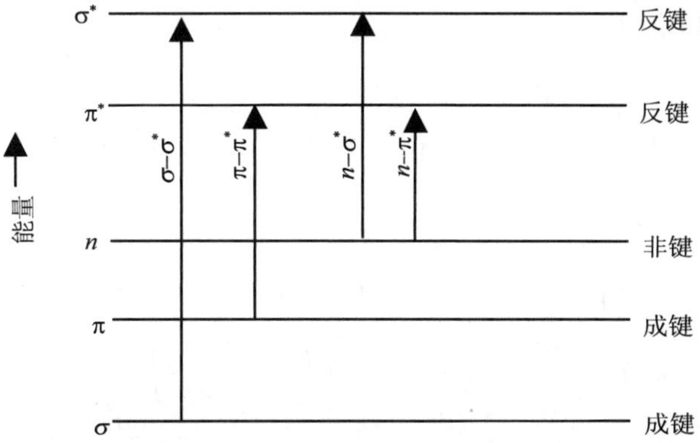

图 5-4　分子轨道能级及电子跃迁

（一）σ—σ^*跃迁

当外来辐射的光子能量等于σ成键轨道和反键σ^*轨道的能量差时，分子吸收该辐射，σ电子从σ成键轨道激发到反键σ^*轨道上。与其他几类跃迁相比，产生σ—σ^*跃迁所需的能量最大，因而其吸收光谱主要在低于 200 nm 的真空紫外区。饱和烃分子中只有σ电子，因而只能产生σ—σ^*跃迁，如甲烷、乙烷的最大吸收峰分别在 125 nm、135 nm 处。

（二）n—σ^*跃迁

分子中 n 轨道上的电子吸收辐射后被激发到反键σ^*轨道上，这种跃迁所需要的能量比σ—σ^*跃迁所需要的能量小，但大多数最大吸收峰仍出现在低于 200 nm 的区域。含有杂原子的饱和有机化合物可产生这种跃迁，如一氯甲烷的最大吸收峰波长为 173 nm。

（三）π—π^*跃迁

分子中成键π轨道上的电子，吸收一定的光能后，被激发至反键π^*轨道上。对于孤立双键，所产生的吸收一般也在 200 nm 区域内。可是当两个π键共轭时，它们之间会发生π—π共轭效应，使π电子离域化，容易进行π—π^*跃迁，因此其吸收峰由远紫外光区移到近紫外光区。

（四）n—π^*跃迁

与其他三类跃迁相比，这种跃迁所需要的能量最小，其吸收峰波长一般都处于大于 200 nm 的近紫外光区，甚至还可能在可见光区。

二、有机化合物的紫外-可见吸收带

从有机化合物的电子跃迁类型可见，它们的吸收光谱主要在紫外光区。由于目前一般的紫外分光光度计只能检测近紫外光区（200～400 nm）的电磁波，因而，只有含不饱和官能团（生色团）的有机化合物的吸收光谱，才能用于光谱分析，这些吸收带可分为 4 类。

（一）K 带（K-Band）

在共轭体系中，由π—π^*跃迁产生的吸收带。其特点是吸收强度很大（$\varepsilon=10^4$）；随溶剂极性的增加，吸收峰向长波方向位移（称为红移）；共轭系统延长，λ_{max} 产生红移，吸收强度增加。如：

CH_3—CH═CH—CH═CH_2　　$\lambda_{max}=223$　（ε 22 600）

CH_2═CH—CH═CH—CH═CH_2　　$\lambda_{max}=258$　（ε 35 000）

（二）R 带（R-Band）

生色团为 P-π共轭系统，如 >C═O、—N═N 等基团，由 n—π^*跃迁产生。其特征是吸收强度很弱，ε 一般小于 10^2；λ_{max} 随溶剂极性增强向短波方向位移（称为紫移），如丙酮的λ_{max} 在环己烷中为 275 nm，而在水中为 264.5 nm。

（三）B 带（B-Band）

此带是芳香（包括杂环芳香）化合物的特征吸收谱带，生色团是环状共轭体系，由环状共轭体系的$\pi—\pi^*$跃迁产生，λ_{max} 为 255 nm（ε =230）。在气态或非极性溶剂中，苯及其许多同系物的 B 带有许多精细结构，这是由于振动跃迁在基态电子跃迁上的叠加。在极性溶剂中，这些精细结构消失。

（四）E 带（E-Band）

也是芳香化合物的特征吸收，分为 E_1 和 E_2 带。

E_1: 苯环内乙烯键上的π电子发生$\pi—\pi^*$跃迁产生的。E_1 带的λ_{max} 在 180 nm 左右（ε=60 000）。

E_2: 苯环内共轭二烯的π电子发生$\pi—\pi^*$跃迁产生的。λ_{max} 为 200 nm（ε=8 000）。

第四节　紫外-可见吸收光谱分析方法

一、有机化合物的定性及结构分析

紫外-可见吸收光谱法可用于有机化合物的定性及结构分析，但不是主要工具。因为大多数有机化合物的紫外-可见吸收光谱谱带数目不多、谱带宽、缺少精细结构。但它适用于不饱和有机化合物，尤其是共轭体系的定性及结构分析，是配合红外光谱，核磁共振波谱法等进行定性和结构分析的一种有用的辅助方法。

（一）定性分析

定性分析最常用的是比较吸收光谱曲线法，其做法是：在相同条件下，用紫外-可见吸收光谱仪测量并记录待测物和所推断的化合物标准物质的吸收光谱（$A\sim\lambda$或 $I\sim\lambda$的关系曲线），将两者进行细致的比较，如果光谱特征（吸收曲线形状，吸收峰数目、位置，λ_{max} 和相应的ε_{max} 等）完全一致，则可初步认为是同一化合物。如无标准样品，可借助于记载了各种有机化合物的紫外-可见吸收光谱标准谱图进行对照。

（二）结构分析

紫外光谱进行有机化合物的结构分析，主要包括两个方面的内容。

1．推断有机物中可能存在的特征生色团及其共轭程度

如：如果某有机化合物在 270～300 nm 区域存在一个随溶剂极性增加而向短波方向移动的弱吸收带，可判断有羰基存在；如果在 250～300 nm 有中等强度的吸收带，说明分子中很可能有芳环。

2．构型和构象的确定

（1）顺反式异构体的确定。共轭分子中，各原子都处在同一平面内，当共轭分子的平面结构因空间位阻或其他因素的影响而受到破坏时，共轭体系被分割，π电子云重叠程度减弱，在共轭体系中π电子的流动性受到某种程度的阻碍，最大吸收峰向短波方向移动，颜色变浅。同一分子的顺、反两种异构体因空间位阻效应的不同，导致它们的λ_{max}和ε_{max}不同，由此可对它们进行鉴定。

顺式异构体空间位阻效应较反式异构体大，因而其λ_{max}和ε_{max}通常较小，如反式肉桂酸的λ_{max}、ε_{max}分别为295 nm，27 000；顺式肉桂酸的λ_{max}、ε_{max}分别为280 nm，13 500。

（2）判别互变异构体。互变异构现象是由于分子中一个或一个以上可移动原子（通常是氢原子）和电子密度的重新分布。互变异构达到动态平衡时，产生两种化合物的共存。例如，苯甲酰-*N*-乙酰苯胺，可能存在两种极易相互转变的酮式和烯醇式构体。由于一般共轭体系的λ_{max}大于非共轭体系，因而烯醇式异构体的λ_{max}大于酮式异构体。依据λ_{max}的不同，即可判别这两种互变异构体。

二、定量分析

可见-紫外吸收光谱法是进行定量分析最有用的工具之一。定量分析的依据是比尔定律，即在一定波长处被测定物质的吸光度与它的浓度呈线性关系。因此，通过测定溶液对一定波长入射光的吸光度，即可求出溶液中物质的浓度和含量。该法不仅可以直接测定那些本身在紫外-可见光区有吸收的无机和有机化合物，而且还可以采用适当的试剂与吸收较小或非吸收物质反应生成对紫外和可见光区有强烈吸收的产物，即“显色反应”，从而对它们进行定量测定。如金属元素的分析。

（一）显色反应及显色剂

1．显色反应

显色反应一般应满足下列要求：

（1）灵敏度高。反应的生成物必须在紫外、可见区域有较强的吸光能力，即摩尔吸光系数ε较大。

（2）选择性好，干扰少，或干扰容易消除。

（3）生成的有色化合物组成恒定，符合一定的化学式。

（4）有色化合物的化学性质应足够稳定（不容易受外界环境条件的影响，如日光照射、空气中氧和二氧化碳的作用等），至少在测量过程中溶液的吸光度变化很小。

（5）有色化合物与显色剂之间的颜色差别要大（一般要求它们的$\Delta\lambda_{max}$在60 nm以上）。这样，显色时的颜色变化鲜明，而且在这种情况下试剂空白一般较小。

显色反应的类型有配位反应、氧化还原反应以及增加生色基团的衍生化反应等，其中配位反应应用最广。

影响显色反应的因素有：

（1）显色剂用量。为了保证显色反应尽可能进行完全，一般需要加入过量显色剂。但是对于有些显色反应，显色剂用量必须严格控制。如Mo（V）与SCN^-生成一系列配位数不同的络合物，如：

$$Mo(SCN)_3^{2+} \rightleftharpoons Mo(SCN)_5 \rightleftharpoons Mo(SCN)_6^-$$

浅红　　　　　橙红　　　　　浅红

其中用于测定的是橙红色的 $Mo(SCN)_5$ 配合物，显然，如果 SCN^-浓度过高，会生成浅红色的 $Mo(SCN)_6^-$络合物，使吸光度降低。在实际工作，显色剂的用量是通过实验来确定的，即在被测组分一定时，测量不同显色剂浓度下溶液的吸光度，在对应于吸光度恒定的显色剂浓度区间确定显色剂的加入量。

（2）溶液的酸度。溶液酸度对显色反应主要有如下几方面的影响：

1）影响显色剂的离解和颜色：不少显色剂是有机弱酸以（HR 表示），其离解和显色反应方程式如下：

$$HR \rightleftharpoons H^+ + R^-$$

$$M^{n+} + nR^- = MR_n$$

金属离子　　有色化合物

可见，溶液的酸度影响显色剂的离解和显色反应的完全程度。

此外，许多显色剂具有酸碱指示剂性质，即在不同的酸度下，有不同的颜色。遇此情况，更应注意选择适当的酸度条件。

2）影响被测金属离子的存在状态：有些金属离子，当溶液的酸度降低时，它们在水溶液中除了以简单的金属离子形式存在之外，还可能形成一系列的羟基或多核羟基铬离子；当酸度更低时，可能进一步水解而生成沉淀。

3）影响配合物的组成：对于某些生成逐级配合物的显色反应，酸度不同，配合物的配合比不同，其色调也不同。

显色反应最适宜的酸度，通常通过实验来确定。即在不同的酸度下测定同一溶液的吸光度，用 pH 作横坐标，吸光度作纵坐标，绘制 A-pH 关系曲线。曲线的平直部分（吸光度恒定）所对应的 pH 区间就是显色反应最适宜的酸度范围。

（3）显色时间。不同的显色反应，其反应速度各不相同。另外，不同的有色化合物，其颜色稳定性也不相同。因此，应根据实验结果选择合适的显色时间。

（4）反应温度。显色反应一般在室温下进行，但有的反应在室温下进行较慢，需要加热才能迅速完成。而有些有色化合物在温度较高时容易分解。因此，需要根据反应的具体情况选择合适的反应温度。

（5）溶剂。有机溶剂能降低有色化合物的离解度，从而提高显色反应的灵敏度。同时，有机溶剂还可能提高显色反应的速度，影响有色配合物的溶解度和组成。如用偶氮氯膦III测定钙，加入乙醇后吸光度显著增加。

（6）溶液中共存离子的影响。若共存离子本身有颜色，如 Fe^{3+}、Ni^{2+}、Cr^{3+}、Cu^{2+}、Co^{2+}等。或共存离子能与显色剂、加入的其他试剂反应生成有色化合物时，会使测定结果偏高。如果共存离子和被测组分或显色剂生成无色配合物，这样将降低被测组分或显色剂的浓度，从而影响显色剂与被测组分的反应，使测定结果偏低。消除干扰离子的影响，最常用的方法有：控制溶液的酸度；加入合适的掩蔽剂；利用氧化还原反应改变干扰离子的价态；选择适当的波长；利用参比溶液消除显色剂和某些有色共存离子的影响；或采用适当的分离等方法使被测组分与干扰离子分离。

2．显色剂

显色剂有无机显色剂和有机显色剂两大类。

（1）无机显色剂。用于分析的无机显色剂种类不多，主要是因为生成的配合物不够稳定，灵敏度和选择性也不够高。应用较多的无机显色剂主要有硫氰酸盐、钼酸铵和过氧化氢等。

（2）有机显色剂。许多有机显色剂，可与金属离子生成极其稳定的螯合物，而且具有特征的颜色，因此，选择性和灵敏度都较高。此外，不少螯合物溶于有机溶剂，可以进行萃取比色，这对进一步提高灵敏度和选择性很有利。

有机显色剂大都是含有生色团和助色团的化合物。在有机化合物分子中，一些含有不饱和键的基团，它们能吸收大于 200 nm 波长的光，这种基团称为生色团。例如偶氮基（—N═N—）、羰基（$>C{=}O$）、硫羰基（$>C{=}S$）、硝基（$—N{\lesseqgtr}^{O}_{O}$）、亚硝基（—N═O）等。某些含孤对电子的基团，它们能与生色团上的不饱和键相互作用，使生色团吸收峰向长波位移并增强其强度，这些基团称为助色团。如胺基（$—\ddot{N}H_2$、$\genfrac{}{}{0pt}{}{R}{H}{>}\ddot{N}—$ 或 $R_2\ddot{N}—$）、羟基（$—\ddot{O}H$）等。

有机显色剂的种类极其繁多，现仅简单介绍常用的几种。

1）磺基水杨酸：它可与很多高价金属离子生成稳定的螯合物。在实际工作中主要用于测定 Fe^{3+}。

2）丁二酮肟：是测定镍的十分有效的试剂。

3）邻二氮菲：是测定微量 Fe^{2+}较好的试剂。

4）二苯硫腙：是萃取比色测定 Cu^{2+}、Pb^{2+}、Zn^{2+}、Cd^{2+}、Hg^{2+}等很多重金属离子的重要试剂。采用控制酸度及加入掩蔽剂的办法，可以消除重金属离子之间的干扰，提高反应的选择性。

5）偶氮胂Ⅲ（又称铀试剂Ⅲ）：它可以在强酸性溶液中，与 Th（Ⅳ）、Zr（Ⅳ）、U（Ⅳ）等生成特别稳定的有色配合物。偶氮胂Ⅲ已广泛用于矿石中铀、钍、锆以及钢铁和各种合金中稀土元素的测定。

6）铬天菁 S：是测定铝的很好试剂，在 pH 5～5.8 的条件下显色。

7）结晶紫：常用于测定铊。在 1 mol/L HBr 介质中，结晶紫 t 与 $TlBr_4^-$生成有色的离子缔合物，可被醋酸异戊酯萃取。

选择合适的显色剂及显色条件，对于摩尔吸光系数小或非吸收物质分子的测定是相当重要的。为了提高分析的灵敏度和选择性，分析工作者不断地在研究新的显色剂。

（二）定量分析方法

紫外-可见吸收光谱定量分析采用校准曲线法。配制一系列不同含量的被测组分标准溶液，以不含被测组分的空白溶液为参比，测定标准溶液的吸光度，绘制吸光度 A 与含量 c 的关系曲线。根据比尔定律，可得到如下校准曲线（图 5-5）。在相同条件下，测定试样的吸光度，从校准曲线上可求出试样中待测组分的含量。

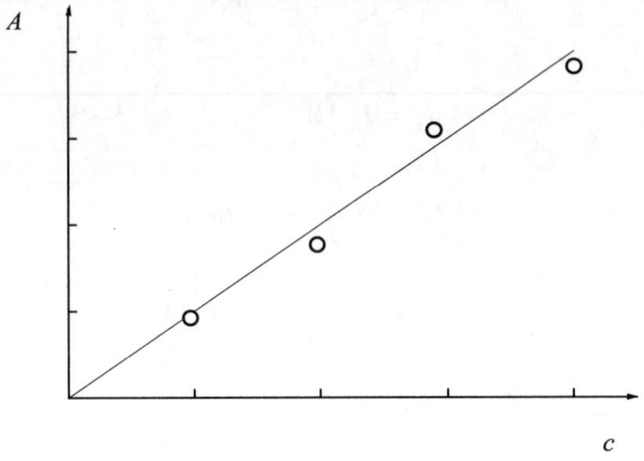

图 5-5　校准曲线

1. 测量条件的选择

为了使测定结果有较高的灵敏度和准确度，必须注意选择最适合的测量条件，主要有以下几点：

（1）入射光波长的选择。为了获得较高的测量灵敏度和准确度，入射光波长应选择被测物质的最大吸收波长。如遇干扰时，可选用灵敏度稍低，但能避免干扰的其他波长入射光。

（2）控制适当的吸光度范围。吸光度在 0.2～0.8 之间时，测量精度较好。为此，可以从两方面来考虑提高测量精度。一是控制溶液的浓度，如改变试样的称量和改变溶液的稀释度等。二是选择不同厚度的比色皿。

（3）选择适当的参比溶液。测量吸光度时，利用参比溶液来调节仪器的零点，可以消除由于比色皿壁及溶剂对入射光的反射和吸收带来的误差。

如果显色剂和所用的其他试剂均无色，而且被测试液中又无其他有色离子存在时，可用蒸馏水作参比溶液；如果显色剂无色，而被测试液存在其他有色离子时，应采用不加显色剂的被测试液作参比溶液；如果显色剂和试剂均有颜色时，可在一份试液中加入适当掩蔽剂，将被测组分掩蔽起来，使之不再与显色剂作用，然后按试液测定加入显色剂及其他试剂，以此作为参比溶液。

2. 校准曲线偏离朗伯-比尔定律的原因

符合朗伯-比尔定律的校准曲线是一条通过原点的直线（图 5-5），但在实际工作中，往往出现校准曲线不成直线的情况。特别是当吸光物质的含量比较高时，明显地看到校准曲线向浓度轴或吸光度轴弯曲，这种情况称为偏离朗伯-比尔定律。引起偏离朗伯-比尔定律的原因有：

（1）非单色光引起的偏离。朗伯-比尔定律应用的前提条件之一是入射光为单色光，但真正的单色光是很难得到的，紫外-可见吸收光谱仪采用的是连续光源，经过单色器分光后，从具有一定宽度的出射狭缝投射到待测溶液的光是包含一小段波长范围的光，它仍然具有复合光的性质，因而可导致朗伯-比尔定律的偏离。

设波长为λ_1，λ_2的两单色光分别通过的含量为 c 的溶液，根据朗伯-比尔定律则有：

$$A_1 = \lg\frac{I_{01}}{I_1} = \varepsilon_1 bc$$

或
$$I_1 = I_{01}10^{-\varepsilon_1 bc} \tag{5.9}$$

$$A_2 = \lg\frac{I_{02}}{I_2} = \varepsilon_2 bc$$

或
$$I_2 = I_{02}10^{-\varepsilon_2 bc} \tag{5.10}$$

当λ_1和λ_2组成的复合光通过溶液时，则有：

$$A_3 = \lg\frac{(I_{01}+I_{02})}{(I_1+I_2)} \tag{5.11}$$

将式（5.9）、式（5.10）代入式（5.11）得：

$$A_3 = \lg\frac{I_{01}+I_{02}}{I_{01}10^{-\varepsilon_1 bc}+I_{02}10^{-\varepsilon_2 bc}}$$

假定λ_1和λ_2的入射光强度一样，即 $I_{01}=I_{02}$，令$\varepsilon_2-\varepsilon_1=\Delta\varepsilon$，则

$$A_3 = \lg\frac{2I_{01}}{I_{01}(10^{-\varepsilon_1 bc}+10^{-\varepsilon_1 bc}\cdot 10^{-\Delta\varepsilon bc})}$$

$$= \lg\frac{2I_{01}}{I_1(1+10^{-\Delta\varepsilon bc})}$$

故
$$A_3 = A_1 + \lg 2 - \lg(1+10^{-\Delta\varepsilon bc}) \tag{5.12}$$

从式（5.12）可知：

当$\Delta\varepsilon=0$时，
$$A_3 = A_1 = \frac{I_{01}}{I_1} = \varepsilon_1 bc$$

这相当于单色光的情况，校准曲线服从比尔定律。

若$\Delta\varepsilon<0$，即$\varepsilon_2<\varepsilon_1$，随着 c 值增大，lg（$1+10^{-\Delta\varepsilon bc}$）值增大，$A_3$ 值逐渐下降，校准曲线向含量轴弯曲。

若$\Delta\varepsilon>0$，当 c 增大时，lg（$1+10^{-\Delta\varepsilon bc}$）逐渐减小，$A_3$ 值逐渐增大，校准曲线向吸光度轴弯曲。

为了减少复合光导致的比尔定律偏离对定量分析的影响，通常选择曲线较为平坦，吸光系数变化不大的吸光物质的最大吸收波长作为分析波长，这样不仅能保证测定有较高的灵敏度，还能提高准确度。

（2）散射光引起的偏离。当被测试液是胶体溶液、乳浊液或悬浮物质时，入射光通过溶液后，除了一部分被试液吸收外，还有一部分因散射而损失，使透光率减少，实测吸光度增大，导致偏离朗伯-比尔定律。

（3）化学因素引起的偏离。溶液中的吸光物质常因离解、缔合、形成新化合物或互变异构等化学变化而改变其浓度，因而导致偏离朗伯-比尔定律。例如 $K_2Cr_2O_7$ 在弱酸性溶液中存在下列平衡：

$$Cr_2O_7^{2-} + H_2O \rightleftharpoons 2HCrO_4^-$$

若于 450 nm 波长处测量不同含量 $K_2Cr_2O_7$ 溶液的吸光度，由于 $Cr_2O_7^{2-}$在低含量时的离解度大，高含量时的离解度小，而且 $\varepsilon_{HCrO_4^-}$ 较 $\varepsilon_{Cr_2O_7^{2-}}$ 小很多，故低含量 $Cr_2O_7^{2-}$的吸光度降低得较多，因而使校准曲线发生弯曲。

（三）多组分的同时测定

对于含多组分的试液，如果各组分有特征的吸收曲线且互不干扰时，可不经分离，在不同的波长下对各组分进行分别测定。

当各组分的特征吸收曲线相互间有一定的干扰时（图 5-6），可利用吸光度的加和性，对它们同时进行测定。例如试液中含有浓度分别为 c_1 和 c_2 的两个组分，在不同波长λ_1和λ_2测得的总吸光度为 $A_{\lambda 1}$ 和 A_{λ_2}，并以ε'_{λ_1}和ε'_{λ_2}代表组分 1 在波长λ_1和λ_2处的摩尔吸光系数；$\varepsilon''_{\lambda_1}$和$\varepsilon''_{\lambda_2}$代表另一组分 2 在波长$\lambda_1$和$\lambda_2$处的摩尔吸光系数。若测定时用固定的比色皿，则得到：

$$\begin{cases} A_{\lambda_1} = \varepsilon'_{\lambda_1} c_1 + \varepsilon''_{\lambda_1} c_2 \\ A_{\lambda_2} = \varepsilon'_{\lambda_2} c_1 + \varepsilon''_{\lambda_2} c_2 \end{cases}$$

式中ε'_{λ_1}、$\varepsilon''_{\lambda_1}$、$\varepsilon'_{\lambda_2}$和$\varepsilon''_{\lambda_2}$可通过测量已知浓度组分 1 和组分 2 的纯溶液得到，求解该联立方程，即可求得两组分的含量。对含两组分以上的试液，也可用同样的方法处理。

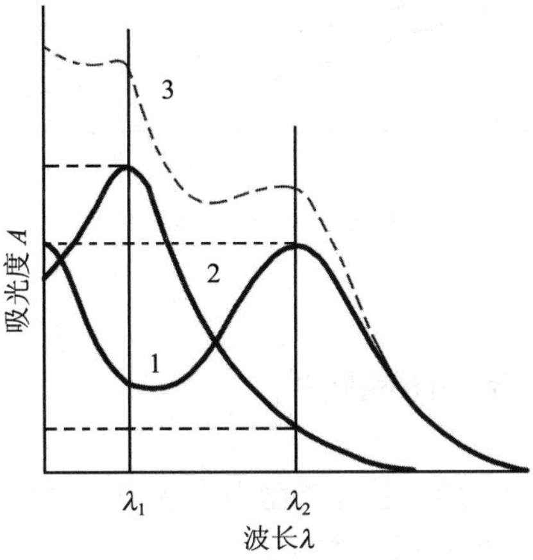

图 5-6 两组分相互干扰的吸收曲线

（四）高含量组分的分析

分光光度法一般适宜于微量组分的测定，当用于高含量组分测定时，由于吸光度超出了准确测量的读数范围，这时即使没有偏离朗伯-比尔定律的现象，也会引起很大的测量误差。而采用示差分光光度法可克服这一缺点。

示差分光光度法采用一个比被测试液浓度稍低的标准溶液作为参比溶液。若参比标准溶液浓度为 c_s，被测试液浓度为 c_x，且 $c_x > c_s$，根据朗伯-比尔定律可得到：

$$A_x = \varepsilon c_x b$$
$$A_s = \varepsilon c_s b$$

两式相减得到：

$$\Delta A = A_x - A_s = \varepsilon b (c_x - c_s) = \varepsilon b \Delta c \qquad (5.13)$$

式（5.13）就是示差法定量分析关系式。用已知浓度的标准溶液作参比调零（透光率100%），那么测得的吸光度就是被测试液与参比溶液的吸光度差值（相对吸光度）ΔA。

以不同浓度的标准溶液与参比溶液的Δc为横坐标，它们的吸光度差值ΔA为纵坐标，可得到一直线即示差法的工作曲线。根据同一条件下所测的未知溶液与参比溶液的吸光度差值，即可从工作曲线上查得相应的Δc。由于c_s已知，从而可求出未知溶液的浓度c_x。

示差法之所以能提高测定结果的准确度，实质上是由于充分利用了仪器的灵敏度，扩展了读数标尺的结果。这可从图 5-7 看出。设按一般分光光度法用试剂空白作参比溶液，测得某试液的透光率 Tx_1=7%，显然，这时的测量读数误差很大。采用示差法时，如果用按一般分光光度法测得的 Ts_1=10%的标准溶液作参比溶液，即使其透光率从标尺上的 Ts_1=10%处调至 Ts_2=100%处，相当于把检流计上的标尺扩展了十倍（$Ts_2/Ts_1=\dfrac{100}{10}=10$）。这时，被测试液的透光率将在标尺上的 Tx_2=70%处，提高了测量准确度。

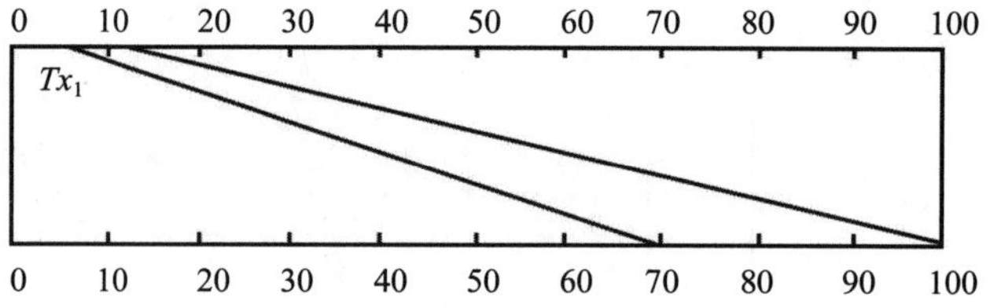

图 5-7　示差法原理

三、络合物组成和络合平衡的研究

紫外-可见吸收光谱法可用于测定络合物中金属离子与络合剂之比（络合比）以及络合物的稳定常数，下面介绍两种常用的方法。

（一）摩尔比法

设络合反应为：

$$\underset{\text{（金属离子）}}{M} + \underset{\text{（络合剂）}}{nR} \rightleftharpoons MR_n \text{（有色络合物）}$$

取金属离子（M）浓度相同的溶液 n 份，加入不同量的络合剂（R），稀释至相同的体积，得到一系列 c_R/c_M 比值不同的溶液，配制相应的试剂空白作参比溶液，在适宜吸收波长下测定各溶液的吸光度。以吸光度 A 为纵坐标，c_R/c_M 为横坐标作图（图 5-8）。

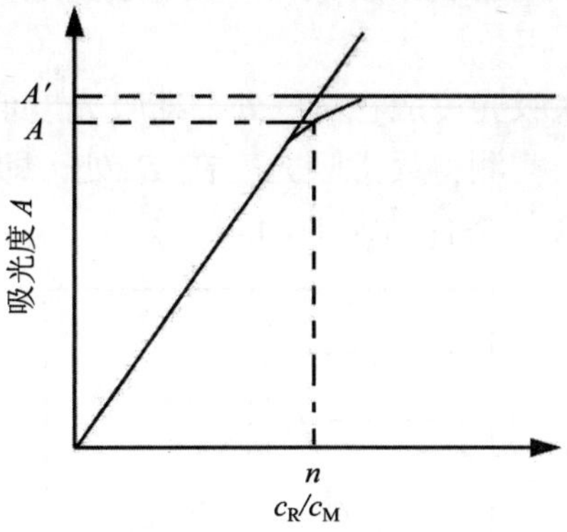

图 5-8　摩尔比法

当络合剂加入的量较小时，金属离子没有完全被络合，随着络合剂用量的逐渐增加，生成的络合物便不断增多，A 与 c_R/c_M 呈直线关系。当加入的络合剂 R 已使 M 定量转化为 MR_n，并稍有过量时，曲线便出现转折。若络合物较稳定，则转折点明显，反之则不明显。此后，络合剂的量再增加吸光度也不会增大，曲线便成了水平直线。运用外推法得到两直线的交点，从交点向横坐标作垂线，对应的 c_R/c_M 比值 n 就是络合物的络合比，若形成的络合物稳定，其吸光度应为 A'，由于络合物的离解，使吸光度 A'减小至 A，减小的程度取决于络合物的稳定性。络合物的稳定常数为：

$$K_{稳}=\frac{[MR_n]}{[M][R]^n}$$

设络合物不离解时在转折点处的浓度为 c，络合物的离解度为 a，则达到平衡时

$$[MR_n]=(1-a)c$$
$$[M]=ac$$
$$[R]=anc$$

$$K_{稳}=\frac{(1-a)c}{[ac][anc]^n}=\frac{1-a}{n^n a^{n+1} c^n}$$

式中：$a=(A'-A)/A'$，因而

$$K_{稳}=\frac{1-(\frac{A'-A}{A'})}{n^n(\frac{A'-A}{A'})^{n+1}c^n}$$

该法适用于离解度小，络合比高的络合物组成的测定。

（二）等摩尔连续变化法

本法是在保持溶液中金属离子浓度 c_M 和络合剂 c_R 的加合总浓度不变[$c_R+c_M=c$（常数）]的前提下，制备一系列 c_R 和 c_M 相对比值不同的溶液，测量它们的吸光度。以吸光度 A 为纵坐标，c_M/c 比值 f（c_M 在总浓度中所占分数）为横坐标，即可得到络合物组成的

连续变化法曲线（图 5-9），从络合物浓度最大时（A 达到最大时）所对应的 f 值即可计算出 M 与 R 之比 n。

从图中可看出，MR_n 最大吸光度应在 B' 处，即吸光度值为 A'，但由于络合物有一部分离解，其浓度要小一些，实测得最大吸光度在 B 处，即吸光度为 A。与最大吸光度相对应的 f=0.5，说明 M 与 R 的络合比为 1∶1。

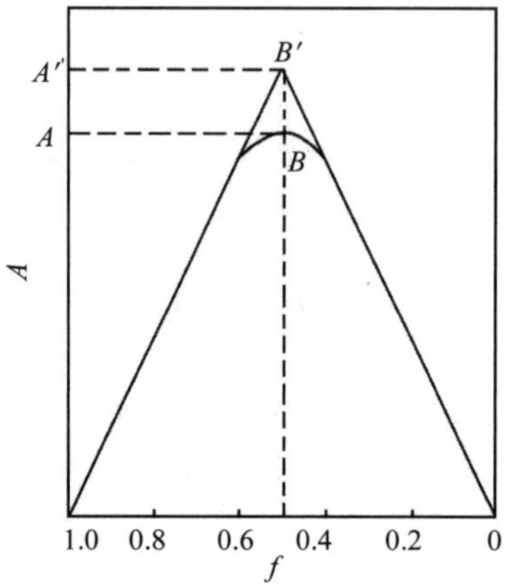

图 5-9 连续变化法

络合物的稳定常数（$K_{稳}$）可由下式求出：

则 $[M]=c_M-n[MR_n]=fc-n[MR_n]$

$[R]=c_R-n[MR_n]=(1-f)c-n[MR_n]$

$$K_{稳}=\frac{[MR_n]}{[M][R]^n}=\frac{[MR_n]}{(fc-n[MR_n])\{(1-f)c-n[MR_n]\}^n}$$

该法适用于离解度小，络合比低的络合物组成的测定。

第五节 紫外-可见分光光度计

一、仪器的基本结构

紫外-可见分光光度计的种类和型号很多，但它们都是由四个基本部分组成，即光源、分光系统、吸收池和检测系统（图 5-10）。

图 5-10 紫外-可见分光光度计基本结构

（一）光源

紫外-可见分光光度计理想的光源应能在仪器的工作波段范围内提供连续辐射，强度大，且强度随波长的变化尽可能小，具有良好的稳定性。常用的光源有白炽光源和气体放电光源两类。白炽光源用于可见光，如钨丝灯和卤钨灯；气体放电光源用于紫外区，如氢灯和氘灯。

钨灯适用的波长范围是 320～2 500 nm（也可作为近红外光谱区的光源）。在高温（4 000 K）工作时发射能量大部分在可见区，此时，由于钨蒸气不断在灯泡内壁沉积，灯的寿命较短。碘钨灯是在灯泡中充入了一定量碘，以抑制钨蒸气在灯泡内壁沉积。这种碘钨灯具有更大的发射强度和更长的使用寿命，发射波长为 340～1 200 nm。无论钨灯或碘钨灯，在可见区发射的能量约与工作电压 4 次方成正比，因此，欲使光源稳定，必须有一个很好的稳压电源。

氢灯和氘灯适用的波长范围是 180～375 nm。在同样的工作条件下，氘灯产生的连续光谱强度约为氢灯的 3～5 倍，并且使用寿命比氢灯长，因此，已取代了氢灯。

（二）分光系统

紫外-可见分光光度计型号较多，其中大多数仪器采用 Czerny-Turner 光栅分光系统。

（三）吸收池

吸收池（常称比色皿）用于盛放待测溶液，主要有石英池和玻璃池两种，在紫外区必须采用石英池。可见和近红外区最好用玻璃池，也可用石英池。

（四）检测系统

现代紫外-可见光谱仪常用的检测器是光电倍增管和硅二极管。

良好的检测器应该有较宽的波长响应范围，对低水平的辐射有较高的灵敏度，时间响应快，电信号容易放大，噪声低。此外，它所产生的电信号应该直接与投射到检测器上面的光束强度成正比，且线性范围要宽。

1．光电倍增管

光电倍增管的工作原理及特点在第二章中已详述。

2．硅光电二极管

硅光电二极管检测器是由一块有反向偏置 P-n 结的硅片构成。反向偏置产生一过渡层（阻挡层），使结的导电性降低到接近于零。这种硅二极管，受紫外-近红外辐射照射时（n 区），产生空穴和电子，空穴扩散通过过渡层到 P 区，然后湮灭，由此引起电子-空穴对的产生和复合，致使导电性增强，其大小与光强成正比。硅光电二极管可响应的光谱范围为 190～1 100 nm，灵敏度不及光电倍增管。

二、常用的两类仪器

（一）单光束紫外-可见分光光度计

其基本结构如图 5-10 所示，经分光系统分光后的一束单色光对参比溶液和样品溶液进行交替测量。在参比溶液进入光路时，将吸光度调零，然后移开，使样品溶液进入光路测量其吸光度。

这类仪器的优点是具有较高信噪比，结构简单，价格较便宜。缺点是光源强度的波动和检测系统的不稳定可使之产生测量误差。

（二）双光束紫外-可见分光光度计

其光路示意图见图 5-11。利用旋转镜 M_1，使经分光系统分光后的单色光交替地通过参比池和样品池，检测器输出信号的大小决定于两光束强度之比。

该类仪器的特点一是便于进行自动记录，可在较短的时间内获得全波段扫描吸收光谱。二是由于采用了参比光束，消除了光源和检测系统不稳定对测量的影响。

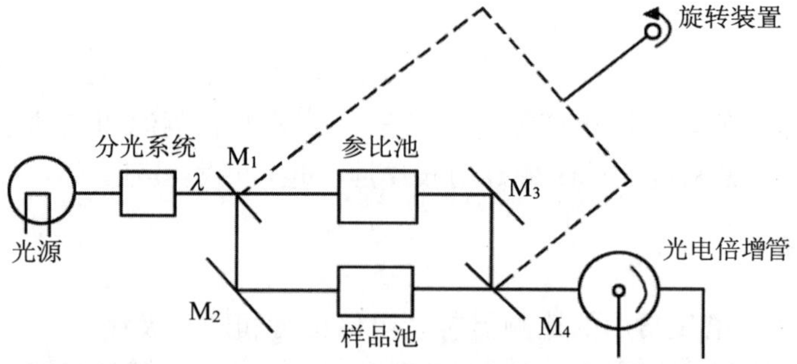

图 5-11 单波长双光束分光光度计光路示意图

M_2、M_3. 反射镜；M_1、M_4. 扇形镜

第六节 双波长及导数吸收光谱法的应用

一、双波长分光光度法

单光束和双光束分光光度计都属于单波长测量仪器，有如下局限性：（1）不能用于混浊试样的测定。（2）难以准确测量吸收峰相互重叠的组分或背景很深的试样。（3）由于样品池和参比池位置、性质的差异，样品溶液和参比溶液状况不一致，影响了测量的精度，使更微量成分的测定受到限制。而双波长分光光度法一定程度上克服了单波长法

的局限性，扩展了紫外可见吸收光谱法的应用范围。

（一）基本原理

双波长分光光度法是通过测量同一试样溶液对两束不同波长光的吸光度差值ΔA，从而对试样进行定量分析的方法。双波长分光光度计的光路示意图见图 5-12。

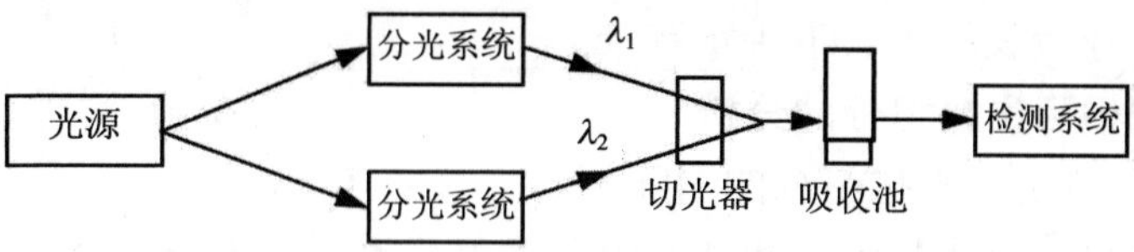

图 5-12　双波长分光光度计的光路示意图

从同一光源发出的光被分为两束，分别经过两个分光系统得到两束不同波长（λ_1和λ_2）的单色光，切光器使这两束光以一定的时间间隔，交替通过同一吸收池，然后到达检测系统转化为电信号。经电子系统处理，得到的信号是试样对两个波长的吸光度差值ΔA。

两束光在通过试液前的强度是相等的，均为 I_0，通过试液后两束光的强度分别为 I_1 和 I_2，对于波长λ_1，试样的吸光度 A_{λ_1} 为

$$A_{\lambda_1}=-\lg\frac{I_1}{I_0}=\varepsilon_{\lambda_1}bc$$

对于波长λ_2，试样的吸光度 A_{λ_2} 为

$$A_{\lambda_2}=-\lg\frac{I_2}{I_0}=\varepsilon_{\lambda_2}bc$$

$$\Delta A=A_{\lambda_2}-A_{\lambda_1}=(\varepsilon_{\lambda_2}-\varepsilon_{\lambda_1})\ bc \qquad (5.14)$$

式（5.14）表明，吸收物质在λ_1和λ_2的吸光度差值ΔA 与被测组分的含量成正比。

在双波长法中，由于两波长的光束通过同一吸收池，不用参比液与参比池，因而，没有吸收池差异和参比液选择不当引起的误差，提高了测量精度。

（二）应用

1．混浊试样的分析

用单波长分光光度法测量悬浮液、胶体溶液等混浊试样时，由于试样对光散射产生背景吸收，导致朗伯-比尔定律发生偏离，难以准确测定。而用双波长分光光度法在一定程度上可消除散射光影响，进行混浊试样的分析，其原理如下：

当λ_1 和λ_2 的光束经过混浊试样后，根据吸光度的加合性，样品在λ_1 和λ_2 的吸光度应包括它们在λ_1、λ_2的背景吸收部分，即：

$$A_{\lambda_1}=\varepsilon_{\lambda_1}cb+A_{s_1}$$
$$A_{\lambda_2}=\varepsilon_{\lambda_2}cb+A_{s_2}$$

式中：A_{s_1}、A_{s_2}——分别表示样品在λ_1、λ_2的背景吸收。

若λ_1和λ_2很接近时，则可认为样品在λ_1和λ_2的背景吸收相同，即

$$A_{s_1}=A_{s_2}$$

因此，$\Delta A=A_{\lambda_1}-A_{\lambda_2}=(\varepsilon_{\lambda_1}-\varepsilon_{\lambda_2})cb$

可见$\Delta A\propto c$，背景吸收得到了扣除。

由于散射光的强度与波长的四次方成反比，因此在双波长法中选择的λ_1、λ_2尽可能接近（$\Delta\lambda$较小），并在较长的波长下进行测量。

2．吸收光谱相互重叠组分的分析

（1）单一组分测定中干扰组分的消除。

1）等吸收点法：当待测组分和共存组分吸收峰重叠，严重干扰待测组分测定时，采用等吸收点法可以消除干扰组分的影响。该法是从干扰组分的吸收曲线上选择吸光度相同的两个波长λ_1和λ_2进行测定，如图 5-13 所示。在含有待测组分 X 和干扰组分 y 的试样溶液中，在波长λ_1和λ_2处的吸光度分别为：

$$A_{\lambda_1}=\varepsilon_{\lambda_1}^{x}c_xb+A_{\lambda_1}^{y}$$

$$A_{\lambda_2}=\varepsilon_{\lambda_1}^{x}c_xb+A_{\lambda_2}^{y}$$

式中：A_{y_1}、A_{y_2}——干扰组分分别在λ_1和λ_2的吸光度。

由于在选择的两个波长λ_1、λ_2处，干扰组分 y 具有相同吸光度，因此：

$$\Delta A=\varepsilon_{\lambda_2}^{x}c_xb-\varepsilon_{\lambda_1}^{x}c_xb=(\varepsilon_{\lambda_2}^{x}-\varepsilon_{\lambda_1}^{x})c_xb \tag{5.15}$$

从式（5.15）可见：由此测得的吸光度差值ΔA 只与待测组分 x 的含量（c_x）呈线性关系，而与干扰组分 y 无关。为了获得较高的灵敏度，被测组分在选择的两个波长处的ΔA值应尽可能大。

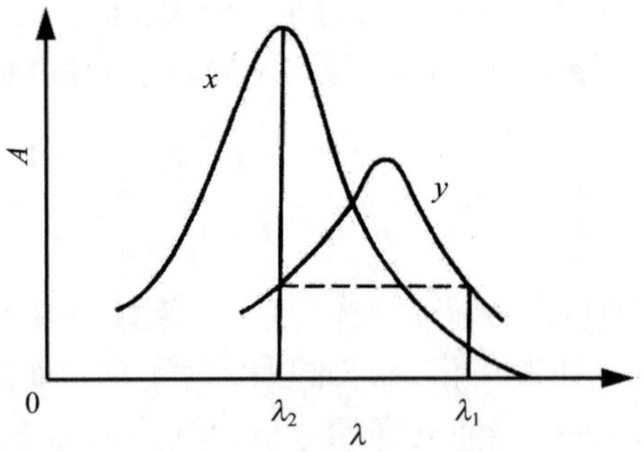

图 5-13 作图法选择波长λ_1、λ_2

2）系数倍率法：当干扰组分不存在吸光度相等的两个波长时，可用系数倍率法来消除干扰的影响。此法是在双波长分光光度计的电学回路中，引入系数倍增器，使λ_1和λ_2处的吸光度信号分别按所选择的系数放大。

设干扰组分 y 在λ_2和λ_1的吸光度分别为$A_{\lambda_2}^y$和$A_{\lambda_1}^y$，$A_{\lambda_2}^y > A_{\lambda_1}^y$，则倍率系数$K=\dfrac{A_{\lambda_2}^y}{A_{\lambda_1}^y}$。若使用系数倍增器将$A_{\lambda_1}^y$的值扩大 K 倍，则有$KA_{\lambda_1}^y=A_{\lambda_2}^y$，此时$KA_{\lambda_1}^y-A_{\lambda_2}^y=0$，$\Delta A=A_{\lambda_2}^x-KA_{\lambda_1}^x=(\varepsilon_{\lambda_2}^x-K\varepsilon_{\lambda_1}^x)c_x b$，$y$ 组分的干扰被消除。

（2）两组分或多组分的分别测定。

1）等吸收点法：在吸收峰相互重叠的待测组分 x 和 y 共存的混合物中，用 y 组分吸光度相同的λ_1、λ_2组合和 x 组分吸光度相同的λ_1、λ_2组合可分别测量 x、y 组分的含量。

2）系数倍率法：测量 x 组分时，依据 y 组分的倍率系数$K_y(K_y=\dfrac{A_{\lambda_2}^y}{A_{\lambda_1}^y}$或$\dfrac{A_{\lambda_1}^y}{A_{\lambda_2}^y})$，将$\lambda_1$或$\lambda_2$的吸光度信号扩大$K_y$倍；测量 y 组分时，则根据 x 组分的倍率系数K_x将λ_1或λ_2的吸光度信号扩大K_x倍。

系数倍率法不仅可用于两组分的测定，还可用于三组分或四组分的分析。

3．测量试样的一阶导数吸收光谱

在双波长分光光度计中，当两个单色器分出的单色光的波长差$\Delta\lambda$足够小时（$\Delta\lambda$=1～2 nm），可以认为$\dfrac{\Delta I}{\Delta\lambda}=\dfrac{dI}{d\lambda}$，让两波长同时扫描，即可获得一阶导数吸收光谱。

二、导数吸收光谱法

导数吸收光谱是指光强或吸光度对波长变化率与波长之间关系的曲线。一阶导数光谱是 $dI/d\lambda$或 $dA/d\lambda-\lambda$的关系曲线。二阶导数光谱则是 $d^2I/d\lambda^2$ 或 $d^2A/d\lambda^2-\lambda$的关系曲线。这实际上是对吸收曲线进行微分处理。

（一）导数光谱的特征

图 5-14 是一近似于高斯型吸收曲线和其一至四阶的导数光谱曲线。这些导数光谱具有以下特征：①零阶曲线的极大处，相应于奇阶导数（n=1，3，5，…）曲线通过的零点；零阶曲线的拐点处，相应于奇阶导数曲线的极大或极小，这有助于精确确定吸收峰的位置和肩的存在。②偶阶导数曲线的形状与零阶曲线较为相似，零阶曲线的极大处相应于偶阶导数曲线的极大或极小，零阶曲线的拐点相应于偶阶导数曲线通过零点。③谱带的极值数随导数阶数的增加而增加，一个吸收带经过 n 次求导后，产生的极值（包括极大和极小）数为 n+1 个。④在导数曲线中，随着求导阶次的增加，谱带变锐，带宽变窄，二阶导数曲线的半宽度仅为零阶曲线半宽度的 1/3，四阶导数曲线仅为零阶曲线半宽度的 1/5。

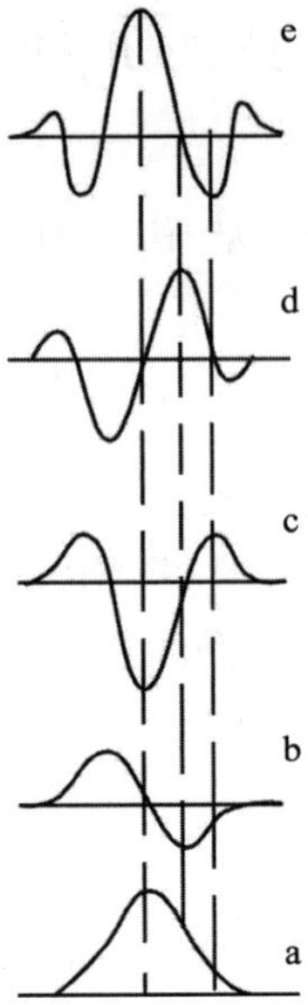

图 5-14 高斯型曲线的零至四阶导数光谱

（二）导数光谱定量分析原理及方法

1. 原理

根据朗伯-比尔定律：

$$A_\lambda = \varepsilon_\lambda bc \tag{5.16}$$

将式（5.16）对波长进行一次微分，由于式中只有 A_λ 和 ε_λ 是波长的函数，因而可得：

$$\frac{\mathrm{d}A_\lambda}{\mathrm{d}\lambda} = \frac{\mathrm{d}\varepsilon_\lambda}{\mathrm{d}\lambda}cb \tag{5.17}$$

式（5.17）表明：在吸收曲线每一波长处，一阶导数值与吸收物的含量成正比。如果将 $A_\lambda = \varepsilon_\lambda cb$ 对波长进行 n 次微分，也可得到类似结果。

$$\frac{\mathrm{d}^n A_\lambda}{\mathrm{d}\lambda^n} = \frac{\mathrm{d}^n \varepsilon_\lambda}{\mathrm{d}\lambda^n}cb$$

因此，应用导数吸收光谱，可进行定量分析。

2. 定量分析方法

采用校准曲线法。配制一系列含量不同的待测物标准样品，在相同条件下，测量标样和试样的导数吸收光谱。在光谱图上选定的波长处，测量导数峰高，以标样含量为横坐标，导数峰高为纵坐标绘制校准曲线，然后根据试样的峰高，在工作曲线上查找对应的含量。

在导数吸收光谱图上，测量导数峰高的方法有以下 3 种，如图 5-15 所示。

（1）基线法。由相邻的两个极值（极大值或极小值）峰作一公切线，再由这两个极值之间的另一极值作一条平行于纵坐标的直线与公切线相交，交点到此极值间的距离（图中的 t)，即为要测量的峰高值。当干扰或背景吸收为线性时，此法可得到满意的结果。

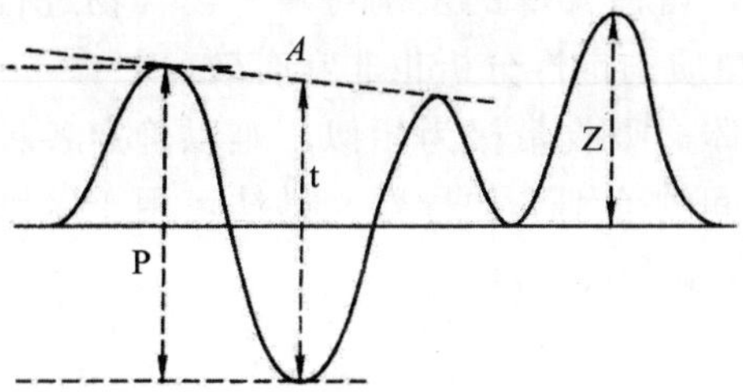

图 5-15 导数峰高测量法

P. 峰谷法；t. 基线法；Z. 峰零法

（2）峰谷法。测量相邻的一个极大值与极小值之间的距离（图中的 P），这种方法多用于多组分的定量分析。

（3）峰零法。测量极值到零线之间的距离（图中的 Z）。这种方法只适用于横坐标是对称的导数峰的测量。

（三）导数吸收光谱法的特点及应用

1．多组分同时测定

导数吸收光谱法对重叠吸收带有较好的分辨能力，能够分辨两个或两个以上完全重叠或以很小波长差相重叠的吸收峰，因此可简单、快速地实现多组分的同时测定。如在弱酸介质中，用铍试剂Ⅱ作辅助络合剂，Cu^{2+}、Co^{2+}可同时与四（4-三甲胺基苯基）卟啉显色，吸收光谱相互重叠。但用三阶导数光谱法则可分辨它们的吸收峰，同时测定铜和钴。又如α-萘酚和α-乙酸萘酯常常共存，两种化合物在紫外区均有强的吸收带，且相互重叠，不能用常规分光光度法直接测定，而用一阶导数光谱，则不需要分离手续，简便、快速地同时测定它们。

2．痕量分析

导数吸收光谱具有将微弱吸收带放大的能力，因此导数吸收光谱法具有检测限低的特点，可用于痕量分析。例如检测乙醇中苯的含量，用常规紫外吸收光谱法一般只能测定 50μg/ml 以上的苯，而用导数光谱法可降低检测限，二阶导数光谱法可检测出 5μg/ml 的苯，四阶导数光谱法则可检测到 1μg/ml 的苯。

3．混浊试样分析

双波长法在一定波长范围内可消除混浊背景的影响，而导数分光光度法则不受波长范围的限制，可顺利地进行混浊样品的分析。如用一阶导数光谱测定混浊液中的 9,10-二甲基蒽，不需预先分离即可消除混浊背景的干扰，操作简便、结果准确。导数光谱法还可用于叶绿素、牛乳、乳酪和果汁及生物细胞，线粒体，蛋白质的分析。

4．有机化合物的定性及异构体分析

导数吸收光谱具有很高的分辨率，并且吸收曲线经过求导以后，其中各种微小的变化即吸收物质精细的光谱特征能够很好地显示出来。因此，导数光谱常用于某些有微小光谱差别的有机化合物的定性和异构体分析。

如α-萘酚和β-萘酚在结构上非常相似，它们的紫外吸收光谱互相重叠，但它们的二阶导数光谱则各有特征峰形，可借其峰的差别对两种化合物进行辨识。导数光谱对结构非常相似的各种氨基酸、蛋白质的定性分析也非常有效。

有机化合物中的异构体，吸收带极为相似，难以确定各种异构体的特征吸收带，而导数光谱则扩大了它们之间的差别。如导数光谱法可用于区别和确定邻二甲苯和对二甲苯、正丙醇和异丙醇、正丁醇和异丁醇。

第七节　紫外-可见吸收光谱法在环境分析中的应用

在环境分析和监测中，紫外-可见吸收光谱法一直占有十分重要的地位。该法应用范围广，环境样品中的砷、铬、铅、锌、铜、硒、氰化物、氟化物、二氧化硫、氮氧化物、酚及油类等污染物均可用该方法进行测定。大气、水质监测项目 150 多种国家标准分析方法中，有 60 余种方法是紫外-可见吸收光谱法，在各类分析方法中所占的比例位居第一。

应用实例：

一、甲醛吸收-副玫瑰苯胺分光光度法测定环境空气中二氧化硫（中华人民共和国国家环境保护标准 HJ 482—2009）

二氧化硫是大气中的主要污染物之一。它主要来自以煤作燃料的燃烧和工业生产过程。金属冶炼、硫酸制造、石油精炼、火力发电等工业排放的废气中，均含有相当量的二氧化硫。它是一种具有强烈刺激性的无色气体，大量吸入会引起肺水肿。1952 年伦敦烟雾事件的发生与二氧化硫的污染有着直接联系。另外，大气中二氧化硫含量高，可引起酸雨。因此，二氧化硫为大气环境例行监测的必测项目。

（一）方法原理

二氧化硫被甲醛缓冲溶液吸收后，生成稳定的羟甲基磺酸加成化合物。在样品溶液中加入氢氧化钠使加成化合物分解，释放出二氧化硫与副玫瑰苯胺、甲醛作用，生成紫红化合物，用分光光度计在 577 nm 处测量吸光度。

（二）试剂

除另有说明外，分析时均使用符合国家标准的分析纯试剂，实验用水为新制备的蒸馏水或同等纯度的水。

（1）氢氧化钠溶液，c（NaOH）＝1.5 mol/L。

（2）环己二胺四乙酸二钠溶液，c（CDTA－2Na）＝0.05 mol/L。

（3）甲醛缓冲吸收贮备液。

吸取 36%～38%的甲醛溶液 5.5 ml；CDTA－2Na 溶液 20.00 ml；称取 2.04 g 邻苯二甲酸氢钾，溶于少量水中；将三种溶液合并，再用水稀释至 100 ml，贮于冰箱可保存 1 年。

（4）甲醛缓冲吸收液。

用水将甲醛缓冲吸收贮备液稀释 100 倍。临用时现配。

（5）氨磺酸钠溶液，0.60 g/100 ml。

（6）碘贮备液，c=（1/2 I_2）=0.1 mol/L。

（7）碘溶液，c=（1/2 I_2）=0.05 mol/L。

（8）淀粉溶液，5.0 mg/ml（临用现配）。

（9）碘酸钾基准溶液，c（1/6 KIO_3）=0.100 0 mol/L。

（10）盐酸溶液，C（HCl）=1.2 mol/L。

（11）硫代硫酸钠标准贮备液，c（$Na_2S_2O_3$）=0.10 mol/L，标定出准确浓度。

（12）硫代硫酸钠标准溶液，c（$Na_2S_2O_3$）=0.01 mol/L±0.000 01 mol/L。

（13）乙二胺四乙酸二钠盐（EDTA）溶液，0.50 mg/ml（临用时现配）。

（14）二氧化硫标准贮备溶液。

（15）二氧化硫标准溶液，ρ（Na_2SO_3）=1.00 μg/ml。

配制每毫升相当于 320～400μg 的二氧化硫溶液放置 2～3 h，标定出准确浓度。

（16）副玫瑰苯胺（pararosaniline，简称 PRA，即副品红、对品红）贮备液，2.00 mg/ml。

（17）PRA 溶液，0.50 mg/ml。

（三）仪器、设备

（1）分光光度计（可见光波长 380～780 nm）。

（2）10 ml 多孔玻板吸收管，用于短时间采样。50 ml 多孔玻板吸收瓶，用于 24 h 连续采样。

（3）恒温水浴器。0～40℃，控制精度为±1℃。

（4）具塞比色管（10 ml）。

（5）空气采样器。用于短时间采样的普通空气采样器，流量范围 0～1 L/min，应具有保温装置用于 24 h 连续采样的采样器应具有恒温、恒流、计时、自动控制仪器开关的功能，流量范围 0.1～0.5 L/min。

（四）采样及样品保存

（1）短时间采样：采用内装 10 ml 吸收液的多孔玻板吸收管，以 0.5 L/min 的流量采气 45～60 min，吸收液温度保持在 23～29℃。

（2）24 h 连续采样：用内装 50 ml 吸收液的多孔玻板吸收瓶，以 0.2 L/min 的流量连续采样 24 h。吸收液温度保持在 23～29℃。

（3）现场空白：将装有吸收液的采样管带到采样现场，除了不采气之外，其他环境条件与样品相同。

注 1：放置在室（亭）内的 24 h 连续采样器，进气口应连接符合要求的空气质量集中采样管路系统，以减少二氧化硫进入吸收器前的损失。

注 2：样品运输和贮存过程中，应避光保存。

（五）分析步骤

1. 校准曲线的绘制

取 14 支 10 ml 具塞比色管，分 A、B 两组，每组 7 支，分别对应编号。A 组按表 5-1 配制校准溶液系列：

表 5-1 A 组二氧化硫标准系列的配制

管号	0	1	2	3	4	5	6
二氧化硫标准溶液/ml	0	0.50	1.00	2.00	5.00	8.00	10.00
甲醛缓冲吸收液/ml	10.00	9.50	9.00	8.00	5.00	2.00	0
二氧化硫含量/（μg/10ml）	0	0.50	1.00	2.00	5.00	8.00	10.00

B 组各管加入 1.00 ml PRA 溶液。A 组各管分别加入 0.5 ml 氨磺酸钠溶液和 0.5 ml 氢氧化钠溶液，混匀，再逐管迅速将溶液全部倒入对应编号并盛有 PRA 溶液的 B 管中，立即加塞混匀后放入恒温水浴中显色。在波长 577 nm 处，用 1 cm 比色皿，以水为参比溶液测量吸光度。以空白校正后各管的吸光度为纵坐标，以二氧化硫的质量浓度（μg/10ml）为横坐标，用最小二乘法建立校正曲线的回归方程。显色温度与室温之差应不超过 3℃，根据不同季节和环境条件按表 5-2 选择显色温度与显色时间。

表 5-2 显色温度与显色时间的选择

显色温度/℃	10	15	20	25	30
显色时间/min	40	25	20	15	5
稳定时间/min	35	25	20	15	10
试剂空白吸光度 A_0	0.030	0.035	0.040	0.050	0.060

2. 样品测定

样品放置 20 min，以使臭氧分解。样品溶液如有混浊物，则应离心分离除去。

（1）短时间采样。将吸收管中样品溶液全部移入 10 ml 比色管中，用吸收液稀释至标线，加 0.5 ml 氨碘酸钠溶液，混匀，放置 10 min 以除去氮氧化物的干扰，余下步骤与标准溶液测定相同。

（2）连续 24 h 采样。将吸收瓶中样品溶液移入 50 ml 容量瓶（或比色管）中，用少量吸收溶液洗涤吸收瓶，洗涤液并入样品溶液中，再用吸收液稀释至标线。吸取适量样品溶液（视浓度高低而决定取 2～10 ml）于 10 ml 比色管中，再用吸收液稀释至标线，加 0.5 ml 氨磺酸钠溶液，混匀，放置 10 min 以除去氮氧化物的干扰，余下步骤与标准溶液测定相同。

（六）分析结果计算

空气中二氧化硫的质量浓度按式（5.18）计算。

$$\rho = \frac{(A - A_0 - a)}{b \times V_s} \times \frac{V_i}{V_\alpha} \qquad (5.18)$$

式中：ρ ——空气中二氧化硫的质量浓度，mg/m^3；

A ——样品溶液的吸光度；

A_0 ——试剂空白溶液的吸光度；

b ——校正曲线的斜率，吸光度 · 10ml/μg；

a ——校正曲线的截距，一般要求小于 0.005；

V_i ——样品溶液总体积，ml；

V_α ——测定时所取样品溶液体积，ml；

V_s ——换算成标准状况下（101.325kPa，273K）的采样体积，L。

二氧化硫浓度计算结果应准确到小数点后三位。

二、二苯碳酰二肼分光光度法测定地面水和工业废水中六价铬（中华人民共和国国家标准 GB/T 7467—1987）

元素的化学形态是指元素或化合物以某种离子或分子存在的实际形式。它包括元素的价态、化合态、结合态和结构态四个方面。不同的化学形态有可能表现出不同的环境行为和生物毒性与可利用性。例如：Cr^{3+}是人体必需的，而 Cr^{6+}则是致癌物质；无机锡是无毒的，而三丁基锡则是剧毒的（对水生生物的毒性水平仅为 2～10 ng/L）。可见，研究痕量元素的化学形态较之研究总浓度对生命物质影响的意义更为重要。因此，形态分析是环境分析的重要内容之一。

价态分析是形态分析的一个方面。分光光度法可利用显色剂与不同价态的同一元素显色性能的不同，从而区分它们，如 Cr^{6+}、Cr^{3+}的分析。分光光度法还可用于 Fe^{2+}，Fe^{3+}，As^{3+}，As^{5+}等元素的价态分析。分光光度法进行形态分析的关键在于显色体系的选择。

二苯碳酰二肼分光光度法测定 Cr^{6+}是利用一定条件下二苯碳酰二肼与 Cr^{6+}显色生成二苯碳酰二肼铬紫红色铬合物，而 Cr^{3+}不显色，在波长 540 nm 处测定 Cr^{6+}的含量。

如果需要测定 Cr^{3+}，可将 Cr^{3+}氧化成 Cr^{6+}后，用该法测定铬的总量，通过差减法即可求出 Cr^{3+}的含量。

（一）测定范围

试液体积为 50 ml，使用光程长 30 mm 的比色皿，该方法最小检出量为 0.2 μg/L 六价铬，最低检出浓度为 0.004 mg/L，使用光程为 10 mm 的比色皿，测定上限为 1.0 mg/L。

（二）试剂

测定过程中，除非另有说明，均使用符合国家标准或专业标准的分析纯试剂和蒸馏水或同等纯度的水，所有试剂应不含铬。

（1）丙酮。

（2）硫酸。

（3）1+1 硫酸溶液。将硫酸（H_2SO_4，c＝1.84 g/ml，优级纯）缓缓加入到同体积的水中，混匀。

（4）磷酸：1+1 磷酸溶液。将磷酸（H_3PO_4，c=1.69 g/ml，优级纯）与水等体积混合。

（5）4 g/L 氢氧化钠溶液。

（6）氢氧化锌共沉淀剂。

1）质量分数为 8%硫酸锌溶液：称取硫酸锌（$ZnSO_4 \cdot 7H_2O$）8 g，溶于 100 ml 水中。

2）质量分数为 2%氢氧化钠溶液，用时将两溶液混合。

（7）40 g/L 高锰酸钾溶液。

（8）铬标准贮备液（0.10 mg/ml）。称取于 110℃干燥 2 h 的重铬酸钾（$K_2Cr_2O_7$，优级纯）0.282 9 g±0.000 1 g，用水溶解后，移入 1 000 ml 容量瓶中，用水稀释至标线，摇匀。

（9）铬标准溶液（1.00 μg/ml）。吸取 5.00 ml 铬标准贮备液置于 500 ml 容量瓶中，用水稀释至标线，摇匀。使用当天配制此溶液。

（10）铬标准溶液（5.00μg/ml）。吸取 25.00 ml 铬标准贮备液 100μg/ml 置于 500 ml 容量瓶中，用水稀释至标线，摇匀。使用当天配制此溶液。

（11）200 g/L 尿素溶液。

（12）20 g/L 亚硝酸钠溶液。

（13）显色剂（I）。称取二苯碳酰二肼（$C_{13}H_{14}N_4O$）0.2 g，溶于 50 ml 丙酮中，加水稀释至 100 ml，摇匀，贮于棕色瓶，置冰箱中。色变深后，不能使用。

（14）显色剂（II）。称取二苯碳酰二肼 2 g，溶于 50 ml 丙酮中，加水稀释至 100 ml，摇匀。贮于棕色瓶，置冰箱中。色变深后，不能使用。

（三）仪器

一般实验室仪器和分光光度计。

注：所有玻璃器皿内壁须光洁，以免吸附铬离子。不得用重铬酸钾洗液洗涤，可用硝酸、硫酸混合液或合成洗涤剂洗涤，洗涤后要冲洗干净。

（四）采样与样品

实验室样品应该用玻璃瓶采集。采集时，加入氢氧化钠，调节样品 pH 约为 8。并在采集后尽快测定，如放置，不要超过 24 h。

（五）分析步骤

1. 样品的预处理

（1）色度校正。样品不含悬浮物，低色度的清洁地面水可直接测定。如样品有色但不太深时，另取一份试样，以 2 ml 丙酮代替显色剂，其他步骤不变。将试液测得的吸光度扣除此色度校正吸光度后，再进行计算。

（2）锌盐沉淀分离法（混浊，色度较深的样品用此法前处理）。取适量样品（含六价铬少于 100 μg）于 150 ml 烧杯中，加水至 50 ml。滴加质量浓度为 4 g/L 的氢氧化钠溶液，调节溶液 pH 为 7～8。在不断搅拌下，滴加氢氧化锌共沉淀剂至溶液 pH 为 8～9。将此溶液转移至 100 ml 溶量瓶中，用水稀释至标线。用慢速滤纸干过滤，弃去 10～20 ml 初滤，取其中 50.0 ml 滤液供测定。

2．空白试验

按同试样完全相同的处理步骤进行空白试验，仅用 50 ml 水代替试样。

3．测定

取适量（含六价铬少于 50μg）无色透明试液，置于 50 ml 比色管中，用水稀释至标线。加入 0.5 ml 1+1 硫酸溶液和 0.5 ml 1+1 磷酸溶液，摇匀。加入 2 ml 显色剂，摇匀，5～10 min 后，在 540 nm 波长处，用 10 或 30 mm 的比色皿，以水作参比，测定吸光度，扣除空白试验测得的吸光度后，从校准曲线上查得六价铬含量。

注：如经锌盐沉淀分离，可直接加入显色剂测定。

4．校准曲线

向一系列 50 ml 比色管中分别加入 0 ml、0.20 ml、0.50 ml、1.00 ml、2.00 ml、4.00 ml、6.00 ml、8.00 ml 和 10.0 ml 铬标准溶液（如经锌盐沉淀分离法前处理，则应加倍吸取），用水稀释至标线。然后按照测定试样的步骤进行处理。

从测得的吸光度减去空白试验的吸光度后，绘制以六价铬的量对吸光度的曲线。

（六）分析结果

六价铬质量浓度 c（mg/L）按式（5.19）计算。

$$c=\frac{m}{V} \tag{5.19}$$

式中：m——由校准曲线查得的试样含六价铬量，μg；

V——试液的体积，ml。

六价铬含量低于 0.1 mg/L，结果以三位小数表示；六价铬含量高于 0.1 mg/L，结果以三位有效数字表示。

三、紫外分光光度法测定水体中油类含量（中华人民共和国国家标准 GB 17378.4—2007）

水中的油类来自较高级生物或浮游生物的分解，以及工业废水和生活污水的污染。漂浮于水体表面的油，影响空气-水体界面中氧的交换。分散于水中的油，部分吸附于悬浮微粒上，或以乳化状态存在于水体中，部分溶于水中。水中油可被微生物氧化分解，从而消耗水中的溶解氧，使水质恶化。紫外分光光度法可以简单快速地测定水体中油类含量。

（一）适用范围

本法适用于近海、河口水中油类的测定。

（二）方法原理

水体中油类的芳烃组分，在紫外光区有特征吸收，其吸收强度与芳烃含量成正比。水样经正己烷萃取后，以油标准作参比，进行紫外分光光度测定。

（三）试剂

（1）正己烷[$CH_3(CH_2)_4CH_3$]。使用前于波长 225 nm 处，以水作参比，透光率大于 90% 方可使用，否则需脱芳处理。脱芳处理方法：取约 900 ml 于 1 000 ml 小口试剂瓶中，加 10 ml 硫酸（ρ = 1.84 g/ml），在康氏振荡器上振荡 1 h，弃去硫酸相，重复上述操作，直至硫酸相近无色，再用蒸馏法提纯或用活性炭层析柱进行脱芳处理。纯化后的正己烷需再检查透光率，合格后方可使用。

（2）层析活性炭 60 目，须经活化处理。取 1 000 g 活性炭于烧杯中，用盐酸溶液（2 mol/L）浸泡 2 h，依次用自来水、蒸馏水洗至中性，于 100℃烘干。将烘干的活性炭放于瓷坩埚中，盖好盖子，于 500℃高温炉内活化 2 h。炉温降至 50℃左右时，取出放于干燥器中，备用。

（3）硫酸（H_2SO_4）。ρ = 1.84 g/ml。

（4）硫酸溶液（1+3）。在搅拌下将 1 体积硫酸慢慢加入 3 体积水中。

（5）油标准贮备溶液（5.00 mg/ml）。称取 0.500 g 标准油品于 10 ml 烧杯中，加入少量正己烷溶解，全量移入 100 ml 量瓶中，加正己烷至标线，混匀。置于冰箱中可保存 3 个月。

（6）油标准使用液（200 μg/ml）。移取 2.00 ml 油标准储备液于盛有少量正己烷的 50 ml 量瓶中，用正己烷稀释至标线，混匀。置于冰箱中可保存 1 个月。

（四）仪器及设备

仪器和设备如下：

（1）紫外分光光度计。

（2）石英测定池：1 cm。

（3）康氏振荡器。

（4）锥形分液漏斗：容量 800 ml。

（5）带刻度比色管：容量 20 ml。

（6）移液吸管：容量 2 ml、5 ml。

（7）刻度吸管：容量 2 ml、5 ml。

（8）量瓶：容量 10 ml、50 ml、100 ml。

一般实验室常备仪器和设备。

（五）分析步骤

1. 绘制标准曲线

按以下步骤绘制标准曲线：

（1）分别移取 0 ml，0.25 ml，0.50 ml，0.75 ml，1.00 ml，1.25 ml 油标准使用溶液于盛有少量正己烷的 10 ml 容量瓶中，加正己烷稀释至标线，混匀。

（2）将溶液移入 1 cm 石英测定池中，于波长 255 nm 处，以正己烷作参比，测定吸光值 A_i 和 A_0（标准空白）。

（3）以吸光值 $A_i - A_0$ 为纵坐标，相应的油浓度（μg/ml）为横坐标，绘制标准曲线。

2．样品测定

按以下步骤测定样品：

（1）将经 5 ml 硫酸溶液酸化的水样约 500 ml 全量转入 800 ml 锥形分液漏斗中，加 10.0 ml 正己烷于分液漏斗中，振荡 2 min（注意放气），静置分层。将下层水放入原水样瓶中，用滤纸吸干锥形分液漏斗管颈内水分，正己烷萃取液放入 20 ml 带刻度比色管中。

（2）振荡水样瓶，将萃取过的水样倒回原分液漏斗，加 10.0 ml 正己烷重复萃取一次。将下层水样放入 1 000 ml 量筒中，测量萃取后水样体积。萃取液合并于上述带刻度比色管中，用正己烷定容至标线。测量水样体积，减去硫酸溶液用量得水样实际体积 V_2。

（3）按油标准系列同样条件测定吸光值 A_w。同时取 500 ml 蒸馏水测定分析空白吸光值 A_b。

（六）分析结果计算

以 A_w-A_b 查标准曲线得油质量浓度 Q，或用线性回归方程计算油的质量浓度 Q。按式（5.20）计算水样中油质量浓度。

$$\rho_{oil}=Q\frac{V_1}{V_2} \tag{5.20}$$

式中：ρ_{oil}——水样中油质量浓度，mg/L；

Q——正己烷萃取液中油质量浓度，mg/L；

V_1——正己烷萃取液体积，ml；

V_2——水样体积，ml。

（七）方法的相对标准偏差

石油含量分别为 14.4 μg/L，38.9μg/L，73.6μg/L 时，相对标准偏差分别为 9.0%，3.1%，1.9%。

（八）样品回收率

海水中添加 200 g 大港原油的回收率为 97%±3%。

习题

1．什么是吸收曲线和标准曲线，它们有何实用意义？

2．用分光光度法测定纯金属钴中微量锰时，在酸性溶液中将锰氧化为 MnO_4^-进行测定，若用标准锰溶液配制标准系列，在测量标准系列及试样时，分别应该用什么作为参比溶液？

3．示差分光光度法定量分析的原理是什么？为什么能够用于高含量分析？

4．有 a、b 两份不同浓度的某一有色溶液，当液层厚度均为 1.0 cm 时，对某一波长光的吸收分别为：

（a）35%；（b）58.2%，求：

（1）a、b 两份溶液的吸光度 A_a、A_b；

（2）如果溶液（a）的浓度为 6.5×10^{-4} mol/L，求溶液（b）的浓度；

（3）计算在该波长下有色配合物的摩尔吸光系数。

5．用一般分光光度法测量 0.001 0 mol/L 锌标准溶液和含锌的试液，分别测得 A=0.700 和 A=1.000，两种溶液的透光率相差多少？如果用 0.001 0 mol/L 标准溶液作参比溶液，试液的吸光度是多少？示差分光光度法与一般分光光度法相比较，读数标尺扩大了多少倍？

6．组分 x 的摩尔吸光系数在 520 nm 处是 3 070，在 600 nm 处是 2 160；组分 y 的摩尔吸光系数在 520 nm 处是 220，在 600 nm 处是 1 470。一未知溶液含有组分 x 及 y，用分光光度计测定（比色皿厚度为 1 cm），在 520 nm 处透光率是 54.4%，600 nm 处是 35.0%。问未知液中 x 及 y 的含量各为多少？

7．有两份 5 ml 含 $CuSO_4$ 的试液，其中 1 份加入 1 ml 浓度为 0.010 0 mol/L 的 $CuSO_4$ 标准溶液。用厚度为 1 cm 的比色皿，在 $CuSO_4$ 最大吸收波长处测量原试液透光率为 75.3%，加标液透光率为 62.5%，问原试液中 Cu 的含量为多少？

8．试述双波长分光光度法定量分析原理。

9．试述等吸收点法直接定量测定互相干扰的两组分中某一组分的原理。

10．什么是导数吸收光谱？用于定量分析的原理是什么？有什么优点？

11．某化合物在己烷中 λ_{max}＝305 nm，在乙醇中 λ_{max}＝307 nm，试问，该吸收是 $n\rightarrow\pi^*$ 还是 $\pi\rightarrow\pi^*$ 跃迁引起的。

12．有两种异构体，α 异构体吸收的吸收峰在 228 nm（ε＝14 000），而 β 异构体吸收峰在 296 nm（ε＝11 000），试指出这两种异构体分别属于下面两种结构中的哪一种。

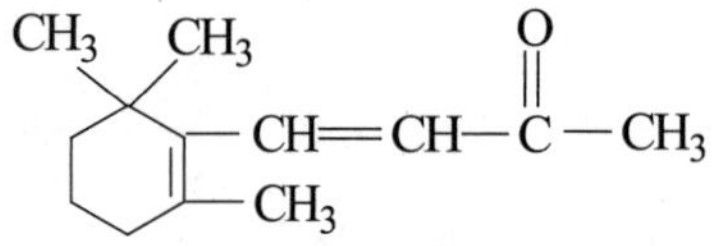

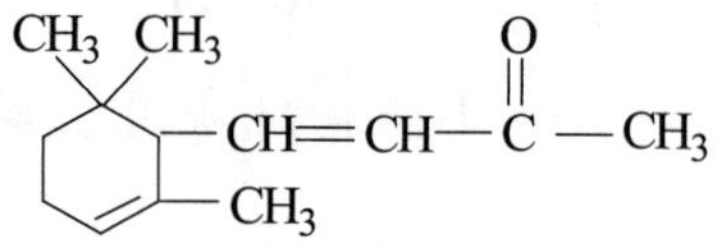

参考文献

[1] 钱沙华，韦进宝．环境仪器分析[M]．北京：中国环境科学出版社，2004.

[2] 罗庆尧，邓延倬，蔡汝秀，等．分光光度分析[M]．北京：科学出版社，1992.

[3] 陈震阳，许金生．现代分析技术在环境与卫生监测中的应用[M]．北京：中国环境科学出版社，1995.

[4] 武汉大学化学系．仪器分析[M]．北京：高等教育出版社，2002.

[5] 北京大学化学系仪器分析教学组．仪器分析教程[M]．北京：北京大学出版社，2002.

[6] 阎吉昌，徐书绅，张兰英.环境分析[M]．北京：化学工业出版社，2002.

[7] 韦进宝，钱沙华．环境分析化学[M]．北京：化学工业出版社，2002.

[8] 水质分析方法//中国标准出版社第二编辑室．中国环境保护标准汇编[M]．北京：中国标准出版社，2001.

第六章　红外吸收光谱法

第一节　基本原理

红外光谱的波长范围为 0.75～1 000μm，通常将它们分为三个区域：近红外区、中红外区、远红外区。波长从 0.75～2.5μm（$\bar{\nu}$ 为 13 333～4 000 cm^{-1}）的区域称为近红外区；波长从 2.5～25μm（$\bar{\nu}$ 为 4 000～400 cm^{-1}）的区域称为中红外区；波长从 25～1 000μm（$\bar{\nu}$ 为 400～10 cm^{-1}）的区域称为远红外区。其中中红外区是红外吸收光谱分析应用最广的区域，由于其光谱是分子的振动能级和转动能级发生跃迁而产生的，故又称为分子振动－转动光谱。

虽然分子的振动光谱中包含转动光谱，但对于液态、固态分子，由于分子间的相互作用较强，分子不能自由转动，在其红外光谱图上观察不到一系列的精细转动结构。它是以振动谱线的位置为中心，在其两侧对应一系列的转动能级跃迁的线吸收所组成的吸收带。因而，下面我们仅讨论分子的振动及其振动光谱。

一、双原子分子的振动

所有的分子都是由化学键连接起来的原子组成，因此可以把分子近似地看作由弹簧连接的小球组成的系统，双原子分子即为弹簧（质量忽略不计）连接的质量分别为 m_1 和 m_2 的两个小球。通常用谐振子振动和非谐振子振动两种分子振动模型来讨论它们的振动与振动光谱的关系。

（一）谐振子振动模型

谐振子振动模型假定：双原子分子的振动是一种简谐振动即两个原子在键轴方向以平衡点为中心，以非常小的振幅（与原子核之间的距离相比）作周期性地伸缩振动（图 6-1）。

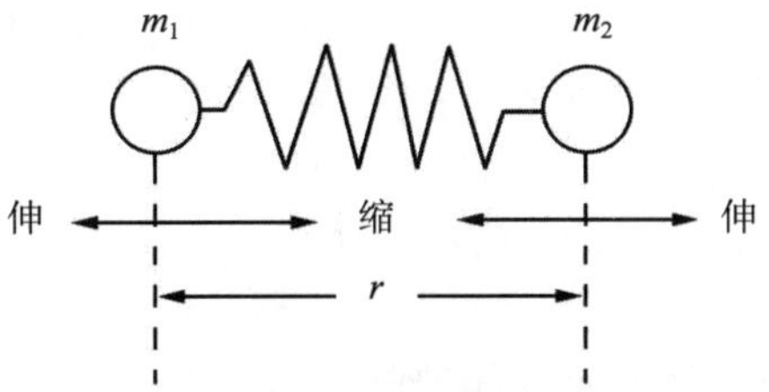

图 6-1　谐振子振动

根据经典力学，简谐振动服从虎克定律，即

$$F=-Kx \tag{6.1}$$

式中：F——恢复到平衡位置的力，N；

x——位移距离（伸缩时核间距与平衡时核间距之差），cm；

K——弹簧力常数（化学键力常数），定义为将两原子由平衡位置伸长至单位长度时的恢复力，N/cm。

根据牛顿第二定律可导出双原子分子振动频率计算公式：

$$v=\frac{1}{2\pi}\sqrt{\frac{K}{\mu}}$$

若用波数表示其振动时，则为：

$$\tilde{v}=\frac{1}{2\pi c}\sqrt{\frac{K}{\mu}} \tag{6.2}$$

式中：c——光速（2.998×10^{10} cm/s）；

μ——双原子折合质量，$\mu=\dfrac{m_1\cdot m_2}{m_1+m_2}$（$m_1$、$m_2$分别为两个原子的质量），g。

根据原子质量和相对原子质量的关系，式（6.2）可写成：

$$\tilde{v}=\frac{N_A}{2\pi c}\sqrt{\frac{K}{A_r}} \tag{6.3}$$

式中：N_A——阿伏加德罗常数（$6.023\times10^{23}\text{mol}^{-1}$）；

A_r——双原子折合相对原子质量，$A_r=\dfrac{M_1\cdot M_2}{M_1+M_2}$（$M_1$、$M_2$分别为两个原子的相对原子质量），g。

式（6.3）也可写成：

$$\tilde{v}=1\,307\sqrt{\frac{K}{A_r}} \tag{6.4}$$

从式（6.4）可看出，双原子的化学键力常数K越大，折合相对原子质量A_r越小，则化学键的振动频率越高。如果知道了化学键力常数K，就可求出作谐振动的双原子分子的伸缩振动频率。反之，由振动频率也可求出化学键的力常数K。

按照谐振子的模型处理，双原子分子的势能为：

$$U=\frac{1}{2}Kx^2 \tag{6.5}$$

其势能曲线如图 6-2 中点线所示的抛物线。

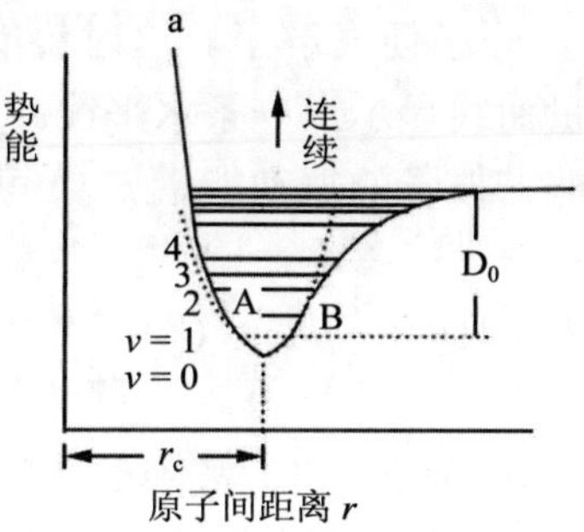

图 6-2　双原子分子的势能曲线

根据量子力学，可导出计算双原子分子振动能量的公式，即

$$E_{振} = (V+\frac{1}{2})hc\tilde{v}_{振} = (V+\frac{1}{2})\frac{h}{2\pi}\sqrt{\frac{K}{\mu}} \tag{6.6}$$

式中：h——普朗克常量；

V——振动量子数，代表不同振动状态的能级，V= 0，1，2，3，…整数，用式（6.6）可求出其对应的振动能量。

振动能级之间的跃迁选律ΔV=±1。

当辐射光子的能量与发生振动跃迁的两个能级间的能量差ΔE 相等即 $hc\tilde{v}=\Delta E$ 时，分子吸收该辐射能。按照式（6.6）计算，任意两个相邻能级间的跃迁，其吸收波数是一定的，为：

$$\tilde{v}_{吸收} = \frac{\Delta E}{hc} = \frac{E(V+1)-E(V)}{hc} = \tilde{v}_{振} = \frac{1}{2\pi c}\sqrt{\frac{K}{\mu}} = 1\,307\sqrt{\frac{K}{A_r}}$$

根据谐振子模型，可得出以下结论：

（1）双原子分子吸收辐射的频率与该分子的振动频率是一致的，即分子产生共振吸收。

（2）双原子分子任何相邻振动能级的间距（或能量差ΔE）都是相等的。

（3）在常温下，绝大部分分子处于 V=0 的振动能级，因此，按照谐振子只允许ΔV=±1 的跃迁选律，双原子分子只能产生一条振动谱线（不考虑转动能级产生的精细结构）。

但实际情况与上述结论并不完全相同。例如 HCl 分子，在红外区可观察到五条振动谱带，其中只有一条 $\tilde{v}_{吸收}$ 为 2 885.9 cm^{-1} 的谱带最强，且与 HCl 分子的 $\tilde{v}_{振}$ 2 993 cm^{-1} 基本接近，这与谐振子模型推断的基本吻合。但还有四条弱的谱线，谐振子模型无法解释。此外，HCl 分子相邻振动能级间的间距不是相等的，而是随着振动量子数的增加，其间距逐渐缩小。这说明谐振子模型的假定需要修正。

（二）非谐振子振动模型

非谐振子振动模型认为：双原子分子并不是理想的谐振子，当振幅较大时，原子间的振动已不是谐振动，势能曲线如图 6-2 实线所示。当原子间距离增加到某一程度时，核引力趋于零，两原子完全离开，分子便离解了。这时势能与原子间距离变化无关，再增加其距离，势能也不变化，能量曲线显示出一条水平线。

根据量子力学方法求得的非谐振子的振动能量 $E_{振}$ 可用一级数表示：

$$E_{振}=(V+\frac{1}{2})hc\tilde{v}-(V+\frac{1}{2})^2 xhc\tilde{v}+\cdots \tag{6.7}$$

式中：x——非谐性常数，由于其值远小于 1，故除前 2 项外，其余的项忽略不计。

从式（6.7）可见：在非谐振子中，各种不同振动能级的能量一般是低于对应的谐振子。

非谐振子的跃迁选律不同于谐振子的选律。其跃迁选律为ΔV=±1，±2，±3。由于大多数分子在常温下处于 V=0 的振动能级，按照非谐振子的振动能量计算，分子跃迁到高能级所吸收的$\tilde{v}$ 为：

$$\underset{0\to1}{\tilde{v}_{吸收}}=\frac{E(1)-E(0)}{hc}=\tilde{v}_{振}-2x\tilde{v}_{振}=(1-2x)\tilde{v}_{振}$$

$$\underset{0\to2}{\tilde{v}}=\frac{E(2)-E(0)}{hc}=2\tilde{v}_{振}-6x\tilde{v}_{振}=(1-3x)2\tilde{v}_{振}$$

$$\underset{0\to3}{\tilde{v}}=\frac{E(3)-E(0)}{hc}=3\tilde{v}_{振}-12x\tilde{v}_{振}=(1-4x)3\tilde{v}_{振}$$

将双原子分子作为非谐振子讨论的结果与 HCl 分子的上述实验结果比较可见：它们是吻合的。说明用非谐振子模型可以较满意地解释双原子分子振动与振动光谱的关系。

（三）双原子分子的红外吸收光谱

双原子分子的红外吸收光谱有基频和倍频两种。

由计算谐振子及非谐振子振动能量的公式（式 6.6、式 6.7）可知：分子在任何情况下，其振动能不会为零，即使在振动基态（V=0）仍有一定的振动能，对于非谐振子：

$$E(V)=E(0)=\frac{1}{2}hc\tilde{v}_{振}-\frac{x}{4}hc\tilde{v}_{振}$$

对于谐振子：

$$E(V)=E(0)=\frac{1}{2}hc\tilde{v}_{振}$$

量子力学的这个结论是与实际相符的，即使在 0 K 时，也存在零点振动能。

分子由 V=0 跃迁到 V=1 产生的吸收谱带叫基本振动谱带或基频；由 V=0 跃迁到 V=2，V=3……产生的吸收谱带分别叫第一、第二……倍频谱带。倍频强度很弱，一般只观察到第一倍频。

二、多原子分子的振动

多原子分子的振动是相当复杂的，不仅有沿键轴方向的伸缩振动，还有键角参入的各种可能的变形振动，以及它们间的耦合振动。前面我们把双原子分子视作一个单摆的谐振子或非谐振子，用经典力学和量子力学的方法加以讨论。而多原子分子我们可以把它视为双原子分子的集合，利用双摆或多摆的谐振子或非谐振子加以讨论。

多原子分子振动时，组成分子的所有各原子一般都是同时以同一频率作简谐或非简谐振动，这种耦合系统的基本振动方式，称为简正振动。

（一）简正振动的数目

若想确定简正振动的数目，首先必须确定所有各原子的相对位置。确定一个原子在空间的位置需要三个坐标（每个原子在空间的运动有三个自由度），在 N 个原子所组成的分子中，就需要 3N 个坐标或 3N 个自由度确定所有原子的位置。但由于 N 个原子被化学的相互作用力连接成一个分子，成为一个整体，因此分子的 3N 个自由度中包括三个平动自由度和三个或两个转动自由度（线性分子有两个、非线性分子有三个转动自由度）。分子的振动自由度即简正振动数目就等于 3N－6 或 3N－5 个。每一简正振动都有相应的简正振动频率和相应的基频吸收谱带。

（二）简正振动的类型

多原子分子的简正振动基本上可分为两大类：伸缩振动和弯曲振动。

伸缩振动，是指原子沿着键轴方向伸缩使键长发生变化的振动。伸缩振动按其对称性的不同分为对称伸缩振动和反对称伸缩振动。前者在振动时各键同时伸长或缩短；后者在振动时，某些键伸长另外的键则缩短。环状化合物中各键的伸缩振动，会引起环的扩大和缩小，这种振动称为骨架振动，又叫呼吸振动。

弯曲振动又叫变形振动，一般是指键角发生变化的振动。弯曲振动分为面内弯曲和面外弯曲振动。面内弯曲振动的振动方向位于分子的平面内，有剪式振动和平面摇摆振动。而面外弯曲振动则是在垂直于分子平面方向上的振动，有扭曲振动和摇摆振动。

（三）多原子分子的红外吸收光谱

在多原子分子的红外光谱中，可观察到的吸收峰有如下五种：

1．基频和倍频

2．组合频

它是由两个或多个简正振动相互作用产生的。其谱带出现在两个或多个基频之和或差的附近，强度一般也很弱。

3．振动的耦合

当两个化学键（或基团）的振动频率相近，而又相连时，两个振动互相作用，称为振动的耦合。耦合的结果是使谱带分裂为一个频率较高，一个频率较低的双峰。如丙二烯基 C═C═C 中两个双键耦合很强，C═C 的特征谱带消失，而在 1 950 cm^{-1} 处出现双峰。

4．费米共振

当倍频或组合频位于一基频附近（一般只差几个波数）时，因耦合作用，则倍频峰或组合频峰的强度常被加强，而基频强度降低，这种现象叫费米共振。

根据多原子分子每一简正振动以及简正振动之间相互作用产生的吸收谱带推测，多原子分子的红外吸收峰数目应大于理论上计算的 3N－6 或 3N－5 个简正振动数，但实际上，绝大多数化合物在红外光谱图上出现的峰数远小于理论计算值。其原因是：①某些分子的简正振动不是红外活性的，因此不产生红外吸收光谱。②高对称性分子的简并振动（几个不同简正振动的振动频率完全相同），使吸收谱带减少。如 CH_4 分子是五原子分子，其简正振动是 3×5－6＝9 个。但实际上在红外光谱图上只出现了 4 个基本振动谱带。这是由于甲烷分子是一个具有高度对称性的正四面体结构（立方对称系），它有二个三次简并振动，一个二次简并振动和一个不简并振动，其结果是在 9 个简正振动下总共有 4 个不同的振动频率，因而表现在红外谱图上只有 4 个基本振动带。③有些谱带很弱或彼此十分接近，仪器检测不出来或分辨不开。④有的吸收谱带落在检测范围之外。

三、分子产生红外吸收的条件

红外吸收光谱是由于分子振动能级（同时伴随转动能级）间的跃迁而产生的，但是并不是每一种振动都相应有一条吸收谱带，分子吸收红外辐射必须满足两个条件：

（一）辐射光子的能量等于振动能级跃迁所需要的能量。这个能量即为发生跃迁的两个振动能级间的能量差。

（二）只有在振动过程中偶极矩发生变化的那种振动方式才能吸收红外辐射，产生吸收谱带。红外跃迁是偶极矩诱导的，即能量转移的机制是通过振动过程所导致的偶极矩的变化和交变的电磁场（这里是红外光）相互作用而发生的。偶极子具有一定的原有振动频率，当辐射频率与偶极子频率相匹配时，分子与辐射相互作用（振动耦合）而增加它的振动能，使振幅增大，即分子由原来的基态振动跃迁到较高的振动能级。我们称偶极矩发生变化的振动为红外活性的；偶极矩不发生变化的振动为红外非活性的。一个分子发生不发生红外活性还与分子的对称类型有关。中心对称分子的全对称振动在红外光谱中没有活动性，如 CO_2 分子的对称伸缩振动；中心对称分子的非全对称振动，伴随着瞬时偶极矩的出现，在红外光谱中有活动性，如 CO_2 分子的反对称伸缩振动。

红外吸收谱带的强度决定于偶极矩变化的大小。振动时偶极矩变化愈大，吸收强度愈大。一般极性比较强的分子或基团吸收强度都比较大，极性比较弱的分子或基团吸收强度比较弱。例如，C═C，C═N，C—C，C—H 等化学键的振动吸收强度都比较弱；而 C═0，Si—O，C—Cl，C—F 等的振动，其吸收谱带就很强。在红外光谱定性分析中，通常把吸收谱带的强度分为五个级别 VS（很强，ε＞200）；S（强，ε为 75～200）；m（中强，ε为 25～75）；W（弱，ε为 5～25）；VW（很弱，ε＜5）。

四、基团频率及其影响因素

分子的红外吸收光谱特征与分子中的基团类型密切相关，如 O—H、N—H、C—H、C═C、C≡C、C═O 等基团都有自己的红外吸收频率，并且分子其他部分对其吸收位置影响较小，如不同分子中同一类型基团的振动频率是非常相近的，都在较窄的频率区间出现吸收谱带，这种能反映基团特征的吸收谱带称为基团频率。

基团频率由原子的质量及原子间价键的力常数所决定。对于简单分子（如双原子分子），可利用基本振动方程式 $\nu=\frac{1}{2\pi}\sqrt{\frac{K}{\mu}}$ 计算其基团频率近似值。但是复杂分子中的化学键力常数受分子的其他部分和外部环境的影响，导致相同的基团或键在不同分子中的特征基团频率，并不出现在同一位置，而是根据分子结构和测量环境的影响发生位移。了解基团频率的影响因素和位移规律，对于解析分子的红外谱图和推断分子结构是十分有用的。

影响基团频率的因素有：

（一）电子效应

1．诱导效应

由于与基团邻接的取代基具有不同的电负性，通过静电诱导效应，引起分子中电子分布发生变化，改变了基团化学键力常数，从而使基团频率位移。诱导效应通常是指取代基为吸电子基团的情况，它使化学键力常数增强，基团频率向高波数位移。如羰基的基团频率随邻接取代基电负性增加而向高波数移动（表 6-1）。

表 6-1　由诱导效应引起的 C═O 伸缩振动频率的变化

结构	$\tilde{\nu}_{C=O}$	结构	$\tilde{\nu}_{C=O}$
O ‖ R—C—R	1 715 cm^{-1}	O ‖ CH_3—C—Cl	1 802 cm^{-1}
O ‖ R—C—OR	1 735 cm^{-1}	O ‖ Cl—C—Cl	1 828 cm^{-1}
O ‖ R—C—Cl	1 800 cm^{-1}	O ‖ F—C—F	1 928 cm^{-1}

2．中介效应

根据诱导效应推测，酰胺与羰基（ $R-\overset{\overset{O}{\|}}{C}-NH_2$ ）伸缩振动产生的吸收峰应向高波数位移（氨原子的电负性大于碳原子），但实际上都出现在低波数侧（1 680 cm^{-1} 附近），这

是由于氨原子上有弧对电子，使 C═O 上的π电子云移向氧原子，C═O 双键的电子云密度平均化，造成 C═O 键的力常数下降，基团频率向低波数位移。这种含有弧对电子的原子与具有多重键的原子相连接，使多重键的电子云重新分布的效应称为中介效应。对同一基团来说，若诱导效应和中介效应同时存在，则振动频率位移的方向和程度取决于两种混合效应的净结果。

3．共轭效应

由分子中形成大π键所引起的效应，称为共轭效应。共轭效应使共轭体系中的电子云密度平均化，导致双键略有伸长（电子云密度降低，力常数减小），单键略有缩短，双键的基团频率向低波数方向位移。例如 R—CO—CH_2—的 $\tilde{\nu}_{C=O}$ 出现在 1 715 cm^{-1}，而 CH═CH—CO—CH_2—的 $\tilde{\nu}_{C=O}$ 则出现在 1 685～1 665 cm^{-1}。

（二）氢键

分子中的一个质子给予体 X—H 和一个质子接受体 Y 形成了 X—H—Y 的结合即为氢键。由于氢键的形成，使氢原子周围力场发生了变化，故 X—H 振动的力常数和其相连的 HY 的力常数发生了改变，其结果造成振动频率的位移和吸收谱带强度和形状的变化。如使 X—H 的伸缩振动频率往低波数侧移动，且吸收谱带强度增大，谱带变宽。氢键对于质子接受体一般来说影响较小。如质子接受体是羰基时，氢键的形成使羰基的伸缩振动频率只向低波数侧移动较小距离（20 cm^{-1} 以下）。氢键可发生在同一分子中（称为分子内氢键），也可发生在同种分子和不同种的分子之间（称为分子间氢键）。

分子内氢键是分子内部的一种效应，多半发生在具有环状结构（脂环族或芳香族的化合物）的邻位取代基上。但由于受环状结构中其他原子键角的限制，分子内氢键 X—H…Y 不能在同一直线上。因而形成分子内氢键时，X—H 的伸缩振动谱带的位置、强度和形状的改变均较分子间氢键小。

分子间氢键可在同种分子或不同分子之间形成两个或多个缔合，产生二聚体或多聚体，使 X—H 的伸缩振动谱带的位置、强度、形状发生变化。分子间氢键与溶液的浓度和溶剂的性质有关。如在四氯化碳溶液中乙醇的羟基伸缩振动频率随溶液浓度的不同而改变。当溶液浓度在 0.01 mol/L 时，只显示游离羟基的吸收（3 640 cm^{-1}），随着溶液浓度的增高，游离羟基的吸收减弱，而二聚体的吸收（3 515 cm^{-1}）和多聚体的吸收（3 350 cm^{-1}）相继出现并增强，当乙醇浓度为 1.0 mol/L 时，主要为多聚体的吸收。如果是浓溶液、液体或固体，由于分子间相互作用力的增强，只能出现多聚体的吸收。

（三）空间效应

如环张力效应。在含有双键振动的环状分子中，当环中有张力时，环内各键削弱，伸缩振动频率降低，而环突出的键被增强，伸缩振动频率升高，强度增强。

又如共轭体系中的空间阻碍使共轭效应被限制，振动频率接近正常值。例如：

（1） 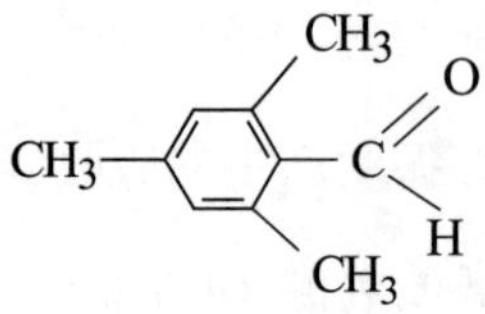 $\tilde{\nu}_{C=O}$ =1 680 cm^{-1}

（2） 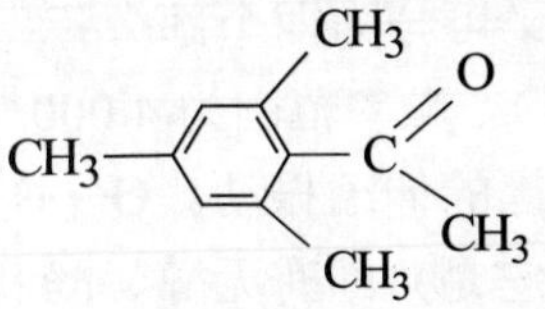 $\tilde{\nu}_{C=O}$ =1 700 cm^{-1}

在（1）中，由于羰基和苯环共轭，使羰基频率往低波数位移，但在（2）中，由于羰基的碳原子上连接甲基，使羰基和环的 π 电子云重叠，共轭影响大大减弱，使其伸缩振动频率接近脂肪酮的值。

（四）振动耦合效应

（五）费米共振

（六）试样的状态

同一物质在不同状态时，由于分子间的相互作用力不同，所得到的光谱往往是不同的。分子在气态时，分子间的相互作用力很弱，分子可以自由旋转，因此可观察到伴随振动光谱的转动精细结构。液态和固态分子由于分子间作用力较强，观察不到转动光谱，此外，当有极性基团存在时，可能发生分子间的缔合或形成氢键，导致特征吸收带频率，强度和形状发生变化。如丙酮在气态时的 $\tilde{\nu}_{C=O}$ 为 1 742 cm^{-1}，而在液态时为 1 718 cm^{-1}。

（七）溶剂效应

测定液态分子的光谱时，由于溶剂的种类和浓度不同，同一物质所测得的光谱也不相同。通常在极性溶剂中溶质分子中的 NH、OH、C═O、C≡N 等极性基团的伸缩振动频率随溶剂极性的增加而向低波数侧移动，且强度增大。

第二节　红外吸收光谱法的应用

一、有机化合物的定性及结构分析

红外吸收光谱最大的特点是具有高度的特征性，除光学异构体外，几乎所有的有机化合物都有其特征的红外吸收光谱。因此，红外吸收光谱法是进行有机化合物定性及结构分析的主要工具之一。

（一）有机化合物的红外光谱与分子结构的关系

有机化合物的红外吸收光谱大致可分为两个区域，即官能团区（$\tilde{\nu}$ 为 4 000～1 300 cm^{-1}）和指纹区（$\tilde{\nu}$ 为 1 300～600 cm^{-1}）。

1. 官能团区

该区是基团的特征频率区，区内的峰主要是由伸缩振动产生的吸收带，比较稀疏，容易辨认，是基团鉴定工作最有价值的区域。官能团区又可分为四个部分：

（1）X—H 伸缩振动区（X 代表 C、O、N、S 等原子）。频率范围为 4 000～2 500 cm^{-1}，在这个区域内主要包括 O—H、N—H、C—H 和 S—H 键的伸缩振动。O—H 伸缩振动在 3 700～3 100 cm^{-1}，氢键的存在使频率降低，谱峰变宽，它是判断有无醇、酚和有机酸的重要依据；C—H 伸缩振动分饱和烃和不饱和烃两种，饱和烃 C—H 伸缩振动在 3 000 cm^{-1} 以下，不饱和烃 C—H 伸缩振动（包括烯烃、炔烃、芳烃的 C—H 伸缩振动）在 3 000 cm^{-1} 以上。因此，3 000 cm 波数是区分饱和烃和不饱和烃的分界线。N—H 伸缩振动在 3 500～3 300 cm^{-1} 区域，它和 O—H 谱带重叠，但峰形比 O—H 尖锐。伯、仲酰胺和伯仲胺类在该区都有吸收谱带。

（2）叁键和累积双键区。频率范围在 2 500～2 000 cm^{-1}。该区红外谱带较少，主要包括—C≡C—，—C≡N 等叁键的伸缩振动和—C═C═C，—C═C═O 等累积双键的反对称伸缩振动。

（3）双键伸缩振动区。在 2 000～1 500 cm^{-1} 区域，该区主要包括 C═O，C═C，C═N，N═O 等的伸缩振动以及苯环的骨架振动，芳香族化合物的倍频谱带。羰基的伸缩振动在 1 600～1 900 cm^{-1} 区域，所有羰基化合物，如醛、酮、羰酸、酯、酰卤、酸酐等在该区均有非常强的吸收带。因此，C═O 伸缩振动吸收带是判断有无羰基化合物的主要依据。C═C 伸缩振动出现在 1 600～1 660 cm^{-1}，一般情况下强度比较弱。单核芳烃的 C═C 伸缩振动出现在 1 500～1 480 cm^{-1} 和 1 600～1 590 cm^{-1} 两个区域。这两个峰是鉴别有无芳核存在的重要标志之一。

苯的衍生物在 2 000～1 667 cm^{-1} 区域出现 C—H 面外弯曲振动的倍频或组合频峰，它的强度很弱，但该区吸收峰的数目和形状与芳核的取代类型有直接关系，在鉴定苯环取代类型上非常有用。

（4）X—Y 伸缩振动及 X—H 变形振动区 $<$1 650 cm^{-1}。这个区域的光谱比较复杂，主要包括 C—H、N—H 变形振动，C—O、C—X（卤素）等伸缩振动，以及 C—C 单键骨架振动。

从上述可见，利用官能团区不同类型基团产生的特征频率以及同一类型基团在不同化合物中由于环境不同造成的特征频率的差别可推断分子中含有哪些基团，确定化合物的类别。

2．指纹区

该区的吸收光谱很复杂，各峰出现的情况受整个分子结构影响大，分子结构的微小差别，即可使其指纹区的吸收谱带不一样。亦即不同分子在该区内都有各自的特征吸收谱带。由于这一区域的吸收光谱具有很强的特异性，故称为“指纹区”。指纹区可分为两个波段。

（1）1 300～900 cm^{-1} 这一区域包括 C—O、C—N、C－F、C－P、C－S、P－O、Si－O 等键的伸缩振动和 C═S，S═O，P═O 等双键的伸缩振动产生的吸收峰。

（2）900～600 cm^{-1} 这一区域可以显示 C—H 面外变形振动，根据烯烃的═C—H 面外变形振动吸收峰，可判别其构型。如 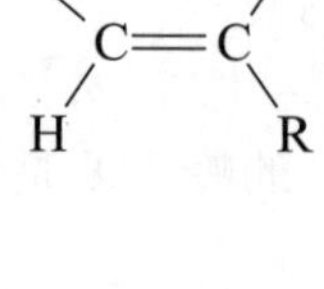 中，C—H 面外变形振动吸收峰出现

在 990～970 cm^{-1}，而在顺式构型 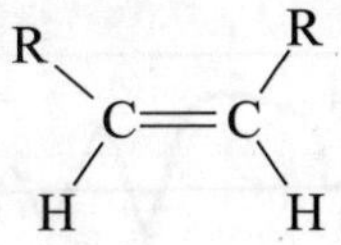 中，则出现在 690 cm^{-1} 附近。根据芳烃的 C—H 面外变形振动吸收峰可以确认苯环的取代类型。可见，利用指纹区可以鉴别有机化合物，研究有机化合物的构型、构象。

（二）定性分析方法

定性分析通常为已知化合物的鉴定，即被鉴定化合物的化学结构已明确，仅要求用红外光谱证实它是否为预期的化合物。其方法是：

将试样的红外谱图与待测物标样的谱图或标准谱图进行对照，如果两张谱图各吸收峰的位置和形状完全相同，峰的相对强度一样，就可认为试样是该种已知物。如果两谱图不一样，则说明两者不为同一物，或试样中含有杂质，在定性分析时，应注意：

（1）试样的物态、结晶形态、溶剂效应及测定条件与标准物质一致。

（2）对指纹区的谱带要仔细对照，因为指纹区的谱带对结构上的细微变化很敏感。

（三）结构分析

红外光谱分析的一个主要用途是测定未知物的结构，它需要对未知物的红外谱图进行解析。谱图解析通常先从官能团区入手，通过该区所出现的吸收峰，推测未知物可能含有的基团，再根据指纹区的吸收峰进一步验证。多数情况下，一个官能团有数种振动形式，因而有若干相互依存而又相互佐证的吸收谱带，称为相关吸收峰，简称相关峰。例如醇羟基除了 O—H 键伸缩振动（3 700～3 200 cm^{-1}）强吸收谱带外，还有面外弯曲（1 410～1 260 cm^{-1}）、C—O 伸缩振动（1 250～1 000 cm^{-1}）和面外弯曲（1 750～650 cm^{-1}）等谱带，用一组相关峰确认一个基团的存在，是红外光谱解析的一条重要原则。

另外，在谱图解析之前先计算化合物的不饱和度，对于推断未知物的结构是非常有帮助的。

不饱和度表示有机化合物分子中碳原子不饱和的程度。计算不饱和度（U）的经验公式为：

$$U = 1 + n_4 + \frac{1}{2}(n_3 - n_1)$$

式中：U——不饱和度；

n_4、n_3、n_1——分别为四价、三价、一价原子的数目。

通常规定，双键和饱和环状化合物的不饱和度为 1，叁键的不饱和度为 2，苯环的不饱和度为 4。因此，根据分子式，计算出不饱和度就可初步判断有机化合物的类型。

对于简单的化合物，根据所提供的分子式，利用其红外谱图就可定出结构式，但对于比较复杂的化合物，只根据红外光谱图是很难确定其结构式的，需要和核磁共振、质谱等结构分析手段相配合，才能定出其结构式。下面举一个利用红外光谱进行简单化合物结构分析的例子。

例：图 6-3 是分子式 $C_4H_6O_2$ 的液体化合物的红外光谱，试推定其结构。

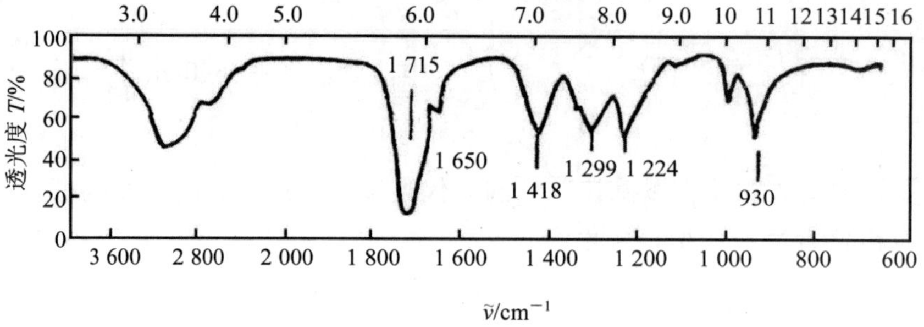

图 6-3 $C_4H_6O_2$ 的红外光谱（液膜）

解：由其分子式可推算出该化合物不饱和度为 2。从其红外光谱出现的 1 715 cm^{-1}，1 650 cm^{-1} 的吸收峰，表明该化合物含有 C═O，C═C 基团（这两个基团提供的不饱和度恰好为 2），而在 3 300～2 700 cm^{-1} 的宽吸收，应归属为羧酸的 OH 吸收（如果是醇的 OH 吸收，应在 1 050～1 150 cm^{-1} 有明显的特征吸收）。通常含有羟基的液体化合物，一般都以

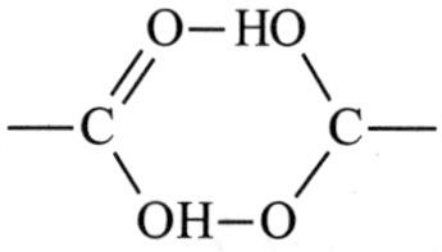

状态存在。如果从 $C_4H_6O_2$ 中扣除 CHO_2，则剩余的 C_3H_5 中，必含有一个不饱和双键（$\tilde{\nu}_{C=C}$ =1 650 cm^{-1}）。而谱图上的 930 cm^{-1} 吸收是属于 CH_2═CH—的 CH 面外变形振动，故可判定该液体化合物确含有 CH_2 ═CH—基团。谱图上出现的 1 418 cm^{-1} 吸收，应归属与 C═O 基连接的 CH_2 的面内变形振动。

综合以上推断，$C_4H_6O_2$ 液体化合物的结构为：

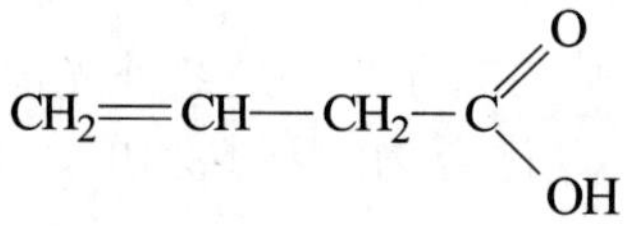

这与 3-丁烯酸的标准红外谱图完全一致。

二、定量分析

（一）吸光度的测定

红外吸收光谱定量分析的原理和紫外-可见吸收光谱一样，也是依据朗伯-比尔定律。吸光度的测定通常采用基线法，见图 6-4。在红外光谱分析中，背景吸收完全可以忽略的情况是很少见的，而且谱带的形状往往是不对称的，这种情况下，在定量谱带的两侧，选谱带两边的最大透光率处的两点划切线作为基线，图中 I 与 I_0 之比就是透光率（T），测定后即可转换为吸光度。

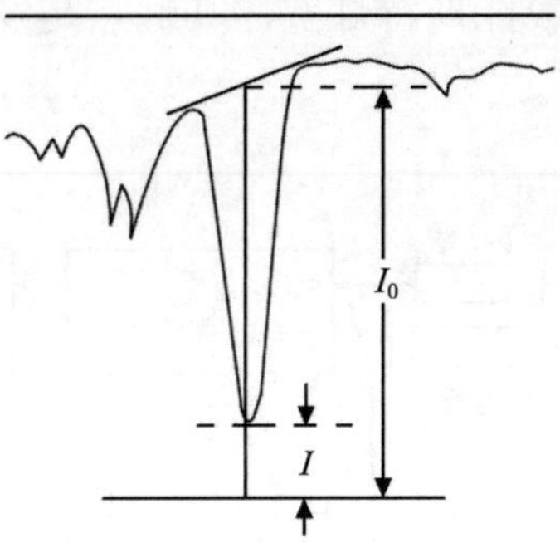

图 6-4　基线法测量吸光度

（二）定量分析方法

和紫外-可见吸收光谱法一样，在各组分分析波数不干扰时，采用校准曲线法；当被测样品的组分较多，且各组分分析波数相互干扰时，采用求解法。

由于红外吸收光谱的谱带较多，选择余地大，所以能较方便地进行单组分或多组分的定量分析。并且不受样品状态的限制，对于气体、液体、固体样品均可直接测定。红外光谱法还可用于气相色谱法测定困难的试样（如沸点高，或气化时要分解的试样）的分析。但是用色散型红外分光光度计进行定量分析时，由于灵敏度较低，故不适用于微量组分的测定。若采用傅里叶变换红外光谱仪，灵敏度、精密度和准确度均大大提高。

第三节　红外光谱仪

红外光谱仪主要有两大类，即色散型红外光谱仪和傅里叶变换红外光谱仪。

一、色散型红外光谱仪

色散型红外光谱仪主要由光源、样品室、分光系统、检测器和放大记录系统五个基本部分组成（图 6-5）。

（一）光源

红外光谱仪中所用的光源通常是一种惰性固体，用电加热使之产生高强度的连续红外辐射。常用的光源有能斯特灯和硅碳棒两种。

能斯特灯是用混合的稀土金属氧化物烧结的空心或实心棒，其主要成分为氧化锆、氧化钇、氧化钍。棒的两端绕铂丝导线，常温下不导电，在 700℃以上时才导电，因此要点亮能斯特灯，必须预热。工作温度一般为 1 300～1 700℃。能斯特灯的优点是发光强度高，尤其在高波数（>1 000 cm^{-1}）辐射效率高，稳定性好，使用寿命较长。缺点是价格较贵、机械强度差，操作不如硅碳棒方便。

硅碳棒由碳化硅烧结而制成，工作温度在 1 200～1 500℃。由于在长波辐射效率高于能斯特灯，因而使用波长范围较能斯特灯宽。其优点是发光面积大，坚固，寿命长，操作方便。

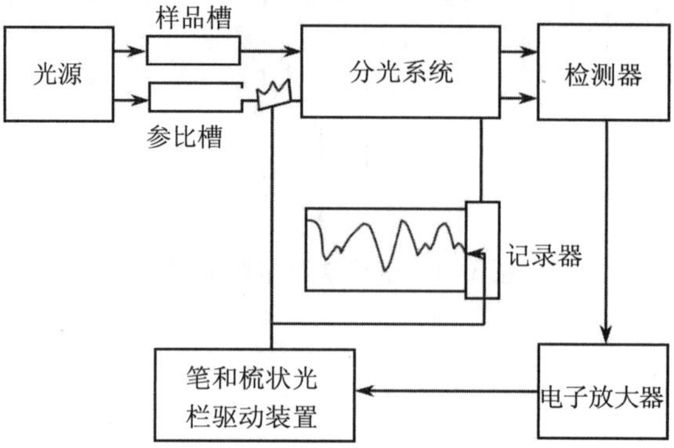

图 6-5　色散型红外光谱仪基本结构示意图

（二）样品室

对于不同状态的样品，采用不同的样品室（如气体样品采用气体吸收池），因玻璃、石英等材料不能透过红外光，样品室要用可透过红外光的 NaCl、KBr、CsI 等材料制成的窗片。

（三）分光系统

红外光谱仪分光系统最常用的色散元件是复制闪耀光栅，常用几块光栅常数不同的光栅自动更换，使测定的波数范围更宽且能得到更高的分辨率。

（四）检测器

由于红外光量子能量低，不足以引发光电子发射，因此紫外和可见分光光度计中所用的光电管或光电倍增管不能用于红外区。红外光谱仪常用的检测器有高真空热电偶、热释电检测器和光导电检测器三种。

1. 高真空热电偶

它是利用不同导体构成回路时的温差电现象，将温差转变为电位差。将两种对热性质不同的金属丝 a、b 与一个涂黑的吸收元件焊接，当红外光照射涂黑元件时，金属丝 a、b 之间便产生温差，从而产生电位差，在回路中便有电流通过，电流的大小随照射的红外光的强弱而变化。为了提高灵敏度和减少热传导的损失，将热电偶密封在一高真空的容器内。热电偶检测器主要用于色散型红外光谱仪中。

2. 热释电检测器

它是利用像硫酸三甘酞（TGS）那样的热电材料的单晶片作检测元件。TGS 是铁电体，在一定温度（其居里点 49℃）以下能产生很大的极化效应，其极化强度与温度有关，温度升高，极化强度降低。将 TGS 薄片正面真空镀铬（半透明状），背面镀金，形成两电极。当红外光照射到薄片上时，引起了薄片的温度升高，表面电荷减少，这就相当于“释放”了一部分电荷，释放的电荷经放大后，可转变成电压或电流的方式进行测量。

热释电检测器的响应时间非常快，可实现高速扫描，由于能跟踪从干涉仪中出来的时间域信号的变化，故被用于傅里叶变换红外光谱仪中。

3．光导电检测器

这种检测器实际上是一种电阻器，当没有光照射，其电阻可达 200 kΩ，而吸收辐射后，使半导体的某些价电子被激发成为自由电子，从而导电性能增加，电阻减小。因此，可根据电阻的变化检测辐射强度的大小。红外光谱分析常用的光导电检测器是由宽频带的半导体碲化镉和半金属化合物碲化汞混合成的碲镉汞检测器。其特点是灵敏度高，响应速度快，适于快速扫描测量，常用于傅里叶变换红外光谱仪中。但是，碲镉汞检测器必须在液氮温度下工作，其灵敏度高于 TGS 约 10 倍。

（五）记录系统

红外光产生的电信号经放大后，记录系统自动记录所测样品的吸收强度随波数变化的红外吸收光谱图。工作原理如下：

光源的光被分成两束，一束通过样品池，另一束通过参比池。如果样品光路中没有放置样品，或样品光路和参比光路吸收相同时，检测器上没有信号产生。当有样品吸收红外光时，则到达检测器的样品光束减弱，两光束不平衡，检测器就有信号产生。信号经放大后驱动衰减器（梳状光栏或双向剪式光栏），衰减参比光路的光束，直到参比光路的辐射强度和样品光路的辐射强度相等为止。这就是双光束光路中的“光学零位平衡系统”。衰减器和记录笔同属一个驱动装置。当衰减器移动时，记录笔同时进行绘图。即作为纵坐标被描绘在记录纸上，直到平衡时，记录笔才停止记录。当记录笔随样品吸收情况而移动时，单色器亦按一定速度运动，于是到达检测器的入射光波数将随之变化，并与记录纸的移动同步，这就是横坐标。这样就可绘出吸收强度随波数变化的红外光谱图。

二、傅里叶变换红外光谱仪

傅里叶变换红外光谱仪是基于光相干性原理而设计的干涉分光红外光谱仪，继棱镜、光栅红外光谱仪后的第三代产品，于 20 世纪 70 年代问世。

（一）基本结构

傅里叶变换红外光谱主要由光源、干涉仪（迈克尔逊干涉仪）、试样插入、检测器、电子计算机和记录系统组成（图 6-6）。与色散型红外光谱仪的主要区别是：不是利用色散元件获得不同波长的红外单色光后再测量样品对于它们的吸收信息，而是利用干涉仪和电子计算机共同获取样品的红外吸收信息。即干涉仪和电子计算机代替了分光元件的作用。

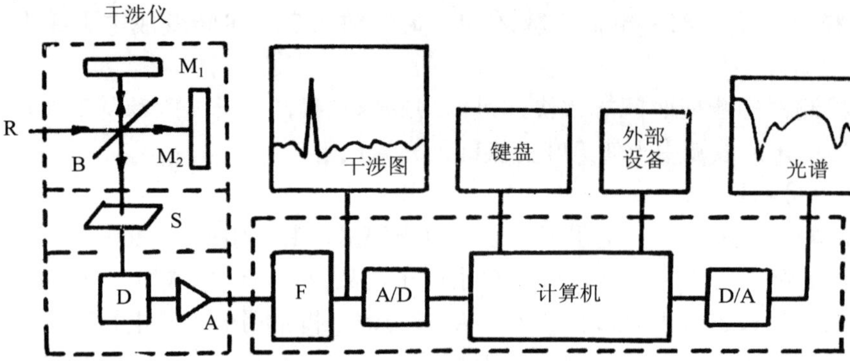

图 6-6 傅里叶变换红外光谱仪方框图

A. 放大器；R. 红外光源；M_1. 定镜；M_2. 动镜；B. 光束分裂器；S. 样品；D. 探测器；F. 滤光器；A/D. 模数转换器；D/A. 数模转换器

（二）迈克尔逊干涉仪和电子计算机的作用

迈克尔逊干涉仪由固定反射镜 M_1，移动反射镜 M_2 和光束分裂器 B（半透镜半反射镜）构成。B 把入射红外光分为两束到达检测器，经过 M_1 和 M_2 后，它们又重新汇合到一起，到达检测器。由于 M_1、M_2 离 B 的距离不同，因此相同波长的两束光之间有了光程差 x 成为相干光。

相干光的强度 I 是光程差的 x 的函数，光程差则取决于 M_2 移动的距离。当两束光的光程差为半波长 $\frac{\lambda}{2}$ 的偶数倍时，则落到检测器上的相干光将相互叠加，产生明线，其相干光的强度有最大值；而当两束光的光程差为半波长 $\frac{\lambda}{2}$ 的奇数倍时，则落到检测器上的相干光将互相抵消，产生暗线，其相干光的强度有最小值。若两束光的光程差既不是半波长 $\frac{\lambda}{2}$ 的偶数倍，也不是它的奇数倍时，则其相干光的强度介于最强和最弱之间。如果 M_2 连续移动，在检测器上将得到一个强度为余弦变化的信号。

若入射光为单色光，可得到如下干涉图（图 6-7）。

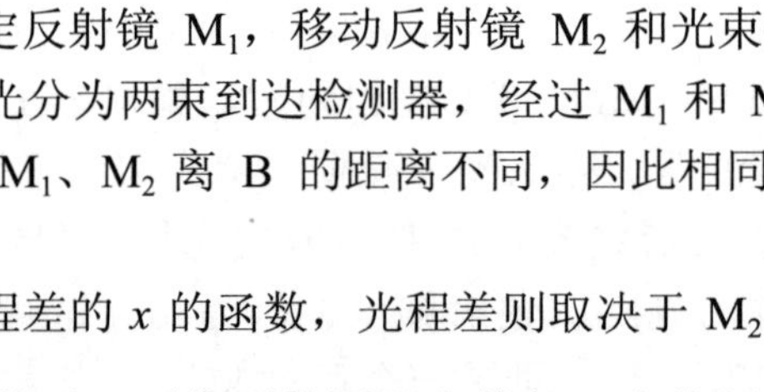

图 6-7 单色光的干涉图

其数学表达式为：

$$I(x) = B(\nu)\cos 2\pi\nu x$$

式中：$I(x)$——相干光的强度，是光程差 x 的函数；

$B(\nu)$——光源强度，是光源频率 ν 的函数。

若入射光为连续波复合光，则得到具有中心极大并向两边迅速衰减的对称干涉图（图6-8）。

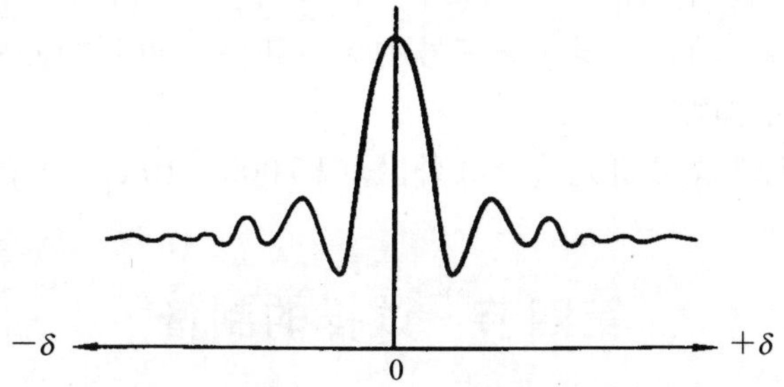

图 6-8　复合光的干涉图

复合光的干涉图是各单色光干涉图加合的结果，干涉图中任何一点的总光强是各个波长干涉光强的总和。

其数学表达式为：

$$I(x) = \int_{-\infty}^{+\infty} B(\nu)\cos(2\pi x\nu)\,d\nu \qquad (6.8)$$

式（6.8）为傅里叶变换关系式，读作：干涉图的光强分布 $I(x)$ 是入射光的光谱分布 $B(\nu)$ 的余弦变换。即迈克尔逊干涉仪进行了一次傅里叶变换，将时间频谱变为空间频谱。

当红外复合光通过试样时，由于试样对不同波长红外光的吸收情况不同，干涉图强度曲线会发生变化。电子计算机将变化了的干涉图进行快速的傅里叶反变换。反变换关系式为：

$$B(\nu) = \int_{-\infty}^{+\infty} I(x)\cos(2\pi x\nu)\,dx$$

反变换的结果是从干涉图上的光强分布找到了光源强度随频率或波长的分布，得到了样品对不同波长红外光吸收的信息。

（三）傅里叶变换红外光谱仪的优点

由于傅里叶变换红外光谱仪不需要用狭缝，因而它可在任何测量时间获得辐射源所有频率的全部信息。此外，也消除了狭缝对光谱能量的限制，使光能的利用率大大提高。与色散型红外光谱仪比较，它具有以下优点。

1. 扫描速度快，测量时间短

傅里叶变换红外光谱仪扫描速度比色散型红外光谱仪的扫描速度快数百倍。可在很短时间里完成全谱扫描，能用于快速反应过程的追踪。

2. 分辨率和波数精确度高

在 $\tilde{\nu}$ 为 1 000 cm^{-1} 处，光栅光谱仪的分辨率为 0.2 cm^{-1}；而傅里叶变换红外光谱仪在整个光谱范围内可达 0.1～0.05 cm^{-1}。波数精度可达 0.01 cm^{-1}，可准确进行有机污染物的定性及结构分析。

3. 检出限低

傅里叶变换红外光谱仪的辐射通量比色散型仪器大得多，从而使检测器接收到的信噪比增大。加之，可在较短时间内进行多次扫描，使得样品信号累加、贮存，因而检出限很低（可达 10^{-9}～10^{-12} g），对弱光谱信号的测量和微量组分的分析非常有利。

4. 可测量的光谱范围宽

傅里叶变换红外光谱仪可研究整个红外区（10 000～10 cm^{-1}）的光谱。

第四节 试样的制备

在红外光谱法中：试样的制备占有重要的地位。如果试样处理不当，即使仪器的性能很好，也不能得到满意的红外光谱图。一般来说，制备试样时应注意：

试样的浓度和测试厚度选择适当，使光谱图中大多数的吸收峰的透光率处于 15%～70%范围内。

试样中不应含有游离水。水分的存在不仅会侵蚀吸收池的盐窗，而且水分在红外区有吸收，使测得的光谱图变形。

试样应该是单一组分的纯物质，这样便于定性分析时与纯化合物的标准光谱进行对照。

试样的制备，可根据其聚集状态选用相应的方法。

一、气体样品

使用气体吸收池。常用的吸收池长约 100 mm，直径约 40 mm，吸收峰的强度可以通过调整气槽内试样气体的压力来达到。对于大多数气体有 6.67 kPa 压力就可得到满意的图谱。对于强吸收的气体来说，只要灌注 0.67 kPa 即可。而对于弱吸收气体（如氯化氢）则需灌注 50.66 kPa。在测定气体试样中微量杂质时往往使用多次反射的长光程吸收池。

二、液体样品

液体样品可注入吸收池内测定。吸收池的两侧是用 NaCl 或 KBr 等做成的窗板。通常采用液膜法和溶液法两种。

（一）液膜法

液膜法是定性分析中经常采用的一种比较简便的方法，通常用于沸点较高的样品分析。所谓液膜法，即在两个圆形盐片之间滴 1～2 滴液体样品，形成一薄液膜，用专用夹具将两块盐片夹住即可进行测定。低沸点易挥发的样品不宜采用此法。

（二）溶液法

沸点较低，挥发性较大的试样，可注入封闭液体池中，液层厚度一般为 0.01～1 mm。

对于一些吸收很强的液体，当用调整厚度的方法仍然得不到满意的谱图时，可用适当的红外光谱溶剂稀释试样。一些固体也可以溶液的形式来进行测定。对所使用的溶剂必须仔细选择。一般来说，除了对试样应有足够的溶解度外，还应在所测光谱区域内溶剂本身没有强烈吸收，不侵蚀盐窗，对试样没有强烈的溶剂化效应等。常用的溶剂有 CS_2 和 CCl_4 等。

三、固体样品

（一）溶液法

把固体样品溶解在溶剂中，用液体池测定。

（二）压片法

压片法是测定固体样品经常采用的方法。取试样 0.5～2 mg，在玛瑙研钵中研细，再加入 100～200 mg 磨细干燥的 KBr 或 KCl 粉末，混合均匀后，放入压模内，在压力机中边抽气边加压，制成一定直径和厚度的透明片。然后将此片放入仪器光束中测定。

（三）薄膜法

对于那些熔点低，在熔融时又不分解、升华或发生其他化学反应的物质，可直接加热熔融后涂制或压制成膜。但对于大多数聚合物可先将试样制成溶液，然后蒸干溶剂以形成薄膜。

（四）调糊法

首先把干燥好的样品研细，然后滴入几滴悬浮剂在玛瑙研钵中再研磨成均匀的糊状，即可涂在盐板上压成一薄层进行测定。常用的悬浮剂有石蜡油。

第五节　红外吸收光谱法在环境分析中的应用

一、非色散红外吸收法测定固定污染源排气中一氧化碳（国家环境保护总局 HJ/T 44—1999）

一氧化碳（CO）是一种无色、无味的有毒气体。它易与人体血液中的血红蛋白结合，形成碳氧血红蛋白，使血液输送氧的能力降低，造成缺氧症。CO 主要来自石油，煤炭燃烧不充分的产物和汽车尾气。

非色散红外吸收法所用的仪器是用滤光片代替色散元件，甚至不用波长选择设备的一类简易式红外光度计。这类红外光度计广泛用于 CO、CO_2、CH_4、SO_2、NH_3 等气态污染物质单一组分的监测，具有测定简便、快速和能连续自动监测等优点。

（一）适用范围

（1）本标准适用于固定污染源有组织排放的一氧化碳测定。

（2）本标准检出限为 20 mg/m^3，定量测定的浓度范围为 60～15×10^4 mg/m^3。

（二）方法原理

一氧化碳（CO）对 4.67 μm、4.72 μm 二波长处的红外辐射具有选择性吸收，在一定波长范围内，吸收值与一氧化碳的浓度呈线性关系（遵循朗伯-比尔定律），根据吸收值确定样品中一氧化碳的浓度。

（三）引用标准

下列标准所包含的条文，通过在本标准中引用而构成为本标准的条文。

GB/T 16157—1996　固定污染源排气中颗粒物测定与气态污染物采样方法

GB 16297—1996　大气污染物综合排放标准

（四）试剂与材料

除非另有说明，分析时均使用符合国家标准的分析纯试剂。

（1）CO 标准气体　其浓度应达到仪器满量程的 90%～100%，用来校正仪器。

（2）变色硅胶。

（3）玻璃棉。

（五）仪器

1．非色散红外气体分析仪

抗干扰：对 CO_2 和 H_2O 分别具有 2 000∶1 和 1 000∶1 或更好的抗干扰；

精确度：±3%（满刻度）；

量程：0～50 000 mg/m^3。

2．采样仪器

（1）采样管。

用不锈钢、硬质玻璃或聚四氟乙烯材质的管料，其头部塞有适当量的玻璃棉。

（2）抽气泵。

密封隔膜泵或具有同等效果的其他泵。

（3）采气袋。

铝箔复合薄膜气袋。

（4）连接管。

硅橡胶管，口径与其连接部件相配。

（5）弹簧夹。

（6）除湿装置。

一般情况下采用气体吸收瓶中填装玻璃棉，依靠烟气冷却凝结水分除湿；若烟气温度高，含湿量大，需采用冷凝器除湿。

（六）样品采集和保存

1. 采样位置和采样点

按 GB/T 16157—1996 中 9.1.1 和 9.1.2 执行。

2. 采样时间和频次

按 GB 16297—1996 中 8.2.1 执行。

3. 采样系统的连接

按照不同的采样和测定方式，采用下面几种方式连接采样系统。

（1）当排气筒口径＜0.4 m 时，可将仪器探头直接插入排气筒采集样品和测定，见图 6-9。

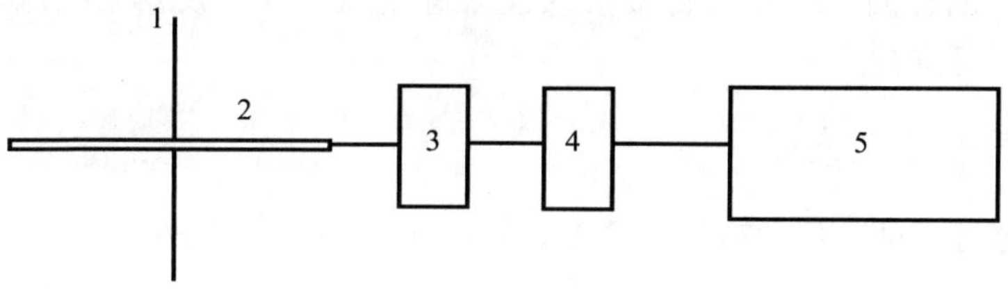

图 6-9　采样装置的连接（1）

1. 排气筒；2. 探头；3. 抽气泵；4. 除湿装置；5. 测定仪器

（2）当排气筒口径较大（＞0.4 m）时，应使用适当尺寸的采样管，仍按图 6-9 所示连接装置。

（3）当用采气袋集气后，带回实验室测定时，按图 6-10 所示连接采样装置。

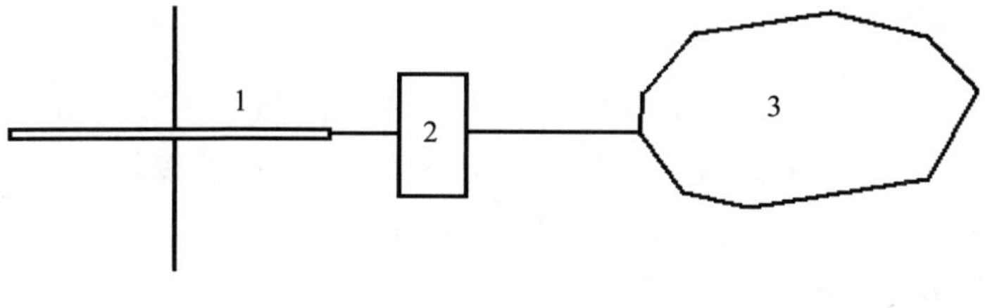

图 6-10　采样装置的连接（2）

1. 采样管；2. 抽气泵；3. 气袋

4. 样品采集

把采样管头部插入排气筒采样点位置，用排气筒中的气体清洗采样管 2～3 次，即可直接通入仪器进行测定（仪器自身带有抽气泵）。

如果使用铝箔复合薄膜袋采样，按图把待测气引入采气袋，用烟气清洗 3 次，然后采满气袋，用弹簧夹夹住入口。

根据烟气温度和含湿量大小，选用不同的除湿装置。

5．样品的保存

采集到气袋中的样品应尽快分析，室温下保存最长不超过 36 h。

（七）分析步骤

（1）仪器的调零。通常以环境空气为零气，开启仪器泵电源开关，此时抽取的是环境空气，可视为零点校正气，如果环境中一氧化碳浓度大于待测样品浓度的 1%时，需用纯氮校零。

（2）仪器的校正。以一定浓度的标准气体为基准，对仪器的各量程范围进行校正，校正气浓度应选择在满量程的 90%～100%范围内。

（3）样品的测定。按图装配好实验装置，保证所有部位连接牢固，不漏气，把采样管插入烟道采样点位，开动抽气泵，用烟气清洗采样管道，然后开始抽样，记录分析仪读数。

用气袋采集的样品，可将其直接接入仪器进气口，开启仪器泵电源，将气袋中的样品气抽入仪器即可进行测定。

（八）计算和结果表示

（1）从仪器读出的一氧化碳百分含量，可按下式换算成 mg/m^3。

$$一氧化碳的质量浓度（mg/m^3）=Kc（\%）$$

其中：$K=1.25\times10^4$（0℃，101.3 kPa）。

（2）一氧化碳“排放浓度”计算。

按 GB/T 16157—1996 中 11.1.2 或 11.1.4 计算一氧化碳的“排放浓度”。

（3）一氧化碳的“排放速率”计算。

按 GB/T 16157—1996 中 11.4 计算一氧化碳的“排放速率”。

（九）精密度和准确度

经 5 个实验室分析一氧化碳浓度 4.38×10^3 mg/m^3 的统一样品，重复性标准偏差为 11 mg/m^3，重复性相对标准偏差为 0.25%，重复性为 31 mg/m^3；再现性标准偏差为 1 6 mg/m^3，再现性相对标准偏差为 0.36%，再现性为 45 mg/m^3。测定结果的平均相对误差为 0.3%；各实验室测定结果的相对误差于 0～0.6%之间。

在实际样品分析中，以在线分析测定两个点的 CO 浓度，每个点进行 6 次平行测定的相对标准偏差分别为 2.3%及 0%；用气袋采集四个点的样品，每个点平行采集 6 袋气样，然后测定 CO 浓度的相对标准偏差于 0.69%～5.0%之间。

（十）说明

（1）采样时如遇负压锅炉，需接大功率泵，仪器本身泵关闭。

（2）采样时注意安全，对一氧化碳浓度较高的采样点，采样开孔应安装防喷装置，采样人员要站在上风处，防止一氧化碳中毒。

（3）室温下的饱和水蒸气对测定无干扰，但更高的含湿量对侧定有正干扰，需采取上述所提到的适当除湿措施。

二、红外吸收光谱法测定水中石油类和动植物油（中华人民共和国国家标准 GB/T 16488—1996）

水中所含的油类物质，包括天然石油、石油产品、焦油及其分馏物，以及食用动植物油和脂肪类等。红外吸收光谱法适用于地面水、地下水、生活污水和工业废水中石油类和动植物油的测定。

（一）原理

用四氯化碳萃取水中的油类物质，测定总萃取物，然后将萃取液用硅酸镁吸附（总萃取物中动植物油被吸附）经脱除动植物油等极性物质后，测定石油类。

总萃取物和石油类的含量均由波数分别为 2 930 cm^{-1}（CH_2 基团中 C—H 键的伸缩振动）、2 960 cm^{-1}（CH_3 基团中 C—H 键的伸缩振动）和 3 030 cm^{-1}（芳香环中 C—H 键的伸缩振动）谱带处的吸光度 $A_{2\,930}$、$A_{2\,960}$ 和 $A_{3\,030}$ 进行计算。动植物油的含量按总萃取物与石油类含量之差计算。

（二）试剂和材料

除非另有说明，分析时均使用符合国家标准的分析纯试剂和蒸馏水或同等纯度的水。

（1）四氯化碳（CCl_4）。在 2 600～3 300 cm^{-1} 之间扫描，其吸光度应不超过 0.03（1 cm 比色皿、空气池作参比）。

注：四氯化碳有毒，操作时要谨慎小心，并在通风橱内进行。

（2）硅酸镁（$MgSiO_3$）。60～100 目。取硅酸镁于瓷蒸发皿中，置高温炉内 500℃加热 2 h，在炉内冷至约 200℃后，移入干燥器中冷至室温，于磨口玻璃瓶内保存。使用时，称取适量的干燥硅酸镁于磨口玻璃瓶中，根据干燥硅酸镁的重量，按质量分数为 6%的比例加适量的蒸馏水，密塞并充分振荡数分钟，放置约 12 h 后使用。

（3）吸附柱。内径 10 mm、长约 200 mm 的玻璃层析柱。出口处填塞少量用萃取溶剂浸泡并晾干后的玻璃棉，将已处理好的硅酸镁缓缓倒入玻璃层析柱中，边倒边轻轻敲打，填充高度为 80 mm。

（4）无水硫酸钠（Na_2SO_4）。在高温炉内 300℃加热 2 h，冷却后装入磨口玻璃瓶中，干燥器内保存。

（5）氯化钠（NaCl）。

（6）盐酸（HCl）。c＝1.19 g/ml。

（7）盐酸溶液。1+5。

（8）氢氧化钠（NaOH）溶液。50 g/L。

（9）硫酸铝[$Al_2(SO_4)_3 \cdot 18H_2O$]溶液。130 g/L。

（10）正十六烷（$CH_3(CH_2)_{14}CH_3$）。

（11）姥鲛烷（2,6,10,14-四甲基十五烷）。

（12）甲苯（$C_6H_5CH_3$）。

（三）仪器与设备

（1）仪器　红外分光光度计，能在 3 400 cm^{-1} 至 2 400 cm^{-1} 之间进行扫描操作，并配 1 cm 和 4 cm 带盖石英比色皿。

（2）分液漏斗　1 000 ml，活塞上不得使用油性润滑剂。

（3）容量瓶　50 ml、100 ml 和 1 000 ml。

（4）玻璃砂芯漏斗　G-1 型 40 ml。

（5）采样瓶　玻璃瓶。

（四）采样和样品保存

（1）采样　油类物质要单独采样，不允许在实验室内再分样。采样时，应连同表层水一并采集，并在样品瓶上作一标记，用以确定样品体积。当只测定水中乳化状态和溶解性油类物质时，应避开漂浮在水体表面的油膜层，在水面下 20～50 cm 处取样。当需要报告一段时间内油类物质的平均浓度时，应在规定的时间间隔分别采样而后分别测定。

（2）样品保存　样品如不能在 24 h 内测定，采样后应加盐酸酸化至 pH≤2，并于 2～5℃下冷藏保存。

（五）测定步骤

1．萃取

将一定体积的水样全部倾入分液漏斗中，加盐酸酸化至 pH≤2，用 20 ml 四氯化碳洗涤采样瓶后移入分液漏斗中，加约 20 g 氯化钠，充分振荡 2 min，并经常开启活塞排气。静置分层后，将萃取液经已放置约 10 mm 厚度无水硫酸钠的玻璃砂芯漏斗流入容量瓶内。用 20 ml 四氯化碳重复萃取一次。取适量的四氯化碳洗涤玻璃砂芯漏斗，洗涤液一并流入容量瓶，加四氯化碳稀至标线定容，并摇匀。

将萃取液分成两份，一份直接用于测定总萃取物，另一份经硅酸镁吸附后，用于测定石油类。

2．吸附

取适量的萃取液通过硅酸镁吸附柱，弃去前约 5 ml 的滤出液，余下部分接入玻璃瓶用于测定石油类。

3．测定

（1）样品测定　以四氯化碳作参比溶液，使用适当光程的比色皿，在 3 400 cm^{-1} 至 2 400 cm^{-1} 之间分别对萃取液和硅酸镁吸附后滤出液进行扫描。于 3 300 cm^{-1} 至 2 600 cm^{-1} 之间画一直线作基线，在 2 930 cm^{-1}、2 960 cm^{-1} 和 3 030 cm^{-1} 处分别测量萃取液和硅酸镁吸附后滤出液的吸光度 A_{2930}、A_{2960}、A_{3030}，并分别计算总萃取物和石油类的含量，按总萃取物与石油类含量之差计算动植物油的含量。

（2）校正系数测定　以四氯化碳为溶剂，分别配制 100 mg/L 正十六烷、100 mg/L 姥鲛烷和 400 mg/L 甲苯溶液。用四氯化碳作参比溶液，使用 1 cm 比色皿，分别测量正十六烷、姥鲛烷和甲苯三种溶液在 2 930 cm^{-1}、2 960 cm^{-1}、3 030 cm^{-1} 处的吸光度 $A_{2\,930}$、$A_{2\,960}$、$A_{3\,030}$。

正十六烷、姥鲛烷和甲苯三种溶液在上述波数处的吸光度均服从于通用式（6.9），由此得出的联立方程式经求解后，可分别得到相应的校正系数 X、Y、Z 和 F。

$$c = X \cdot A_{2\,930} + Y \cdot A_{2\,960} + Z\left(A_{3\,030} - \frac{A_{2\,930}}{F}\right) \tag{6.9}$$

式中：c——萃取溶剂中化合物的含量，mg/L；

$A_{2\,930}$、$A_{2\,960}$、$A_{3\,030}$——各对应波数下测得的吸光度；

X、Y、Z——与各种 C—H 键吸光度相对应的系数；

F——脂肪烃对芳香烃影响的校正因子，即正十六烷在 2 930 cm^{-1} 和 3 030 cm^{-1} 处的吸光度之比。

对于正十六烷（H）和姥鲛烷（P），由于其芳香烃含量为零，

即 $A_{3\,030} - \frac{A_{2\,930}}{F} = 0$，则有：

$$F = A_{2\,930}(\mathrm{H}) / A_{3\,030}(\mathrm{H}) \tag{6.10}$$

$$c(\mathrm{H}) = X \cdot A_{2\,930}(\mathrm{H}) + Y \cdot A_{2\,960}(\mathrm{H}) \tag{6.11}$$

$$c(\mathrm{P}) = X \cdot A_{2\,930}(\mathrm{P}) + Y \cdot A_{2\,960}(\mathrm{P}) \tag{6.12}$$

由式（6.10）可得 F 值，由式（6.11）和式（6.12）可得 X 和 Y 值，其中 c（H）和 c（P）分别为测定条件下正十六烷和姥鲛烷的浓度（mg/L）。

对于甲苯（T），则有：

$$c(\mathrm{T}) = x \cdot A_{2\,930}(\mathrm{T}) + Y \cdot A_{2\,960}(\mathrm{T}) + Z\left[A_{3\,030}(\mathrm{T}) - \frac{A_{2\,930}(T)}{F}\right] \tag{6.13}$$

由式（6.13）可得 Z 值，其中 c（T）为测定条件下甲苯的浓度（mg/L）。

（六）分析结果

1. 总萃取物量

水样中总萃取物量 c_1（mg/L）按式（6.14）计算：

$$c_1 = \left[x \cdot A_{1(2\,930)} + Y \cdot A_{1(2\,960)} + Z\left(A_{1(3\,030)} - \frac{A_{1(2\,930)}}{F}\right)\right] \cdot \frac{V_0 \cdot D \cdot l}{V_w \cdot L} \tag{6.14}$$

式中：X、Y、Z、F——校正系数；

$A_{1(2\,930)}$、$A_{1(2\,960)}$、$A_{1(3\,030)}$——各对应波数下测得萃取液的吸光度；

V_0——萃取溶剂定容体积，ml；

V_w——水样体积，ml；

D——萃取液稀释倍数；

l——测定校正系数时所用比色皿的光程，cm；

L——测定水样时所用比色皿的光程，cm。

2. 石油类含量

水样中石油类的含量 c_2（mg/L）按式（6.15）计算。

$$c_2 = \left[X \cdot A_{2(2\,930)} + Y \cdot A_{2(2\,960)} + Z\left(A_{2(3\,030)} - \frac{A_{2(2\,930)}}{F} \right) \right] \cdot \frac{V_0 \cdot D \cdot l}{V_w \cdot L} \tag{6.15}$$

式中：$A_{2\ (2\,930)}$、$A_{2\ (2\,960)}$、$A_{2\ (3\,030)}$——各对应波数下测得硅酸镁吸附后滤出液的吸光度；其他符号意义同前。

3. 动植物油含量

水样中动植油的含量 c_3（mg/L）按式（6.16）计算。

$$c_3 = c_1 - c_2 \tag{6.16}$$

（七）方法的检出限

试液体积为 500 ml，使用光程为 4 cm 的比色皿时，方法的检出限为 0.1 mg/L；试液体积为 5 L，通过富集后其检出限为 0.01 mg/L。

习题

1．解释下列名词。

基频　倍频　基团频率　红外活性的　红外非活性的

2．根据下列各化学键力常数数据，计算它们的振动波数。

（1）乙烷的 C—H 键　K＝5.1N/cm

（2）甲醛的 C—O 键　K＝1.23N/cm

3．什么是简正振动？简正振动的数目与什么有关？

4．红外吸收光谱产生的条件是什么？是否所有的分子振动都会产生红外吸收光谱？为什么？

5．多原子分子可观察到的红外吸收光谱为什么通常比其简正振动数目少？

6．官能团区和指纹区各有何特点？试叙它们在有机化合物定性与结构分析中的主要用途。

7．何谓基因频率？影响基因频率的因素有哪些？

8．羰基化合物 R—CO—R′，R—CO—Cl，R—CO—H，R—CO—F，F—CO—F 中，C═O 伸缩振动频率出现最高者是什么化合物。

9．下列两个化合物中，哪一个化合物 $\nu_{C=O}$ 吸收带出现在较高频率？为什么？

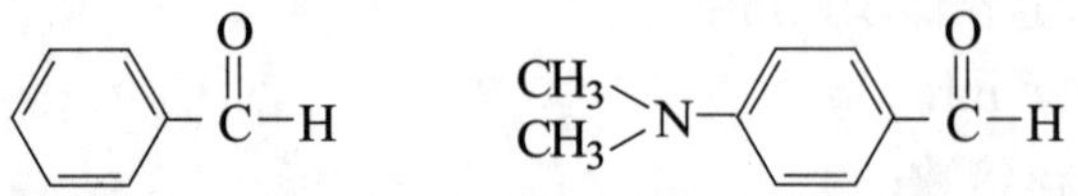

10．试述高真空热电偶检测器检测红外光的原理。

11．试述傅里叶变换红外光谱仪中迈克尔逊干涉仪和电子计算机的作用。

参考文献

[1] 钱沙华，韦进宝. 环境仪器分析[M]. 北京：中国环境科学出版社，2004.

[2] 钟海庆. 红外光谱入门[M]. 北京：化学工业出版社，1984.

[3] 武汉大学化学系. 仪器分析[M]. 北京：高等教育出版社，2002.

[4] 北京大学化学系仪器分析教学组. 仪器分析教程[M]. 北京：北京大学出版社，2002.

[5] 水质分析方法//中国标准出版社第二编辑室. 中国环境保护标准汇编[M]. 北京：中国标准出版社，2001.

第七章　核磁共振波谱法

核磁共振波谱实际上也是一种吸收光谱。只不过核磁共振波谱来源于原子核能级间的跃迁，而不像其他吸收光谱来源于分子能级间的跃迁。在强磁场的作用下，一些具有某些磁性的原子核的能量可以裂分为 2 个或 2 个以上的能级。如果此时外加一个能量，使其恰等于裂分后相邻 2 个能级之差，则该核就可能吸收能量（称为共振吸收），并从低能态跃迁至高能态，称为发生了核磁共振（nuclear magnetic resonance，NMR）。核裂分后所吸收能量的数量级相当于频率范围为 0.1～100 MHz 的电磁波（简称射频）。将磁性核对射频能吸收产生的共振信号与射频频率对应记录下来，就得到核磁共振波谱。核磁共振波谱法就是根据化合物的核磁共振谱对该化合物进行结构鉴定和定量分析的方法。

核磁共振波谱法是伯塞尔（E.M. Purcell）和布洛赫（F. Bloch）所领导的两个小组于 1946 年用不同的方法各自独立发现的，他们两人分享了 1952 年诺贝尔物理学奖，开创了有机结构分析的新领域。1953 年，随着第一台商品化的核磁共振波谱仪（美国 Varian 公司生产）的问世，NMR 技术也从试验研究进入到应用阶段。1958 年制造出 60 MHz 的波谱仪。到 20 世纪六七十年代先后制造出 100 MHz、200 MHz 甚至 360 MHz 的波谱仪。1969 年 Varian 公司生产出第一台脉冲傅里叶式波谱仪，使 NMR 方法的灵敏度提高了一个数量级。到 20 世纪 80 年代，出现超导磁体式谱仪，使磁感应强度从 100 MHz 的 1.35 T 提高到目前 800 MHz 的 18.79 T，使核磁共振波谱法的灵敏度提高了 3～4 个数量级。实现了μg 级样品的分析。随着磁感应强度的提高，仪器的价格和维持费也更加昂贵，除了特别微量的样品和大分子研究外，300～400 MHz 的仪器已能满足绝大多数有机样品分析鉴定的需要。迄今为止，NMR 的相关研究成果已经获得了 5 次诺贝尔奖。

核磁共振波谱法在有机结构分析的各种波谱法中，是能给出结构信息最准确、最严格的一种方法。^{1}H-NMR 和 ^{13}C-NMR 是研究最多、应用最广的核磁共振谱。此外，^{15}N-NMR，^{19}F-NMR，^{31}P-NMR 也是在研究中经常用到的核磁共振谱。

第一节　核磁共振波谱基本原理

一、原子核的自旋运动

不同的原子具有不同的原子核。每种原子核的电荷取决于核中质子的数目；核的质量则决定于核中质子数目与中子数目之和。质子数相同而质量数不同的原子核称为同位素，例如氢的同位素有 ^{1}H、^{2}H、^{3}H，分别称它们为氢核、氘核、氚核。

原子核具有一定的质量和一定的体积。实验表明，大多数的原子核都绕着某个轴作自旋运动。因为，原子核是带电粒子，原子核自旋运动也会产生磁场，因而具有磁偶极矩，简称磁矩。

进行自旋运动的原子核都具有一定的自旋角动量。核的自旋角动量是一个矢量，用 P 表示，它的方向与旋转轴相重合。根据量子力学的计算，原子核自旋角动量的绝对值由下式决定：

$$|P| = \frac{h}{2\pi}\sqrt{I(I+1)} = \hbar\sqrt{I(I+1)} \tag{7.1}$$

式中：h——普朗克常量，6.626×10^{-34} J • s；

$\hbar = \frac{h}{2\pi}$；

I——核自旋量子数，$I=0$，$\frac{1}{2}$，1，$\frac{3}{2}$，…。

由式（7.1）可知，核自旋角动量的大小决定于核自旋量子数 I。I 表示某种原子核所固有的特征，不同的原子核有不同的 I 值。I 值只能取零，半整数，整数，而不能取其他的数值。也就是说各种原子核 I 值的变化是不连续的，因此 I 称为量子数。

实验证明，原子核的自旋量子数 I（简称自旋）与核的质子数和中子数有关。若用 A 表示原子核的质量数，N_n 表示原子核的中子数，Z 表示原子核的质子数。则 $A=N_n+Z$。如果原子核的质子数 Z 与中子数 N_n 都为偶数，那么它的质量数 A 也为偶数。这种原子核的自旋量子数 I 等于零。即没有自旋现象。如 ^{12}C、^{4}He、^{16}O 等核。

如果 Z 和 N_n 当中有一个是奇数，那么这种原子核的自旋量子数 I 不等于零，这种原子核具有自旋角动量。

如果 $A=Z+N_n$ 是偶数（Z 和 N_n 都是奇数），$I=1$，2，3，… 正整数。例如 ^{14}N，^{2}H 核的 $I=1$，^{10}B 核的 $I=3$。

如果 $A=Z+N_n$ 是奇数的核，自旋量子数为半整数，1/2，3/2，5/2，…，例如 ^{1}H，^{19}F，^{13}C，^{31}P 等核，$I=\frac{1}{2}$。^{35}Cl、^{37}Cl、^{79}Br、^{84}Br 等核，$I=\frac{3}{2}$。

由前所述可知，凡是自旋量子数不为零的原子核都会产生一个磁场，也就是说它们像一个小磁铁一样具有磁性质。自旋核产生的磁场称为磁偶极，核磁偶极的大小用磁矩 μ 来描述。原子核磁矩 μ 与核自旋角动量 P 成正比：

$$\mu = \gamma P = \gamma\frac{h}{2\pi}\sqrt{I(I+1)} = \gamma\hbar\sqrt{I(I+1)} \tag{7.2}$$

式中：γ——核的磁旋比，是核的特征常数。

二、自旋核的取向和能级

当将氢核置于外磁场 H_0 中，它对于外磁场有两种取向（取向数为 $2I+1=2\times\frac{1}{2}+1=2$）：

一种与外磁场平行，以磁量子数 $m=+\frac{1}{2}$ 表征，此时能量较低；一种与外磁场逆平行，以 $m=-\frac{1}{2}$ 表征，此时能量较高。由于旋转的氢核是运动的，在外磁场中，其磁矩与外磁场相互作用。原子核的运动状态除自旋外，还围绕磁场方向发生回旋，或称拉摩尔进动，如图 7-1 所示，回旋轴线或与外磁场方向一致，或与外磁场反向。进动频率（拉摩尔频率）ν_0 与外加磁场强度 H_0 的关系可用拉摩尔公式（7.3）表示。

$$\omega_0 = 2\pi\nu_0 = \gamma H_0 \tag{7.3}$$

式中：ω_0——进动的角频率；

ν_0——进动的线频率。

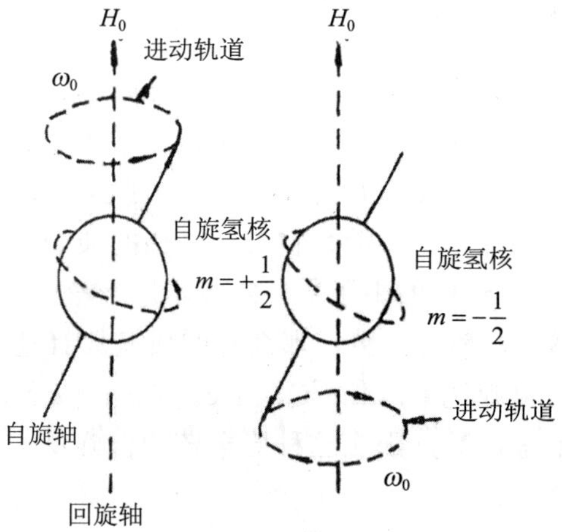

图 7-1　自旋核在外磁场中的两种取向示意图

在外加磁场的作用下，磁矩与外磁场作用产生能级分裂。能级 E 与核的磁旋比和外加磁场磁感应强度成正比。能级分裂由磁量子数 m 所决定。

$$E=-m\gamma\frac{h}{2\pi}H_0=-m\gamma\hbar H_0 \tag{7.4}$$

图 7-2 为自旋能级裂分的示意图。如氢核 I=1/2 且 γ 大于零的核，当磁量子数 m=+1/2 时，核处于低能级；当磁量子数 m=－1/2 时，核处于高能级。它们之间的能级差为

$$\Delta E=\gamma\frac{h}{2\pi}H_0=\gamma\hbar H_0 \tag{7.5}$$

当不存在外磁场即 $H_0=0$，ΔE=0 时，自旋核能级是简并的不能产生核磁共振。若置于外磁场中，则能级产生裂分。对同一种核，外磁场磁感应强度越高，裂分的能级之间能量差就越大。

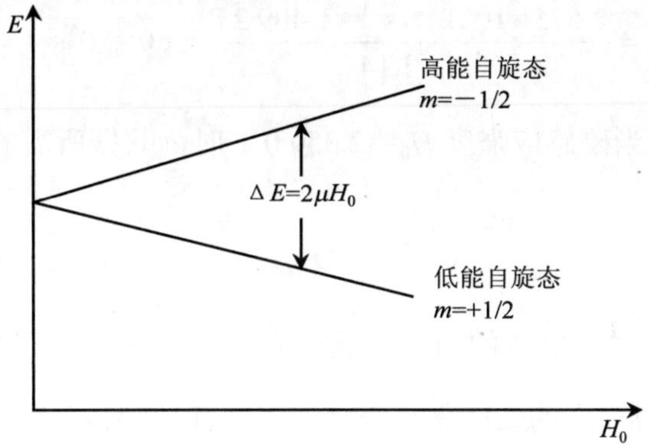

图 7-2 在外磁场作用下，核自旋能级裂分示意图

当原子核置于磁场中，外界电磁波提供的能量正好等于相邻能级间的能差时，原子核就可以吸收这部分能量从低能态向高能态跃迁，这种跃迁称为核磁共振。

$$h\nu = \Delta E=\gamma \frac{h}{2\pi} H_0$$

$$\nu=\frac{\gamma}{2\pi} H_0 \tag{7.6}$$

式（7.6）是发生核磁共振时的条件，即发生共振时射电频率ν与磁感应强度 H_0 之间的关系。同时还说明：

（1）对于不同的原子核，由于γ（磁旋比）不同，发生共振的条件不同；即发生共振时γ和 H_0 的相对值不同。表 7-1 列举了数种磁性核的磁旋比和它们发生共振时和ν_0及 H_0 的相对值。即在相同的磁场中，不同原子核发生共振时的频率各不相同，根据这一点可以鉴别各种元素及同位素。例如，D_2O 和 H_2O 的化学性质虽然十分相似，但两者的核磁共振频率却相差很大，可以用核磁共振方法测定重水中 H_2O 的含量。

表 7-1 数种磁性核的磁旋比及共振时ν_0和 H_0的相对值

同位素	丰度/%	自旋量子数 I	磁旋比γ/ $T^{-1}\cdot s^{-1}\cdot 10^7$	共振频率 ν/MHz	
				H_0 = 1.409 2 T	H_0 = 2.350 0 T
^1H	99.98	1/2	26.75	60.0	100
^2H	0.015 6	1	4.102	9.21	15.4
^{13}C	1.1	1/2	6.721	15.1	25.2
^{14}N	99.62	1	1.931	43.3	72.27
^{19}F	100	1/2	25.236	56.4	94.2
^{31}P	100	1/2	10.83	34.2	57.1

（2）对于同一种核，γ 值一定。当外加磁场一定时，共振频率也一定。当磁感应强度改变时，共振频率也随之改变，例如，对氢核，γ=2.675×10^8 $T^{-1}\cdot s^{-1}$，当磁感应强度 H_0＝1.409 2 T 时，发生核磁共振所需的频率为：

$$\nu = \frac{\gamma H_0}{2\pi} = \frac{2.675 \times 10^8 \mathrm{T}^{-1} \cdot \mathrm{s}^{-1} \times 1.409\,2\mathrm{T}}{2 \times 3.14} = 60 \times 10^6 \mathrm{s}^{-1} = 60\mathrm{MHz}$$

同样可以计算得，当磁感应强度 H_0＝2.350 0 T 时，共振所需的频率为 100 MHz。

三、弛豫

当没有外磁场存在时，氢核的两种自旋状态的分布几率是相等的。但是，当磁场存在时，核就倾向处于 $m=+\frac{1}{2}$ 的低能态。而室温时热能比核磁能级差要高几个数量级，因此，热运动要破坏这种倾向。当达到热平衡时，高低能态的氢核数服从波尔兹曼分布

$$\frac{n_1}{n_2} = \mathrm{e}^{-\Delta E/kT} \tag{7.7}$$

式中：n_1、n_2——分别代表处于高能态和低能态的氢核数；

k——波尔兹曼常数；

T——热力学温度。

通常情况下，处于低能态的核只比高能态的核稍多一些，如 T=300 K，H_0=1 T 时，

$$\frac{n_1}{n_2} = \frac{1\,000\,000}{1\,000\,007}$$

即在室温下，处于低能态的核比高能态的核数只多百万分之七（$7/10^6$）。

发生核磁共振时，核的低能态向高能态跃迁。若高能态的核不能或来不及通过一定途径释放能量回到低能态，处于两种状态的核数目就趋于相等，即所谓“饱和”，这时将观测不到核磁共振信号。

由于核磁共振中氢核发生共振吸收的能量ΔE 是很小的，因而跃迁到高能态的氢核不可能通过发射谱线的形式失去能量返回到低能态（像发射光谱那样），这种由高能态回到低能态不发射原来所吸收的能量而是通过非辐射的方式实现的过程称为弛豫过程。

在核磁共振中，弛豫过程分为两类，一类是自旋–晶格弛豫；另一类是自旋–自旋弛豫。

（1）自旋–晶格弛豫。在此过程中，一些核由高能态回到低能态，其能量转移到周围粒子中去，如在固体样品中传递给晶格，在液体样品中传递给周围分子或溶剂分子等。弛豫的结果使高能态的核数减少，就全体核来说，总能量下降了。此过程也称为纵向弛豫。自旋–晶格弛豫过程所需的时间，用半衰期 T_1 表示。T_1 是处于高能态核寿命的一个量度，其数值与核的种类、样品状态和温度有关。气体、液体一般为 10^{-2}～100 s 之间；固体和高黏度的液体则较大，有时可达几小时或更长。

（2）自旋–自旋弛豫是自旋能量的转移在核群内部进行，能量在同种核之间交换，高低能态上的核总数并未改变，但对某一特定的核来说能量可能降低了。这种过程也称为横向弛豫。横向弛豫过程用半衰期 T_2 表征。固体和黏稠液体内核的相对位置比较固定，有利于核之间能量的转移，T_2 一般较小，气体及一般液体样品 T_2 为 1s 左右。

对于每一个核来说，它在某个能态上所停留的平均时间取决于 T_1 和 T_2 中较小的一个。弛豫时间对谱线宽度影响很大，按照测不准原理，

$$\Delta E \cdot \Delta t \approx h \tag{7.8}$$

所以

$$\Delta E = h \cdot \Delta \nu \tag{7.9}$$

$$\Delta \nu = \frac{1}{\Delta t} \tag{7.10}$$

由式（7.10）可知，线宽反比弛豫时间。固体样品的 T_2 很小，所以谱线很宽。要得到高分辨的核磁共振谱，就要将固体样品配成溶液。另外，由弛豫引起的谱线变宽是自然线宽，不能由改进仪器而变窄。

第二节　核磁共振波谱仪

一、核磁共振波谱仪的分类

1. 按射频场施加方式分类

目前多按此方式分类。它是根据核磁共振实验中射频场施加的方式，可把核磁共振波谱仪分为两类。一类是连续波核磁共振仪，它是把射频场连续不断地加到样品上，得到频率谱（波谱）。另一类是脉冲核磁共振波谱仪，它是把射频场以窄脉冲的方式加到样品上，得到时间谱。后来发现，频率谱与时间谱是一个傅里叶变换对，于是出现了脉冲傅里叶变换核磁共振波谱仪。它是把脉冲核磁共振仪得到的时间谱，由电子计算机进行傅里叶变换的计算，再得到一般可以观察的频率谱。目前发展最快、应用广泛的就是连续波核磁共振波谱仪和脉冲傅里叶变换核磁共振波谱仪。

2. 按产生磁场的设备分类

根据产生磁场的设备可以把核磁共振仪分为电磁铁、永久磁铁和超导磁体三类。

3. 按研究对象分类

根据核磁共振波谱仪研究的对象，可分为高分辨核磁共振波谱仪和宽谱线核磁共振波谱仪。

4. 按用途分类

根据核磁共振波谱仪的用途可分为常规分析用仪器和研究用仪器与专用仪器。

二、核磁共振波谱仪

1. 连续波核磁共振谱仪

核磁共振波谱仪主要由磁铁、射频振荡器、射频接收器组成，如图 7-3 所示。

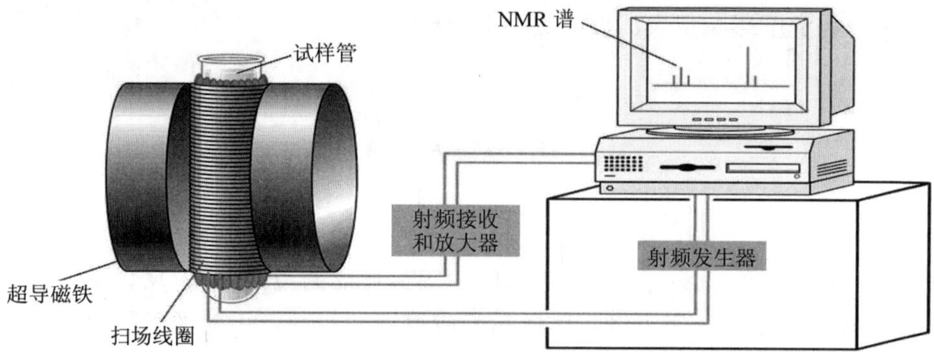

图 7-3 核磁共振波谱仪示意图

（1）磁铁

核磁共振波谱仪使用的磁铁有永久磁铁、电磁铁和超导磁铁三种。仪器对磁铁要求有尽可能高的磁场。这样可通过增强磁感应强度提高仪器的灵敏度。其次是磁感应强度要稳定，以利于得到准确的测量结果。此外，要求磁铁材料均匀，极面光滑，两磁极面高度平行，以减少磁力线的歪斜。

永久磁铁磁感应强度一般为 10^{-3}～1 T。其优点是磁场稳定性高，消耗电功率小，缺点是对外界温度变化很敏感，为此，磁铁必须安装在 35℃±0.002℃的恒温槽内。永久磁铁一般用在简易型仪器上。

电磁铁是用软磁性材料外绕激磁线圈，通电后即产生磁场。磁场均匀区大，对外界温度变化不敏感。缺点是消耗电功率大，由于大量散热，需要有冷却水系统。

超导强磁场是由超导磁体产生的，而超导磁体能够产生的磁场大约与通入的电流成正比，其产生的最强磁场主要决定于：超导磁体的结构、绕制磁体所用的超导线的材料、磁体的工作温度。一般的超导磁铁是装有铌钛合金丝绕成的螺线管，螺线管放在存有液氦的杜瓦瓶中，在这样低的温度（液氦温度 4 K）下，导线电阻接近零，通电闭合后，电流即可循环不止，产生很强的磁场。由于液氦温度是恒定的，所以磁场很稳定。但由于仪器价格昂贵，在运行过程中要消耗液氦或液氮，超导磁铁维持费用高，影响普遍推广应用。

（2）射频发生器（射频振荡器）

射频发生器用于提供固定频率的电磁辐射。电磁辐射是从一个很稳定的晶体控制的振荡器产生。如测定氢核的仪器，产生 60 MHz（对应于 $H_0 = 1.409\,2$ T 磁场）或 100 MHz（对应于 $H_0 = 2.350\,0$ T 磁场）的射频。如需测定其他的核，如 ^{19}F、^{13}C、^{11}B 则要用其他频率的振荡器。固定磁场，改变频率进行扫描的，称扫频。若固定频率，改变磁感应强度进行扫描的称扫场。一般以扫场较为方便，扫频应用较少。

（3）射频接收和放大器

当振荡器发生的电磁波的频率 ν 和磁感应强度 H_0 满足核磁共振条件时（满足 $\nu = \dfrac{\gamma B_0}{2\pi}$ 时），置于磁场和射频线圈中的试样的氢核就会产生共振而吸收能量。能量的吸收情况为射频接收器所检测。通过放大后记录下来。所以，核磁共振测量的是共振吸收。

（4）探头

探头中有样品管座、发射线圈、接收线圈、预放大器和变温元件等。其中：发射线圈与射频发生器相连，接收线圈与射频接收器相连，两者相互垂直。样品管座处于线圈的中心用于盛放样品管。常用的样品管是用石英制成，管口用四氟乙烯盖。变温元件用于控制探头温度。

（5）扫描单元

扫描单元是连续波核磁共振谱仪特有的一个组成部分，用于控制扫描速度、扫描范围等参数。

此外，核磁共振波谱仪还备有以下配套装置：①去偶仪，以进行双照射；②温度可变装置，以便于改善黏稠试液的流动性，以利于测定；③信号累计平均仪，用于极稀溶液进行重复扫描，累加所得信号，提高灵敏度和信噪比。

2. 脉冲傅里叶变换核磁共振谱仪

相比于连续波核磁共振波谱仪，脉冲傅里叶核磁共振谱仪测定样品谱图需要的时间短得多，使得为提高信噪比而做累加测量的时间大大缩短。对于灵敏度较低的核磁共振技术是一个重要的突破。脉冲傅里叶核磁共振谱仪包括 5 个主要部分：射频发射系统、探头、磁场系统、信号接收系统和信号处理与控制系统。

（1）射频发射系统：射频发射系统是将一个稳定的、已知频率的石英振荡器产生的电磁波，经频率综合器精确地合成出欲观测核（如 ^{1}H，^{13}C，^{31}P 等）、被辐照核（如照射 ^{1}H 以消除其对观测核的耦合作用）和锁定核（如 ^{2}D，^{7}Li，用以稳定仪器的磁感应强度）的 3 个通道所需频率的射频源。射频源发射的射频脉冲通过探头上的发射线圈照射到样品上。

（2）探头：探头是整个仪器的心脏，固定在磁极间隙中间。包括样品管支架、发射线圈、接收线圈等，样品管在探头中高速旋转，以消除管内的磁场不均匀性。探头分为多种，如正向探头、反向探头、微量探头、固体探头等。

（3）磁场系统：用以产生一个强、稳、匀的静磁场以便观测化学位移微小差异的共振信息。高磁场磁体（高于 2.3T）需要采用超导体绕制的线圈经电激励来产生，称为超导磁体。超导磁体需要使用足够的液氦或液氮来降低温度，维持其正常工作。磁体内同时含有多组匀场线圈，通过调节其电流使它在空间构成相互正交的梯度磁场来补偿主磁体的磁场不均匀性。通过仔细反复调节，可获得足够高的仪器分辨率和良好的 NMR 谱图。

（4）信号接收系统：信号接收系统和射频发射系统实际上用的是同一组线圈。当射频脉冲发射并施加到样品上后，发射门关闭，接收门打开，FID 信号（Free Induction Decay，自由感应衰减信号）被信号接收系统接收下来。信号经前置放大器放大、检波、滤波等处理，再经模数转换转化为数字信号，最后通过计算机快速采样，FID 信号被记录下来。

（5）信号处理与控制系统：负责控制和协调各系统有条不紊地工作。并对接收的 FID 信号进行累计、傅里叶变换处理等。

三、仪器的主要性能指标

1. 灵敏度

灵敏度表示仪器能检测出微弱信号的能力。一般是以质子谱为标准来定义核磁共振波谱仪的灵敏度。其测试方法是将1%的乙基苯溶液放在直径为5 mm的样品管内作为标准样品进行记谱。如图7-4（a）所示图谱中次甲基四重峰中最大峰值的高度为S（从基线平均值算起），最大噪声高度为N，核磁共振波谱仪的灵敏度为

$$灵敏度=\frac{S}{N}\times 2.5 \tag{7.11}$$

一般是记三次谱，把三次测得的信噪比S/N值进行平均作为核磁共振波谱仪的灵敏度。简易型仪器灵敏度为20～30，研究型仪器均在50以上。

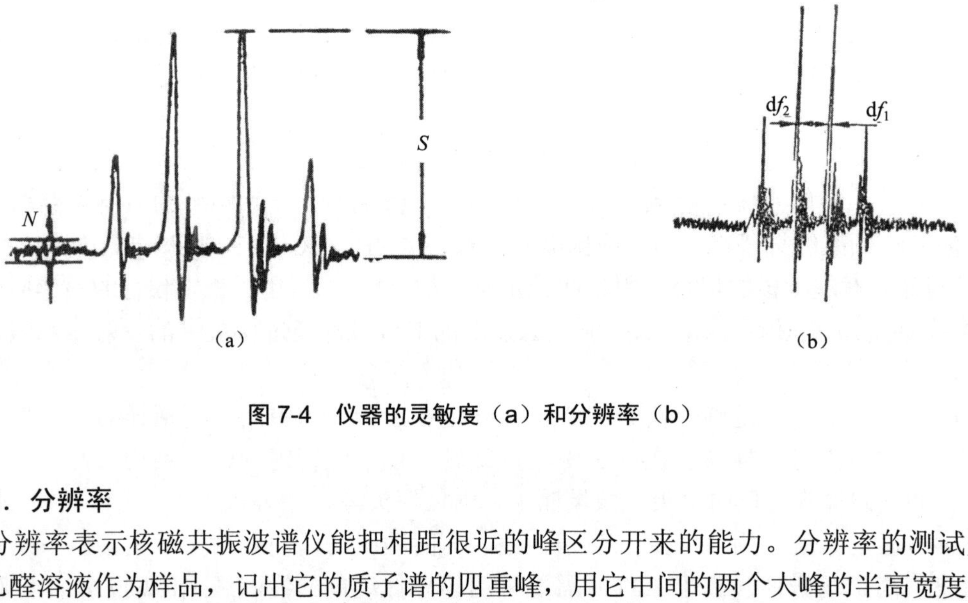

图7-4 仪器的灵敏度（a）和分辨率（b）

2. 分辨率

分辨率表示核磁共振波谱仪能把相距很近的峰区分开来的能力。分辨率的测试是用20%乙醛溶液作为样品，记出它的质子谱的四重峰，用它中间的两个大峰的半高宽度的平均值来定义仪器的分辨率。如图7-4中的（b），即把df_1和df_2进行平均就是以赫为单位的分辨率数值。简易型仪器分辨率为0.6～1 Hz，研究型仪器为0.1～0.3 Hz。

3. 稳定性

稳定性表示核磁共振波谱仪在长时间工作过程中，磁感应强度和射频频率的稳定性。稳定性对于精确测量化学位移及耦合常数的数值很重要。稳定性的测试是用质量分数为90%的乙基苯溶液作样品，在一张记录纸上连续记录五次图谱。用其中某条谱线峰值位置的平均偏差来定义仪器的稳定度。所谓平均偏差就是五个峰值位置l_i与平均位置l_0的偏差的绝对值Δl_i的平均值。即

$$稳定度=\frac{\sum_{i=1}^{5}|l_i-l_0|}{5}=\frac{\sum_{i=1}^{5}\Delta l_i}{5} \tag{7.12}$$

4．分辨率稳定度

分辨率稳定度表示核磁共振波谱仪在高分辨状态调好之后所能保持的时间。一般以仪器调好之后在几小时之内分辨率保持在什么范围之内作为定义的指标。如某仪器的分辨率为 0.3 Hz，分辨率稳定度为 0.5 Hz/24 h。

第三节 核磁共振氢谱

一、核磁共振氢谱（^{1}H–NMR）

氢核的核磁共振波谱，主要可以提供 3 个方面的结构信息。

（1）吸收峰频率（化学位移）。

（2）峰的裂分和耦合常数。

（3）各峰的相对面积。

图 7-5 是乙醚的 ^{1}H–NMR。图中下部标度δ为化学位移。上部是不同基团内氢核的裂分的吸收峰。其中右边的三重峰为乙基中甲基质子吸收峰，左边的四重峰是乙基中次甲基质子的吸收峰。上图的阶梯线是各峰面积的积分线。谱图刻度为零处是参考峰。

核磁共振谱上吸收峰的面积与相应的各种质子数目成正比。因此，将各吸收峰的面积进行比较，就能决定各质子的相对数目。吸收峰面积用阶梯式的积分曲线表示，积分线是从低磁场向高磁场，从积分线的出发点到终点的高度与所有的质子数成正比，而每一层阶梯的高度与该特定波谱区的氢核数成正比。通过安装在仪器中的积分仪，就能在记录纸的纵坐标上直接画出相对峰面积的大小。通过峰面积测定的各种质子数，既可用于定量分析，也有助于推断化学结构。

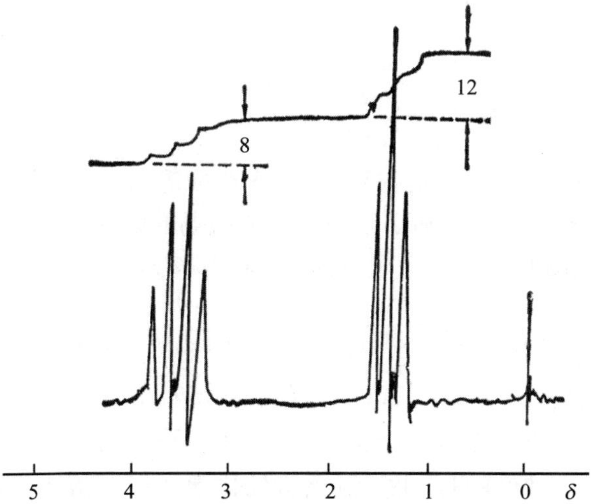

图 7-5 乙醚的核磁共振谱

二、化学位移

1．化学位移的产生

我们讨论氢核的核磁共振时，是对一孤立的氢核而言。但实际情况并不是这样。每个原子核都被不断运动着的电子云所包围。当氢核处于磁场中时，在外加磁场的作用下，电子的运动产生感应磁场，其方向与外加磁场方向相反，因而外围电子起到对抗磁场的作用，这种对抗磁场的作用称为屏蔽作用。如图 7-6 所示。由于屏蔽作用，使原子核实际受到的磁场作用减小，为了使氢核发生共振，必须增加外加磁场的磁场强度，以抵消电子云的屏蔽作用。

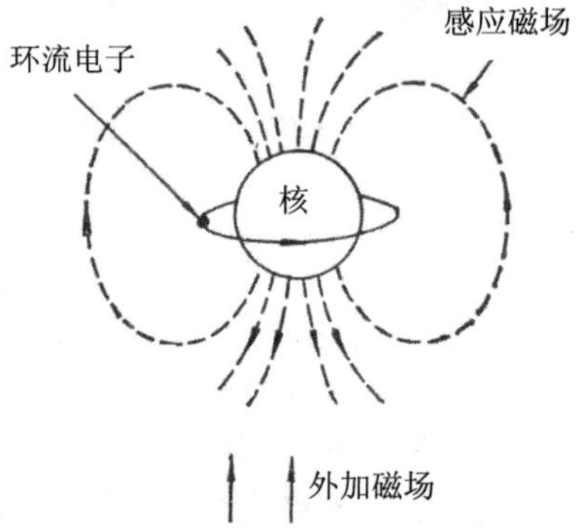

图 7-6　电子对核的屏蔽作用

屏蔽磁场的磁场强度与外加磁场的磁场强度成正比，即 H_e 为

$$H_e=H_0\sigma$$

σ是原子核的屏蔽常数（其数值为 10^{-5} 数量级）。因此，核实际受到的磁场强度为

$$B = H_0 - H_0\sigma = H_0(1-\sigma) \tag{7.13}$$

则共振频率为

$$\nu = \frac{\gamma H_0(1-\sigma)}{2\pi} \tag{7.14}$$

由式（7.14）可知，具有不同σ 值的氢核会分别在对应的场强（或频率）处产生共振。若固定射频频率（扫场），σ 值越大，则必须增大外加磁场的磁场强度，在高场处才能达到共振条件。若固定外加磁场的磁场强度（扫频），则要降低射频频率，在低频处才能实现共振。

屏蔽作用是由于核外存在电子云。电子云密度愈大，屏蔽作用也愈大，共振时所需的外加磁场的磁场强度也愈强。而电子云密度又和氢核所处的化学环境有关，与相邻的基团是推电子还是吸电子等因素有关。因核周围分子环境不同而使共振频率发生位移的现象称为化学位移。既然化学位移的大小与氢核所处化学环境有密切关系，因此就有可能根据化学位移的大小来考虑氢核所处的化学环境，即有机化合物的分子结构情况。

2．化学位移的表示方法

化学位移的数值很小，一般在 1.0×10^{-5} 范围以内。由于我们不可能用一个赤裸的氢核进行核磁共振测定，因此化学位移没有一个绝对标准。为了提高化学位移数值的准确度和统一标定的核的化学位移数据，化学位移采用相对值，用位移常数δ表示。

一般用四甲基硅烷（TMS）作内标，即在试样中加入少许 TMS，以 TMS 中氢核共振时的磁场强度作为标准，人为地把它的位移常数定为零。由于 TMS 共振时的磁场强度最高，因而一般有机化合物中氢核的位移常数δ 都是负值。为方便起见，负号都不加。凡是δ值较大的氢核，就称为低场，位于图谱中的左边，δ 较小的氢核是高场，位于图谱的右边，而 TMS 峰位于图谱的最右边。

氢核位移常数δ 值的表达式为：

$$\delta = \frac{H_{\text{TMS}} - H_{\text{试样}}}{H_{\text{TMS}}} \approx \frac{\nu_{\text{试样}} - \nu_{\text{TMS}}}{\nu_{\text{TMS}}} \tag{7.15}$$

δ 值数量级仅为百分之几到百万分之十几，因此扫场、扫频时也只要改变百万分之几至百万分之十几。

选用 TMS 作标准是因为：①TMS 中的 12 个氢核所处化学环境完全相同，共振条件一致，因此只有一个尖峰。②核外电子云密度和一般有机化合物相比是最大的，氢核被强烈地屏蔽，共振时外加磁场最强，位移常数值最大，不与其他化合物重叠。③TMS 是化学惰性，不和试样发生化学反应，易溶于有机溶剂，沸点低（27℃），易于回收。

除用δ 值表示外，有时也用τ 来表示：

$$\tau = 10 - \delta \tag{7.16}$$

此时，TMS 的τ 为 10，用τ 表示的好处在于τ 值大小与的磁场强度大小一致。

常见各种基团中质子的化学位移常数范围见表 7-2。

3．影响化学位移的因素

化学位移与核外电子云密度有关，因此影响电子云密度的各种因素都将影响化学位移。包括与质子相邻元素或基团的电负性，各向异性效应、溶剂效应及氢键作用等。

（1）电负性。在外部磁场中，核外电子云会被诱导产生与外磁场方向相反的屏蔽磁场。电子云密度越大，屏蔽作用越强。影响电子云密度的一个重要因素是与质子相连的原子或基团的电负性。电负性增强，氢核周围的电子云的密度就减弱，因而共振移向低场，δ 值增大。如—CH_3 的质子，δ=1.6×10^{-6}～2.0×10^{-6}，高场；—CH_2I 的质子，δ =3.0×10^{-6}～3.5×10^{-6}，较低场。这是由于 I 具有一定的电负性，电子向 I 移动，质子外围电子云密度减小，屏蔽效应比较小，因此—CH_2I 的质子信号出现在较低场。

（2）各向异性效应。在分子中，质子与某一官能团的空间关系，有时会影响质子的化学位移。这种效应称各向异性效应。各向异性效应是通过空间而作用，与电负性的作用不同。这是由于在外磁场作用下，环电流所产生的感应磁力线具有闭合性质，在不同的部位其屏蔽效应是不同的。与外磁场反向的磁力线部位起屏蔽作用；与外磁场同向的磁力线部位起去屏蔽作用。处在屏蔽区的氢核，其化学位移在高场；处于去屏蔽区的氢核，其化学位移在低场。例如，苯环的磁各向异性效应，如图 7-7 所示。在芳环中心是屏蔽区，而四周则是去屏蔽区。因此，芳环质子共振吸收峰位于显著低场（δ 约为 7）。各向异性效应对化学位的影响，既可以是反磁场屏蔽（感应磁场与外磁场反方向），也可能是顺磁屏蔽（去屏蔽）。

表 7-2 各种不同分子环境中的质子的位移表

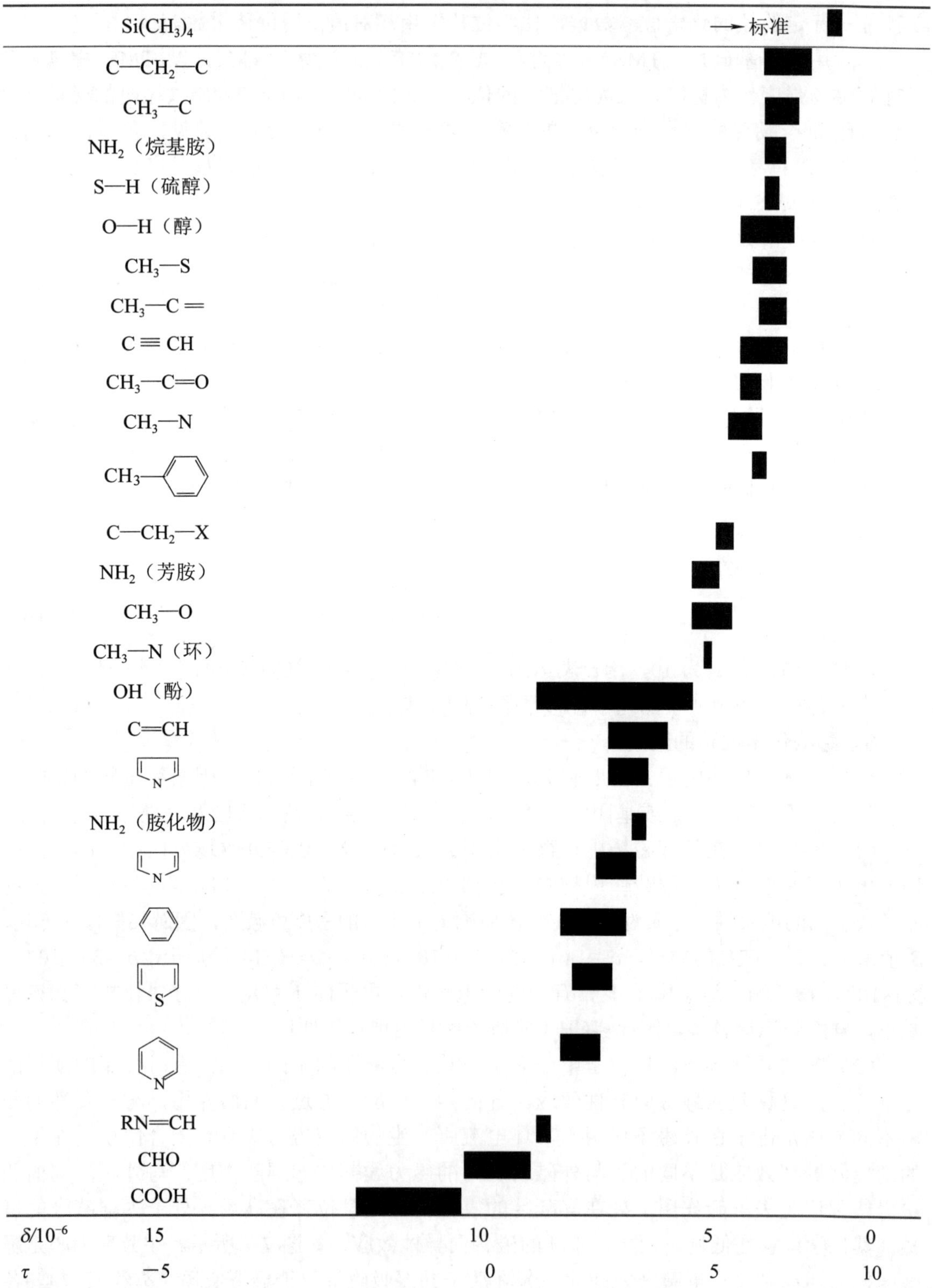

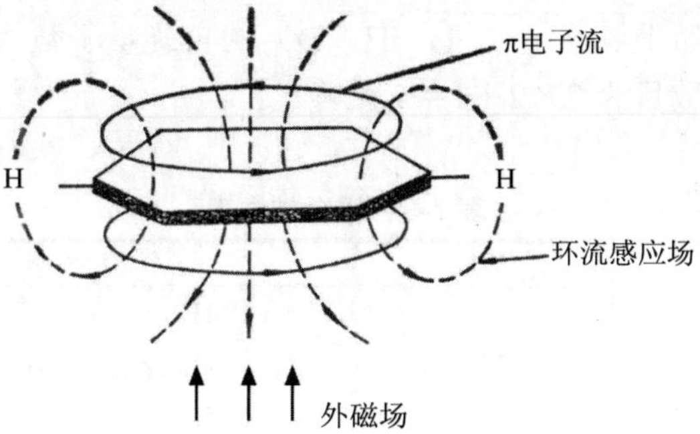

图 7-7　苯环磁各向异性效应

（3）其他影响因素。氢键对化学位移的影响比较明显，具有氢键的质子比没有氢键的质子化学位移大。此外还有溶剂效应。用不同的溶剂，化学位移会发生变化，强极性溶剂的作用更为明显。这是由于溶剂也有各向异性效应、溶剂与溶质间存在氢键作用等因素而产生影响。

三、自旋耦合和裂分

1．自旋耦合和裂分

分子中的质子在磁场中各自以固有的频率处于自旋运动状态。当两组磁不等价质子之间的距离足够接近时，如相邻两个碳上的氢相距三个单键，如 H—A—B—H，不同氢核之间发生了自旋相互作用，这种作用称为自旋–自旋耦合，简称自旋耦合。自旋耦合导致谱线增多的现象称自旋–自旋裂分，简称自旋裂分。耦合表示质子间的相互作用，裂分表示谱线增多的现象。如 1,1,2-三氯乙烷在δ =3.95×10^{-6}中心处的—CH_3出现二重峰，在δ =5.77×10^{-6}中心处的—CH 出现三重峰；在 CH_3CH_2I 的核磁共振图谱中可看到，δ =1.6×10^{-6}～2.0×10^{-6}处的—CH_3是个三重峰，在δ =3.0×10^{-6}～3.4×10^{-6}处—CH_2是个四重峰。这种峰的裂分是由于氢核之间发生自旋耦合的结果。

自旋裂分产生的谱线间距称为耦合常数，用 J 表示，单位为 Hz。两个核间隔化学键的数目同时标在 J 值的左上角，如上述相邻两个碳上的氢，其耦合常数用 ^3J 表示。通常大于三个键以上的耦合裂分，称长程耦合，通常是很弱的，其耦合常数值很小。所以，^3J 的耦合常数是最重要的研究与观察对象。耦合常数不受仪器、溶剂等外界因素的影响，是与分子结构相关的一个常数。对化合物结构的鉴定非常有用。表 7-3 列出一些常见的氢核的耦合常数。

2．自旋耦合裂分峰数目与强度

耦合裂分峰的数目受它周围存在的相互耦合作用的质子数目决定。我们可将一个氢核比作一个小磁体，它在磁场中的取向有顺、反两种，两种取向能级不同，因此对它周围的质子将产生两种不同的耦合作用，被耦合的质子裂分成双重峰；当有两个氢核存在时，将有三种不同的取向：两个氢核皆平行于外磁场方向，两个皆反平行方向，第三种是一个平行另一个反平行。这三种不同的取向，将使耦合的质子出现三重裂分。同理当质子周围存在 3 个、4 个氢核时，其裂分数目为（n+1）。n 为核数。如果与质子相互耦合的不是质子，而是其他磁性核，该核的自旋量子数为 I，核的数目为 n，由此引起质子裂分的数目为（$2nI+1$）。如重氢原子（氘，^2H，D）的自旋量子数为 1，所以在氘代丙酮甲基中残余的氢，其裂分数目为 2×2＋1＝5 重峰。

表 7-3 耦合常数表

结构类型	J/Hz	结构类型	J/Hz
H—H	280	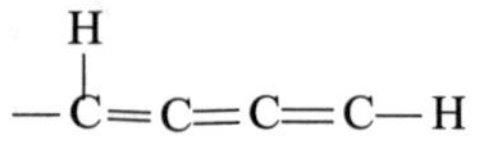	5～6
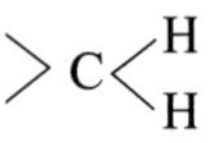	＞20	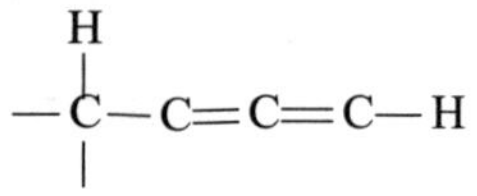	2～3
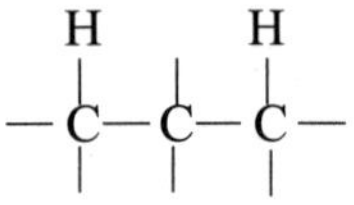	0～7	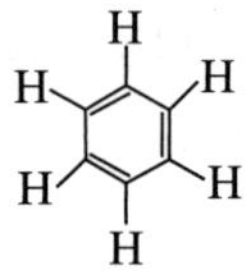 间位	2～3
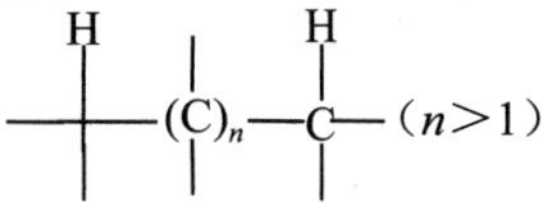	0	对位	0.5～1
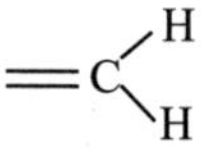	1～3.5	邻位	7～10
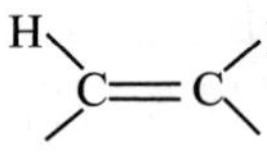（顺式）	6～14	邻位 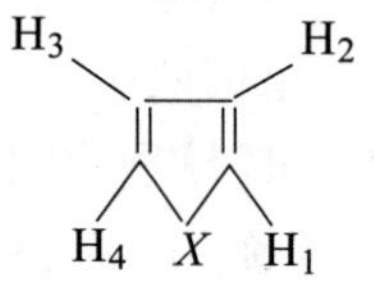 X=0 H_1~H_2	1～2
		X=N H_1~H_2	2～3
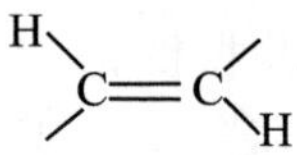（反式）	11～18	X=S H_1~H_2	5.5
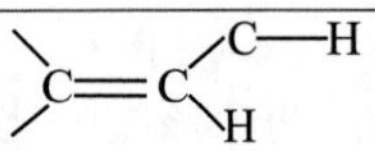	4～10	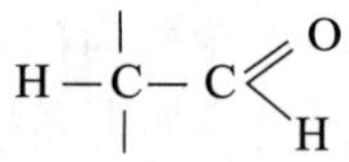	1～3
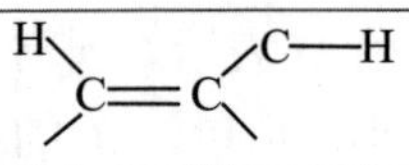	0.5～3.0		
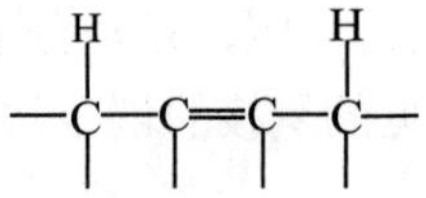	0～1.6	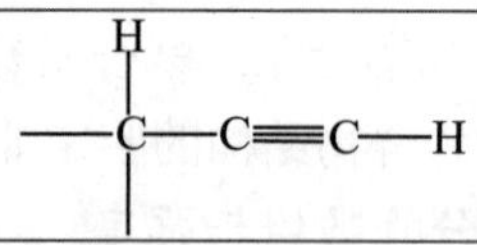	2～4
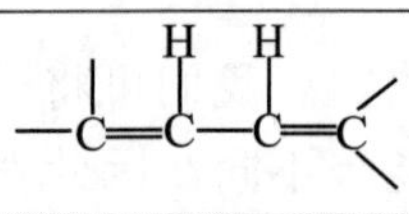	10～13	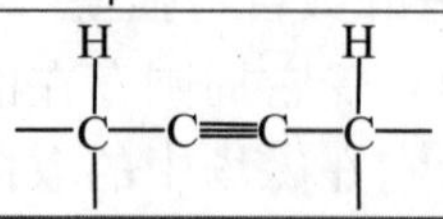	2～3

如果在质子周围存在磁不等价的质子，化学位移和耦合常数皆不同，两类质子的数目分别为 n 和 n'，所引起的裂分数为（$n+1$）（$n'+1$）。

裂分后各组多重峰的强度比为：二重峰 1∶1；三重峰 1∶2∶1；四重峰 1∶3∶3∶1，

五重峰的强度比为 1∶4∶6∶4∶1 等。即比例数为（$a+b$）^{n}展开后各项的系数。

尽管耦合常数与分子结构关系的理论尚不完善，但和化学位移一样，一些经验规律对化合物结构的鉴定是很有用的，概括如下：

（1）取代基的电负性增加，^3J略有下降，烯烃上的氢下降较大。

（2）两个质子间的二面夹角的影响。$J_{180°}>J_{0°}$，如烯烃中的氢，顺式两个氢二面角为零，而反式氢的夹角为 180°，所以 $J_{反}>J_{顺}$。

（3）六元脂环化合物中，直立与平展氢之间的耦合常数关系：$J_{aa}>J_{ae}\gg J_{ee}$。

（4）键长的影响，随键长减少 ^3J 值增加。随着环的增多，双键上氢的 ^3J 值逐渐增加。

（5）长程耦合键的 J 值一般小于 2bHz，跨越 4 个单键以上的耦合称为长程耦合。但有共轭体系存在时，耦合传递的键数可能更长些，如苯环间位两个氢的耦合 ^4J 为 1b～3bHz。有时更远的一些键上氢之间可能发生空间耦合。

3. 核的 NOE 效应

两个相互耦合的原子核，当其中的一个接收射频能量达到饱和时，另一个核的谱线强度将增加，最大可达 1.5 倍。这种现象最早被 Overhauser 发现，因此称为 Nuclear Overhauser Effect，简称 NOE。在某些化学结构中，两个远距离的氢，虽然无直接的键合关系，但空间距离较近，在范德华力半径范围内，两核之间即可能出现 NOE 现象。因此，NOE 现象的观测是研究立体化学中的一个重要技术。如图 7-8 所示，化合物二氮杂卓酮硝化时硝基的位置。

通过 NOE 效应的测定可以很容易地确定—NO_2取代的位置。当照射乙酰中的甲基时，发现 4 位氢和芳环中一个单峰强度增加[图 7-8（b）NOE 差谱]，结果表明芳环中 6 位氢是孤立的，即—NO_2取代在 7 位上。

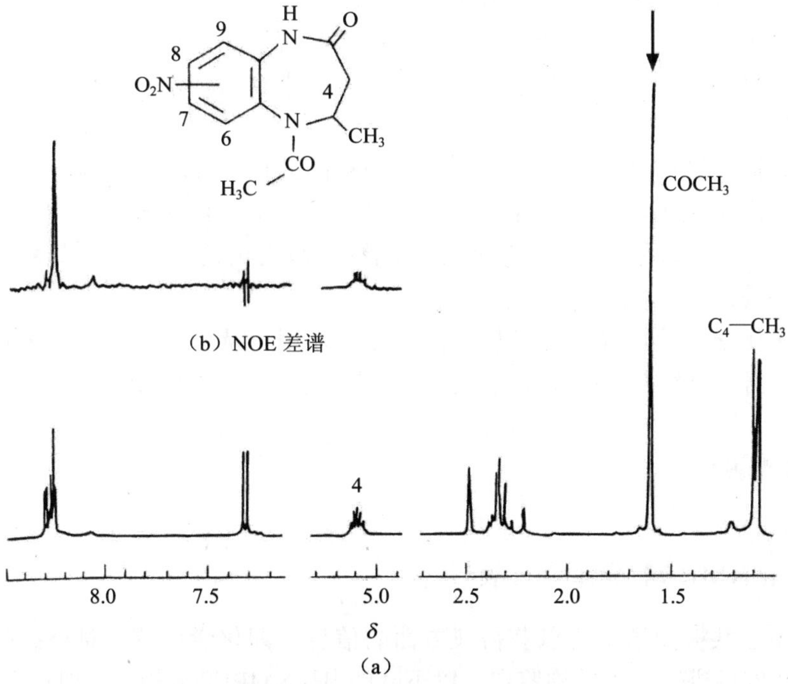

图 7-8　二氮杂卓酮硝化物的 NOE 图

第四节　核磁共振波谱的应用

一、图谱类型

1．一级类型谱

裂分遵循（n+1）或（n+1）（n'+1）规律的 NMR 谱称为一级谱。一级谱还有以下几个特征：

（1）等价质子之间尽管有耦合，但没有裂分现象，其信号为单峰。

（2）各峰的相对强度比，可用二项式（a+b）^{n}的展开式系数表示。n 是相邻耦合质子的数目。

（3）谱线以化学位移为中心，大致左右对称，各峰间距相等，因此可直接在谱图上读出位移常数δ和耦合常数 J 的值。

2．复杂类型图谱（高级谱）

有机化合物的核磁共振波谱多数情况并不是简单的一级谱，而是复杂的图谱。和一级谱相比较有以下几个特点：

（1）谱线裂分数不遵循（n+1）或（n+1）（n'+1）规律。

（2）裂分后的谱线强度不再符合二项式展开式的各项系数。

（3）耦合常数一般不等于裂分间距。

3．形成复杂谱（高级谱）的自旋系统

在同一分子中，同时有几个耦合氢核存在时，它们就构成一自旋系统。当化学位移相同的核称为化学全同核。而其中与组外任一核的耦合常数都相同的一组核称为磁全同核。

在核磁共振波谱中常用英文字母表示各种不同的核。在一个自旋系统中，对磁全同的核用一英文字母表示，字母下注明氢核数目；若几个氢核化学全同，但不是磁全同，就在同一字母上加“'”以示区别；一组核化学位移相近，用相近的英文字母表示，如ABC……另一组用 XYZ 表示等。

应用量子化学理论，能计算各核之间的相互作用，从而计算出各体系理论谱线的数目和强度等，据此总结出一些简化的原则，能应用于复杂谱的解析。

二、图谱解析

（一）^{1}H–NMR 谱解析的一般程序

从一张核磁共振图谱上可以获得三方面的信息，即化学位移、耦合裂分和积分线。可以根据这些信息进行分子结构鉴定。以下介绍 ^{1}H–NMR 谱解析的一般程序。

^{1}H–NMR 谱的解析是 NMR 技术中最基本的环节，这是因为 H 谱最容易获得，灵敏

度最高，如果由氢谱获得的信息足以能对结构做出判断，可以减少或省去其他复杂的NMR的测定。现就综合某些参考书中的解析程序介绍如下：

（1）检查图谱的质量。如峰的对称性、分辨率、线性以及信噪比等参数。峰的对称性不好，可能是相位调节不佳所致，将严重影响峰面积积分的准确度。分辨率和线性主要由仪器的匀场操作是否最优化引起。观察溶剂峰或 TMS 内标信号峰的宽度，可很容易估价仪器匀场操作的好坏。与其他光谱仪器不同，在 NMR 方法中，灵敏度与分辨率成正比。所以，匀场操作是 NMR 实验中首要环节。

（2）辨认谱图中有效峰和无效峰。在图谱解析中，应指认出谱图中溶剂峰、旋转边带峰、^{13}C 卫星峰及微量组分的杂质峰。溶剂峰可由使用的溶剂予以确认；旋转边带峰可以用改变样品管的转速予以确认，转速加大，边带峰离主峰距离拉大，停止旋转，边带峰消失。边带峰的出现将影响谱图的解析，特别是影响对各峰的面积积分测定。在定量计算氢的面积及数目时，应把边带峰合并到主峰中同时计算。识别微量杂质峰较困难，要仔细判别。

（3）由积分数据给出各个峰代表的质子数，以及总的质子数目，与质谱、元素分析给出的数据比较是否一致。在 NMR 方法中，氢数目计算误差一般为 3%～5%，应尽量选用位移相近的峰作峰面积和氢数目的计算，可减小误差。

（4）由各组峰的位移推测结构中存在的基团。如以$\delta=5\times10^{-6}$为中心，小于$\delta=5\times10^{-6}$高场区的峰，一般为饱和烃中的氢（炔烃例外），而低场大于$\delta=5\times10^{-6}$的峰大都为不饱和键上的氢及少数与杂原子相连的次甲基—CH 中的氢。其中共轭芳烃中氢的化学位移一般出现在$\delta=6\times10^{-6}$以上；$\delta=9\times10^{-6}$以上的峰为醛、酸、酚中可生成氢键的活泼氢和—OH、—NH_2、—NHCO—、—SH、—COOH、—SO_3H 基团中的氢，可被重水交换，位移受浓度、介质影响较大，变化范围很宽。在此基础上，可利用某些专著中化学位移经验图表等，进一步推导各峰所代表的基团及各基团的关系。

（5）由耦合裂分找出各种基团间的关联性，仔细地进行结构推测。测定各峰的裂距、峰的面积及峰形，推测这些基团之间的连接关系，这是一维谱图分析中较困难的过程。在二维技术出现后，各种基团关联关系的识别变得十分容易。

（6）某些复杂裂分峰的分析。当谱图中某些裂分较多，重合严重的峰，除了化学位移相近叠加外，各种氢之间的强耦合产生的高级谱，以及核磁共振中出现的磁不等价现象，都使峰的解析变得复杂化。化学位移的重叠和某些高级耦合谱，在高场仪器中会得到很大的简化，而分子立体结构中磁不等价引起的峰的裂分，是核磁共振中一个特殊的现象。可考虑用核的 NOE 效应技术。

（7）分子对称性的考虑。当分子中具有完全相同对称中心时，会使峰的数目成倍地减少；某些完全磁等价的对称基团，其化学位移将重合，峰的强度将成倍数地增加。

（8）根据核磁共振中各种数据分析，推测各种结构单元及各个单元可能连接方式，组合出可能的结构式，再返回去用 NMR 的各种数据检查有无矛盾，并综合考虑可能得到的其他结构信息，如质谱中分子量、元素组成、碎片结构；紫外、红外光谱中官能团等信息，以及沸点、熔点、溶解性等数据是否合理，从中选择最合理的结构式。如果仍然得不到确切的结论，可再进行核磁共振波谱的其他数据测定，如碳谱、二维谱等。

（9）最后推测出来的结构一般仍需用标准样品、标准谱图及标准数据等作验证。

最可靠的验证方法是取标准样品在相同条件下进行多种谱学测定后进行比较判定。现举一例如下：图 7-9 是一种无色的，只含碳和氢的化合物的核磁共振谱图，试鉴定此化合物。

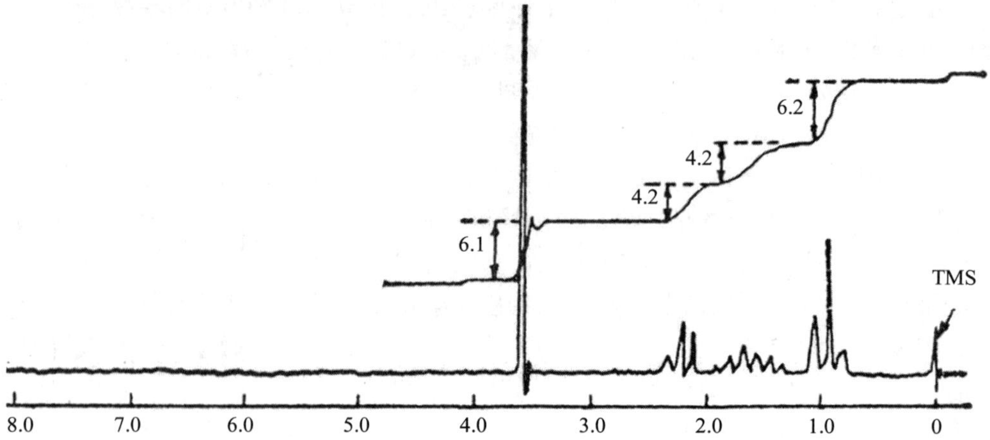

图 7-9　未知物核磁共振谱图

解：从左至右出现单峰、七重峰和双重峰。$\delta=7.2\times10^{-6}$ 处的单峰表明有一个苯环结构，这个峰的相对面积相当于 5 个质子。因此，可推测此化合物是苯的单取代衍生物。在$\delta=2.9\times10^{-6}$ 处出现单一质子的 7 个峰和在$\delta=1.25\times10^{-6}$ 处出现 6 个质子的双重峰，只能解释为结构中有异丙基存在，这是由于异丙基的 2 个甲基中的 6 个质子是等效的。而且，苯环质子以单峰出现，表明异丙基对苯环的诱导效应很小，不致使苯环质子发生分裂。因此，可初步推断此化合物为异丙苯：

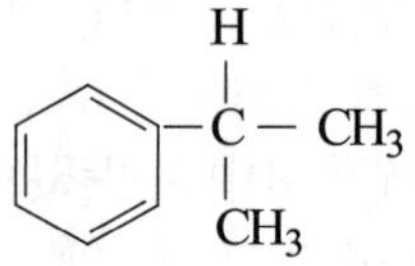

（二）碳的核磁共振谱

1．概述

碳是有机化合物分子结构中的主要元素之一。从量子力学的基本理论可知，^{12}C 的质量数和电荷数皆为偶数，没有核磁共振现象。但是，自然界中碳原子的同位素中有 1.1% 的 ^{13}C，质量数为奇数，具有磁共振现象，已成为核磁共振研究和应用最多的另一种原子。在许多有机物结构分析的方法中，碳的核磁共振谱已处于重要的地位。与 ^{1}H 谱相比，它具有如下的优点：

（1）碳谱的化学位移范围大，可达$\delta=300\times10^{-6}$，比氢谱大 20 倍。所以，碳谱的分辨能力大。对相对分子质量为 400～500 的化合物，其碳原子数目一般在 30～40 个范围内，可观察到对应的碳谱线。取代苯，氢谱的变化在$\delta=3\times10^{-6}$以内，而碳谱则达$\delta=60\times10^{-6}$。

（2）碳原子是构成有机化合物分子骨架最重要的原子，碳谱中有关碳原子连接顺序的测定方法，可给出分子中结构骨架信息。这是氢谱和其他谱学方法无法做到。

（3）某些碳谱技术，如 INEPT、DEPT 等，可以进一步提供分子中各种碳原子的结构类型，如伯、仲、叔、季碳原子的数目和官能团的类型，提供氢谱中无信号的季碳原子的信息。

（4）碳原子的弛豫时间较长，从 0.1s 到数十秒的时间。因此，碳谱中的信号强度与碳原子数目通常不是定量的关系。如需对碳峰高度作定量测定时，需采用特殊的反转门控去偶技术。

2．碳谱化学位移规律

（1）取代基电负性的影响。与碳原子相连的取代基电负性增加时，碳原子上的电子云密度降低，屏蔽减少，其化学位移向低场移动。这与氢的位移的规律是相同的。

（2）空间效应。电负性基团的引入使烷烃中α、β 碳原子的共振移向低场，而使γ 碳原子的位移移向高场。这种现象是由于空间效应所致。此外，当碳原子的取代基体积增大时，也使碳原子的化学位移增大。这一点和氢的化学位移相似。

（3）介质的影响。溶液的浓度及不同的溶剂对碳化学位移值的影响可大到 10。特别是有氢键效应的溶剂及化合物，这种影响更大。

3．碳谱解析的一般程序

（1）识别谱图中的有效峰。首先识别谱图中与样品分子结构无关的一些峰，如溶剂峰、杂质峰等。由于溶剂一般为小分子，它们峰的强度一般不太高。至于折叠峰、杂质峰等，可参考氢谱的经验予以识别。最后就可识别有效峰。

（2）碳谱分区解析与结构类型的推测。为便于解析，可将一张碳谱粗分为三段。

1）$\delta>150\times10^{-6}$为羰基和叠烯区。δ为 160×10^{-6}～170×10^{-6} 附近的峰可能是酸、酐、酯中的羰基峰。>200 的为醛、酮中的羰基峰。

2）δ 在 100×10^{-6}～150×10^{-6} 间为不饱和的芳烃、烯烃区，由这个区域中碳原子数目计算出分子中含有的不饱和度。

3）$\delta<100\times10^{-6}$为不饱和碳原子数区。δ在 50×10^{-6}～100×10^{-6}为连接杂原子 O、N、X 等碳的信号峰；$\delta<50\times10^{-6}$一般为不连杂原子的饱和烃中的碳信号。炔烃中碳出现在$\delta=70\times10^{-6}$～100×10^{-6}是一种例外。

上述的分段不很精确，前后重叠可能有十几个δ 单位。精确的归属应参阅有关专著中的经验公式和一些附录或表格。

（3）碳原子级数的确定。由碳原子上连接氢原子的数目可把碳原子分成 1～4 级碳。有时也称相应的一级碳为伯碳（CH_3），二级碳为仲碳（CH_2），三级碳为叔碳（CH），四级碳为季碳（C）。确定碳原子级数的常用方法有 APT（attached proton test）法、INEPT（insensitive nuclear enhanced by polarization transfer）法和 DEPT（distortionless enhancemtent by polarization transfer）法三种。其中 DEPT 法是目前使用较多的一种碳级数测定方法。在该方法中，CH_3 和 CH 中的碳为正信号，CH_2 的碳为负信号，季碳不出峰。由于 CH 峰的δ一般比 CH_3 低，在图的左侧，CH_3 峰在右侧。与总碳谱相比较，可以很容易地确认季碳原子的信号，所以仅从磁化矢量转 135°，给出的谱图结合总碳谱，即可区别各种级数碳原子的信号。

（4）碳原子数目的定量测定——抑制 NOE 的门控去耦技术。这种方法是把两次脉冲时间的延迟时间延长到 $t_R > 5T_1$，而去耦时间控制很短，在 NOE 刚产生时即终止。此时全去耦的碳谱受 NOE 影响较小，给出碳的谱线强度基本上与碳原子的数目成正比。从而提供碳原子的定量信息。

（5）结论。综合上述碳谱数据，结合氢谱数据，将各种结构单元组合成可能的结构式，再参考质谱、元素分析数据给出的元素组成及分子量信息，选择其中合理的结构，最后查对标准谱图，作出最终的结论。

三、简化图谱的方法

自旋耦合和裂分使图谱形成许多精细结构，对于确定有机物的结构很有价值。但在比较复杂的分子中，会使图谱变得过于复杂，以致难以辨认和解析。可采用一些实验方法使图谱得到简化。

1. 双照射法（双共振法）

双照射就是用两个频率不同的射频场同时照射样品。其中一个用于干扰某条谱线，另一个用于观察其他谱线的强度、形状和精细结构的变化情况。

假定 H_a 和 H_b 为一对相互耦合的质子，用第一个振荡器扫描至所产生的频率 ν_1 刚好与 H_a 发生共振，使第二个振荡器产生的频率 ν_2 与 H_b 发生共振。如果第二振荡器对 H_b 的照射足够强烈，则可使 H_b 的共振吸收峰消失不见，同时 H_a 和 H_b 耦合所产生的多重谱线将消失，而剩下一个单一的尖峰，即发生去偶现象。

也可以将两个振荡器的频率 ν_1、ν_2 固定为一定的差值，然后改变磁感应强度进行扫场，以进行去偶。

利用双照射法去偶不但可使图谱简化易于解析，而且还可以测得那些质子之间是相互耦合的，从而获得有关结构的信息，有助于确定分子结构。

2. 溶剂效应

在所研究的溶液中加入一种顺磁性化合物，将使氢核磁共振峰在较宽的磁场强度范围内展开，易于分辨。

3. 位移试剂

含孤对电子的化合物与某些离子配位时，使带孤对电子的原子附近的电子云发生变化，因而也改变了对此原子附近的氢核的屏蔽作用。这些氢核随与此原子距离远近不同而有不同的化学位移变化。从而使原来难以分辨的图谱得到适当的分离并便于解析。这种化合物称为位移试剂。例如镧系位移试剂 β-二酮螯合剂，能和 Eu 和 Pr 生成螯合物，Eu 螯合物使氢核的共振峰移向低场，而 Pr 螯合物的则移向高场。位移试剂主要用于分开重叠的谱线。

4. 采用不同强度的磁场测定

当耦合裂分和化学位移相差不大，谱线难以解析时，可采用不同磁感应强度的仪器测定，特别是高磁场测定更能使谱图简化。因为，耦合常数不随磁场变化，而化学位移却随磁感应强度增大而变大，因而有可能确定各个峰的归属。

四、结构鉴定

核磁共振是鉴定有机化合物结构的一个重要手段。有关有机化合物结构鉴定的一般程序，已在图谱解析中叙述。

五、定量分析

由于核磁共振峰的积分面积正比于相应的质子数，所以定量分析不需要做工作曲线，只要求出待测物中某基团谱峰的积分面积，然后与已知化合物比较即可。一般仅需 20min 左右即完成测定。相对误差为 1%～3%。

多组分混合物分析，可建立联立方程组，求解方程组即可得出各组分的含量。

例如，一四元混合物苯、乙二醇、水、正庚烷。其谱图如图 7-10 所示。设各组分摩尔数分别为 M_1、M_2、M_3、M_4。以 A 代表峰面积，则

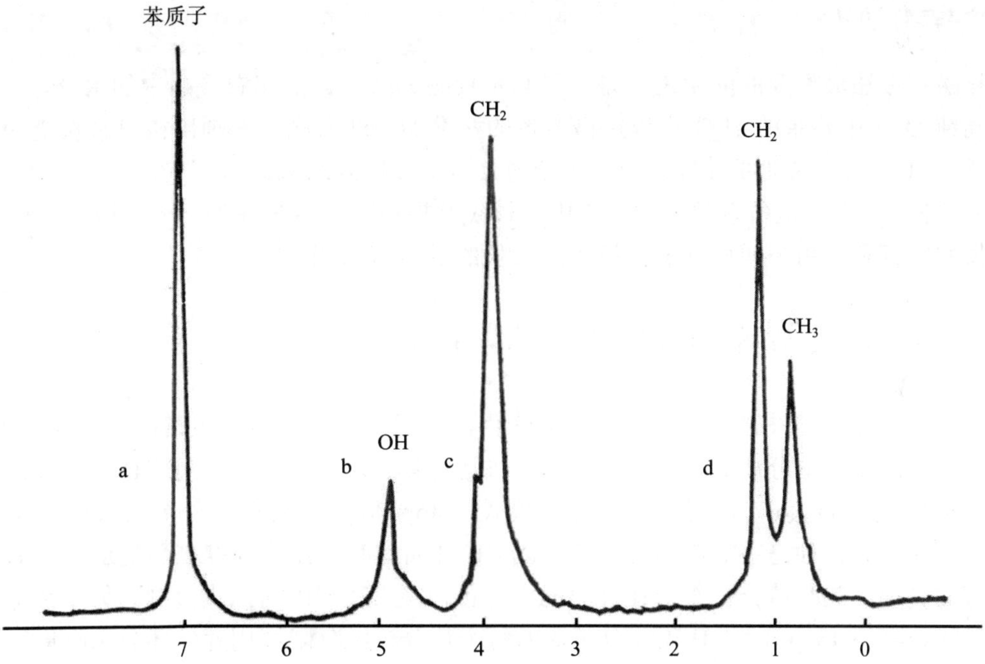

图 7-10　一四元混合物核磁共振谱图

a、b、c、d 四峰可列出如下方程式：

$$\begin{cases} A_a=6M_1+0M_2+0M_3+0M_4 \\ A_b=0M_1+2M_2+2M_3+0M_4 \\ A_c=0M_1+0M_2+4M_3+0M_4 \\ A_d=0M_1+0M_2+0M_3+16M_4 \end{cases}$$

变换上式后可得到：

$$\begin{cases} M_1=A_a/6 \\ M_2=A_b/2-A_c/4 \\ M_3=A_c/4 \\ M_4=A_d/16 \end{cases}$$

若总摩尔数为 M，则有：

$$M=M_1+M_2+M_3+M_4=（8A_a+24A_b+3A_d）/48$$

因此，各组分所占摩尔数为

$$\begin{cases} X_1=A_a/6M \\ X_2=A_b/2M-A_c/4M \\ X_3=A_c/4M \\ X_4=A_d/16M \end{cases}$$

核磁共振法最重要的应用之一是定量测定食品、纸浆、纸和农产品中的水分。

高纯 D_2O 中残余的 H_2O 可以用微容量的标准加入法来测定。画出核磁共振谱的积分线与所加 H_2O 的关系曲线并外延至零积分值处，即可得到结果。

除氢核外，^{19}F 是所有其他同位素中，核磁共振被研究得最多的一个。^{13}C、^{15}N 等核磁共振的研究和应用与傅里叶变换核磁共振仪的发展密切相关。

六、核磁共振波谱在环境分析中的应用

目前，核磁共振波谱在环境分析中的应用，是通过和高效液相色谱联用。在联用中，样品经高效液相色谱分离后，可采用以下两种运行模式对欲测组分进行 ^{1}HNMR 分析。一种是在流模式（on-flow），另一种是停流模式（stop-flow）。目前，停流模式中，又分为两种运行模式。一种是在欲测组分到达 ^{1}HNMR 样品池时，停止 HPLC 泵的运行，即停止洗脱液的流动，此时待分析组分在样品池中静止，被 ^{1}HNMR 的探头检测。另一种是借助存储环（storage loops）将 HPLC 分离后的每个待分析组分陆续用存储环分别收集、储存下来。然后依次将存储环中的待分析组分的洗脱液转移到 ^{1}HNMR 的样品池中，样品在静止状态下被 ^{1}HNMR 的探头分别检测。

借助 HPLC-^{1}HNMR 联用技术，可对未知污染物及其可能存在的同分异构体进行分析鉴定，这是目前进行此类鉴定的最有效的手段。文献报道，用 HPLC–^{1}HNMR 联用技术，分析了“二战”期间德国军火仓库周边地区的地下水和土壤，发现其中残存有硝基苯的衍生物和大量的异构体。

习题

1．一仪器测 ^{1}H 核时射频频率为 350MHz，问此仪器进行 ^{13}C 核测量时射频频率是多少？

2．用 60MHz 仪器进行实验时，某共振峰的位置距 TMS 为 315Hz，应为多少？

3．何谓化学位移？它有什么作用？

4．影响化学位移的因素有哪些？

5．什么是自旋耦合、自旋裂分？它们各有什么重要性？

6. 请对双酚 A 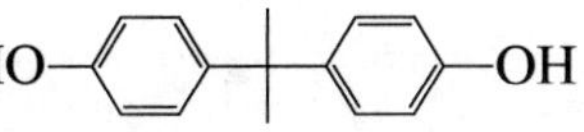 的 ^{1}HNMR 谱图中的谱峰进行指认，核磁条件：仪器 400 MHz，溶剂 DMSO。

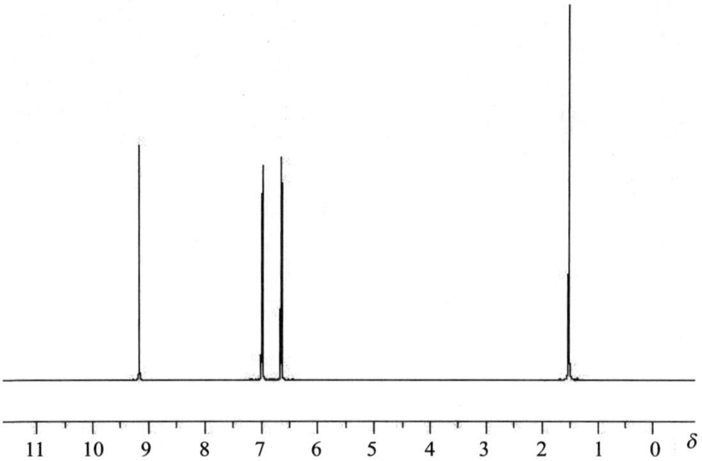

7. 两种化合物的分子式都为 $C_4H_8O_2$，结构式分别为 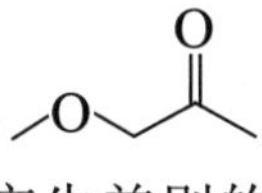 和 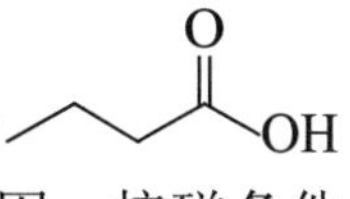，下图分别是对应的 ^{1}HNMR 图谱，说出它们的差别以及产生差别的原因。核磁条件：仪器 90 MHz，溶剂 $CDCl_3$。

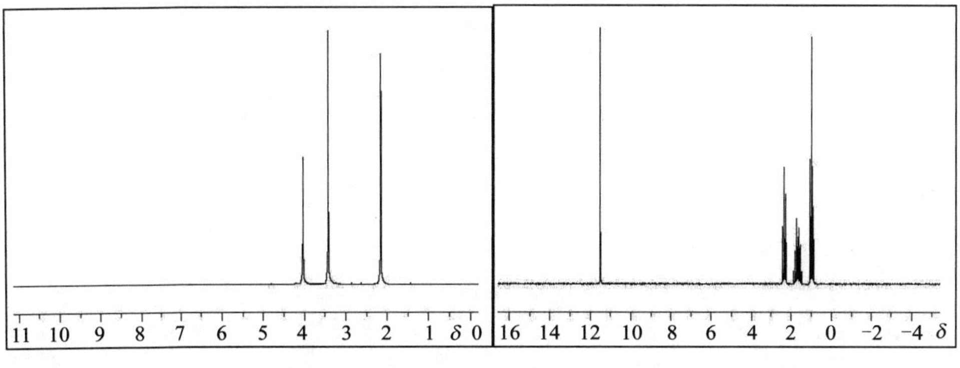

参考文献

[1] 钱沙华，韦进宝．环境仪器分析[M]. 北京：中国环境科学出版社，2004．

[2] Douglas A. Skoog，Donald M.West. Principles of Instrumental Analysis. 1971.

[3] E. D. Olsen. Modern Optical Methods of Analysis. 1975.

[4] 王敬尊，瞿慧生. 复杂样品的综合分析——剖析技术概论[M]．北京：化学工业出版社，2000.

[5] 林贤福. 现代波谱分析方法[M]．上海：华东理工大学出版社，2009.

[6] 潘铁英，张玉兰，苏克曼．波谱解析法[M]．上海：华东理工大学出版社，2009.

[7] 张正行.有机光谱分析[M]．北京：人民卫生出版社，2009.

第八章　质谱分析法

质谱分析是现代物理与化学领域内使用的一种极为重要的分析测试工具。质谱是按照物质（确切地讲是离子）的质量与电荷的比值（质荷比）顺序排列成的图谱。质谱分析是使所研究的混合物或单体在高真空条件下进行加热气化，用适当的方法进行电离，然后利用离子在电场或磁场中的运动性质，将离子按质荷比（m/e）分开并记录离子按质荷比大小排列得到的样品质谱图。根据质谱图上质谱峰出现的位置进行定性分析；根据质谱峰的强度进行定量分析；根据质谱峰的位置及谱峰的相对强度，进行有机物的结构分析。

大部分质谱图用所谓条图来表示（也称为棒图），其中横坐标表示质荷比（m/e），纵坐标表示相对强度（或称相对丰度），即把质谱图中最强的质谱峰称为基峰，并以其相对强度为100，而其他峰强度以相对于基峰强度的百分数表示。

最初质谱分析主要是用于测定原子量和发现同位素。到第二次世界大战时期，为了适应原子能工业和石油化学工业生产的需要，得到了较快的发展。以后随微电子学、光学、计算机的发展，生产了分辨率为数千、数万甚至高达 100 万的质谱计。同时还实现了数据处理自动化、不同仪器联用技术等，从而极大地扩大了质谱法的工作领域，日益深入到原子能、石油、化工、电子、冶金、医药、食品、有机化学、生物化学、地球化学、无机化学、临床化学、考古、环境监测、空间科学等学科领域，成为不可缺少的重要研究工具。

质谱分析法有如下特点：

（1）应用范围广。质谱仪种类很多，应用范围很广，正如前面所述。它可以进行同位素分析，又可以进行化学分析。在化学分析中，既可做无机成分分析，又可做有机结构分析。被分析的样品既可以是气体和液体，也可以是固体。

（2）灵敏度高，样品用量少。目前有机质谱仪灵敏度可达 50 pg（$1pg=10^{-12}$ g）；无机质谱仪绝对灵敏度可达 10^{-14} g，用微克量级的样品即可得到分析结果。

（3）分析速度快，可实现多组分同时检测。

（4）可和有关分析仪器联用，提高了仪器的分析应用功能。

（5）与其他仪器相比，仪器结构较复杂，价格昂贵。

第一节　质谱仪器

一、仪器类型及主要技术指标

典型的质谱仪一般由进样系统、真空系统、离子源、分析器、接收器和记录器以及电气系统等辅助设备组成。图 8-1 是质谱仪的方块图。

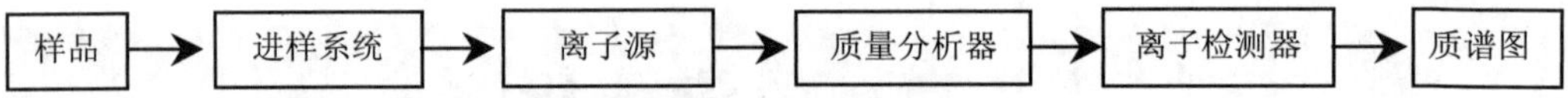

图 8-1　质谱仪方块图

历史上曾经按照检测质谱的方法，把质谱仪器分为质谱仪（mass spectrograph）和质谱计（mass spectrometer）两类。前者指采用照相法同时检测多种离子的仪器；后者指采用电学方法检测离子的仪器。由于两者的工作原理完全相同，目前有的质谱仪器既能用照相法检测，又能用电测法记录，因而难以用检测方法加以区分。

根据质量分析器的工作原理，可以把质谱仪器分为静态仪器和动态仪器两大类。静态仪器的质量分析器采用稳定的电磁场，并且按照空间位置把不同质量（确切地说是质荷比）的离子区分开。动态仪器则采用变化的电磁场构成质量分析器，按照时间或空间区分不同质量的离子。

质谱仪器的主要技术指标有：

1．质量测定范围

表示仪器能够分析的样品的原子质量（或分子质量）范围，通常采用原子质量单位进行度量。

1960 年以前，物理学上以氧的同位素中丰度最大的 ^{16}O 原子质量的 1/16 作为原子质量单位，记为 amu，1 amu＝1.659 9×10^{-24} g。化学上则以氧元素的平均原子质量的 1/16 作为原子质量单位。化学原子质量单位/物理原子质量单位＝1.000 278 3。

1960 年以来，国际上议定以碳的稳定同位素中丰度最大的 ^{12}C 原子质量的 1/12 作为统一的原子质量单位，记为 u，1 u＝（1.660 540 2 ± 0.000 001 0）×10^{-24} g = 1.000 317 917 amu。

u 是我国法定计量单位。由于习惯及 u 与 amu 的数值相差无几，目前仍有不少人采用 amu 这一单位。

在非精测质量的场合，或对于低分辨质谱仪，常用“质量数”作为质量的单位。某原子的质量数为该原子的核中所含质子和中子的总数，其数值等于它的原子质量的整数。离子的质荷比在数值上就等于它的质量数。因此，可以说质量数是离子质荷比的名义值。例如，某离子的质荷比是 27.994 9，则其相对质量为 28。

不同用途的质谱仪质量测定范围差别很大，气体分析用质谱仪所测对象相对分子质量都很小，质量范围一般从 2 到 100 以内，而有机质谱的质量范围一般从几十到几千。

2．分辨率

分辨率是质谱仪的主要性能指标之一，用来描述质谱仪对质量接近的两种离子的分辨能力。最严格的定义是磁质谱的定义，要求相邻两峰 10%峰谷分开才算真正分开，这时称为磁质谱的单位质量分辨，如图 8-2 所示，通常用 R 表示：

$$R = \frac{M}{\Delta M} \tag{8.1}$$

例如，CO 和 N_2 所形成的离子，其质荷比分别为 27.994 9 和 28.006 1，若某仪器能够刚好分开这两种离子，则该仪器的分辨率应为：

$$R=\frac{M}{\Delta M}=\frac{27.9949}{28.0061-27.9949}\approx 2\,500$$

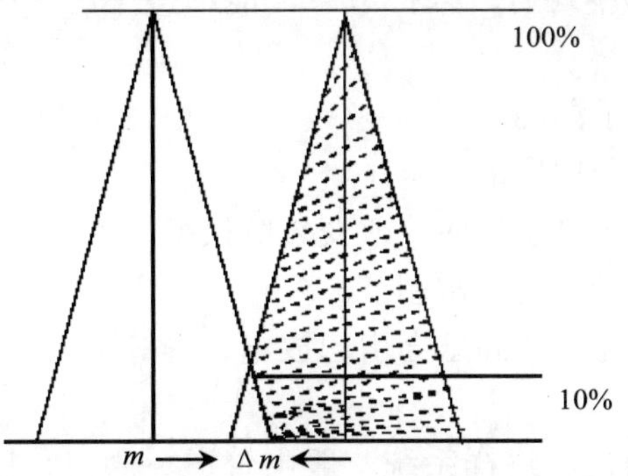

图 8-2　分辨率计算用图

现在，有机质谱通常采用 FWHM（full width at half maximum）方法描述分辨率：分辨率为 $m/\Delta m$，m 表示指定峰的 m/e，Δm 为该峰峰高一半处的峰宽。低、中、高分辨率的质谱仪，分别指其分辨率在 100～2 000，2 000～10 000 和 10 000 以上。一些公司的飞行质谱仪的分辨率已经达到了 40 000。

3. 灵敏度

不同用途的质谱仪，灵敏度的表示方法不同。有机质谱仪常采用绝对灵敏度。它表示对于一定的样品，在一定分辨率情况下，产生具有一定信噪比的分子离子峰所需要的样品量。目前有机质谱仪灵敏度可优于 10^{-10} g。

无机质谱仪常采用相对灵敏度，它表示仪器所能分析的样品中杂质的最低相对含量。例如某仪器的灵敏度为 10^{-9}，表示仪器可测定的样品中杂质的含量，最低可达样品重的 $1/10^9$。

气体质谱仪的灵敏度以单位压强样品所产生的离子流强度表示，它实际上是一种绝对灵敏度。

同位素分析用质谱仪常采用丰度灵敏度，它表示大丰度同位素峰的“拖尾”对相邻小丰度同位素峰的影响。例如大丰度同位素离子流强度为 I_M，它对相邻的小丰度同位素峰的贡献为 I_{M+1}，则：

$$丰度灵敏度=\frac{I_M}{I_{M+1}}$$

丰度灵敏度实际上是一种相对灵敏度，一般同位素分析用质谱仪丰度灵敏度为 10^5～10^6。

二、质谱仪

质谱仪一般由真空系统、进样系统、离子源、质量分析器和离子检测器等部分组成。

1．真空系统

质谱计必须在高真空下才能工作。用以取得所需真空度的阀泵系统，一般由前级泵（常用机械泵）和油扩散泵或分子涡轮泵等组成。机械泵能使离子源保持在 10^{-1}～10^{-2} Pa 的真空度。有时在分析器中还有一只扩散泵，能维持 10^{-4}～10^{-5} Pa 的真空度。若真空度低，则

（1）大量氧会烧坏离子源的灯丝。

（2）会使本底增高，干扰质谱图。

（3）引起额外的离子—分子反应，改变裂解模型，使质谱解释复杂化。

（4）干扰离子源中电子束的正常调节。

（5）用作加速离子的几千伏高压会引起放电，等等。

2．进样系统

用于气体分析的质谱仪，进样系统一般由管道、阀门、压强测量仪表、样品贮存器和漏口组成。样品瓶可直接和进样口相连，进样前系统预先抽到高真空，然后将气体导入，测量压强后送入贮存器，然后由贮存器经过漏口进入离子源。

有机质谱仪，目前多与色谱仪联用，组成 GC–MS（气相色谱－质谱）联用系统，色谱仪作为质谱仪的进样系统，由色谱柱流出的样品，经过接口装置（如分子分离器）进入质谱仪。对于高沸点液体或固体有机物样品，由于很难气化，为此，很多仪器备有直接进样探头。进样探头可以将微克级或更少的样品直接送入离子源，探头中样品可以在数秒钟之内加热到很高温度。

用于无机成分分析的质谱仪，没有专门的进样系统。一般是把要分析的样品做成电极，置于离子源中，依靠高频高压使之电离。

3．离子源

质谱分析的对象是样品的离子。因此，首先要把样品分子或原子电离成离子。产生离子的装置叫做离子源。在质谱仪中，要求离子源产生的离子强度大、稳定性好、质量歧视效应小。常用的离子源有如下 3 种。

（1）电子轰击源（electron impact ionization，EI）。图 8-3 是电子轰击源的原理图。由直热式阴极发射的电子，在正电位作用下进入电离室 C，最后达到电子接收器 T。电子在运动过程中与样品分子（或原子）发生碰撞，就导致样品分子或原子电离成为正离子（分子离子）：

$$M + e \rightarrow M^{+} + 2e$$

产生的离子在弱电场作用下，在垂直于电子运动的方向被引出电离室，并在静电场中加速，进入分析器。图中 G_1、G_2 用来控制并加速电子束，G_3 为防止产生二次电子，G_4、G_5、G_6 用于离子束的拉出、聚焦和加速。

通常在平行于电子运动的方向，附加一个强度在 7 958～15 915 A/m 的磁场，使电子呈螺旋轨道运动，以增加电子与样品的碰撞机会。样品在电子的轰击下除电离外，还可能发生键的断裂形成“碎片”离子。

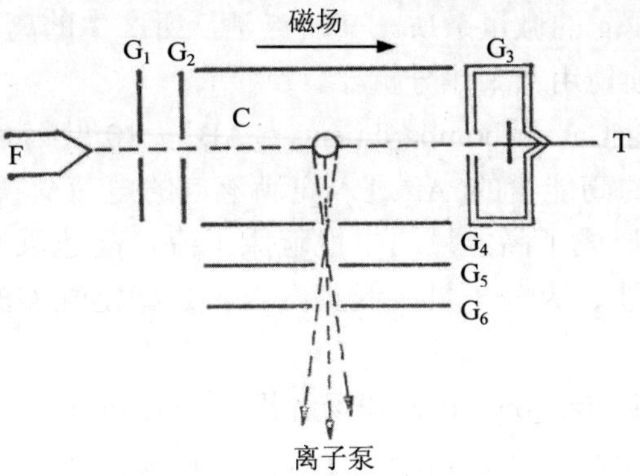

图 8-3 电子轰击源原理图

EI 电离的优点：

1）离子化容易实现，所得谱图重复性好，有标准化合物质谱库便于计算机检索及相互对比鉴定。

2）EI 的轰击电压为 50～70eV，远大于有机分子的电离电位（7～15 eV）。因此，适用于所有可气化样品的质谱测定，可以引起化学键的进一步开裂，可提供丰富的结构信息用于化合物结构的解析。

但是，当样品分子量较大或稳定性差时，常常得不到分子离子，因而也就不能测定这些样品的分子质量；此外，EI 源只局限于测定易挥发性样品，对于极性大、不易气化和预热分解的样品不适用。

（2）化学电离源（chemical ionization，CI）。化学电离源是为了克服电子轰击源的缺点而发展起来的一项技术。目前广泛应用于有机质谱仪中。

样品放在进样探头顶端的毛细管中，通过隔离阀进入了离子源。毛细管中样品经加热器加热蒸发进入反应室。压强约为 1 mmHg=133.322 4 Pa 的反应气，经过压强控制与测量后导入反应室。在反应室中，反应气首先被电离成离子，然后，反应气的离子和样品分子，通过离子–分子反应，产生样品离子。检测这些离子，就可得到样品的质谱。

利用化学电离源，即使是分析不稳定的有机化合物，也能得到很强的分子离子峰，并且可以使谱图大大简化。化学电离源常用的反应气体有 CH_4、N_2、He、NH_3 等。在色谱—质谱联用仪器中，如果使用色谱载气用作质谱的反应气，则可以不必分离载气，因而可提高样品利用率。

（3）高频火花源（spark source）。高频火花离子源是另一种常用的离子源。它适用于分析难以蒸发的金属、半导体、绝缘体等固体材料。

被分析样品加工成直径约 2 mm、长度约 15 mm 的棒状电极，在样品电极和相距约 0.5 mm 的参考电极之间，施加高频脉冲电压，电压值在 10～100 kV，脉冲频率在 1MHz 左右。在高频电压作用下，试样气化、电离而产生正离子。高频火花源对各种元素的气化效率和电离效率基本上相同，所以特别适用于无机试样的质谱分析。在一次分析中，可以把相对原子质量从 7 至 252 的全部元素记录在一张照相干板上，所以可同时检定周期表中大部分元素。由于高频火花离子源能量太高，有机化合物将被裂解为过于简单的离子。故它不适用于有机化合物的质谱分析。这种离子源灵敏度高，在良好的真空条件下，可以分析含量为 10^{-9} g 的微量杂质。其缺点是，所产生的离子能量分散比较大，最大分散可达 1 000 eV，必须使用双聚焦分析器。

（4）快原子轰击（fast atom bombardment，FAB）。20 世纪 80 年代发展出新的离子源 FAB。由氩离子枪产生的高能量的 Ar^+进入充满氩气的电荷交换室，Ar^+经共振电荷交换后保持着原来的能量，形成了高能量的中性氩原子流。高速氩原子轰击样品分子使之离子化。本法适合于高极性、大分子量、低蒸汽压、热稳定性差的样品。一般用作磁式质谱的离子源。

（5）场电离（field ionization，FI）和场解析（field desorption，FD）。FI 是气态分子在强电场作用下发生的电离。在作为场离子发射体的金属刀片、尖端或细丝上施加正电压，处于高静电发射体附近的样品气态分子失去价电子而电离为正离子。对液态或固态样品进行 FI 时，仍需要气化。FD 则没有气化要求，样品吸附在作为离子发射体的金属细丝上送入离子源。在细丝上通以微弱电流，解析出来的样品即扩散（不是气化）到高场强的场发射区域进行离子化。FD 特别适合于难气化和热稳定性差的固体样品分析。FI 和 FD 的共同特点是形成的 M^+没有过多的剩余内能，减少了分子离子进一步裂解的概率，增加了分子离子峰的丰度，碎片离子峰相对减少。

（6）大气压电离（Atmospheric Pressure Ionisation，API）。API 技术是当今质谱界最为活跃的领域，它的成功发展，扩展了质谱仪分析化合物的范围，特别是在生物化学、医学、药物代谢等领域获得日益广泛的应用。API 包括电喷雾电离（Electrospray，ESI）和大气压化学电离（Atmospheric Pressure Chemical Ionisation，APCI）两种。它们的共同点是样品的离子化在处于大气压下的离子化室中完成，离子化效率高，大大增强了分析的灵敏度、稳定性，它们是目前最软的离子化技术。这两种方式都可以获得与分子离子有关的信息而得到化合物的分子量。

ESI 技术电离过程是“离子雾化”。样品溶液流出毛细管的瞬间，在加热温度，雾化气（N_2）和强电场（3～5 kV）的作用下。溶剂迅速雾化并产生高电荷液滴。随着溶剂分子的蒸发，带电液滴的半径逐渐缩小，液滴表面的电荷密度逐渐增大。当电荷之间的排斥力足以克服表面张力时，离子向表面移动并从表面蒸发，产生单电荷或多电荷离子。所带电荷的多少取决于所得的带正电荷或负电荷的离子中酸性或碱性基团的体积和数量。通常小分子得到$[M+H]^+$、$[M+Na]^+$或$[M-H]^-$单电荷离子。而生物大分子则产生多种多电荷离子，在质谱图上得到多电荷离子的峰簇。因此，质量范围只有几千质量数的质谱仪能够检测质量数几万甚至十几万的生物大分子，如蛋白质、寡核苷酸等。ESI 是最软的电离技术。适合测定极不稳定的极性化合物，如多糖、蛋白等。

APCI 是溶液中的样品流出毛细管时被氮气流雾化到加热管中被挥发，在加热管端进行电晕（Corona）尖端放电，电极的高压使溶剂分子被电离，形成反应气等离子体。样品分子在穿过等离子体时通过质子转移被电离形成$[M+H]^+$或$[M-H]^-$离子，并进入质谱仪。在电晕放电电离的设计中，取样微孔与电离反应区之间增加了层幕气流，避免微孔堵塞，又能使簇合离子解簇。APCI 适合于弱极性小分子化合物。

4．质量分析器

质量分析器是质谱仪中一个重要组成部分，它的作用是将离子源产生的离子按质荷比（*m*/*e*）分开。常用的质量分析器有如下四种。

（1）单聚焦分析器。单聚焦分析器主要根据离子在磁场中的运动行为，将不同质量的离子分开。图 8-4 是单聚焦分析器示意图。样品离子在加速电压的作用下进入分析器。在分析器中，样品离子受磁场的作用，其运动轨迹发生偏转，改作圆周运动。此时离子的偏转半径 r_m 可用式（8.2）表示。

$$r_m = \frac{144}{H}\sqrt{\frac{m}{e}\cdot V} \tag{8.2}$$

式中：r_m——离子偏转半径，cm；

H——磁场强度，A/m；

V——离子的加速电压，V；

m——离子质量，u；

e——离子的电荷量，以一个电子所带电荷为单位，对于单电荷离子 e=1。*

式（8.2）称为磁分析器质谱仪方程。由式可知，离子在磁场中运动的轨迹半径 r_m，是由 V、H 和 m/e 三者决定的。假如 V 和 H 是固定的，离子的轨道半径仅与离子的质荷比有关。即不同质荷比的离子经过磁场后，由于偏转半径不同而彼此分开。在质谱仪中，离子接收器是固定的，即 r 值是固定的。如果保持 H 不变，连续地改变 V，可以使不同 m/e 的离子顺序通过狭缝达到接收器，得到某个范围的质谱。同样，也可以使 V 保持不变，连续地改变 H，使不同 m/e 的离子被接收。前者称为电压扫描，后者称为磁场扫描。

由于磁场对离子只有方向聚焦作用，因此，我们把只依靠磁场进行质量分离的分析器叫单聚焦分析器。使用这种分析器的质谱仪称为单聚焦质谱仪。单聚焦分析器的优点是结构简单，体积小，安装及操作方便。其最大的缺点是分辨率低，只适用于分辨率要求不高的质谱仪。

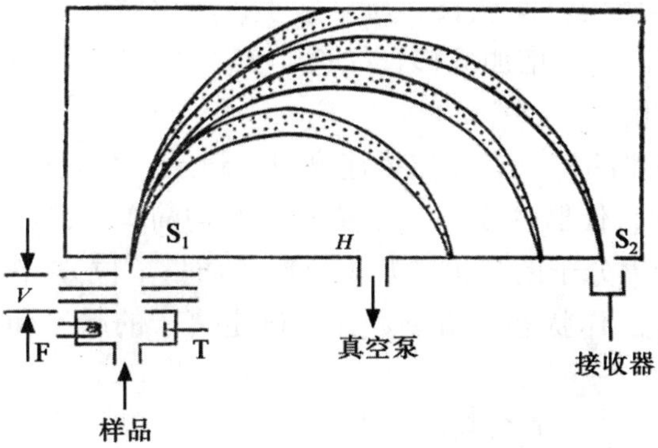

图 8-4　单聚焦分析器示意图

（2）双聚焦分析器。由离子源产生的离子，其能量不相同，经加速后的离子，其能量也就不同。因此，即使是质量相同的离子，由于能量不同，在磁场中运动的半径也不同，因而不能完全聚在一起，极大地降低了仪器的分辨率。为了消除离子能量分散对分辨率的影响，通常在扇形磁场前附加一个扇形电场。离子进入电场后，受到静电力的作用，改作圆周运动。如果电场强度一定，离子轨道半径仅取决于离子的速度或能量，而

* 一个电子的电荷等于 $-e$，e=（1.602 177 33±0.000 000 49）×10^{-19}C。

与离子质量无关。这样，质量相同而能量不同的离子，经过静电场后将被分开，即静电场具有能量色散作用。

磁场对离子的作用具有可逆性。即由某一方向进入磁场的质量相同而能量不同的离子，经磁场后将按一定的能量顺序分开；反之，从相反方向进入磁场的以一定能量顺序排列的质量相同的离子，经磁场后可以会聚在一起。因此，把电场和磁场配合使用，使电场产生的能量色散与磁场产生的能量色散数值相等但方向相反，就可实现能量聚焦，再加上磁场本身具有的方向聚焦作用，这样就实现了能量和方向双聚焦。这种把静电分析器和磁分析器配合使用，同时实现方向和能量聚焦的分析器，称为双聚焦分析器。

这种分析器最大优点是分辨率高，一般可达几万或更高。其缺点是价格贵，操作调整比较困难。

（3）四极滤质器。四极滤质器是由四根截面呈双曲面的平行电极组成。离子的质量分离在电极形成的四极场中实现。四极场由加在电极上的直流电压 u 和叠加的射频电压 V 产生。选择适当的 u/V 值，一定质量范围的离子（如 M_1），可以沿 Z 方向到达接收器。而其他质量的离子（如 M_2），则因振幅增大到撞击电极而被过滤掉，因而实现质量分离。当改变 u/V 为另一个值时，可以使另外的离子通过四极场。也就是说，改变 u 和 V 可以实现质量扫描。

四极滤质器是一种无磁铁分析器，体积小、重量轻、操作容易、扫描速度快，适用于色谱–质谱联用仪器。这种分析器的离子流通量大，灵敏度高。四极滤质器的主要缺点是分辨率低和有质量歧视效应。

（4）飞行时间质量分析器。飞行时间质量分析器主要部分是一个离子漂移管。其原理见图 8-5。由电离源来的样品离子到达漂移管后，在加速电压 V 的作用下得到动能。离子在漂移管中的飞行时间与离子质量的平方根成正比。即对于能量相同的离子，离子的质量愈大，到达接收器所用时间愈长。质量愈小，所用时间愈短。根据这一原理，可以将离子按质量大小分开。适当增加漂移管的长度 L，可以提高分辨率。使用这种分析器的质谱仪叫飞行时间质谱仪。

飞行时间质量分析器的特点有：扫描速度快，记录一个完整的质谱只要 10～100 μs。适用于研究极快的过程。仪器体积小、重量轻、结构简单，既不要求电场，也不要求磁场。分辨率低。可用于大分子的分析（几十万原子质量单位），在生命科学中用途很广。质量分析器要处于脉冲工作状态。否则，无法确定离子的起始和到达时间，无法区分到达接收器的不同质量。

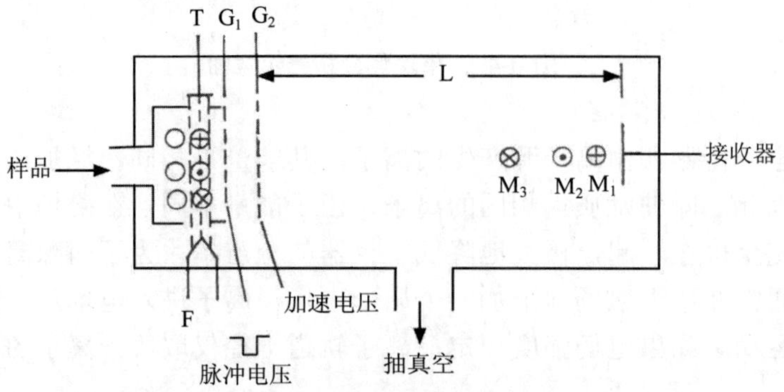

图 8-5 飞行时间质量分析器原理图

5. 离子检测器

质谱仪中所用的检测器有如下三种检测方法。

（1）直接电测法。离子流直接为金属电极所接收（筒状或平板状金属电极检测器），配合直流放大器或动态电容或静电计放大器，可检测为 10^{-15}～10^{-9}A 电流，时间常数为 1s 左右。由于时间常数较大，它不适用于快速分析。但测量的线性较好，结构简单。

（2）二次效应检测法。使离子引起二次效应，产生二次电子或光子，然后用相应的倍增管和电学方法记录离子流。静电式电子倍增器是应用最广的倍增器。当一定能量的正离子打击倍增器的阴极表面时，便产生二次电子。经过若干级倍增极后，电子不断倍增，最后为阳极所检测。可测出 10^{-17}A 的微弱电流，时间常数远小于 1s，因而它适用于快速分析。

（3）照相记录法。多数应用于高频火花源质谱仪中，以检测微量固体组分。这种检测器检测灵敏度较高，但测量精度较差。

（4）微通道板。微通道板是 20 世纪 70 年代发展起来的检测器。它是由大量微型通道管（管径约 20 μm，长约 1 mm）组成，微通道管由高铅玻璃制成，具有较高的二次电子发射率。每一个微通道管相当于一个通道型连续电子倍增器。整个微通道板则相当于若干这种电子倍增器并联。每块板的增益为 10^4。欲获得更高增益，可将微通道板串联使用。

6. 计算机系统

随着计算机的普遍应用，现代质谱仪器也和其他仪器一样配有完善的计算机系统。质谱计算机系统具有如下的主要功能：

（1）数据的采集和简化。通过计算机系统可以在 1 s 到数秒内采集到被测化合物质谱峰的成百上千个的有关数据，并进行运算和简化，经过简化后每个峰由两个数据——峰位（时间）和峰强表示，并存于数据库中。

（2）质量数的转换。质量数（即质荷比）的转换就是把获得的峰位（时间）谱转换为质量谱（即质量数–峰强关系图）。对于低分辨质谱仪先用参考样作为质量内标，而后用指数内插法及外推法，将峰位（时间）转换为质量数。对于高分辨质谱图，则将未知样和参考样同时进样，未知样应夹在参考样的谱峰中间，并能很好地分开。此时，用内插法和外推法用参考样的精确质量数计算出未知样品的精确质量数。

（3）扣除本底或相邻组分的干扰。利用“差谱”技术将样品图谱中的本底谱图或干扰组分的谱图扣除，得到待测组分的纯质谱图，以便于解析。

（4）谱峰强度归一化。将谱图中所有峰的强度（基峰）的相对百分数列成数据表或给出质谱图（棒图），也可将全部离子强度之和作为 100，而每一谱峰强度用总离子强度的百分数表示。如此归一化后，有利于和标准谱图的比较，便于谱图解析。

（5）标出高分辨质谱的元素组成。计算机可给出含碳、氢、氧、氮、硫和卤素有机化合物的高分辨质谱的精确质量测量值；按该精确质量计算得到的差值最小的元素组成；测量值与元素组成计算值之差。

（6）用总离子流对质谱峰强度进行修正。如质谱和色谱联用，色谱在分离过程中，被测组分浓度不断变化。因此质谱峰的相对强度在扫描时间内也在变化。计算机系统可以根据总离子流强度的变化，自动对质谱峰强度进行校正。

（7）谱图的累加、平均。计算机系统可按选定的扫描次数将多次扫描的质谱图累加，并按扫描次数平均。以有效提高仪器的信噪比，从而提高了仪器的灵敏度。

（8）输出质量色谱。可以根据需要输出总离子流色谱图或质量色谱；扣除指定的质谱峰后的重建质量色谱图以及输出单一质量峰的离子流图，称为质量碎片色谱图。

（9）单离子检测和多离子检测。通过计算机系统可实现一次扫描中采集一个指定质荷比的单离子检测或多个指定质荷比的多离子检测。

（10）谱图检索。计算机能存储大量已知化合物的标准谱图。目前通用的质谱谱库有标准谱图十万多张。此外还有一些专用谱库，可用于一些特有类型化合物的检索。谱图检索具有快速、高效、准确的特点。现已成为气相色谱—质谱联用仪主要的定性手段。

第二节 质谱分析的应用

质谱分析的特点是灵敏度高、响应速度快、定性能力强等。不足之处是它仅适于做单一的纯样品的定性分析，以及进行定量分析比较复杂。自 1957 年 Holmes 等人，首次在实验室实现色谱仪和质谱计联用之后，就显示出色谱—质谱联用的突出优越性，尤其是 1979 年弹性石英毛细管柱问世以来，用毛细管柱气相色谱—质谱联用（GC^2—MS）分析上百乃至几百个组分的混合物已不困难，已成为分析复杂组分混合物不可缺少的有效工具。同时考虑到目前环境监测与分析中，金属离子一般都采用原子吸收光谱、电感耦合等离子体发射光谱法进行测定，而阴离子则用离子色谱法测定，在本节主要介绍质谱法气体分析和有机物结构分析。色谱—质谱联用技术将在第十五章中介绍。

一、质谱法气体分析

利用质谱法可以进行气体成分分析。其中包括高纯气体中微量杂质分析；无机混合气体中各组分的定性及定量分析；真空技术中残余气体含量分析；生产过程中在线分析；医学上人体的呼气分析以及大气中污染物的分析。

质谱法气体分析，具有快速、可靠、灵敏度高和多组分同时检测等优点，一般不需标准气，只要进行简单的标定，就可得出定量的结果。实验证明，在一定压强范围内，气体样品和组分的离子流强度和该组分的分压成正比，即

$$I=K\cdot P$$

式中：I——某组分离子流强度；

P——某组分分压；

K——比例常数，称为压强灵敏度，即单位压强产生的离子流强度。

对于任何一种气体组分，常数 K 可以用纯气体由实验求得。这样，只要测得混合组分中某一组分的离子流强度，即可由上式计算得到其分压 c。如果进样总压为 P，则该组分含量为：

$$X = \frac{c}{P} \times 100\% = \frac{I}{KP} \times 100\%$$

值得注意的是，对于同一组分的不同离子峰，其强度差别较大，选用不同的峰有不同的压强灵敏度。因此，在没有干扰的情况下，应选用最强的峰进行计算，这样可以提高测定灵敏度。另外，用质谱法进行气体成分分析，取样是非常重要的，尤其是分析样品中的 N_2、O_2 和 CO_2 等的含量，稍不注意就会有外界空气混入，影响结果的可靠性。

二、有机物结构分析

1. 离子类型

有机物结构分析是质谱法的重要应用之一。进行有机物分析的质谱仪叫做有机质谱仪。有机质谱仪大都与色谱仪联用，组成色谱—质谱联用仪。有机质谱仪的离子源一般是电子轰击源和化学电离源。由紫外记录器记录质谱图或由计算机终端显示或打印质谱图。

当气体或蒸气分子（原子）进入离子室时，受到电子轰击而形成各种类型的离子。与每一种类型的离子相对应可得一质谱峰。质谱图可提供有关分子结构的许多信息。它是定性分析的依据，也是质谱定性分析能力强的原因所在。

通常有机物经离子化后，可能得到如下一些类型的离子峰。

（1）分子离子。有机化合物分子在电子轰击下，失去一个电子形成离子，这种离子叫分子离子。

$$\mathrm{M}^{\cdot\cdot} + e \rightarrow \mathrm{M}^{\overset{+}{\cdot}} + 2e$$

中性分子　　分子离子

式中：$\mathrm{M}^{\cdot\cdot}$——中性分子，右上角两个圆点表示某化学键的一对电子，如果失去一个电子，就成为分子离子$\mathrm{M}^{\overset{+}{\cdot}}$。由于分子离子是离子中 m/e 最大的，因此，在一个化合物质谱中，分子离子处在最右端，它的质量即化合物的分子质量。

分子离子峰的强弱，因化合物而异。分子离子峰强弱的顺序是：芳环＞共轭烯＞烯＞酮＞不分支烃＞醚＞酯＞胺＞酸＞高分支烃。分子离子峰的强弱也与实验条件有关。如离子源的类型，电离室温度，轰击电子的能量等。对分子离子峰的强度都有影响。

（2）碎片离子。产生分子离子只要十几电子伏特的能量，而电子轰击源常选用电子能量为 50～80eV，因而除产生分子离子外，尚有足够能量致使化学键断裂，形成带正、负电荷和中性的碎片，所以在质谱图上可以出现许多碎片离子峰。碎片离子的形成和化学键的断裂与分子结构有关，利用碎片峰可协助阐明分子的结构。

（3）重排离子。有些离子不是由简单断裂产生的，而是由简单断裂组合重排产生的，这样产生的离子称为重排离子。

（4）亚稳离子。分子离子和碎片离子都是在电离室形成的。但是有一些离子，或由于内能较高，自身不稳定，或由于中途发生碰撞，在进入接收器前发生断裂。这种中途发生断裂的离子称为亚稳离子。由此而得的质谱峰称为亚稳离子峰。亚稳离子峰钝而小，一般要跨 2～5 个质量单位，其质荷比通常不是整数。故可利用这些特征加以区别。

（5）同位素峰。大多数元素都是由具有一定自然丰度的同位素组成，在质谱图中，会出现含有这些同位素的离子峰。这些含有同位素的离子峰称为同位素峰。同位素峰的强度比与同位素的丰度比是相当的。从表 8-1 可见，S、Cl、Br 等元素的同位素丰度高，因此含 S、Cl、Br 的化合物的分子离子或碎片离子，其 $M+2$ 峰强度较大，所以根据 M 和 $M+2$ 两个峰的强度比易于判断化合物中是否含有这些元素。

表 8-1　一些同位素的天然丰度及丰度比

同位素	天然丰度/%	丰度比/%
^{1}H	99.985	^{2}H / ^{1}H　0.015
^{2}H	0.015	
^{12}C	98.893	^{13}C / ^{12}C　1.11
^{13}C	1.107	
^{14}N	99.634	^{15}N / ^{14}N　0.37
^{15}N	0.366	
^{16}O	99.759	^{17}O / ^{18}O　0.04　^{18}O / ^{16}O　0.20
^{17}O	0.037	
^{18}O	0.204	
^{32}S	95.0	^{33}S / ^{32}S　0.8　^{34}S / ^{32}S　4.4
^{33}S	0.76	
^{34}S	4.22	
^{35}Cl	75.77	^{37}Cl / ^{35}Cl　32.5
^{37}Cl	24.23	
^{79}Br	50.537	^{81}Br / ^{79}Br　97.9
^{81}Br	49.463	

2. 有机物结构

有机质谱可提供关于分子质量和元素组成的信息。根据质谱峰和裂解规律，还可提供关于有机分子结构的信息。如果被测定的化合物是前人已经研究过的已知物，则根据标准谱图或与已知化合物的质谱比较，即可对测定化合物作出鉴定。如果被测化合物是一个尚未为人们研究过的新化合物，质谱分析是测定分子结构不可缺少的手段，在分子结构比较复杂的情况下，有时单凭质谱图完全确定分子结构是比较困难的，还须借助其他波谱法（红外、紫外、核磁）或化学方法提供有关信息，进行综合解析，或证实质谱鉴定结果。

应用质谱分析法对有机物进行鉴定或结构测定大致程序如下。

（1）分子质量的确定。有机化合物分子在电子轰击下，失去一个电子生成分子离子，所在质谱中，分子离子峰所对应的质量就是该化合物的分子质量（大部分质谱图用所谓条图来表示，其中横坐标表示质荷比 m/e，纵坐标表示相对强度）。只要找出了分子离子峰就可求得相对该离子峰的化合物的相对分子质量。因此，质谱法测定分子质量的关键是确定分子离子峰。但是，在有些化合物质谱中，分子离子峰很弱，或者根本不存在分子离子峰；有时样品中混有杂质，质谱中出现杂质离子峰。在这种情况下，分子离子峰就难判别，甚至会判断错误。因此，必须掌握判别分子离子峰的方法。通常判别分子离子峰和测定分子质量的方法如下。

1）分子离子峰一定是质谱中质量数最大的峰，多数情况下，质谱高质量端较强峰就是分子离子峰。

2）比分子离子峰小 4～13 及 20～25 质量单位处，不应有离子峰出现，否则质量数最大的峰就不是分子离子峰，而是碎片离子峰或杂质峰。因为，一个有机化合物不可能失去 4～13 个氢而不断链。如果断链，失去最小的碎片就应为—CH_3，它的质量是 15 个质量单位。失去 14 个质量单位（如 CH_2）和 19 个质量单位（如 F）的情况极为少见。同样也不可能失去 20～25 个质量单位。表 8-2 列出从有机化合物中易于裂解出的自由基（附有黑点的）和中性分子的质量差，可用作判断质量差是否合理的参考。

表 8-2　一些常见的游离基和中性分子的质量数

质量数	游离基或中性分子	质量数	游离基或中性分子
15	$\cdot CH_3$	47	$CH_3S\cdot$
17	$\cdot OH$	48	CH_3SH
18	H_2O	49	$\cdot CH_2Cl$
26	$CH\equiv CH$，$\cdot C\equiv N$	54	$\cdot CH_2{=}CH{-}CH{=}CH_2$
27	$CH_2{=}CH\cdot$，$HC\equiv N$	55	$CH_2{=}CHCHCH_3$
28	$CH_2{=}CH_2$，CO	56	$CH_2{=}CHCH_2CH_3$
29	$CH_3CH_2\cdot$，$\cdot CHO$	57	$\cdot C_4H_9$
30	$NH_2CH_2\cdot$，CH_2O，NO		
31	$\cdot OCH_3$，$\cdot CH_2OH$，CH_3NH_2		
32	CH_3OH	59	$CH_3OC\cdot$，CH_3CONH_2
33	$HS\cdot$，（$\cdot CH_3+H_2O$）	60	C_3H_7OH
34	H_2S	61	$CH_3CH_2S\cdot$
35	$Cl\cdot$	62	（$H_2S + CH_2{=}CH_2$）
36	HCl	64	CH_3CH_2Cl
40	$\equiv CH_3C\equiv CH$	68	$CH_2{=}C$（CH_3）$-CH{=}CH_2$
42	$CH_2{=}CHCH_3$，$CH_2{=}C{=}O$	71	$\cdot C_5H_{11}$
43	$C_3H_7\cdot$，$CH_3CO\cdot$，$CH_2{=}CH{-}O\cdot$	73	$CH_3CH_2OC\cdot$
44	$CH_2{=}CHOH$，CO_2		
45	$CH_3CHOH\cdot$，$CH_3CH_2O\cdot$		
46	CH_3CH_2OH，NO_2，（$H_2O+CH_2{=}CH_2$）		

3）有机化合物中含有奇数个氮原子时，相对分子质量应为奇数，含有偶数个（包括 0 个）氮原子时，相对分子质量应为偶数，此规则称为氮规则。当我们知道了分子中氮的原子数时，可以利用氮规则来核对相对分子质量，或做初步的判断筛选。如果含氮数与相对分子质量的奇偶数不符，则该离子不是分子离子。分子中含氮原子数可用元素分析

或高分辨质谱仪确定。

4）分子离子的稳定性与分子结构有关。分子离子稳定性的顺序为：芳香环＞共轭链烯＞脂环化合物＞直链的烷烃类＞硫醇＞酮＞胺＞酯＞醚＞分支较多的烷烃类＞醇。

5）如果分子离子峰太弱，或经过判断后认为分子离子峰没有出现，此时可通过改进实验技术来测定分子质量。如采取降低轰击电子的能量、提高仪器的灵敏度。也可以利用制备衍生物的办法提高分子离子峰强度。

（2）化合物分子式的确定。有机化合物的分子都是由 C、H、O、N ……等元素组成的。这些元素都有同位素。由于同位素的贡献，质谱中除了有质量数为 M 的分子离子峰外，还有质量数为 M+1、M+2……等同位素峰，由于分子的元素组成不同，同位素的强度比就不同。Beynon 将各种化合物（包括 C、H、O、N 的各种组合）的 M、M+1、M+2 强度值列成质量与丰度表。在该表中，化合物按相对分子质量（或组成式质量）排列，相同相对分子质量的化合物，按 M+1 的丰度值排列。这样，如果知道化合物的相对分子质量和 M、M+1、M+2 的强度比，即可查表确定分子式。

例如，某未知化合物相对分子质量 M＝150（丰度为 100%），M+1 丰度为 9.9%，M+2 丰度为 0.88%，求该化合物的分子式。

首先由质量与丰度表中找出 M 为 150 的化合物（包括 C、H、O、N 的各种组合式）。在该表中，M 为 150 的化合物共有 29 个，现将其中与未知化合物的 M+1 的丰度值相近的七个化合物列于表中（表 8-3）。因为，未知化合物相对分子质量为偶数，根据氮规则，分子中应有偶数个氮，因此，未知化合物不可能是第 2、4、6 三种化合物，根据未知化合物的 M+1 和 M+2 值，最有可能的组成式为 $C_9H_{10}O_2$。

表 8-3 几种 M＝150 的化合物同位素峰丰度

化合物的分子式	M+1 丰度/%	M+2 丰度/%
$C_7H_{10}N_4$	9.25	0.38
$C_8H_8NO_2$	9.23	0.76
$C_8H_{10}N_2O$	9.61	0.61
$C_8H_{12}N_3$	9.98	0.45
$C_9H_{10}O_2$	9.96	0.84
$C_9H_{12}NO$	10.34	0.68
$C_9H_{14}N_2$	10.71	0.52

利用同位素峰确定化合物的分子式，一般适用于相对分子质量小于 250 的化合物，相对分子质量太大，准确度降低。

利用高分辨质谱仪，可以很方便地测定化合物的分子式，高分辨质谱仪能够准确地测出各种离子的精确质量，对于一种质量只有一种组成。

（3）解释质谱图的一般方法。质谱解释是利用质谱数据，进一步鉴定样品的分子结构。质谱解释一般步骤是：

1）由质谱图的高质量端确定分子离子峰，确定化合物相对分子质量，其方法如上述。

2）查看分子离子峰的同位素组，由 M+1、M+2 的丰度，通过查表，确定未知化合物的组成式。也可利用高分辨质谱仪测定未知化合物的组成式。

3）由组成式计算化合物的不饱和度，也即确定化合物中环和双键的数目。计算方法为：

$$不饱和度=四价原子数-\frac{一价原子数}{2}+\frac{三价原子数}{2}+1$$

例如，苯的不饱和度$=6-\frac{6}{2}+\frac{0}{2}+1=4$

不饱和度表示有机化合物不饱和的程度。所谓不饱和度是这样规定的，双键不饱和度为 1，叁键不饱和度为 2，苯环不饱和度为 4。计算不饱和度有助于判断化合物结构。

4）研究高质量端离子峰。质谱高质量端离子峰，是由分子离子失去碎片形成的。从分子离子所失去的碎片，可以确定化合物中含有哪些取代基。

研究低质量离子峰。根据这些具有特征的离子峰以及各类化合物的断裂方式和碎片离子的特点，可以推测化合物的类型。

研究亚稳离子，找出某些离子之间的相互关系。

5）根据样品来源，物理化学性质，以及由红外光谱，紫外光谱，核磁共振等提供的资料，提出化合物的结构。

例：一个未知化合物的分子式为 $C_6H_{12}O$，其质谱图如下图所示，试推断结构式。

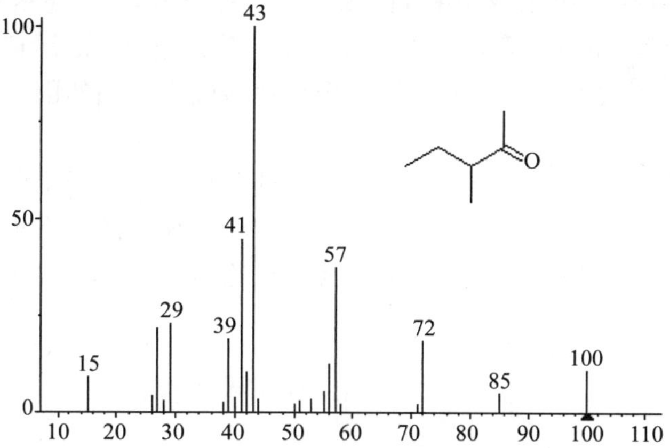

解：首先确定不饱和度为 1，说明分子中存在一个 C=C 或者 C=O 双键。如果有 C=C 双键那么就有 C—O 单键，此时应出现 *M*–18 的离子峰，而这个质谱图中并没有出现。因此，化合物含有一个 C=O 双键。*m*/*z*=85 的离子峰是分子失去一个—CH_3 的碎片。剩余的部分除去 O 后是 C_4H_9，C_4H_9 可以是伯、仲、叔丁基，能否判断？图中有一 *m*/*z* = 72 的峰，它应该是 *M*-28，即分子分裂为乙烯后生成的碎片离子。只有 C_4H_9 为仲丁基，这个酮经麦氏重排后才能得到 *m*/*z* = 72 的碎片。若是正丁基也能进行麦氏重排，但此时得不到 *m*/*z* = 72 的碎片。因此，化合物的结构如图中所示为 3-甲基-2-戊酮。

在解释质谱过程中，也可以借助于标准谱图集。对有些未知化合物，根据由质谱中得到的资料（如相对分子质量、最强离子峰等），可以查出该化合物；有时也可能得到几种的结构后，利用标准谱图进行核对，最后确定未知物结构。常用的标准谱图集有

NIST/EPA/NIH 质谱库，这个质谱数据库非常普及，目前的最新版本增加了 46 078 个光谱数据。NIST/EPA/NIH 数据库现在总计有光谱数据 175 214 个，具有 147 350 多个化合物。这个质谱数据库比同等数据库峰的数量多出了 50%，几乎翻了两倍。这是一个用于鉴定未知光谱，首次完全校对过的质谱数据库；此外英国质谱数据中心出版的质谱八峰索引（Eight peak index of mass spectra）和瑞典出版的质谱数据记录（Registry of mass spectra）也是常用的质谱标准谱图库。

随着计算机的发展和质谱数据库的建立，质谱数据库的检索与应用在各种有机结构分析中，它是使用较多和收效较好的一种方法。因为，质谱数据库储存的图谱较多，一般的质谱仪所带的数据库都有十几万张；其次是质谱数据库为棒状图，数据的存储与检索比较容易，数万张谱图的检索，可在几分钟内完成；三是质谱数据的计算机智能化检索与解析研究开发较好，国内外皆有一些智能化解释程序达到实用水平。

由数据库检索到的信息，首先选择列出一些化合物的分子式、相对分子质量及沸点等数据和相应的质谱图，以及每张检索出来的质谱图与未知质谱图之间的差谱，进行纯度系数的判定。所谓纯度系数是指检索出来的已知图与未知图之间的符合程度。如果两张谱图完全相同，纯度系数为 1 000。通常只有纯度系数值大于 900 时，检索结果的可信度才是比较大的。

在检索列出每个化合物的纯度系数后面，还给出两个数据，一是“Fit”，即匹配系数，表示未知图中包含已知图的程度。Fit 最大值为 1 000，表示已知谱图中所有峰皆在未知谱中出现，且两图中峰的强度比例亦相同。显然，“Fit”值越大，检索结果的可信度亦越大。另一数值是“RFit”，即逆匹配系数，它与“Fit”系数相反，表示已知谱图中包含未知谱图的程度。可见，纯度系数较大时，这三个数值皆较大。当然因计算方式不同，三者的数据亦有差异。

释谱是质谱分析中一项很重要、难度很大的工作，以上所讲仅是一般的方法步骤，要顺利解释一张图谱，不仅要具备质谱分析的知识，而且还要有丰富的经验，以及有机化合物的有关知识。此外还应对样品的来源、用途以及样品的纯化制备方法、纯度等有充分的了解。

习题

1．质谱仪一般由哪几部分组成？各部分的主要作用是什么？

2．有机化合物在离子源中可能形成哪些类型的离子？从这些离子的质谱峰中可以得到哪些信息？

3．某化合物 M=142，M+1 峰为 M 峰强度的 1.1%，写出该化合物可能的分子式。

4．某质谱仪能够分开 $C_2H_4^+$和 N_2^+ 两离子峰，该仪器的分辨率至少是多少？

5．以下是扑热息痛的质谱，解释其中主要的峰。

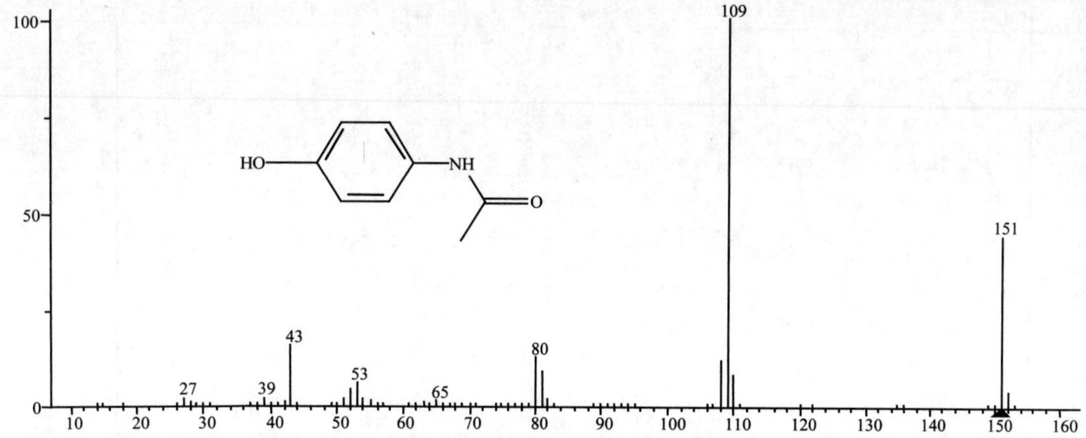

6．以下是邻苯二酚、间苯二酚和对苯二酚的质谱图，分析它们主要的峰，并比较其中异同。

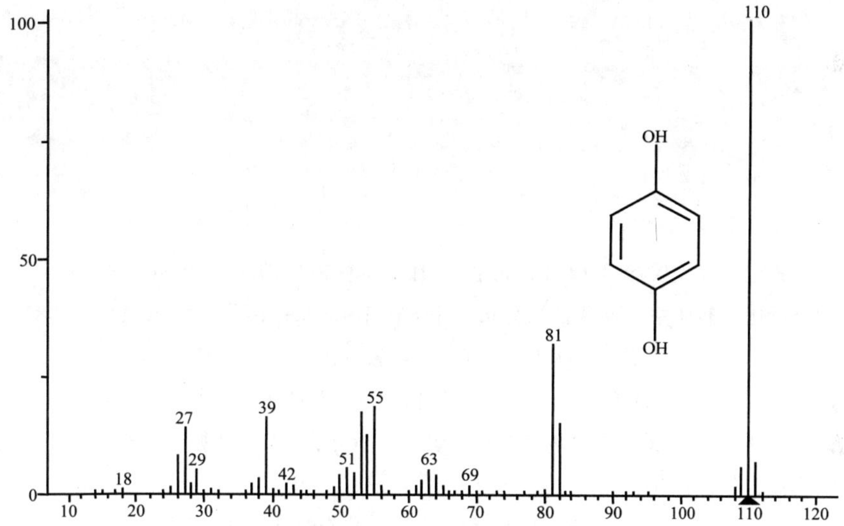

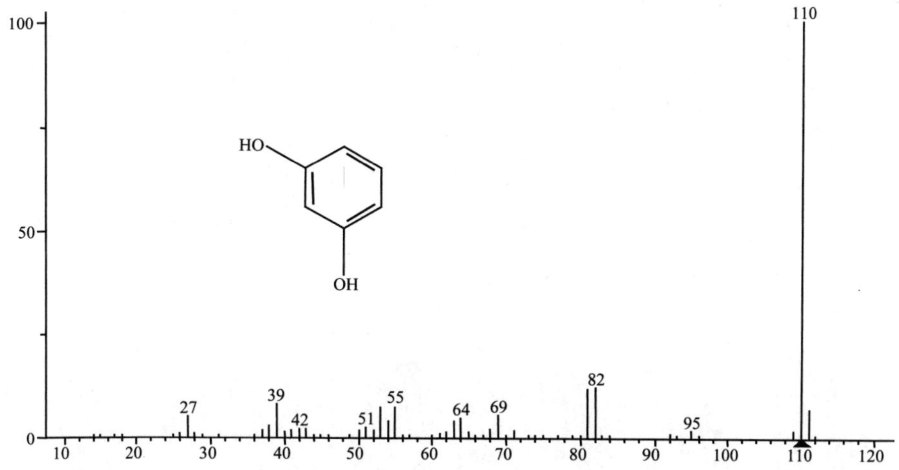

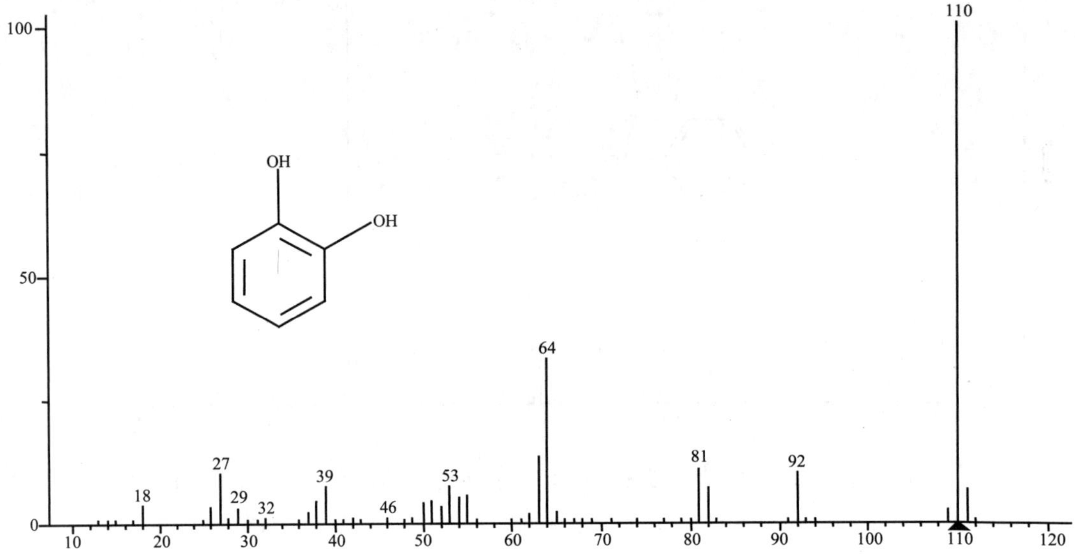

参考文献

[1] 钱沙华，韦进宝．环境仪器分析[M]．北京：中国环境科学出版社，2004．

[2] 清华大学分析化学教研室．现代仪器分析（下）[M]．北京：清华大学出版社，1983．

[3] 朱明华，施文赵．近代分析化学[M]．北京：高等教育出版社，1991．

[4] 王敬尊，瞿慧生．复杂样品的综合分析——剖析技术概论[M]．北京：化学工业出版社，2000．

[5] 泉美治，小川雅弥，加藤俊二，塩川二朗．仪器分析导论[M]．刘振海，李春鸿，张建国，译．北京：化学工业出版社，2005．

[6] 潘铁英，张玉兰，苏克曼．波谱解析法[M]．上海：华东理工大学出版社，2009．

电化学分析法概述

在本书的第九章到第十二章中我们将重点介绍电化学分析法。电化学分析法是应用电化学的基本原理和实验技术而建立起来的分析方法。它通常是使待分析的试样溶液构成一化学电池（电解池或原电池），然后测量电池的某些参数（如两电极间的电位差，通过电解池的电流或电量，电解质溶液的电阻等）与被测物质含量之间的关系来进行分析的方法。电化学分析法根据所测量的电学量分类，一般可分为五类。

一、电导分析

根据溶液的电导性来进行分析的方法，称为电导分析。电导分析又分为电导法和电导滴定法两种。

1. 电导法

直接根据溶液的电导（或电阻）与被测离子浓度的关系而进行分析的方法，称为电导法。

2. 电导滴定法

电导滴定法是一种容量分析方法，根据溶液电导的变化来确定滴定终点。滴定时，滴定剂与溶液中被测离子生成水、沉淀或难离解的化合物，而使溶液的电导发生变化，等当点时出现转折点，指示滴定终点。根据滴定消耗滴定剂的体积和浓度计算出被测物质的浓度。

二、电位分析

用一个指示电极（其电位与被测物质浓度有关）和一个参比电极（其电位保持恒定），与试液组成电池，根据电池电动势（或指示电极电位）来进行分析的方法，称为电位分析。同样，电位分析也可以分为两种：电位法和电位滴定法。

1. 电位法

直接根据指示电极的电位与被测物质浓度的关系进行分析，叫做电位法。

2. 电位滴定法

电位滴定法也是一种容量分析方法，根据滴定过程中指示电极电位的变化来确定滴定终点。滴定时在等当点附近，由于被测物质的浓度产生突跃，而使指示电极电位出现突跃，指示滴定终点。根据滴定消耗滴定剂的体积和浓度计算出被测物质的浓度。

三、电解分析

应用外加直流电源电解试液，电解后直接称量在电极上析出的被测物质的重量来进行分析的方法，称为电重量分析法。如果将电解的方法用于元素的分离，则称为电解分离法。

四、库仑分析

应用外加直流电源电解试液，根据电解过程中所消耗的电量来进行分析的方法，称为库仑分析。库仑分析分为两种：库仑滴定法（控制电流库仑分析法）和控制电位库仑分析法。

1. 库仑滴定法（控制电流库仑分析法）

控制电解电流为恒定值，以 100%的电流效率电解试液，使产生某一试剂与被测物质进行定量的化学反应，反应的等当点可借助于指示剂或电化学的方法来确定。根据等当点时，电解过程所消耗的电量来求得被测物质的含量，称之为库仑滴定法。

2. 控制电位库仑分析法

控制工作电极的电位为恒定值，以 100%的电流效率电解试液，使被测物质直接参与电极反应，根据电解过程中所消耗的电量来求得其含量，这叫做控制电位库仑分析法。

五、极谱分析及伏安法

用微电极电解被测物质的稀溶液，根据所得到的电流—电压极化曲线来测定被测物质浓度的分析方法，称为极谱分析或伏安法。

这类方法根据所用的指示电极的不同，可以分为极谱分析和伏安法。用液态电极作指示电极，如滴汞电极，其电极表面是作周期性的连续更新，称为极谱法；另一类是用固定或固态电极作指示电极，如悬汞滴、石墨、铂电极等，则称为伏安法。

随着仪器分析的发展，对分析方法的灵敏度、速度、选择性、自动控制等各个方面都提出了越来越多的要求，与其他仪器分析方法一样，电化学分析也逐步得到发展，应用日益广泛。一般说来，电化学分析具有下述特点。

（1）分析速度快。电化学分析法一般都具有快速的特点，如极谱分析法有时一次可以同时测定数种元素。试样的前处理手续一般也比较简单。

（2）灵敏度高。电化学分析法适用于痕量甚至超痕量组分的分析，所谓痕量一般是指含量在 0.01%以下，超痕量则是指含量在 0.000 1%以下的物质。由于高纯度物质、半导体及热核材料生产的发展，稀有元素矿物的综合利用，环境保护的监测以及生物体内的痕量元素和农药残留量的分析等需要，有力地推动了具有高灵敏度的仪器分析方法包括电化学分析法的发展。如脉冲极谱、固定电极溶出伏安法和极谱催化波法等都具有非常高的灵敏度，有的方法可以测定浓度低至 10^{-11} mol/L，含量为 10^{-8}%的组分。

（3）选择性好。电化学分析法的选择性一般都比较好，这也是使分析速度加快和易于自动化的一个有利条件。

（4）所需试样的量较少，适用于进行微量操作。如有的离子选择性微型电极，可直接刺入生物体内，测定细胞内原生质的组成。

（5）电化学分析法不仅适用于痕量组分的测定，有的还能用于高含量组分的分析。如电重量分析法及各种电化学滴定法等。电重量分析法并具有很高的准确度。

（6）易于自动控制。由于电化学分析法是根据所测量的电学量来进行分析的方法，因此易于采用电子系统，自动记录所测得的数据，并可配备电子计算机系统，直接打印报出分析结果以及控制分析方法的程序。

（7）电化学分析法适用于工业生产中间流程的监测和自动控制，以及环境保护监测等。

（8）电化学分析法还可用于各种化学平衡常数的测定以及化学基础理论的研究。

（9）电化学分析法与其他仪器分析方法一样，具有一个共同的特点，就是在测定中需要用一系列标准溶液或标样作校正曲线，这不仅为操作手续增添了麻烦，有时还由于缺乏标准试样或基准物质为工作带来困难。但是，库仑分析法不需要基准物质或标准试样，这是该法的一个独特的优点。

第九章　电导分析法

第一节　电导分析的基本原理

在外加电场的作用下，金属导电体通过电子的移动而导电。电解质溶液则是依靠阳离子和阴离子的定向移动而导电。电解质溶液在两电极间产生电导电流的大小，不仅与电极上所加的电压，溶液中正负离子的数目，离子所带电荷的多少，离子移动的速度等有关，而且和电解质的强弱，电解质浓度的大小，溶液的温度、压力、黏度等有关。当保持其他条件不变，溶液的电导与电解质浓度有关。这就是我们利用电导进行分析的依据。现在人们不但根据电解质溶液的电导进行分析，还根据电导的原理开发出电导检测器和一些现代的分析方法，如离子色谱法、毛细管电色谱等，而且已成为电导应用的重要领域。因此，有必要介绍电解质溶液电导的有关理论和知识。

一、离子淌度和离子迁移数

在电解质溶液里，不同的离子所带的电荷不同，离子半径不同，离子运动快慢也不相同。对于同一种离子来说，电场强度改变时，离子迁移的速率v 也随之变化，可表示为：

$$v = U\frac{E}{L} \tag{9.1}$$

式中：E —— 外加电压，V；

L —— 两电极间的距离，cm；

U —— 比例系数，是指单位电场强度下离子移动的速率，称为离子淌度。溶液无限稀释时的 U 称为绝对离子淌度，用 U_0^+、U_0^-分别表示正、负离子的绝对淌度。

电解质溶液的导电是正、负离子向两极迁移电量的叠加结果，正、负离子同时承担着导电的任务，但每种离子迁移的电量是不同的。某种离子所迁移的电量与通过溶液的总电量之比，称为某种离子的迁移数。

对于只含有正、负离子各一种的电解质溶液，其迁移数可分别表示为：

$$t_+ = \frac{Q_+}{Q_+ + Q_-} \tag{9.2}$$

$$t_- = \frac{Q_-}{Q_+ + Q_-} \tag{9.3}$$

式中：Q_+、Q_-——正、负离子迁移的电量；

t_+、t_-——正、负离子的迁移数。

离子迁移电量与离子的迁移数有关，影响离子迁移数的各种因素，如离子的特性、溶剂性质、溶液温度和离子浓度等，同样影响离子迁移的电量。

二、电解质溶液的电导 G、电导率 κ 和摩尔电导率 Λ_m

金属导电体的导电能力，通常以电阻（R）表示。根据欧姆定律，温度一定时，电阻与导体的长度 L 成正比，而与其截面积 A 成反比：

$$R=\rho\frac{L}{A} \tag{9.4}$$

式中：ρ——电阻率，即长 1 cm、截面积 1 cm^2 的导体的电阻（Ω），单位是Ω · cm，它与物质的性质有关。

电解质溶液的导电能力，则常用电导（G）来表示。电导是电阻的倒数，即：

$$G=\frac{1}{R} \tag{9.5}$$

电阻的单位是欧姆（Ω）。电导的单位是西门子（S）。

由式（9.4）及式（9.5）得：

$$G=\frac{1}{c}\cdot\frac{A}{L}=\kappa\cdot\frac{A}{L} \tag{9.6}$$

比例常数 κ 称为电导率或比电导，为电阻率的倒数。它是长度为 1 cm，截面积为 1 cm^2 的导体的电导。对于电解质溶液，其电导率由相当于 1 cm^3 的溶液在距离为 1 cm 的两极间所具有的电导。单位为 S/cm。

由于电解质溶液的电导率与其浓度有关。为了考虑浓度的影响，以及便于不同溶液间的相互比较，常采用摩尔电导率来表示电解质溶液的电导率。①

摩尔电导是含有 1 mol 电解质的溶液在距离为 1 cm 的两电极间所具有的电导。一定浓度的电解质溶液，其摩尔电导率与电导率之间存在着一定的关系。设有如图 9-1 所示的正方形容器，其一对器壁由铂制成，当作电极，电极宽度及两电极间的距离均为 1 cm。另外一对器壁由玻璃制成。若将 1 cm^3 电解质溶液注入其中，测得的电导，就是在该浓度时的电导率 κ 。若将含有 1 mol 溶质的该电解质溶液注入容器中，溶液的体积为 V cm^3，测得的电导则为摩尔电导 Λ_m，显然，溶液的摩尔电导为电导率的 V 倍。即

$$\Lambda_m=\kappa V \tag{9.7}$$

① 经典著作中，用当量电导表示。

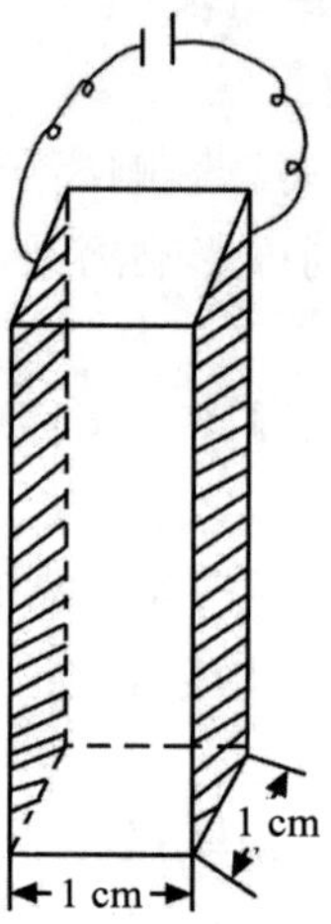

图 9-1 摩尔电导示意图

如电解质溶液的浓度为 c mol / L，即为 1 000 cm^3 溶液中含有 c mol 溶质。则含有 1 mol 溶质时溶液的体积 V 为：

$$V = \frac{1\,000}{c} \tag{9.8}$$

将式（9.8）代入式（9.7），得

$$\Lambda_m = \kappa \cdot \frac{1\,000}{c}$$

或

$$\kappa = \frac{\Lambda_m c}{1\,000} \tag{9.9}$$

式（9.9）即为电导率与摩尔电导率之间的关系。摩尔电导率的单位为西 • 厘米 ^{2} • 摩尔 $^{-1}$（S • cm^2 • mol^{-1}）。

如用一对表面积为 A cm^2、相距为 L 厘米的电极进行测定，则电导为：

$$G = \kappa \cdot \frac{1}{L/A} = \frac{\Lambda_m c}{1\,000} \cdot \frac{1}{L/A}$$

对于一对固定的电极来说，其表面积为 A 和两极间的距离 L 是固定的，因此 L/A 的比值为一常数，称为“电导池常数”，常用θ来表示。则上式为：

$$G = \frac{\Lambda_m c}{1\,000} \cdot \frac{1}{\theta} \tag{9.10}$$

有了这个关系式，就可以用实验方法来测定摩尔电导率。首先利用一般测电阻的方法（如电桥法），测得电解质溶液的电阻，根据电导池常数换算出电阻率或电导率，再由式（9.10）算出摩尔电导率。也可用电导仪直接测得溶液的摩尔电导率，而且现在出售的商品电导电极，都已标明其电导池常数值，将其数值输入仪器即可直接测得该溶液的摩尔电导率。

电解质溶液的摩尔电导率，除与温度有关外，还随溶液浓度的变化而变化，虽然强弱电解质的变化规律不相同。但是，无论是强电解质，还是弱电解质，在无限稀释的溶液中都是全部电离的，即含有 1mol 电解质的溶液中，必然含有正、负离子各 1mol。因此，无限稀释的溶液的摩尔电导率，可以看做是正、负离子的无限稀释的摩尔电导率之和，即

$$\Lambda_{m}^{\infty} = \Lambda_{m,+}^{\infty} + \Lambda_{m,-}^{\infty} \tag{9.11}$$

式中：$\Lambda_{m,+}^{\infty}$、$\Lambda_{m,-}^{\infty}$ ——正、负离子的无限稀释的摩尔电导率。例如：

$\Lambda_{m}^{\infty}(KCl) = \Lambda_{m}^{\infty}(K^{+}) + \Lambda_{m}^{\infty}(Cl^{-})$，$\Lambda_{m}^{\infty}(\frac{1}{2}CuSO_4) = \Lambda_{m}^{\infty}(\frac{1}{2}Cu^{2+}) + \Lambda_{m}^{\infty}(\frac{1}{2}SO_4^{\ 2-})$。

各种离子的 Λ_{m}^{∞} 可从化学手册上查到，表 9-1 列出了 298.15K 时一些离子在无限稀释水溶液中的摩尔电导率。

表 9-1 298.15K 时一些离子在无限稀释水溶液中的 Λ_{m}^{∞}

正离子	$\Lambda_{m}^{\infty}/10^4S\cdot cm^2\cdot mol^{-1}$	负离子	$\Lambda_{m}^{\infty}/10^4S\cdot cm^2\cdot mol^{-1}$
H^+	349.82	OH^-	198.0
Li^+	38.69	Cl^-	76.34
Na^+	50.11	Br^-	78.4
K^+	73.52	I^-	76.8
NH_4^+	73.4	NO_3^-	71.44
Ag^+	61.92	CH_3COO^-	40.9
$1/2Ca^{2+}$	59.50	ClO_4^-	68.0
$1/2Ba^{2+}$	63.64	$1/2SO_4^{2-}$	79.8
$1/2Sr^{2+}$	59.46	HCO_3^-	44.48
$1/2Mg^{2+}$	53.06	$1/2CO_3^{2-}$	69.3
$1/3La^{3+}$	69.6	MnO_4^-	62

通过实验，科尔劳施（Kohlarausch F.）提出了离子独立移动定律，即在无限稀释的溶液中，每一种离子的摩尔电导率有恒定的值，不受其他离子的影响。所以，任何无限稀释的电解质溶液的摩尔电导率都可以通过它所包含的离子的无限稀释摩尔电导率推算出来。如 $\Lambda_{HAC}^{\infty} = \Lambda_{H^+}^{\infty} + \Lambda_{AC^-}^{\infty} = 349.8 + 40.9 = 390.7$。

显然，电解质溶液的电导，决定于溶液中的所有离子。因此，电导不是某一离子的特有性质。

根据离子的摩尔电导率及其浓度，可以计算溶液的电导率。

例：计算纯水的电阻率（25℃）。

解：纯水中，导电的是由水离解出来的 H^+及 OH^-离子，它们的浓度均为 10^{-7} mol/L。由表 9-1 查得 25℃时，H^+摩尔电导率为 349.8，OH^-摩尔电导率为 198。溶液的电导率为：

$$\kappa=\frac{c\Lambda}{1\,000}=\frac{1}{1\,000}\sum c_i\Lambda_i=\frac{1}{1\,000}(349.8\times10^{-4}\times10^{-7}+198\times10^{-4}\times10^{-7})=5.48\times10^{-8}\text{S/cm}$$

所以

$$\rho=\frac{1}{\kappa}=\frac{1}{5.48\times10^{-8}}=1.82\times10^{7}\Omega\cdot\text{cm}=18.2\ \text{M}\Omega\cdot\text{cm}$$

另外，电解质溶液的电导与温度有关。由于温度升高，离子迁移速度加快，电导增加。一般温度升高 1℃，电导率增加 2%～2.5%。因此，精密测量电导必须在恒温池中进行。

第二节　电导分析

在环境分析中，电导滴定法应用不多，不作介绍。这里着重介绍电导法。

溶液的导电性并不是某一个离子的特性，所以离子间的干扰严重，方法选择性差，这是电导分析的一大缺点，从而使它的应用受到限制。但尽管如此，在环境监测、钢铁中的碳、硫的自动测定、气体中一氧化碳、二氧化碳的连续自动分析中仍得到较好的应用。

一、水质的鉴定

1. 纯水的鉴定

目前制备纯水的方法主要有蒸馏法、离子交换法及电渗析法等。制得的纯水纯度已能达到 99.999 99%，其电阻率在 10 MΩ·cm 以上。用来表示水质纯度的主要指标是水中含盐量或水的电阻率、电导率。

由于纯水的主要杂质是一些可溶性的无机盐类，它们在水中以离子状态存在，所以通过测定水的电导率，可以鉴定水的纯度，并作为水质纯度的指标。方法简便可行。

普通蒸馏水的电导率为 3×10^{-6}～5×10^{-6} S·cm^{-1}（电阻率为 200～300 kΩ·cm），离子交换水的电导率为 1×10^{-7} S·cm^{-1}（电阻率为 10 MΩ·cm）。通常，还可以利用电导法来控制离子交换水的生产，当水中含盐量超过一定限度时，其电导率就升高，于是发出讯号，并通过自控装置，立即停止生产。

2. 天然水和废水中可溶性矿物质浓度的测定

用电导法来测定天然水或废水所得的电导率，与水中可离解成分的总浓度有关。当水中溶解物质较少时，其电导与溶解物质的含量大致成比例变化。因此，通过测定电导，可在短时间内推断总溶解物质的大致含量。方法快速，而且既不消耗水样，也不污染水样。可作为水体被矿物质污染的指标之一。此外，亦可用于估计其他化学分析所应取的水样体积。表 9-2 列出几种溶液的电导率。

表 9-2　几种溶液的电导率

物质	电阻率/Ω · cm	电导率/S · cm^{-1}
30%硫酸	1	1
海水	33	3×10^{-2}
0.05%氯化钠	1 000	10^{-3}
天然水	20K	5×10^{-5}
普通蒸馏水	1 000K	10^{-6}
超纯蒸馏水	10M	10^{-7}

3．溶解氧的测定

利用非导电元素或化合物与溶解氧反应产生能导电的离子成分，从而测定溶解氧。如利用氧化氮气体与溶解氧作用生成硝酸根离子，使导电度增加，因此，根据反应前后溶液电导的变化即可求得溶解氧的含量。也可利用金属铅和金属铊与溶解氧反应而增加电导，1μg/L 溶解氧将增加 3.5×10^{-8} S•cm^{-1}。此电导法亦可用于监测锅炉管道水中的溶解氧，检出限达几个μg/L。

二、在大气监测中的应用

大气污染物中的酸性或碱性气体可吸收在适当的溶液中，测量溶液吸收前后的电导，便可求出大气中某些有害气体的量。例如 CO_2、SO_2 可吸收在碱性溶液中[NaOH，$Ba(OH)_2$]，NH_3 吸收在酸性溶液中（HCl），H_2S 吸收在 $AgNO_3$、$CuSO_4$ 溶液中。

为了连续、自动监测，也可以使气体通过流动的溶液，如为了测定 CO_2，可用泵将气体通入吸收液，若气样中有干扰气体 NH_3、pH_3、HCl、Cl_2 和 H_2S，可在采样线上放一个装有 $KHSO_4$ 和 Ag_2SO_4 的过滤器，消除这些干扰。欲测气体经吸收液作用后，由排出口排出。根据吸收液吸收气样前后的电导差值，计算 CO_2 的量。响应时间（90%）为 60～100 s。

因为温度对电导的影响较大，而且离子的电导没有质的特征性，即选择性差，所以电导法作为自动化监测应用较少。

习题

1．电导池内有两个面积为 1.25 cm^2 的平行电极，它们之间的距离为 1.50 cm，在贮满某电解质溶液后，测得电阻为 1 096 Ω，计算该溶液的电导率。

2．计算 25℃时 0.1 mol/L 醋酸溶液的电阻率。

3．在 25℃时，用面积为 1.11 cm^2，相距 1.00 cm 的两个平行的铂黑电极来测定纯水的电阻，其理论值为多少欧姆？

4．用电导法测定气体中微量二氧化碳的含量时，可采用氢氧化钡或氢氧化钠为吸收液，试从摩尔电导的改变来判断何者作为吸收液较好？

参考文献

[1] 钱沙华，韦进宝．环境仪器分析[M]. 北京：中国环境科学出版社，2004.
[2] 南开大学化学系《仪器分析》编写组．仪器分析（上册）[M]．北京：高等教育出版社，1978.
[3] 高小霞，等．电分析化学导论[M]．北京：科学出版社，1986.
[4] 韦进宝，吴峰. 环境监测手册[M]. 北京：化学工业出版社，2006.

第十章　电位分析法

第一节　电位分析概述

一、原电池

原电池是将化学反应的能量转变为电能的一种装置。

各种原电池都具有一定的电动势。电池电动势的产生是由于在电池中两个不同的相界处均具有电位差。

（1）两个电极各与溶液界面之间有电位差，即电极电位。

（2）溶液与溶液之间有电位差，称为液体接界电位，这是由于溶液中离子相互扩散时运动速度不同而产生。

液体接界的电位不大，两个溶液如用盐桥连接，则可使之降低到几乎为零。所以，原电池的电动势主要来源于两个电极的电极电位。电池电动势是正极与负极的平衡电极电位之差。

$$E_{电池}=E_{正}-E_{负}$$

式中：$E_{电池}$——电池电动势；

$E_{正}$——正极的平衡电位；

$E_{负}$——负极的平衡电位。

在电池中，电极电位较正的电极是正极，而电极电位较负的电极为负极。两个电极的平衡电极电位相差越大，电池电动势也就越大。

二、电池电动势及电极电位与浓度的关系

1．能斯特（Nernst）公式

自发电池是一个将化学反应产生的能量转化为电能的装置。如果参加化学反应的物质的浓度不同，它所产生的能量也就不同，所以电池电动势与反应物质的浓度有关。假如自发电池的化学反应如下：

$$a\mathrm{A}+b\mathrm{B}\rightleftharpoons e\mathrm{E}+f\mathrm{F}$$

则电动势与反应物质浓度之间的关系，可用下列公式表示：

$$E_{电池} = E^0_{电池} - \frac{RT}{nF}\ln\frac{a_E^e \cdot a_F^f}{a_A^a \cdot a_B^b} \tag{10.1}$$

式中：$E_{电池}$——电池电动势，V；

$E^0_{电池}$——标准电池电动势，它是当 $a_A=a_B=a_E=a_F=1$ 时的电池电动势；

n——电极反应中的电子转移数；

F——法拉第常数，96 485 C/mol；

R——气体常数，8.314 J/（mol・K）；

T——热力学温度，K。

当温度为 25℃时，$\frac{2.303RT}{F} = 0.059\,2$，则得：

$$E_{电池} = E^0_{电池} - \frac{0.059\,2}{n}\lg\frac{a_E^e \cdot a_F^f}{a_A^a \cdot a_B^b} \tag{10.2}$$

上式就是能斯特公式，表示电池电动势与反应物质活度的关系，在要求不很严格的情况下，可用浓度代替活度。

对于一个电极来说，其电极反应可写成如下通式：

$$氧化态 + ne \rightleftharpoons 还原态$$

同样，其电极电位与反应物质活度的关系，可用能斯特电极电位公式表示：

$$E = E^0 + \frac{RT}{nF}\ln\frac{a_{氧化态}}{a_{还原态}} \tag{10.3}$$

式中：$a_{氧化态}$和 $a_{还原态}$——电极反应中氧化态和还原态的活度；

E^0——标准电极电位，即当氧化态及还原态的活度等于 1（或其活度比等于 1）时的电极电位。在 25℃时，如用浓度代替活度，则为：

$$E = E^0 + \frac{0.059\,2}{n}\lg\frac{c_{氧化态}}{c_{还原态}} \tag{10.4}$$

2．标准电极与标准电极电位

任何电池都是由两个电极组成的，根据它们的电极电位，可以计算出电池的电动势。但是，目前还无法测得单个电极的绝对电位值，而只能测量电池的电动势。所以，在实践中就统一以标准氢电极作为标准，并人为地规定电极电位为零（实际上并不是零），然后将其他电极与其组成电池，测得的电动势即为该电极电位。有了电极电位的相对值，就可相互进行比较，以及计算电池的电动势。因此，目前通用的标准电极电位值都是相对值，是相对标准氢电极的电位而言的，并不是绝对值。

标准氢电极的构造见图 10-1。把镀有铂黑的铂片（铂黑电极）插入氢离子活度为 1 的溶液中，并不断通入氢气，其气压为 100 kPa，于是氢离子和氢气在电极上建立下列反应平衡：

$$2H^+ + 2e \rightleftharpoons H_2$$

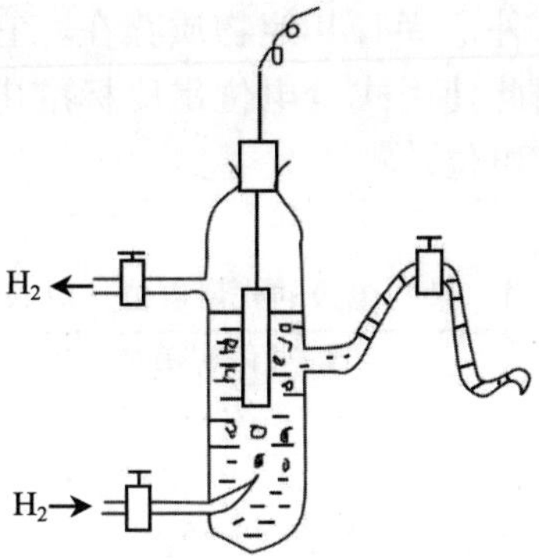

图 10-1　标准氢电极

在 25℃时，规定标准氢电极的电极电位为 0.000V。

习惯上把标准氢电极作为负极，与待测电极组成电池，即：

标准氢电极 ‖ 待测电极

测得此电池的电动势就是待测电极的电极电位。若待测电极上实际进行的反应是还原反应，作为正极，氢电极为负极，则 E 为正值，即待测电极的电极电位比标准氢电极的电极电位为正。若待测电极上实际进行的反应是氧化反应，则为负极，氢电极应为正极，于是 E 为负值，即待测定电极的电位比标准氢电极的电极电位为负。

既然电极电位都是相对于标准氢电极而言，其数值只具有相对的意义，如果选用其他电极作标准，那么所有的电极电位，都将相对地发生变动。在电分析化学中，就很少使用标准氢电极作标准。因为，标准氢电极使用很不方便，而且对实验条件要求苛刻，所以常用饱和甘汞电极作标准，为了计算方便，就以饱和甘汞电极电位为零，其他电极电位都规定为对饱和甘汞电极而言的相对数值。

3. 式量电位

能斯特电极电位公式是表示电极电位与反应物质活度之间的关系：

$$E = E^0 + \frac{RT}{nF}\ln\frac{a_{氧化态}}{a_{还原态}}$$

活度是活度系数与浓度的乘积，代入上式则得：

$$E = E^0 + \frac{RT}{nF}\ln\frac{\gamma_{氧化态} \cdot c_{氧化态}}{\gamma_{还原态} \cdot c_{还原态}} = E^0 + \frac{RT}{nF}\ln\frac{\gamma_{氧化态}}{\gamma_{还原态}} + \frac{RT}{nF}\ln\frac{c_{氧化态}}{c_{还原态}}$$

合并前两项，以 $E^{0'}$ 表示：

$$E^{0'} = E^0 + \frac{RT}{nF}\ln\frac{\gamma_{氧化态}}{\gamma_{还原态}}$$

所以

$$E = E^{0'} + \frac{RT}{nF}\ln\frac{c_{氧化态}}{c_{还原态}} \qquad (10.5)$$

E^0 为氧化态与还原态的浓度都等于 1 时的电极电位，称为电极的式量电位。

显然，式量电位随反应物质的活度系数不同而不同，因此，也随溶液中的离子强度而异。所以，式量电位是与溶液中各电解质成分有关，以浓度表示的实际电位。在分析化学中，溶液中除待测离子以外，尚有其他物质存在，它们虽不直接参加电极反应，但常常显著地影响电极电位，因此使用式量电位常比标准电极电位具有更大的实际价值。表 10-1 列出了某些电极的式量电位。

表 10-1　某些电极的式量电位（对 N.H.E）

电极反应	标准电极电位 $E^{0'}$/V	式量电位 $E^{0'}$/V	介质
Ce(Ⅳ)+e $\rightleftharpoons$ Ce(Ⅲ)	+1.55	+1.70 +1.44 +1.28	1mol/L $HClO_4$ 0.5mol/L H_2SO_4 1 mol/L HCl
$Co^{3+}+e \rightleftharpoons Co^{2+}$	+1.82	+1.85	4 mol/L HNO_3
$Cr_2O_7^{2-}+14H^++6e \rightleftharpoons 2Cr^{3+}+7H_2O$	+1.33	+1.11 +1.025 +1.00	2 mol/L H_2SO_4 1 mol/L $HClO_4$ 1 mol/L HCl
$CrO_4^{2-}+2H_2O+3e \rightleftharpoons CrO_2^-+4OH^-$	−0.20	−0.12	1 mol/L NaOH
Cu(Ⅱ)+e $\rightleftharpoons$ Cu(Ⅰ)	+0.17	+0.45	1 mol/L HCl
Fe(Ⅲ)+e $\rightleftharpoons$ Fe(Ⅱ)	+0.77	+0.73 +0.71 +0.68 +0.46	1 mol/L $HClO_4$ 0.5 mol/L HCl 1 mol/L H_2SO_4 2 mol/L H_3PO_4
$Fe(CN)_6^{3-}+e \rightleftharpoons Fe(CN)_6^{4-}$	+0.36	+0.56	0.1 mol/L HCl
$I_2+2e \rightleftharpoons 2I^-$	+0.62	+0.628	0.5 mol/L H_2SO_4
$MnO_4^-+8H^++5e \rightleftharpoons Mn^{2+}+4H_2O$	+1.51	+1.45	1 mol/L $HClO_4$
Pb(Ⅱ)+2e $\rightleftharpoons$ Pb	−0.13	−0.32	1 mol/L NaAc
Sn(Ⅳ)+2e $\rightleftharpoons$ Sn(Ⅱ)	+0.154	+0.14	1 mol/L HCl
Ti(Ⅳ)+e $\rightleftharpoons$ Ti(Ⅲ)	−0.04	+012 −0.05 −0.004	2 mol/L H_2SO_4 1 mol/L H_3PO_4 1 mol/L HCl
Ti(Ⅰ)+e $\rightleftharpoons$ Ti	−0.336	−0.551	1 mol/L HCl
Sb(Ⅴ)+2e $\rightleftharpoons$ Sb(Ⅲ)	+0.64	+0.75	3.5 mol/L HCl

三、指示电极与参比电极

在电位分析中，构成电池的两个电极，其中一个电极的电位随待测离子浓（活）度的变化而变化，能指示待测离子的浓（活）度，称为指示电极。另一个电极的电位则不受试液组成变化的影响，具有较恒定的数值，称为参比电极。当指示电极和参比电极共同浸入试液中构成一个自发电池时，通过测定电池的电动势，可以求得待测离子的浓（活）度。

1．指示电极

（1）第一类电极。是指某些金属电极，当它们浸在含有该金属离子的溶液中时，其电极电位决定金属离子的活度，符合能斯特公式。

$$M^{n+} + ne \rightleftharpoons M$$

$$E = E^0 + \frac{0.059}{n}\lg a_{M^{n+}}$$

这些金属有银、铜、锌、镉、汞和铅等。

（2）第二类电极。是指金属及其微溶盐所组成的电极体系，它们间接反映与该金属离子生成微溶盐的阴离子的活度。例如氯离子能与银离子生成氯化银沉淀，在以氯化银饱和过的、含有氯离子的溶液中，用银电极可以指示氯离子的活度。

$$AgCl + e \rightleftharpoons Ag + Cl^-$$

$$E = E^0_{AgCl,Ag} - 0.059\lg a_{Cl^-}$$

那些与金属离子生成稳定络离子的阴离子，也可以用这类指示电极来反映其活度。例如银电极能指示氰离子的活度。

$$Ag(CN)_2 + e \rightleftharpoons Ag + 2CN$$

$$E = E^0_{Ag(CN)_2^-/Ag} + 0.059\lg\frac{a_{Ag(CN)_2^-}}{a^2_{CN^-}}$$

若固定 $a_{Ag(CN)_2^-}$ 为常数，于是

$$E = 常数 - 0.059\lg a^2_{CN^-} = 常数 - 0.118\lg a_{CN^-}$$

所以银电极的电位与氰离子的活度直接有关。

这类电极中常用的有银和汞电极。

（3）第三类电极。是由金属与两种具有共同阴离子的难溶盐或难离解的络离子组成的电极体系。如：

$$Zn|ZnC_2O_4,CaC_2O_4,Ca^{2+}(a_{Ca^{2+}})$$

锌电极电位由下式确定：

$$E = E^0_{Zn^{2+}} + \frac{RT}{2F}\ln a_{Zn^{2+}}$$

又从离解平衡得：

$$a_{Zn^{2+}} = \frac{K_{ZnC_2O_4}}{a_{C_2O_4^{2-}}} = \frac{K_1}{a_{C_2O_4^{2-}}}$$

$$a_{C_2O_4^{2-}} = \frac{K_{CaC_2O_4}}{a_{Ca^{2+}}} = \frac{K_2}{a_{Ca^{2+}}}$$

所以得 $a_{Zn^{2+}}=\dfrac{K_1}{K_2}\cdot a_{Ca^{2+}}$

代入电极电位公式得：

$$E=E^0_{Zn^{2+},Zn}+\frac{RT}{2F}\ln\frac{K_1}{K_2}a_{Ca^{2+}}$$

$$E=E^{0'}+\frac{RT}{2F}\ln a_{Ca^{2+}}$$

式中

$$E^{0'}=E^0_{Zn^{2+},Zn}+\frac{RT}{2F}\ln\frac{K_1}{K_2}$$

这种由金属和两种难溶盐组成的电极，由于涉及 3 个相间的平衡，达到平衡的速度较慢，实际应用较少。

（4）均相氧化还原电极。惰性金属如铂或金电极，能指示同时存在于溶液中的氧化态和还原态活度的比值。例如：

$$Fe^{3+}+e \rightleftharpoons Fe^{2+}$$

$$E=E^0+0.059\lg\frac{a_{Fe^{3+}}}{a_{Fe^{2+}}}$$

这类电极又称为零类电极。

（5）膜电极。这类电极是以固态或液态膜为传感器，它能指示溶液中某种离子的活度。膜电位与离子活度符合能斯特公式的关系。但是膜电位的产生机理不同于上述各类电极。在膜电极上，没有电子的转移，电极电位的产生是由于离子的交换和扩散的结果。这类电极有各种离子选择性电极，包括测量溶液 pH 值用的玻璃电极。

2．参比电极

参比电极又称参考电极。对于参比电极，要求能满足 3 个条件：①可逆性；②重现性；③稳定性。这三者是彼此相关的。可逆性是指当使用时，如有微量电流通过，其电极电位仍能保持恒定。重现性是指当温度或浓度改变时，电极仍能按能斯特公式响应而无滞后现象，且用一定方法制备的电极，应具有非常相近的电位值。稳定性是指在测量过程中，电极电位能保持恒定，较长时间不改变。

重要的参比电极有氢电极、银–氯化银电极、饱和甘汞电极和汞–硫酸亚汞电极等。

氢电极是所有电极中重现性最好的电极。现在人们人为地规定标准氢电极电位在任何温度下均为零，并以它为标准，得到电极电位表。新制备的氢电极，其电位偏差一般小于 10 μV。但是，由于标准氢电极难以制备，特别是易受各种因素的干扰，故在实际工作中，一般不采用它作为参比电极。

银–氯化银电极是在细银棒或银丝上镀一层氯化银制得。使用前，溶液用氯化银饱和过。除了标准氢电极外，银–氯化银电极是重视性最好，对温度不敏感。尚可在 80℃左右使用。银–氯化银电极的标准电极电位为＋0.222 3V（25℃），其电极反应如下：

$$AgCl+e \rightleftharpoons Ag+Cl^-$$

甘汞电极的构造虽然多种多样，但基本原理是相同的。图 10-2 是饱和甘汞电极的基本构造，它是由汞、糊状的氯化亚汞和氯化钾饱和溶液所组成。甘汞电极上的电极反应如下：

$$Hg_2Cl_2(固) + 2e \rightleftharpoons 2Hg + 2Cl^-$$

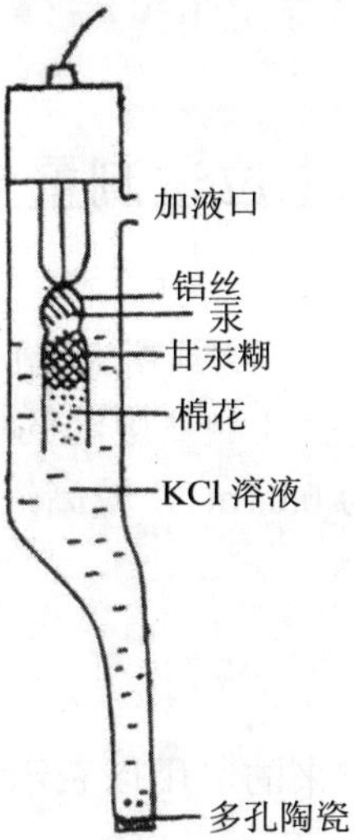

图 10-2　饱和甘汞电极

其电极电位决定于所使用的氯化钾溶液的浓度：

$$E = E^0_{Hg_2Cl_2,Hg} + \frac{0.059\,2}{2}\lg\frac{1}{c^2_{Cl^-}}$$

$$= E^0_{Hg_2Cl_2,Hg} - 0.059\,2\lg c_{Cl^-}$$

在 25℃时，饱和甘汞电极（S.C.E.）相对标准氢电极（N.H.E.）的电极电位为+0.244 5V。如果以饱和甘汞电极作为标准，规定它的电极电位为零，于是标准氢电极电位就为 $E^0_{H^+,H} = -0.244\,5\,V(S.C.E.)$。

饱和甘汞电极的特点是它的电极电位相当稳定，只要测量时通过的电流比较小，它的电极电位是不会发生显著变化的。因此，饱和甘汞电极是一种供测量用得很好的参比电极。

饱和甘汞电极的使用温度不得超过 80℃，因为温度较高时，甘汞有歧化作用。

$$Hg_2Cl_2 \rightleftharpoons Hg + HgCl_2$$

汞–硫酸亚汞电极的结构与甘汞电极相似，不过是用硫酸亚汞来代替氯化亚汞，用硫酸钾溶液来代替氯化钾溶液，其电极电反应如下：

$$Hg_2SO_4 + 2e \rightleftharpoons 2Hg + SO_4^{2-}$$

$$E = E^0 - \frac{0.059\,2}{2}\lg a_{SO_4^{2-}}$$

标准电极电位为＋0.615 8 V。该电极适宜于在氯离子的分析中用作参比电极。

在精密的电位分析中，要求参比电极具有非常高的稳定性。深入的研究表明，上述银–氯化银或饱和甘汞电极的电位稳定性尚存在一些问题，故有进一步改进的必要。目前的趋势是企图采用适当的均相氧化还原反应电极来作为参比电极。这些工作仍处于研究阶段中。

第二节 电位法测量溶液的 pH 值

用电位法来测量溶液的 pH 值，已经非常普遍，以玻璃电极作为氢离子指示电极，饱和甘汞电极作为参比电极，使用酸度计测量电池的电动势，可以直接显示出溶液的 pH 值。方法简便准确，一般的测量精度为 0.01pH，较高级的酸度计可达 0.001pH。

一、pH 值的定义

pH 值的概念是在 1909 年提出来的，用以表示水溶液中的氢离子浓度，当时定义为：

$$pH=-\lg[c(H^+)]$$

但是氢离子在溶液中的行为，并非决定于其浓度，而是取决于它的活度。同时，在测量 pH 值的方法中，都是根据氢离子对某一化学平衡或电极平衡的影响来计算的，所以实际测量得到的也是活度，而不是浓度。因此更合理的 pH 值定义应为：

$$pH=-\lg a_{H^+}=-\lg(m_{H^+}\cdot\gamma_{H^+})$$

式中：m_{H^+}——氢离子浓度；

γ_{H^+}——氢离子活度系数。

活度与溶液的离子强度有关，所以溶液的 pH 值与溶液中存在的所有电解质都有关系，而单个离子的活度是难以确定的。为了实用的方便，采用实用定义来标度溶液的 pH 值。方法是与氢电极组成电池：

Pt, H_2（$1.013\,25\times10^5$ Pa）| H^+ || KCl（≥3.5mol/L）| Hg_2Cl_2, Hg

测定标准溶液（pH_s）的电池电动势 E_s 及试液的电池电动势 E_x 后，用相互比较来求得试液的 pH 值（pH_x）。E_s 及 E_x 分别为：

$$E_x=E_{S\cdot C\cdot E}-\frac{RT}{F}\ln a_{H_x}$$

$$E_s=E_{S\cdot C\cdot E}-\frac{RT}{F}\ln a_{H_s}$$

两式相减

$$E_x-E_s=-\frac{RT\ln10}{F}(pH_x-pH_s)$$

所以

$$pH_x = pH_s + \frac{(E_x - E_s)F}{RT\ln 10}$$

上式表明了试液 pH_x 与标准 pH_s 值的关系，称为 pH 值的实用定义或操作定义。在实际应用中，通常用两个 pH 标准缓冲溶液来校正酸度计，然后直接测量试液的 pH 值。

表 10-2 列出了 pH 1.5～12.5 之间的标准缓冲溶液的配制及性能。

表 10-2　pH 标准缓冲溶液的配制及性能

pH 标准缓冲溶液	标准物质重量/g	pH（25℃）	使用温度范围/℃	温度系数	稀释值	缓冲值
0.05mol/L 四草酸氢钾	12.61	1.679	0～95	+0.001	+0.186	0.070
饱和酒石酸氢钾（25℃）	＞7	3.557	25～95	−0.001 4	+0.049	0.027
0.05 mol/L 柠檬酸二氢钾	11.41	3.776	0～50	−0.002 2	+0.024	0.034
0.05 mol/L 邻苯二甲酸氢钾	10.12	4.004	0～95	+0.001 2	+0.052	0.016
0.025 mol/L 磷酸二氢钾— 0.025 mol/L 磷酸氢二钠	3.387 3.533	6.863	0～50	−0.002 8	+0.080	0.029
0.008 695 mol/L 磷酸二氢钾— 0.030 43 mol/L 磷酸氢二钠	1.179 4.303	7.415	0～50	−0.002 8	+0.07	0.016
0.016 67 mol/L 三(羟基甲基)氨基甲烷— 0.05 mol/L 三(羟基甲基)氨基甲烷盐酸盐	2.005 7.822	7.699	0～50	−0.026	−0.03	0.020
0.01 mol/L 硼砂	3.80	9.183	0～50	−0.008 2	+0.01	0.020
0.025 mol/L 碳酸氢钠 0.025 mol/L 碳酸钠	2.092 2.640	10.014	0～50	−0.009 6	+0.079	0.029
饱和氢氧化钙（25℃）	＞2	12.454	0～60	−0.033	−0.28	0.09

有关表 10-2 的说明如下：

（1）标准物质邻苯二甲酸盐于 110℃ ，磷酸盐于 110～130℃，碳酸钠于 270℃干燥 2h。其他试剂不需烘烤，也不能置于过高的温度中。

（2）配制溶液所用蒸馏水的电导率小于 $2\times10^{-6}S\cdot cm^{-1}$。

（3）标准物质重量系指 1 000g 水中所需克数。

（4）温度系数指 pH 值随温度的变化，以 pH / ℃表示。

（5）稀释值系指标准缓冲溶液用等体积水稀释时，pH 值的变化值。ΔpH=pH（*c*/2）－pH（*c*），*c* 为浓度。

（6）缓冲值系指 1L 标准缓冲溶液的 pH 值升高 1 个单位时，所需加入强碱的摩尔数。

二、玻璃电极的响应机理

玻璃电极是一种用特种软玻璃吹制成球状的膜电极，其厚度约为 0.2 mm，电极的构造见图 10-3。玻璃球内盛有 0.1 mol/L 盐酸或含有氯化钠的缓冲溶液，作为内参比溶液。由于玻璃膜的电阻很高，所以玻璃电极要求有良好的绝缘，以免发生旁路漏电现象而影响测定。同时电极用金属隔离线与测量仪器连接，以消除周围交流电场及静电感应的影响。

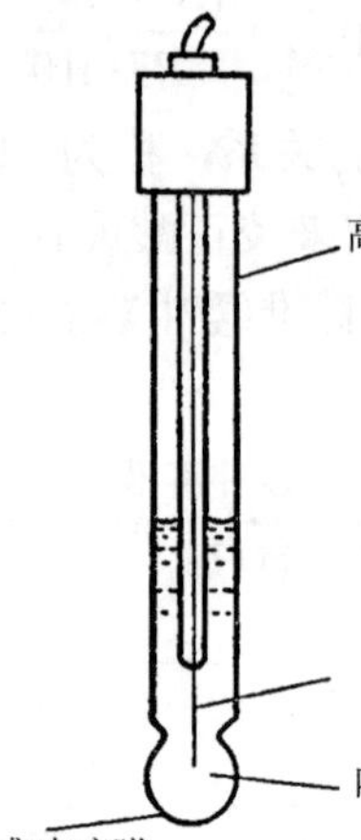

图 10-3　玻璃电极

玻璃电极是一个对氢离子具有高度选择性的膜电极。当玻璃电极与溶液接触时，在玻璃表面与溶液交界处会产生电位差，此电位差只与溶液中的氢离子有关，而使玻璃电极具有氢电极的功能。为什么玻璃电极会具有氢电极的功能？因为电极是一个膜电极。膜电极有允许某些离子而限制某些离子进出膜的表面的特性。玻璃膜是由一种特殊成分的玻璃制成的，其组成的摩尔百分比约为 Na_2O 22%、CaO 6%、SiO_2 72%。这种玻璃的结构是由固定的带负电荷的硅酸晶格组成骨架，在晶格中存在较小的但活动能力较强的正离子，主要是一价的钠离子，并起导电的作用。溶液中的氢离子能进入硅酸晶格并代替钠离子的点位，但负离子却被带负电荷的硅酸晶格所排斥。二价和高价的正离子也不能进出硅酸晶格。

当玻璃膜浸泡在水中时，由于硅酸结构与氢离子所结合的键的强度远大于与钠离子结合的强度（约为 10^{14} 倍），因此发生如下的离子交换反应：

$$\underset{（溶液）}{H^+} + \underset{（玻璃）}{Na^+Gl^-} \rightleftharpoons \underset{（溶液）}{Na^+} + \underset{（玻璃）}{H^+Gl^-}$$

反应的平衡常数很大，有利于正向进行，使得玻璃表面的点位在酸性或中性溶液中，基本上全为氢离子所占有而形成一个硅酸（H_2SiO_3）的水化胶层（硅胶层）。只在氢氧化钠溶液中，由于逆反应的进行，使得钠离子仍占有某些点位。于是当玻璃膜长期浸泡在水中时，水将在固体中继续渗透，达到平衡后，形成厚度为 10^{-4}～10^{-5} mm 的水化胶层。在水化胶层的表面，钠离子的点位基本上全被氢离子所占有；而在水化胶层的内部，氢离子的数目渐次减少，钠离子的数目则相应增加；在玻璃膜的中部则是干玻璃区域，点位全为钠离子所占有。

$$膜电位\ E_{膜}=E_{外}-E_{内}$$

玻璃电极的膜电位包括玻璃和溶液之间的相界电位和玻璃膜内部的扩散电位。在理想条件下，仅仅是相界电位与溶液的 pH 有关。玻璃膜有内外两个界面，各具有相界电位。

外水化胶层表面对外部溶液有相界电位 $E_{外}$，而内水化胶层表面对内部溶液有相界电位 $E_{内}$。这种相界电位产生的原因，是由于在溶液中和在水化胶层中氢离子浓度的不同而引起的，浓度高的要向浓度低的扩散。因为负离子和其他正离子难以进出玻璃膜表面，所以只存在氢离子的扩散。如果溶液中的氢离子浓度较大，就会有氢离子自溶液扩散到水化胶层中；相反，如溶液中的氢离子浓度很小，例如在碱性溶液中，则水化胶层中的氢离子也会扩散到溶液中。

扩散的结果，破坏了界面附近原来正负电荷分布的均匀性，于是在两相界面就形成双电层结构，而产生电位差，见图 10-4。电位差的存在，影响氢离子在两相间相互扩散的速度，最后两个过程的速度相等，达到平衡，建立稳定的相界电位。$E_{外}$和 $E_{内}$可以下式表示：

$$E_{外}=K_1+0.059\,2\lg\frac{a_1}{a_1'}$$

$$E_{内}=K_2+0.059\,2\lg\frac{a_2}{a_2'}$$

式中：a_1，a_2——膜外溶液和膜内溶液中的氢离子活度；

a_1'，a_2'——膜外水化胶层和膜内水化胶层中的氢离子活度。

一般来说，玻璃膜内外表面的结构状态可以看成是相同的，那么在两个表面上可能被氢离子交换的点位数目也是相同的，因此 K_1 和 K_2 两个常数相等。表面上所有原来的钠离子已几乎全被氢离子所取代，由于 a_1' 与 a_2' 相等。玻璃电极的膜电位 $E_{膜}$（膜电位的方向是指膜内溶液对膜外溶液而言）为：

$$E_{膜}=E_{外}-E_{内}=0.059\,2\lg\frac{a_1}{a_2}$$

如果膜内溶液 a_2 保持恒定，上式可写成：

$$E_{膜}=常数+0.059\,2\lg a_1$$

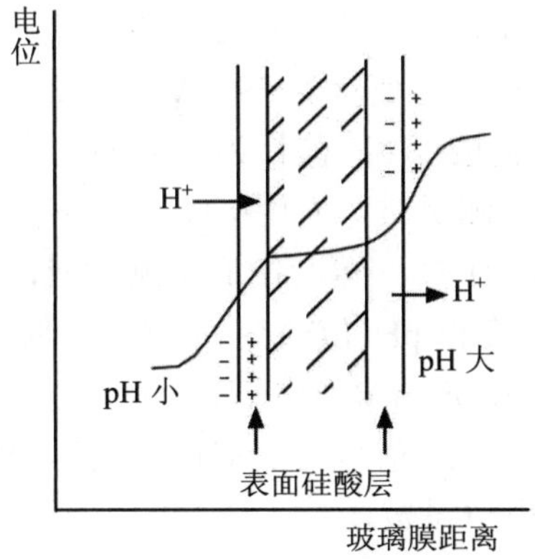

图 10-4 玻璃电极膜电位的产生

可见，玻璃电极的膜电位与膜外溶液中的氢离子活度有关，符合能斯特公式。所以，玻璃电极具有氢电极的功能。

由此可知，在膜电极上虽然没有电子的转移，但由于离子的交换和扩散的结果，同样能建立双电层，产生电位差，而存在相界电位。

除相界电位外，在内、外水化胶层与干玻璃层之间，还存在着扩散电位。这是由于在水化胶层中的点位被氢离子所占有，而干玻璃层表面的点位则为钠离子所占有，致使它们在两相中的浓度不同，因此氢离子向干玻璃扩散，而钠离子则向水化胶层扩散。因为它们扩散的速度不同，所以就破坏了界面附近原来正负电荷分布的均匀性，产生与液接电位相似的电位差，称为扩散电位。如果内、外水化胶层的情况完全相同，于是内、外界面上的两个扩散电位的数值相等，但符号相反，结果相互抵消。因此，玻璃电极的膜电位可认为只与溶液——水化胶层界面上的相界电位有关。

三、溶液 pH 值的测定

用电位法测量溶液的 pH 值，是以玻璃电极作指示电极，饱和甘汞电极作参比电极，浸入试液，组成电池，使用酸度计来测量电池的电动势。电池的图解如下：

Hg，Hg_2Cl_2 |KCl（饱和）||试液|玻璃膜|内参比溶液|AgCl，Ag（+）

则

$$E_{电池}=E_{氯化银}+E_{外}-E_{内}-E_{甘汞}$$

式中：$E_{电池}$——电池电动势；

$E_{氯化银}$——内参比电极银–氯化银电极的电极电位，为常数；

$E_{甘汞}$——饱和甘汞电极电位，为常数。

经整理后可得：

$$E_{电池}=常数+0.059\,2\lg a_{H^+}=$$
$$常数-0.059\,2\,pH$$

所以，电池电动势与试液中的氢离子活度之间符合能斯特公式的关系。当试液的 pH 值每改变 1 个单位时，电池电动势的变化为 59 mV（25℃）。

为了使用方便，酸度计是直接以 pH 值作为标度的，在 25℃时，每单位 pH 标度应相当于 59 mV 的电动势变化值。测量时，先用 pH 标准溶液来校正仪器上的标度，使标度上所指示的值恰为标准溶液的 pH 值；然后换上待测试液，便可直接测得其 pH 值。由于玻璃电极的实际电极系数（溶液的 pH 值改变 1 个单位时，电极电位变化的毫伏数，以 ΔmV/ΔpH 表示），不一定恰好为 59 mV（25℃）。为了提高测量的准确度，测量时所选用的标准溶液的 pH 值应与试液的 pH 值尽可能接近，仪器上并有温度补偿装置，根据试液的温度，可以调整 pH 标度的电位系数。

四、玻璃电极的特性

1. 不对称电位

当玻璃电极膜内外溶液的 pH 值相等时，其膜电位应该等于零，但实际上仍存在一定的电位差。这说明玻璃膜的内外表面的性质是有差异的，也是不对称的，由此而引起的电位差称为不对称电位。良好的玻璃电极的不对称电位约为数毫伏。产生不对称电位的主要原因，通常认为是由于玻璃膜内外表面的几何形状的不同、结构上的微小差异以及水化作用的差别而引起的。不对称电位的大小与玻璃的组成、膜的厚度及吹制过程的工艺条件等有关。

不对称电位随电极在水中浸泡的时间增长而变小，数日后可降低到一固定值。只要不对称电位保持恒定，并不影响 E—pH 的线性关系。所以，玻璃电极在使用前，必须在纯水中浸泡 24 h 以上，一方面是使其表面溶胀形成水化胶层，以保持对氢离子的响应灵敏；另一方面也是使其不对称电位减小，并达稳定值。

2．碱性偏差

用普通玻璃电极测定 pH 值大于 10 的溶液时，发现电极不再具有良好的氢电极性质，电极电位与 pH 值之间将偏离线性关系，测得的 pH 值比实际数值偏低，如图 10-5 所示。这种现象称为“碱差”，它来源于钠离子的扩散作用，故又称为“钠差”。由于在强碱性溶液中，氢离子浓度很低，而大量钠离子的存在，将使钠离子重新进入玻璃膜的硅酸晶格，并与氢离子交换而占有少部分点位。因此，玻璃电极的膜电位除了决定于水化胶层和溶液中的氢离子活度外，还增加了因钠离子在两相中扩散而产生的相界电位。钠差随溶液的 pH 值、碱金属离子的浓度及温度的增高而增加。

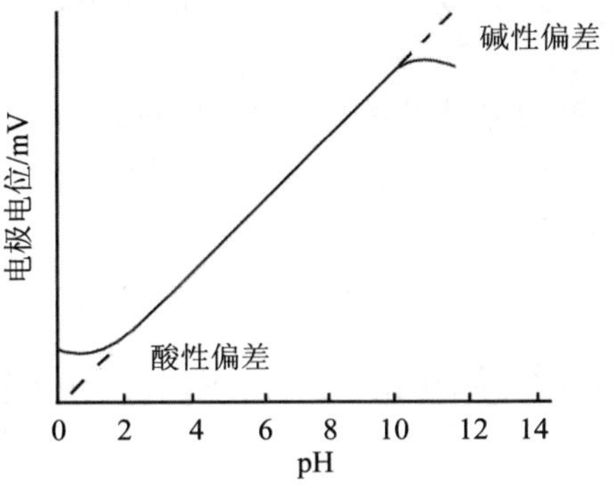

图 10-5　玻璃电极的酸性偏差和碱性偏差

所以，普通玻璃电极只适用于测量 pH 值小于 10 的溶液，如需测量高 pH 值的溶液，可使用所附的钠差校正表，约略进行校正。有一种用锂玻璃吹制的玻璃电极，钠差很小，可用于测量 pH 值高达 13.5 的溶液。

3．酸性偏差

当玻璃电极用于测定 pH 值小于 1 的强酸性溶液时，也存在电极电位与 pH 值之间不呈线性关系的现象，测得的值较实际值偏高，这称为酸性偏差，见图 10-5。它的产生原因，可能是由于当酸的浓度高时，酸渗透入水化胶层，而使水化胶层中氢离子活度增加，相对来说，溶液中氢离子活度就降低了，所以测得的 pH 值较实际值为高。

因此，普通玻璃电极也不适用于测量强酸性溶液的 pH 值。这在实用上关系不大，因为当 pH 值小于 1 时，一般应该采用酸碱滴定法进行测定。另外，锂玻璃电极的酸性偏差小，可用于测量 pH 小于 1 的溶液。

4．玻璃电极的使用特点

（1）玻璃电极使用范围广，它不受溶液中存在的氧化剂或还原剂的影响，可用于有色、浑浊或胶态溶液 pH 值的测量。普通玻璃电极的 pH 适用范围为 1～10，锂玻璃电极为 1～13.5。

（2）使用时不破坏也不玷污试液。

（3）达到平衡快，在缓冲溶液中的响应时间约为 30 ms。在高 pH 值，非缓冲介质或非水溶液中，响应慢，往往需几分钟甚至更长的时间，才能达到平衡。

（4）玻璃电极的膜非常薄，易于破碎损坏。因此，使用时应注意勿与硬物碰撞，也不能用手触及薄膜。电极上所黏附的水珠只能用滤纸轻轻吸干，不得擦拭。

（5）不能用于含有氟离子的溶液。也不能用浓硫酸、洗液、浓酒精来洗涤电极，否则会使电极表面脱水，而失去功能。

（6）玻璃电极经长期使用后，会逐渐降低及失去氢电极的功能，称为“老化”。当电极系数低于 52 mV/1 pH 值时，就不宜使用。

（7）由于电极的电阻很高，必须配用高阻抗的测量仪器。

五、酸度计（pH 计）的测量原理

玻璃电极的内阻很高，一般为 10～500 MΩ，不能采用普通电位计来测量它的电位值，否则会引起非常大的测量误差。

目前，新型的酸度计多采用晶体管线路，并将直流电压信号预先调制为交流电压信号，经过交流放大，然后进行解调，使其还原为被放大了的直流信号，再测量读数。采用这种方法，仪器的稳定性和灵敏度大有提高。

第三节　离子选择性电极（Ion Selective Electrod, ISE）

电位法除了用 pH 玻璃电极来测量溶液中的氢离子活度以外，还有用各种类型的离子选择性电极来测量其他金属或非金属离子的活度。离子选择性电极是一种电化学传感器，它能对溶液中特定离子产生选择性的响应，其电极电位与该特定离子活度的对数呈线性关系。

应用离子选择性电极作为指示电极进行电位分析，具有简便、快速和灵敏的特点，尤其适合于进行连续、自动监测，得到了迅速的发展和广泛的应用。

一、离子选择性电极的基本构造与测量原理

电极的基本构造如图 10-6 所示。电极管用玻璃或高分子聚合材料制成，如有机玻璃、聚氯乙烯、聚四氟乙烯等。内参比溶液一般为待测离子的强电解质溶液，浓度为 0.001～0.1 mol/L，内参比电极常用银-氯化银（或其他相应的微溶性银盐）电极，传感膜用黏结

剂或带有螺纹的外套管，固定于电极管上。

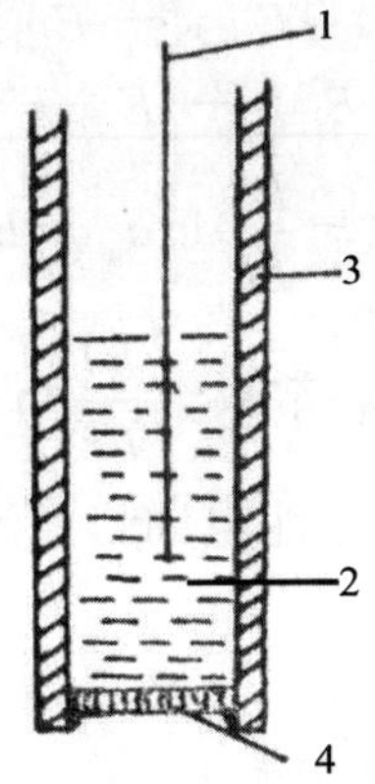

图 10-6　离子选择性电极的基本构造

1．内参比电极；2．内参比溶液；3．电极管；4．传感膜

各种类型的离子选择性电极的响应机理虽有其特点，但其膜电位产生的基本原理是相同的。在传感膜与溶液两相间的界面上，由于离子的扩散和交换作用的结果，破坏了界面附近电荷分布的均匀性而建立双电层结构，因此产生相界电位。膜外与膜内两个相界电位之差，就是膜电位。

若传感膜对阳离子 M^{n+}有选择性响应，当电极浸入含有该离子的溶液中时，在膜内外的两个界面上，均产生相界电位：

$$E_{外}=K_1+\frac{RT}{nF}\ln\frac{a_{外}}{a'_{外}}$$

$$E_{内}=K_2+\frac{RT}{nF}\ln\frac{a_{内}}{a'_{内}}$$

式中：$a_{外}$、$a_{内}$——膜外溶液和膜内溶液中 M^{n+}离子活度；

$a'_{外}$、$a'_{内}$——外面膜相和内面膜相中 M^{n+}离子活度。

如传感膜内外表面的性质可以看是相同的，则 K_1 等于 K_2，$a'_{外}$等于 $a'_{内}$，膜电位为：

$$E_{膜}=E_{外}-E_{内}=\frac{RT}{nF}\ln\frac{a_{外}}{a_{内}}$$

由于膜内溶液中 M^{n+}离子活度为常数，所以

$$E_{膜}=常数+\frac{RT}{nF}\ln a_{外}$$

膜电位与溶液中 M^{n+}离子活度之间的关系，符合能斯特公式。常数项为膜内相界电位，以及不对称电位。

对于阴离子 R^{n-}的传感膜来说，由于双电层结构中电荷的符号与阳离子传感膜的情况相反，因此相界电位的方向也相反（系溶液对膜而言），膜电位应为：

$$E_{膜}=常数-\frac{RT}{nF}\ln a_{R}$$

测量时，将离子选择性电极与外参比电极（通常用饱和甘汞电极）组成电池，电池

的电动势：

$$E_{电池}=E_{选择}-E_{外参}=$$
$$E_{膜}+E_{内参}-E_{外参}=$$
$$常数-\frac{RT}{nF}\ln a_{R}-E_{外参}$$

$$E_{电池}=常数-\frac{RT}{nF}\ln a_{R}$$

在待测离子的一定活度范围内，电池电动势与活度的对数呈线性关系。测量电动势即可求得离子的活度。

二、离子选择性电极的分类

为了统一各种类型的离子选择性电极的名称，IUPAC（International Union of Pure and Applied Chemistry，国际纯粹与应用化学联合会）在 1975 年推荐了关于电极的分类与命名方法。将离子选择性电极分为两大类：原电极和敏化电极。

（一）原电极

原电极根据其传感膜的材料不同又分为两类。

1．晶体膜电极

传感膜的材料为晶体物质。这一类又分为两种：均相膜电极和非均相膜电极。

（1）均相膜电极。传感膜是由单一晶体化合物或几种晶体化合物的均匀混合物制成。如 LaF_3 单晶，$AgCl/Ag_2S$ 粉末压制的膜片等。

（2）非均相膜电极。将上述作为活性物质的晶体化合物，掺入一惰性基质如硅橡胶、聚氯乙烯等，或涂布在经疏水处理的石墨上，制成传感膜。

2．非晶体膜电极

传感膜是由一种含有离子型物质或不带电物质的支持体构成。这种支持体可以是多孔的（如微孔塑料、垂熔玻璃），也可以是非孔的（如玻璃膜、聚氯乙烯与溶剂及活性物质形成的经“固化”后的膜）。由于在膜中存在离子交换物质而呈现响应。这一类也分为两种。即硬质电极和活动载体膜电极。

（1）硬质电极。主要是玻璃电极，传感膜为玻璃薄膜。

（2）活动载体膜电极。前面所述电极电活性物质（玻璃、晶体）可以看成是一种特殊的固体离子交换剂。如玻璃膜，由带负电荷的硅酸盐构成玻璃骨架，在常温下只能在平衡位置附近做某种形式的振动，可视为固定不动，称为“定域体”。在网隙的碱金属离子具有某种流动性，称为抗衡离子。若设法使离子交换定域体可以流动，即制成液态离子交换剂，从而使抗衡离子（电极敏感离子等）与流动的定域体生成络合物亦具流动性。这类用液体离子交换剂制得的电极称为流动载体电极。这类电极的敏感膜系溶有某种液体离子交换剂的有机溶剂薄膜构成。这类电极的制造方法有两种：

➢ 液膜电极：将含有液体离子交换剂的有机溶剂充填在微孔支持体内，将内溶液和试液分开。用作支持体的有聚四氟乙烯、聚偏氟乙烯、醋酸纤维、垂熔玻璃砂片或素烧陶瓷片等。

- PVC 膜电极：液膜电极的性能易受微孔膜的性质、搅拌速度等因素的影响，且液膜有机相易损失，重现性差。研究表明，在液膜相的电活性载体都具有分子大小。只要电活性载体能在基体间透过即可。所以，借助于挥发性溶剂，将液体离子交换剂（包括电活性物质、溶剂中间体的增塑剂）分散在聚氯乙烯（PVC）中，待有机溶剂挥发，即制得一定强度的似“固态”的膜。在这样的膜中，电活性载体的流动性虽比液膜电极差，但核磁光谱定性表明，其活动性仍大。

流动载体电极的电活性物质可分为带电荷的载体和中性载体。

（二）敏化离子选择性电极

这类电极包含有界面反应，通过两相界面上的化学反应，将待测物质或中介物质转化为供原电极测试的离子。这类电极有气敏和酶电极。

1．气敏电极

用气透膜或气隙将试液与附着指示电极膜表面的中介液隔开。中介液与待测气体相互作用而使某一溶液性质的变化（如 pH 值的变化）由作为指示电极的离子选择性电极测出。

2．酶电极

在离子选择性电极膜的表面，覆盖一层含有酶的物质。酶能使某种有机物或无机物质反应，产生由该电极响应而被测出的产物。

此外，还有离子敏感场效应管，免疫电极和组织电极等。也有将离子选择性电极和参比电极组装在一起的传感器。使用起来更方便。如气敏传感器，生物电化学传感器。

三、各类离子选择性电极简介

由于传感膜的性质、材料和形式的不同，离子选择性电极也相应分为不同的类型，其响应机理也各有其特点。

（一）晶体膜电极

晶体膜电极的传感膜系用微溶性的晶体制成，如氟化镧、硫化银和卤化银等。

1．氟离子选择性电极

氟电极的传感膜为 LaF_3 的单晶薄片，厚 1～2 mm。研究表明，F^-为传递电荷的离子，La^{3+}不参与电荷传递，为了提高膜的电导率，尚在其中掺杂了 Eu^{3+}和 Ca^{2+}，用银–氯化银电极作内参比电极，0.001 mol/L 氟化钠和 0.1 mol/L 氯化钠溶液为内参比溶液。测量时，与饱和甘汞电极组成电池。

氟电极用于测定氟离子的浓度范围为 1～10^{-6} mol/L，唯一的干扰是氢氧根离子。其干扰是由于在晶体表面存在下列化学反应所致：

$$LaF_3(固)+3OH^- \rightleftharpoons La(OH)_3(固)+3F^-$$

反应释放出氟离子故将增高试液中氟的含量。测量时，溶液最适宜的 pH 范围为 5～

5.5，如 pH 值过低，则会形成 HF 或 HF_2^-而影响氟离子的活度。通常使用柠檬酸盐的缓冲溶液来控制试液的 pH。另外，铁、铝、钍、锆等离子能与试液中的氟离子生成微溶性盐或络合物，而使测定结果偏低，可采用柠檬酸盐掩蔽，以消除干扰。

2．均一沉淀型膜电极

这类电极目前使用广泛，已成为商品电极的有 Ag^+、S^{2-}、Cl^-、Br^-、I^-、Hg^{2+}、CN^-、Cu^{2+}、Pb^{2+}、Cd^{2+}等。

将研细了的微溶性盐的粉末，在 500 MPa 以上的压力下压成厚 1～2 mm 的致密薄片，经表面抛光后，即可作这类电极的传感膜。

这类电极中最典型的是由 Ag_2S 粉末压片制成的硫离子电极，同样也是银离子电极。硫化银是低电阻的离子导体，其中可移动的导电离子是银离子。由于硫化银的溶解度极小，所以电极具有高度的选择性和灵敏度。硫化银膜电极对银离子响应时的膜电位为：

$$E_{膜}=常数+\frac{RT}{nF}\ln a_{Ag^+}$$

除了银离子能进入膜相参与响应以外，电极可用于测定硫离子的活度，这是因为在硫离子溶液中电极表面的银离子量是由硫化银的溶度积决定的。

$$K_{sp(Ag_2S)}=a_{Ag^+}^2\cdot a_{S^{2-}}$$

$$a_{Ag^+}^2=\left[\frac{K_{sp}(Ag_2S)}{a_{S^{2-}}}\right]^{1/2}$$

代入上式即得

$$E_{膜}=常数-\frac{RT}{2F}\ln a_{S^{2-}}$$

所以，膜电位与硫离子活度之间，也符合能斯特公式的关系。这类电极具有与第二类电极相似的性质。

硫电极以银丝为内参比电极，0.001～0.1 mol/L 硝酸银溶液为内参比溶液。它能测定范围为 1～10^{-7} mol/L 的银离子或硫离子，其检测限远远高于从硫化银溶度积（$=10^{-51}$）所计算的理论值，这反映了要制备在容器和电极表面上无严重吸附和脱附现象以及不被玷污的极低浓度溶液的实际困难。

氯化银、溴化银及碘化银能分别作为氯电极、溴电极及碘电极的传感膜。它们都是离子导体，其中可移动的导电质点为银离子，对卤离子的响应机理与硫电极相同，也具有与第二类电极类似的性质。

当氯离子的浓度为 10^{-4}～1 mol/L，溴离子的浓度为 10^{-5}～1 mol/L，碘离子的浓度为 10^{-7}～1 mol/L，相应卤电极的电位与活度呈线性关系。由于碘化银的溶度积最小，所以碘离子会干扰溴或氯离子的测定。

碘电极尚能用于测定氰离子的活度。因碘化银与氰离子间存在下列平衡：

$$AgI+2CN^- \rightleftharpoons Ag(CN^-)_2^-+I^-$$

平衡趋向于正方向进行，其平衡常数为：

$$K = \frac{a_{I^-} \cdot a_{Ag(CN)^-_2}}{a^2_{CN^-}}$$

设 $a_{I^-} = a_{Ag(CN)^-_2}$，则

$$a^2_{I^-} = Ka^2_{CN^-}$$

$$a_{I^-} = K^{\frac{1}{2}} a_{CN^-}$$

于是碘电极的膜电位为：

$$E_{膜} = 常数 - 0.059\lg a_{I^-} =$$

$$常数 - 0.059\lg K^{\frac{1}{2}} a_{CN^-} =$$

$$常数 - 0.059\lg a_{CN^-}$$

与氰离子活度之间符合能斯特公式的关系。因此，通过上述反应使碘电极表面释出碘离子在电极上响应，可间接测定氰。

测定氰离子的浓度范围为 10^{-6}～10^{-1} mol/L。当氰离子的浓度过高时，由于反应中有可溶性络合物 $Ag(CN)_2^-$形成，会使传感膜缓慢溶解，而影响电极寿命，所以待测溶液中氰离子浓度不宜高于 10^{-2} mol/L。为了避免 HCN 的形成，试液的 pH 应高于 10。

铜、铅或镉等重金属离子的硫化物与硫化银一起压片，能分别制成对这些二价阳离子有响应的传感膜，对它们的响应也是通过银离子来实现的。

金属硫化物膜电极，能测定 10^{-7}～1 mol/L 范围的铜、铅、镉离子。银和汞离子有严重干扰。

有关各种晶体膜电极的性能列于表 10-3。

表 10-3 晶体膜电极的品种和性能

离子电极	测定范围/m	pH适用范围	内阻/Ω	膜材料	主要干扰离子
F^-	1～10^{-6}	0～11	<1	LaF_3+Eu^{2+}	OH^-
Cl^-	1～5×10^{-5}	0～13	<30	$AgCl+Ag_2S$	S^{2-}，Br^-，I^-，CN^-，NH_3
Br^-	1～5×10^{-6}	0～14	<10	$AgBr+Ag_2S$	S^{2-}，I^-，CN^-，NH_3
I^-	1～5×10^{-8}	0～14	1～5	$AgI+Ag_2S$	S^{2-}，CN^-，NH_3
CN^-	10^{-2}～10^{-6}	>10	1～5	$AgI+Ag_2S$	S^{2-}，I^-，NH_3
CNS^-	1～10^{-5}	0～14	<1	$AgCNS+Ag_2S$	S^{2-}，I^-，NH_3
S^{2-}	1～10^{-7}	0～14	<1	Ag_2S	无
Ag^+	1～10^{-7}	0～14	<1	Ag_2S	Hg^{2+}
Cu^{2+}	1～10^{-7}	0～14	<1	$CuS+Ag_2S$	Ag^+，Hg^{2+}，Fe^{3+}
Cd^{2+}	1～10^{-7}	1～14	<1	$CdS+Ag_2S$	Ag^+，Hg^{2+}，Cu^{2+}，Fe^{3+}
Pb^{2+}	1～10^{-7}	2～14	<1	$PbS+Ag_2S$	Ag^+，Hg^{2+}，Cu^{2+}，Cd^{2+}，Fe^{3+}

（二）玻璃膜电极

除 pH 玻璃电极外，尚有能对钠、钾、铵、锂、铷、铯、银、铊等一价阳离子具有选择性响应的玻璃电极。这类电极的构型及制法极其相似，其选择性来源于玻璃传感膜组成的不同。

玻璃膜电极的选择性不太理想，用得较多的有钠电极。它以银-氯化银作内参比电极，1 mol•L^{-1} 氯化钠溶液为内参比溶液。钠电极的选择性顺序为 Ag^+＞H^+＞＞Na^+＞＞K^+，使用时可借助于控制溶液的 pH 条件来提高选择性。这样可在 pH 7～10 条件下测定钠，此时氢离子浓度很小，影响不大；而在 pH4～7 条件下，可用来测定银，由于对银离子选择性很高，所以其他离子影响不大。钠电极对钠离子的测定范围为 pNa 0～6。测定银离子的灵敏度可达 10^{-7} mol/L。钾电极已为中性载体膜电极所取代。与 pH 玻璃电极一样，阳离子玻璃膜电极在使用前，必须在该待测离子的溶液中浸泡，以形成水化胶层及膜表面的点位被待测离子所交换占有。

表 10-4 列出了几种阳离子玻璃膜的组成与选择性系数。

表 10-4　阳离子玻璃膜的组成与选择性系数

主要响应离子	玻璃膜组成的摩尔分数/%			电位选择性系数
	Na_2O	Al_2O_3	SiO_2	
Na^+	11	18	17	对 K^+3.6×10^{-4}（pH11）
K^+	27	5	68	对 Na^+5×10^{-2}
Ag^+	28.8	19	52.2	对 $H^+$$10^{-5}$
Ag^+	11	18	17	对 $Na^+$$10^{-3}$
Li^+	15	25	60	对 Na^+0.5，对 $K^+$$10^{-3}$

（三）活动载体膜电极

活动载体膜电极是一种非晶体膜电极。如其定域体带有电荷，称为带电荷的活动载体膜电极，亦常叫做液体离子交换剂膜电极；如定域体不带电荷则称为中性载体膜电极。

这类电极用浸有液体离子交换剂的惰性多孔薄膜作为传感膜，电极构造较为复杂，见图 10-7。电极具有双层体腔，中间圆形体腔贮内参比溶液，外边环形腔则贮液体离子交换剂，均与传感膜相接触。电极的关键部分为荷载交换剂的多孔薄膜，用烧结玻璃、陶瓷或高分子聚合物制成，膜上分布直径为 100 μm 的微孔，孔与孔之间上下左右彼此连通。传感膜经过化学处理，是憎水性的。一般用银-氯化银电极作内参比电极，当待测离子为阳离子时，以其氯化物溶液为内参比溶液，当待测离子为阴离子时，则以其钾盐及氯化钾溶液为内参比溶液。

活动载体膜也可制成类似的“固化”膜。将活性物质溶入有机溶剂后，再一起溶于聚氯乙烯（PVC）的四氢呋喃溶液中，然后倾注入下垫玻璃板的玻璃环中，待四氢呋喃挥发后，即得以 PVC 为支持体的薄膜。把薄膜切成圆片，用聚氯乙烯的四氢呋喃溶液黏结在有机玻璃电极管口上，注入内参比溶液，配上内参比电极，即制成电极，通常称为 PVC 膜电极。

这类电极分为液体离子交换剂膜电极和中性载体膜电极。

例如，钙离子电极是用二癸基磷酸根[$(RO)_2PO_2^-$]作为定域体，使与钙离子作用生成十癸基磷酸钙[$(RO)_2POO^-$] $_2$Ca，溶于癸醇或苯基磷酸二辛酯等有机溶剂中，即为液体离子交换剂，具有交换的点位。将传感膜置于该液体离子交换剂中浸泡，然后装配。注入 0.1 mol/L 氯化钙为内参比溶液，配上内参比电极，即可。它是一种带负电荷的活动载体膜电极。也是液体离子交换剂膜电极。

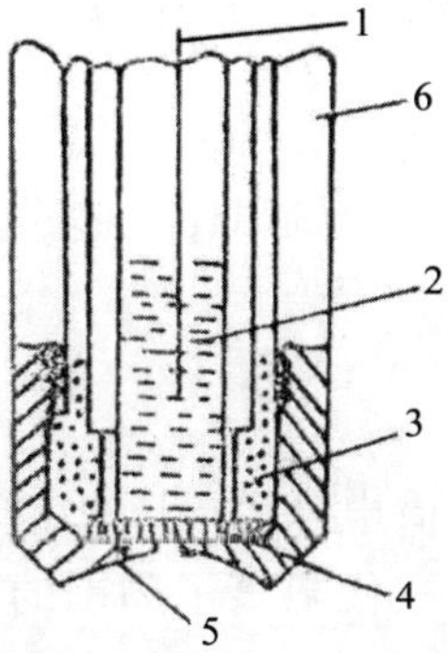

图 10-7 液体离子交换剂膜电极

1．内参比电极；2．内参比溶液；3．液体离子交换剂；4．惰性多孔传感膜；5．电极顶罩；6．电极外壳

作为液体离子交换剂应具备下述条件：

（1）与试液接触时，应显示电解质的性质，但在两相间的混合作用必须很小。

（2）必须难溶于试液，这也是影响检测限的因素。

（3）应具有足够高的黏度，以防止从膜中流失。

（4）具有良好的稳定性和高的交换容量。

这类电极的主要特点是内阻小，响应快，但选择性尚不理想。液体膜容易玷污，因此寿命较短。

各种液体离子交换剂膜电极及其性能列于表 10-5。

表 10-5 液体离子交换剂膜电极的品种和性能

离子电极	测定范围/（mol/L）	pH 适用范围	内阻/Ω	交换定域体	主要干扰离子
Ca^{2+}	1～10^{-5}	5.5～11	<25	$(RO)_2POO^-$	Zn^{2+}，Fe^{2+}，Pb^{2+}，Cu^{2+}，H^+
Ca^{2+}和 Mg^{2+}	1～10^{-5}	5.5～11	<10	$(RO)_2POO^-$	Zn^{2+}，Fe^{2+}，Cu^{2+}，Ni^+，Ba^{2+}，Sr^{2+}
Cu^{2+}	10^{-1}～10^{-5}	4～7	<30	R—S—CH_2COO^-	Zn^{2+}，Fe^{2+}，H^+
Pb^{2+}	10^{-2}～10^{-5}	3.5～7.5	<10	R—S—CH_2COO^-	Cu^{2+}，Fe^{2+}，H^+
ClO_4^-	1～10^{-5}	4～11	<30	FeL_3^{2+}	OH^-
NO_3^-	10^{-1}～10^{-5}	2～12	<30	NiL_3^{2+}	ClO_4^-，ClO_3^-，NO_2^-，Br^-，I^-，S^{2-}
BF_4^-	10^{-1}～10^{-5}	2～12	<30	NiL_3^{2+}	Ac^-，HCO_3^-，NO_3^-，F^-，Br^-，I^-，SO_4^{2-}
Cl^-	10^{-1}～10^{-5}	2～11	<30	R_4N^+	ClO_4^-，NO_3^-，Br^-，I^-，OH^-

中性载体膜电极与液体离子交换膜电极在形式及构造上是完全相同的，它们的液态

定域体都是能自由移动的。其区别在于：在液体离子交换膜中，定域体是荷电的有机离子，能与抗衡离子成盐；而在中性载体膜中，定域体是不带电荷的中性有机分子（溶于有机溶剂中），具有未成对的电子，能与抗衡阳离子络合，成为络阳离子，带有电荷。该中性分子是起阳离子的载体作用，所以称为中性载体。例如某些大环抗菌素及环状聚醚（冠状化合物）等，能作为中性载体制作传感膜。其结构如下：

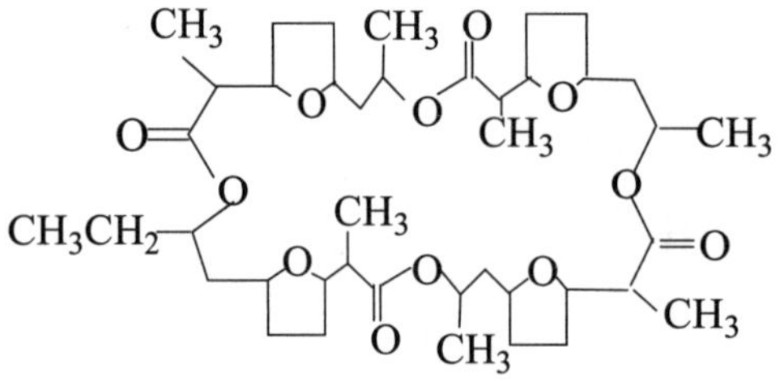

甲基类放线菌素

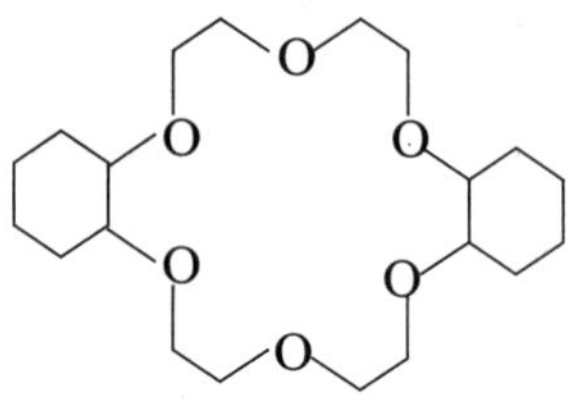

双环己基-18-冠-6

它们都是中性的有机物，不带荷电基团，因此也不导电。由于它们具有环氧排列的结构，与水有相似的环境，因而能取代阳离子周围的水合层，使阳离子进入环状空穴。但环的外部是非极性的，因而载体本身仍溶于低介电常数溶剂。在上述过程中，阳离子穿过绝缘介质与中性载体生成荷电的能够移动的络阳离子，而使介质有导电性。中性载体对进入环氧空穴的阳离子，具有选择性。

常用的中性载体膜电极为钾电极，它的选择性要比玻璃膜钾电极好，主要是钠离子的干扰较小。早期的中性载体膜钾电极是用缬氨霉素作中性载体，以后又有以环状聚醚化合物双甲苯基-30-冠-10 作为钾传感膜的中性载体，其结构如下图所示。

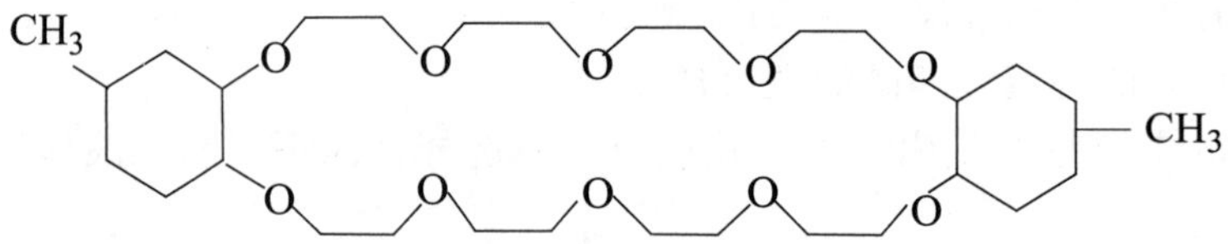

电极对钾离子的线性响应范围为 5×10^{-6}～1 mol/L，pH 适用范围为 2～10，对钠离子的电位选择性系数为 3×10^{-3}。

（四）气敏电极

气敏电极能用于测定溶液中气体的含量。通常都是将气敏电极和参比电极组成气体传感器。气敏电极的作用原理是利用待测气体对某一化学平衡的影响，而使平衡中的某特定离子的活度发生变化，再用离子选择性电极来反映该特定离子的活度变化，从而求得试液中被测气体的分压（含量）。

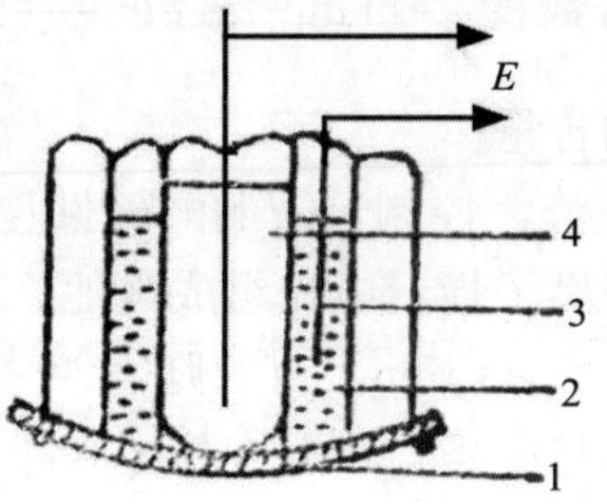

图 10-8　气敏电极

1．气体渗透膜；2．中间溶液；3．参比电极；4．离子指示电极

气敏电极的构造见图 10-8。其主要部件为微多孔性气体渗透膜，由醋酸纤维、聚乙烯、聚四氟乙烯、聚丙烯或硅橡胶等材料制成，具有憎水性，但能透过气体。例如，当测定二氧化碳时，二氧化碳气体扩散通过气体渗透膜，与中间溶液相接触，中间溶液为 0.01 mol/L 碳酸氢钠，于是二氧化碳与水作用生成碳酸，而影响碳酸氢钠的电离平衡，反应如下：

$$CO_2 + H_2O \xrightleftharpoons{K_s} H_2CO_3$$

式中：K_s——反应的平衡常数

$$K_s = \frac{a_{H_2CO_3}}{P_{CO_2}}$$

$$a_{H_2CO_3} = K_s P_{CO_2}$$

碳酸与碳酸氢根离子之间的电离平衡：

$$H_2CO_3 \xrightleftharpoons{K_1} HCO_3^- + H^+$$

$$a_{H^+} = \frac{K_1 a_{H_2CO_3}}{a_{HCO_3^-}}$$

将 $a_{H_2CO_3} = K_s P_{CO_2}$ 代入上式得 $a_{H^+} = \dfrac{K_1 K_s P_{CO_2}}{a_{HCO_3^-}}$

由于 K_1、K_s 为常数，HCO_3^-的浓度较高，在反应中其活度可看成是常数，则

$$a_{H^+} = KP_{CO_2}$$

因此，在中间溶液中的氢离子活度与试液中二氧化碳的分压成正比，可用 pH 玻璃电极来指示氢离子活度，其膜电位为：

$$E_{膜}=常数+\frac{RT}{F}\ln a_{H^+}=常数+\frac{RT}{F}\ln P_{CO_2}$$

于是可间接测得二氧化碳的含量。

测量时，将气敏电极浸入试液，控制试液的酸碱性使待测气体扩散通过气体渗透膜，在中间溶液中插入参比电极，与离子指示电极组成电池。

气敏电极的响应时间一般为 2～3 min，有的则需 5～10 min。另外，温度对电极电位影响甚为复杂。使用时保持样品与电极二者温度稳定且相等是很重要的。

表 10-6 列出了各种气敏电极的组成形式及其性能。

表 10-6　气敏电极的形式及性能

气敏电极	离子指示电极	中间溶液	化学反应平衡	检测限/（mol/L）	试液 pH	干扰
CO_2	H^+	0.01 mol/L $NaHCO_3$	$CO_2+H_2O \rightleftharpoons H+HCO_3^-$	10^{-5}	＜4	
NH_3	H^+	0.01 mol/L NH_4Cl	$NH_3+H_2O \rightleftharpoons NH_4^++OH^-$	10^{-6}	＞11	挥发性胺
NO_2	H^+	0.02 mol/L $NaNO_2$	$2NO_2+H_2O \rightleftharpoons NO_3^-+NO_2^-+2H^+$	5×10^{-7}	柠檬酸缓冲液	SO_2，CO_2
SO_2	H^+	0.01 mol/L $NaHSO_3$	$SO_2+H_2O \rightleftharpoons H^++HSO_3^-$	10^{-6}	HSO_4^-缓冲液	Cl_2，NO_2
H_2S	S^{2-}	柠檬酸盐缓冲液 pH5	$H_2S+H_2O \rightleftharpoons HS^-+H^+$	10^{-8}	＜5	O_2
HCN	Ag^+	$KAg(CN)_2$	$Ag(CN)_2^- \rightleftharpoons Ag^++2CN^-$	10^{-7}	＜7	H_2S
HF	F^-	1 mol/L H^+	$HF \rightleftharpoons H^++F^-$	10^{-5}	＜2	
HAc	H^+	0.1 mol/L NaAc	$HAc \rightleftharpoons H^++Ac^-$	10^{-3}	＜2	
Cl_2	Cl^-	HSO_4^-缓冲液	$Cl_2+H_2O \rightleftharpoons 2H^++ClO^-+Cl^-$	5×10^{-3}	＜2	

（五）酶电极

将生物酶涂布在离子选择性电极的传感膜上，利用在酶的作用下，使待测物质产生能在该离子电极上具有响应的离子，来间接测定该物质。这就是酶电极的作用原理。

例如，将尿素酶溶于丙烯胺胶液中，涂布在玻璃膜铵电极的表面上，再包上微孔性尼龙网或赛璐酚薄膜使之固定。尿素酶能使试液中的尿素分解为铵离子，透过胶体层在铵电极上响应，从而测得尿素的含量。酶能使腈类化合物分解产生氢氰酸，可用碘电极测量生成的氰离子。葡萄糖在酶的作用下，生成葡萄糖酸与过氧化氢，后者能使碘离子氧化，可用碘电极测量溶液中碘离子活度的变化，而间接求得葡萄糖的含量。酶电极尚能用于测定各种氨基酸。

由于生物酶的作用具有很高的选择性，所以酶电极的选择性相当高，主要用于有机及生物物质的分析。

某些酶电极体系列于表 10-7。

表 10-7　某些酶电极体系

测定物	酶	酶的催化反应	被检物	电极类型
尿素	尿酶	$NH_2CONH_2+H_2O \longrightarrow NH_3+CO_2$	NH_4^+ NH_3 CO_2	NH_4^+玻璃电极，气敏电极
葡萄糖	葡萄糖氧化酶	$C_6H_{12}O_6+O_2+H_2O \longrightarrow C_5H_{10}O_6+H_2O_2$ $H_2O_2+2I^-+2H^+ \longrightarrow I_2+2H_2O$	O_2 H_2O_2 H^+ I^-	Pt pH I^-电极
$S_2O_3^{2-}$	硫氰酸酶	$Na_2S_2O_3+HCN \longrightarrow Na_2SO_3+HSCN$	CN^-	CN^-电极
胆固醇	胆固醇氧化酶	胆固醇$+O_2 \longrightarrow$ 甾烯酮$+H_2O_2$	O_2	Pt
乙酰胆碱	乙酰胆碱酰酶	乙酰胆碱 $\longrightarrow$ 胆碱+乙酸	H^+	pH

四、电化学传感器

电化学传感器，它是由敏感膜电极和参比电极共同组成的一种装置。当传感器置于待测试样溶液或气体样品中时，待测物在敏感膜上发生化学反应或生物化学反应，产生能被敏感膜电极响应的产物，而转换成电信号－电池电动势或电流。根据输出电信号与待测物浓度的关系，即可测得试样中待测物的含量。如用氨气敏电极和参比电极构成的氨气敏传感器，可用于监测气体中氨的浓度。

生物电化学传感器是电化学传感器的一大类。它是利用生物化学反应产生特定的待测物，再转换成电信号的一种装置。根据制作传感器所用的生物材料的不同，有酶传感器、细菌传感器、组织传感器和免疫传感器等几种类型。

1．酶传感器

它是一种将待测底物具有选择性响应的酶层固定在相应的离子选择电极表面上而制成的传感器，待测底物在酶的催化作用下，生成或消耗某些能被电极响应的催化产物。根据响应电信号的大小，即可测得产物的浓度，从而计算出待测底物的含量。由于酶具有特有的专一性。此类传感器选择性很高。事实上，酶传感器就是由酶电极和参比电极构成的装置，它的应用与酶电极相同。

2．细菌或组织传感器

此类传感器是将细菌或组织切片固定在相应的膜敏感电极上，作为待测底物的选择性生物感应层。当待测底物扩散到细菌层或切片组织中后，即发生生物化学反应并产生能被电极检测的产物，根据电极响应的电信号的大小，即可计算出待测底物的含量。

测定时，待测底物必须先扩散到细菌或组织切片中去，再通过酶促反应生成为电极可响应的产物，产物再扩散到电极表面。因此，一般响应时间较长，但其寿命较酶电极长。

国内外已有文献报道，已成功制成可用于检测水及废水中 BOD 的传感器，检测时间在 30 min 以内。简便、快速，但制备难度较大，成本较高。

3．免疫传感器

免疫传感器是将一能与某一抗原结合的抗体固定在一合适的离子选择电极表面的蛋白质膜上，然后将此电极与参比电极组成一传感器。当将此传感器插入含有某一待测抗原溶液中时，抗体便与抗原结合，最后用一种酶催化作用下，产生或消耗某种能被离子选择电极响应的离子。由所产生的电信号可推算出待测抗原的浓度。

五、离子选择性电极的特性参数

1．检测限及其确定

根据膜电极的能斯特公式，以膜电位（或电池电动势）对响应离子的活度的对数作图，即得校正曲线，见图 10-9。在一定的活度范围内，呈线性关系，活度较低时，就逐渐弯曲。其直线部分 *CD* 的斜率应为 $2.303\times10^3RT/nF$（mV/pA），这称之为电极符合能斯特响应，当然实验值与理论斜率有一定偏离。一支较好的一价离子电极的斜率应在 57～61 mV/pA（25℃）。

将校正曲线中的直线部分 *CD* 外推延长，与 *EF* 的延长线相交，交点处的离子活度 *A*，即为电极的检测限。确定检测限时的实验条件，如溶液组成，电极历史和预处理情况、搅拌速度等，均应予以注明。

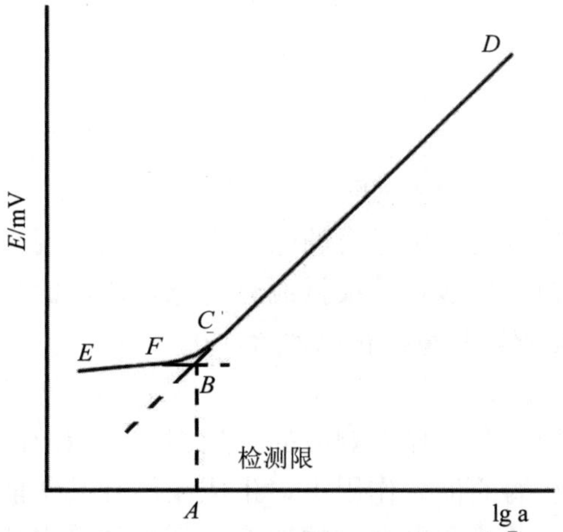

图 10-9 电极的校正曲线及检测限的确定

2．电位选择性系数

在同一传感膜上，可以有多种离子同时进行程度不同的响应，因此膜电极的响应并没有专一性，而只有相对的选择性。电极对各种离子的选择性，可用电位选择性系数来表示。

当有共存离子存在时，膜电位与被测离子 I^{n+} 及共存离子 J^{m+} 的活度之间的关系，可用下式表示：

$$E_{膜}=常数+\frac{RT}{nF}\ln\left(a_i+K_{i,j}^{\text{pot}}a_j^{n/m}\right) \tag{10.6}$$

式中：$K_{i,j}^{\text{pot}}$——电位选择性系数。

上式是能斯特公式的修正式，称为尼柯斯基（Nicolsky）公式。有多种离子 I^{n+}、J^{m+}、K^{l+}… 存在时，则上式应为：

$$E_{膜}=常数+\frac{RT}{nF}\ln\left(a_i+K_{i,j}^{pot}a_j^{n/m}+K_{i,k}^{pot}a_k^{n/l}+\cdots\right)$$

从式（10.6）可以看出，电位选择性系数越小，则电极对 I^{n+}比对 J^{m+}的选择性越高。如$K_{i,j}^{pot}$为 10^{-2}，表示电极对 I^{n+}的敏感性为 J^{m+}的 100 倍。当电位选择性系数很小时，则 $a_i \gg K_{i,j}^{pot}a_j^{n/m}$，式（10.6）中的对数项中的第二项可忽略，成为：

$$E_{膜}=常数+\frac{RT}{nF}\ln a_i$$

当电位选择性系数很大时，则$K_{i,j}^{pot}a_j^{n/m} \gg a_i$，对数项中的第一项可忽略，成为：

$$E_{膜}=常数+\frac{RT}{nF}\ln a_j$$

此时电极在实际上已成为对 J^{m+}具有选择性响应。

测定电位选择性系数有分别溶液法和混合溶液法两类。但用分别溶液法测定选择性系数，被测离子与干扰离子是彼此孤立的，不能充分反映干扰的实际情况，所以目前多采用混合溶液法。

混合溶液法是将被测离子与干扰离子混合起来，观察电极对它们的混合响应。当固定干扰离子的活度，测定被测离子不同活度时的电位值，叫做固定干扰法；若固定被测离子的活度，测定干扰离子不同活度的电位值，叫做固定活度法。

（1）固定干扰法。固定干扰离子的活度 a_j，改变被测离子的活度，得到的 E—$\lg a_i$ 曲线，见图 10-10。随着被测离子活度的下降，干扰逐渐出现（图中的阴影区域），一直到最后完全干扰，形成水平坪区。外推能斯特响应直线 *CD* 与完全干扰部分的干扰响应水平线 *EF* 交于 *A* 点。图中的 *C* 点表示干扰开始出现。*C* 至 *D* 间电极是对被测离子响应；*F* 点则显示已完全干扰，形成水平线，*E* 至 *F* 间是电极对干扰离子的响应。因此，在 *C* 至 *F* 间则为被测离子与干扰离子的混合响应，而在交点 *A* 处，两者的影响应各占一半，所造成的电位应相等。电位选择性系数可用下式来计算：

$$K_{i,j}^{pot}=a_i/a_j^{n/m} \qquad (10.7)$$

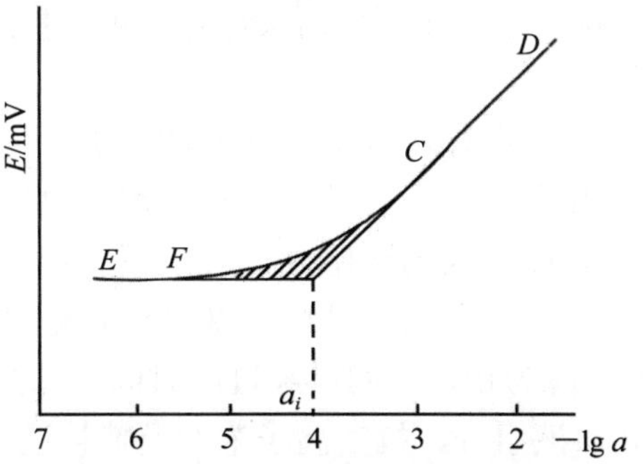

图 10-10　固定干扰法测定电位选择性系数的图解

式中：a_i——A 点处被测离子的活度；

a_j——干扰离子活度。

已知；n 与 m 分别为被测离子与干扰离子的电荷数。这样根据公式即可求得电位选择性系数。

现在国际上推荐用固定干扰法来测定电位选择性系数，测定时干扰离子的浓度等溶液条件必须注明。

（2）固定活度法。固定活度法与固定干扰法相反，是固定被测离子的活度而改变干扰离子的活度，其原理与计算方法与固定干扰法完全相同。本法主要用于测定对氢离子的选择性系数，以确定电极的 pH 适用范围。

图 10-11 显示了溶液 pH 值对二价阳离子电极的影响。图中 AB、CD、EF 分别为电极在不同的 M^{2+}活度时的 pH 适用范围。当 pH 较低时，由于氢离子参与响应，所以电极电位增高；而当 pH 较高时，由于 MOH^+络离子或 $M(OH)_2$ 沉淀的形成，电极电位降低。同样可根据上述公式计算 $K^{pot}_{M_2^+,H^+}$ 及 $K^{pot}_{M_2^+,OH^-}$ 值。

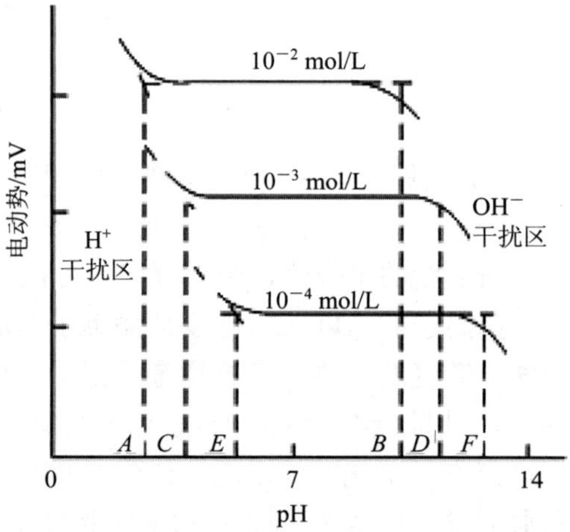

图 10-11 固定活度法测定二价阳离子对 H^+及 OH^-的选择性系数

电位选择性系数是表示某一离子选择性电极对各种不同离子的响应能力，而无严格的定量关系，其值随被测离子活度及溶液条件而有所差异。因此，它只能用于估计电极对各种离子的响应情况及干扰大小，而不能用来计算由于干扰所引起的偏差和进行校正。

3．实际响应时间

所谓响应时间，是用以表示电极达到动态平衡的速度。它取决于各种类型电极的本质，同时也与待测离子浓度和电极内阻有关。当离子浓度高时，达到平衡快，响应时间就短；反之，响应时间就长。而电极的内阻高，响应慢。用实验方法测量得到的在特定条件下的响应时间，称为实际响应时间。从电极和试液接触开始，直到电池电动势达到稳定值（变化在 1 mV 以内）时为止，其间所经过的时间，即为实际响应时间。

测量时的实验条件，如溶液组分、抗衡离子浓度及搅拌速度等，应予以注明。

4．膜电极的内阻及测量

膜电极的内阻高低不一。高者可达数百兆欧，如玻璃电极；低者只有数十千欧，如均一型硫化银电极。

低内阻电极对测量体系的绝缘性能及输入阻抗等要求，亦可相应降低。电极的响应时间与内阻有一定的关系。通过对电极内阻的测量，还可以检验电极的性能，如是否有渗漏、裂缝及老化等现象。

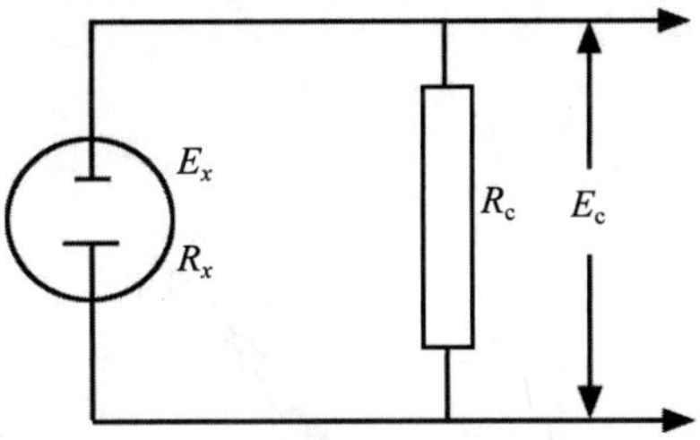

图 10-12　电极内阻的测量线路

测量膜电极内阻可采用下述方法。先测量膜电极与参比电极组成电池的两端电位差 E_x，然后如图 10-12 并联已知阻值为 R_c 的电阻（R_c 的值应与 R_x 的值相近），再测量两端的电位降 E_c。根据下式计算电极的内阻。

$$R_x = \frac{E_x - E_c}{E_c} R_c \tag{10.8}$$

5．不对称电位

正如在玻璃电极一节中所讲的那样，如果选择性电极的内部和外部溶液相同，内参比电极和外参比电极相同，那么测得的电池电动势应为零。但是在实际测量中，总存在一个小的电位值。一般在 1.8～4.2 mV 范围波动。这个电位值称为不对称电位。

不对称电位产生的原因，在于与内外溶液接触的膜的两个表面的不对称性所致。如内外表面的抛光程度的差异，外表面的擦伤、吸附及玷污某些污染物等。在实际测试过程中发现，当电极开始测试时，以及使用一段时间后再测试，不对称电位数值不同，开始时较大，然后逐渐趋向一个稳定数值。

6．温度系数

离子选择性电极电位的一般公式如下式所示。

$$E = E^0 \pm \frac{RT}{nF}\ln a$$

电极电位对温度 T 求导数，得温度系数 $\frac{\mathrm{d}E}{\mathrm{d}T}$ 为

$$\frac{\mathrm{d}E}{\mathrm{d}T} = \frac{\mathrm{d}E^0}{\mathrm{d}T} \pm \frac{R}{nF}\ln a \pm \frac{RT}{nF}\cdot\frac{\mathrm{d}(\ln a)}{\mathrm{d}T} \tag{10.9}$$

上式系由三项组成。

$\frac{\mathrm{d}E^0}{\mathrm{d}T}$ 为离子选择电极的标准电位的温度系数。由 E^0 的内容可知，标准电位温度系数包括膜内相界电位的温度系数，参比电极电位的温度系数，以及液接电位的温度系数等。

$\frac{R}{nF}\ln a$ 为能斯特响应斜率的温度系数。反映在给定活度时电位随温度的变化。此项温度影响，可直接通过测试仪器的“温度补偿”予以校正。

$\frac{RT}{nF}\mathrm{d}(\ln a)/\mathrm{d}T$ 为溶液中待测离子活度的温度系数。一般这项的贡献较小，可以忽略。

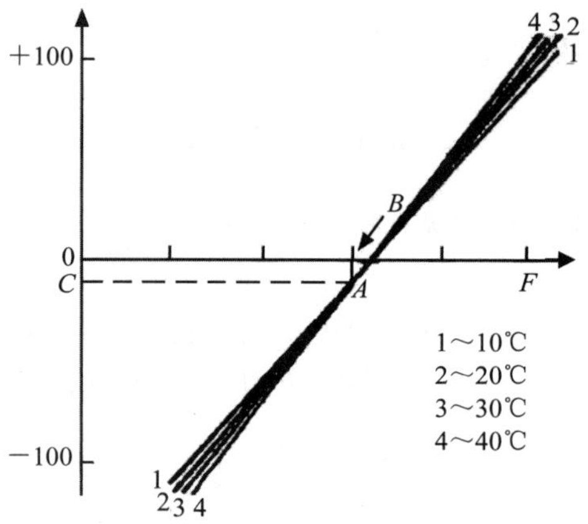

图 10-13　氟离子电极在不同温度下的响应曲线

研究表明，大多数电极在不同温度测量一系列标准溶液时，所绘制的各条校正曲线会有一个相交点 A（图 10-13），交点 A 表示在测量 A 点所对应的浓度为 B 的溶液时，温度尽管发生了变化，而测量的电位值（A 点对应的电位 C）几乎没有变化。即在此点的标准温度系数接近于零。A 点称为电极的等电位点。A 点对应的浓度 B 称为等电位浓度（或 pX）值。为了减少温度的影响，电极在等电位点的浓度值及邻近的浓度范围内进行测量最为有利。因此，对电极的等电位点的设计最好根据待测溶液经常可能具有的浓度范围，来调节电极的内参比溶液的组成，使其电极的等电位点达到要求。

从图中看到，氟电极的等电位 pX 值约为 3。应用等电位点设计电极内参比溶液的浓度接近于待测溶液的浓度，可以减少由于温度的变化而引起的测量误差。一些仪器设置了“等电位点调节”，作为对离子选择电极用标准溶液校准和实际测量在不同温度进行时（如在线监测）的校正。

六、离子选择性电极电位分析的定量方法

由于离子选择性电极反映的是离子的活度而不是浓度，但在分析化学中需要测定的则是离子的浓度而不是活度，因此就要采取某些方法使所测量得到的数据能够代表浓度。

1. 校正曲线法

（1）固定离子本底法。当试样中除待测离子外，还含有较高量的但组成基本固定的离子时，可采用固定离子本底法。配制一系列组成与试液相似的标准溶液，以保证两者

有相同的总离子强度及活度系数，测量电动势：

$$E_{电池}=常数-\frac{RT}{nF}\ln a=$$

$$常数-\frac{RT}{nF}\ln c\cdot\gamma$$

由于活度系数保持不变，为常数，则

$$E_{电池}=常数-\frac{RT}{nF}\ln c$$

这样就可直接以电动势对浓度在半对数纸上作图，绘制校正曲线。测量试液的电动势，即可从校正曲线上求得其浓度。例如，测定海水中的钾时，是用人工合成与海水具有相似组成溶液，加入不同量的钾，配成标准溶液。

（2）总离子强度调节缓冲液（TISAB, Total Ionic Strength Adjustment Buffer）法。在许多情况下，试样组成的差异相当大，另外在测定中还须控制溶液的 pH 值及掩蔽一些干扰离子，这就要采用加入总离子强度调节缓冲液的方法。总离子强度调节缓冲液具有 3 个方面的作用：首先，保持试液与标准溶液有相同的总离子强度及活度系数；其次，含有缓冲剂以控制溶液的 pH 值；最后，含有络合剂掩蔽干扰离子。同样，以电动势直接对浓度在半对数纸上作图，制作校正曲线。例如，用氟电极作指示电极，测定水中的氟离子时，加入总离子强度调节缓冲液的组成为：1.0 mol/L 氯化钠、0.25 mol/L 醋酸、0.75 mol/L 醋酸钠及 0.001 mol/L 柠檬酸钠。控制溶液的总离子强度为 1.75，pH5.0，柠檬酸钠系络合铁、铝离子，消除干扰。使用时以 1∶1 与试液或标准溶液混合。

2．直接比较法

直接比较法是与用酸度计测量溶液的 pH 值的方法相同，以 pX 为标度的离子计作为测量仪器。测量时，先用两个标准溶液（当然其组成与试液相似）校正仪器，然后测量试液，可直接读取试液 pX（$-\lg c$）值或 mol/L，mg/L 值。

3．加入标准法

加入标准法又称为增量法。这种方法通常是将已知体积的标准溶液加入到已知体积的试液中，根据电位的变化来求得试液中被测离子的浓度。

设某阴离子试液体积为 V_x，浓度为 c_x，则

$$E_x=E^0-S\lg c_x\gamma_x \quad [注] \tag{10.10}$$

式中：E_x——所测得的电位；

E^0——常数项，取决于离子选择性电极的特性，所用参比电极和液接电位等；

S——能斯特斜率，即 $2.303RT/nF$；

γ_x——被测离子的活度系数，若测量过程中试液组成的变化甚小，其值可视为常数，并合并于 E^0，得到 E_0，此时

$$E_x=E_0-S\lg c_x \tag{10.11}$$

［注］如用阳离子进行试验，式中为“+”号，以下各式也应注意作相应的改变。

于试液中加入 V_s 毫升浓度为 c_s 的标准溶液，c_s 一般较 c_x 大 50～100 倍，V_s 则较 V_x 小 50～100 倍，这样，标准溶液的加入不会引起试液组成发生显著的变化。此时，

$$E=E_0-S\lg\frac{c_xV_x+c_sV_s}{V_x+V_s} \tag{10.12}$$

由式（10.11）和式（10.12），求得加入标准溶液后电位的变化值 ΔE 为

$$\Delta E=\left|E-E_x\right|=S\lg\frac{c_xV_x+c_sV_s}{(V_x+V_s)c_x}$$

$$\frac{\Delta E}{S}=\lg\frac{c_xV_x+c_sV_s}{(V_x+V_s)c_x}$$

$$\frac{c_xV_x+c_sV_s}{(V_x+V_s)c_x}=10^{\frac{\Delta E}{S}} \tag{10.13}$$

化简后，得到

$$c_x=\frac{c_sV_s}{V_x+V_s}(10^{\frac{\Delta E}{S}}-\frac{V_x}{V_x+V_s})^{-1} \tag{10.14}$$

一般加入标准溶液体积较小，$V_x \gg V_s$ 故（10.14）式近似地变为

$$c_x=\frac{c_sV_s}{V_x}(10^{\frac{\Delta E}{S}}-1)^{-1} \tag{10.15}$$

根据加入标准溶液后电位的变化值，即可由（10.14）式求得试液中被测离子的浓度 c_x。

在测定过程中，E 的数值一般要稍大一些，以减小测量与计算中的误差。但 E 的数值也不能太大，以免体系的性质发生变化。对一价离子来说，一般以 10～40 mV 为宜；对二价离子则以 5～20 mV 为宜。

用式（10.15）进行计算时，过程比较复杂。为了简化计算过程，通常采用 Gran 作图法来求得分析结果。这种方法的原理如下：

将式（10.12）重排，得到

$$E_0-E=S\lg\frac{c_xV_x+c_sV_s}{V_x+V_s}$$

$$\frac{E_0-E}{S}=\lg\frac{c_xV_x+c_sV_s}{V_x+V_s}$$

$$10^{\frac{E_0-E}{S}}=\frac{c_xV_x+c_sV_s}{V_x+V_s}$$

$$(V_x+V_s)10^{\frac{E}{S}}=(c_xV_x+c_sV_s)10^{-\frac{E_0}{S}}=K(c_xV_x+c_sV_s) \tag{10.16}$$

通常连续向试液中加入 3～5 次标准溶液，根据式（10.16），如果以$(V_x+V_s)10^{-\frac{E}{S}}$对 V_s 作图，可得到一直线，如图 10-14 所示。当$(V_x+V_s)10^{-\frac{E}{S}}=0$ 时，即直线与 V_s 轴相交时，得，

$$c_xV_x+c_sV_s=0$$

设交点处 V_s 值为 V（V 为负值），则

$$c_xV_x+c_sV_s=0$$

$$c_x=\frac{c_sV}{V_x} \tag{10.17}$$

在图中求得 V 之后，即可按式（10.17）计算出试液中被测离子的浓度 c_x。

在实际工作中，为了简化计算过程，设计了专用了 Gran 计算图，如图 10-15 所示。图中纵坐标为 E，横坐标为 V_s。绘制 Gran 计算图时，固定 S 为 58 mV 或 29 mV，试液体积为 100 ml。图中校正了稀释效应对电位的影响。

应该指出，用一般 Gran 图进行图算时，要求 S 为 58 mV（对一价离子）或 29 mV（对二价离子）。然而有些选择性电极并不十分准确地具有理论能斯特斜率，尚且因温度的变化使电极不可能总是保持 S 为 58 mV 或 29 mV。如在这种情况下，采用一般 Gran 图进行图算会引起误差，为了适用于各种不同响应斜率的离子选择性电极，已有能校正电极系数的专用图。

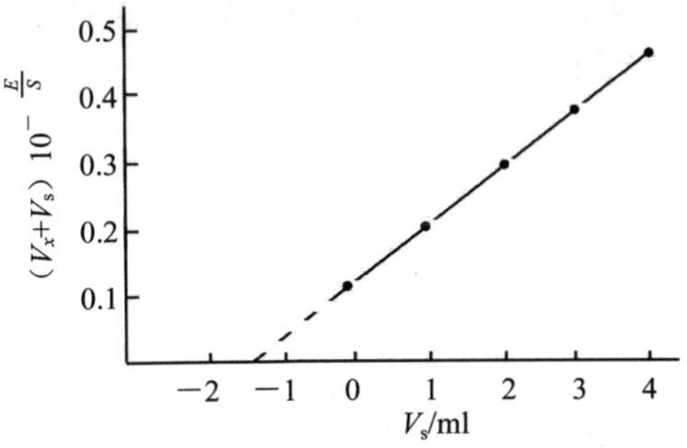

图 10-14　加入标准法

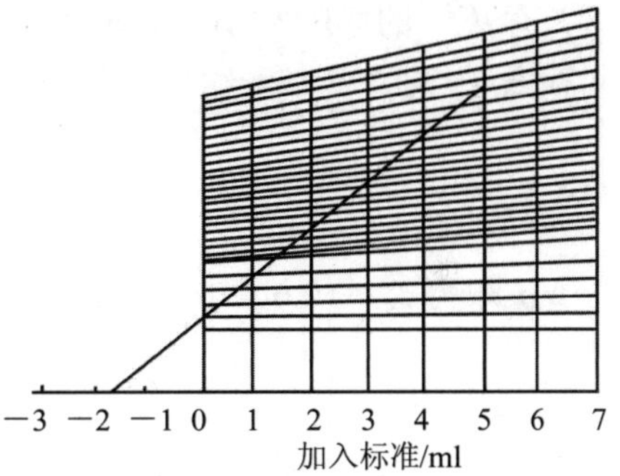

图 10-15　用 Gran 图进行加入标准法的图算

七、准确度

在电位法中，电池电动势的测量误差对方法准确度的影响，可计算如下：

$$E_{电池}=常数-\frac{RT}{nF}\ln a$$

在 25℃时，$-\lg a=\dfrac{E-常数}{0.059/n}$

进行微分得：

$$\frac{\lg e d a}{a}=\frac{0.434 d a}{a}=\frac{dE}{0.059/n}$$

$$\frac{da}{a}=\frac{n dE}{0.026}$$

以有限增值 a、E，代替 da、dE

$$\frac{\Delta a}{a}=39n\Delta E$$

浓度测定的相对百分误差为

$$误差(\%)=\frac{\Delta a}{a}\times100\%=3\,900n\Delta E\%$$

当电动势的测量误差为 0.001 V 时，根据上式则一价离子测定的相对误差为 3.9%，二价离子为 7.8%，如果电动势的测量误差能保证在±0.1 mV，则电位法的准确度可达±0.5%。

影响电池电动势的因素，除测量仪器的精密度，内外参比电极的稳定性及液接电位的变化等外，尚与温度及共存离子有关。

温度对电动势的影响有三方面：一是离子电极的内参比电极电位及膜内相界电位与温度有关，有时可借助于调节内参比溶液的组成来减小其影响；二是能斯特公式中的斜率项（2.303RT/F）与温度有关，当温度每变化 5℃，斜率项改变 1 mV；三是待测离子的活度也与温度有关。因此，为了提高方法的准确度，标准溶液与试液在同一温度条件下进行测量。

共存离子的影响大小，是取决于电位选择性系数。根据选择性系数以及待测离子 I^{n+} 与共存离 j^{m+} 的浓度，可约略估计方法的准确度。方法的相对百分误差为：

$$误差(\%)=\frac{\Delta a}{a}\times100\%$$

Δa_i 即为式（10.6）中 $K_{i,j}^{pot}a^{n/m}$ 一项，代入上式并以浓度代替活度得：

$$误差(\%)=\frac{K_{i,j}^{pot}c^{n/m}}{c_i}\times100\%$$

八、测量仪器

由于离子选择电极内阻较高，应采用高阻抗输入的测量仪器。电极内阻以玻璃电极最高，可达 $10^8\,\Omega$ 数量级。参比电极和试液的电阻与之相比可忽略不计。电位测量所用仪表的所需输入阻抗值可按下式估算：

$$测量误差(\%)=\frac{R_{电极}}{R_{电极}+R_{仪表}}\times100\%$$

如电极的内阻为 $10^8\,\Omega$，要求测量误差小于 0.1%，则仪表的输入阻抗不应低于 $10^{11}\,\Omega$。当输入阻抗为 $10^{12}\,\Omega$，测量 1 V 电位时，流过电池的电流为 10^{-12}A。输入阻抗愈高，通过电池回路的电流愈小，则愈接近在零电流测试的条件。

根据电动势的测量误差与准确度的关系可知，测量仪器的精密度应高于 1 mV，才能保证分析结果有足够的准确度。较高级的酸度计及数字电压表测量电位的精密度可以达到 0.1 mV。

各种专用离子计能直接测得 pX 值或 mol/L、mg/L 值，并设有温度补偿、斜率校正等装置，适用于例行分析或工业流程控制分析。

九、离子选择性电极的特点及应用

（1）离子选择性电极能用于测定 30～40 种阳、阴离子，特别是用其他方法难以测定的一些一价阳离子及阴离子，这就弥补了分析方法在这方面的不足。

（2）电极结构简单，容易制备，使用方便。还有一种复合式电极，系将离子选择性电极与外参比电极组装为一整体，使用更为方便。用精密的酸度计可进行测量，不需复杂仪器。

（3）灵敏度高，适用的浓度范围宽，能达几个级差。

（4）分析速度快，适用于作为工业流程自控设备中的传感器及环境保护的自动监测，并能用于气体分析。表 10-8 及表 10-9 分别列出某些电极在监测某些有害气体及在水质监测中的应用。尤其是氟离子选择性电极已成为固体废物，水质和环境空气质量，监测氟化合物的标准分析方法。气敏氨电极已成为空气质量监测氨的标准分析方法。

表 10-8 一些气敏电极传感器的应用

被测气体	指示电极（传感器）	使用上限/(mol/L)	检测下限/(mol/L)	试液适宜的 pH 值	干扰	应用
CO_2	CO_2 传感器	1	～10^{-5}	＜4		血，发酵
NH_3	NH_3 传感器	1	～10^{-6}	＞12	挥发性胺	土，水
SO_2	SO_2 传感器	5×10^{-2}	5×10^{-6}	＜0.7	Cl_2、NO_2、HCl、HF、HNO_3	烟道气、食品、酒、燃料中硫
NO_2/NO	NO_2/NO 传感器	10^{-2}	～10^{-6}	＜0.7		烟道气、大气、食品
HF	氟离子电极	1	10^{-6}	＜2		大气、腐刻槽、钢去锈
H_2S	Ag_2S 电极	10^{-2}	10^{-8}	＜5	需用抗坏血酸还原 O_2	纸浆液、发酵
HCN	同上		～10^{-7}	＜7	H_2S 需用 Pb^{2+}除去	电镀槽、电镀废液

（5）能制作成微型电极，试液只需 2 μl，超微型电极仅需 0.1 μl 的试液，即可进行分析。超微型电极的管径小于 1 μm，能刺入生物体内进行细胞内原生质的分析，用于生物学、医学的研究及病理诊断。

（6）离子选择性电极反映的是离子的活度，这为分析化学带来了不便，但正是由于这一特性，离子选择性电极却能用于测定化学反应的平衡常数，如电离常数、络合物稳定常数、微溶性盐溶度积等，作为化学基础理论的研究工具。

表 10-9 某些离子选择性电极的应用

离子电极	测定离子	浓度范围/（mol/L）	pH 范围	局限性	应用
AgI 电极	CN^-	10^{-6}～10^{-2}	0～14	S^{2-}不能存在；I^-＜10 CN^-	电镀废水、焦化污水、矿质水
氟电极	F^-	10^{-6}～10^{0}	5～5.5	OH^-干扰	饮用水、海水、工业污水
AgI 或 Hg_2I 电极	Hg^{2+}	10^{-7}～10^{-3}		Ag^+干扰,CN^-、Br^-有一定干扰	天然水、工业污水
氯电极	Cl^-	10^{-5}～10^{0}	0～14	S^2 不能存在，CN^-、I^-、Br^-仅能存在微量	农田用水、饮用水、工业锅炉水
溴电极	Br^-	5×10^{-6}～10^{0}	0～14	在强还原溶液中无效、S^{2-}不能存在，CN^-、I^-痕量	天然水、海水、工业污水
碘电极	I^-	5×10^{-8}～10^{0}	0～14	在强还原溶液中无效；S^{2-}不能存在	海水、天然水、矿水、血液
硫电极	S^{2-}或 Ag^+	10^{-7}～10^{0}	0～14	Hg^{2+}干扰	地面水、海水、废水
镉电极	Cd^{2+}	10^{-7}～10^{-1}	1～14	游离 Pb^{2+}或 Fe^{3+}不能超过 Cd^{2+}量；Ag^+、Hg^{2+}、Cu^{2+}不能存在	海水、饮用水
铅电极	Pb^{2+}	10^{-7}～10^{-1}		Fe^{3+}＜0.1 Pb^{2+}	海水、天然水、酒、饮用水
铜电极	Cu^{2+}	10^{-8}～10^{0}	0～14	Ag^+、Hg^{2+}不能存在，Fe^{3+}＜0.1 Cu^{2+}	海水、天然水
钙电极	Ca^{2+}	10^{-5}～10^{0}	5.5～11		海水、土壤、血液

第四节 电位滴定法

电位滴定法属于电位分析，但也是容量分析的一个方面。在普通容量分析中，滴定终点是根据指示剂的变色来确定的；而在电位滴定法中，滴定终点则是根据电位的“突跃”来判断的。因此，电位滴定与普通容量分析的基本原理是相同的，其区别在于确定终点方法的不同。

与普通容量分析相比较，电位滴定法的操作一般比较麻烦，需要一定的仪器设备，所以应用不广。但是，电位滴定法也有其特点，主要应用于下述情况：

（1）用于浑浊或有色溶液的滴定。例如，硫酸铜电解液中氯离子的测定，用硝酸银作滴定剂，由于铜离子的蓝色，难以用指示剂来判断终点，就可以采用电位滴定法。

（2）用于非水溶液的滴定。某些有机物的滴定需在非水溶液中进行，一般缺乏合适的指示剂，而要采用电位滴定法。

（3）能用于进行连续滴定和自动滴定。

（4）适用于微量分析和超微量分析。

（5）适用于某些理论研究工作。

一、电位滴定的基本装置及操作方法

电位滴定的基本装置见图 10-16，在试液中，插入指示电极和参比电极，组成电池。指示电极的电位随被滴定物质的浓度变化而变化，参比电极的电位保持恒定。电池电动势可用电位计或酸度计进行测量。显然，随着滴定剂的加入，被滴定物质浓度的降低，将引起指示电极电位的变化，电池电动势亦随之改变。在等当点附近，由于被滴定物质的浓度发生“突跃”，所以电动势也产生“突跃”，由此即可确定滴定终点。

滴定时，溶液用电磁搅拌器搅拌。通常，每加入一定量的滴定剂后，测量电动势。在滴定开始时，可多加一些滴定剂，不必记录电位值。一般只需要测量等当点前后 1～2 ml 内电动势的变化，绘制滴定曲线图，即可求得等当点。为了绘制比较精确的滴定曲线，在等当点附近，应该每加 0.1～0.2 ml 滴定剂，测量一次电动势。

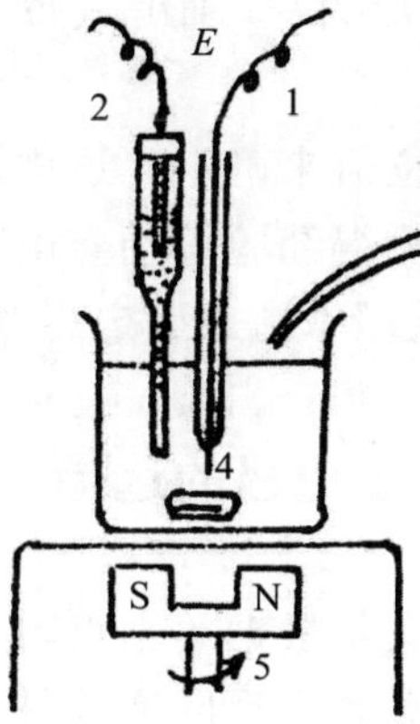

图 10-16　电位滴定基本装置

1．指示电极；2．参比电极（饱和甘汞电极）；3．滴定管；4．搅拌磁子；5．电磁搅拌器

二、滴定终点的确定

以电极电位（或电池电动势）E 对滴定剂体积 V 作图，得图 10-17（1）的滴定曲线。对摩尔数相等的反应来说，曲线突跃的中点（转折点）即为等当点；对摩尔数不相等的反应来说，曲线突跃的中点与等当点稍有偏离，但偏差很小，可以忽略，仍可用突跃中点作为滴定终点。

如果滴定曲线比较平坦，突跃不明显。则可以绘制如图 10-17（2）所示的$\Delta E/\Delta V$ 对 V 的一级微分滴定曲线，曲线上所出现极大值，就是滴定终点。也可以绘制$\Delta^2E/\Delta V^2$ 对 V 的二级微分滴定曲线，见图 10-17（3），图上$\Delta^2E/\Delta V^2$ 等于零的点即为滴定终点。

例如，用 0.1M 硝酸银溶液滴定氯化钠溶液，以银电极为指示电极，饱和甘汞电极为参比电极（外套管充以硝酸钾溶液）。根据滴定过程中得到的数值绘制滴定曲线，确定滴定终点，但也可不必绘图，而根据在等当点时$\Delta^2E/\Delta V^2$ 应等于零的事实，来求得滴定终点。

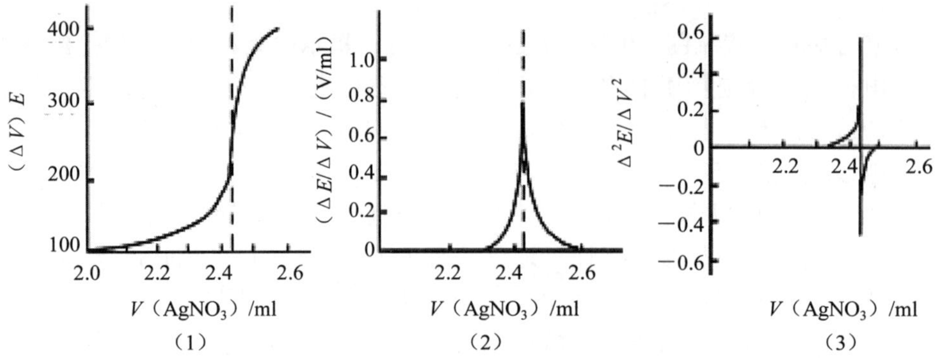

图 10-17　电位滴定曲线

（1）E—V 曲线；（2）$\Delta E/\Delta V-V$ 曲线；（3）$\Delta^2E/\Delta V^2-V$ 曲线

此外，滴定终点尚可根据终点电位值来确定。这样，需要先从式量电位计算得到理论等当点电位，或由滴定标准溶液而测得经验等当点电位，以作为终点电位的根据。当然，方法的重现性必须较高时，才能采用本法来确定终点。

三、电位滴定的反应类型及指示电极的选择

电位滴定法是容量分析的一种，它是根据等当点附近指示电极电位产生“突跃”来确定滴定终点。因此，电位滴定除了对滴定反应要求具备：①反应必须进行得足够快；②反应必须进行得尽可能地完全；③反应必须只依固定的方向进行；④反应必须按化学计量进行等条件外，还需要有合适的指示电极。可根据不同类型的滴定反应，来选择指示电极。下面就四种滴定反应类型，进行介绍。

1．酸碱滴定

酸碱滴定法是以酸碱反应为基础的，滴定剂一般都是强酸或强碱，被滴定的则是各种具有碱性或酸性的物质。在滴定过程中，氢离子的浓度发生变化，到达等当点附近时，溶液的 pH 值出现“突跃”。因此，可以采用氢离子指示电极作为酸碱电位滴定的指示电极。由于玻璃电极具有使用方便等优点，所以一般都用玻璃电极作为指示电极，以饱和甘汞电极或银-氯化银电极作参比电极。

2．氧化还原滴定

利用氧化还原反应进行电位滴定时，可以采用氧化还原电极，也就是惰性金属电极，作为指示电极。一般都用铂电极。由螺旋状的铂丝或铂片制成，其一端封入玻璃管中，用导线连接引出即成。有时亦采用汞电极、金电极和银电极。这些电极插入溶液中，本身不起化学反应，仅作为氧化态和还原态物质交换电子的场所，同时起导电作用。因此，它的电极电位能反映溶液中氧化态及还原态离子的浓度比。参比电极一般也是用饱和甘汞电极。铂电极在使用前要用 1∶1 硝酸浸洗。

3．沉淀滴定

应用沉淀反应进行电位滴定时，没有统一的指示电极，必须根据不同的沉淀反应，选用不同的指示电极。

例如用硝酸银滴定氯、溴和碘等离子时，在滴定过程中，卤离子的浓度变化，可用第二类电极银来反映，以银电极作为指示电极，也可采用相应的卤离子选择性电极为指示电极。银电极用直径约 1 毫米的银丝封在玻璃管中，然后连以导线即成，使用前银丝表面要用细砂纸轻轻擦净。

又如用氯化汞或硝酸汞等汞盐滴定 S^{2-}、I^-和 AsO_4^{3-}等离子时，在滴定过程中，它们的浓度变化，同样可用第二类电极汞电极来反映，选用汞电极作为指示电极。

等当点附近电位突跃的大小与被滴定离子的浓度及沉淀的溶解度有关。若浓度越大，溶解度越小，则电位突跃越大。有时为了要使突跃更为明显，常常加入一些有机溶剂，如乙醇、丙酮等，以降低沉淀的溶解度。

4．络合滴定

利用络合反应进行电位滴定时，也应根据不同的络合反应，选用不同的指示电极。

例如用硝酸银滴定氰化物时，生成 $Ag(CN)_2^-$络离子，滴定过程中 CN^-浓度发生变化，可用银电极或碘化银沉淀膜电极作指示电极。

EDTA 是络合滴定应用最多的一种滴定剂。对于 EDTA 的电位滴定，目前应用较多的指示电极是铜、钙、锌等离子选择性电极。例如用铜离子选择性电极为指示电极时，其电位与溶液中的游离铜离子浓度[Cu^{2+}]有关，而[Cu^{2+}]又受溶液中游离 EDTA 浓度[Y]的制约，故其电位能指示溶液中[Y]的变化，即它可视为一种 pY 电极，能作为 EDTA 滴定的指示电极。

四、自动电位滴定

电位滴定法能在缺乏合适指示剂的条件下进行滴定，弥补了普通容量分析的不足，但滴定终点的确定还需要借助于滴定曲线图，因此麻烦费时，随着电子技术的发展，电位滴定法适于采用自控装置，能进行自动滴定，那就非常方便了。由于自动电位滴定仪的出现、离子选择性电极的发展，也为电位滴定开拓了新的前景。

自动电位滴定池中参比电极和指示电极与电位计相连，电位计的电压预先调节到滴定终点时两个电极间的电位差数值 V_e，也就是滴定终点时指示电极的电位。在未达到滴定终点时，两极间电位差 V，与电位计的电压 V_e 不相等，差值为 V_e-V，此信号便作用于继电器，使滴定管上的磁性夹自动开放，滴定剂便不断地滴入试液中。当到达滴定终点时，V 与 V_e 相等，信号中断，继电器就使磁性夹自动关闭，滴定停止，便可读取所加入的滴定剂的体积。

在例行分析中，试液的组成变化不大，等当点时的电位基本固定，如铜电解液中氯离子的测定，用这类自动电位滴定仪进行分析是很方便的。

有关电位滴定的应用列于表 10-10。目前电位滴定在环境分析中应用不多，仅在水质监测中用电位滴定法测定钡。

表 10-10 电位滴定的应用

被测离子	滴定剂	反应类型	指示电极
Fe^{2+}	$Ce(SO_4)_2$，$KMnO_4$，$K_2Cr_2O_7$	氧化还原	Pt 电极
I^-	同上	氧化还原	Pt 电极
Sn^{2+}	$KMnO_4$，$K_2Cr_2O_7$	氧化还原	Pt 电极
X^-	$AgNO_3$	沉淀	Ag 或 AgI 膜电极
S^{2-}	$AgNO_3$，$Pb(NO_3)_2$	沉淀	Ag 或 Ag_2S 膜电极
CNS^-	$AgNO_3$	沉淀	Ag 或 AgBr 膜电极
Ag^+	$MgCl_2$	沉淀	Ag 或玻璃膜电极
F^-	$La(NO_3)_3$，$Th(NO_3)_4$	沉淀	LaF_3 单晶膜电极
SO_4^{2-}	$Pb(NO_3)_2$	沉淀	PbS 膜电极
Zn^{2+}，Cd^{2+}，La^{3+}，Sc^{3+}	$K_4[Fe(CN)_6]$	沉淀	Pt｜$Fe(CN)_6^{3-}$，$Fe(CN)_6^{4-}$ 电极
ClO_4^-	$(C_6H_5)_4AsCl$	沉淀	ClO_4^-液体膜电极
K^+	$Ca[B(C_6H_5)_4]_2$	沉淀	K^+中性载体电极
Fe^{3+}	EDTA	络合	Pt｜Fe^{3+}，Fe^{2+}或 LaF^{3+}单晶膜电极（溶液中加 F^-）
Zr^{4+}，Th^{4+}，Fe^{3+}	EDTA	络合	CuS 膜电极（溶液中加 Cu^{2+}）
Al^{3+}	NaF	络合	LaF_3 单晶膜电极

习　题

1. 写出下列电池的半电池反应及电池反应，计算其电动势，并标明电极的正负。

（1）Zn｜$ZnSO_4$（0.100 mol/L）‖ $AgNO_3$（0.010 mol/L）｜Ag

$E^0_{Zn^{2+},Zn} = 0.762V$，$E^0_{Ag^+,Ag} = +0.8V$

（2）$Pt\left|\begin{matrix} VO_2^+(0.001mol/L) \\ VO^{2+}(0.010mol/L) \end{matrix}\right. HClO_4(0.100\,0mol/L) \| HCl(0.100\,0mol/L) \begin{matrix} Fe^{3+}(0.020mol/L) \\ Fe^{2+}(0.002mol/L) \end{matrix}\right| Pt$

$E^0_{VO_2^+,VO^{2+}} = +1.00V$，$E^0_{Fe^{3+},Fe^{2+}} = +0.77V$

（3）Pt，H_2（$2.0\times1.013\,25\times10^4$ Pa）｜HCl（0.100 mol/L）‖ HCl（0.100 mol/L）｜Cl_2（$5\times1.013\,25\times10^4$ Pa）Pt

$E^0_{H^+,H_2} = 0V$，$E^0_{Cl_2,Cl^-} = +1.359V$

（4） Pb｜$PbSO_4$(固)，K_2SO_4（0.200 mol/L）‖ $Pb(NO_3)_2$（0.100 mol/L）｜Pb

$E^0_{Pb^{2+},Pb} = -0.126V$，$K_{sp}(PbSO_4) = 2.0\times10^{-8}$

（5）Zn｜ZnO_2^{2-}（0.010 mol/L），NaOH（0.500 mol/L），HgO（固）｜Hg

$E^0_{ZnO_2^{2-},Zn} = -1.216V$，$E^0_{HgO,Hg} = +0.098\,4V$

2．已知 Hg_2Cl_2 的 K_{sp} 为 2.0×10^{-18}，KCl 的溶解度为 330g/1 000ml 溶液，计算饱和甘汞电极电位。

3．为什么不能用普通电位计或伏特计来测量玻璃电极组成电池的电动势？用玻璃电极测量溶液的 pH 值时，为什么要用标准溶液定位？

4．某 pH 计的指针每偏转 1 个 pH 单位，电压的改变为 60 mV。今欲用电极系数为 50mV/pH 的玻璃电极来测定 pH=5.00 的溶液，用 pH=2.00 的标准溶液来定位，测得结果的误差有多大？

5．考虑离子强度的影响，计算下列电池的电动势。

（1）$\text{Ag, AgCl}\left|\begin{array}{l}0.1\text{mol/LNaCl,}\\10^{-3}\text{mol/LNaF}\end{array}\right|\begin{array}{l}\text{氟化镧}\\\text{单晶膜}\end{array}\left|0.1\text{mol/LKF}\right\|\text{S.C.E}$

（2）$\text{Ag, AgCl}\left|10^{-3}\text{mol/LNaCl}\right|\begin{array}{l}\text{氯化银}\\\text{沉淀膜}\end{array}\left|\begin{array}{l}0.1\text{mol/LKNO}_3,\\10^{-4}\text{mol/LNaCl}\end{array}\right\|$ 饱和硫酸亚汞电极

6．考虑离子强度的影响，计算溴化银沉淀膜电极在 0.01 mol/L $CaBr_2$ 试液中的电极电位。

7．用氟离子选择电极以加入标准法测定水样中的氟。取水样 25.00 ml，加 TISAB 25 ml，测定其电位后，再加入 1.00×10^{-3} mol/L 标准氟溶液 1.00 ml，测得电位变化值 E=20 mV。电极的能斯特斜率 S=58 mV/pF，求水样中 F^-的含量，用 g/L 表示。

8．用硝酸银溶液电位滴定 0.05 mol/L 碘化钾溶液，以碘化银沉淀膜电极为指示电极，饱和硫酸亚汞电极为参比电极。试计算滴定开始时及等当点时电池的电动势。何者为正极？何者为负极？（碘化银的溶度积 $K_{sp}=9\times10^{-17}$。）

9．采用下列反应进行电位滴定时，应选用什么指示电极？写出滴定反应式。

（1）$Ag^+ + S^{2-} =$

（2）$Ag^+ + CN^- =$

（3）$NaOH + H_2C_2O_4 =$

（4）$Fe(CN)_6^{3-} + Co(NH_3)_6^{2+} =$

（5）$Al^{3+} + F^- =$

（6）$H^+ +$ 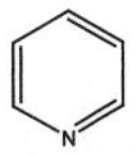 =

（7）$K_4Fe(CN)_6 + Zn^{2+} =$

（8）$H_2Y^{2-} + Co^{2+} =$

参考文献

[1] 钱沙华，韦进宝．环境仪器分析[M]. 北京：中国环境科学出版社，2004．

[2] Freiser ,H. Ion—Selective Electrodes in Analytical Chemistry [M]. Plenum Press , 1978.

[3] Ma,T.S. , Hassan. Organic Analysis Using Ion—Selective Electrodes [M]. Academic Press , 1982.

[4] 高小霞．电化学分析法在环境监测中的应用[M]．北京：科学出版社，1982.

[5] J. Albaiges. Analytical Techniqies in Environmental Chemistry [M]. Pergamon Press , 1980.

[6] 高小霞, 等．电分析化学导论[M]．北京：科学出版社，1986.

[7] 韦进宝，吴峰. 环境监测手册[M]. 北京：化学工业出版社，2006.

第十一章　库仑分析法

第一节　电解的基本原理

一、电解的基本过程

在电解池的两个电极上，加上一直流电压，使溶液中有电流通过，并在两电极上发生电极反应而引起物质分解，这个过程称为电解。例如，在盛有硫酸铜溶液的烧杯中，浸入两个铂电极，电极通过导线分别与直流电源的正极与负极相连接。如果在两极间加有足够大的电压，在两个电极上则可观察到有明显的电极反应产生。电极反应如下：

阴极反应：$Cu^{2+}+2e=Cu\downarrow$

阳极反应：$2H_2O=4H^++O_2\uparrow+4e$

即在阳极上有氧气放出；在阴极上有金属铜析出，形成金属镀层。电解完全后，通过称量电极上析出金属铜的重量，即可求得铜的含量，这就是电重量分析法。如果是根据电解完全后所消耗的电量求得某一待测物质的含量，则是库仑分析法。我们也可借助电解方法，将某一物质与试液中其他物质分离，这就是电解分离法。

必须指出，在阴极还原的不一定是阳离子，在阳极氧化的也不一定是阴离子；阴离子亦可在阴极还原，阳离子亦可在阳极氧化。

在电解反应进行的过程中，电子不断地由直流电源的负极经导线到达电解池的阴极，物质在阴极上获得电子而被还原；同时在阳极上发生氧化反应，物质失去电子而被氧化，电子经导线到达直流电源的正极。这样就完成了电子由直流电源的负极到它的正极的转移，而电流则从直流电源的正极流经电解池而回到它的负极。

电解池的负极为阴极，它与外电源的负极相连，电解时阴极上发生还原反应；电解池的正极为阳极，它与外电源的正极相连，电解时阳极上发生氧化反应。

由此可见，自发电池是由于电极上发生化学反应，而使化学能转变为电能。电解池则相反，在外加电压的作用下，而使电极上发生化学反应，将电能转变为化学能。

电解过程有两种类型。控制电位电解过程和恒电流（控制电流）电解过程。

在控制电位电解过程中，调节外加电压，使工作电极（被测物质发生反应的电极）的电位控制在某一定数值或某一小范围内，使被测离子在电极上析出，其他离子留在溶液中，从而达到分离元素的目的。在电解过程中，溶液中被测离子不断消耗，电流不断下降，当被测离子完全析出后，电流趋近于零。

在恒电流电解过程中，外加电压一般较大，以保证电极上总有化学反应不断地进行，并使电流强度基本上保持不变。溶液中容易在电极上起反应的氧化还原体系，先在电极上起作用。等到这体系作用完全或作用到一定程度以后，另一氧化还原体系接着在电极上起反应。这时工作电极的电位决定于那个氧化还原体系在电极上起的反应，以及反应进行到怎样的程度。

无论是哪一种电解过程，在电解进行中，加在电解池两电极上的外加电压，电极电位和通过电解池的电流间具有如下的关系：

$$V=(E_a-E_c)+ir \tag{11.1}$$

式中：V ——外加电压；

E_a——正极的电位；

E_c ——负极的电位；

i ——电流；

r ——电解池内阻。

二、分解电压与析出电位

电解是在外加直流电压的作用下，使物质在电极上分解析出。电解时，外加电压要多大，才能使电解作用进行并有物质分解？两电极的电极电位各应具有什么数值，才能使电极上有电极反应发生并有物质析出？为了能定量的说明这些问题，必须先引入分解电压与析出电位的概念。

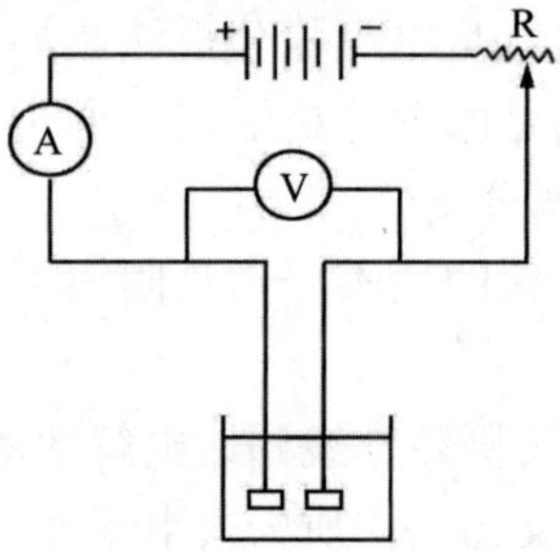

图 11-1（a） 电解池

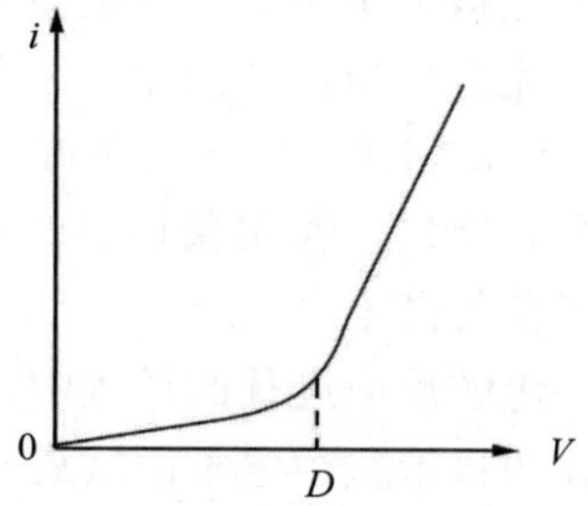

图 11-1（b） 分解电压

如果按图 11-1（a）的装置，以很小的电压加于电解池，起初几乎没有电流通过，调节电阻 R 使外加电压增加，则电流略有增加，当达到某一定电压值时，如图 11-1（b）中的 D 点，通过电解池的电流就有明显的增加，同时在两极上产生连续不断的电极反应，以后电流随电压的增加而直线上升。电流与外加电压的关系可用图 11-1（b）来表示。分解电压是指使被电解物质在两极上产生迅速的、连续不断的电极反应时所需的最小的外加电压。图 11-1（b）中 D 点的电压就是分解电压（V_D）。一种电解质的分解电压，对于可逆过程来说，在数值上等于它本身所构成的自发电池的电动势。在电解池中，此电动势称为反电动势，反电动势的方向与外加电压的方向相反，它阻止电解作用的进行。

例如，电解硫酸铜溶液时，将两个铂电极浸入溶液中，开始时并不构成自发电池。因为，把两个铂电极连接起来，两电极的电位相同，不可能有电流从导线上流过，所以开始时电池并不具有反电动势。当接上外电源后，如外加电压很小，在最初瞬间会有极少量的 Cu 和 O_2 分别在阴极和阳极上析出，当一旦有少量的 Cu 和 O_2 被吸附在电极上时，就立刻形成由氧电极和铜电极组成的自发电池，产生反电动势，阻止电解作用的进行。只有当外加电压达到能克服此反电动势时，电解才能开始进行，电流才能显著上升。所以，要使某一电解过程能够进行，只有当外加电压超过（即使是很微小的值）它自身构成的自发电池的电动势，也就是它的分解电压时，电解在理论上才成为可能。外加电压与分解电压之间具有下列的关系：

$$E_{分}=E_{反}$$

$$E_{外}-E_{分}=iR \qquad (11.2)$$

式中：i —— 电解电流；

R —— 回路中的总电阻。

外加电压未达到分解电压时所观察到的微小电流，称为残余电流。残余电流的产生原因可大致解释如下：

设电极上进行下列反应：

$$O+ne \rightleftharpoons R$$

式中：O——氧化态；

R——还原态。

若电极反应为可逆，则电极电位为：

$$E=E^0+\frac{RT}{nF}\ln\frac{c_O^S}{c_R^S}$$

式中：c_O^S，c_R^S——氧化态及还原态在电极表面附近的浓度；

E^0——标准电极电位。

在任何外加电压下，电极电位应具有某一数值 E，因而上述电极反应必须进行至某一程度，以维持电极表面的浓度比 c_O^S/c_R^S 为相应的数值，使之符合能斯特公式的关系。在未达到分解电压前，为了满足能斯特公式所需的浓度比 c_O^S/c_R^S 是很大的，因此时还原态的浓度极小，若还原态在电极上析出后其浓度不变，则仅能观察到微小的瞬时电流，并且迅速地降低至零。但事实上还原态是不断地向溶液中扩散，因而上述电极反应也必须不断地以很小的速度进行，以维持能斯特公式所要求的浓度比，从而形成连续不断的残余电流。

如果按图 11-2（a）的装置。在改变电解池的外加电压的同时，测量通过电解池的电流与阴极电位的关系，结果见图 11-2（b）。析出电位是指使物质在阴极上产生迅速的、连续不断的电极反应而被还原析出时所需的最正的阴极电位，或在阳极上被氧化析出时所需的最负的阳极电位。图 11-2（b）中 D'的阴极电位就是析出电位。某一物质的析出电位，对于可逆过程来说，等于其平衡时的电极电位。

仍以上述硫酸铜溶液的电解为例，说明电极电位与析出电位的关系。前已提及，当电解池接上外电源后，立即形成由氧电极和铜电极组成的自发电池。在铜电极上，铜离子还原为金属铜而析出，故为阴极，它与溶液中的铜离子之间建立起下列的电极平衡：

$$Cu^{2+}+2e \rightleftharpoons Cu$$

其平衡电位为：

$$E_{平}=E^0+\frac{RT}{2F}\ln[Cu^{2+}]$$

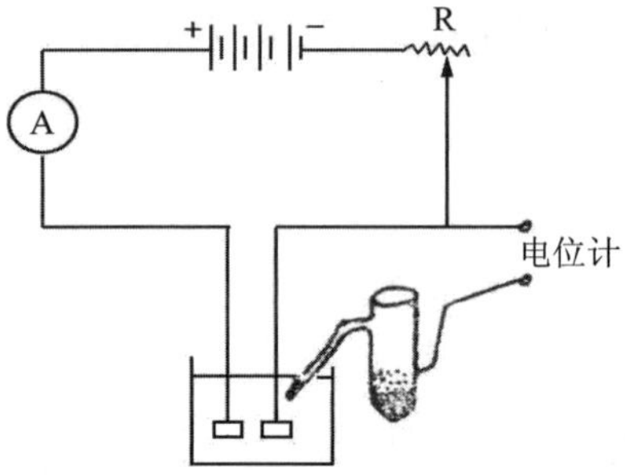

图 11-2（a） 具有测量阴极电位装置的电解池

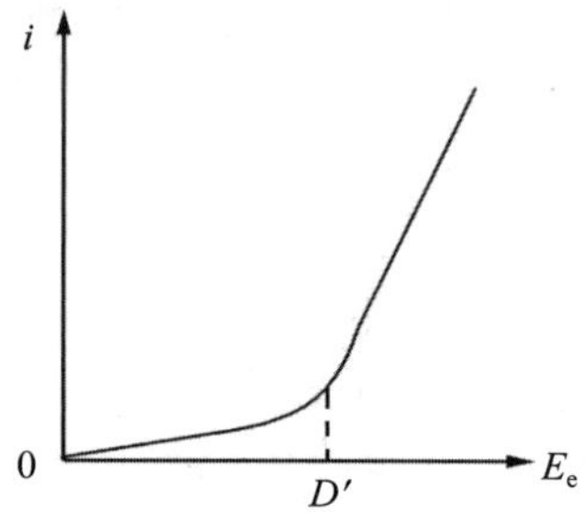

图 11-2（b） 析出电位

若外加电压恰好使阴极电位 $E_{阴}$等于平衡电位 $E_{平}$，则电极反应处于平衡状态。若 $E_{阴}$比 $E_{平}$稍负一点，则上述电极平衡就被破坏。为了保持新的阴极电位下新的电极平衡，必须减小溶液中铜离子的浓度，使之符合能斯特公式关系的要求，即在电极上产生铜离子还原为金属铜的电极反应。由此可见，析出电位就是平衡时的电极电位，要使铜离子在阴极上电解析出，则阴极电位一定要比析出电位稍负一点。因此，要使某一物质在阴极上还原析出，产生迅速的、连续不断的电极反应，阴极电位必须比析出电位为负（即使是很微小的数值）；如果在阳极上氧化析出，则阳极电位必须比析出电位为正。

在阴极上，析出电位愈正者，愈易还原；在阳极上，析出电位愈负者，愈易氧化。

由上述可知，分解电压是指整个电解池而言，而析出电位则是对一个电极来说，通常在电解分析中只需考虑某一工作电极的情况，因此析出电位比分解电压具有更大的意义。

综上所述，分解电压等于电解池的反电动势，而反电动势则等于阳极平衡电位与阴极平衡电位之差，所以对可逆电极过程来说，分解电压与析出电位具有下列关系：

$$E_{分}=E_{阳析}-E_{阴析} \tag{11.3}$$

式中：$E_{阳析}$与 $E_{阴析}$——阳极析出电位与阴极析出电位，也就是电极的平衡电位，可以根据能斯特公式进行计算。

例如，在 1mol/L HNO_3 介质中电解 1 mol/L $CuSO_4$ 溶液，计算其分解电压。

两个电极上的电极反应分别为：

阴极：$Cu^{2+}+2e = Cu$

阳极：$2H_2O = 4H^{+}+O_2\uparrow +4e$

根据能斯特公式计算两电极上的析出电位

$$E_{阴析}=E^0+\frac{0.059}{2}\lg c(Cu^{2+})=$$

$$0.34+\frac{0.059}{2}\lg 1=+0.34\ V$$

$$E_{阳析}=E^0+\frac{0.059}{4}\lg c_{H^+}^4\cdot p_{O_2}=$$

$$E^0+0.059\lg c_{H^+}^4\cdot p_{O_2}=$$

$$+1.23+0.059\lg 1\times 1=+1.23\ V$$

所以

$$E_{分}=1.23-0.34=0.89\ V$$

但实际上分解电压为 1.36 V，其间存在差别，这是由于电极过程不可逆而有过电压存在所致。在电解过程中，由于电极反应往往不可逆，所以不能简单地根据能斯特公式来计算析出电位，而必须考虑过电位的问题。析出电位一般是用实验测定的。

三、极化现象及过电位

对可逆的电极过程来说，某一电解质的分解电压应该等于电解池的反电动势，而其析出电位应该等于平衡时的电极电位。但实际情况往往不是如此，上例中电解硫酸铜溶液时，电解池的反电动势也就是氧电极和铜电极所组成的自发电池的电动势却为 0.89V，其间相差 0.47V。这是由于电极上发生了极化现象，产生过电压所致。

过电压是指使电解以十分显著的速度进行时，外加电压超过可逆电池电动势的值。过电压η包括阳极过电位η_a与阴极过电位η_c，即：

$$\eta=分解电压-可逆电池电动势$$

$$\eta=\eta_a-\eta_c$$

当电流通过电极与溶液界面时，如果电极电位对其平衡值发生了偏差，这种现象称为极化现象。主要有两种极化现象。

1．浓差极化

当电解进行的时候，由于电极表面附近的一部分金属离子在电极上沉积，而溶液中的金属离子又来不及扩散至电极表面附近，因此电极表面附近金属离子的浓度与整体浓度不再相同。但电极电位却决定于其表面浓度，所以电解时的电极电位就不等于其平衡时的电极电位，两者之间存在偏差，这种现象叫做浓差极化。

平衡时的电极电位为：

$$E_{平}=E_{M^{n+}/M}^0+\frac{RT}{nF}\ln c_{M^{n+}}^0$$

式中：$c_{M^{n+}}^0$——金属离子在溶液中的浓度。

在没有进行电解时，金属离子在电极表面的浓度与在溶液中的浓度是相同的。当电解进行的时候，金属离子在电极表面附近的浓度为$c^{s}_{M^{n+}}$，故此时实际的阴极电位为：

$$E_{实} = E^{0}_{M^{n+}/M} + \frac{RT}{nF}\ln c^{s}_{M^{n+}}$$

在上述两式中，$c^{s} < c^{o}$。由此可见，由于浓差极化的结果，将使阴极电位较平衡时的电位负一些。若为阳极反应，则将使阳极电位较平衡时的电位正一些。如要减小浓差极化，必须减小 c^{s} 与 c^{o} 的差别。可借助于降低电流密度、增加溶液温度或进行机械搅拌来实现。浓差极化现象对电解分析的影响颇大，这是由于电解进行的时候，如有浓差极化现象存在，将使阴极电位不断地变负，当被测金属离子还没有完全电解之前，阴极电位已达到足以使其他离子在电极上析出，因而使被测离子的沉积不完全。但另一方面，利用浓差极化这一现象，建立了极谱分析法。

2. 电化学极化

整个电极过程是由许多分步过程组成的，其中速度最慢的一步对整个电极过程的速度起决定作用。在许多情况下，电极反应这一步的速度是很慢的，它的进行需要较大的活化能。因此，在通常情况下，只有少数能量较大的离子才能参加电极反应。在电解时，为了使电解作用能显著地进行，有一定的电解电流通过电解池，对于阴极反应来说，必须使阴极电位较其平衡电位更负一些，以增加活化能而使电极反应以一定的速度进行。这种阴极电位与平衡电位之间产生偏差的现象，称为电化学极化，并伴随有过电位的产生。例如，亚铁、镍、氢等离子从溶液中析出或转入溶液，以及在 $Sn^{4+} + 2e \rightleftharpoons Sn^{2+}$ 等氧化还原反应中，都能观察到伴随有很大的电化学极化作用，因而有较大的过电位产生。如不加指明，过电位一般是指这种由于电极反应速度很慢而由电化学极化所引起的。

由于电化学极化，使析出电位偏离了理论值，它们之间的差值叫做过电位，用符号η表示。如果在电极上的析出物为金属时，过电位一般很小。但当析出物为气体时，特别是阴极上析出氢，阳极上析出氧，过电位都很大。

影响过电位的主要因素有以下几点：

（1）电极的种类及其表面状态。例如，氢在铂电极上过电位小，但在汞、铁、铋、铜、锌等电极上的过电位大；在铂黑电极上过电位小，但在光亮的铂电极上的过电位大。

（2）析出物的形态。析出物为金属物质的过电位一般很小，为气体物质的过电位一般较大。例如，镉从 1 mol/L 硫酸镉溶液中淀积时的析出电位为－0.42 V，与它的平衡电极电位－0.40 V 相差很小。

（3）电解质的成分。电解质的改变有时对过电位的影响很大。例如锌从硫酸溶液中析出时的过电位很小，但从氨合或氰合锌络合物溶液中析出时的过电位很大。镍的情况与其相反，镍从硫酸溶液中在汞电极上析出时的过电位很大，但从氨合镍络合物溶液中析出时的过电位很小。

（4）电流密度。一般说来，过电位随电流密度的增加而增大。

（5）温度。根据经验，过电位随温度的升高而减小。例如氢的过电位，当温度每上升 10℃时，过电位降低 20～30 mV。

过电位的产生是与电极过程中的不可逆性相联系着，它所受到的影响因素很多，因此必须用实验来确定一个电极反应的过电位，然后再决定电解时最适宜的工作条件。

从热力学的观点来看，任何一个以显著速度进行的过程都是不可逆过程，因此任何一个电极过程都将是热力学上的不可逆过程。但是，在实际上有许多电极反应的过电位很小，所以常称这些电极反应为可逆的电极反应。

由于过电位的存在，将使电能消耗大大超过了该反应按热力学计算所需要的能量。在电化学工业中，电解生产氢、氧和氯等气体的规模是很大的，而气体一般均具有较高的过电位。因此，对于如何降低过电位以减少电能消耗的研究，具有巨大的经济意义。

另一方面，由于氢在汞电极上具有较大的过电位，因此在电解分离法中，常采用汞作为阴极。凡是标准电极电位较锌为正的金属离子都能从酸性溶液中在汞阴极上电解还原析出，与轻金属离子分离，而不致有氢气逸出。

根据上述讨论可知，电解时的实际分解电压大于理论计算值，主要是由于在电极上发生极化现象，产生过电位所致。因此，电解质的分解电压不能单从能斯特公式进行计算，还必须考虑过电位。于是，对不可逆的电极过程来说，式（11.3）应作如下的修正：

$$E_{分}=(E_{阳析}+\eta_a)-(E_{阴析}+\eta_c) \tag{11.4}$$

式中：η_a——阳极过电位，为正值；

η_c——阴极过电位，为负值。

上式表示了分解电压、析出电位及过电位之间的关系。

在前述的电解硫酸铜溶液的例子中，在阳极上产生氧气，其η_a为＋0.40 V，在阴极上析出金属铜，其η_c为－0.07 V，所以分解电压应为：

$$E_{分}=(1.23+0.40)-(0.34-0.07)=$$
$$1.63-0.27=1.36\ \text{V}$$

与理论值 0.89 V 的差值 0.47 V，即为过电压。

表 11-1 列出了一些电解质的分解电压。不同的电解质具有不同的分解电压，不同的离子也各具有不同的析出电位，这就是电解分析中判断干扰进行分离的基础。

表 11-1　各种电解质（1 mol/L）在铂电极上的分解电压

电解质	分解电压（V）	电解质	分解电压（V）	电解质	分解电压（V）
$ZnSO_4$	2.35	$CdSO_4$	2.03	$HClO_4$	1.65
$ZnBr_2$	1.80	$CdCl_2$	1.88	HCl	1.31
$NiSO_4$	2.09	$CoSO_4$	1.92	HBr	0.94
$NiCl_2$	1.85	$CoCl_2$	1.78	HI	0.52
$Pb(NO_3)_2$	1.52	H_2SO_4	1.67	NaOH	1.69
$CuSO_4$	1.36	HNO_3	1.69	KOH	1.67
$AgNO_3$	0.70	H_3PO_4	1.70	NH_3	1.74
$Cd(NO_3)_2$	1.98				

四、电解时离子的析出次序及完全程度

用电解法测定某一金属离子时，必须考虑其他共存金属离子的共沉积问题。金属析出电位的差别是电解分离的关键。例如，电解 1 mol/L 的银及铜的硫酸盐溶液，由于它们的析出电位相差很大，故可用电解法将它们分离。但当电解铅和锡的溶液时，由于他们的析出电位相近，电解时它们将在电极上同时析出，所以不能将它们分离。

在电解过程中，假如有相同浓度的 A 及 B 两种二价的金属离子存在，A 的析出电位较正，故先在电极上析出，但随着电解的进行，A 离子的浓度将不断地减小，因此阴极电位（这时决定于 A 离子的浓度）亦将不断地变负。如果认为 A 离子被电解到溶液中只剩下为原来浓度的 10^{-5}～10^{-6} 倍时也已电解完全，那么这时候电极电位较开始时的析出电位负 0.15～0.20V[由 $E_c=E^0+\frac{0.059}{n}\lg c(M^{n+})$计算]，如果这时候的阴极电位还未达到 B 离子的析出电位，则 B 离子仍然不能在电极上析出。由此可见，电解时要使两种共存的二价金属离子达到分离，它们的析出电位相差必须在 0.15 V 以上。同样的道理对于分离两种共存的一价金属离子，它们的析出电位相差必须在 0.35 V 以上。

例如，有 $CuSO_4$ 及 Ag_2SO_4 的混合液，它们的浓度分别为 1 mol/L 及 0.05 mol/L，以铂为电极进行电解，在阴极上首先析出的是银还是铜？电解时两种金属离子能否分开？

由于银及铜的过电位很小可以忽略不计，则

Ag 开始析出时的电极电位为：

$$E = E^0_{Ag^+,Ag} + \frac{0.059}{1}\lg c(Ag^+) =$$

$$0.80 + 0.059\lg 0.05\times 2 = +0.74\ V$$

Cu 开始析出时的电极电位为：

$$E = E^0_{Cu^{2+},Cu} + \frac{0.059}{2}\lg c(Cu^{2+}) =$$

$$0.34+\frac{0.059}{2}\lg[1]=$$

$$+0.34\ V$$

由于银的析出电位较铜的析出电位为正，故银离子先在阴极上析出。

在电解过程中，银离子浓度逐渐降低，因而阴极电位亦将随着而发生改变，改变的数值亦可按上式计算。例如，银离子的浓度降低至 10^{-7} mol/L，此时可认为银离子已电解完全，其阴极电位为：

$$E = E^0_{Ag^+,Ag} + 0.059\lg 10^{-7} = +0.39V$$

因此，当外加电压控制在使阴极电位为＋0.39 V 时，银离子完全析出而铜离子则不能析出，这样便可使银与铜完全分离。

以上计算没有考虑浓差极化现象，实际上电解进行的时候，由于浓差极化现象的出现，使得阴极表面附近的金属离子的浓度远较整体浓度小，然而阴极电位决定于其表面

附近金属离子的浓度，所以当阴极电位变得较开始电解时析出电位更负 0.15 V 以上时，并不说明第一种金属离子已经电解完全，这一现象在电解分析时必须注意到。

应用络合物进行电解的方法对分离具有一定意义，有许多在普通溶液中不能分离的离子，由于生成络离子后，溶液中金属离子的浓度大为降低，因而引起析出电位变负，于是能够应用电解法分离它们。例如，用电解法把镉从钴中分离出来很困难，因为它们的电极电位极为相近：$E^0_{Co}=-0.28V$，$E^0_{Cd}=-0.40V$，把这些金属转变成氰的络盐 $K_3[Co(CN)_6]$和$K_2[Cd(CN)_4]$之后由于钴的络合物较镉的络合物稳定性大，所以在氰络合物溶液中，钴的电极电位变得比镉的电极电位要负得多，以致进行这些金属的电解分离就没有困难了。

五、法拉第定律

法拉第定律是指在电解过程中电极上所析出的物质的量与通过电解池的电量的关系。

（1）物质在电极上析出的量（W），与通过电解池的电量（Q）成正比，即与电流（i）和通过电流的时间（t）的乘积成正比。

因此，法拉第定律可用数学式表示如下：

$$W \propto Q$$

$$W \propto i \cdot t$$

（2）以相同的电量通过各种不同的电解质溶液时，在电极上析出的不同物质具有相同的克当量数值。

实验确定，要析出 1 克当量*的任何物质，总是需要 96 485 C 的电量。这些电量称为 1 法拉第电量**。

$$W=\frac{M}{nF}i \cdot t \tag{11.5}$$

式中：W—— 电极上析出的物质的量，g；

M—— 物质的摩尔质量，g/mol；

n—— 电极反应中的电子转移数；

F—— 法拉第常数，96 485 C/mol；

i—— 通过溶液的电流，A；

t—— 通过电流的时间，s。

而 1 A 电流通过溶液 1 s 的电量为 1 C。

例 电解硫酸钠水溶液时，通过 2 A 的电流 6 min，问在两极上放出氢气和氧气各多少毫升？

解 两极上的电极反应分别为：

阴极， $H^++2e= H_2\uparrow$

阳极， $2H_2O=4H^++O_2\uparrow+4e$

阴极上析出氢的质量为：

---

* 克当量为非法定计量单位，当析出物为 1 价时，1 克当量为 1mol，1mol 质量为 $1M_r$g。M_r为确定化学组成的物质之相对分子质量。

** 法拉第常数 F=（9.648 530 9±0.000 002 9）×10^4C/mol。

$$W=\frac{M}{F}I\cdot t=$$

$$\frac{1.008}{96\ 500}\times 2\times 6\times 60=$$

$$7.52\times 10^{-3}\ g$$

阳极上析出氧的质量为：

$$W=\frac{8.000}{96\ 500}\times 2\times 6\times 60=$$

$$5.97\times 10^{-3}\ g$$

氢的摩尔数为： $\frac{7.52\times 10^{-3}}{2.016}=3.73\times 10^{-3}\ mol$

氧的摩尔数为： $\frac{5.97\times 10^{-2}}{32.00}=1.87\times 10^{-3}\ mol$

故产生氢气及氧气的体积为：

$3.73\times 10^{-3}\times 22\ 400=83.6$ ml（氢气）

$1.87\times 10^{-3}\times 22\ 400=41.8$ ml（氧气）

由法拉第定律可知，如果某物质以 100%的电流效率进行电极反应，于是通过测量电解过程中所消耗的电量，即可求得在电极上起了反应的物质的量，从而计算分析结果。这就是库仑分析的理论依据。

第二节　库仑分析

库仑分析按所依据的电解过程的类型分为控制电位库仑分析法与库仑滴定法（控制电流库仑分析法）两种。

一、控制电位库仑分析法

控制电位库仑分析法是直接根据电解过程中所消耗的电量求得被测物质含量的方法。将试液置于电解池中，其中有两个电极，一为工作电极，一为辅助电极。在电解过程中，控制工作电极的电位保持恒定值，使被分析物质以 100%的电流效率进行电解。当电解电流趋近于零时，指示该物质已被电解完全。用与之串联的库仑计，精确测量使该物质被全部电解所需的电量，则可由法拉第定律计算出该物质的含量。

例如，用控制电位库仑法测定铜时，是将铜的 0.4 mol/L 酒石酸钠、0.1 mol/L 酒石酸氢钠及 0.1～0.3 mol/L 氯化钠溶液，置汞阴极电解池中进行电解。由于铜在此底液中的极谱波的半波电位为－0.09 V，故控制电解时的阴极电位为－0.24±0.02 V（均对饱和甘汞电极（S.C.E.）），即保证其电解完全。电解前，通入氮气来驱除溶液中的氧，防止氧在电极上还原，以保证电解铜时有 100%的电流效率，电解 10～60 min 后，当电解电流降低至 1 mA 以下时，可认为电解已经完全。根据库仑计所测得的电量值，即可计算出铜的含量。

由于库仑分析的电流效率要求达到 100%，使电解时所消耗的电量能全部用于被测物质的电极反应，因此必须使在工作电极上没有副反应发生。而在实际工作中，常因所用溶剂的电解，溶解氧的还原及电极本身参与反应等而不能得到 100%的电流效率，这一点应特别加以注意。

控制电位库仑分析过程中，电解电流 i 按指数曲线下降，它们之间的关系是

$$i_t = i_0 e^{-kt}$$

式中：i_0——电解开始时的电流；

i_t—— 时间 t 时的电流；

k—— 与电极面积、溶液体积、搅拌速度及电极反应有关的常数。

由于电流随时间而变化，为时间的复杂函数，所以电解过程中消耗的电量不能简单地根据电流与时间的乘积来计算，而需采用库仑计或电流—时间积分仪进行测量。

常用的库仑计有氢氧气体库仑计。根据水电解时的电极反应及法拉第定律可以求得 1 法拉第的电量可以产生 11 200 ml 的氢气、5 600 ml 的氧气，共 16 800 ml 的氢氧混合气体，即每库仑电量析出 0.173 9 ml 的混合气体。由氢氧混合气体的体积，就可以求得所消耗的电量。为了避免温度的影响，电解管外还装有恒温水套。气体库仑计能准确测量 10 C 以上的电量。

近年来已采用电流—时间电子积分仪来测量电量。

例：用控制电位库仑分析法测定溶液中的 $Fe_2(SO_4)_3$ 含量，使 Fe^{3+}定量地在铂阴极上还原为 Fe^{2+}。当电解完毕时，库仑计中氢氧混合气体的体积为 39.3 ml（23℃，765 mmHg，1 mmHg ≈ 133 Pa）。计算溶液中 $Fe_2(SO_4)_3$ 的毫克数。

解：将混合气体体积换算为标准状况（273K，760 mmHg）下的体积：

$$V = 39.3 \times \frac{765}{760} \times \frac{273}{296} = 36.5 \text{ ml}$$

$$Fe_2(SO_4)_3 \text{的量} = \frac{36.5 \times 400}{0.173\,9 \times 96\,487 \times 2} = 0.435\text{g} = 435 \text{ mg}$$

作为一种分析方法控制电位库仑分析法在实际中的应用不很普遍。但它有一种最重要的应用，就是测定电极反应中的电子转移数。测定时，准确取 0.5～1.0 ml 标准溶液，在保证 100%的电流效率的情况下，用控制电位电解法让其电解完全。然后根据电解所消耗的电量，按法拉第定律计算电极反应的电子转移数。由于采用的试液很少（试液太多时不易电解完全），故这种方法称为微库仑法。

二、库仑滴定法（控制电流库仑分析法）

1. 方法原理及仪器装置

库仑滴定法是用恒定的电流，以 100%的电流效率进行电解，使在电解池中产生一种物质，然后该物质与被分析物质进行定量的化学反应，反应的等当点可借助于指示剂或

其他电化学方法来指示。此法与容量分析有相似之处，不过滴定剂不是由滴定管加入，而是由电解产生的，所以称为库仑滴定法。由于是用恒定的电流进行电解，电解过程中所消耗的电量，可以简单地由电流与时间的乘积求得，因此又称为控制电流库仑分析法。

在库仑滴定法中，由于一定量的被分析物质需要一定量的由电解产生的试剂与之作用，而此一定量的试剂又是被一定量的电量所电解产生的，所以被分析物质与产生试剂所消耗的电量之间符合法拉第定律的关系，可用式（11.6）表示如下：

$$m = \frac{M_r \times i \times t}{96\,500 \times n} \tag{11.6}$$

式中：m —— 被测物质的质量，g；

M_r—— 被测物质的相对原子质量（或相对分子质量）；

n —— 电极反应中的电子转移数；

i —— 电解电流，A；

t —— 电解时间，s。

库仑滴定用的恒电解电源，可利用稳定性较好的电子直流电源，也可以采用 22.5 V 或 45 V 的干电池。通过溶液的电解电流，可调节。电解时，为了防止可能产生的干扰反应，保证 100%的电流效率，必须用多孔性套筒将阳极与阴极分开，辅助电极置多孔性套管中。电解时间由电钟指示。到达滴定反应的等当点时，指示电路发生“信号”，指示滴定终点，用人工或自动装置切断电解电源，并同时记录时间。

进行库仑滴定时，同样应考虑各种可能产生的副反应的影响，以保证有 100%的电流效率。由于库仑滴定是利用电解所产生的试剂与被分析物质反应，所以选择合适的滴定反应，使较易于达到100%的电流效率。

2．指示滴定终点的方法

（1）指示剂法。与普通容量分析法一样，库仑滴定可以用指示剂来确定终点。例如，在碳酸钠缓冲溶液中，电解碘化钾使在铂阳极产生碘作为滴定剂，与被测物质三价砷作用，可用淀粉做指示剂。当三价砷全部被碘氧化为五价砷后，过量的碘将使淀粉溶液变成蓝紫色，指示反应终点。

用指示剂确定终点，由于灵敏度不够，故不适用于微量物质的测定。

（2）电位法。与电位滴定相同，库仑滴定也可用电位法来指示滴定终点。在电解池中另配置指示电极与参比电极作为指示系统，在等当点附近指示电极的电位发生突跃，指示滴定终点。

采用电位法指示终点易于使分析过程实现自动化。例如，用自动定碳仪测定钢铁中的碳，就是采用库仑滴定的方法，以电位法确定终点。其反应原理如下：

钢样在 1 200℃左右通氧灼烧，试样中的碳经氧化后产生二氧化碳气体，导入置有高氯酸钡的电解池中，二氧化碳被吸收，产生下列反应：

$$Ba(ClO_4)_2 + H_2O + CO_2 = BaCO_3\downarrow + 2HClO_4$$

由于生成高氯酸，而使溶液的酸度发生变化。在电解池中，用一对铂电极为工作电极及辅助电极，通过恒定的脉冲电流进行电解，阴极上因下列反应而产生氢氧离子，

$$2H_2O + 2e = H_2 + 2OH^-$$

氢氧离子与高氯酸反应，中和溶液使恢复到原来的酸度为止。根据消耗的电量可求得碳的含量。

仪器的指示电路中采用玻璃电极为指示电极，饱和甘汞电极为参比电极，指示溶液 pH 值的变化。当到达滴定终点时，电解自动停止，并可由记录器上直接读出试样中的碳的含量。

（3）电流法。与电流滴定相似，库仑滴定还可用电流法来指示终点。当达到等当点后，过量试剂将引起指示电路中电流的改变来确定终点。指示系统可以是一个指示电极与一个参比电极，与极谱分析的电路和原理完全相同，也可用两个指示电极。

双指示电极电流法的基本原理是被测物质或滴定剂在指示电极上进行反应所产生的电流与电活性物质的浓度成正比。所以等当点可以由指示电流的变化来确定。例如，要测定溶液中微量 As（Ⅲ），在库仑池中加入 KI 溶液，并在库仑池的一对铂微电极（指示电极）上，加一小的外加电压（10～200 mV）。由于所加电压甚小，所以只有可逆的电极反应才能在两电极上发生。当通过一定电流时，在阳极上产生出 I_2 来，便与溶液中的 As（Ⅲ）作用，I_2 还原为 I^-，As（Ⅲ）被氧化为 As（Ⅴ），此时溶液中没有多余的 I_2（I_2 在溶液中应为 I_3^-），所以可逆电对 I_2/I^- 不存在，而 As（Ⅲ）/ As（Ⅴ）电对是不可逆的；因此指示电极回路中的检流计上没有可读的电流。当滴至终点后，稍微过量的 I_2，即有可逆电对 $I_2/2I^-$ 存在，即使两极间电压很小，例如 50 mV，仍可以在阴极上还原，I^- 可以在阳极上氧化，这时便突然有电流通过，检流计上明显地指示出来。记录开始通恒电流到检流计上产生电流突跃的时间（s），即可计算出电解所消耗的电量。

假使被滴定的是可逆体系（如 Fe^{3+}/Fe^{2+}），而滴定剂是不可逆体系，那么开始时指示电极间有电流通过，到等当点时电流降至近于零，即指示终点的到达。

如被滴定的是可逆体系（如 Fe^{3+}/Fe^{2+}），滴定剂（Ce^{4+}/Ce^{3+}）也是可逆体系，则电流最低点是滴定终点。

由于双铂电极或双银电极（库仑滴定卤素离子），未到滴定终点前，电流或等于零或有一个定值，它可以一直保持到终点以前，所以又称为“死停”电流指示法。

另外如光度法、电导法也可用来指示库仑滴定的终点。

3．特点及其应用

（1）由于库仑滴定法所用的滴定剂是由电解产生的，边产生边滴定，所以就有可能使用不稳定的滴定剂，如 Cl_2、Br_2、Cu^+等。而这些试剂由于不稳定，是不能用作普通容量分析滴定剂的。这样也就扩大了容量分析的应用范围。

（2）能用于常量组分及微量物质的分析。可测定微克级的物质。

（3）方法准确度高，相对误差约为 0.5%。现在，已出现精密库仑滴定法，采用计算机程序控制来确定反应终点，方法的相对误差在 0.01%以下，能用作标准方法。

（4）能用于微量分析。

（5）不需基准物质及标准溶液。

（6）控制电位的方法也能用于库仑滴定，以提高选择性，扩大应用范围。

（7）进行库仑滴定时，除了要求电极反应有 100%的电流效率之外，还要求产生的滴定剂与被测物质的反应按化学计量进行，并且要求反应迅速完全，这在试液组成复杂的情况下，往往难以全部满足，也就影响了库仑滴定的应用范围。

库仑滴定法可以采用酸碱、氧化还原、沉淀及络合各类反应，进行滴定，典型的应用示例列于表 11-2 及表 11-3。

表 11-2 应用酸碱、沉淀及络合反应的库仑滴定法

被测物质	产生滴定剂的电极反应	滴定反应
酸	$2H_2O+2e= H_2+2OH^-$	$OH^-+H^+=H_2O$
碱	$2H_2O= O_2+4H^++4e$	$H^++ OH^-=H_2O$
卤离子	$Ag=Ag^++e$	$Ag^++X^-= AgX\downarrow$
硫醇	$Ag=Ag^++e$	$Ag^++RSH= AgSR+H^+$
卤离子	$2Hg= Hg_2^{2+}+2e$	$Hg_2^{2+}+2Cl^-=Hg_2Cl_2$
Zn^{2+}	$Fe(CN)_6^{3-}+e=Fe(CN)_6^{4-}$	$2Fe(CN)_6^{4-}+3Zn^{2+}+2K^+=K_2Zn_3[Fe(CN)_6]_2\downarrow$
Ca^{2+}，Cu^{2+}，Zn^{2+}，Pb^{2+}	$HgNH_3Y^{2-}+NH_4^++2e=Hg+2NH_3+HY^{3-}$（$Y^{4-}$为 EDTA 离子）	$HY^{3-}+Ca^{2+}=CaY^{2-}+H^+$

表 11-3 应用氧化还原反应的库仑滴定法

滴定剂	产生滴定剂的电极反应	被测物质
Br_2	$2Br^-= Br_2+2e$	As（Ⅲ），Sb（Ⅲ），U（Ⅳ），Ti（Ⅰ），I^-，SCN^-，NH_3，N_2H_4，NH_2OH，苯酚，苯胺，8-羟基喹啉，芥子气
Cl_2	$2Cl^-= Cl_2+2e$	As（Ⅲ），I^-
I_2	$2I^-=I_2+2e$	As（Ⅲ），Sb（Ⅲ），$S_2O_3^{2-}$，H_2S
Ce^{4+}	$Ce^{3+}= Ce^{4+}+e$	Fe（Ⅱ），Ti（Ⅲ），U（Ⅳ），As（Ⅲ），I^-，$Fe(CN)_6^{4-}$
Mn^{3+}	$Mn^{2+}= Mn^{3+}+e$	$H_2C_2O_4$，Fe（Ⅱ），As（Ⅲ）
Ag^+	$Ag= Ag^++e$	Ce（Ⅲ），V（IV），$H_2C_2O_4$，As（Ⅲ）
Fe^{2+}	$Fe^{3+}+e = Fe^{2+}$	Cr（Ⅵ），Mn（Ⅶ），V（Ⅴ），Ce（Ⅳ）
Ti^{3+}	$TiO^{2+}+2H^++e = Ti^{3+}+H_2O$	Fe（Ⅲ），V（Ⅴ），Ce（Ⅳ），U（Ⅳ）
$CuCl_3^{2-}$	$Cu^{2+}+3Cl^-+e = CuCl_3^{2-}$	V（Ⅴ），Cr（Ⅵ），IO_3^-
U^{4+}	$UO_2^{2+}+4H^++2e = U^{4+}+ 2H_2O$	Cr（Ⅵ），Ce（Ⅳ）

三、动态库仑法

选择分析方法，一般是根据分析的要求、试样的特点等来确定。在环境分析中，如大气中某些有害气体的监测，要求连续的、自动地进行监测。因为，大气是流动的，随时有变化，测试所给出的信号也要随时能反映这种变化。然后按统计规律来评价某一地区的大气质量。动态库仑法便是应用库仑分析的原理而能连续地进样并长时间工作的库仑滴定法。国内研制的一些用于监测大气中某些有害气体，如 SO_2、H_2S、CO 等监测仪器都用动态库仑法。

动态库仑法测定大气中的二氧化硫的库仑池与普通库仑滴定池有所不同。图 11-3 为一动态库仑池，图 11-4 为 SO_2 检测原理图。其中有三个电极。铂网为阴极，铂丝为阳极，装在陶瓷滤管中的活性炭作为参比电极。电解液用含有 1.5 mol/L KBr－0.002 mol/L KI 的磷酸盐缓冲溶液（pH=6.3）。

其作用原理是在铂阳极和铂阴极间由恒电流仪加一恒电流，当纯空气（譬如空气预先通过棉纱、硅胶、活性炭、分子筛）送入库仑池时（流量 140 ml/min），电解液中的 KI 由于恒电流的作用在阳极上产生出 I_2 来，相应的电流为 i_a，因为 I_2 与纯空气没有什么反应，I_2（在溶液中应为 I_3^-）立即在阴极上还原为 I^-，相应电流为 i_c，此时恒电流 $i_R=i_a=i_c$。此时参比电极上没有电流通过，记录仪上电流读数接近于零，为零点。

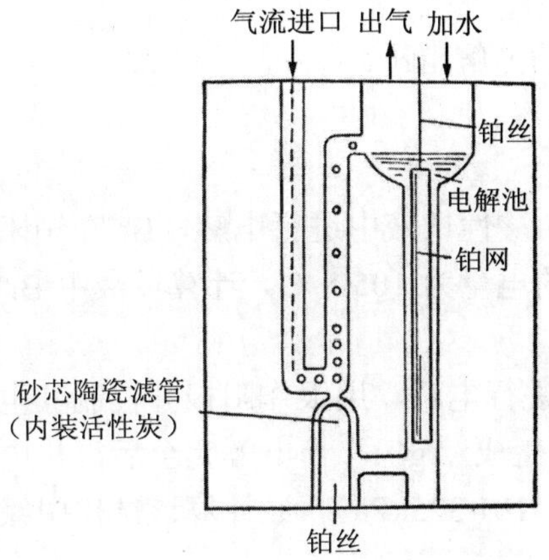

图 11-3 动态库仑池

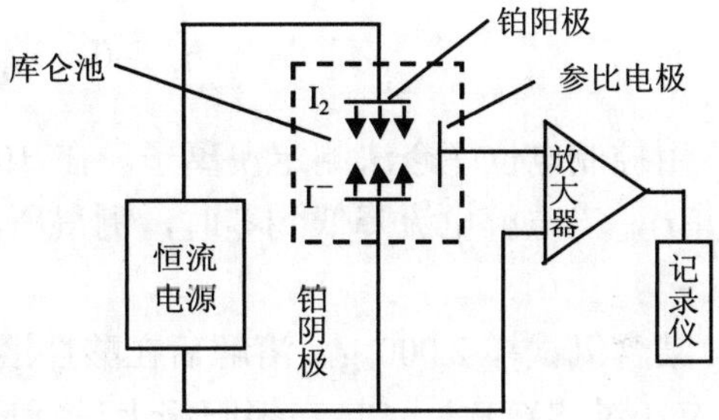

图 11-4 SO_2 检测原理

当含有一定量的大气进入库仑池，阳极上产生的 I_2 便与溶入水中的 SO_2 起作用：

$$SO_2+I_2+2H_2O \longrightarrow SO_4^{2-}+2I^-+4H^+$$

这就消耗了一部分 I_2 并改变了原来电流的稳定状态。因为，电流是恒定的，阳极电流 i_a 不能全部由阴极来传导，只好由参比电极来分担，此时 $i_a=i_c+i_R$，分担的 i_R 与 SO_2 的量成正比。SO_2 量高，消耗的 I_2 量也多，i_R 也大。所以，测量 i_R 便可以测得 SO_2 的量。电流经放大器放大后可在记录仪直接读出 SO_2（mg/m^3）的数值。参比电极在测量时，有电流通过而发生电化学反应：

$$C（氧化态）\rightleftharpoons C（还原态）$$

为了除去干扰性气体，气样先经过除尘和加热至 40～60℃以保持水蒸气后，再经过涂于 6201 载体上并装在聚四氟乙烯的硫酸亚铁过滤器，可以有效地除去 O_3、Cl_2、NO_2 等氧化性气体，再经过加热至 90℃的银网过滤器以除去 H_2S 等还原性气体。这样便能准确测定 SO_2 的量。

气体质量浓度以 mg/m^3 表示。

动态库仑法还可测定大气中的臭氧、氮氧化物、硫化氢和一氧化碳等有害气体，并已有相应的监测仪器。

习题

1．在电解进行过程中，阳极电位和阴极电位是变正还是变负？分解电压是变大还是变小？

2．电解硝酸铜时，溶液中最初浓度为 0.5 mol/L，电解结束时，浓度降低到 10^{-6} mol/L。试计算在电解过程中阴极电位的变化值。

3．计算 0.1 mol/L 硝酸银在 pH 为 1 的溶液中的分解电压。

$$\eta_{Ag}=0，\eta_{O_2}=+0.40V$$

4．用控制电位库仑法测定溴离子。在 100.0ml 酸性试液中进行电解，Br^-在铂阳极上氧化为 Br_2，当电解电流降低到零时，测得所消耗的电量为 105.5 C。计算试液中 Br^-的浓度。

5．某含氯试样 2.000 g，溶解后在酸性溶液中进行电解。用银作阳极并控制其电位为＋0.25 V（对 S.C.E.），Cl^- 在银阳极上进行反应，生成 AgCl。当电解完全后，与电解池串联的氢氧库仑计中产生 48.5ml 混合气体（25℃，101.325kPa）。试计算该试样中氯的百分含量。

6．某含砷试样 5.000 g，经处理溶解后，将试液中的砷用肼还原为三价砷，除去过量还原剂，加碳酸氢钠缓冲液置电解池中。在 120 mA 的恒定电流下，用电解产生的 I_2 来库仑滴定 $HAsO_3^{2-}$，经 9.20 min 到达滴定终点。试计算试样中 As_2O_3 的百分含量。

7．用库仑法测定某河水中酚的含量。取 100 ml 水样，酸化并加入过量 KBr。电解产生的 Br_2 同酚发生如下反应

$$C_6H_5OH+3Br_2 \rightleftharpoons Br_3C_6H_2OH+3HBr$$

电解电流为 0.020 8 A，需要 580 s。问水样中含酚量为多少 mg/L？

参考文献

[1] 钱沙华，韦进宝．环境仪器分析[M]．北京：中国环境科学出版社，2004．

[2] 高小霞．电化学分析法在环境监测中的应用[M]．北京：科学出版社，1982.

[3] Skoog, Douglas A.Skoog, Donald M. West, Principles of Instrumental Analysis [M]. Holt, Rinehart and Winston, Inc., 1971.

[4] 高小霞，等．电分析化学导论[M]．北京：科学出版社，1986.

第十二章　极谱分析与溶出伏安法

极谱分析是一种在特殊条件下进行的电解分析。它是用滴汞电极来电解被分析物质的稀溶液，并根据所得的电流—电压曲线进行分析的方法。

这种根据电流—电压曲线进行分析的方法可分为两类：一类是用液态电极作指示电极，如滴汞电极，其电极表面作周期性的连续更新，称为“极谱法”；另一类是用固定或固态电极作指示电极，如悬汞滴、石墨、铂电极等，则称为“伏安法”。

极谱分析出现于 1922 年，是由海洛夫斯基（Heyrovsky）首创的。1925 年海洛夫斯基与志方益三制造出了第一台记录式极谱仪。随后在经典极谱的基础上，发展极谱催化波、固定电极溶出伏安法等新的方法；在极谱仪器的革新上，相继出现了单扫描极谱、交流极谱、方波极谱、脉冲极谱等新的分支。使极谱分析的灵敏度和选择性不断提高，应用范围也越来越广。

第一节　极谱分析的基本原理

一、极谱分析是特殊条件下的电解分析

极谱分析是在特殊条件下进行的电解分析。它和普通的电解分析相比较，主要的区别有如下四点。

（1）极谱分析中的电解池是由滴汞电极和甘汞电极所组成，滴汞电极一般作为负极，甘汞电极为正极。滴汞电极的构造见图 12-1，上部为贮汞瓶，下接一厚壁塑料管（或不含硫的橡皮管），塑料管的下端接一毛细管，其内径约 0.05 mm。汞自毛细管中有规则地滴落，其周期为 3～5 s。滴汞电极的特点是表面积很小，因此电解时的电流密度就很大，易于产生浓差极化现象，整个电路的电流大小取决于在该电极的电极反应；甘汞电极的特点是表面积较大，不易出现浓差极化现象，因而它的电位很稳定。它不随电流的通过而发生显著的变化，所以是一种很好的参比电极。在生产实际中，也有用碳棒、银丝作为参比电极，更为简便。

（2）极谱分析所用试液的质量浓度较低，一般为 1 μg/L～1 mg/L（10^{-5}～10^{-2} mol/L）。

（3）在极谱分析的电解过程中，不搅拌溶液。

（4）在极谱分析中，电解时通过溶液的电流很小，不超过 100 μA，所以经电解后溶液的组分和质量浓度基本上没有显著变化。它是根据记录电解时的电流—电压曲线来进行定量分析，而电解分析则是直接称量在电极上的电解沉积物。极谱的电流—电压曲线

如图 12-2 所示，它是由于浓差极化现象而产生的，所以又叫做电流－电压极化曲线。“极谱”的名称也是由此而来，这样的极化曲线通常称为“极谱波”，根据波的高度，也就是电流的大小，可以进行定量分析。

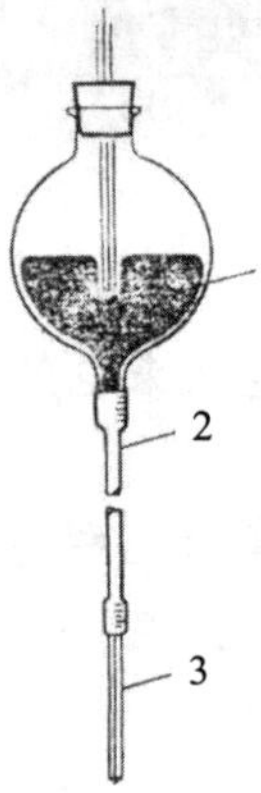

图 12-1 滴汞电极

1. 贮汞瓶；2. 塑料管；3. 毛细管

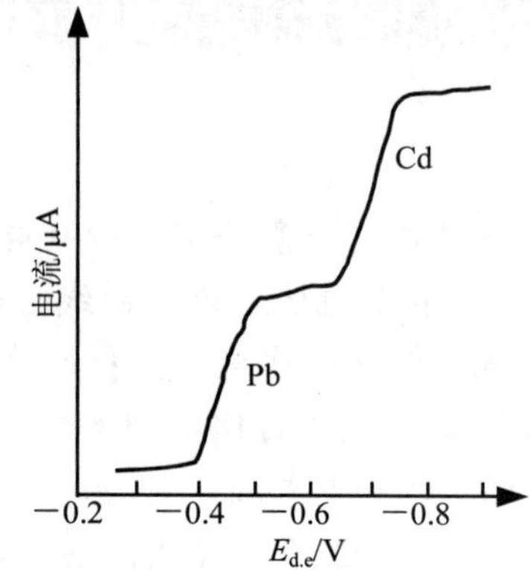

图 12-2 铅与镉的极谱图

二、极谱分析的基本装置与电路

极谱分析是根据电解时所得到的电流—电压曲线来进行分析的，因此电解装置必须是能连续地改变电解池的外加电压，并能随时记录通过电解池的电流，这样才能得到电流—电压曲线（极谱图）。

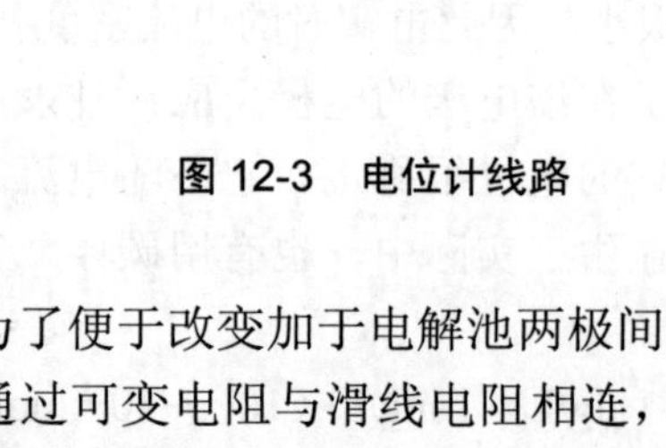

图 12-3 电位计线路

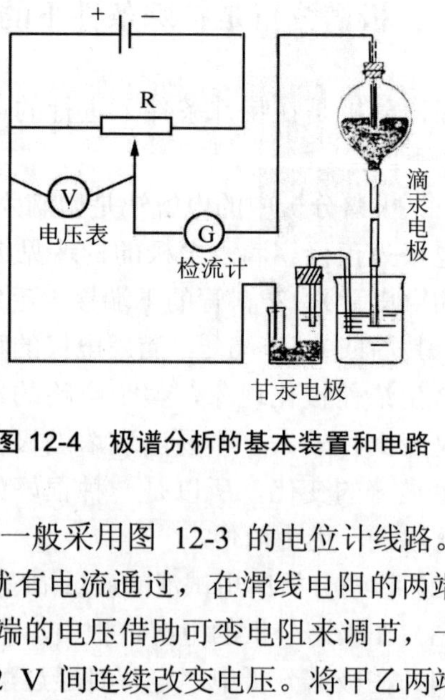

图 12-4 极谱分析的基本装置和电路

为了便于改变加于电解池两极间的外加电压，一般采用图 12-3 的电位计线路。直流电源通过可变电阻与滑线电阻相连，此时电路中就有电流通过，在滑线电阻的两端产生电位差，其值可用伏特计（V）测出。滑线电阻两端的电压借助可变电阻来调节，一般为 2 V。移动滑线电阻接触键的位置，就可以从 0～2 V 间连续改变电压。将甲乙两端分别接到饱和甘汞电极和滴汞电极上，甲乙两端的电位差就成为电解池的外加电压。至于电流的测量，可在电路中串联一个灵敏的电流计（G），来测量外加电压改变过程中电流的变化。极谱分析的基本装置和电路见图 12-4，此处将电压表接到甲乙两端，可直接指示外加电压的变化。

在极谱分析中，外加电压与两个电极的电位有如下的关系：

$$E_{外}-E_{分}=iR$$

$$E_{外}-(E_a-E_c)=iR$$

$$E_{外}=E_a-E_c+iR$$

式中：E_a——阳极电位就是饱和甘汞电极的电位；

E_c——阴极电位，就是滴汞电极的电位；

R——回路中的电阻。

由于极谱分析中的电流很小，小于 100 μA，所以 iR 一项可略去不计。$E_{外}=E_a-E_c$，饱和甘汞电极的电位很稳定，在极谱分析中把它的电位作为标准，定为零，所以

$$E_{外}=-E_c\text{（对 S.C.E.）} \tag{12.1}$$

于是，对饱和甘汞电极而言，滴汞电极电位在数值上就等于外加电压（符号不同），这样使用起来就比较方便。

三、极谱波的形成及极谱分析的基本原理

由于极谱分析是在特殊条件下进行的电解分析，因此要了解极谱波形成的原理，也须从电解过程的本质来说明。电极反应 $A+ne \rightleftharpoons B$，A 为电极反应物，或去极剂，B 为电极反应产物。以电解氯化铅的稀溶液为例（如 10^{-3} mol/L $PbCl_2$ 的 1 mol/L KCl 溶液）来说明极谱波的产生过程。现将铅的极谱波（图 12-5）分段进行讨论。

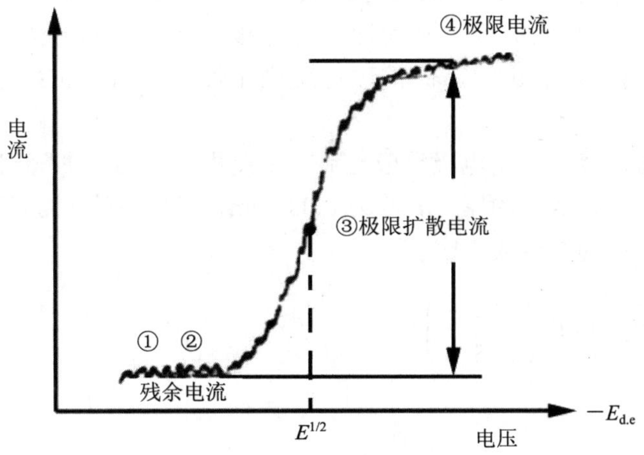

图 12-5　铅的极谱图

（1）残余电流部分。即极谱图上的第①段，这时外加电压还没有达到 Pb^{2+}的分解电

压，也就是滴汞电极电位较 Pb^{2+}的析出电位为正，电极上没有 Pb^{2+}被还原，应该没有电流通过电解池。但此时有极微小的电流通过电解池，此电流称为残余电流。

（2）电流开始上升阶段。当外加电压达到 Pb^{2+}的分解电压时，也就是滴汞电极电位变负到等于 Pb^{2+}的析出电位时，Pb^{2+}在滴汞阴极上被还原析出金属铅，金属铅再与汞生成铅汞齐 Pb(Hg)；甘汞阳极中的汞则被氧化生成氯化亚汞。电极反应如下：

滴汞电极：$Pb^{2+}+2e+Hg=Pb(Hg)$

参比电极：$2Hg+2Cl^{-}=Hg_2Cl_2+2e$

此时电解池中就开始有 Pb^{2+}的电解电流通过，这就是图上的第②段。滴汞电极的电位可用下式表示：

$$E_{d\bullet e}=E_{析(Pb)}=\varepsilon+\frac{0.059}{2}\lg\frac{c(Pb^{2+})}{c[Pb(Hg)]} \tag{12.2}$$

式中：$c[Pb(Hg)]$ —— 铅在汞齐中的浓度；

ε —— 相应的标准电极电位。

（3）电流急剧上升阶段。当继续增加外加电压，使滴汞电极电位较 Pb^{2+}的析出电位稍负一些，根据式（12.2），$E_{d\bullet e}$ 变负就要求 $c(Pb^{2+})/c[Pb(Hg)]$的比值与之相适应而变小，即滴汞电极表面附近的 Pb^{2+}迅速地被还原，电解电流也就随着急剧的上升。即图上的第③段。

电极反应只是在电极表面附近进行。由于滴汞电极表面附近的一部分 Pb^{2+}被还原而沉积在电极上，因此出现了在滴汞电极表面附近的 Pb^{2+}浓度 c^s 较溶液中 Pb^{2+}的浓度 c^0 为低的现象。这种由于进行电极反应而使电极表面附近的浓度与溶液整体部分的浓度不相等，而发生扩散运动，Pb^{2+}由溶液中向滴汞电极表面扩散。这样，刚建立起来的电极平衡又因电极表面附近的 Pb^{2+}浓度的增大而遭受破坏，结果使得刚扩散来的 Pb^{2+}立即在电极表面还原，产生电解电流。但电极反应进行的结果，又破坏了溶液的均匀性，引起扩散运动；扩散运动进行的结果，又破坏了应有的电极平衡，引起电极反应，产生电解电流。这种不断地扩散，不断地引起电极反应而不断产生的电流称为扩散电流。由于电极反应速度是很快的，而扩散速度则是慢的，所以扩散电流的大小取决于扩散速度的大小。

当滴汞表面附近的离子发生电极反应之后，浓度由原来的 c^0 降低为 c^s，因而在滴汞周围形成一个扩散层，扩散层的厚度δ 约为 0.05 mm，扩散电流 i 与扩散速度成正比，而扩散速度则与扩散层中的浓度成正比。

$$i\propto 扩散速度\propto 浓度梯度\left(\frac{c^0-c^s}{\delta}\right)$$

$$i\propto\left(\frac{c^0-c^s}{\delta}\right)$$

$$i=-K(c^0-c^s) \tag{12.3}$$

根据国际统一规定，将电解时在指示电极上起氧化反应产生的阳极（氧化）电流，定为正值；而在指示电极上起还原反应产生的阴极（还原）电流，定为负值。式（12.3）中的电流是由铅离子的还原而产生的阴极电流，故为负值。

（4）极限扩散电流阶段。当外加电压继续增加，使滴汞电极电位负到一定的数值，使电极反应可以进行到如此完全的程度，以致电极表面附近的 Pb^{2+}绝大部分被还原了，其浓度趋近于零，$c^s \to 0$，获得最大的浓度梯度，这种情况叫做达到了完全浓差极化。此时产生的扩散电流称为极限扩散电流（i_d）。即图上的第④段。式（12.3）可写为：

$$i_d = -Kc^0 \tag{12.4}$$

此后，电流不再随外加电压的增加而增加，在极谱图上出现坪台。极限扩散电流与溶液中 Pb^{2+}的浓度成正比，这就是极谱定量分析的基础。

如果溶液中还有 Cd^{2+}存在，再继续增加外加电压到 Cd^{2+}的分解电压时，则在铅的极谱波之后，又开始出现镉的极谱波，如图 12-2 所示。

极谱图上的另一特征是半波电位（$E_{1/2}$），即扩散电流为极限扩散电流一半时的滴汞电极的电位，即图上第③点。当溶液的组分和温度一定时，每一种物质的半波电位是一定的，不随其浓度的变化而有所改变，可作为定性的依据。例如在 3 mol/L 盐酸溶液中，铅的半波电位为－0.46 V，镉的半波电位为－0.70 V，而与铅、镉的浓度无关。锌离子就更难还原，其半波电位负于－1.0 V，所以可用极谱法同时测定金属锌中的铅与镉，而不致互相干扰。

另外，极谱图所以呈锯齿形的振荡是由于使用滴汞电极，汞滴作周期性的滴落，而引起电流起伏波动所致。

在极谱分析中，滴汞电极称为极化电极（又叫工作电极），它的电位随外加电压的变化而变化。参比电极常采用甘汞电极或汞池电极（较大面积的汞层），它们的表面积较大，电流密度很小，此外，溶液中氯离子浓度又很高，所以电极表面与溶液中氯离子浓度基本一致，没有明显的浓差极化现象，它们的电位很稳定，不随外加电压而变化，称为去极化电极（或称为非极化电极）。

四、极谱分析的应用

极谱分析的实际应用相当广泛。凡能在滴汞电极上被还原或被氧化的物质，一般都可用极谱法测定。有些不能起氧化还原反应的物质，在适当条件下，可借助间接的方法来测定。在金属和矿石方面，常用极谱法来测定铜、铅、锌、镉、钴、镍、钨、钼、稀散、铂族和稀土等元素。在高纯物质分析方面，也得到一定应用。在有机分析方面，极谱分析的应用也是很广泛的，醛类、酮类、醌类、不饱和酸类、硝基和亚硝基化合物、卤化物等都可以进行测定。如农药 666、1605、药物、维生素、抗生素等的测定，也常采用极谱分析方法。在基础理论研究方面，极谱法常用来研究化学反应的机理及动力学，测定络合物的组成及化学平衡常数，确定用电化学的方法来制备生产一些化合物的操作条件等。在环境分析与监测中，常用极谱法测定环境样品中的重金属，如 Pb、Cd、Cu、Zn 等，以及有毒的有机化合物如硝基苯、醛类化合物等。

第二节 极谱定量分析

一、扩散电流公式

1. 平面电极上的扩散电流

由于滴汞电极的表面积是在不断变化的，所以数学处理就比较困难。先把滴汞电极作为固定的平面电极来处理，导出电极的扩散电流公式。

根据法拉第电解电流可表示为：

$$i=-nFA\frac{\mathrm{d}N}{\mathrm{d}t} \tag{12.5}$$

式中：$\frac{\mathrm{d}N}{\mathrm{d}t}$——单位时间扩散到单位面积电极上的可还原或可氧化物质的摩尔数；

A——电极表面积；

F——法拉第常数（96 485 C/mol）；

n——电极反应中的电子转移数。

由于一般为阴极电流，故式（12.5）采用负值。$\frac{\mathrm{d}N}{\mathrm{d}t}$与电极表面扩散层中的浓度梯度成正比，即

$$\frac{\mathrm{d}N}{\mathrm{d}t}=D\frac{c^0-c^{\mathrm{s}}}{\delta} \tag{12.6}$$

比例常数 D 称为扩散系数（$\mathrm{cm^2/s}$）。

将式（12.6）代入式（12.5）

$$i=-nFAD\frac{c^0-c^{\mathrm{s}}}{\delta}$$

当达到极限扩散电流时，c^{s}趋近于零，极限扩散电流 i_{d} 为：

$$i_{\mathrm{d}}=-nFAD\frac{c^0}{\delta}$$

扩散层厚度 $\delta=\sqrt{\pi Dt}$，t 为时间（s），则

$$i_{\mathrm{d}}=-nFA\sqrt{\frac{D}{\pi t}}c^0 \tag{12.7}$$

这就是平面电极上的扩散电流公式。

2. 滴汞电极上的扩散电流

滴汞电极的特点，一是汞滴呈球形；二是汞滴的表面积随时间而变化。

由于滴汞电极表面扩散层的厚度很小，仅 0.05 mm，比起汞滴的半径要小得多，所以可把汞滴看成平面，将滴汞电极当作平面电极来处理，尚不致引入较大的误差。这样，

只要将式（12.7）中面积 A 一项，考虑到球形表面积的变化，就可导出滴汞电极上扩散电流的公式。

在任一时间 τ 时（τ 小于滴汞周期 t），电流为：

$$i_\tau = -nFA_\tau\sqrt{\frac{D}{\pi\tau}}c^0 \tag{12.8}$$

汞自毛细管中滴下的流速为 m（g/s），汞的密度为 ρ，时间为 τ 时汞滴半径以 r 表示。汞滴可看成球形，在 τ 时的体积为：

$$V_\tau = \frac{4}{3}\pi r_\tau^3 = \frac{m\tau}{\rho}$$

$$\frac{4}{3}\pi r_\tau^3 = \frac{m\tau}{\rho}$$

$$r_\tau = \left(\frac{3m\tau}{4\pi\rho}\right)^{\frac{1}{3}}$$

则在 τ 时汞滴的表面积为：

$$A_\tau = 4\pi r_\tau^2 = 4\pi\left(\frac{3m\tau}{4\pi\rho}\right)^{\frac{2}{3}} = 0.85m^{\frac{2}{3}}\tau^{\frac{2}{3}} \tag{12.9}$$

将式（12.9）代入式（12.8）

$$i_\tau = -(36)^{\frac{1}{3}}\pi^{\frac{1}{6}}\rho^{-\frac{2}{3}}nFD^{\frac{1}{2}}m^{\frac{2}{3}}\tau^{\frac{1}{6}}c^0$$

如式中 i 以微安表示；m 以 mg/s 表示；c^0 以 mmol/L 表示，并代入 ρ、F 等常数，加以整理，则得

$$i_\tau = -464nD^{\frac{1}{2}}m^{\frac{2}{3}}\tau^{\frac{1}{6}}c^0 \tag{12.10}$$

在上式的推导中，我们是把滴汞电极当作平面电极来处理，引入了汞滴的表面积随时间而变化的因素，但还应考虑到滴汞的运动特性。因为，汞滴在成长过程中，是不断地向外膨胀与扩散的方向刚好相反，两者作相对运动，而溶液是不可压缩的，所以滴汞电极表面扩散层的厚度要比平面电极来得小。实验证明，$\delta = \sqrt{\frac{3}{7}\pi Dt}$。因此，式（12.10）还应乘上 $\sqrt{\frac{7}{3}}$，得

$$i_\tau = -706nD^{\frac{1}{2}}m^{\frac{2}{3}}\tau^{\frac{1}{6}}c^0 \tag{12.11}$$

3. 平均扩散电流及电流计的振荡

式（12.11）表示滴汞电极上的扩散电流 i_τ 是随着时间而增加，也就是随着汞滴表面积的增长而做周期性的变化，如图 12-6 中曲线 1 所示。在滴汞周期内，任一瞬间的电流

都是不相同的。当 $\tau=0$ 时，$i_\tau=0$；$\tau=t$ 时，（汞滴从开始生成到滴下所需的时间，即滴汞周期或汞滴寿命）i_τ为最大，用 $i_{最大}$表示

$$i_{最大}=-706nD^{\frac{1}{2}}m^{\frac{2}{3}}t^{\frac{1}{6}}c \tag{12.12}$$

式中：t——滴汞周期，c^0 写成 c 即溶液中可还原或可氧化物质的浓度。

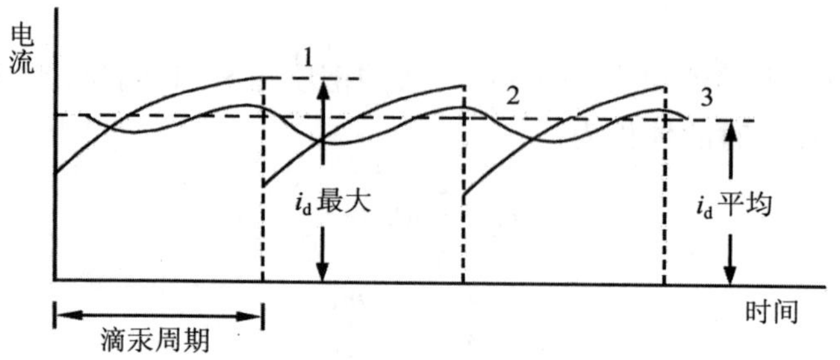

图 12-6 扩散电流随时间的变化

1. 真正的电流—时间曲线；2. 平均扩散电流；3. 极谱仪所记录的振荡曲线

当汞滴滴下后，电流急速降至零，然后又逐渐上升至 $i_{最大}$，在极谱分析中如何测量电流呢？我们是测量整个滴汞周期内的平均扩散电流（$\bar{i}_d$）。在整个滴汞周期（τ从 0 到 t）通过的电量为 $\int_0^t i_\tau d\tau$，被滴汞周期 t 除，则为单位时间内通过的电量，即为平均极限扩散电流：

$$\bar{i}_d=-\frac{1}{t}\int_0^t i_\tau d\tau=-607nD^{\frac{1}{2}}m^{\frac{2}{3}}t^{\frac{1}{6}}c\ （25℃） \tag{12.13}$$

式中：$\bar{i}_d$——平均极限扩散电流，μA；

n——电极反应中的电子转移数；

D——被测离子的扩散系数，cm^2/s；

m——汞流速度，mg/s；

t——滴汞周期，s；

c——被测物质的浓度，mmol/L。

式（12.13）即为扩散电流公式，亦称为尤考维奇（Ilkovic）公式，当其他各项因素不变时，则

$$\bar{i}_d=-Kc$$

即极限扩散电流与被分析物质的浓度成正比，这就是极谱定量分析的基本关系式。

扩散电流公式的适用范围非常广，只要电流是受扩散速度控制的，不论是水溶液、非水溶液或熔盐介质，也不论是温度低至－30℃或高至 200℃，扩散电流公式仍然适用。

比较（12.12）与（12.13）两式，可知

$$\bar{i}_d=\frac{6}{7}i_{最大}$$

由于平均极限扩散电流与被分析物质的浓度成正比，所以通过测量平均极限扩散电

流的大小可以求得被分析物质的含量。图 12-6 曲线 1 是滴汞电极上真正的扩散电流—时间曲线，它是随着汞滴表面积的变化而变化的，如果用示波器或短周期的电流计来测量，可以得出这条曲线，但振荡很大，使用起来不方便。曲线 2 代表平均扩散电流，其值等于 $\frac{6}{7}i_{最大}$。曲线 3 为在极谱仪所记录的扩散电流曲线，它不能反映真正的电流—时间曲线，而只在平均扩散电流的附近做周期性的振荡，就是极谱图上呈现的锯齿状振荡，振荡不大，便于测量，振荡的中点即为平均扩散电流。

二、影响扩散电流的因素

在极谱分析过程中，要保持扩散电流公式的常数项 K 不变，才能使极限扩散电流与被测物质的浓度成正比。下面讨论影响 K 值的因素，也就是影响扩散电流的因素，以及如何控制测量条件以得到准确的结果。

1．毛细管特性的影响

从扩散电流公式来看，i_d 与 $m^{2/3}\cdot t^{1/6}$ 成正比，因此 m 与 t 的任何改变都会相应引起扩散电流的变化。m 与 t 均为毛细管的特性，$m^{2/3}\cdot t^{1/6}$ 称为毛细管常数。

汞流速度 m 与汞柱压力 P 成正比，

$$m = K_1P$$

而滴汞周期 t 则与汞柱压力 P 成反比，

$$t = \frac{k_2}{P}$$

$$\begin{aligned} m^{2/3}\cdot t^{1/6} &= (K_1P)^{2/3}\left(\frac{K_2}{P}\right)^{1/6} \\ &= k_1^{2/3}\cdot k_2^{1/6}(P^{2/3}\cdot P^{-1/6}) \\ &= KP^{1/2} \end{aligned}$$

由于　　　　$i_d \propto m^{2/3}\cdot t^{1/6}$

所以　　　　$i_d \propto P^{1/2}$

也就是说扩散电流与汞柱压力的平方根成正比。一般作用于滴汞上的压力是以贮汞瓶中的汞面与滴汞电极末端之间的汞柱高度 h 来表示。既然 $i_d \propto P^{1/2}$，即 $i_d \propto h^{1/2}$，所以在实际操作中，应该保持汞柱高度不变。通常汞柱高度每增加 1cm，扩散电流约增加 2%。所以在分析标准溶液与未知试样时要用同一支毛细管，并在同样的汞柱高度下记录极谱图，才能得到准确的结果。

另外，扩散电流与汞柱的平方根成正比，这是受扩散速度所控制的电极反应的一个特征，可用来检验电极反应是否受扩散速度所控制。

m 与 t 还都受毛细管倾斜度的影响，所以毛细管下端的平面与水平间的夹角不应太大，否则有可能使汞滴呈现不规则的滴落，而影响重现性。在测定过程中毛细管的位置应保持一致。

2．滴汞电极电位的影响

从扩散电流公式看不出滴汞电极电位对 i_d 有什么影响，但实验证明是有影响的。

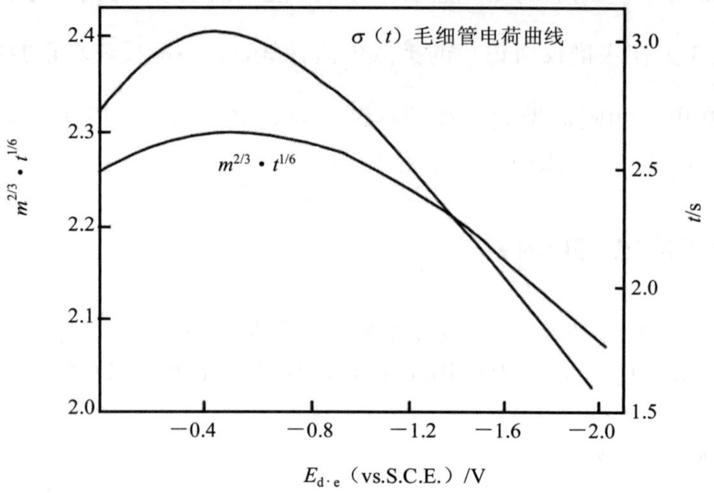

图 12-7 滴汞电极的电毛细管曲线

由所谓滴汞电极的电毛细管曲线（电极电位与表面张力σ 的关系曲线，见图 12-7）可知，汞的表面张力σ 与滴汞电极电位有关（所谓电毛细管曲线，是指电极电位与表面张力σ 的关系曲线）。当电位向负方向改变时，σ 首先增大，至适当的电位时，σ 达到极大值，然后又逐渐减小。

滴汞周期 t 与汞的表面张力成正比，因此滴汞电极的电位对 t 的影响与汞滴表面张力的影响完全相同，亦即按电毛细管曲线的规律变化。既然 i_d 决定于 $m^{2/3}\cdot t^{1/6}$，因此 i_d 也将随滴汞电极电位的变化而变化。从图 12-7 可见，在电位从 0～－1.0V 间，$m^{2/3}\cdot t^{1/6}$ 的变化很小，可以忽略。但在更负的电位时，$m^{2/3}\cdot t^{1/6}$ 的减小所引起的对扩散电流的影响就较为显著。例如，在半波电位负于－1.0 V 的极谱波如锌的极谱图上，往往出现极限扩散电流有逐渐往下倾斜的现象。

3．温度的影响

在扩散电流公式中，除了 n 以外，其他各项都受温度的影响，但主要是对 D 的影响。实验证明，在室温时扩散电流的温度系数约为+0.013/℃，即温度每增加 1℃，扩散电流增加 1.3%。因此在实验过程中，必须将温度控制在±0.5℃的范围内，才可使扩散电流因温度的变化而产生的误差不大于 1%。但是，在生产实际中，由于标准和试样在同一条件下进行测定，所以温度的差别很小，可以忽略，而不必采用恒温装置。

4．溶液组分的影响

从扩散公式可知，扩散电流与扩散系数 $D^{1/2}$ 成正比，而扩散系数 D 与溶液的黏度有关。黏度愈大，物质的扩散系数就愈小，因此 i_d 也随之减小。溶液组分不同，其黏度也不同，对扩散电流的影响也随之不同。

同时物质的扩散系数还与其生成络合物与否有关。如果溶液中有与被测物生成络合物的组分，这时由于生成络合物，使粒子的大小发生了变化，这样扩散系数也随之发生了变化，从而影响到扩散电流的数值。

所以在极谱分析中，要求保持标准溶液和试样溶液的组分基本一致。例如，铅、镉的测定是在 3 mol/L 盐酸溶液中进行的。在此介质中，Pb^{2+}、Cd^{2+}均能与Cl^-形成络合离子，它们的扩散系数大于其水合离子。而氯络合离子，生成条件则与盐酸的浓度有关，浓度低时不易生成。所以在测定中应该将浓度基本保持为 3 mol/L，以保证扩散系数不发生显著变化。

综上所述，为了获得准确的分析结果，一般应该使标准溶液与试样溶液在尽可能相同的条件下记录极谱图。也就是：①滴汞电极的汞柱高度与毛细管的位置不变，汞柱高度为 30～60 cm，滴汞周期在 2～5 s；②溶液的组分基本相同；③温度相同。

三、干扰电流及其消除方法

在极谱分析中，除了我们前面所讨论的扩散电流以外，还有其他因素引起的干扰电流。这些干扰电流和扩散电流的本质区别，就是它们与被测物质浓度之间无一定的比例关系，它们的存在严重地干扰极谱分析，实验时必须设法除去。

极谱分析中常见的干扰电流有残余电流，迁移电流，“极大”现象，氧波以及前波、氢波、叠波。现分别讨论如下：

1. 残余电流

在进行极谱分析时，外加电压虽然未达到被测物质的分解电压，但仍有微小的电流通过电解池，这种电流称为残余电流。残余电流一般是很小的（约十分之几微安），然而对测定微量物质（如$<10^{-5}$ mol/L）却有影响，因为此时被测物质产生的扩散电流很小，甚至比残余电流还小，以致残余电流会隐蔽被测定物质的极谱波，而影响测定。

残余电流系由电解电流及充电电流组成。电解电流是溶液中微量的易在滴汞电极上还原的杂质所引起的。例如溶解在溶液中的微量氧，普通蒸馏水中的微量铜，试剂中的微量铁，或汞电极溶解所生成的亚汞离子及汞离子等。这些杂质在未达到被测定物质的分解电压之前，即在滴汞电极上还原，产生很小的电解电流。如果所用的水及试剂很纯，这一部分电流是十分微小的。

充电电流是残余电流的主要组成部分，也是影响极谱分析灵敏度的主要因素，产生的原因也比较复杂。

为了说明充电电流的产生，我们先讨论汞的电毛细管曲线，即汞的表面张力与电极电位的关系曲线。

按图 12-8 的装置，如果电解池中装有已除氧的 1 mol/L KCl 溶液，并将滴汞电极和甘汞电极插入其中，假如将滴汞电极和甘汞电极短路，则滴汞电极将具有甘汞电极的电位。甘汞电极中汞层与其相接触的 KCl—饱和甘汞溶液的界面之间有双电层，汞带正电荷，溶液带相当量的负电荷，即汞对溶液有一正的电位。今将滴汞电极与甘汞电极短路，而滴汞电极应具甘汞电极的电位，故此时应向汞滴的表面充以正电荷，溶液则带有负电荷，在界面上形成双电层，使滴汞电极与甘汞电极一样，对溶液具有正的电位。带有电荷的汞表面的表面张力是为两种相反的力量所决定，一种是范德华引力，这种力使表面缩小；另一种是电荷之间的库仑排斥力，这种力是使表面扩大。因此，当滴汞电极与甘汞电极短路时，由于汞表面带正电荷，所以使其表面张力降低。如果在两极间施加外加电压使滴汞电极的电位逐渐变负，则汞表面带的正电荷逐渐减小，因而它的表面张力逐渐增加。当外加电压使滴汞电极的电位等于−0.56 V（对标准甘汞电极 N.C.E）时，汞滴表面不带电荷，所以它的表面张力最大。再增加外加电压，使滴汞电极的电位更负时，汞滴表面就带负电荷，负电荷之间亦有库仑排斥力，于是汞的表面张力又减少，这样便得如图 12-9 所示的电毛细管曲线。当滴汞电极电位为−0.56 V 时，汞滴表面不荷电，这时的电极电位称为汞的零电荷电位或零点电位。零电荷电位也就是电毛细管曲线极大值时的电位。

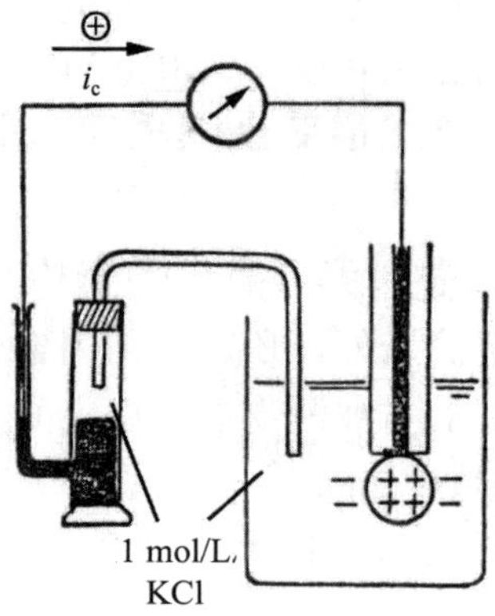

图 12-8 充电电流的产生

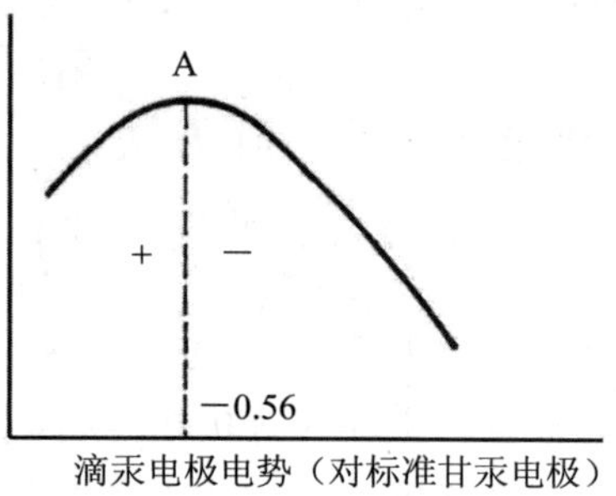

图 12-9 汞的电毛细管曲线

从汞的电毛细管曲线可知，当汞滴的电位较其零电荷电位为正时，汞滴表面是正充电的，并从溶液中把相当量的负离子吸引到表面附近，形成双电层；而当汞滴的电位较其零电荷电位为负时，汞滴表面是荷负电的，并从溶液中把相当量的正离子吸引到表面附近，形成符号相反的双电层。这个双电层相当于一个电容器，并且在一定电位时，具有一定的电容量。

充电电流是怎样产生的？当将滴汞电极和甘汞电极连接起来时，汞滴要具有甘汞电极的电位，即汞滴表面要充以正电荷，故可看到有正电荷从甘汞电极经导线流向滴汞电极。如果汞滴不继续滴落，则当双电层上充有相当的电荷密度而使其具有甘汞电极的电位时，甘汞电极上的正电荷便停止流入，因此这个电流只是瞬时的。问题是滴汞电极的表面积不断地改变，因此必须连续不断地向滴汞电极充以正电荷，方能使其电荷密度保持一定的数值，并使其电位的方向相反，为正电流。同样当滴汞电极处于其他的恒定电位时，为了维持汞的表面具有相当于该电位时应有的电荷密度值，亦必须由甘汞电极向滴汞电极充以相当大小的正电流或负电流。正的充电电流是发生于滴汞电极处在较它的零电荷电位为正的电位范围内，负的充电电流发生于较负的电位范围内。显然在零电荷电位时，充电电荷等于零。图 12-10 是在无氧的 0.1 mol/L KCl 溶液中连续增加电压而测得的充电电流曲线。

充电电流的大小有 10^{-7} A 的数量级，使得在测定浓度低于 10^{-5} mol/L 的物质时，结果很不准确。由于充电电流与扩散电流叠加在一起，使得极谱波形极为倾斜，甚至无法测量波高，所以是提高极谱分析灵敏度的主要障碍。要消除充电电流，有两个困难：①充电电流随汞滴表面积的变化而变化，②双电层的电容量是电极电位的复杂函数，因此充电电流与电极电位的关系不是简单的函数关系。为了消除充电电流，前人做了不少研究工作，设计了几种消除充电电流的线路。一般极谱仪上也附有消除充电电流的装置，借助加入一反方向的电流抵消充电电流，但也只能在一定范围内减少一些充电电流的影响，还不能从根本上解决问题。为了解决充电电流的问题，也促进新的极谱技术的发展，如方波极谱、脉冲极谱就是在这一基础上发展起来的，极大地提高了极谱分析的灵敏度。

消除残余电流的干扰，是在测量扩散电流时，采用作图的方法加以扣除。

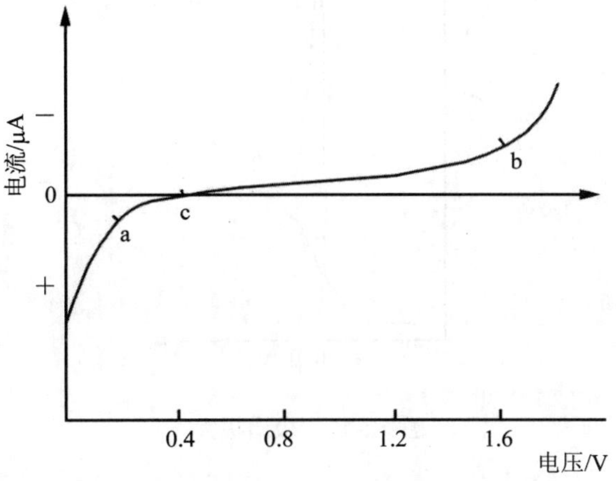

图 12-10　0.1 mol/L KCl 溶液的充电电流曲线

2. 迁移电流

迁移电流来源于电解池的正极和负极对被分析离子的静电吸引力或排斥力。以电解 10^{-3} mol/L $PbCl_2$ 溶液为例，来说明这一现象。Pb^{2+}在滴汞电极上还原，由于浓差极化，使得溶液中的 Pb^{2+}受到扩散力的作用而向电极表面附近扩散，产生扩散电流。此外，作为负极的滴汞电流对正离子的静电吸引作用，使有更多的 Pb^{2+}趋向滴汞电极表面而被还原，因而观察到的总极限扩散电流比只有扩散电流时为高。这种由于电极对被分析离子的静电吸引力，而使更多的离子趋向电极表面，并在电极上还原所产生的电流称为“迁移电流”。迁移电流与被分析物质的浓度之间并无一定的比例关系，故应加以消除。

如果向电解池中加入大量的电解质，它们在溶液中电离为正离子和负离子，负极对所有的正离子都有静电吸引力。当加入大量电解质后，作用于被分析离子的静电吸引力就大大地减弱了，而使由静电引力引起的迁移电流趋近于零，从而达到消除迁移电流的目的。加入的电解质称为“支持电解质”。支持电解质是一些能导电但在该条件下不能起电极反应的所谓“惰性电解质”，如氯化钾、盐酸、硫酸等。一般支持电解质的浓度要比被测物质的浓度大 50～100 倍。

3. 极大现象

在极谱分析中，常常有一种特殊的现象发生，这就是当电解开始的时候，电流随电压的增加而迅速地增加到一个极大的值，然后下降到扩散电流区域，以后电流保持不变（图 12-11 曲线 1）。这种电流电压曲线上出现的比扩散电流要大得多的不正常的电流峰，称为“极谱极大”。

极大的形状不一，有时形成尖锐的波峰，有时波峰则较为平坦或呈弧状。在大多数的情况下，极大的形状与外加电压改变的方向无关，也与电解的时间无关。极大的高度与滴汞速度有关，滴汞速度快时，极大较高。极大的高度与被测物质浓度之间并无简单的关系。因此，极大的出现对极谱分析不利，它影响扩散电流和半波电位的准确测量，应加以消除。

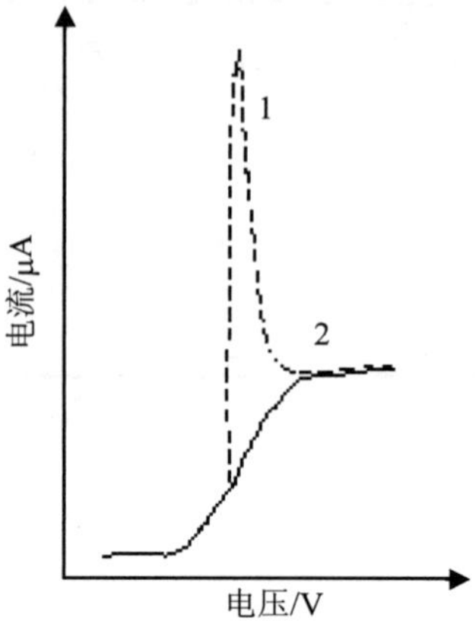

图 12-11 极谱极大

产生电流峰的原因是由于：汞滴在成长过程中，它的表面上产生了切向运动，致使表面附近的溶液被搅动，可还原或可氧化物质急速地达到电极表面，所以电流也就急剧地增加。切向运动的出现是由于汞滴表面各部分的表面张力不均匀而引起的，表面张力小的部分要扩张，而表面张力大的部分要收缩，从而引起切向运动。表面张力的不均匀是由于汞滴表面各部分的电位不均匀所造成的，从电毛细管曲线可知，表面张力是与电位有关的。而电位的不均匀则是由于可还原离子在汞滴表面各部分的单位面积上还原的速度（电流密度）不均匀所致。汞滴的上部，在某种程度上被毛细管末端所屏蔽，因此汞滴下部的电流密度较上部为大。当电流峰上升至极大值后，此时被还原离子因为迅速消耗，在电极表面附近的浓度已趋近于零，达到完全浓差极化，电流就立即下降到扩散电流区域。这一类极谱极大，称为第一类极大。

第二类极大，通常在高于 0.1 mol/L 的支持电解质中出现。根据溶液的纯度或是直接增高原来的波或是作为一个新的波而存在。汞由毛细管中流出的速率对第二类极大的出现起决定性作用。如线性流速值超出 2 cm/s，极大电流近似线性地随流速的增大而增高；降低汞柱使流速低到某一数值后，则不出现这类极大。这类极大电流与汞柱高度成正比。

第三类极大是由于低浓度表面活性物质在汞滴表面上各处不均匀吸附而引起的。

“极大”可用表面活性物质来抑制。由于表面活性物质能吸附在汞滴表面上，并使汞的表面张力降低。表面张力较大的部分吸附较多，降低也较多；表面张力较小的部分吸附少，降低也较少。这样汞滴各部分的表面张力就均匀了，避免了切向运动产生，消除了极大，如图 12-11 中曲线 2。

常用抑制极大的表面活性物质有明胶、聚乙烯醇、三通－100，及某些有机染料等。但应注意加入极大抑制剂的量要有控制，不宜太多。溶液中加入明胶的量一般不超过 0.01%，否则会大大降低扩散系数，影响扩散电流，甚至会引起极谱波的变形。

4．氧波

在室温时，氧在溶液中的溶解度约为每升 8 mg，当进行电解时，氧在滴汞电极上亦被还原，产生两个极谱波。

第一个波：

$O_2 + 2H^+ + 2e \longrightarrow H_2O_2$（酸性溶液）

$O_2 + 2H_2O + 2e \longrightarrow H_2O_2 + 2OH^-$（中性或碱性溶液）

第二个波：

$H_2O_2 + 2H^+ + 2e \longrightarrow 2H_2O$（酸性溶液）

$H_2O_2 + 2e \longrightarrow 2OH^-$（碱性溶液）

第一个氧波的半波电位约为－0.2 V，第二个氧波的半波电位约为－0.8 V，氧波重叠在被测物质的极谱波上，故有干扰作用，应设法消除。

除氧的方法一般有四种：

（1）在中性或碱性溶液中，加入亚硫酸钠 Na_2SO_3，即可还原 O_2 成为不干扰的硫酸根离子。

$$2SO_3^{2-} + O_2 \longrightarrow 2SO_4^{2-}$$

但当溶液为酸性时，SO_3^{2-}亦可在电极上还原，产生极谱波，故不适用。

（2）气体的溶解度与其分压有关，通入惰性气体，可使溶液中氧驱除干净，从而消除氧波。常用的惰性气体有 H_2、N_2 及 CO_2（CO_2，仅适用于酸性溶液）。

（3）在强酸性溶液中，加入 Na_2CO_3 而生成大量 CO_2 气，或加入铁粉，由于铁与酸作用，产生大量的 H_2 气，可除去溶液中的氧：

$$Fe + 2HCl \longrightarrow FeCl_2 + H_2\uparrow$$

铁粉是比较强的还原剂，Fe^{2+}/Fe 的 E^0 为－0.44 V，因而在用铁粉除氧时，要注意被测离子应是不能被铁粉还原。不然就不能使用。在测定锌中的铅、镉时，溶液中盐酸的浓度不能低于 3 mol/L，否则用铁来除氧时，就可能有部分铅离子被还原，而使结果偏低。

（4）在微酸性或碱性溶液中，加入抗坏血酸，除氧效果也很好。

由于氧波的波形很倾斜，延伸很长，它的两个波占了从 0～－1.2 V 的整个电位区间，而大部分离子在此电位区域内还原，是极谱分析最有用的电位范围，所以影响很大。但是当被测物质的浓度很高，或者它的半波电位负于－1.3 V 时，氧的干扰就不显著，可以不必除氧。

5．叠波、前波与氢波

（1）叠波。两种物质极谱波的半波电位如果相隔太近，例如相差不到 0.2 V，那么这两个极谱波就会重叠起来，不易分辨，影响测定。相反，如果两种甚至两种以上的物质的半波电位，彼此相差大于 0.2 V，那么就可以同时测定这些物质而互不干扰。例如在 3 mol/L 盐酸溶液中，铅的半波电位为－0.46 V，镉的半波电位为－0.70 V，彼此相差大于 0.2 V，所以能够同时测定纯锌中的铅和镉，而互不干扰。

为了消除波的重叠现象，一般采用下列方法：

➢ 加入适当的络合剂，改变极谱波的半波电位，使波分开：如在弱酸性溶液中，铊与铅离子的半波电位相近，因此，两者不能分开。如果加入适量的 EDTA，则铅离子与 EDTA 络合，根据络物的极谱波的性质可知，铅波的半波电位更负，而铊离子不与 EDTA 络合，其半波电位不变，因此两波不再重叠。

➢ 采用适当的化学方法，除去干扰物质，或改变其价态使其不再干扰：在测定锌中铅、镉时，如有砷存在会干扰铅的测定，因此时砷（Ⅲ）的半波电位约为 − 0.43 V，与铅相近。但可加入铁粉使三价砷还原为金属砷析出，消除干扰。同时，加入铁粉又起了除氧的作用，Fe^{2+}的半波电位约为 − 1.3 V，不影响铅、镉的测定。

（2）前波。如果被测物质的半波电位较负，而溶液中又同时存在着大量的（其量大于被测物质 10 倍）半波电位较正易于还原的物质，由于该物质先在电极上还原，产生很大的扩散电流，使得半波电位较负的物质无法测定，称为前放电物质或前波的干扰。例如在氨和氯化铵的溶液中测定镉时，如有大量铜存在，由于它的半波电位较正（第二波为−0.54 V），在前面产生很大的扩散电流，以致掩蔽了半波较负的镉波（−0.84 V）。所以用极谱法在大量铜存在下测定铅和镉，要比在大量锌存在下测定铅和镉来困难。

极谱分析中经常遇到的前波是铜（Ⅱ）与铁（Ⅲ）波，在没有适当的络合剂存在的情况下，它们在正电位时就开始还原，所以影响很大。

铜波的消除一般采用下列方法：①在酸性溶液中，用铁粉还原使成金属铜析出；②在碱性或中性溶液中，用氰化钾来络合铜，使之不产生极谱波，但由于氰化钾有剧毒，使用上受到限制；③高含量的铜一般采用电解法分离。

铁波的消除：①在酸性溶液中，加铁粉、抗坏血酸、羟胺等还原剂，将铁（Ⅲ）还原为 Fe（Ⅱ）；②在碱性溶液中，铁（Ⅲ）生成 $Fe(OH)_3$ 沉淀析出，不再干扰。但含量高时，要注意共沉淀所引起的损失。

其他各种前波也是采用相应的化学方法加以消除。

（3）氢波。极谱分析一般都是在水溶液中进行的，溶液中氢离子在足够负的电位时会在滴汞电极上析出，产生氢波。如果被测物质的极谱波与氢波相近，则氢波对测定会有干扰。

在酸性溶液中，氢离子在−1.2～−1.4 V（视酸度的高低）处开始放电，产生很大的电流，故半波电位较−1.0～−1.2 V 更负的物质，就不能在酸性溶液中测定。

在中性或碱性溶液中，氢离子浓度大为降低，故氢离子在更负的电位才开始还原，且电流很小，一般没有干扰。

在极谱分析中，钴（Ⅱ）、镍、锌、锰（Ⅱ）等离子的半波电位较负，不能在酸性介质中测定，一般在氨性溶液中进行分析。

四、极谱分析中底液的选择

通过前面的讨论，使我们了解到干扰电流产生的原因及其消除的方法。除了残余电流可用“作图法”扣除外，其他各种干扰电流要在被分析溶液中设法解决，即在溶液中加入适当的试剂，分别消除干扰电流。另外为了改善波形、控制溶液的酸度等，亦需加入适当的试剂。这种加入适当试剂后的溶液称为极谱分析的“底液”。

1．底液的组成

（1）支持电解质。其作用是消除迁移电流。一般常用的支持电解质有 HCl、H_2SO_4、NaAc-HAc、NH_3-NH_4Cl、NaOH、KCl 等。选择的原则是：①在被测物质所需用的外加电压范围内，不起电极反应；②与被测物质不产生沉淀；③价廉易得。有时处理试样所用的酸、碱溶剂，本身就可用作支持电解质，但溶样时如用硝酸则必须除尽，特别在酸性介质中硝酸具有氧化性，亦有可能在电极上还原，产生干扰。有时试样本身就含有大量半波电位较负的物质，而起支持电解质的作用。

（2）极大抑制剂。其作用是消除极大现象。一般用质量分数为 0.01%以下的明胶为极大抑制剂；如果有些极谱波的极大不能被明胶所抑制，则选用其他表面活性物质。

（3）除氧剂。其作用是消除氧波。用 Na_2SO_3 除氧时，一般每 10 ml 试液加入 0.1 g。用惰性气体除氧时，一般通气时间为 10 min。

（4）其他有关的试剂。如加入适当的络合剂，以改变各种离子的半波电位，消除叠波的干扰；加入适当的缓冲剂以控制溶液的酸度，改善波形，以及防止水解等副作用；加入适当的试剂以消除前波的干扰。

2．底液的选择

选择底液的原则要针对试样的具体情况，尽可能做到：

（1）使极谱波的波形较好，也就是波形较陡，波的上下都有良好的平台。这样的波易于测量，灵敏度也较高。最好是能出现可逆的极谱波，波的可逆与否，与底液关系很大。如钛在盐酸底液中，产生的是不可逆波，波形很差，在酒石酸底液中，钛与酒石酸的络离子，产生的极谱波则是可逆的，波形就较好。

（2）干扰少。即不受前波、叠波、氢波等的干扰。例如，在中性介质中，锌、镍的水合离子的半波电位分别为－1.06 V、－1.09 V；但在氨性底液中，锌、镍与氨生成络离子，其半波电位分别改变为－1.36 V、－0.96 V，就互不干扰。

（3）能同时测定几种元素。例如，镉在盐酸以及 NH_3—NH_4Cl 介质中，都能产生波形很好的可逆极谱波。如果要同时测定铅和镉，则不宜选用氨性底液，因为铅会生成氢氧化物沉淀，而应选用盐酸底液。但是，如果要同时测定镉锌的就不宜选用盐酸底液，因为锌的半小电位较负，在酸性介质中会受氢放电的干扰，那就应选用氨性底液。

（4）实验操作较为简便。如铊（Ⅰ）在酸性或碱性底液中，都能产生很好的波。在其他情况许可的条件下，则选用碱性底液较酸性底液为好，因为在碱性溶液中，可用亚硫酸钠除氧，比较方便。

关于各种元素在不同底液中的半波电位，以及极谱波的可逆情况，有专门手册可以查阅。

在实际进行极谱分析时，除了底液的选择外，还必须从试样的实际情况出发，选择适当的试样分解方法及必要的化学处理。例如铝合金中锌的极谱测定，试样用盐酸溶解，但锌的极谱波的半波电位较负，在酸性底液中氢波的干扰，故不能在盐酸溶液中进行锌的极谱测定。锌离子在 NH_3—NH_4Cl 介质中有良好的极谱波。但考虑到在 NH_3—NH_4Cl 介质中大量的 Al^{3+}会产生大量的 $Al(OH)_3$ 沉淀，影响测定，故采用 NH_3—NH_4Cl 为底液时必须加入大量的柠檬盐以防止生成 $Al(OH)_3$ 沉淀。当然为了除去溶液中的氧，还应加入亚硫酸钠。

五、定量分析方法

在极谱图上，极限电流减去残余电流以后，即能得到与溶液中被测离子浓度成正比的极限扩散电流。由扩散电流的大小，即可计算出被测物质的含量。下面分别讨论扩散电流的测量及定量分析方法。

1．波高的测量

极谱图上的波高代表极限扩散电流，扩散电流的测量亦即极谱波波高的测量，一般只需测量相对的波高（以毫米或记录纸格子数表示）而不必测量扩散电流的绝对值。因此，正确地测量波高就可以减小分析的误差。测量波高的方法很多，一般采用三切线法，方法如下：

在极谱波上通过残余电流、极限电流和扩散电流分别作为 *AB*、*CD* 及 *EF* 三条切线，*EF* 与 *AB* 相交于 *O* 点，*EF* 与 *CD* 相交于 *P* 点，通过 *O* 点与 *P* 点作平行于横轴的平行线，此两平行线间的垂直距离 h 即为波高（图 12-12）。目前，新型极谱仪均要装有波高自动测量并打印或数字显示出分析结果的装置（化学工作站），使极谱分析更加简便、快速。

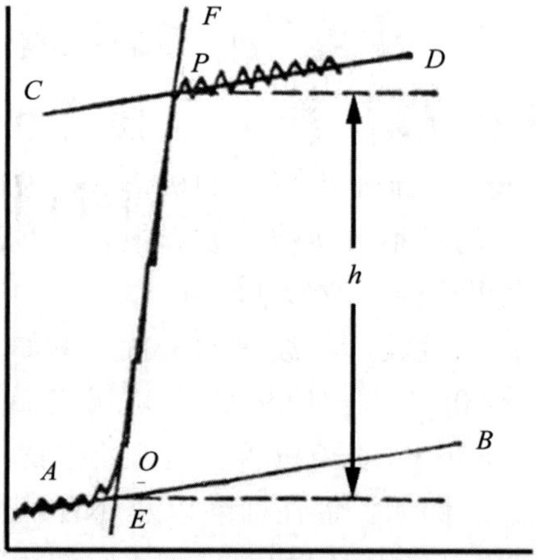

图 12-12　三切线法测量波高

2．极谱定量分析方法

极谱定量分析方法一般有如下几种：

（1）直接比较法。这个方法是将浓度为 c_s 的标准溶液及浓度为 c_x 的未知溶液在同一实验条件下，分别测得其波高 h_s 及 h_x，然后根据两者的波高及标准溶液的浓度，即可求出未知溶液的浓度。

由于极谱波的波高（极限扩散电流）与被还原（或氧化）离子的浓度成正比。即

$$h_s = Kc_s$$

$$h_x = Kc_x$$

$$\frac{h_s}{h_x} = \frac{c_s}{c_x}$$

$$c_x = \frac{c_s \cdot h_x}{h_s}$$

采用本法时，标准溶液的组成与样品溶液的组成（包括支持电解质的种类及其浓度、极大抑制的浓度等），应尽可能保持一致。并且在相同实验条件下（同一毛细管、同一汞柱高度、同一温度）记录极谱图。

在生产实际中，一般都采用换算因数法。可直接从标准样品的百分含量来求得试样的百分含量。方法如下：

首先用几个标准样品，求得常数 K 值（换算因数）。

$$K=\frac{M \cdot S}{H_s \cdot R_s \cdot G}\times 100\%$$

式中：M——称取标准样品的质量；

S——标准样品中被测物质的质量分数，%；

R_s——记录标准极谱图时所用的电流灵敏度；

H_s——标准样品的波高；

G——试样的质量。

试样的结果按下式计算，

$$X=K \cdot H_x \cdot R_x$$

式中：X——试样中被测物质的质量分数，%；

R_x——记录试样极谱图时所用的电流灵敏度；

H_x——试样的波高。

当然，标准样品与试样的分析操作手续及测量条件应该相同。

（2）工作曲线法。当分析同一类的大批试样时，也常用工作曲线法。其方法是配制一系列标准，相同的条件下记录极谱图，分别测得其波高，绘制波高－浓度的工作曲线。此工作曲线通常为一直线。分析未知溶液时，则先在与标准溶液同样的实验条件下测得其波高，然后从工作曲线求出相应的浓度（图 12-13）。

（3）加入标准法。当分析个别样品，常采用加入标准法，这个方法是：首先记录体积为 V 的未知溶液的极谱图（图 12-14 中的曲线 X），测得其波高 h，然后加入一定体积（V_s）的被测物质的标准溶液（c_s），在同一实验条件下再记录极谱图（图 12-14 中曲线 $X+c$），并测得波高 H。由波高的增加，即可算出未知溶液的浓度。

由扩散电流公式得：

$$h=Kc$$

$$H=K\left(\frac{Vc+V_s c_s}{V+V_s}\right)$$

由以上两式即可求得未知溶液的浓度 c。

$$c=\frac{c_s V_s h}{H(V+V_s)-hV}$$

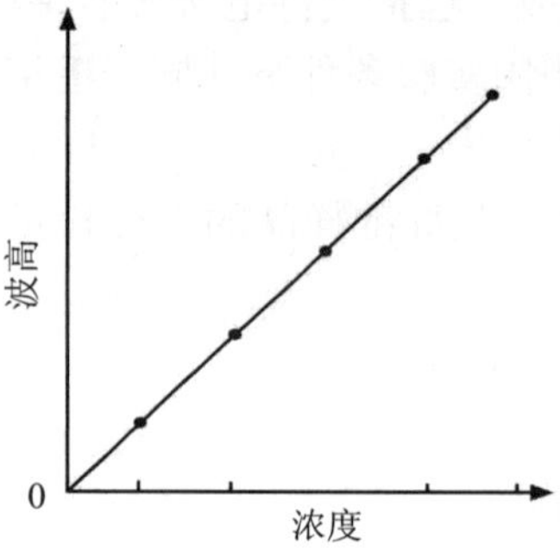

图 12-13 工作曲线法

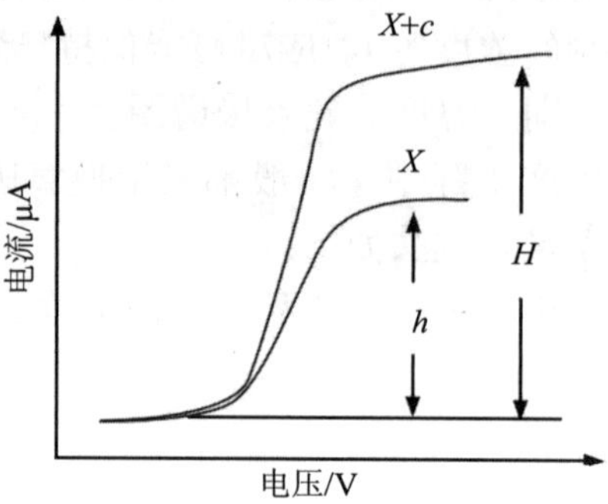

图 12-14 加入标准法

用加入标准法进行极谱分析时，由于加入的量很少，因而引起支持电解质浓度的改变甚微，可以忽略不计，所以加入标准溶液的实验条件基本一致，方法准确度高。但加入标准溶液的量应适当地控制，如加入的量太少时，则所引起的波高增加极小；当加入的量太大时，则不能在同一电流灵敏度条件下记录极谱图，而且将会引起支持电解质浓度的改变。一般当试液的体积为 10 ml 时，加入标准溶液量 0.5～1.0 ml 为宜，并使加入后的波高增加 0.5～1 倍。

目前，在生产实际中，一般都采用换算因数的直接比较法，因标样与试样组分相近，又在同样的条件下进行分析操作，影响一致，准确度较高，也简便可行。但是，当采用直接比较法或加入标准法时，有一个前提，就是波高与浓度成正比关系，即波高－浓度的关系曲线应通过原点，才能使用，不然就应采用工作曲线法。

第三节 极谱波的半波电位及影响因素

这一节将讨论极谱波上电流与滴汞电极电位之间的关系，也就是极谱波的方程式，以及极谱波的半波电位及其影响因素。

一、极谱波的类型

（1）可逆波。电极反应的速度比电活性物质从溶液向电极表面扩散的速度来得快，所以极谱波上任何一点的电流都是受扩散速度所控制（因为整个过程是受最慢的一步作用所控制），成为扩散电流。在这里，电极反应的进行不表现出明显的过电位，能斯特公式完全适用，在任一电位下，电极表面浓度迅速达到平衡，符合能斯特公式。可逆极谱波的波形一般是很好的，如图 12-15 曲线Ⅰ。

（2）不可逆波。电极反应的速度比扩散的速度慢得多，极谱波上的电流不是由扩散速度所控制，而是受电极反应速度控制。要使电活性物质在电极上反应，产生电流，就需一定的活化能，也就是要增加额外的电压，表现出明显的过电位。因此，不能简单地应用能斯特公式。不可逆极谱波的波形较差，延伸较长，如图 12-15 曲线Ⅱ。

曲线Ⅱ就是当表现出有过电位时，相对应于曲线Ⅰ的不可逆波。当电位不够负时（波的底部 *AB* 段），根据能斯特公式的计算，应该有电极反应发生并有电流通过溶液，但实际上由于电极反应的速度很慢，没有明显的电流通过。当电位逐渐向更负的方向增加时，过电位被逐渐克服，电极反应的速度增加，电流亦随之而增加，如波的 *BC* 段。当电极电位足够负时，过电位被克服，电极反应的速度变得很快，形成完全的浓差极化，此时电流实际上已完全为扩散所控制，到达极限电流（波的 *CD* 段）。一般的情况在波的底部（例如当 $i<\frac{1}{10}i_d$ 时的区间），电流完全受电极反应的速度所控制；在波的中部，电流既受电极反应速度所控制，也受扩散速度所控制，在达到极限电流时，完全受扩散速度所控制。可逆与不可逆极谱波的半波电位之差，表示不可逆电极过程所需的过电位（η）。

关于电极过程可逆性的区分并不是绝对的，而与所使用的方法有关。在极谱中电活性物质的扩散速度约为 10^{-3} cm/s，因此，一般认为电极反应速度常数 *K* 大于 10^{-2} cm/s 时为可逆，小于 10^{-5} cm/s 为不可逆，而在两者之间为部分可逆。

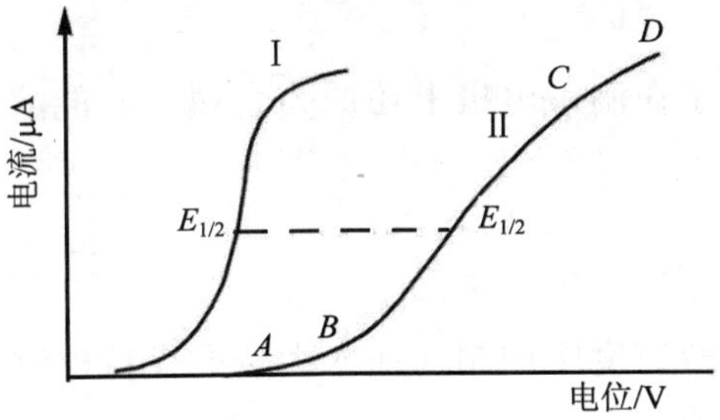

图 12-15　可逆波与不可逆波

Ⅰ. 可逆波；Ⅱ. 不可逆波

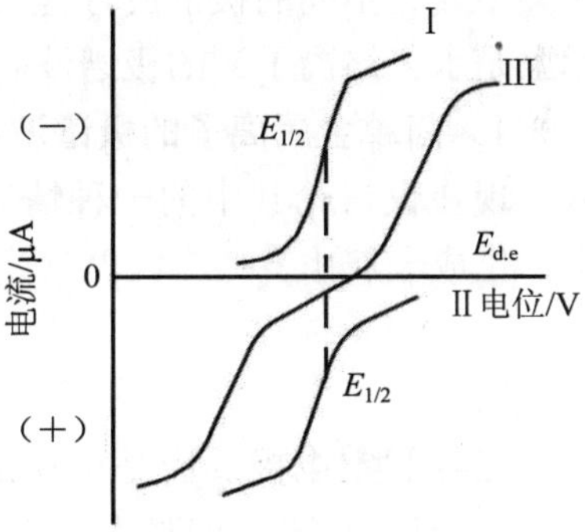

图 12-16　还原波与氧化波

Ⅰ. 还原波；Ⅱ. 氧化波；Ⅲ. 不可逆的氧化波与还原波

在极谱分析中，不可逆波的波形延伸很长，不便测量，且易受其他极谱波的干扰，所以对分析不利。然而，许多部分可逆的极谱波，波形还是较好，仍适用于分析。

（3）还原波（阴极波）。溶液中的氧化态物质在滴汞电极上还原时所得到的极谱波，其反应如下：

$$O + ne = R$$

如

$$Ti^{4+} + e = Ti^{3+}$$

在极谱分析中，统一规定还原电流为负电流。图 12-16 中曲线Ⅰ为还原波。

（4）氧化波（阳极波）。溶液中的还原态物质在滴汞电极上氧化时得到的极谱波，其反应如下：

$$R - ne = O$$

如

$$Ti^{3+} - e = Ti^{4+}$$

在极谱分析中，统一规定氧化电流为正电流。图 12-16 中曲线Ⅱ为氧化波。

对可逆波来讲，同一物质在相同的底液条件下，其还原波与氧化波的半波电位相同，如图 12-16 中曲线 I 与 II 所示。例如在饱和酒石酸底液中，钛产生可逆的极谱波，Ti^{4+}的还原波的半波电位与 Ti^{3+}的氧化波的半波电位，同样为−0.42 V。但对不可逆波来讲，情况就不相同，由于还原过程的过电位为负值，氧化过程的过电位为正值，所以还原波与氧化波的半波电位就不同，如图中的曲线 III。例如在 0.1 mol/L 盐酸底液中，钛的极谱波不可逆，Ti^{4+}的还原波的半波电位为−0.81 V，但 Ti^{3+}的氧化波的半波电位由为−0.41 V。

（5）动力波。当电极反应过程中伴随有一种化学反应过程，这种化学反应过程比之电极反应过程可随后的、平行的或超前的。所得的电流是由这化学反应速度所控制，这种极谱波称为动力波。

二、极谱波的方程式

极谱波是电流与电位的关系曲线，它们之间的关系式称为极谱波的方程式。不同反应类型具有不同的极谱波方程式。在这里，我们只讨论可逆电极反应中简单金属离子（实际上是水合络离子）的极谱波和络合物的极谱波的方程式。

1. 简单金属离子的极谱波

现在仅讨论其中的一种情况，即简单金属离子在滴汞电极上还原为金属，并能溶于汞，生成金属汞齐：

$$M^{n+} + ne + Hg = M（Hg） \tag{12.14}$$

已经假定电极反应是可逆的，并且电流为扩散速度所控制（加入大量的支持电解质以消除迁移电流）。按照能斯特公式，滴汞电极电位为：

$$E_{d\cdot e} = E_a^o - \frac{RT}{nF}\ln\frac{f_a \cdot c_a}{a_{Hg}\cdot f_s \cdot c_s} \tag{12.15}$$

式中：c_a——电极表面的汞齐浓度；

c_s——可还原离子在滴汞电极表面附近的浓度；

f_a、f_s——相应的活度系数；

a_{Hg}——汞在汞齐中的活度；

E_a^o——式（12.14）汞齐电极的标准电极电位。

因为滴汞电极所形成的汞齐很稀薄，所以与纯汞的活度相同，为常数，故式（12.15）可改为：

$$E_{d\cdot e} = \varepsilon - \frac{RT}{nF}\ln\frac{f_a \cdot c_a}{f_s \cdot c_s} \tag{12.16}$$

其中常数 $\varepsilon = E_a^o + \frac{RT}{nF}\ln a_{Hg}$

因为电解液中有支持电解质存在，消除了迁移电流，故可还原离子单靠扩散作用到达滴汞电极表面。从扩散电流公式可得：

$$i_d = -K_s c_o \tag{12.17}$$

在未达到极限扩散电流以前，滴汞电极表面附近的金属离子浓度并不趋近于零。此时扩散电流为：

$$i=-K_s(c_o-c_s) \tag{12.18}$$

此两式中 c_o 为可还原离子在整体溶液中的浓度，它的数值是一定的；K_s 为比例常数，在 25℃时为 $607nD^{1/2}m^{2/3}t^{1/6}$。

由式（12.17）、式（12.18）得

$$c_s=\frac{i-i_d}{K_s} \tag{12.19}$$

另一方面，根据法拉第定律，在电解还原过程中，还原产物的浓度（汞齐浓度）与通过的电流成正比。故得：

$$i=-K_a c_a \qquad c_a=-\frac{i}{K_a} \tag{12.20}$$

将式（12.19）、式（12.20）代入式（12.16）得

$$E_{d\cdot e}=\varepsilon-\frac{RT}{nF}\ln\frac{f_a\cdot K_s}{f_s\cdot K_a}-\frac{RT}{nF}\ln\frac{i}{i_d-i} \tag{12.21}$$

$E_{d.e}$ 及 i 为波上任意一点的相应数值。在波的中点处，亦 $i=\frac{1}{2}i_d$ 时，滴汞电极的电位 $E_{d.e}$ 叫做半波电位，以 $E_{1/2}$ 表示之。此时式（12.21）的最后一项等于 0，

$$E_{1/2}=\varepsilon-\frac{RT}{nF}\ln\frac{f_a\cdot K_s}{f_s\cdot K_a}=\text{常数} \tag{12.22}$$

由此可见，在一定的实验条件和底液中，任一可还原物质的可逆极谱波的半波电位是一个常数，不随该物质的浓度的变化而变化。因此，半波电位可以作为定性的依据。

将式（12.22）代入式（12.21），得到极谱波上任意一点的电极电位为：

$$E_{d\cdot e}=E_{1/2}-\frac{RT}{nF}\ln\frac{i}{i_d-i}=E_{1/2}-\frac{0.059}{n}\lg\frac{i}{i_d-i} \tag{12.23}$$

若将 $\lg\frac{i}{i_d-i}$ 对 $E_{d\cdot e}$ 作图，将得到一条直线，其斜率为 $n/0.059$，而对数项为零时的电位即为半波电位，见图 12-17。

根据上述的对数分析曲线，可以准确地测量半波电位，求得电极反应中的电子转移数 n。另外，还可以用来判别极谱波的可逆性，当对数分析曲线不为直线或其斜率不等于 $n/0.059$（25℃）（如 n 为已知）时，说明上述可逆极谱波的方程式已不能适用，故可认为是不可逆波；反之，则为可逆波。

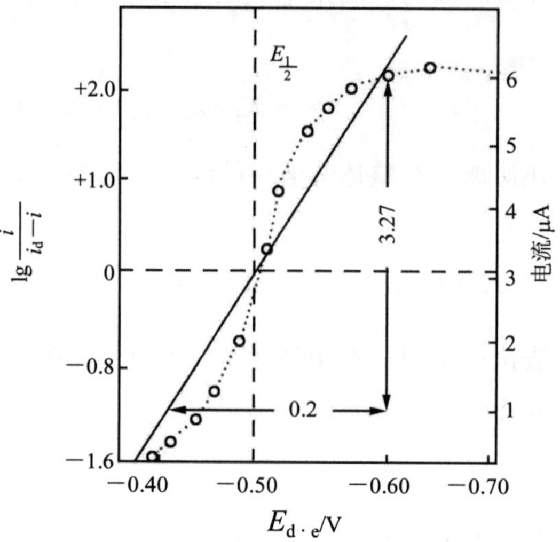

图 12-17 10^{-3} mol/L Tl^+在 0.9 mol/L KCl 中的极谱波及对数分析图

2. 络合物的极谱波

前面已经讨论了简单金属离子（实际是水合离子）的极谱行为。当金属离子形成较稳定的络离子之后，它的极谱行为与前者不再相同，最明显的是它的半波电位发生移动。半波电位移动的方向和大小，与离子的离解常数（或叫不稳定常数）、配位数以及络合剂浓度等因素有关。

这些关系的存在就使得能够用极谱法来研究络合物的稳定性，络合物的结构及电极反应的机理等。在分析化学方面可借此而不用其他化学方法来消除干扰元素的影响。

在含有金属络离子的溶液中，由于络离子、金属离子及络合剂之间存在化学平衡关系，故将影响电活性物质的极谱行为。下面仅讨论最简单的情况：电极反应是可逆的；只形成一种络离子；络离子的离解平衡能瞬时建立；金属络离子还原到金属状态，并溶于汞形成汞齐。

$$MXp^{(n-pb)+} + ne + Hg = M(Hg) + pX^{-b} \qquad (12.24)$$

其中 $MXp^{(n-pb)+}$为金属络离子，M^{n+}为简单金属离子，X^{-b}为络合剂离子，p 为配位数，M（Hg）为在滴汞电极表面形成的汞齐。为了讨论方便起见，进一步假设络离子为主要存在形式，而电极反应主要是简单金属离子，那么式（12.24）的电极过程可视为下列两个反应步骤的总和：

$$MXp^{(n-pb)+} = M^{n+} + pX^{-b} \qquad (12.25)$$

$$M^{n+} + ne + Hg = M(Hg) \qquad (12.26)$$

由此可得式（12.26）电极反应的电极电位为：

$$E_{d\cdot e} = E_a^o - \frac{RT}{nF}\ln\frac{c_a^s \cdot f_a}{a_{Hg}c_M^s \cdot f_M} \qquad (12.27)$$

或
$$E_{d\cdot e}=E_a^o+\frac{RT}{nF}\ln a_{Hg}-\frac{RT}{nF}\ln\frac{c_a^s\cdot f_a}{c_M^s\cdot f_M}=$$
$$\varepsilon-\frac{RT}{nF}\ln\frac{c_a^s\cdot f_a}{c_M^s\cdot f_M} \tag{12.28}$$

式中：c_a^s——在滴汞电极表面形成的汞齐浓度；

c_M^s——简单金属离子在电极表面附近的浓度；

a_{Hg}——汞在汞齐中的活度；

f_a，f_M——汞齐和金属离子的活度系数；

E_a^o——式（12.26）的标准电极电位。

当电极反应一发生，电极表面附近 M^{n+}离子减少，这就影响到式（12.25）的平衡，由于络离子的离解平衡能瞬时建立，这时c_M^s与络离子的离解常数K_c有下列关系：
$$\frac{a_M\cdot a_x^p}{a_{MX}}=K_c \tag{12.29}$$

或
$$c_M^s=\frac{K_c\cdot c_{MX}^s\cdot f_{MX}}{f_M\cdot(c_x^s)^p\cdot f_x^p} \tag{12.30}$$

将式（12.30）代入式（12.28），并简化后得：
$$E_{d\cdot e}=\varepsilon+\frac{RT}{nF}\ln K_c+\frac{RT}{nF}\ln\frac{f_{MX}}{f_a\cdot f_x^p}-\frac{RT}{nF}\ln\frac{c_a^s(c_x^s)^p}{c_{MX}^s} \tag{12.31}$$

上式中的c_a^s、c_{MX}^s、c_x^s可由下面的关系式求得。因电极反应是可逆的，且电极过程是受扩散控制，根据扩散电流公式对络离子的扩散电流为：
$$i=-K_{MX}(c_{MX}^0-c_{MX}^s) \tag{12.32}$$
$$i_d=-K_{MX}c_{MX}^0 \tag{12.33}$$

从式（12.32）、式（12.33）可得
$$c_{MX}^0=\frac{i-i_d}{K_{MX}} \tag{12.34}$$

对于汞齐的扩散电流为：
$$i=-K_ac_a^s$$
$$c_a^s=-\frac{i}{K_a} \tag{12.35}$$

如果溶液中有大量的络合剂 X^{-b} 存在，即c_x^o比之络离子的浓度大得多，那么在电极反应中所引起的络合剂浓度的变化就很小，因此，可以认为：

$$c_x^{\mathrm{s}} \approx c_x^{\mathrm{o}} = c_x \tag{12.36}$$

将式（12.34）、式（12.35）、式（12.36）等代入式（12.31）得：

$$E_{\mathrm{d \cdot e}} = \varepsilon + \frac{RT}{nF}\ln K_{\mathrm{c}} + \frac{RT}{nF}\ln\frac{f_{\mathrm{MX}}}{f_{\mathrm{a}}} + \frac{RT}{nF}\ln\frac{K_{\mathrm{a}}}{K_{\mathrm{MX}}} - p\frac{RT}{nF}\ln c_x f_x - \frac{RT}{nF}\ln\frac{i}{i_{\mathrm{d}} - i} \tag{12.37}$$

式中 K_{MX} 与 K_{a} 为金属络离子和金属汞齐的扩散电流常数，且与它们的扩散系数的平方根成正比。

当 $i = \frac{1}{2}i_{\mathrm{d}}$ 时，络合物的极谱波的半波电位 $(E_{1/2})_{\mathrm{c}}$ 为：

$$(E_{1/2})_{\mathrm{c}} = \varepsilon + \frac{RT}{nF}\ln K_{\mathrm{c}} + \frac{RT}{nF}\ln\frac{f_{\mathrm{MX}}}{f_{\mathrm{a}}} + \frac{RT}{nF}\ln\frac{K_{\mathrm{a}}}{K_{\mathrm{MX}}} - p\frac{RT}{nF}\ln c_x f_x \tag{12.38}$$

同时由此可得：

$$E_{\mathrm{d \cdot e}} = (E_{1/2})_{\mathrm{c}} - \frac{RT}{nF}\ln\frac{i}{i_{\mathrm{d}} - i} \tag{12.39}$$

从上述络合物的极谱波的方程式，可以得到下列结论：

（1）由式（12.38）可知，半波电位与络离子的浓度无关，而与络离子的离解常数、络合剂的浓度有关。所以在一定的底液条件下，络离子的半波电位为常数。

（2）在式（12.38）中，前四项均为常数，可改写为：

$$(E_{1/2})_{\mathrm{c}} = K - p \cdot \frac{0.059}{n}\lg c_x \tag{12.40}$$

在保持其他条件不变的情况下，测得不同的络合剂浓度时的半波电位，以 $E_{1/2}$ 对 $\lg c_x$ 作图，可以得到直线关系，直线的斜率为 $-p \cdot \frac{0.059}{n}$，如 n 为已知，即可求得络合物的配位数 p。

（3）由式（12.22）可知，简单金属离子的半波电位 $(E_{1/2})_{\mathrm{s}}$，有下列关系式：

$$(E_{1/2})_{\mathrm{s}} = \varepsilon - \frac{RT}{nF}\ln\frac{f_{\mathrm{a}}}{f_{\mathrm{M}}} - \frac{RT}{nF}\ln\frac{K_{\mathrm{M}}}{K_{\mathrm{a}}} \tag{12.41}$$

由于络离子的形成而使半波电位移动，其移动的大小可由下式求得：

$$(E_{1/2})_{\mathrm{c}} - (E_{1/2})_{\mathrm{s}} = \frac{RT}{nF}\ln\frac{f_{\mathrm{MX}}}{f_{\mathrm{M}}} + \frac{RT}{nF}\ln\frac{K_{\mathrm{M}}}{K_{\mathrm{MX}}} + \frac{RT}{nF}\ln K_{\mathrm{c}} - p\frac{RT}{nF}\ln c_x f_x \tag{12.42}$$

若取近似值（在一般情况下，简单金属离子和络离子的活度系数及扩散系数差别不大，故其比值都近似等于 1)，则上式可简化为：

$$(E_{1/2})_c - (E_{1/2})_s = \frac{RT}{nF}\ln K_c - p\frac{RT}{nF}\ln c_x \quad (12.43)$$

已知 p、n 和络合剂浓度后，从络离子与简单离子的半波电位之差，即可求得络合物的不稳定常数 K_c。

（4）从式（12.43）可以看出，络离子的半波电位比简单金属离子的半波电位要负。当络离子愈稳定，即 K_c 愈小，络合剂浓度愈大时，半波电位愈变负。所以，在极谱分析中，经常应用生成络合物的方法，来改变半波电位，消除干扰。

三、半波电位的影响因素

1．支持电解质的种类及其浓度

同一物质在不同的支持电解质中的半波电位常不相同，就是在相同的支持电解质中，因支持电解质的浓度不同，而半波电位有时也有差别。例如 Zn^{2+}在 0.02 mol/L、0.1 mol/L、1 mol/L 的 KNO_3 溶液中的半波电位分别为：－0.988 V、－0.977 V、－1.102 V。这主要是由于支持电解质的离子强度的变化，因而影响极谱波的半波电位。

2．溶液的酸度

凡是有氢离子或氢氧离子参与的电极反应，其极谱波的半波电位与溶液的酸度关系很大。例如：

$$BrO_3^- + 6H^+ + 6e = Br^- + 3H_2O$$

当 pH 2.0 时，BrO_3^-还原时的半波电位为－0.60 V；而在 pH 4.7 时，则为－1.16 V，相差很大，因为 pH 2.0 时，氢离子浓度较大，使电极反应有利于往正方向进行，易于还原，所以半波电位较正。

3．络合物的形成

在中性溶液中，$E_{1/2}(Zn^{2+})=-1.06$ V，$E_{1/2}(Ni^{2+})=-1.09$ V

但在氨性溶液中，分别形成氨合络离子后，

$$E_{1/2}(Zn^{2+})=-1.36\ \text{V},\quad E_{1/2}(Ni^{2+})=-0.96\ \text{V}$$

根据络合物的极谱方程式可知，简单金属离子形成络合物后，其半波电位往负方向移动，所以锌与氨形成络离子后，其半波电位比简单锌离子的要负。但是镍的情况却完全相反，这是由于在氨性溶液中，镍的络离子在滴汞电极上析出的过程要比在酸性溶液或中性溶液中小得多，所以结果反使络离子的半波电位比简单离子为正。

对于可逆的极谱波来说，金属离子在形成络合物后，常使半波电位移向更负的数值。半波电位移动的数值与络合物的化学式、离解常数及络合剂的浓度有关。

4．半波电位与标准电极电位的关系

（1）$E_{1/2}$ 与 E^o 基本相等。属于这一类情况的有：电极反应为均相的氧化还原反应的可逆极谱波，如果均相反应的还原波的 $E_{1/2}$ 比 E^o 来得负或氧化波的 $E_{1/2}$ 比 E^o 来得正，则为不可逆

波。金属离子还原为金属生成汞齐，但与汞的亲和力不大的，这类可逆的极谱波的 $E_{1/2}$ 也与 E^o 基本相等。如 Pb^{2+}、Cd^{2+}、Cu、Sn、Zn、Ti^+等。若这类反应的还原波的 $E_{1/2}$ 比 E^o 来得负的，是不可逆波。

（2）$E_{1/2}$ 较 E^o 为正。当金属离子还原为金属生成汞齐，与汞的亲和力特别大的，这一类可逆极谱波的 $E_{1/2}$ 比 E^o 正得多。例如 K^+/K 的 E^o 为－1.39 V，$E_{1/2}$ 为－2.17 V（均对 S.C.E）。属于这一类的有碱金属和碱土金属。

（3）$E_{1/2}$ 较 E^o 为负。不可逆的还原波的 $E_{1/2}$ 较 E^o 为负，属于这一类的有 Fe^{2+}、Co^{2+}、Ni^{2+}，它们还原为金属但不生成汞齐，有过电位，故 $E_{1/2}$ 较 E^o 负得多。

所以，根据 $E_{1/2}$ 与 E^o 的关系，可以大致判别极谱波的可逆性。

半波电位为极谱分析提供了所必需的数据。①根据半波电位，可考虑可能产生的干扰，以及采用消除干扰的手段。一般来说，两种物质的半波电位必须相差 0.2 V 以上，两个波才能分开。②根据半波电位，可以确定记录极谱图时所选用的外加电压的范围。一般来说，在半波电位前 0.2 V 开始记录极谱图，到半波电位后 0.2 V 终止记录。

第四节 极谱催化波

提高极谱分析的灵敏度，一般可采取两种手段：一种是设法增加电解电流，这样即使痕量的物质，也能产生较大的电流；另一种是设法尽量消除或降低充电电流的影响后，采用灵敏的检流计或通过电子放大系统，来测量微小的电解电流。属于前者的有极谱催化波、固定电极溶出伏安法、单扫描极谱等方法；属于后者的则有方波极谱、脉冲极谱等方法。

极谱催化波与普通的极谱扩散波不一样，无论电极过程或化学过程都比较复杂，波形往往呈现峰形。催化波的发生必须有催化剂存在，由于催化剂的化学反应和电极反应而产生的催化电流总比同浓度催化剂的扩散电流大得多。当催化剂浓度很低时与相应的催化电流有线性关系，因此测量催化电流可以作为测量痕量催化剂的一种灵敏方法，一般可达 10^{-6}～10^{-3} mol/L，有的可测 10^{-9}～10^{-10} mol/L，个别的甚至达到 5×10^{-11} mol/L。到目前为止催化波已研究的元素有 50 多种，经常作分析应用的有 30 多种元素。

极谱催化波具有灵敏度高，并具有一定的选择性，一些重金属元素或有害的化合物已有极谱催化波分析方法，在环境监测中也得到了应用。

一、动力电流与极谱催化波的形成原理

在极谱分析中，我们把受扩散速度控制的电流称为扩散电流或扩散波。如果极谱电流的大小不是决定于去极剂扩散的速度或电极反应的速度，而是决定于在电极周围反应层内进行的化学反应的速度。我们称这类电流为动力电流或动力波。

动力波可分为三类：化学反应前行于电极反应的动力波；化学反应随后于电极反应的动力波；化学反应平行于电极反应的催化波。

其中第三类，化学反应平行于电极反应的催化波能极大地增加极谱电流，对分析来

说提高了测定的灵敏度。通常所讲的催化波就是指这一类动力波。

极谱催化波的形成是基于在普通极谱的电极过程中，同时伴随着一个化学反应，从而使得电解电流为之增加。此过程可示意如下：

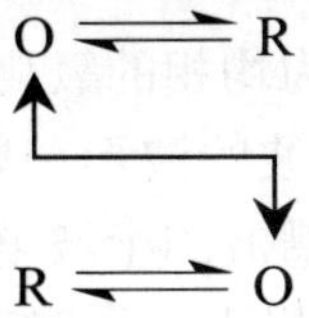

（电极反应）（12.44）

（化学反应）（12.45）

电活性物质 O 在电极上被还原，生成物质 R[式（12.44）]，这是电极反应，由扩散所控制。还原产物 R，在电极表面附近，通过一个很快的化学反应又再生成为物质 O[式（12.45）]，由此再生出来的电活性物质 O，又一次在电极上还原。如此重复循环进行，使得电解电流大为增加。由于这样的“再生反应”而产生的电流，称为催化电流，形成极谱催化波。

催化电流的产生是由于出现一个与电极反应相平行的化学反应，所以不同于仅受扩散控制的扩散电流，催化电流是受化学反应控制的。催化电流比正常的扩散电流往往大数十倍、数百倍，有时甚至数千倍，大大提高了极谱分析的灵敏度。

二、极谱催化波的类型及反应机理

从广义来说，凡在普通极谱条件下，引入一种（或数种）化学试剂后能使极谱电流大为增加，均称为极谱催化波法。根据所加入的化学试剂所起的作用不同，可细分为如下几种类型的催化波。

（一）氧化还原反应型

1. 反应机理

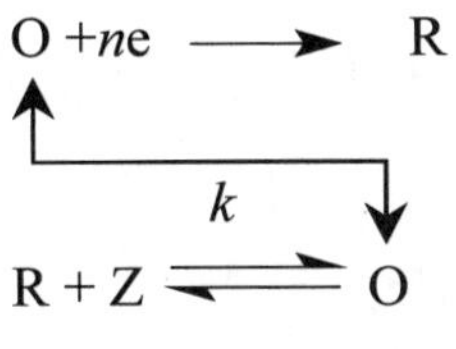

（电极反应）

（氧化还原反应）

电活性物质的氧化态 O 在电极上还原，生成还原态 R，这是电极反应。还原产物 R 与溶液中存在的另一种物质 Z（氧化剂）作用，被氧化生成 O，此再生出来的电活性物质的氧化态 O 在电极上又一次地被还原。在这里进行的化学反应是氧化还原反应，反应速度是很快的。

整个反应的结果，物质 O 的浓度实际上没有变化，在反应中消耗的是物质 Z。在这里物质 O 相当于一种催化剂，由于它的存在，催化了 Z 的还原。所以，产生的电流称为催化电流，它与催化剂 O 的浓度成正比，可用来测定物质 O 的含量。

物质 Z 应该是这样的一种物质，它本身也可能在电极上还原，但具有很大的过电位，在物质 O 还原时，不能在电极上被还原。但是，它应该具有相当强的氧化性，能迅速地氧化物质 R，再生出物质 O。

催化电流除受物质 O、R、Z 的扩散速度控制外，尚受电极表面反应层中 R 被 Z 氧化的化学反应速度所控制。此化学反应的速度愈快，所得到的催化电流也愈大，方法的灵敏度也愈高。

这一类型的催化波，其电极反应一般应为均相的氧化还原反应，也就是物质 O 应具有可变的化合价。这类催化波的波形与普通波的波形一般相同，其半波电位在同样底液中，当被催化还原物质 Z 不存在时的普通极谱波的半波电位相近。

过氧化氢是一个很好的氧化剂，它在电极上还原时有很大的过电位，适宜于作被催化还原的物质 Z。当它与高铁离子共存时，会产生催化波，反应机理大致如下：

$$Fe^{3+} + e = Fe^{2+}$$
$$Fe^{2+} + H_2O_2 = OH^- + OH + Fe^{3+}$$
$$OH + Fe^{2+} = OH^- + Fe^{3+}$$

Fe^{3+}在电极上还原成 Fe^{2+}，Fe^{2+}与过氧化氢作用，再生 Fe^{3+}及自由基 OH，自由基 OH 又氧化 Fe^{2+}为 Fe^{3+}，再生的 Fe^{3+}重新在电极上被还原。

H_2O_2 与 Mo（+6），W（+6）或 V（+5）共存时，也产生催化电流。

在这类催化波中，常作为被催化还原的物质（氧化剂 Z）有：过氧化氢、硝酸盐、亚硝酸盐、高氯酸及其盐、氯酸盐和羟胺等。

2. 催化电流的性质

在滴汞电极上，这一类型的催化电流公式为：

$$i_c = -0.51nFD^{1/2}m^{2/3}t^{2/3}k^{1/2}c_z^{1/2}c_o \qquad (12.46)$$

式中：i_c——催化电流；

c_o 及 c_z——物质 O 及物质 Z 在溶液中的浓度；

D——物质 O 的扩散系数；

k——化学反应的速度常数。

当物质 Z 的浓度一定时，催化电流与物质 O 的浓度成正比，这是测定物质 O 的定量根据。

$$i_c = -Kc_o$$

从式（12.46）可知，催化电流的大小，主要取决于化学反应的速度常数 K 值。K 值愈大，化学反应的速度愈快，催化电流也愈大，方法的灵敏度就愈高。

另外，催化电流与汞流速度 m 和滴汞周期 t 的 2/3 次方成正比，而 m 与汞柱高度 h 成正比，t 与 h 成反比，

$$i_c \propto m^{2/3}t^{2/3}$$
$$\propto h^{2/3} \cdot \frac{1}{h^{2/3}}$$
$$i_c \propto h^0$$

即催化电流与汞柱高度无关。而扩散电流则与汞柱高度的平方根成正比，这是两者不同的地方。

扩散电流的温度系数与被测离子的扩散系数有关，一般为 1.3%～1.6% /℃；而催化电流的温度系数实际上取决于化学反应速度常数的温度系数，一般较大，为 4%～5% /℃，也有更高的。这是催化波的另一个特征。

对这一类催化波的干扰情况及影响因素，一般与普通极谱波大致相同，重现性和选择性都比较好。

（二）氢催化波

氢离子 H^+或水合氢离子 H_3O^+在电极上的反应为：

$$2H^+ + 2e \rightleftharpoons 2H \longrightarrow H_2$$

如在汞电极上还原时，具有很高的过电位。在汞电极上，i=1 A/cm²，氢离子从 1 mol 的盐酸溶液中还原的过电位等于 1.406 V。从 1 mol/L H_2SO_4 溶液中为 1.415 V（t=20℃）。所以，氢离子的极谱还原波是个典型的不可逆波，很少作分析之用。

在酸性或缓冲溶液中某些物质能降低氢的过电位，使氢离子在比正常氢波较正的电位上还原出来，这样便形成了氢催化波。这些物质叫做氢催化剂。催化剂在滴汞电极上往往有吸附现象，因此氢催化波经常是峰状波。波高在一定范围内，与催化剂的浓度成正比，故氢催化波可作为测定微量催化剂的灵敏方法。灵敏度一般达 10^{-9}～10^{-11} mol/L。

氢催化波按发生的机理可分为如下两大类：①活性原子团的氢催化波；②吸附化合物的氢催化波。

1．活性原子团的氢催化波

这类氢催化波的机理比较简单，铂（Ⅳ）容易在滴汞电极上还原，并且不形成汞齐而是铂原子聚集在汞滴表面，这使汞电极类似于一个铂电极。氢离子在汞上放电有很大的过电位，而在铂上过电位很小，因此有微量铂存在，氢的放电电位由－1.25 V 前移至－1.05 V，过电位降低了 200 mV。此时氢的催化电流很大。由此可见，铂原子附着在汞滴表面，成了对氢离子还原具有催化活性的原子团。在 $PtCl_4$ 一定浓度范围内，催化电流随铂的浓度增加而升高，可用于测定痕量的铂，灵敏度达 10^{-7} mol/L。其他铂族元素亦能产生同样的催化波，但催化能力不同，钌的灵敏度最高，可达 5×10^{-10} mol/L，钯由于与汞生成汞齐，灵敏度最低，仅为 10^{-4} mol/L。

2．吸附化合物的氢催化波

一些与氢键合的含氧、硫、氮的有机化合物 Org－H，它被吸附在电极上，键合的氢受到活化，易在电极上还原产生一个还原波。加入一种酸（质子给予体）后，电流迅速增加。

$$\text{Org—H} + e \rightarrow \frac{1}{2}H_2 + \text{Org}^- \text{（电极反应）}$$

$$\text{Org}^- + \text{BH（质子给予体）} \rightleftharpoons \text{Org—H} + B^- \text{（酸碱反应）}$$

电活性物质 Org—H（或它的金属络合物）发生电极反应后产生碱性物质 Org^-，它立即与质子给予体 BH 发生酸碱反应又产生 Org—H，再在电极上还原。在这个过程中，Org—H 的浓度没有改变，而 BH 被消耗，放出的氢来自质子给予体，可看作催化剂 Org—H 催化了质子给予体中氢的还原。这种类型通常称为氢催化波。氢催化波经常为畸峰状，这可能是催化剂在某一定电位下发生吸附和脱附所致。

含有—NH_2 键（如生物碱、吡啶衍生物等）、—SH 键（如蛋白质等）的有机化合物，易于产生氢催化波。例如，在含有钴（Ⅱ）盐的氨性缓冲溶液中，具有—SH 键的半胱氨酸以及胱氨酸，能产生氢催化波，波呈峰状。催化电流与胱氨酸及钴的浓度均有关，可用来测定胰岛素、尿、脑脊髓液、血清中的胱氨酸及蛋白质，以及用于医疗诊断。

3．氢催化波的性质

氢催化波常成畸峰状。由于能催化氢放电的活性物质，吸附于电极表面，使氢被催化放电，电流迅速上升，当电位负至一定值时，又开始从电极上脱附，电流下降，形成峰状。这也常成为具有吸附性质的催化电流的特征。

氢催化电流的大小与催化剂的浓度以及溶液的酸度有关。催化电流随催化活性的浓度增加而升高。在低浓度时可成直线关系；当浓度增至一定量后，电流不再随浓度增加而递增，达到极限值。这是由于电极表面对催化活性物质的吸附达到饱和所致，电流不再上升，呈吸附等温线状。这也是具有吸附性质的催化电流的另一特征。

氢催化波的峰电位与溶液酸度及催化活性物质浓度有关。一般来说，峰电位随溶液 pH 值的增高，而移向负值。在过量惰性电解质存在下，或在缓冲介质中，每当溶液 pH 值增加 1 个单位时，氢在滴汞电极上的过电位向负值移动 116 mV。峰电位也常随催化活性物质的浓度增加，而向正值方向移动。

氢催化电流有时与汞柱高度无关，有时反随汞柱高度升高而降低。

氢催化电流的温度系数，比氧化还原反应类型的要小。由于温度高时，不利于催化活性物质在电极表面吸附，所以有时随着温度升高，而温度系数逐渐降低。

氢催化波对表面活性物质很敏感。由于表面活性物质能吸附在汞滴表面，因而阻碍催化活性物质的被吸附。明胶、樟脑、季铵盐等表面活性物质常强烈地抑制催化波。

氢催化电流与溶液酸度关系很大，往往随 pH 值的增高而降低；在恒定的 pH 下，电流随缓冲容量的增加而增高。由于在电极反应过程中，随着氢的释出，而使滴汞表面附近溶液的 pH 改变较大，使得结果的重现性较差。所以，选用一个合适的具有较大缓冲容量的缓冲体系，是很重要的。

（三）金属络合物吸附波

络合物吸附波是金属离子与配位体生成的络合物在电极上吸附产生的极谱波。一般的金属离子 M^{n+}易水化，在汞电极上的吸附性较弱，当生成了具有一定疏水性的络合物后，则能在汞电极上强烈吸附，使得电极附近 M^{n+}的浓度比溶液本体中的要大得多。故能提高检测的灵敏度，其检测下限度可达 10^{-8} mol/L。

络合物吸附波不仅提高了普通极谱分析的灵敏度，还能用于测定那些难以产生平行催化波或氢催化波的金属离子，如 Cu^{2+}、Cd^{2+}、Zn^{2+}等。甚至对电位很正或很负的一些金属元素，如金、镁、钙、稀土等，以前认为这些元素不适于采用极谱分析，现在利用络合物吸附波，不仅方法简便可行，而且还具有较高的灵敏度和一定的选择性。到目前为止，已发现 30 多种元素的近百种体系的络合物吸附波，广泛地应用于冶金、环保以及医药卫生等方面。

1．金属络合物吸附波产生的机理

金属络合物吸附波要能产生，首先要求金属络合物在滴汞电极上能产生吸附。造成电极表面吸附的原因很多，不同的分子或离子在电极上的吸附行为也有较大的差异。研究表明，电极上的吸附可大致分为四类。

（1）静电吸附。是指阴离子或阳离子通过静电引力在电极上的吸附。

（2）特性吸附。是指那些与汞有特殊亲和力的离子或分子在电极上的吸附现象。主要是卤素阴离子、SCN^-、$S_2O_3^{2-}$以及一些含氮、硫的分子（如硫脲分子）等。吸附质点的孤对电子，能进入电极表面汞原子的电子轨道中，形成共价键而被吸附。

（3）疏水吸附。主要指有机分子以及有机分子和金属离子的络合物在电极上的吸附。这些分子中含有疏水基（如烷基、芳环等），而受到水的排斥，故可吸附于电极表面。

（4）诱导吸附。是指需要某种吸附诱导而产生的另一吸附现象。目前发现有这类吸附现象的主要限于金属络合物。如Cd^{2+}在碘离子溶液中的吸附。

金属络合物在电极表面主要发生疏水吸附和诱导吸附。这些被吸附的络合物还原产生的吸附波来自 3 个方面：

（1）络合物中 M^{n+}还原：大多数极谱性能良好的金属络合物吸附波都属于这一类。如CdI_4^{2-}络合物中 Cd^{2+}还原，而I^-价态不变。

（2）络合物中配位体还原：即金属离子与配位体发生络合反应，吸附在电极表面，然后其中的配位体发生电极反应产生吸附波。这一类反应中的金属离子一般很稳定，在通常的外加电压下不发生还原（或氧化）反应。故可利用配位体还原得到的吸附波而测定金属离子。如 Mg^{2+}一铬黑 T 络合物在乙二胺底液中所得到的极谱波是由于铬黑 T 还原所致。这类还原波几乎有个共同点，即自由的有机配位体往往在较络合物吸附波为正的电位处也产生一还原波。因此在寻找这一类金属离子络合物吸附波的时候，应选择那些有还原基团的配位体，如偶氮基、亚硝基、酮基、醌式结构等。稀土与铜铁试剂络合物产生的络合物吸附波也属于这一类。它是由于铜铁试剂在电极上的还原而产生吸附波。

（3）络合物中 M^{n+}和配位体同时还原：Cd^{2+}一卟啉在 KOH 介质中所得到的吸附波是由于 Cd^{2+}和卟啉同时发生还原反应。这一类型的机理，目前见到的还不多。

2．金属络合物吸附波的性质

当被测金属离子浓度较低时，波高一浓度呈线性关系。当浓度高时，呈现吸附等温线。吸附波的温度系数在低温和常温下有较大差异。当温度较高时，吸附物质有脱附现象，出现负的温度系数。

金属络合物在汞电极上的吸附或受扩散速率的控制，或受吸附速率的控制。延长扫描前静置时间，相当于汞滴表面富集待测物，则还原（或氧化）电流也越大。随着时间的继续延长，吸附会达到平衡或饱和，则电流不再随时间增加。

吸附电流随扫描速率加快而线性增加。而与汞柱高度（h）成正比。

表面活性物质对吸附波有较大影响，这是由于表面活性物质也能在电极上吸附。

现将部分极谱催化波及金属络合物吸附波及其应用情况分别列于表 12-1 和表 12-2。

表 12-1 部分极谱催化波及其应用

测定元素	底液条件	灵敏度	应用
Co	丁二肟－$NaNO_2$－NH_4Cl（pH7～8）	1×10^{-10} mol/L	矿物
Cu,Co,Ni	0.1mol/L－$NaB_4O_7\cdot H_2O$0.025%丁二肟－0.5% $NaNO_2$	0.005%Cu,Ni 0.000 05%Co	岩石土壤
Co	pH=7.7,0.4 mol/L NH_4Cl－0.000 8 mol/L 丁二肟－0.4 mol/L $NaNO_2$－0.6 mol/L 盐酸羟胺	4.2×10^{-11} mol/L	天然水
Cr（Ⅵ）	pH～8.0 1.5×10^{-2} mol/L 乙二胺－0.1 mol/L $NaNO_2$	0.05ng/ml	天然水
总 Cr	5×10^{-5} mol/L α.α[1]－联吡啶－0.15mol/L $NaNO_2$－0.1 mol/L NH_3－NH_4Cl pH＝9.0 缓冲溶液	1×10^{-10} mol/L	天然水
Cr,Zn	乙二胺 NH_3－$NaNO_2$	Cr40ng/L,Zn20ng/L	水样
Fe（Ⅱ）	2.4×10^{-5} mol/L PAR－0.48%HAc－0.4%NaAc－0.06%YC－0.4 mol/L EDTA	0.001mg/L	水样
Mo	0.5 mol/L H_2SO_4－0.1 mol/L 苦杏仁酸－25%氯酸钠或 5%氯酸钾	0.06μg/L	天然水
NO_2^-	0.1NaCl－4×10^{-5} mol/L Cr^{3-}－10^{-5} mol/L 联吡啶	1×10^{-10} mol/L（14μg/L）	废水
NO_2^-, NO_3^-连测	10^{-5} mol/L Cr（VI）－0.4 mol/L NH_4Cl－3.6×10^{-2} mol/L NH_4OH	1×10^{-5} mol/L	饮用水
Se	SO_3^{2-}－KIO_3－NH_3－NH_4Cl	0.04μg/L	自来水，河水
Si	0.026%钼酸铵－5%丁酮－HCl－柠檬酸	0.01μg/ml	肺组织
Sb	1～2 mol/L HCl－10^{-5} mol/L $CoCl_2$－10^{-4} mol/L 溴化四丁基胺	0.015μg/ml	血清
W	二苯羟乙酸－H_2SO_4－Na_2SO_4	8×10^{-6}μg/ml	水样
V	0.1 mol/L $(NH_4)_2HPO_4$－0.05 mol/L H_2O_2－0.027 mol/L H_2SO_4	0.001μg/ml	自来水，河水，污水的分析
As（Ⅲ）	苯羟乙酸－氯酸钾（生成砷钼酸，萃取后测钼催化波）	10^{-9} mol/L	水样
Ni	丁二肟	4×10^{-8} mol/L	土壤
As	4 mol/L H_2SO_4－0.2 mol/L NH_4I－1～5μg /ml 的碲－0.001%动物胶	10^{-9} g/ml	人发

表 12-2 部分金属络合物吸附波及其应用

测定元素	底液条件	灵敏度	应用
Al	5×10^{-5} mol/L 茜素 S－三乙醇胺缓冲液－少量 20%Na_2SO_3	0.01 μg/20ml	水样
Si,Cu,Sn	1.6×10^{-5} mol/L 试铁灵－0.12 mol/L NaAc－0.2 mol/L $NaNO_3$	0.02 μg/ml	水样
Cd	KOH－四（4－三甲胺苯基）卟啉	2×10^{-9} mol/L	水样
	0.2%乙二胺－10^{-4} mol/L OH_x －0.3 mol/L KOH	3×10^{-8} mol/L	大米
Cu	0.4 mol/L KSCN－0.05 mol/L NH_4Cl－0.07 mol/L NH_3－1%无水亚硫酸钠	1.5×10^{-7} mol/L	土壤
Cu	1.2×10^{-5} mol/L 双硫腙－0.5 mol/L NaOH－0.01 mol/L EDTA	0.01 μg/ml	人发
Cu	2%EN－1%三乙醇胺－10^{-4} mol/L HO_x	5×10^{-8} mol/L	土壤、毛发、自来水
	NaOH－V.C.－卟啉		
Cu,Mn	0.5mol/L NaOH－10^{-5}mol/L 镍肟－0.1%NH_2OH · HCl－1.2 mol/L NH_4Cl	Cu 11 μg/L Mn 1.5 μg/L	水样，人发
Mn,Fe 联测	2%乙二胺 pH11.7	5×10^{-8} mol/L	毛发，天然水
Mo,V	HAC－铜铁试剂 pH1～4.5		水
Pb	8～10% NaAc－0.1～0.5 六次甲基四胺－2%KI－1%V.C.－0.01%三通 X－100		大气中铅尘
Pb	10ml 中含 2:1 磷酸、HBr 各 1.5ml 辛可宁 2 滴	0.01 μg/ml	水质
	0.002 4%铜铁试剂－1.5 mol/L NH_4Ac	5×10^{-8} mol/L	工业废水、自来水
Sb	2 mol/LHCl－5%酒石酸钠－0.003 mol/L 铜铁试剂	0.015 μg/ml	土壤、血液、水样
S^{2-}	1.8×10^{-4} mol/L Cu^{2+}－0.1 mol/L 氨基乙酸－0.1 mol/L 柠檬酸	1×10^{-7} mol/L	纯锌、煤气
U	0.1 mol/L NH_4Cl－0.005%二苯胍－0.005%铜铁试剂	0.000 2 μg/ml	土壤、岩石
Cd,Cu,Pb,Zn 联测	0.5%乙二胺－0.5%三乙醇胺－10^{-4} mol/L HO_x	5×10^{-8} mol/L	水样
CN^-	4×10^{-7} mol/L 联吡啶－1－5×10^{-7} mol/L Co^{2+}－5%乙醇胺－0.8ml－12%$Na_2SO_3$2.5ml－0.15 mol/L KCl	1×10^{-8} mol/L	水样

第五节 溶出伏安法

采用固定面积的微小（相对于参比电极而言）电极来代替滴汞电极记录电流－电压极化曲线的方法，称为伏安法，该法所使用的仪器和装置与极谱分析法相同，但所得到的极化曲线不是台阶状而是峰状。工作电极可用悬汞电极、挂汞电极、铂、金和其他贵金属电极、玻碳电极、石蜡浸渍石墨电极以及碳糊电极等。由于电极表面不如滴汞电极那样易于更新，表面状态会因吸附或其他因素而发生改变，而对电极反应产生影响，故数据的重现性不如极谱法。另外，电极表面可较长时间保存，电极反应产物可积累在电极上，起电解富集作用，这对于电极反应产物的研究和提高分析灵敏度是有利的。溶出伏安法的突出优点是灵敏度很高，一般可达 10^{-7}～10^{-8} mol/L，个别的甚至达到 10^{-11} mol/L。

一、溶出伏安法的基本原理

本法起初采用悬汞作为固定电极，而现在则逐渐为汞膜所代替，它们的方法原理是完全一样的。今以悬汞电极溶出伏安法为例进行介绍。

溶出伏安法可分为电解富集和电解溶出两个过程。首先是电解富集过程。它是将工作电极电位固定在产生极限电流的电位上进行电解，被测物质便富集在电极上。为了提高富集效果，可同时将电极转动或搅拌溶液，以加快被测物质输送到电极表面上。富集物质的量则与电极电位、电极面积、电解时间和搅拌速度等因素有关。

$$q = i \cdot t$$

$$i = \frac{nFAD^{1/2}\omega^{1/2}c^{\circ}}{1.62v^{1/6}}$$

$$q = \frac{nFAD^{1/2}\omega^{1/2}tc^{\circ}}{1.6v^{1/6}} \tag{12.47}$$

式中：q——库仑数；

ω——转动角速度或搅拌速度；

v——溶液的动力学黏度；

t——电解富集时间；

其他符号同前。

其次是溶出过程。经过一定时间的富集后，停止搅拌，待溶液平静及汞齐浓度均匀后（一般需 30 s 以上），逐渐改变工作电极电位，电极电位变化方向应使电极反应与上述富集过程电极反应相反。记录所得的电流－电位曲线，称为溶出曲线。它呈峰状。峰电流的大小与被测物质的浓度有关。

例如测定高纯盐酸中的微量铜、铅、镉时，首先将悬汞电极的电位固定在－0.9V，电解一定的时间，此时溶液中的部分 Cu^{2+}、Pb^{2+}、Cd^{2+}在电极上还原，并生成汞齐，富集在悬汞滴上，电解完毕后，使悬汞电极的电位均匀地由负向正变化，首先达到可以使镉汞齐氧化的电位，这时，由于镉的氧化，产生氧化电流（正电流），当电位继续变正时，由于电极表面层中的镉已被氧化得差不多了，而电极内部的镉又还来不及扩散出来，所以电流就迅速减小，这样就形成了峰状的溶出极谱曲线。同样，当悬汞电极的电位继续变正，达到铅汞齐和铜汞齐的氧化电位时，也得到相应的溶出峰。如图 12-18 所示。

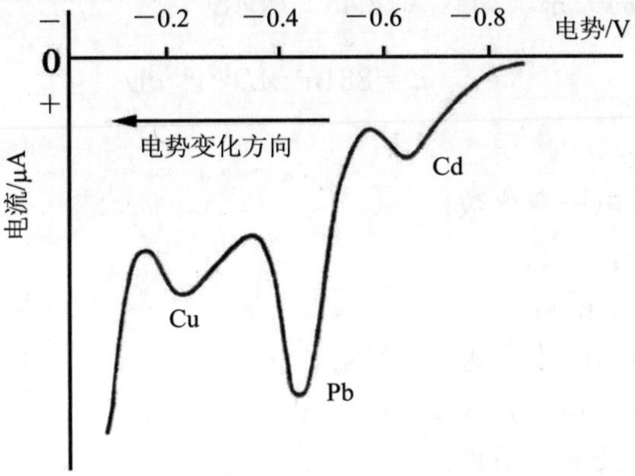

图 12-18　1.5 mol/L 盐酸底溶液中镉、铅、铜的溶出伏安曲线（悬汞电极，−0.9V 电解 3 min）

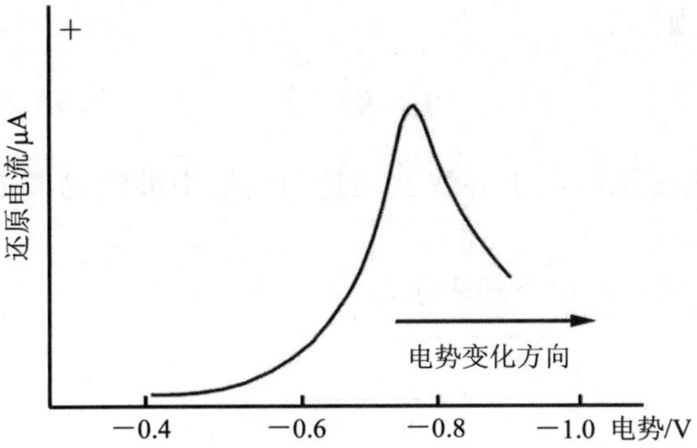

图 12-19　硫的溶出伏安曲线（悬汞电极，−0.4 V 富集 0.1 mol/L NaOH）

在这里，电解富集时，悬汞电极作为阴极，溶出时则作为阳极，称为阳极溶出伏安法。相反，悬汞电极也可作为阳极来电解富集，而作为阴极进行溶出，这样就叫阴极溶出伏安法。

例如硫离子的测定，以 0.1 mol/L NaOH 作为底液，于−0.4V 下电解富集，电极上形成难溶性的 HgS，这时悬汞电极是作为阳极，金属汞被氧化为二价汞，与硫离子结合生成 HgS。

$$Hg + S^{2-} = HgS\downarrow + 2e$$

溶出时，悬汞电极的电位往负的方向变化，当达到 HgS 的还原电位时，产生还原电流同样得到溶出峰（图 12-19）。此时悬汞电极为阴极。

$$HgS\downarrow + 2e = Hg + S^{2-}$$

溶出伏安法的灵敏度之所以这样高，其原因在于：①悬汞滴的表面积很小，通过电解富集，使得汞滴表面汞齐中金属的浓度相当大，起了浓缩的作用，所以溶出时产生的电流也就很大；②悬汞电极上呈现的充电电流比滴汞电极上小得多，通常要小 10 倍。但主要是前者，通过电解富集是提高灵敏度的主要因素。

峰电流与汞齐浓度的关系，如式（12.48）所示：

$$i_p = 881n^{3/2}AD^{1/2}v^{1/2}c\psi \qquad (12.48)$$

式中：i_p——峰电流，A；

n——溶出过程的电子变化数；

A——电极表面积，cm^2；

D——扩散系数，cm^2/s；

v——溶出过程的电位改变速度，V/s；

c——被测元素在汞齐中的浓度，mol/ml；

ψ——电极半径 r 及 v 的函数。

$$\psi = f[r^{-1}(D/nv)^{\frac{1}{2}}]$$

当实验条件不变时，则

$$i_p = Kc$$

峰电流与汞齐浓度成正比，而汞齐浓度则是与溶液中被测物质浓度成正比的，这就是溶出伏安法的定量基础。

悬汞滴中被测物质的浓度，用下式表示，

$$c = \frac{i \cdot t}{n \cdot F \cdot V}$$

式中：i——电解富集时被测物质的还原电流，A；

t——电解富集时间，min；

n——电解过程中电子变化数；

F——法拉第常数；

V——汞滴体积，ml。

所以汞齐浓度与电解富集条件有关，在实验中应保持一致。峰电位 E，和可逆极谱波半波电位 $E_{1/2}$ 有下列关系式：

$$E = E_{1/2} \pm 1.1\frac{RT}{nF}$$

阳极溶出用“+”，阴极溶出用“－”。

二、影响峰电流的因素

1. 电解富集条件的影响

（1）电解时间。当电解时间较短，溶液的体积较大时，峰电流随电解时间的增长而增加。但当电解时间较长时，峰电流也可达一极限值。在实验中，应控制一定的电解时间，并保持试样和标准溶液电解时间相同。选择电解时间的长短，则随溶液浓度而不同，一般 10^{-7} mol/L 数量级的溶液需电解 5 min，10^{-8} mol/L 需要 15 min。这样才能保证获得必要的灵敏度。

（2）外加电压。电解时外加电压的大小，对峰电流是有影响的，一般来说，在刚达到被测物质析出电位后的一段电压范围内，峰电流随电压增加而增加，但超过此范围，可达到极限值。电解富集时，外加电压一般比被测物质的半波电位负 0.4 V 即可。

（3）搅拌速度。电解速度与搅拌情况有关，峰电流随搅拌速度的增加而增加。应该注意的是，电解结束停止搅拌 30～60 s 后，才能开始溶出，以使被搅动的溶液得到平衡，汞滴中的汞齐浓度达到均匀。溶出电流也受扩散速度所控制。

2．解脱过程中电压扫描速度的影响

从式（12.48）可知，峰电流与电压扫描速度 v 的平方根成正比。提高扫描速度可以增加方法的灵敏度。

3．汞滴表面积和体积的影响

汞滴表面积 A 和体积 V 与峰电流有如下关系，

$$i_p = K\frac{A}{V}Q$$

式中：Q——溶液中被测物质总量；

K——常数。

从上式可看出，当汞滴的面积与体积的比值较大时，也就是汞滴的半径较小时，灵敏度较高。工作中，每个汞滴只能使用一次，所以在每次测量中要获得同样大小的汞滴，是保证结果重视性的关键。

4．温度的影响

温度对汞滴的表面积以及溶液中的离子和在汞齐中的金属原子的扩散系数都有影响。峰电流的温度系数，一般在 3%/℃以下。

溶出过程可以使用任何一种电化学技术。除线性变位极谱外，还有方波极谱、脉冲极谱、计时电位法及恒电流库仑法等。不同的溶出技术方法消除背景电流的能力不同，所以其测定灵敏度也不同。微分脉冲溶出法，能较好地消除充电电流的影响，这是目前溶出法中灵敏度最高的一种，Cd^{2+}的检出限可达 4×10^{-11} mol/L。它的分辨率也很高。

三、工作电极

用作工作电极的材料很多，电极的形式也是多种多样。但是，用得最多的还是汞电极。因此，我们将工作电极分成汞电极和非汞电极两大类。

（一）汞电极

由于汞电极对 H^+的还原具有很高的过电位，使用范围广；同时，因能与很多金属生成汞齐而降低金属的析出电位，所以在分析中是用得最多的。汞电极有各种形式，它们又各具特点。

1．悬汞电极

悬汞电极的形式很多，常用的有以下 3 种。

（1）机械挤压式悬汞电极。电极构造见图 12-20，玻璃毛细管的上端连接于密封的金属储汞器中，旋转顶端的螺旋将汞挤出，使之悬挂于毛细管口，汞滴的体积可从螺旋所旋转的圈数来调节。毛细管的内壁要事先用 3%～5%甲基氯硅烷的四氯化碳溶液处理，在 110～150℃下干燥 1～2 h，才能使用。经处理过的毛细管不易沾水，否则汞滴容易掉落。

这类悬汞电极使用方便，能准确控制汞滴大小，所得汞滴纯净。其缺点是当电解富集时间较长时，汞齐中金属原子会向毛细管深处扩散，影响灵敏度，此外这种电极的温度系数较大。

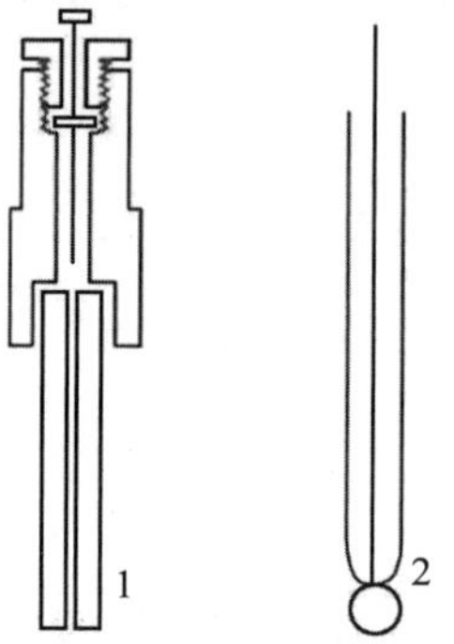

图 12-20 悬汞电极

1. 机械挤压式；2. 挂吊式

（2）挂吊式镀汞悬汞电极。在玻璃管的一端封入直径为 0.1 mm 的铂丝（也有用金丝或银丝的）露出部分的长度约 0.1 mm，另一端联结导线引出。将这一铂微电极浸入饱和硝酸亚汞的硝酸（0.2～0.5 mol/L）溶液中，在 25～30 mA 电流下电解 1～3 min（用汞层或饱和甘汞电极为阳极），汞沉积在铂丝上，可制直径为 1.0～1.5 mm 的悬汞电极。汞滴的大小可由电流及电解时间来控制。

这类电极的汞滴大小的再现性较好，易于制备，其缺点是有时处理不好，铂、金溶入汞生成汞齐而影响被测物的阳极溶出；或汞滴未非常严密地盖住铂丝，这样会降低氢的过电位，出现氢波。

（3）M303A 型静汞滴电极。美国 EG&G princeton Applied Research 公司设计并生产的 M303A 静汞滴电极（Static mercury drop electrode,SMDE），其汞滴大小可控制，操作方便，重视性好，既可作滴汞电极用，也可作悬汞电极用。用作滴汞电极时，由于电极体系的汞流速很高，在汞滴寿命初期的很短时间内便形成大的汞滴，直到敲击掉下，有利于减少充电电流的干扰。

2．汞膜电极

汞膜电极是在固体微电极的表面上，镀上很薄的一层汞，以代替悬汞电极使用。其特点是：①由于峰电流的大小与汞滴的表面积与体积的比值 A/V 成正比，而汞膜电极的比值要比悬汞电极大得多，所以灵敏度高，可达 10^{-11} mol/L。②由于汞膜很薄，被富集的能生成汞齐的金属原子，就不致向内部扩散，因此能经较长时间的电解富集，而不会影响结果。

汞膜电极有铂球镀银涂汞、银丝涂汞以及玻碳镀汞等多种。玻碳汞膜电极由于有较高的氢过电位，导电性能良好、耐化学侵蚀性强，以及表面光滑不易黏附气体及污物等优点。目前应用较多。

（二）非汞固体电极

当测定比汞的氧化电位更正的金属（如金、银、汞等）的阳极溶出伏安法时要求应用非汞固体电极。常用的非汞固体电极有 Au、Ag、Pt、C、Bi 等。某些贵金属具有生成金属互化物（如 AuHg）的倾向，为了避免贵金属同汞生成互化物，最好是使用碳电极。有些金属如 Ni 电积至汞电极后，因反应不可逆，不易再氧化出来，就需用 Pt 电极或玻碳电极；银在铂电极上溶出也可得到很高的灵敏度；测汞时可用玻碳电极；铂电极适用于测定 Ag、Ni、Cu、Cd、Pb、Ce、Te 和 Ti 等。但铂电极需严格进行予处理才能得到满意的结果，因铂的表面容易氧化形成膜或电解还原形成氢吸附层，使表面状态发生变化而影响重现性。

所有固体电极在不同程度上均有相似的缺点；当电解时，电极的表面积和电积金属的活度可能发生连续变化。尤其是在几种金属发生共沉积时上述现象更为突出，这样会使溶出峰的再现性不好，出现复合的或分裂的溶出峰。峰分裂的原因是溶出金属在表面生成别的物质。为了改进再现性，可采用旋转的圆盘玻碳电极。特别是旋转的圆环圆盘复合的玻碳电极能大大地改善再现性。

任何固体电极都要求清洁、抛光良好、精密，这才有好的再现的结果。

四、溶出伏安法的特点及应用

（1）溶出伏安法灵敏度高，在高纯物质的分析中得到一定的应用。一般来说，还原为金属并易于生成汞齐的元素，它们的灵敏度与重现性都较高。常用来测定、铅、镉、锌、锡、锑、铋、镓、铟、铊等元素。另外，一些阴离子如氯、溴、碘、硫等，它们与汞生成难溶化合物，可用阴极溶出法进行测定，而这些离子又往往缺乏其他灵敏的分析方法。

（2）应用普通极谱仪即能记录溶出曲线，也可与单扫描极谱、方波极谱、脉冲极谱等结合使用，进一步提高灵敏度。

（3）由于电解富集较为费时所以分析速度较慢。

（4）汞滴经电解富集后，只能记录一次溶出曲线，不能多次溶出分析。

表 12-3 和表 12-4 分别列出一些阳极溶出和阴极溶出例子。

五、循环伏安法

所谓循环伏安法，就是电位扫描到指定电位值后，再回扫到原来的起始电位值的电位循环扫描过程。所得的 i–E 曲线如图 12-21 所示。由图可知，得到的曲线包括两个分支。

表 12-3 阳极溶出法应用

样品	所测物	电极	溶出过程	支持电解质	灵敏度/（mol/L）
水	Sb、Bi	Hg—（石墨电极）	直流极谱	HCl	1×10^{-10}
水	Bi	Hg—（石墨电极）	直流极谱	稀 HCl	1×10^{-7}
水	Cu、Pb	Hg—（石墨电极）	直流极谱	0.1～2 mol/L HCl	5×10^{-11}
天然水	Zn、Cd、Pb、Cu	Hg—（石墨电极）	直流极谱	0.25 mol/L NaAc+0.1 mol/L 酒石酸钾	约 10^{-10}
水、酸	Fe	Hg	直流极谱	EDTA，乙酸缓冲液	1×10^{-8}
生物样	Cd、Pb、Zn	Hg（Pt）	直流极谱	0.1 mol/L KCl	～10^{-8}
生物样	Ti	Hg（Pt）	直流极谱	0.02 mol/L EDTA，NaOH	～10^{-8}
土豆	Sn	Hg（Pt）	交流极谱	$CH_3CO_2NH_4$，50%乙醇	1×10^{-8}
雨水、雪	Ag	石墨电极	直流极谱	0.15 mol/L NH_3；0.15 mol/L NH_4NO_3	4×10^{-11}
生物样	Cd、Pb、Cu	Hg	直流极谱	0.5 mol/L 乙酸缓冲液	10^{-8}
污水	As	Au	直流极谱	1 mol/L H_2SO_4+2 mol/L HCl+2×10^{-5} mol/L Cu^{2+}	
空气	Hg	玻碳电极		0.12 mol/L KSCN（pH2.0）	20～120μg/ml

表 12-4 阴极溶出法测定阴离子

被分析物质	待测离子	溶出方法	电极	支持电解质	灵敏度/（mol/L）
K_2CO_3,Na_2CO_3	SO_4^{2-}	线性变位	悬汞	5 mol/L KOH	5×10^{-8}
KNO_3	Cl^-	线性变位	悬汞	0.08 mol/L KNO_3+0.002 mol/L HNO_3	5×10^{-6}
$CaWO_4$	Cl^-	线性变位	悬汞	1.2 mol/L 酒石酸+0.5 mol/L HNO_3	5×10^{-6}
$CaMoO_4$,$SrMoO_4$	Cl^-	线性变位	悬汞		5×10^{-6}
$BaCO_3$,$SrCO_3$	I^-	线性变位	悬汞	硝酸盐	5×10^{-8}
$CaCO_3$	I^-	线性变位	悬汞	硝酸盐	
$NaNO_3$	I^-	线性变位	悬汞	$NaNO_3$	1×10^{-6}
$CdSO_4$	$C_2O_4^{2-}$	线性变位	悬汞	0.5 mol/L $CdSO_4$+HNO_3, pH=4	2×10^{-9}
H_2O	S^{2-}	线性变位	悬汞	0.1 mol/L NaOH	1×10^{-7}
HAc+NaAc	I^-	线性变位	悬汞	0.1 mol/L HAc+0.1 mol/L NaAc	4×10^{-8}
	Cl^-	线性变位	悬汞	0.1 mol/L NaAc+80%乙醇	4×10^{-8}
$Al(NO_3)_3$	Cl^-	线性变位	悬汞	0.5 mol/L $Al(NO_3)_3$+0.8 mol/L HNO_3+80%乙醇	7×10^{-7}

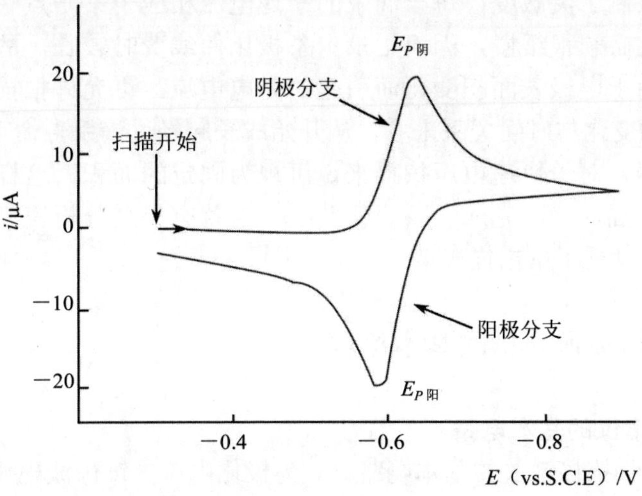

图 12-21　可逆循环伏安图

如果前半部扫描是去极剂在电极上被还原的阴极过程，产生还原电流。还原产物在后半部扫描过程又重新被氧化，即阳极过程，产生氧化电流。用三角波扫描，就可完成这样一个还原过程和氧化过程的循环。

循环伏安法主要用于研究电极过程动力学的机理，很少用于定量分析。如用来判断电极过程的可逆性。对于可逆体系，阴极峰电位（$E_{P阴}$）与阳极峰电位（$E_{P阳}$）应相差：

$$E_{P阳} - E_{P阴} = 2.2\frac{RT}{nF}$$

$$= \frac{56}{n}\text{mV}\ （25℃）$$

这是可逆体系的循环伏安曲线所具有的特征值，而且波的上下两支曲线基本上是对称的。对于不可逆体系两峰间的电位差要大于 $\frac{56}{n}$mV 。两峰相隔愈远愈不可逆。上下两支曲线也就不对称。

第六节　单扫描极谱

应用阴极射线示波器作为测试工具的极谱法，可分成两类：一类是电流–电压型（I–E 型）的，称为扫描极谱；另一类是电压–时间型（dE/dt–E 型）的，称为示波极谱。过去将前者叫做示波极谱或阴极射线极谱，后者叫做交流示波极谱；现在则根据国际统一规定，采用上述名称。

从前面的极谱法和伏安法的讨论中可知：在极谱法中采用滴汞电极，其表面可不断更新，表面性质稳定，重现性好；但由于汞滴在成长过程中表面积不断变化而引起较大的充电电流，限制了灵敏度；每一滴汞的平均电流相应于某一点（极小部分）电位，这就要求电压变化必须很缓慢，因而记录一条极化曲线费时较长，故分析速度较慢。在伏安法中，没有由于电极表面积变化而引起的充电电流；可允许扫描电压变化速度较快。从滴汞表面积的变化与时间关系来看，从开始成长起经过滴汞寿命 1/3 时间后，其表面积变化趋近于缓慢，对于快速电压扫描来说可视为固定的面积，这样，如果在滴汞成长后期以快速电压扫描，一次完成一条极化曲线，这就有提高分析速度、灵敏度和重现性的可能。鉴于此而发展了单扫描极谱。

一、单扫描极谱分析的基本原理

1．扫描极谱仪的基本电路

图 12-22 为扫描极谱仪的基本电路。V 为极化电压（锯齿波电压）发生器，极化电压也就是扫描电压，扫描电压通过电阻 R 加在电解池的两电极上（滴汞电极 D.M.E 和参比电极 R.E.）。电解过程中产生电流变化，此电流信号就在电阻 R 上引起电压降。将极化池两端的电压输入至示波器（P）的水平偏向板上，而将电阻 R 上的电压降输入至示波器的垂直偏向板上，因此示波器的水平偏向板代表极化电压坐标，而垂直偏向板代表电流坐标，在示波器的荧光屏上将出现完整的极谱曲线。

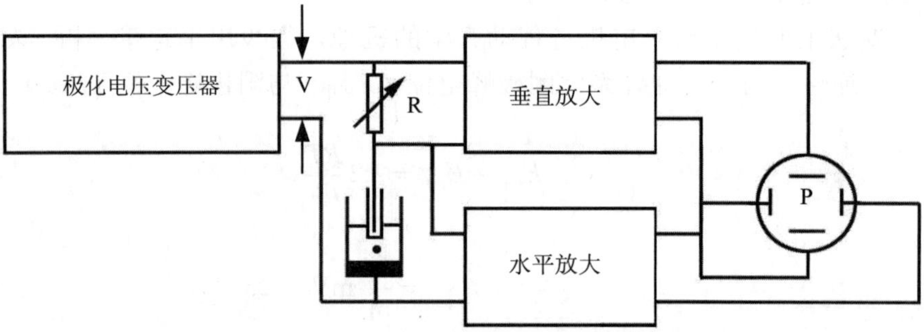

图 12-22　单扫描极谱仪的基本电路

扫描极谱大都采用单扫描法，叫做单扫描极谱。一般调节滴汞寿命约为 7 s，考虑到汞滴的表面积在汞滴成长的初期变化较大，故在滴汞寿命的最后约 2 s 区间，才加上一次扫描电压，一般为 0.5 V，扫描时的起始电压可根据测定需要选择。为了使滴汞寿命与电压扫描取得同步，在滴汞电极上有敲击装置，每扫描一次结束时，启动敲击器，把汞滴敲落，以后汞滴又开始生长，到最后 2 s 期间，又进行扫描一次。每进行一次电压扫描，荧光屏上就重复描绘出一次极谱图。曲线平滑，没有普通极谱的电流振荡。单扫描极谱图如图 12-23 所示，呈峰状曲线。用阴极射线示波器来记录极化曲线的单扫描极谱，有时也称为单扫示波极谱。

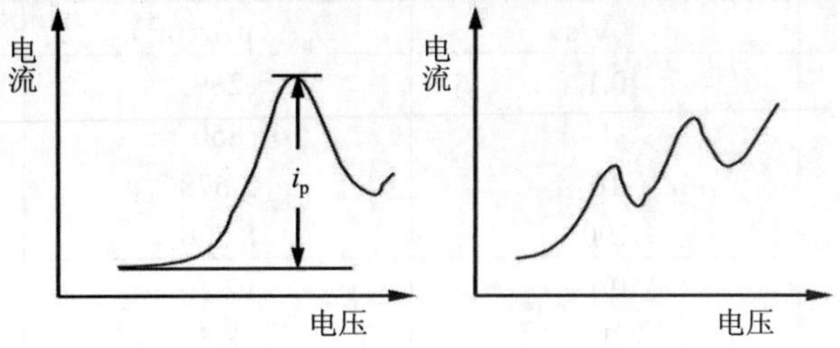

（1）一种离子　　（2）两种离子

图 12-23　单扫描极谱图

2. 峰电流的性质

扫描极谱图呈峰状，其原因是由于：加入的电压变化速度很快，当达到还原物质的分解电压时，该物质在电极上急速地还原，产生很大的电流。然而，由于可还原物质急速地在电极上还原，使它在电极表面附近的浓度急剧地降低，这时，溶液中的可还原物质又来不及扩散至电极表面附近，而电压变化的速度又是如此之快，当继续增加电压时，电流反而减小，而呈峰状。由于电压扫描在汞滴生长的后期，此时滴汞面积改变最小，可以消除大部分电容电流，因此，能提高灵敏度，可达 10^{-7} mol/L。

因为扫描极谱的原理与普通极谱基本相同，所以一般来说，凡是在普通极谱中能得到极谱波的物质亦能用扫描极谱法来进行分析。但是在扫描极谱中，由于极化速度很快，因此电极反应的速度对电流的影响很大。对电极反应为可逆的物质，极谱图上出现明显的尖峰状；对电极反应仅为部分可逆的物质，由于其电极反应速度较慢，跟不上极化速度，来不及还原，所得图形的尖峰状就不明显，灵敏度也就较低；对电极反应为完全不可逆的物质，其电极反应远远跟不上极化速度，所得极谱图没有尖峰，灵敏度更低，有时甚至不起波。

峰电流（i_p）与离子浓度的关系，由 Randles 和 Sevcik 导出，故称 Randles–Sevcik 方程。

$$i_p = 269 n^{1/2} A D^{1/2} v^{1/2} c_o \qquad (12.49)$$

式中：A——电极表面积，cm^2；

D——离子扩散系数，cm^2/s；

v——扫描速率，$\frac{dv}{dt}$，V/s；

c_o——被测离子浓度，mol/L。

从式（12.49）可知，除 $i_p \propto c_o$ 外，还与 $v^{1/2}$ 成正比。因此，除作定量分析外，还可以从改变扫描速率 v，用 i_p 对 $v^{1/2}$ 作图，若为线性关系，证明是可逆扩散波。

在单扫描极谱中，扫描速度不但影响可逆与不可逆，还影响电容电流和法拉第电流。按式（12.49），假设 n=1。$Cd_1 \approx 25\mu F/cm^2$，$D=10^{-5}\ cm^2/s$，$A=0.01\ cm^2$，$v$=1V/s，$c_o=1\times10^{-3}$ mol/L，则 i_p =8.5μA。改变 v 所得 i_p 和电容电流 i_c 与 i_p 之比的数值列于表 12-5。

表 12-5 i_c与i_p的关系

c_o/(mol/L)	v / (V/s)	i_p / ($\mu A/cm^2$)	i_c / i_p
10^{-3}	0.1	269	0.009
	1	850	0.029
	10	2 678	0.092
	100	8 500	0.92
10^{-5}	0.1	2.7	0.9
	1	8.5	2.9
	10	26.9	9.2
	100	85.0	29.0

从表 12-5 可得两点结论，为了避免电容电流 i_c 的干扰，v 必须小。一般单扫描极谱 v＝0.25 V/s。其次是离子浓度稀时，如 10^{-5} mol/L，即使用 v=1 V/s ，i_c/i_p 也达到 0.9。因此，电容电流限制了常规扫描极谱的灵敏度。除了影响电容电流外，扫描速度还影响电极过程的表观可逆性，v 增大，可逆性看上去变差，即 i_p 降低，峰变宽。但有利的一方面是不可逆波如氧波对可逆波的干扰就比较小，待测溶液也就不一定要除氧。

3．峰电位的性质

峰电位 E_p 与普通极谱的半波电位的关系为：

$$E_p = E_{1/2} - 1.1\frac{RT}{nF}\ (\text{V})$$

可见峰电位是与半波电位有关的常数。其数值比普通直流极谱的半波电位 $E_{1/2}$ 稍负。

二、导数单扫示波极谱

当测定电极反应可逆性差，或存在大量先还原物质时，所得到极谱波谱形差，峰变宽，分辨率也差，难以精确测量波高。为了提高灵敏度和分辨率，最好采用导数单扫示波极谱（三电极）。所得的极谱波呈峰状，分辨率好，峰高容易测量。峰高与去极剂浓度成正比。虽然导数单扫描峰高比常规波的峰高为小，但由于导数峰高容易测量，而且分辨率好，因此，实际上反而比常规扫描极谱更适用于分析。得到广泛应用。至于上、下峰间高度和峰的形状尖或钝，都与反应的可逆性、吸附的强弱等因素有关。

三、单扫描极谱的特点及应用

（1）快速。由于极化速度快，数秒钟即可完成一次测量。

（2）灵敏。由于产生的电流比普通极谱大，所以灵敏度就高。对可逆波来说，一般可达 10^{-7} mol/L。单扫描极谱还可与固定电极溶出伏安法、极谱催化波法结合起来，进一步提高灵敏度。因此，单扫描极谱和溶出伏安法、极谱催化波结合，而广泛地应用于环境监测中，成为环境监测中一个很重要的分析方法。如大气中铅的测定，工业废水中铅、镉的测定，工业废水中 NO_2^-和 Cr^{6+}的测定等都是可行的测定方法。

（3）分辨力高。由于极谱图呈尖峰状，所以分辨率也就较高，物质的峰电位相差 0.1V

以上，就可分开，并能同时测定。采用导数单扫描极谱，分辨力更高。

（4）前放电物质的干扰小。一般有数十倍甚至数百近千倍的前放电物质存在时，不影响后还原物质的测定。因为用单扫描法可在汞滴的生命期内，在扫描开始前的 5s 内，调节极化电压至一定值，以使前放电物质在电极上还原，这样就降低了电极表面附近前放电物质的浓度，就好像在电极表面附近进行电解分离，接着扫描时，就只有后还原物质的峰出现。

（5）由于电极反应的可逆程度对单扫描极谱的影响很大，不适用于测定电极反应为不可逆的物质，因而使单扫描极谱的应用范围小了一些。但是，可以把这些不利因素变成有利条件，正因为某些物质的极谱波为不可逆，其干扰作用也就大大减少，使得在某些不可逆的叠波或前放电物质存在下，可以测定半波电位相近或后还原的产生可逆波的物质。另外，如氧波为不可逆波，所以在单扫描极谱中，氧波的干扰作用也就大为降低，往往可以不除去溶液中的氧。

（6）由于扫描速度和信号跟踪快，对于测定吸附络合物波具有独特之处。

第七节 交流极谱、方波极谱和脉冲极谱

一、交流极谱

1. 交流极谱的基本原理

交流极谱的基本线路见图 12-24，于普通极谱线路中，引入频率为 5～50 Hz、振幅为 15～30 mV 的交流电压 D。在电路流过的电流由三个组分所组成：在缓慢加入极化电压的影响下发生并与电极反应有关的扩散电流；叠加的交流电压对双电层产生充放电流和对电极反应有关的电流。前一部分是属直流电流，后两部分是属交流电流。通过极化池的交流部分的电流，与直流的电流一样，在电阻 R 上产生电压降，经电容器 C 与直流部分电流分开后，再用放大器 A 进行放大，放大后的交流电流经过整流，即可用一般检流计或记录仪记录。交流极谱曲线与普通极谱曲线大不相同，它在普通极谱波的半波电位处呈现明显的尖峰状（图 12-25）。产生尖峰状极谱曲线的原因可以简略地解释如下：

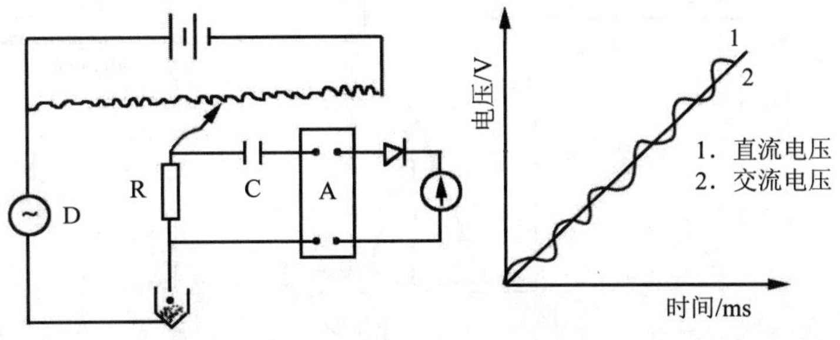

图 12-24 交流极谱的基本电路及直流极化电压的变化

图 12-25 中曲线Ⅰ为可还原金属离子的可逆的极谱波。今假定外加直流极化电压使滴汞电极具有 A 点的电位，由于直流极化电压上叠加有一个很小的交流电压，故这时候滴汞电极的电位将在 A_1 点至 A_2 点间交替地变化着。叠加的是交流电压的负半周时，滴汞电极具有 A_1 点的电位，叠加的是正半周时，则具有 A_2 点的电位。然而，在这种情况下，不管滴汞电极的电位是 A 点，A_2 点或 A_1 点的电位，都不够负，不足以使金属离子在滴汞电极上还原。因此，这时候仅有残余电流通过极化池。在交流极谱中，由于叠加交流电压的结果，使滴汞电极表面上的双电层迅速地充电和放电，产生较普通极谱为大的充电电流。尽管如此，这部分交流电流还是不太大的，它们是交流极谱中的残余电流，相当于曲线Ⅱ中的 A 段。

如果外加极化电压使滴汞电极具有 B 点的电位，由于叠加交流电压的结果，将使滴汞电极的电位在 B_1 及 B_2 两点之间变化。滴汞电极达到 B 点的电位时，已达到金属离子的起波范围，这时，金属离子在电极上还原为金属（汞齐），产生一定的扩散电流。但是，当滴汞电极的电位交变至 B_1 点时，突然有更多的金属离子在滴汞电极上还原，使电流突然变大一些；而当滴汞电极的电位交变至 B_2 点时，电位突然变正，因而使原先沉积于滴汞电极上的金属（汞齐）迅速地氧化出来，引起一定的正电流（氧化电流为正电流）。由此可见，当滴汞电极的电位迅速地在 B_1 点与 B_2 点之间交变时，通过极化池的电解电流也有迅速交变的一部分，即一瞬间产生还原电流，另一瞬间产生氧化电流，如曲线Ⅱ中 B 段所示。

如果外加极化电压使滴汞电极具有 C 的电位，由于叠加交流电压的结果，将使滴汞电极的电位在 C_1 及 C_2 两点之间变化。C、C_1 和 C_2 都处于极谱波的极限扩散电流范围内。因此，当滴汞电极电位交变至 C_1 点（负半周）时，虽然 C_1 点的电位较 C 点的电位为负，但由于已达到极限扩散电流区域，没有更多的金属离子可以在电极上还原，所以交流负半周中，总的电流比普通极谱的极限扩散电流没有明显的增加。当滴汞电极电位变至 C_2 点（正半周）时，由于 C_2 点也处于极限扩散电流区域内，电位还不够正，不足以使沉积在电极上的金属迅速的氧化，所以在交流正半周中，总的电流比普通极谱的极限扩散电流也没有明显的变化。既然滴汞电极的电位在 C_2、C 及 C_1 点时的电流没有多大的变化，所以基本上没有交流电流部分。当然，在这一电压范围内，残余电流还是有的，即相当于曲线Ⅱ中 C 段所示。

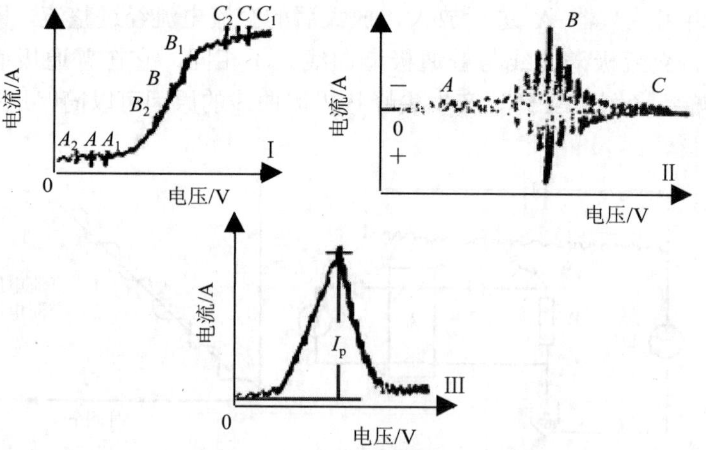

图 12-25 交流极谱曲线

Ⅰ. 普通极谱曲线；Ⅱ. 通过极化池的交流电流；Ⅲ. 经滤波整流后记录的交流极谱曲线

由此可见，在直流极化电压上叠加一个很小的交流电压时，通过极化池的总电流中包含有交流电流部分。此交流电流在普通极谱波的起波范围内比较大，而在半波电位时为最大。整个交流电流随直流极化电压大小的变化情况见图 12-25。图中曲线Ⅲ是记录所得的典型的交流极谱曲线。由图中可以看出，交流极谱曲线的峰电位（E_p）与普通极谱波的半波电位是一致的。交流极谱曲线上呈现锯齿状是由于汞滴周期性的滴落所致。

2．峰电流的性质

关于峰电流（I_p）的大小，如果电极反应为可逆，而所叠加的交流电压（ΔE）不大，即　$E \leqslant \frac{RT}{nF}$ 时，峰电流为：

$$I_p = 965 \times 10^6 n^2 A D^{\frac{1}{2}} \omega^{\frac{1}{2}} c \Delta E \qquad (12.50)$$

式中：I_p——峰电流，A；

n——电子变化数；

A——电极表面积，cm^2；

D——扩散系数，cm^2/s；

ω——交流电压的圆频率，rad/s；

c——被测物质的浓度，mol/L；

ΔE——交流电压振幅，V。

因此，当交流电压的振幅及频率不变时，峰电流与被测物质的浓度成正比，故可用于定量分析。

$$I_p = Kc$$

峰电流与电极反应的可逆性有关，可逆波的峰电流较大，而电极反应愈不可逆，则峰电流就愈小。

峰电流与 n^2 成正比，但峰的宽度则与 n 成反比。

峰电流的温度系数比较小，比普通极谱扩散电流的温度系数要小。

交流极谱波上的半峰宽度（$\omega_{1/2}$）有很重要的意义，25℃时，

$$\begin{aligned}\omega_{1/2} &= \frac{2RT}{nF}\ln\frac{\sqrt{2}+1}{\sqrt{2}-1} = \frac{4RT}{nF}\ln(\sqrt{2}+1) \\ &= 1.52(2.303\frac{RT}{nF}) \\ &= 90/n(\text{mV})\end{aligned} \qquad (12.51)$$

可以从$\omega_{1/2}$来判断可逆波（90/n）和不可逆波（>90/n），交流极谱因交流电频率很高，故适用于可逆的氧化－还原体系。

3．交流极谱的特点及应用

（1）由于叠加了交流电压，使滴汞电极表面上的双电层迅速地充电和放电，所以交流极谱的充电电流就比较大，比普通极谱大一二十倍。记录的交流极谱图中包含充电电流在内，这就限制了交流极谱的灵敏度。一般为 10^{-5}～10^{-6} mol/L。

（2）交流极谱的分辨率大。可以分析峰电位相差仅 40 mV 的两种物质。电极反应中

电子变化数较多的物质，峰的宽度就窄，分辨力也就较好。铅和铊就可以在交流极谱上同时测定。

（3）前放电物质的影响很小。由于交流极谱得到的是尖峰状的极谱曲线，测得的是交流电流的变化，当电极电位达到前放电物质的极限扩散电流处的电位时，交流电流又回到零点附近，所以可以测定微量后还原的物质而不受干扰。

（4）氧波的干扰不大。由于氧的电极反应不可逆，峰电流很小，分析浓度为 10^{-4} mol/L 以上的物质时，可不除氧。

（5）不适用于电极反应为不可逆的物质的测定。

交流极谱法的灵敏度不高，其主要特点是干扰小，分辨能力强。为了提高交流极谱的灵敏度，消除充电电流的影响，就出现了另一种新的交流极谱方法——方波极谱法。

二、方波极谱

方波极谱的基本原理与交流极谱是相同的，其区别是叠加在直流极化电压上的交流电压的波形不同。方波极谱是用方形波来代替正弦波，从而达到消除充电电流影响的目的。

方波极谱是将一个振幅很小的方形波电压（振幅＜30 mV；频率 225 Hz），叠加在缓慢而均匀变化的直流极化电压上（图 12-26），通过极化池的交变电流，与直流组分分开之后，进行放大。然后利用仪器中的特殊的时间开关，使在每一次加入方波电压之后，等待一段时间，直到充电电流减至很小数值时，再记录电解电流，这样便可消除充电电流的影响。

$$i_c = \frac{\Delta E}{R}\exp(-\frac{\tau}{RC})$$

式中：i_c——电容电流；

ΔE——方波电压振幅；

R——电解体系的电阻；

C——电解体系的电容（主要是双电层电容）；

τ——加方波电压后经过的时间。

由此可见，电容电流是随时间以指数形式迅速衰减的。

方波极谱法消除充电电流的原理见图 12-26。图中曲线（1）为加入的交流方波电压。当方波电压 $W_{方}$加于滴汞电极上时，双电层立即充电，所以产生很大的充电电流。但随着时间的增加，电容电流将愈来愈小，以至于最后趋近于零。当交流方波电压变化至另一半周时，由于滴汞电极电位突然降低，故双电层立即放电，产生很大的反向电流，它也是随时间的增加愈来愈小，最后趋近于零。当方波电压又至另一半周时，双电层又继续充电。如此周期性地变化，充电又放电，得到如图中曲线（2）所示的充电—放电电流曲线。

如果溶液中有可还原（氧化）物质存在，由方波电压所产生的电解电流，起初因电极电位变化极迅速，获得电流变化很大，随即可视为进入恒电位电解状态，此后电解电流则随时间的平方根而减少。它减少的速度比之电容电流慢得多，如图中曲线（3）所示。方波极谱法就是利用充电电流与电解电流的不同特性，设计了一种装置，使记录器只记录方波电压半周内最后一段时间内的交流电流。显而易见，所记录的交流电流，绝大部分是电解电流，充电电流成分十分微弱，完全可以忽略不计，如图中曲线（3）的斜线部分。方波极谱曲线的形状和普通交流极谱曲线的形状一样，也呈现尖峰形状。方波极谱有连续方波和断续方波两种。连续方波是整个滴汞周期内都记录电流；断续方波是在每一汞滴的最后的一定时间内才进行电流的记录，这样可以进一步消除汞滴表面积变化的影响。

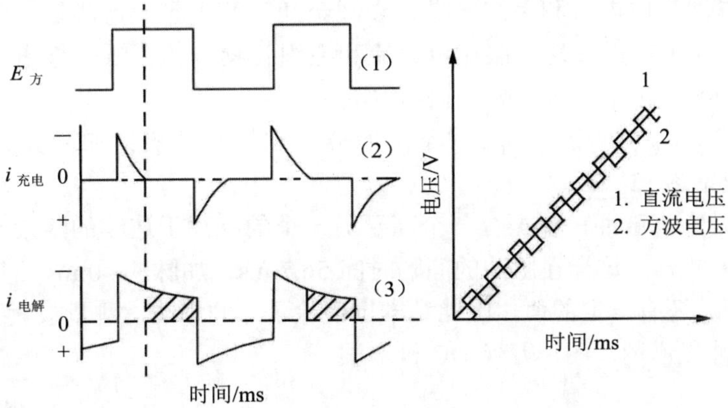

图 12-26　方波极谱中电压、充电电流及电解电流随时间的变化

对于一个可逆过程，峰电流 I_p 表示为：

$$I_p = \frac{kn^2F^2\Delta EDc_0}{RT} \tag{12.52}$$

式中，k 为常数，与所加方波的振幅（ΔE）和频率（f）等有关；I_p 与 ΔE 成正比，但振幅不宜过高；I_p 与 n^2 成正比，方波极谱也是适用于可逆反应，支持电解质浓度比 DC 所用的要高一些，以减小 IR 降。方波极谱对可逆波一般可测至 5×10^{-8} mol/L。如测河水中的铅，达 2×10^{-8} mol/L，故不需预先浓缩水样，比原子吸收光谱法灵敏约 100 倍。但对不可逆波，只能达 10^{-6} mol/L。方波极谱还能分辨直流极谱不能分辨的 Cd^{2+}，In^{2+}极谱波。也是一个优点。

三、脉冲极谱

脉冲极谱是 Barker 为了克服方波极谱的某些缺点，特别是为了减少毛细管噪音的影响的另一发明。脉冲极谱法既保存了方波极谱的优点，同时又克服它的缺点。它是目前所有极谱技术中最灵敏的方法。对可逆去极剂比方波极谱灵敏度高半个数量级，10^{-9} mol/L In^{3+}的图形良好；对不可逆去极剂比方波极谱灵敏度高一个多数量级，可检测至 10^{-8} mol/L。而且所用支持电解质浓度可以很稀，在低于 0.01 mol/L 氯化钾溶液中仍可测定。如用三电极装置，不用支持电解质也可以测定。

脉冲极谱法能很好地克服充电电流的影响，从而在很大程度上提高了法拉第电流对充电电流的比值。所以能够这样，是由于法拉第电流、充电电流和毛细管噪音具有不同的衰减规律。充电电流是按下式随时间的指数形式衰减：

$$i_{\mathrm{c}}=\frac{E}{R}\mathrm{e}^{-\frac{t}{Rc}}$$

毛细管噪音电流是以 t^{-n} 形式衰减，而$n>\frac{1}{2}$。而电解电流是按 $i_f = t^{-1/2}$ 规律衰减。由此可见法拉第电流衰减的速度比充电电流、毛细管噪音电流要慢得多。在脉冲极谱法中，仅在一滴汞滴的生存后期给体系叠加一个脉冲电压，加入脉冲电压之后有足够时间，为20～40ms，使脉冲充电电流和毛细管噪音衰减至几乎等于零，再测量这时所遗留的脉冲法拉第电流。这就可以很好地克服充电电流和毛细管噪音的影响，极谱图是由所测得的脉冲电解电流对外加电压（或电位）作图而得。

脉冲极谱按所加脉冲电压的方式不同而分为常规脉冲极谱和微分脉冲极谱两种类型。其基本原理见图 12-27。

图中（a）是常规脉冲，加振幅一个高于另一个的脉冲于连续的滴汞上，而取电流是在滴汞落下前 16.7 ms。这样在脉冲的间隔时间 56.7 ms，加脉冲 40 ms 后期的 16.7 ms，i_{c} 几乎降至零，而 i_{F} 还有一定的值，因此基本上消除了 i_{c} 的影响，测量放大了的 i_{F}，便得图 12-28 的常规脉冲极谱图，图形好像 DC 极谱波。

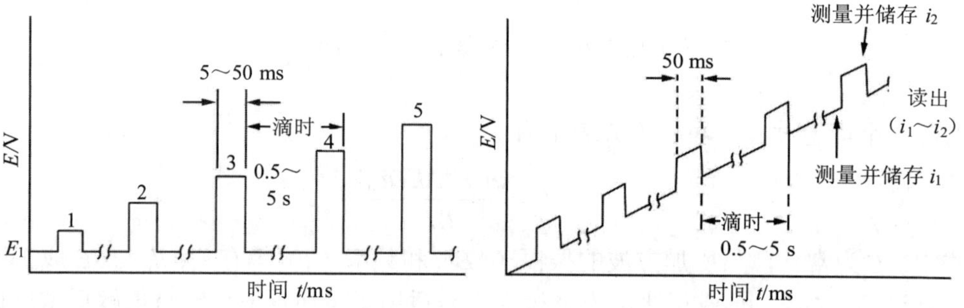

（a）常规脉冲　　（b）微分脉冲原理图

图 12-27　激发的波形与电流和时间

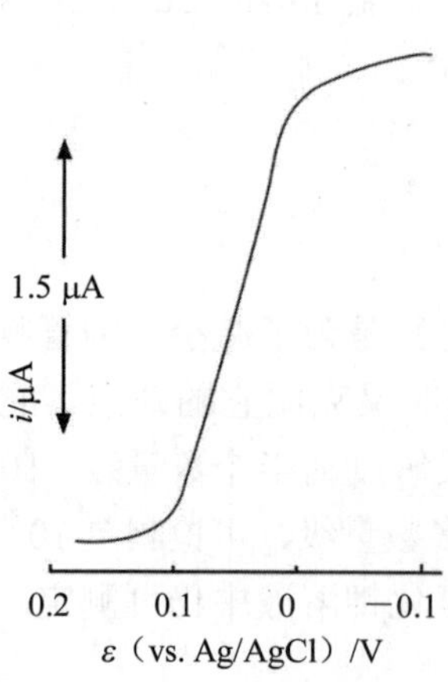

图 12-28　常规脉冲极谱图

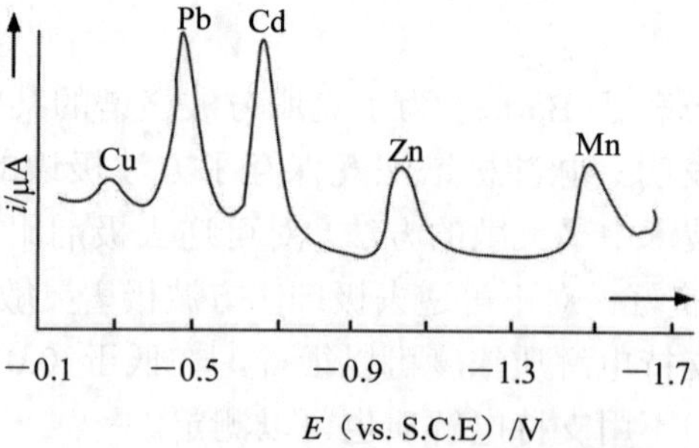

图 12-29　微分脉冲极谱图

图 12-29 为微分脉冲极谱图，加脉冲的方式是将相同振幅的脉冲加于不断缓慢增加的

DC 电位上，电流也取在最后的 16.7 ms，在未加脉冲前取一次，后期取一次、两次之差得到了消除电容电流的 i_F，其图形如图 12-29 所示。

1．**常规脉冲极谱**（Normal Pulse Polarography, NPP）

法拉第电流 i_F 可用 cottrell 公式表示

$$i_F = \frac{nFAD^{1/2}c_o}{(\pi t)^{1/2}} \tag{12.53}$$

式中的电极面积 A，假定为一平面时是一常数，此时电容电流为

$$i_c = \frac{\Delta E}{R}e^{-t/Rc} \tag{12.54}$$

可见 i_F 是按 $t^{1/2}$ 下降，而 i_c 是按 t 的指数下降。式（12.54）中，ΔE 是脉冲振幅；R 是未补偿的溶液电阻；t 是施加脉冲后的时间。常规脉冲极谱电流正是在 i_c 下降至极微时测量，以典型的参数来说明：假定 n=2，D=10^{-5} cm^2/s；A=0.02 cm^2；c_o=10^{-6} mol/L；ΔE =250 mV；双层电容 $C_{d.e}$=25 μF/cm；R=100 Ω；加脉冲后的时间与相应的 i_c/i_F 比值列于表。可见加脉冲电压后 1ms 测量电流，i_c/i_F 已降到 2×10^{-4}，可得良好的脉冲极谱图，不受 i_c 的干扰，故可测离子浓度至 10^{-7} 或 10^{-6} mol/L（表 12-6）。

表 12-6　i_c/i_F 值

加脉冲后的时间/ms	i_c/i_F
0.20	938
0.55	1.4
0.75	0.030
1	2×10^{-4}

常规脉冲极谱电流表示为：

$$i_{NP} = nFA(c^0 - c^s)\sqrt{\frac{D}{\pi t_m}}$$

当脉冲电压达到使 $c^s \to 0$ 时，即获得极限电流

$$i_l = i_{NP} = nFAc^0\sqrt{\frac{D}{\pi t_m}}$$

如同直流极谱方程式的推导一样，可推导出可逆过程的常规极谱方程式为：

$$E = E_{1/2} + \frac{RT}{nF}\ln\frac{i_l - i}{i} \tag{12.55}$$

由此可见，常规脉冲极谱图及其性质都与直流极谱相似，只是时标不同。在直流极谱中时标为汞滴自由滴落时间 t，而常规脉冲极谱则为 t_m（t_m 为加入脉冲电压到测量电流之间的时间间隔）。由于 $t \gg t_m$，故常规脉冲极谱的灵敏度比直流极谱高，若 t 比 t_m 大 100 倍，其灵敏度可提高 6～7 倍。

2．**微分脉冲极谱**（Differential Pulse Polarography, DPP）

常规脉冲极谱虽然消除了 i_c 而提高了灵敏度，但还不能解决残余电流的问题，残

余电流还包含溶液中杂质的干扰电流。其中氧是主要来源。空气饱和了的水含氧约有 0.3 mmol/L，相当于 i_d 约 5 μA，通氮或氩除氧 10 min，仍有氧约 0.002 mmol/L，相当于约 40 nA。此电流相当于 10^{-6} mol/L 物质一电极反应所得 i_F 的 4 倍。另外，若溶液中有大量前还原波，要测小量后还原波是很困难的。

对于可逆的电极过程的微分脉冲极谱峰电流用下式表示：

$$i_p = \frac{(nF)^2}{4RT} Ac^0(\Delta E)\sqrt{\frac{D}{\pi t_m}} \tag{12.56}$$

当实验条件（如 A，ΔE，t_m，T 和底液等）不变时，峰电流与被测物质浓度成正比。

峰电位与半波电位可用下式表示：

$$E_p = E_{1/2} \pm \frac{\Delta E}{2}$$

注意式中ΔE 所用的符号，若是还原过程ΔE 就为负（$-\Delta E$），此时峰电位比半波电位为正；若是氧化过程，ΔE 为正，此时峰电位较半波电位负。

增长ΔE，可提高灵敏度，但又会降低分辨率。一般采用 10～100 mV 脉冲，以 56.7 ms 时间叠加在 DC 电压的 DME 生长后期，电流取自两个时间间隔（40 ms）脉冲前期和脉冲后期（16.7 ms）。因为是取两次电流之差，故微分脉冲极谱也称为“示差脉冲极谱”。

3．脉冲极谱的特点和应用

（1）适用面广。原则上，直流极谱能够测定的物质，亦可用脉冲极谱测定。由于脉冲极谱，尤其是微分脉冲极谱是目前各类极谱技术中最灵敏的方法，因此更适于痕量分析。不仅已有在水溶液中测定的方法，同时也有在熔盐中进行测定的方法。在环境监测方面，不仅可以对水源、食物和自然环境进行污染程度的分析，也可用于有机物的检测。

（2）灵敏度高。对可逆过程，可达 10^{-8} mol/L；对不可逆过程，可达 10^{-7} mol/L。与溶出技术相结合，灵敏度能进一步提高 2～3 个数量级，可达 10^{-10}～10^{-11} mol/L。例如可测定氯化钠中质量分数为 9×10^{-10} Zn、1×10^{-9} Cd、2×10^{-9} Pb、7×10^{-10} Cu。同直流溶出伏安法比较，在获得同样峰高时，它所需富集时间少得多，这样电极表面性质改变的机会少些，从而提高了再现性。

（3）可允许溶液的电阻较大。支持电解质浓度在 0.001 mol/L 仍可进行，这对痕量元素的测定极为有利。

（4）分辨率高。两个峰电位相差 25～30 mV 即可分辨出。

（5）允许前放电物质的量大。前放电物质浓度比被测物质浓度高 5 000 倍，亦不发生干扰。

（6）分析速度快。采用单滴汞微分脉冲极谱法，分析速度和单扫描极谱一样快。而且可记录下图形，便于测量和保存。

（7）由于它的灵敏度和分辨率都很高，对于有机物的分析比上述各种方法更为优越。

在脉冲极谱测定中，脉冲幅度、延迟时间、扫描速率、毛细管参数以及溶液组分等，对峰电流均产生一定影响。因此，分析必须严格控制在恒定条件下进行。

第八节　有机化合物的极谱分析

为了发展经济和提高人们的生活水平，人类努力发展各种物质生产。其中以化学品的生产发展尤其迅猛。不仅是产量的增加，其品种也与日俱增。目前，化学品已有 1 000 多万种，并以每年一千多种的速度增加。化学品的生产丰富了人类的物质世界，促进了工农业和现代科学技术的发展，提高了人类的生活水平。然而，化学品在带给人类福音的同时，由于不少化学品有毒，有毒化学品进入环境将对生态环境和人类健康造成危害。危害环境和人类健康的化学品称为有毒化学品；污染环境有毒化学品称为有毒污染物。有人测算，进入环境的有毒化学品约一万多种。在环境中存在致癌、致畸和致突变的化学品有上千种。世界卫生组织曾估计，60%～90%的癌症是由于环境中的化学因素造成。因此，控制、防止有毒化学品的环境污染，已是全球的重大环境问题之一。

环境有机污染物主要用色谱法，尤其是气相色谱法进行分析与监测。由于某些有机污染物具有电活性基团，或经过适当的化学反应后也具有电活性，可以很方便地用极谱分析法或伏安法进行分析。而且有时不需要对样品进行预处理，或只需要进行简单的处理就能进行测定，方法灵敏、简便而得到发展与应用。

一、有机化合物的极谱性质

有机化合物极谱分析的特点：

有机化合物极谱分析的基本原理与无机物的极谱分析是相同的，但还有其特殊之处。

（1）大多数有机化合物的极谱波为不可逆波。

（2）有机电活性物质及其电极反应的产物，一般均为不带电荷的中性分子。

（3）电极反应的电子数一般为偶数。

（4）在有机化合物的电极反应中，一般均有氢离子参与，其半波电位以及极谱波的形状和数目，都与底液的 pH 有关。所以常需用缓冲溶液作为底液。

（5）许多有机化合物不溶于水，要在有机溶剂（或与水的混合液）中进行极谱分析。常用的有机溶剂有醇类、二氧六环、溶纤剂（含醇基及醚基）、冰醋酸、苯－甲醇混合液。我们在实验中发现，N，N-二甲基甲酰胺，简称 DMF，是不溶于水的有机化合物进行极谱分析的良好溶剂。是非质子极性高介电常数的有机溶剂，由于溶解能力很强，被称为万能有机溶剂。更可贵的是它能与水和大多数有机溶剂，以及许多无机液体混溶，在通常产生极谱波的电位范围内不发生电极反应。这样不溶于水的有机化合物用 DMF 溶解后，加入支持电解质就很方便地进行极谱分析。

（6）产生吸附波。有的有机化合物具有表面活性，能吸附于滴汞电极表面。在一定的浓度下，当发生电极反应时，就能观察到明显的极谱波，即极谱吸附波。

此外，含有—SH、—NH_2 等的化合物在电极上还原时，常产生氢催化波。也可用极谱分析法进行测定。

二、有机电活性物质和基团

所谓电活性物质和基团是指能在电极上发生氧化或还原的有机化合物或基团。这样，我们就可以在一定条件下根据电极反应得到的极化曲线进行分析。下面介绍有关电活性物质或基团。

1．不饱和烃

凡烃中的双键或三键与芳香环、脂肪族烃成共轭时（$>C{=}C{-}C{=}C<$，$ArC{\equiv}C{-}$，$ArC(-){=}C<$，$-C{\equiv}C{-}C{\equiv}C{-}$）以及稠环烃类，在中性或碱性介质中，能在滴汞电极上还原。

如苯基烯及炔类，还原生成苯基烷。

$$C_6H_5CH=CH_2+2H_2O+2e=C_6H_5CH_2CH_3+2OH^-$$

脂肪族烃中含共轭双键或三键的，如二烯、二炔类，还原生成相应的烷。稠环烃如萘能获得两个电子生成 1，4 二氢合萘。

不饱和烃的半波电位很负，均负于－2V，须在四乙基铵或四丁基铵盐的 DMF 水溶液中进行测定。

2．卤代化合物

各种类型的有机卤代化合物均能还原产生极谱波，卤素被氢所取代。

$$RX+H^++2e=RH+X^-$$

碘代化合物比溴代化合物易于还原，而溴代化合物又比氯代化合物易于还原。一个碳原子上的卤素越多，则越易还原而波数目亦较多。如三碘甲烷有三个还原波而三溴甲烷有两个还原波，三氯甲烷就只有一个还原波。脂肪族化合物的链越长，则越难还原。

六氯环己烷（六六六）有甲、乙、丙、丁等多种异构体，仅丙体六六六具有杀虫效力，由于各种异构体的半波电位不同，可用极谱法测定六六六中的丙体含量。

3．羰基化合物

（1）醛类。脂肪族及芳香族醛类（—CHO）均具有电活性，还原生成相应的醇。

$$RCHO+2H^++2e=RCH_2OH\text{（酸性介质）}$$

$$RCHO+2H_2O+2e=RCH_2OH+2OH^-\text{（中性或碱性介质）}$$

如链霉素由于含有醛基，可进行极谱分析。

（2）酮类。脂肪族及芳香酮类（$>C{=}O$）与醛相似，也还原生成醇，但酮较醛难还原。芳香酮在酸性介质中，还原成二元醇；在碱性介质中，则还原为一元醇。如二苯甲酮在酸性介质中还原为四苯基乙二醇，在碱性介质中还原为二苯基甲醇。

酸性介质：

$$2(C_6H_5)_2C{=}O+2H^++2e{=}2(C_6H_5)_2C{-}OH\text{（游离基）}$$

$$2(C_6H_5)_2C{-}OH{=}(C_6H_5)_2C(OH){-}C(OH)(C_6H_5)_2$$

碱性介质：

$$(C_6H_5)_2C{=}O+2H_2O+2e{=}(C_6H_5)_2CHOH+2OH^-$$

不饱和脂肪族及芳香族酮类（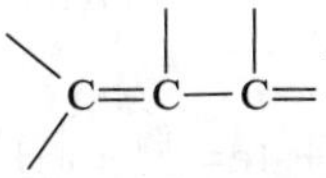），在酸性介质中还原生成二聚酮，在中、碱性介质中则还原为饱和酮。

$$2RCH{=}CHCOH+2H^++2e{=}\begin{array}{l}RCHCH_2COR\\ |\\ RCHCH_2COR\end{array}\text{（酸性介质）}$$

$$RCH{=}CHCOR+2H_2O+2e{=}RCH_2CH_2COR+2OH^-\text{（中、碱性介质）}$$

如四环素由于含有酮基，可用极谱法测定。

（3）醌类。醌（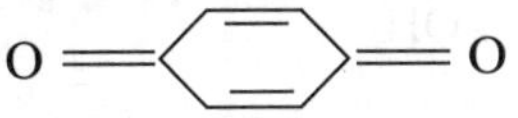）还原为对苯二酚（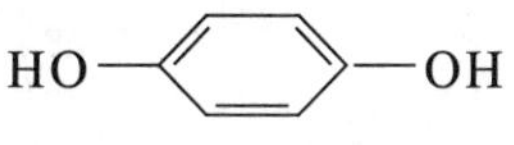），产生良好的可逆极谱波。对苯二酚也能氧化为醌而出现氧化波。

$$C_6H_4O_2+2H^++2e = C_6H_4(OH)_2\text{（酸性介质）}$$

$$C_6H_4O_2+2H_2O+2e = C_6H_4(OH)_2+2OH^-\text{（中性介质）}$$

青霉素、维生素 K 等属于醌类化合物，可用极谱法进行分析。

4. 有机酸

含有可还原基团的有机酸类，由于离子化可得到两种不同的型体，未解离的分子比其阴离子体易于还原。

脂肪族及芳香族酸类，在滴汞电极上仅产生氢波。

不饱和酸类，含有与羧基成共轭的双键者，可在电极上还原。如丁烯酸能还原生成丁二酸。

$$\begin{array}{c}HCCOOH\\ \|\\ HCCOOH\end{array} + 2H^+ + 2e = (CH_2COOH)_2$$

羟基酸类，新配制的仅产生氢波，但放置后有些羟基酸能生成内酯，则产生还原波。

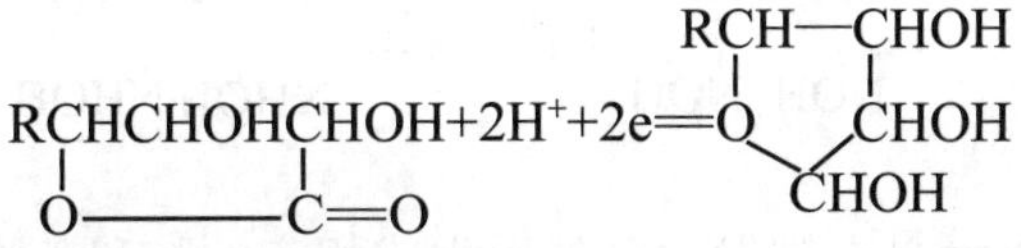

卤代酸能在电极上还原为相应的酸。

5. 含氮化合物

（1）硝基及亚硝基化合物。脂肪族及芳香族硝基化合物（$—NO_2$），均能还原并产生两个极谱波。脂肪族硝基化合物的第一波系还原至烷基羟胺，第二波则进一步还原为烷基铵离子。

$$CH_3NO_2 + 4H^+ + 4e = CH_3NHOH + H_2O$$
$$CH_3NHOH + 3H^+ + 2e = CH_3NH_3^+ + H_2O$$

相似地，芳香族硝基化合物先还原为苯基羟胺，在酸性介质中再进一步还原至苯胺。

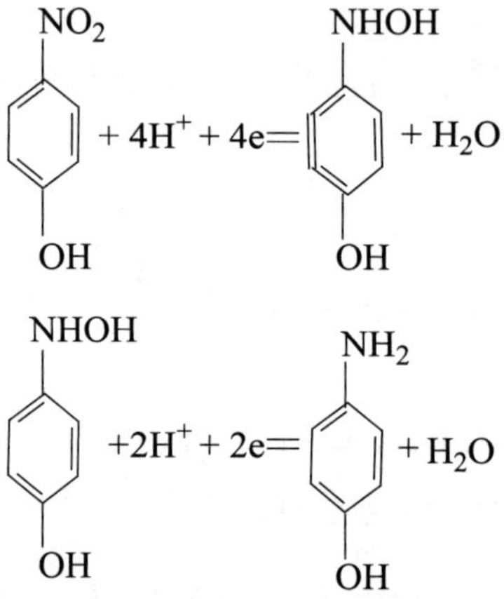

亚硝基化合物（—NO）的还原，除少用两个电子外，与硝基化合物相同。

（2）偶氮化合物。偶氮化合物（—N=N—）在酸、中、碱性介质中均能在电极上还原，生成二苯肼。

$$C_6H_5N = NC_6H_5 + 2H^+ + 2e = C_6H_5NH-NHC_6H_5$$

（3）胺类。脂肪族胺类不还原，但易于产生氢催化波。

（4）亚氨基化合物。亚氨基型的不饱和化合物（$>C=N—$），在酸性介质中，易于在滴汞电极上还原，生成胺类或羟胺类化合物。

丙酮肟还原为异丙胺，

$$(CH_3)_2C = N-OH + 4H^+ + 4e = (CH_3)_2CHNH_2 + H_2O$$

但乙二肟则还原为乙烯二羟胺。

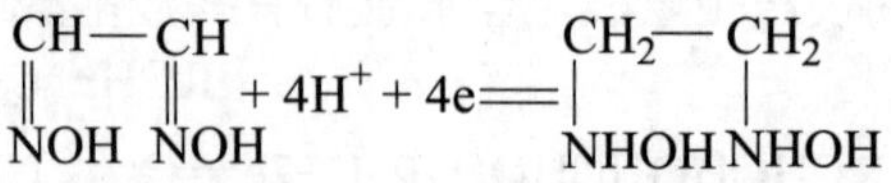

苯胺还原时，其 $>N-N<$ 键发生分裂而生成相应的胺和苯胺。

$$R_2C=N—NHC_6H_5+4H^++4e=R_2CHNH_2+C_6H_5NH_2$$

（5）腈类。腈类化合物（$-C\equiv N$）在酸性介质中还原，生成相应的胺。

$$RC\equiv N+4H^++4e=RCH_2NH_2$$

（6）杂环化合物。吡啶在滴汞电极上不易还原，但能产生氢催化波。许多吡啶的衍生物也大都能产生氢催化波。

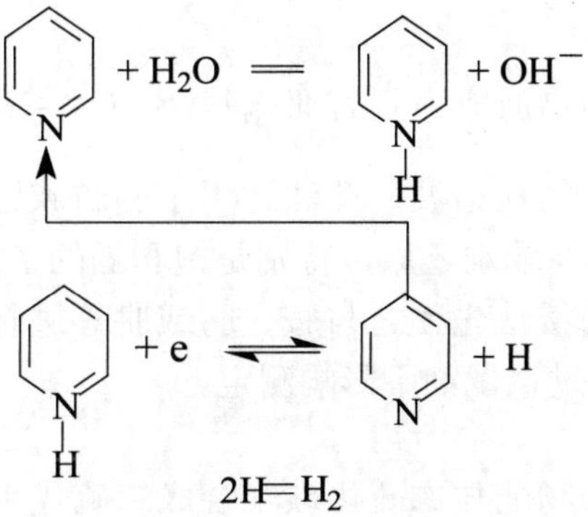

喹啉在中、碱性介质中则能在滴汞电极上还原，出现两个极谱波，第一步系还原至二氢合喹啉，第二步还原为四氢合喹啉。

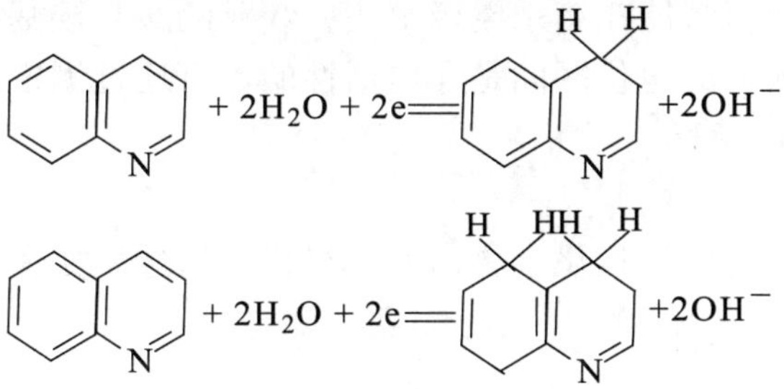

6．含硫化合物

含—S—S—键的化合物具有极谱活性，还原时—S—S—键发生分裂，如胱氨酸能还原为半胱氨酸。

$$RS—SR+2H^++2e=2RSH$$

含－SH 键的化合物则与汞形成难溶化合物而产生氧化波。

$$RSH+Hg=HgRS+H^++e$$

半胱氨酸、硫醇等均能在滴汞电极上氧化。

巯基化合物在氨性的钴盐溶液中，还常能产生氢催化波。

三、有机化合物的间接极谱分析

许多有机化合物由于缺乏具有电活性的基团，不能产生极谱波，但仍可用间接的方法进行极谱分析。间接极谱分析方法有两种：一种是应用化学方法，将非电活性物质转变成电活性物质，然后用极谱法测定；另一种是加入一定量已知浓度的具有电活性的试剂，使与被测物质反应，再用极谱法测定剩余试剂的量，以差减法计算结果。

在间接法中经常采用的化学反应，有下列五种。

1. 硝化反应

使被测物质转变为具有电活性的硝基化合物，适用于烃类化合物的分析，特别是芳香烃如苯及其衍生物，转化成硝基苯后进行极谱测定。常用的硝化剂有硝酸和亚硝酸等。

2. 聚合反应

通过聚合反应，使被测物质成为具有亚氨基（＞C═N—）的不饱和化合物，能在较正的电位还原，产生良好的极谱波。此法适用于脂肪族饱和醛和酮类化合物的分析，此类化合物虽具有电活性，但较难还原，特别是饱和酮的半波电位很负，一般负于−2V，直接测定很不方便。采用间接法先使之与胺、肟或肼等进行聚合反应，成为亚氨基型化合物后，再进行极谱分析，过量试剂不影响测定。

在碱性介质中胺类化合物能与二硫化碳聚合成二硫代甲酸类化合物（＞N—C＜），和汞生成难溶盐而产生氧化波，可用于胺类化合物特别是氨基酸的测定。

在碱性介质中，亚硫酸能在滴汞电极上还原。亚硫酸与羰基化合物发生聚合反应，而反应产物在亚硫酸还原的电位区间是非电活性的，可通过测定过量的亚硫酸来分析羰基化合物，如醛、酮等。

3. 加成反应

一般使被测物质转化为溴代化合物，而具有极谱活性。如在甲醇溶液中，加入溴化钠使烯类化合物成为二溴代化合物，用于烯类的测定。

4. 氧化反应

多元醇、氨基醇及羟基酸可氧化成为醛类化合物，再进行极谱测定。如乙二胺能氧化为甲醛、乳酸能氧化为乙醛。常用的氧化剂有高碘酸、碘酸盐和高锰酸盐等。过量的氧化剂由于易于还原而影响测定，应除去。如高碘酸可加入过量的亚砷酸还原除去，而三或五价砷盐的存在，不干扰醛的极谱分析。

由于所用的氧化剂均是电活性物质，又比反应产物醛类易于还原，所以也可以测定过量氧化剂的量来进行分析。如用一定量的高碘酸氧化乙醇后，可测定高碘酸的第一个还原波，从剩余高碘酸的量来计算乙二醇的含量。

5. 络合反应

加入金属离子与待测物质形成有机络合物，产生金属络合物的极谱波，进行测定。本法大多用于胺类化合物的分析，如借助铜离子来测定丙二胺，引入镍离子来测定六次甲基二胺。

也可用一定量的金属离子与有机物质生成络合物或难溶盐后，而测量过量金属离子极谱波，来间接测定有机物质。如铜离子与戊撑四唑形成难溶性络盐，测定剩余铜离子的量可分析戊撑四唑。

四、有机物极谱分析的应用

极谱法在有机物质分析中的应用已相当广泛，发展很快，据报道已有 6 000 种有机物被进行过极谱研究。环境有机污染物很多，已报道用极谱法或溶出伏安法测定有机污染也不少，表 12-7 列出部分有机污染物的极谱分析方法。

表 12-7　部分有机污染物的极谱分析应用

化合物	底液条件	灵敏度	应用
1．卤代烃化合物			
溴仿	0.40 mol/L 乙二胺	9×10^{-8} mol/L	污水、大气
氯仿	5%（体积分数）乙二胺－0.012 5 mol/L EDTA	1.03×10^{-5} mol/L	水
四氯化碳	1.20 mol/L 乙二胺－0.002 5 mol/L EDTA	6.0×10^{-6} mol/L	大气
2．硝基化合物			
硝基苯	0.05 mol/LNH_4Cl－0.029 mol/LNaOH－0.001 mol/L EDTA	1.0×10^{-9} mol/L	水、污水
对硝基乙苯	0.015 mol/L 乙二胺－0.01 mol/L EDTA	1.00×10^{-7} mol/L	污水
对硝基苯乙酮	0.025 mol/L 乙二胺－0.01 mol/L EDTA	3.0×10^{-8} mol/L	污水
3．酚类化合物			
五氯酚	2.57 mol/L 乙醇－0.025 mol/L NH_3—NH_4Cl－0.005 mol/L EDTA	2.0×10^{-5} mol/L	水
对硝基苯酚	0.01 mol/L 乙二胺－0.05 mol/L NH_4Cl	8.0×10^{-8} mol/L	水
4．醛类化合物			
甲醛	0.02 mol/L 醋酸－0.2 mol/L 醋酸铵－0.15%（体积分数）乙酰丙酮	0.02 μg/ml	大气
甲醛和乙醛	0.025 mol/L 硫酸联氨－0.005 mol/L EDTA	0.010 mg/L	大气
苯甲醛	0.003 mol/L 邻苯二甲酸氢钾－0.003 mol/LHCl－0.025 mol/L 硫酸联氨－0.17 mol/L 乙醇	1.0×10^{-7} mol/L	水
丙烯醛	0.08 mol/L 醋酸－醋酸钠－0.012 5 mol/L 硫酸联氨	5.0×10^{-8} mol/L	污水、水
5．胺类			
联苯胺	0.1 mol/L $NaClO_4$ 在+0.60V （vs. As/AgCl）	1.0×10^{-5} mol/L	水
苯胺	0.2 mol/L 乙酸－0.2mol/L 乙酸钠－0.001 5 mol/L 水杨醛	2.0×10^{-6} mol/L	污水
6．含硫化合物			
二硫化碳	0.69 mol/L 乙醇－0.097 mol/L 二乙胺－0.001 5 mol/L EDTA	1.0×10^{-8} mol/L	大气
7．芳烃及多环芳烃			
苯	先硝化，后在 0.2mol/L NaOH－10%NaCl（质量分数）	0.005 μg/ml	大气
萘	40%*N*,*N*-二甲基甲酰胺－0.01mol/LNH_3—NH_4Cl	5.0×10^{-6} mol/L	煤

第九节　化学修饰电极

一、化学修饰电极的制备及类型

化学修饰电极（Chemically Modiffied Electrode, CME）是利用化学和物理的方法，将具有优良化学物质的分子、离子或聚合物固定在电极表面，赋予电极某种特定性质，以使其高选择地进行所期望的反应，实现电极功能设计，从而使待测物进行有效的分离富集。将制备好的修饰电极和参比电极、待测物溶液组成电池，再用电分析化学法，常用的是溶出伏安法和脉冲溶出伏安法进行测定。测定时可借控制电极电位进一步提高选择性。同时还可把测定方法（如脉冲溶出伏安法、溶出伏安法等）的灵敏性和电化学反应的选择性相结合。因此，可以认为化学修饰电极是将分离、富集和测定三者结合在一起的最佳体系。在分析化学中具有广阔的应用前景。

化学修饰电极的基底材料主要是碳（石墨、热解石墨、碳糊和玻碳）、贵金属（铂、金）和半导体等。这些基底材料在修饰之前，必须进行表面的清洁处理，一般用金刚砂纸，$\alpha-Al_2O_3$ 粉末在粒度降低的顺序下机械研磨、抛光，再在超声水浴中清洗。得到平滑、光洁、新鲜的表面以备修饰用。

化学修饰电极，按修饰和制备的方法可分为共价键合型、吸附型、聚合物型和修饰碳糊电极 4 种。

1．共价键合型修饰电极

这类电极是将被修饰的分子通过共价键的连接方式结合到电极表面，修饰的一般步骤为：电极表面预处理（氧化、还原等），引入键合基，然后再通过键合反应接上功能团，这类电极较稳定，寿命长。电极材料有碳电极，金属和金属氧化物电极。

共价键合为单分子层，一般只有（0.1～1）$\times 10^2$ nm 厚，修饰后电极的导电性好，官能团接着较牢固。但修饰步骤烦琐、费时，而且最终能接上的官能团的覆盖量较低，所含活性的表面浓度低，严重影响电极的重现性。

2．吸附型修饰电极

吸附型修饰电极是利用基体电极的吸附作用将特定官能团的分子修饰到电极表面，它可以是强吸附物质的平衡吸附，也可以是离子的静电引力，还可以是 LB 膜的吸附方式。LB 膜吸附是将不溶于水的表面活性物质在水平面上的铺展成单分子膜（Langmuir-Blodgett 膜，LB 膜）后，其亲水基伸向水相，而疏水基伸向气相。当该膜与电极接触时，若电极表面是亲水性的，则表面活性物质的亲水基向电极表面排列，得到高度有序排列的分子。

吸附型修饰电极的修饰物通常为含有不饱和键，特别是苯环等共轭双键结构的有机试剂和聚合物，因其 π 电子能与电极表面交叠、共享而被吸附。硫醇，二硫化物和硫化物能借 S 原子与金的作用在金电极表面形成有序的单分子膜，称为自组装（Self Assembling, SA）膜。

被吸附修饰的试剂很多是配合剂，它对溶液中的组分可进行选择性的富集，大大提高测定的灵敏度。

吸附型修饰电极基本上是单分子层，所含活性体的表面浓度低，严重影响电极的重现性和寿命。

3．聚合物型修饰电极

这种修饰电极的聚合层可通过电化学聚合、有机硅烷缩合和等离子体聚合体连接而成。

电化学聚合是将单体在电极上氧化或还原，产生正离子自由基或负离子自由基，它们再进行缩合反应制成薄膜。

有机硅烷缩合是利用有机硅烷化试剂易水解，发生水解聚合生成分子层。

等离子体聚合是将单聚体的蒸汽引入等离子体反应器中进行等离子放电，引发聚合反应，在基体上形成聚合物膜。

与单分子层相比，聚合物薄膜提供了本身所固有的化学和物理的稳定性，聚合物薄膜中含有大量的活体（10^{-10}～10^{-6} mol/cm^2，相当于1～10^5个单分子层），其电化学响应灵敏，容易观测。聚合物修饰电极制备简单，方法多样，薄膜与电极的接着牢固，电极寿命长。特别是聚合物性质与表面、结构、组成相结合，造成如空间的、静电的、化学的等特殊微环境，可广为分析测定所用。聚合物薄膜已发展有氧化还原（redox）型，离子交换型以及电子导电型等几类。除有机高分子外，近年来无机高分子膜也有进展，这将大大推动化学修饰电极在分析化学和环境分析化学中的应用。

4．修饰碳糊电极

修饰碳糊电极的制备分为两步：第一步是制备碳糊；第二步是将制备好的碳糊填入绝缘管中，将电极表面在镜面或硬质光滑的纸面上打磨成光滑的平面，引出金属导线即成。碳糊的制备有直接混合法和溶解法两种。直接混合法是将化学修饰剂、碳粉和黏合剂三者各适量直接混合。这是应用最广的一种制备方法。为使各组分分布均匀，常用超声振荡分散碳粉和修饰剂。溶解法是将修饰剂直接溶解在黏合剂中，再加入碳粉混合制备。

修饰剂主要有电活性修饰剂和非电活性修饰剂两类。电活性修饰剂如生化试剂氨基酸、C_{60}-γ-环糊精、5-氟脲嘧啶、四氰基醌二甲烷等，制备的修饰碳糊电极可用于测定金属离子和生化、医学方面的应用。非电活性修饰剂有聚酰胺、Al_2O_3、硅胶等，制备的修饰碳糊电极表面具有吸附作用，可富集待测分子、离子，从而提高修饰效果。

制备碳糊电极的黏合剂有非导体黏合剂，如液态石蜡、凡士林、硝酸二丁酯等。另一类是电解质溶液黏合剂，如 NaOH 等。用这类黏合剂制备的碳糊电极具有电化学反应可在电极本底内进行，碳糊经煅烧后可改善重现性，残余电流低等优点，其缺点是坚固性差。

二、化学修饰电极在分析化学中的应用

化学修饰电极在分析化学中的应用，按反应类型——电催化，选择富集、选择渗透、媒介作用，专一结合及电化学传感进行介绍。

1．电催化

作为催化剂是电活性 Redox 体（O/R）。待测物在空白电极（基体电极）上的反应迟缓，呈现较高的过电位。而接着的氧化态 O 在电极上迅速还原，其还原态 R 与 S 发生化

学反应，生成产物P，而本身又被氧化为O，形成EC循环，如下式所示：

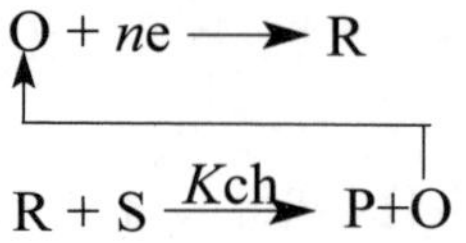

化学修饰电极电催化有三个重要特征：①催化反应发生在电催化剂redox体式的电位上。②催化剂的电位要和待测物的比较接近，这可降低R＋S反应的自由能。在实际选择电催化剂时，要照顾到保持适当快的反应速率。③电催化成功地发生在氧化（或还原）反应的更负（或更正）的电位上（与空白电极相比）。这三点也是设计的依据。

2．选择富集、分离

待测物可通过与电极表面接着的化学基团发生反应而被富集，分离。化学修饰电极表面与待测物发生的反应主要包括离子交换，络合以及化学反应等类型。

离子交换，系通过修饰表面的静电作用，对荷相反电荷的离子吸引而富集，常见的阴离子交换剂有聚4-乙烯吡啶，季碱化聚乙烯吡啶等。它们在酸性溶液中发生质子化而吸引溶液中的阴离子，它对于$[IrCl_6]^{3-}$、$[IrCl_6]^{2-}$、$[Fe(CN)_6]^{3-}$、$[Fe(CN)_6]^{2-}$、$[Mo(CN)_6]^{4-}$、$[Mo(CN)_6]^{3-}$等高价阴离子富集效果好。

阳离子交换剂中最重要的是美国杜邦公司生产的Nafion。Nafion膜化学修饰电极上的化学和热稳定性好，有利于分析应用。Nafion是一种过氟磺酸化的离聚体。起离子交换作用的是磺酸基团，形成“亲水畴”，而氟碳骨架部分形成了“憎水畴”。正是由于这种结构的关系，它对阳离子的选择性高（特别是对那些憎水的、大的阳离子），并且结合牢固。如Nafion对$Ru(NH_3)_6{}^{2+}$、$Ru(bpy)_3{}^{2+}$的分离系数K_p达10^6～10^7，而相对钠离子的选择系数$K_{Na^+}^{M^{n+}}$仅为10^4。报道α-环糊精-Nafion CME对于邻位、对位的硝基苯酚有很高的选择性。Nafion是一阳离子交换剂，对金属阳离子具有高渗透性，而且还可防止电极表面被有机质如腐殖酸或蛋白质沾污。镀上Nafion玻碳电极可直接用于阳极溶出伏安法测定血、尿和汗中Cd、Pb、Cu。

络合反应，在电极表面修饰络合剂或螯合剂。待测离子与修饰表面发生络合而被富集，这方面分析应用例子较多。一般地讲，在分析化学上用来络合金属离子的试剂，适宜条件下大多可借化学修饰电极作富集、分离。

联合络合反应和离子交换反应的化学修饰电极能更有效地富集、分离。如$DC_{18}C_6$–Nafion/GC电极（$DC_{18}C_6$–二环己基18冠6），分别用于铊、银和铅的测定，大大提高了选择性和灵敏度。检出限为Tl（Ⅰ）2×10^{-12} mol/L，Ag（Ⅰ）2×10^{-12} mol/L及Pb（Ⅱ）5×10^{-10} mol/L并用于实际样品分析。

化学反应，在Pt电极表面引入含胺基的基团，将这种化学修饰电极浸入羰基化合物的试液中，发生如下的化学反应：

$$R-\overset{\overset{\displaystyle O}{\|}}{C}-R'+R''NH_3=\begin{matrix}R\diagdown\\R'\diagup\end{matrix}C=NR''+H_2O$$

在电极表面形成亚胺基基团。测定此时电极上的还原电流，亚胺基基团与溶液中羰基化合物的浓度成正比关系。用脉冲伏安法醛基二茂铁的检测限可达 10^{-7} mol/L，100 倍的二茂铁共存不干扰，说明此方法测定羰基化合物选择性很高。

3. 选择渗透

借电极表面修饰薄膜的渗透性，有选择地使某种分子或离子透过膜孔，起到“分子筛”作用也是化学修饰电极对待测物分离、富集的途径之一。它是基于溶液中分子或离子的大小及荷电，空间结构等的差异而在修饰膜上分离。如醋酸纤维素聚合物膜在碱性溶液中水解时可以形成均匀的孔。控制电极表面上此膜的孔径，可有选择地允许某种特定分子通过。在醋酸纤维素薄膜电极上，测定金属离子的方法得到改善。其制备简单、价廉和稳定，是一种实用的电分析电极。联合选择渗透和离子交换的双重作用，如醋酸纤维素与 Nafion 复合的双层膜，可使富集，分离效果更加显著。Nafion 没有交联结构，因而其孔径较大，能吸引较大的阳离子通过。若在其上加一层孔径较小的醋酸纤维素膜，只允许 DA 通过，则能排除其他分子较大的神经传递物的干扰，显著提高化学修饰电极测定 DA 的选择性。

4. 媒介反应

许多生物大分子（如细胞色素 C、血红蛋白等）在电极上非均相电子转移过程非常慢，造成研究和测定的困难。解决此问题的途径之一是通过媒介体。它的作用就如一个“电子枪”，在电极表面和生物分子的活性体之间起到偶合作用，从而加速了电子转移过程。如在 Pt 电极表面修饰各种有机硅聚合物膜，有效地加速了细胞色素 C 的电极反应。如用亚甲蓝化学修饰电极可加速血红蛋白在电极上的反应速度。

5. 专一结合

酶具有很高的专一性。将酶或抗原（抗体）修饰于电极表面，通过酶对底物，抗原对抗体（或抗体对抗原）的专一反应的电化学信号而进行测定。由于专一反应，选择性极高，是生物物质分析中很有前途的方法。在电极表面修饰了生物活性体后可作为生物电化学传感器，其中基于电流、电位响应的生物电化学传感器已在生物化学及医学上获得广泛应用。

6. 电化学传感器

化学修饰电极电化学传感器依修饰物的性质可分为两大类，生物传感器如酶电极等（如上述）以及聚合物薄膜传感器。聚合物薄膜化学修饰电极作为电位传感器的特点可归结为：响应时间快、无记忆效应、洗涤平衡时间短、检测下限低。另外，聚合物薄膜牢固地接着在电极表面上，不易发生活性体的流失，故重现性好，电极的寿命长，而且还有抗干扰，制备和使用方便等优点，很适合于生物体液中物质的测定。

三、化学修饰电极在环境监测及分析中的应用

化学修饰电极（CME）的高选择性和高灵敏的电分析化学方法，如溶出伏安法、脉冲溶出伏安法的结合应用，成为具有高选择性、高灵敏度的一种分析方法。在微量和痕量分析中得到了广泛的应用。在环境监测中的应用也在迅速地增加。表 12-8 列出 CME 用于水质有机污染物的监测。表 12-9 及表 12-10 列出用修饰碳糊电极测定金属离子及有机物。

表 12-8 CME 用于水质有机污染物监测（引自李喜仁，中国环境监测，2000）

CME 种类	分析对象	检测手段或特点
玻碳 / Nafion	对硝基苯酚	邻硝基苯酚不干扰
玻碳 / 氧化锰	肼	电催化
玻碳 / 聚（3-甲基噻吩）	酚类化合物	选择性通过
玻碳 / 氢醌和间苯三酚	苯酚	电催化
Au/掺 Bi 的 PbO_2	二甲亚砜	电催化
二茂铁 CME	丙二醛	缩合富集、溶出
卟啉 CME	有机卤化物	仿生传感器
Nafion-钌（III）CME	肼化合物	催化氧化、流动检测

表 12-9 金属离子的测定（引自卢小泉等，分析测试学报，2001）

待测物	修饰剂	底 液	检出限	测定方法
Cu	α-苯偶酰二肟	pH = 4.1 B－R	5.0×10^{-8} mol/L	ASV
Cu	蛭石	pH = 5.0 B－R+0.1mol/L$NaNO_3$	5×10^{-9} mol/L	ASDPV
Ag	角蛋白	pH = 6.7 0.1mol/L HAc－NaAc + $NaClO_4$	2×10^{-8} mol/L	ASDPV
Co	PAN	B-R buffer	5×10^{-9} mol/L	CDPV
Zn	TDT	pH = 5 HAc－NaAc	3.0×10^{-9} mol/L	ASV
Co	邻菲啰啉	HAC－NaAc（pH = 6）	1.2×10^{-9} mol/L	DPV
Au	18-冠-6	0.01mol/L KCl－HCl	20 g/L	DPV
Mg	8-羟基喹啉	pH = 9.0 KOH－HNO_3	8×10^{-6} mol/L	电位分析法
Cu	锂皂石	0.01mol/L KCl	7.0 μg/L	DPV
Cd	8-羟基喹啉	pH = 3.80 HAc－NaAc	4.5×10^{-8} mol/L	CSV
Ag	2,9-二氯-1,10 邻菲啰啉	0.2mol/L HNO_3	1×10^{-9} mol/L	ASV
Zr	α-亚硝基-β-萘酚	pH=4～5 $NH_3\cdot H_2O$	1.0×10^{-7} mol/L	电位分析法
Pb	酸性铬蓝 K	pH＝8.5 0.2mol/L 氨性溶液	5.0×10^{-12} mol/L	ASV
Hg	ETCM	0.1mol/L KSCN+0.01mol/L $HClO_4$	8×10^{-10} mol/L	ASDPV
Hg	咪唑	pH = 7.0～7.3 硝酸盐	1×10^{-7} g/L	DPV
Mn（Ⅱ）	PAN		6.9×10^{-9} mol/L	CSDPV
Mn（Ⅶ）	PAN		1.0×10^{-6} mol/L	CSDPV
Cu	甲壳素	pH = 5.0 B－R	1.0×10^{-9} mol/L	ASDPV
Cu	氧化硅		2×10^{-9} mol/L	ASDPV
W	8-巯基-1,10 二氮杂蒽＋DMSO		10^{-5} mol/L	CSDPV
Mo	CTAB	0.01mol/L 草酸	0.04 μg/L	ASDPV
Co	TDT	pH = 4.95 NH_3—NH_4Cl	5.0×10^{-10} mol/L	ASDPV
Ti	CTAB		0.1 μg/L	DPV
V	CTAB		0.07 μg/L	DPV
Mo	CTAB		0.04 μg/L	DPV
Cd	蒙脱石		160 ng/L	DPV
Pb	蒙脱石		600 ng/L	DPV
Cu	蒙脱石		430 ng/L	DPV
Hg	蒙脱石		10 μg/L	DPV

*PAN.1-（22-偶氮吡啶基）-2-萘酚；ETCM.二乙基二硫代氨基甲酸盐；CTAB.十六烷基三甲基溴化铵；TDT.2,4,6-三（3,5-二甲吡唑）-1,3,5-三嗪；

**A.anodic;C.cathodic;D.differential;P.pulse;S.stripping;V.voltammetry。

表 12-10　有机物及其他物质的测定（引自卢小泉等，分析测试学报，2001）

待测物	修饰剂	底液	检出限	测定方法
肾上腺素	亚甲绿	pH = 7.0 磷酸盐	1.0×10^{-8} mol/L	电催化氧化
组氨酸	Al_2O_3	pH = 3.5 丁二酸－硼砂	4×10^{-7} mol/L	DPV
5-氟脲嘧啶	5-氟脲嘧啶汞	pH = 9.01 硼砂	1×10^{-6} mol/L	电位分析法
多巴胺	TCNQ	0.1mol/LKH_2PO_4－Na_2HPO_4	10^{-6} mol/L	CV
抗坏血酸	TCNQ	0.1mol/LKH_2PO_4－Na_2HPO_4	5×10^{-10} mol/L	CV
色氨酸	聚酰胺	pH = 3.5 丁二酸－硼砂	2.4×10^{-8} mol/L	DPV
酪氨酸	聚酰胺	pH = 3.5 丁二酸－硼砂	3.4×10^{-8} mol/L	DPV
抗坏血酸	六氰高铁酸盐 阴离子交换剂		1×10^{-4} mol/L	计时电流
亚硝酸根	甲壳素	pH = 3.90B－R	1×10^{-9} mol/L	ASV
L-抗坏血酸	聚吡咯	0.1mol/L KNO_3	5×10^{-12} mol/L	DPV
MoO_4^{2-}	角质素	0.1mol/L KNO_3 醋酸	10^{-8} mol/L	DPV
对硝基酚	PVPr	pH = 7.0 磷酸盐	0.5 μg/L	DPV
2，4-硝基酚	PVPr	pH = 7.0 磷酸盐	1.8 μg/L	DPV
抗坏血酸	二茂铁－青椒籽	0.1mol/LK H_2PO_4－Na_2HPO_4	7.2×10^{-5} mol/L	恒电位电流法
碘	聚吡咯	饱和 NaCl 溶液	2×10^{-5} mol/L	DPV
氨基酸	碳糊	pH = 4.1HAc－NaAc	1.0 g/L	DPV
氯化物	氧化硅	pH = 11.30	4.2×10^{-8} mol/L	DPV
thiram	钴酞青	pH = 8.0　B－Rbuffer	7.1×10^{-8} mol/L	DPV
disulfiram	钴酞氰	pH = 6.0　B－Rbuffer	2.2×10^{-8} mol/L	DPV
头孢抗菌素	脂肪酸	pH = 1.5　0.15mol/LH_3PO_4 －$HClO_4$	10^{-8} mol/L	CDPV
石炭酸衍生物	β-环糊精	0.1mol/L KCl	5.0×10^{-7} mol/L	DPV
Metamitron	氧化硅	pH =11.7　B－Rbuffer	3.7×10^{-7} mol/L	ASDPV
2-苯酚	皂土	pH = 4 甲酸－甲酸钠	3×10^{-5} mol/L	DPV
Metamitron	氧化硅	pH = 1.9　B－Rbuffer	3.6×10^{-10} mol/L	AdS-DPV
Metamitron	氧化硅	pH = 1.9　B－Rbuffer	4.2×10^{-9} mol/L	AdS-DPV
黄嘌呤氧化酶	6-氧嘌呤			
葡萄糖	泛醌	pH = 7.0 磷酸盐	6.7×10^{-6} mol/L	DPV
多巴胺	土豆组织	pH = 7.4 磷酸盐	1.8×10^{-6} mol/L	DPV
抗坏血酸	Ru(Ⅲ)－DPDCM	pH = 3KNO_3	2.5 mg/L	DPV
多巴胺	香蕉－茄子组织	pH = 7.4 磷酸盐	3.2×10^{-7} mol/L	DPV

*TCNQ. 四氰基醌二甲烷; PVPr 聚乙烯吡咯烷酮; DPDCM.二苯二硫代氨基甲酸盐;
**AdS.吸附解析; SWV.方波伏安法; 其他同表 12-8。

习题

1．极谱分析与普通电解分析有哪些相同和不同之处？

2．说明“极谱波”的形成过程。极限扩散电流与扩散电流有什么不同？

3．极限扩散电流主要受哪些因素的影响？在进行定量分析时，怎样消除这些影响？

4．什么叫“底液”？底液中的各成分起什么作用？

5．当达到可逆极谱波的起始电位后，曲线上任何一点的电流是否都是受扩散速度控制的扩散电流？不可逆波呢？

6．当达到极限扩散电流区域后，外加电压的改变是否不再引起滴汞电极电位及参加电极反应的物质在电极表面附近的浓度的变化？

7．在酸性溶液中，Cu^{2+}的半波电位约为 0 V，Pb^{2+}的半波电位约为－0.4 V，Al^{3+}的半波电位在氢波之后，试问：

用极谱法测定铜中微量的铅和铝中微量的铅时，何者较易，为什么？

8．在 0.1 mol KCl 溶液中，$Co(NH_3)_6^{3+}$在滴汞电极上进行下列的电极反应而产生极谱波。

$$Co(NH_3)_6^{3+}+e = Co(NH_3)_6^{2+} \qquad E_{1/2} = -0.25V$$
$$Co(NH_3)_6^{2+}+2e = Co+6\,NH_3 \qquad E_{1/2} = -1.20V$$

（1）绘出它们的极谱曲线。

（2）两个波中哪一个波较高，为什么？

9. 采用加入标准法测定某试样中的微量锌。取试样 1.000 g，溶解后，加入 NH_3-NH_4Cl 底液，稀释到 50 ml。取试液 10.00 ml，测得极谱波高为 10 格，加入锌标准溶液（含锌 1 mg/ml）0.50 ml 后，波高则为 20 格。计算试样中锌的百分含量。

10．用极谱法测定某氯化钙溶液中的微量铅，取试液 5ml，加 0.1%明胶 5 ml，用水稀释至 50 ml，倒出部分溶液于电解杯中，通氮气 10 min，然后在－0.2～－0.6 V 间记录极谱图，得波高 50 格。

另取 5 ml 试液，加标准铅溶液（0.50 mg/ml）1.00 ml，然后照上述分析步骤同样处理，得波高 80 格。

（1）解释操作规程中各步骤的作用。

（2）计算试样中的 Pb^{2+}的含量（以 g/L 计）。

（3）能不能用铁粉，亚硫酸钠或通二氧化碳除氧？

11．在强酸性溶液中，锑（III）在滴汞电极上进行下列电极反应而产生极谱波。

$$Sb^{3+} + 3e + Hg = Sb（Hg） \qquad E_{1/2} = -0.30V$$

在强碱性溶液中，锑（III）在滴汞电极上进行下列电极反应而出现极谱波。

$$Sb(OH)_4^- + 2OH = Sb(OH)_6^- + 2e \qquad E_{1/2} = -0.40V$$

（1）分别绘出它们的极谱图。
（2）滴汞电极在这里是正极还是负极？是阳极还是阴极？
（3）极化池在这里是自发电池还是电解池？
（4）酸度变化时，极谱波的半波电位有没有变化？

12．$Fe(CN)_6^{3-}$在 0.1N 硫酸介质中，在滴汞电极上进行下列电极反应而得到极谱波。

$$Fe(CN)_6^{3-} + e = Fe(CN)_6^{4-} \qquad E_{1/2} = +0.24V$$

氯化物在 0.1N 硫酸钠介质中，在滴汞电极上进行下列电极反应而出现极谱波，

$$2Hg + 2Cl^- = Hg_2Cl_2 + 2e \qquad E_{1/2} = +0.25V$$

（1）分别绘出它们的极谱图。
（2）滴汞电极在这里是正极还是负极？是阳极还是阴极？
（3）极化池在这里是自发电池还是电解池？

13．在 25℃时，测得某可逆极谱波在不同电位时的扩散电流如下：

E（对 S.C.E）/V	−0.395	−0.406	−0.415	−0.422	−0.431	−0.445
I/μA	−0.48	−0.97	−1.46	−1.94	−2.43	−2.92

极限扩散电流为−3.24 μA，试计算电极反应中的电子转移数 n 及半波电位 $E_{1/2}$。

14．推导苯醌在滴汞电极上还原为对苯二酚的可逆极谱波的方程式，其电极反应如下：

$E^0_{Q,HQ}$=+0.699V（对 N.H.E）

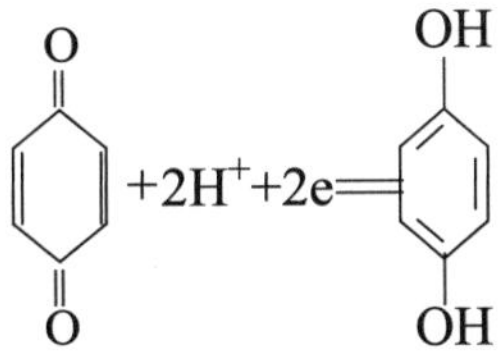

若假定苯醌及对苯二酚的扩散电流比例常数及活度系数均相等，则半波电位与 E^0 及 pH 值有何关系？并计算 pH 为 7 时极谱波的半波电位（对 S.C.E）。

15．在 0.1 mol/L 硫酸钾介质中，1×10^{-4} mol/L Cd^{2+}与不同浓度的 X^-所形成的络离子的可逆极谱波的半波电位值如下：

X^-浓度/（mol/L）	0.00	1.00×10^{-3}	3.00×10^{-3}	1.00×10^{-2}	3.00×10^{-2}
$E_{1/2}$（对 S.C.E）/V	−0.586	−0.719	−0.743	−0.778	−0.805

电极反应系二价镉还原为镉汞齐，试求该络合物的化学式及稳定常数。

16. 在 pH 为 5 的醋酸一醋酸盐缓冲溶液中，IO_3^-还原为 I^-的极谱波的半波电位为−0.50V（对 S.C.E），试根据能斯特公式判断极谱波的可逆性。

17．有机化合物的极谱分析有什么特点？

18．什么是有机电活性物质和基团？

19．什么是化学修饰电极？化学修饰电极有哪几种类型？

20．化学修饰电极在分析化学中有哪些应用？

参考文献

[1] 钱沙华，韦进宝．环境仪器分析[M]. 北京：中国环境科学出版社，2004．

[2] 高小霞，等．电分析化学导论[M]．北京：科学出版社，1986.

[3] 汪尔康，奚治文，刘立尧，等．示波极谱及其应用[M]．成都：四川科学技术出版社，1984.

[4] 北京大学化学系仪器分析教学组．仪器分析教程[M]．北京：北京大学出版社，1997.

[5] 董绍俊，车广礼，谢远武．化学修饰电极（修订版）[M]．北京：科学出版社，2003.

[6] M. Bond. Modern Polarographic Methods in Analytical Chemistry [M]. 1st edition, CRC Press, 1980.

[7] 韦进宝，吴峰. 环境监测手册[M]. 北京：化学工业出版社，2006.

色谱分析法概述

色谱分析法是一种利用样品中各组分在固定相和流动相中具有不同分配系数（或吸附系数、渗透性），从而使待分析样品中的各组分依次分离，然后进行检测的分离分析方法。

一、色谱分析法的分类

由于色谱分析法采用多种分离技术、检测方法和操作方式而有多种分类方法。因此，有时一种色谱体系或类型常有几种不同的名称。现将主要的分类方法介绍如下：

1. 按两相所处的物理状态分类

色谱分离有流动相和固定相。用气体作流动相的叫气相色谱；用液体作流动相的叫液相色谱。而固定相可能是固体或液体，这样色谱法又可分为四类：

气相色谱包括气—固色谱，气—液色谱。

液相色谱包括液—固色谱，液—液色谱。

2. 按固定相的形状或性质不同分类

（1）柱色谱：固定相装在色谱柱内的色谱。根据色谱柱的尺寸、结构和制备方法的不同，又分为填充柱（packed column）色谱和毛细管柱（capillary column）或开管柱（open tubular column）色谱。

（2）平板色谱：固定相呈平板状。它包括薄层色谱和纸色谱。

薄层色谱：将固定相以均匀薄层涂在玻板或其他板上的色谱。

纸色谱：用滤纸作固定相的色谱。

3. 按色谱分离过程的物理化学原理分类

（1）吸附色谱：用固体吸附剂作固定相的色谱。各组分因在吸附剂上吸附力的不同而得到分离。

（2）分配色谱：用液体作固定相，主要利用组分在液相中的溶解度不同，因而分配系数不同进行分离的色谱。

（3）离子交换色谱：用离子交换剂为固定相，分离离子型化合物的色谱方法。

（4）排阻色谱：固定相是一种分子筛或凝胶。其分离机理是按照固定相对各组分的分子体积大小的差异而进行分离。当固定相是凝胶时，称为凝胶色谱；当固定相是分子筛时，称为分子筛气固色谱。

二、色谱分析法的特点

色谱分析法主要具有以下特点：

（1）应用范围广。色谱分析法几乎可以用于所有化合物的分离和检测，例如气相色谱可以用于低沸点的有机化合物的分析；液相色谱则可对 80%的有机化合物进行分析；离子色谱则可用于检测各种离子型化合物。

（2）分离效率高。由于新型高效固定相填料的开发和使用，色谱柱的柱效得到进一步的提高。例如毛细管电泳柱一般都有几十万理论塔板数的柱效，至于凝胶毛细管电泳柱可达上千万理论塔板数的柱效。因此色谱分析法可分离性质十分相近的物质，可将含有上百种组分的复杂混合物进行分离。

（3）选择性高。各种色谱分析法不仅可用于分离分析不同类型化合物，还可以用于性质极为相似的手性化合物的分析。

（4）灵敏度高。色谱分析法中使用的检测器大多数都具有较高的灵敏度，例如在高效液相色谱中常用的紫外检测器最小检出量可达 10^{-9} g，而荧光检测器可以检测含量在 10^{-12} g 以下的物质。

（5）分离速度快。几分钟到几十分钟就能完成一次复杂物质的分离操作。超高效液相色谱的柱效可达 20 万块/m 理论塔板数，常规高效液相色谱需要 30min 时间的样品分离在超高效液相色谱可以缩短为 5min。

第十三章　气相色谱分析

第一节　概　述

一、气相色谱的基本过程

气相色谱法是 20 世纪 50 年代初期随着石油和石油化学工业发展而迅速发展起来的一种色谱分离分析技术，主要用来分离多组分的复杂混合物，它已成为重要的仪器分析方法之一。

气相色谱其流动相为气体，称为载气。固定相为固体吸附剂或有机液体。有机液体称为固定液。通常将它涂渍在一种多孔性的固体表面上，这种固体起支持固定液的作用，称为担体。固定相装在色谱柱内。进行色谱分析时，样品被载气（如为液体样品则须经气化）以一定速度连续通过色谱柱，样品被载气带进色谱柱后，各组分在气—液间建立平衡。由于各组分在固定相中溶解能力不同，因而分配系数 K 不同，从固定相中析出进入载气的能力也不同。随着载气在色谱柱内的连续运行，各组分在柱内移动速度慢慢发生差别，分配系数大的，移动速度慢些。分配系数小的，移动速度快些。经过一定柱长后，混合物中各组分就彼此分开了。分离后各组分随载气进入检测器，产生检测信号，将检测信号送至记录仪并被记录。记录仪得到的图谱称为色谱图。根据色谱图即可进行定性和定量分析。

气相色谱根据固定相和分离机理不同，分为气—固吸附色谱和气—液分配色谱。气—固吸附色谱主要用于分离分析永久性气体和 C_1-C_4 低分子碳氢化合物。固体吸附剂具有耐高温，对烃类异构体有很好的选择性。但固体吸附剂品种少，吸附力强，加上制备固体吸附剂重复性差，因而气—固色谱的应用受到限制。气—液分配色谱的固定液纯度高，色谱性能重复性好，而且品种多，可供选择的范围广。因此，目前大多数气相色谱分析是气—液分配色谱。

二、气相色谱的特点

用气相色谱可分离几十乃至几百个组分的混合物，而且还能分离性质极相近的化合物，效率高。流动相气体迁移速率高，分析速度快，一般几分钟即可完成一个分析周期。由于检测器的高灵度，气相色谱最低检出量可达 10^{-14}～10^{-7} g，最低检出含量为μg/L 级。

适用于痕量分析。样品用量少，一次进样量为 10^{-3}～10^{-1} mg。分析样品可以是气体、液体或固体，只要在－190～500℃温度范围内有 0.2～10 mmHg 蒸气压，且热稳定的物质可用气相色谱分析。气相色谱不仅用作分析，还可用来测定物理化学常数，具有高效、灵敏、快速、应用范围广、样品用量少等特点。它最大的缺点就是不能直接根据色谱峰得出定性结论。而需用已知物的色谱定性数据对照，才能得出定性结果。此外，对高沸点（沸点在 500℃以上）物质，目前用气相色谱分析还有困难。

第二节　气相色谱的基本理论

一、色谱图及有关术语

色谱图是样品中的组分经色谱柱分离后在检测器产生的响应信号，被记录仪记录得到的图谱。因此，色谱图反映了分离的各组分从色谱柱洗出的浓度变化。色谱图的横坐标表示时间或流动相流出体积，纵坐标表示组分在检测器产生的电流信号或电压信号。色谱图呈峰状。也称为色谱峰。图 13-1 是单一组分的色谱峰。根据色谱峰可进行定性和定量分析。下面介绍色谱峰的有关术语和意义。

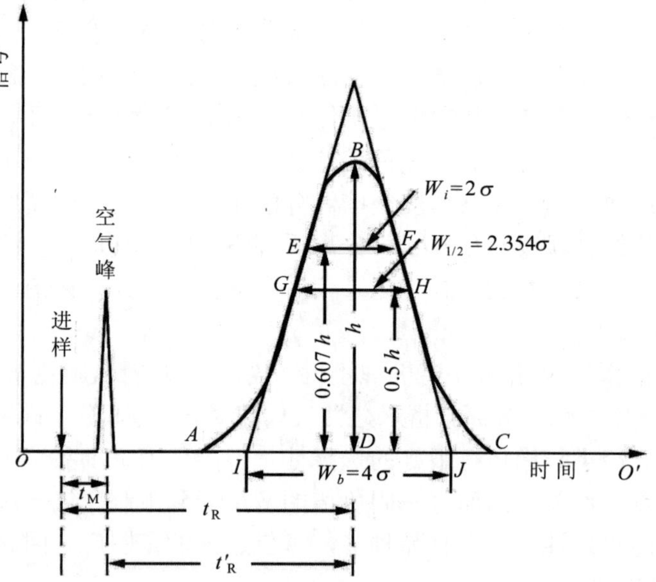

图 13-1　气相色谱流出峰

1. 基线

当没有被测组分随载气进入检测器，在实验条件下，检测器输出不变的电压或电流信号。稳定的基线是一条平行于横坐标的直线，如图中 OO'所示。它反映了仪器性能和色谱系统的稳定程度。

2. 色谱峰高

以 h 表示。组分从柱后洗出最大浓度时检测器输出的信号，为色谱峰顶到基线的垂直距离。图中 BD 所示。可作定量指标，反映了操作条件的优化，色谱柱的物化性能和检测器的灵敏度。

3. 标准偏差

是衡量色谱峰宽的一个指标，用σ表示。它是色谱峰高 0.607 处峰宽的一半。

4. 色谱峰半高宽度

色谱峰一半高度处的宽度，称为色谱峰半高宽度或半峰宽，亦称为色谱区域宽度。可用时间（min 或 s）、体积（ml）或距离（cm、mm）表示。符号分别为 $2\Delta t_{1/2}$、$2\Delta V_{1/2}$、$2\Delta X_{1/2}$。图中 GH 所示，半峰宽与标准偏差的关系为：

$$2\Delta X_{1/2}=2\sigma\sqrt{2\ln 2}=2.355\sigma \tag{13.1}$$

5. 色谱峰底宽

由色谱峰两边的拐点引切线与基线交点间的距离。图中 IJ 所示。常以 W_b（或 y）表示。

标准偏差、半峰宽、峰底宽都可用来表示色谱峰的宽度。

二、保留值

保留值是用来描述色谱峰在色谱图上的位置。它反映物质在气—液二相间的分配过程。保留值有以下几种表示方法。

1. 保留时间、死时间、校正保留时间

（1）保留时间（t_R）。从进样到组分在柱后洗出最大浓度的时间，用 t_R 表示。

（2）死时间（t_M）。指不被固定相吸附或溶解的气体（如空气或甲烷），从进样到柱后出现浓度极大点的时间。它也是气体流经色谱柱空隙所需要的时间。以 t_M 表示。

（3）校正保留时间（t'_R）。扣除死时间后的保留时间。用 t'_R 表示。它反映组分通过色谱柱与固定相作用所消耗的时间：

$$t'_R=t_R-t_M \tag{13.2}$$

2. 保留体积、死体积、校正保留体积、净保留体积、比保留体积

（1）保留体积（V_R）。保留时间内流经色谱柱载气体积为保留体积，单位为 ml。保留体积与保留时间的关系如下：

$$V_R=t_R\cdot F_C \tag{13.3}$$

F_C 是经过水蒸气和柱温校正后的柱后流速。

（2）死体积（V_M）。不被吸附（或溶解）的组分从进样到柱后出现浓度极大点时所通过的载气体积。即

$$V_M=t_M\cdot F_C \tag{13.4}$$

（3）校正保留体积（V'_R）。由保留体积扣除死体积后的体积。

$$V'_R=V_R-V_M=t'_R\cdot F_C \tag{13.5}$$

（4）净保留体积（V_N）。经压力校正后的校正保留体积，称为净保留体积。

$$V_N=J\cdot V'_R \tag{13.6}$$

（5）比保留体积（V_g）。0℃时每克固定液的净保留体积称为比保留体积，单位是 ml/g。

$$V_g=\frac{273}{T_C}\cdot\frac{V_N}{W} \tag{13.7}$$

式中：T_C——色谱柱的热力学温度；

V_N——净保留体积；

W——固定液的重量。

3．相对保留值（$\gamma_{2,1}$）

某一组分 2 的校正保留值与另一组分 1 的校正保留值之比。也可以是组分 2 和 1 的净保留体积、比保留体积、分配比或分配系数之比，是一个无因次量纲。

$$\gamma_{2,1}=\frac{t'_{R_2}}{t'_{R_1}}=\frac{V'_{R_2}}{V'_{R_1}}=\frac{V_{N_2}}{V_{N_1}}=\frac{V_{g_2}}{V_{g_1}}=\frac{k_2}{k_1}=\frac{k_2}{k_1}=\frac{K_2}{K_1} \tag{13.8}$$

相对保留值消除了载气流速，死体积对保留值的影响，可直接从色谱图上求出，测定比较简便。

4．分配比（κ）

用来描述平衡特性。定义为平衡时物质在液相和气相中的重量比。也等于液相中溶质分数 P 与气相中溶质分数 q 之比：

$$\kappa=\frac{\text{固定相中溶质量}}{\text{流动相中溶质量}}=\frac{\text{固定相中溶质分数}}{\text{流动相中溶质分数}}=\frac{P}{q}=\frac{t'_R}{t_M}=\frac{t_R}{t_M}-1 \tag{13.9}$$

κ 随柱温和气相、液相体积的变化而变化。一般物质在液相中溶解较大，故$\kappa>1$。

5．分配系数（K）

也称平衡常数。它是平衡时物质在液相和气相中的浓度比。因此 K 随温度变化，而与柱中气相、液相的体积无关。

$$K=\frac{c_L}{c_G} \tag{13.10}$$

c_L、c_G 分别为溶质在液相和气相中的浓度。

κ与 K 有如下关系：

$$\kappa=\frac{c_L}{c_G}\cdot\frac{V_L}{V_M}=K\cdot\frac{V_L}{V_M} \tag{13.11}$$

式中：V_M——柱中流动相体积，即死体积；

V_L——柱中固定相体积。

对于不同类型的色谱有不同的含义。在分配色谱中，表示固定液体积。吸附色谱表示吸附剂表面容量等。

6．相比

相比β是指在柱内两相体积之比，在气液分配色谱中则为柱内气相体积与液相体积之比。即

$$\beta=\frac{柱内气相所占体积V_G}{柱内液相所占体积V_L} \tag{13.12}$$

相比β值反映了不同色谱柱型的特点：填充柱的β值在6～35之间，毛细管柱则在50～1 500之间。从相关关系式还推导得

$$K=\kappa\beta \tag{13.13}$$

关系式表明相比β和分配比κ的乘积在线性分配色谱中是常数，与具体柱子无关。这决定了毛细管柱快速、高效的本质，也展示了进一步改进柱型的方向。

三、塔板理论

1．塔板理论的假定

塔板理论是把柱子假想成由许多塔板组成，在每个理论塔板里，组分在气—液两相间达成一次平衡。经过多次分配平衡后，使组分彼此分离。为简化起见，塔板理论有如下假设：

（1）在每块板上，气—液平衡是瞬间建立的。

（2）载气是脉冲式进入色谱柱进行冲洗，每次恰好为一个板体积。

（3）所有组分开始都集中在第零块塔板上，且不考虑纵向扩散。

（4）所有塔板上，分配系数是常数，和组分在每个塔板上的量无关。

2．流出曲线方程

在上述假设条件下，可推导得如下关系式：

$$c=\sqrt{\frac{N}{2\pi}}\cdot\frac{W}{V_R}\cdot e^{-\frac{N}{2}(1-\frac{V}{V_R})^2} \tag{13.14}$$

式中：c——不同时间（t）时的组分浓度；

W——进样量；

V_R——保留体积；

N——塔板数；

V——载气体积。

式（13.14）称为流出曲线方程（也称塔板理论方程）。

当 $V=V_R$，即流出载气体积等于溶质保留体积时，式（13.14）指数为零。洗出溶质浓度最大：

$$c_{max}=\sqrt{\frac{N}{2\pi}}\cdot\frac{W}{V_R} \tag{13.15}$$

将式（13.5）代入式（13.14）得：

$$c = c_{\max} \cdot e^{-\frac{N}{2}(1-\frac{V}{V_R})^2} \tag{13.16}$$

根据式（13.16），可知影响洗出色谱峰最大浓度的因素为：

（1）$c_{\max}$ 与柱的塔板数平方根成正比，保留时间一定时，塔板数越多，$c_{\max}$ 越大。

（2）$c_{\max}$ 与进样量 W 成正比，进样量越大，$c_{\max}$ 越大。

（3）$c_{\max}$ 与溶质保留体积 V_R 成反比，进样量和塔板数一定时，V_R 越小，$c_{\max}$ 越大。即保留时间愈短的峰，峰愈高且窄。V_R 愈大，$c_{\max}$ 愈小。即保留时间愈长的峰，峰矮且宽。这些结论与实验结果相一致。

3．塔板高度和塔板数

根据式（13.16），可推导得计算理论塔板数公式：

$$N = 5.54(\frac{V_R}{y_{1/2}})^2 = 16(\frac{V_R}{y})^2 \tag{13.17}$$

式中：V_R——溶质保留体积；

$y_{1/2}$——半峰宽，与 $2\Delta t_{1/2}$、$2\Delta V_{1/2}$、$2\Delta X_{1/2}$ 同；

y——色谱底宽（$y=4\sigma$）。

因此，只要测出物质在柱上的保留值和半峰宽，由式（13.17）便可算出理论塔板数。再由理论塔板数算出理论塔板高度：

$$H = \frac{L}{N} = \frac{1\,000L}{N}(\text{mm})$$

式中：L——柱长。

N 和 H 可用来描述色谱柱的效能。但由于死时间、死体积的存在，溶质消耗在系统的死时间与分配平衡无关，因而与分离无关。为了更切合实际，采用有效塔板数 N_{eff} 和有效板高 H_{eff}。

$$N_{\text{eff}} = 5.54(\frac{v'_R}{y_{1/2}})^2 = 16(\frac{v'_R}{y})^2 \tag{13.18}$$

$$H_{\text{eff}} = \frac{L}{N_{\text{eff}}} = 1\,000L/N_{\text{eff}}(\text{mm}) \tag{13.19}$$

四、速率理论——范特姆特方程

塔板理论，虽然能描述色谱过程的某些方面，并形象地提出了塔板这一概念来说明柱效。然而由于它的假设不完全符合色谱的实际过程，只能定性给出板高 H 的概念，而不能找出影响 H 的因素，也不能说明峰为什么展宽。速率理论在塔板理论的基础上，引入影响板高的动力学因素。这是 1956 年荷兰科学家范特姆特（Van Deemter）提出的。他认为，影响填充柱色谱峰扩张的主要因素有：①由于填充物的多孔性，引起溶质移动距离的多径性，即涡流扩散引起色谱峰扩张；②溶质在流动相、固定相停留时的浓度差引起的分子扩散；③固定相和流动相中的传质阻力。上述因素可用称为范氏方程，或板高方程来表示：

$$H=A+B/u+Cu \tag{13.20}$$

式中：H——理论板高；

u——载气线速度。

其余各项物理意义为：

1．A——涡流扩散项

$$A=2\lambda d_p \tag{13.21}$$

式中：λ——填充不规则因子；

d_p——填充物颗粒平均直径。

涡流扩散项是因气流碰到填充物颗粒时，不断改变流动方向，使组分在气相中形成紊乱的类似涡流的流动。即有的分子运动路径短，就超前，有的分子运动路径长，就滞后，使色谱扩张，板高增大。由式可知，涡流扩散项与担体颗粒大小和填充均匀程度有关。

2．B——分子扩散项

$$B=2\gamma D_g \tag{13.22}$$

式中：γ——由于担体填充不均匀引起气体扩散路径弯曲的因素，其大小决定于填充均匀性。通常γ 小于 1；

D_g——溶质在气相中扩散系数，cm^2/s。

分子扩散是由于柱内存在浓度梯度而引起的。它与组分在柱内滞留时间有关。停留时间越长，扩散越严重。因此，保留时间长的组分总是比保留时间短的色谱峰宽。

分子扩散还与溶质在气相中的扩散系数成正比。扩散系数与气体相对分子质量平方根成反比。相对分子质量大，扩散系数小。因此，大分子质量载气可减少分子扩散。扩散系数还随温度升高而增大。因此，温度升高，分子扩散增加。溶质在液相中的扩散系数只有气相中的 10^{-5}～10^{-4}倍，因而组分在液相中分子扩散一般可忽略。

3．C ——传质阻力项。它包括两部分，气相传质阻力项 C_g 和液相传质阻力项 C_l

$$C=C_g+C_l=0.01\frac{k^2d_p^2}{(1+k)^2D_g}+\frac{2}{3}\frac{kd_f^2}{(1+k)^2D_l} \tag{13.23}$$

式中：k——分配比；

d_f——固定液液膜厚度；

d_p——填充物颗粒平均直径；

D_l——组分在液相中的扩散系数；

D_g——组分在气相中的扩散系数。

传质阻力是由于溶质分子与气、液相分子相互作用，分子运动存在阻力。气相传质阻力是由于组分由气相到气液二相界面进行浓度分配时形成的。从气相到气液界面所需时间越长，则传质阻力越大，引起区域扩展也越大。液相传质阻力是组分从气液二相界面扩散至固定液内，达到平衡后再返回二相界面的传质过程而产生的阻力。这一过程也会引起区域扩展。

$$H = 2\lambda d_p + 2\gamma r_g/u + [\frac{0.01k^2 d_p^2}{(1+k)^2 D_g} + \frac{2}{3}\frac{kd_f^2}{(1+k)^2 D_l}]u \qquad (13.24)$$

可以看出，板高受载气线速度，扩散系数，担体粒度，填充均匀程度，液膜厚度等因素影响。

第三节 气相色谱仪

一、气相色谱仪的流程图

气相色谱仪的流程图如图 13-2 所示。载气由高压瓶 1 供给，经过减压阀 2，净化器 3，稳压阀 4，形成稳定压力和流速的载气流，通过压力表 5，流量计 6，指示色谱柱前的载气压力和流速。然后进入检测器热导池 7 的参考池。样品从进样器（汽化室）8 注入，随载气进入色谱柱 10，样品中各组分在色谱柱内分离。随载气进入检测器热导池 7 的测量池，然后放空。样品中的不同组分被检测器检测并根据其浓度（或质量）的大小以相应的电信号输至记录仪 13，描绘出组分的色谱图。色谱图纵坐标为电压或电流，横坐标为时间。在图上，组分浓度随时间变化的曲线称为色谱流出曲线，即色谱峰。样品中的每一组分，可得到相应的一个色谱峰。以上流程称为单气路流程。

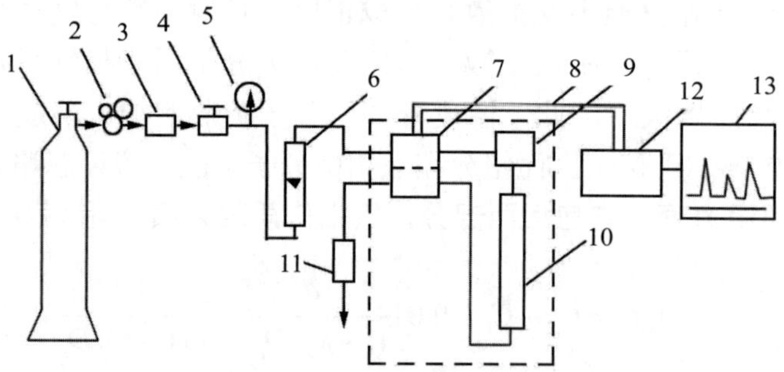

图 13-2 气相色谱仪流程图

1．高压气瓶（载气源）；2．减压阀；3．净化器；4．稳压阀；5．压力表；6．转子流量计；7．检测器 8．汽化室；9．色谱恒温室；10．色谱柱；11．皂膜流速计；12．检测器桥路；13．显示器

此外，还有双气路流程色谱仪，如图 13-3 所示。双气路流程与单气路流程不同的是载气经过稳压阀后分成两路，它有两个平行的进样口和色谱柱。双气路流程色谱仪可以补偿变温和高温下固定相流失而产生的噪音，从而提高仪器稳定性。特别适用于程序升温和痕量分析。

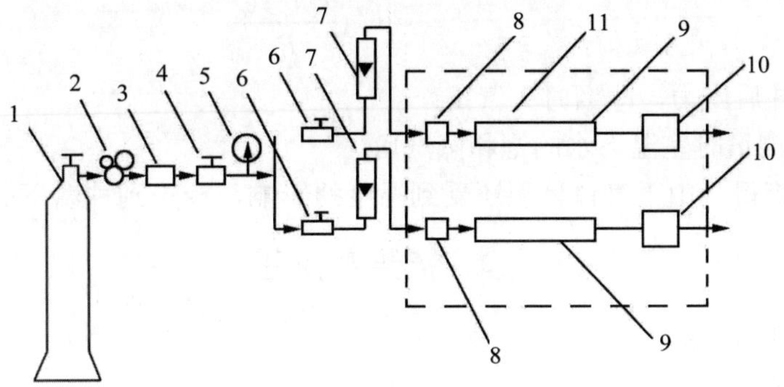

图 13-3　双气路色谱仪流程示意图

1．高压气瓶；2．减压阀；3．净化器；4．稳压阀；5．压力表；6．稳流阀；7．转子流量计；
8．汽化室；9．色谱柱；10．检测器；11．色谱恒温室

根据色谱仪结构和用途不同，有通用型实验室色谱仪，工业色谱仪，自动控制色谱仪，以及用于制备色谱纯试剂的制备色谱仪。

二、色谱仪的主要组成部分

气相色谱仪虽然种类很多，形式也各不一样，但基本上都由以下四部分组成：

（1）载气系统，包括气源、气体净化、气体流速控制和测量。

（2）分离系统，包括进样器、气化室、色谱柱及有关控温装置。

（3）检测系统，包括检测器及有关控温装置。

（4）色谱工作站。

（一）载气系统

1．载气源

常用载气有氮、氢、氦及氩气等，大都由高压气瓶供气。高压气瓶出口，装有减压阀，将高压气体降为 200～600 kPa 的低气压。

2．载气压力和流速控制

为了保证进入色谱柱载气压力和流速稳定，在分离系统前，一般装有开关阀、稳压阀、稳流阀、针阀和阻尼管等。

3．载气的净化

色谱仪都配有载气净化器。净化器中装有硅胶、分子筛和活性炭等吸附剂。室温下先用硅胶，后用分子筛除去水分，最后用活性炭除去烃类有机物。

4．载气测量

一般用压力表测量色谱柱前载气压力，用转子流速计测量柱前流速，用皂膜流速计测量色谱柱后流速 F'_{CO}，但用皂膜流速计测得载气体积流速，存在皂液蒸汽分压的影响，在计算载气流速时应把它扣除，即载气在柱出口真实流速 F_{CO} 为：

$$F_{CO}=F'_{CO}\frac{P_o-P_W}{P_o} \tag{13.25}$$

式中：P_o——柱后压力，即当时大气压；

P_W——测量时室温下水的饱和蒸汽压。

可从手册查得。由于气体体积还受到温度的影响，校正到柱温下的体积流速为：

$$F_C=F_{CO}\times\frac{T_C}{T_r} \tag{13.26}$$

式中：T_C——柱温，K；

T_r——室温，K。

此外，色谱柱前及柱出口的压力是不同的，柱内压力就有变化，因此应考虑气体压缩性的校正。所以柱内平均流速$\overline{F_C}$为：

$$\overline{F_C}=\frac{3}{2}\left[\frac{(P_i/P_o)^2-1}{(P_i/P_o)^3-1}\right]\times F_C \tag{13.27}$$

式中：P_i——柱进口压力。

（二）分离系统

1. 进样系统

进样系统包括进样装置和气化室。气体样品用注射器进样，也可用定量进样阀进样。液体样品则用微量注射器进样。样品注入气化室瞬间气化成蒸气，再随载气进入色谱柱。

进样量和进样速度都影响色谱柱的分离效率。进样速度慢会使色谱峰加宽，影响分离效果。而进样量过大，会造成色谱柱超负荷。进样是否准确将直接影响分析结果。因此，进样要做到迅速和准确。

2. 色谱柱

色谱柱是色谱分离的关键部分，内装有固定相。柱子一般是用不锈钢或玻璃管制成U形或螺旋形。色谱柱可分为：

（1）分析用填充柱。内径3～6 mm，通常长1～3 m。主要用于一般混合物分析。

（2）制备用柱。内径8～10 mm，长1～10 m。主要用于制备纯试剂或样品。

（3）毛细管柱。内径0.2～1 mm，长30～300 m。主要用于复杂组分的分析。毛细管柱因制备方法和柱材不同分为如下几种类型：

1）填充毛细管柱。一般柱内径≤1.0 mm。把粒度与柱内径比值为0.2～0.3的载体或吸附剂松散地装入玻璃原料管中，然后拉制成毛细管，此时固体微粒将部分嵌入柱子内壁，构成牢固的固体层。这类柱可用作吸附柱，也可再涂固定液使用。理论塔板数为3 000～4 000。柱子性能良好，具有速度快、柱效高、保留温度低等优点。应用较广，适合于分离气体组分和低分子量的烃类。

2）微型填充柱。将已拉好直径小于1 mm的毛细管柱填入涂有固定液的细粒填料（30～50 μm），填料粒度与柱径比值小于0.2。柱效高，理论塔板数为4 000～6 000。因载气线速对柱效影响小，有利于快速分析。又因样品容量大，对测定复杂混合物中痕量组分很有用。但柱阻力大，柱长等受到限制，影响这类柱型的广泛应用。

3）涂壁开管柱。首先对金属、塑料、玻璃和石英等毛细管的内壁进行化学处理，以增加表面浸润性和减少活性，然后再涂渍固定液。这类柱型柱效高、柱渗透性好，可使用长柱子，是分离复杂混合物的有效工具，也是当今柱技术发展的重点。

4）多孔层开管柱。在管壁上涂有一层多孔性物质，如分子筛、氧化铝、石墨化炭黑、高分子微球等。通常都作吸附柱。这类柱型柱流失小，有利于分配比较小组分的分离和痕量组分的测定，应用广泛。但因相比大，柱长有限（标准柱长 15 m），总柱效不如涂壁开管柱。

5）键合型开管柱。将固定液用化学键合的方法与玻璃表面的硅羟基反应，键合到毛细管内壁上，从而大大提高柱子的热稳定性和固定液的使用上限温度。

6）交联型开管柱。被涂渍在柱壁上的固定液在自由基引发或高能辐射诱导下，产生原位分子间共价连接交联，使固定液固化。具有耐高温、柱效高、热和化学稳定性好，抗溶剂冲洗能力强，柱寿命长等优点，特别适合与质谱、红外光谱等仪器联用，有利于微量组分的分离和测定。

7）石英开管柱。用高纯度熔融氧化硅或天然石英为柱材制成的毛细管柱。为了保持柔性，柱子外表面涂有一层聚酰亚胺高分子材料或金属（如铝）保护层。柱子惰性好，不易脆断，便于操作，日益得到广泛应用。

3．恒温箱

色谱柱恒温箱，也称层析室。它为色谱柱提供一个恒定温度或程序改变的温度环境。要求温度分布均匀，箱内各处温差不超过±0.5℃。控温精度在±0.1℃以内。

目前色谱柱恒温箱大都采用空气恒温方式。空气比热小，升温速度快，易于获得高温和自动控制。为使箱内温度均匀，装有强制对流鼓风马达，强迫空气对流。箱壁一般用石棉或玻璃棉作保温材料。

（三）检测系统

1．检测器的分类

检测器亦称鉴定器，它将由色谱柱随载气洗出的各组分浓度或量的变化，转换为电的信号，经放大后再送到记录显示装置。

检测器分类方法很多，一般按检测机理分为浓度型检测器和质量型检测器。浓度型检测器响应正比于物质在载气中的浓度。热导池是典型的浓度型检测器。质量型检测器，响应正比于单位时间内通过检测器的物质量。氢火焰离子化检测器是典型的质量型检测器。

2．评价检测器性能的主要指标

对检测器的基本要求是：第一，灵敏度高，稳定性好。第二，体积小，响应快。第三，线性范围宽，便于定量分析。第四，应用范围广，结构简单，使用安全。各种检测器性能，差别很大。以下介绍评价检测器性能的几个常用指标。

（1）灵敏度（或应答值）。单位浓度（或质量）的物质通过检测器时，所产生信号的大小，称为该检测器对该物质的灵敏度。可用下式表示：

$$S=\frac{\Delta R}{\Delta Q} \tag{13.28}$$

式中：S——灵敏度；

ΔR——记录仪信号变化率，mV；

ΔQ——通过检测器样品的变化率。

灵敏度随检测器和样品不同，具体表示方式也有所不同。

浓度型检测器：灵敏度以单位体积载气（ml）中含有单位重量物质（mg）所产生的信号（mV）大小来表示。单位为 mV • ml/mg。计算公式如下：

$$\begin{aligned} S_{\mathrm{g}} &= \frac{1.065\times\text{峰面积（mV} \cdot \text{min）}}{\text{试样重（mg）/载气流速（ml/min）}} \\ &= 1.065\frac{A_i \cdot u_2 \cdot F_{\mathrm{C}}}{u_1 \cdot m_i}\text{（mV} \cdot \text{ml/mg）} \end{aligned} \tag{13.29}$$

式中：S_{g}——浓度型检测器灵敏度，物质量以重量表示；

A_i——相应物质 m_i 的峰面积，cm^2 或 mm^2；

u_2——记录仪灵敏度，mV/cm 或 mV/mm；

u_1——记录仪纸速，cm/min 或 mm/min；

F_{C}——通过检测器载气流速，ml/min；

m_i——进样量，mg。

液体、固体样品量一般用重量（mg）表示。气体样品可以用体积（ml）表示，这时灵敏度以单位体积载气中（ml）含有单位体积（ml）物质所产生信号大小（mV）表示。灵敏度以 S_{V} 表示：

$$S_{\mathrm{V}}=S_{\mathrm{g}}\frac{M_{\mathrm{r}}}{22.4}\text{（mV} \cdot \text{ml/ml）} \tag{13.30}$$

式中：M_{r}——物质相对分子质量。

质量型检测器：灵敏度用单位时间内通过单位重量物质所产生信号大小。一般用每秒钟内有 1g 物质通过检测器时产生信号大小来表示。单位为 mV • s/g，计算公式为：

$$\begin{aligned} S_t &= \frac{1.065\times\text{峰面积（mV} \cdot \text{min）}}{\text{样重（g）/60（g/min）}} = \\ & \frac{1.065\times 60 \cdot A_i \cdot u_2}{u_1 \cdot m_i}\text{（mV} \cdot \text{s/g）} \end{aligned} \tag{13.31}$$

式中：S_t——质量型检测器灵敏度；mV•s/g；

A_i——相应物质 m_i 的峰面积，cm^2 或 mm^2；

m_i——进样量，g；

60——每分钟为 60 s；

u_1、u_2 同式（13.29）。

（2）敏感度。定义为检测器恰能检定产生的信号时，检测器中组分的浓度（浓度型）或单位时间内进入检测器的物质量（质量型）。所谓能检测的信号，即信号至少等于两倍噪音信号。

$$M=\frac{2R_N}{S} \tag{13.32}$$

式中：S——灵敏度；

R_N——噪音，即基线波动，mV；

M——敏感度。

浓度型检测器，敏感度用 mg（单位 mg/ml）或 mV（单位 ml/ml）表示。质量型检测器敏感度为 M_t（单位为 g/s），即产生能检测信号时，每秒钟通过检测器样品克数。

灵敏度不能全面评价检测器性能，因灵敏度高，噪音（基线波动）也成比例增大，有效检测信号不一定大。敏感度实际上是信噪比，考虑了噪音的影响，更能全面反映检测器质量。

（3）最小检出量。即产生色谱峰等于两倍噪音时色谱柱的进样量。最小检出量可由一定量物质产生相应信号求出。计算式如下：

$$m_{\min}=\frac{m_i \cdot 2R_N}{h \cdot u_2} \tag{13.33}$$

式中：$m_{\min}$——最小检出量，mg；

m_i——相应于信号 $h \cdot u_2$（mV）的进样量，mg；

h——与进样量 m_i 相应的色谱峰高，cm 或 mm；

u_2——记录仪灵敏度，mV/cm。

（4）线性范围。检测器的线性范围，是指检测器信号与被测物质浓度（或质量）呈线性关系的范围。如与信号成正比的最大样品量为 10 mg，最小样品量为 10^{-5} mg，则线性范围为 $10/10^{-5}=10^6$。这个指标越宽，在定量分析中可能测定的浓度范围就越大。

3．常用检测器

气相色谱检测器的种类很多，最常用的有热导池检测器、氢火焰离子化检测器、电子捕获检测器火焰光度检测器和碱焰离子化检测器等。下面分别简单介绍。

（1）热导池检测器（thermal conductivity detector，TCD）。其电路如图 13-4 所示。这种检测器通常是用热导系数大的氢气或氦气作载气。其池体可分为参比和测量两室。内装有两根电阻相等的钨丝、白金丝或热敏电阻等热敏元件，把它们作为两个臂接入惠斯登电桥中，由一个恒定的桥流加热。参比池接在进样器前，只有载气通过；测量池接在色谱柱后，除载气通过外，还有从柱后流出的试样通过。载气以恒定的流速通过两室，从热敏元件上带走的热量是相同的。两个热敏元件的温度变化也是相同的。热敏元件的温度变化和电阻变化成正比，即 $\Delta R \propto \Delta t$。所以，其电阻变化也相同，电桥处于平衡状态。若载气中有样品流过测量池，由于样品组分和载气的热导系数不同，两者从测量室带走的热量也不同，热敏元件的温度变化 Δt 及电阻值变化 ΔR 也不同，因而电桥平衡被破坏，记录仪上就有信号产生。

为了提高检测器灵敏度和稳定性，便于操作和延长寿命，应注意选择操作条件。

载气的选择：被测物质在载气的热导系数差值越大，灵敏度越高。故常选用分子量较小，热导系数特大的 H_2 和 He 作载气。

热敏元件的选择：选用电阻温度系数大的热敏材料，可提高检测器的灵敏度。常用的是钨丝。因价廉耐高温，灵敏度高。但高温时易氧化，且不耐腐蚀。改用表面镀金钨丝可防止氧化、延长使用寿命。铂丝和镍丝具有耐腐蚀的优点。但使用时也应注意考虑到铂对某些有机物和氢的催化反应。铼钨合金丝是目前最满意的热丝。它具有较大的抗张强度、抗氧化性和能在高温时允许使用较大的桥电流。

电学因子的选择：增大热丝的电阻及其工作电流（亦称桥电流），能以平方和立方的倍数提高灵敏度。这是提高检测器灵敏度的主要技术关键。但桥电流不可太大，否则检测器稳定性下降，噪音增大，影响热丝的寿命。一般热丝电阻的桥电流多在 120～250 mA；热敏电阻的桥电流多在 10～20 mA。

热导池是浓度型检测器。它的特点是结构简单，稳定性好，对无机物和有机物都能进行分析，线性范围宽，不破坏样品，适合于常量分析及含量在几十个 mg/L 以上的组分分析。使用时应注意载气流速波动对稳定性影响很大，要求流速稳定，不漏气。为了避免热丝高温烧断或氧化，在通载气前不允许通桥电流。使用完后，也必须先关闭桥电流后停载气。

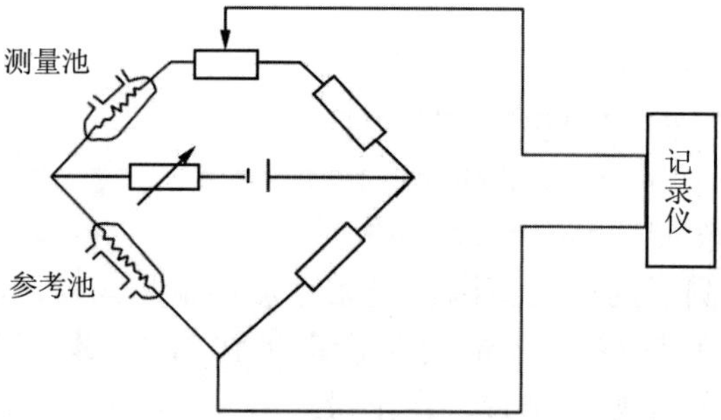

图 13-4　热导池电路原理图

（2）氢火焰离子化检测器（hydrogen flame ionization detector，FID）。其原理图如图 13-5 所示。这种检测器以氢气在空气中燃烧生成的火焰为能源，当有机物进入火焰时，发生离解，生成的正负离子，在火焰周围设置的电场作用下，定向运动而形成离子流，经过高电阻变成电压信号，放大后就可在记录仪上显示出来。

氢火焰离子化检测器，由离子室和有关电子线路组成。离子室主要由氢火焰喷嘴，极化电极，收集电极，点火线圈等组成。

喷嘴由不锈钢或石英制成。一般内径 0.2～0.6 mm。喷嘴附近有极化电极，上方装有收集电极，两电极间加有极化电压。点火线圈置喷嘴旁边，常用铂丝制成，通 3～5 V 交流电点火。

有机物在火焰中的电离效率很低，一般在 0.01%～0.05%。在收集极上只能形成 10^{-14} A 左右的微弱离子流。因此，在电子线路中有一高电阻，微弱离子流通过高电阻后转换成电压。电阻越大，电压降也越大，从而提高了放大器输入信号电压，提高了灵敏度。

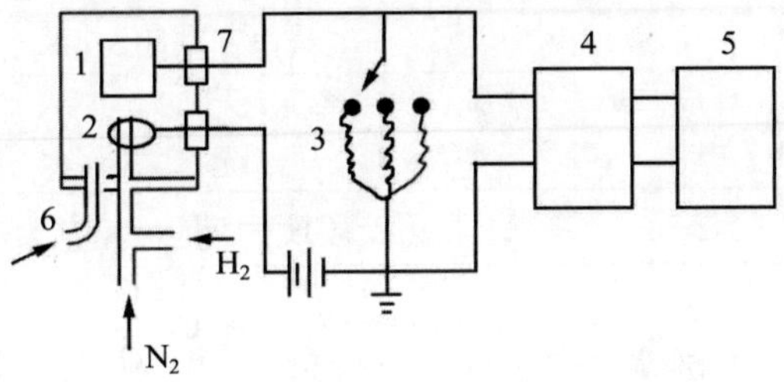

图 13-5 氢火焰离子化检测器原理图

1．收集极；2．极化极（点火线圈）；3．高电阻；4．放大器；5．显示器；6．空气；7．绝缘器

氢火焰离子化检测器是一种质量型检测器，也是一种样品破坏性检测器。它只对含碳有机物有信号，主要用于有机物分析。对永久性气体、水、一氧化碳、二氧化碳、四氯化碳、甲酸等含硫、卤素、氧、氮、磷的有机物响应很小，或没有响应。

氢火焰中的电离不是热电离，而是化学电离。研究发现，火焰中的正离子以 H_3O^+最多，约占 90%。其他还有 CHO^+、CH_3O^+、$C_3H_3^+$、HO_2^+、$C_2H_3O^+$及 $C_2H_5O^+$等。初始的负离子是电子。但它很快被 OH 捕获生成 OH^-。经过电荷转移生成的负离子有 C_2H^-、$CO_2H_2^-$、$CO_3H_2^-$等。这些离子虽被检测到，但离解机理还不十分清楚。

氢火焰离子化检测器的特点是：灵敏度高，最低检出质量浓度达 mg/L 级。线性范围宽，在 10^7 以上。死体积小，响应快，可用于快速色谱分析。结构简单，造价低。操作条件要求不高，操作条件变化，对灵敏度影响较小。

（3）电子捕获检测器（electron capture detector，ECD）。电子捕获检测器是目前使用最多的一种放射性离子化检测器。如图 13-6 所示。它用超纯氮或氩加 5%的甲烷作载气，在β 射线作用下，产生大量自由电子和正离子。大部分为阳极所收集，极少部分电子又与正离子复合。由于电子运动较快，复合概率不高。在一定放射源和电场下，电子定向运动和复合过程处于平衡状态，使检测室中电子密度稳定，形成稳定的基流 I_b。当有电负性化合物进入检测器时，自由电子在运动中被捕获形成负离子。但负离子运动速度远低于自由电子，它们与正离子复合概率急剧增加，复合率高达 10^5～10^8 倍，从而使基流显著降低，相应每一样品浓度给出一个负峰。

电子捕获检测器属浓度型检测器，信号大小与组分浓度关系如下：

$$I_e = I_b e^{-KAc} \tag{13.34}$$

式中：I_e——信号电流；

I_b——基始电流（c=0）；

c——组分浓度；

K——检测器常数；

A——组分的电子吸收系数。各种物质的电子吸收系数与取代基及位置有关。常见有机物电子吸收系数见表 13-1。

表 13-1　有机物电子吸收系数

物质	亲电子基团	电子吸收系数
烷、烯、炔、二烯烃、环戊二烯	无	~0.01
脂肪族醚、酯类、萘	无	0.01~0.1
烯醇	—CH=CH—OH	1~10
偶氮苯、二氯化物、酸酐等	卤素 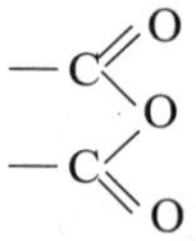	100~1 000
硝基化合物、二溴化合物	卤素—NO_2	100~1 000
多卤化合物		~10^4

当组分浓度较低时，上式可近似表示为：

$$I_b - I_e/I_b = KAc \qquad (13.35)$$

实际工作中测定的是 $I_b - I_e$，即峰高 $h = I_b - I_e$。因而在低浓度区 ΔI（$I_b - I_e$）和组分浓度 c 呈线性关系。当 ΔI 超过 I_b 的 1%时，即样品浓度很高时，电子捕获几率改变，会出现非线性响应。

采用脉冲电场供电，加一个脉冲周期比脉冲宽度大得多的单脉冲电位至阳极。这时，电子收集时间相对是很短的，而大部分时间检测室无施加电场，为电子捕获提供充分机会，这时信号与组分浓度关系为：

$$I_b - I_e/I_b = K'c \qquad (13.36)$$

式中：K'——检测器各种反应速率常数。如果以 $I_b - I_e/I_b$ 对 c 作图，线性范围可增加到 10^5。因此，脉冲供电可改善检测器线性范围。

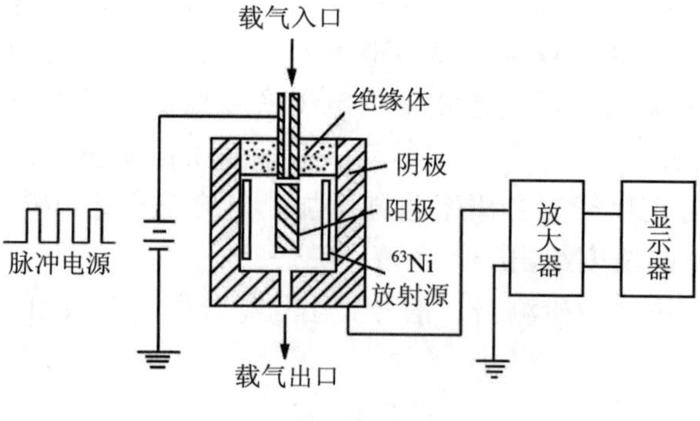

图 13-6　电子捕获检测器结构示意图

电子捕获检测器主要有两种形式，一种是平行电极，另一种是圆筒同轴电极。图 13-6 是典型同轴电极电子捕获检测器。中心轴是正极。放射源放在阴极圆柱壁上，电极距离 4~10 mm，电场强度对称于轴。检测器要有很好的气密性和绝缘性。

检测器放射源的射程尽量短，以便缩小检测器体积。实际应用的有 β 放射源，^{3}H 和 ^{63}Ni。^{3}H 一般吸附在钛膜上，强度 370×10^7~$3\ 700\times10^7$ B_q。制造容易，灵敏度高，但工作温度不能高于 200℃，否则会造成放射源流失。新近将 ^{3}H 吸附在钪膜上，^{3}H 钪源可耐 300℃

的高温。^{63}Ni耐高温，但制造较麻烦。

收集极电场供电有两种方式。一种是直流供电，为使电子运动不致太快，电场电压较低。另一种为脉冲供电，电压稍高。脉冲供电，使线性范围得到提高。

进行定量分析时，要注意控制检测器的温度。因为温度影响化合物电子吸收系数，因而影响灵敏度。温度控制精度在 0.1℃以内。

检测器温度亦影响基流，影响大小决定载气纯度。用普通氮气（氧含量大于 100 mg/m^3）随温度升高基流下降。用高纯氮气，温度对基流影响不大。

用氮气作载气时，其中氧含量对基流影响很大，纯度越高，基流越大。用氩作载气，加 5%～10%的甲烷，甲烷无电子捕获能力，称为猝灭性气体。主要是降低电子能量。基流随载气流速增加而增加，到一定流速后，趋于恒定。

仪器在使用前，要在操作最高温度下用纯氮吹洗老化 24 h 以上。排气管要接上几米长金属管后放空，使氧不易扩散到检测室。进样量一般在 10^{-12}～10^{-9} g。进样量过大不仅引起检测器的饱和，峰形减缓，影响分离，而且会破坏检测器的工作状态，有时要长达几小时才能恢复正常工作。

电子捕获检测器是一种高选择性检测器。对含有电负性原子或基团的化合物具有很高的灵敏度。如卤素化合物、含氧、硫、磷的有机化合物及甾族化合物，金属有机化合物、金属螯合物、多环芳烃等。下面是几种常见电负性化合物在电子捕获检测器上的灵敏度和检测极限：

表 13–2　几种常见电负性化合物检测极限

四氯化碳	1×10^{-14} g/s	六氟化硫	1×10^{-14} g/s
氯仿	3×10^{-13} g/s	丙体 666	1×10^{-14} g/s
艾氏剂	3×10^{-14} g/s	全氟异丁烯	0.1 ng/g
四乙基铅	3.7×10^{-14} g/s		

电子捕获检测器对非电负性化合物响应很小，如一般烷烃等。四氯化碳比正己烷灵敏度高 1×10^8 倍。这种突出的选择性可作为鉴定物质的手段。可以从电子捕获检测器的响应来判断化合物类型。由于大多数农药和大气、水质污染物为卤素及硫、磷、氮等化合物。因此，电子捕获检测器，广泛用在环境监测中。

电子捕获检测器其主要缺点是线性范围比较小，一般为 10^3。常出现非线性响应。

（4）火焰光度检测器（flame photometric detector，FPD）。火焰光度检测器是一种对硫、磷化合物有高选择性、高灵敏度的检测器，其敏感度可达 10^{-12} g/s，比对一般有机物敏感度高 10^4 倍，主要用在有机磷、硫化合物测定，在环境监测中得到广泛应用。

火焰光度检测器实际上是一个简单的发射光谱仪，发射源是一个富氢火焰，温度可达 2 000～3 000 K。在这种火焰中，有机磷化合物，首先氧化燃烧生成磷的氧化物，然后被富氢火焰中氢还原生成的 HPO 在火焰高温激发下，发出一系列特征波长的光，其中以 526 nm 最强，光强度正比于 HPO 浓度。而 HPO 浓度正比于磷化物的质量流速。

而含硫有机物在富氢火焰中燃烧，在适当温度下，产生激发态的 S_2^*分子。当其回到基态时，就发射 350～430 nm 的特征光谱，最强波长是 394 nm。

磷用 526 nm 波长的滤光片，硫用 394 nm 波长的滤光片滤光，然后经光电倍增管把光强度变为电信号进行测量。

火焰光度检测器结构示意图如图 13-7 所示。它由氢焰和光度计两部分组成。氢焰部分由火焰喷嘴、遮光槽、点火器等组成。光度计部分包括石英窗、滤光片和光电倍增管。辅助电子系统有 700～800V 高压电源和静电计。

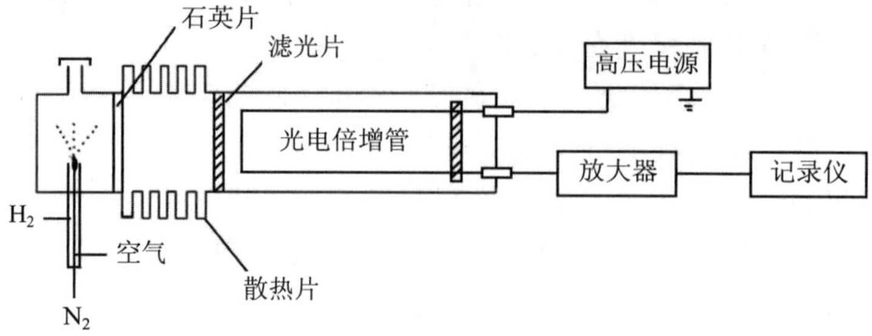

图 13-7　火焰光度检测器结构示意图

硫与磷检测机理不同，磷只需富氢火焰还原成化学发光的 HPO 就可检测。而硫除需还原为硫原子外，还需一个适当的温度环境，便于化学发光的 S_2^*分子生成。这样火焰及其环境温度，就对灵敏度有很大影响。所以，要根据不同的待测物选择适当的操作条件。

磷的测定，必须是富氢火焰。因此，O/H 比（O_2气与 H_2气流速比）对响应影响很大。实验表明，对不同类型化合物，其 O/H 最佳值不一样。一般在 0.2～0.5 可得到最大响应。如果 O/H 为 0.1 或 0.7，灵敏度接近于零。另外，其他气体流速：H_2 160～180 ml/min；空气 130～150 ml/min；N_2 40～80 ml/min，可获得最大信噪比。

关于硫的测定，S_2^*的生成条件受火焰性质和温度影响。火焰性质主要由 O/H 比所决定，而火焰温度可由各种气体流速所控制。有机磷农药，其最佳 O/H 比为 0.34。SO_2 和 H_2S 为 0.24，CH_3SH 为 0.26。不难看出，分子中烷基越大，则完全燃烧生成 SO_2、CO_2 所需之氧越多，则最佳 O/H 比也越大。

另外，载气氮气的流速对峰高和峰面积响应均有影响。应注意控制适宜的流速。

火焰光度检测器使用时应注意，首先保证火焰为富氢火焰，否则无激发光谱产生，灵敏度很低。为延长光电倍增管使用寿命，防止光电倍增管损坏，还必须注意以下几点：

1）在点火之前不要开高压电源，如果实验过程中灭火，必须在关掉高压电源后方能重新点火。

2）当冷却装置失去作用，如散热片散热效果不良，不能保持光电倍增管在 50℃以下工作时，应停止实验，并采取措施改善冷却效果。

3）开启高压电源时，必须从低到高逐渐调节到所需电压；或先开低电压源，再调到高压源。

4）检测器恒温箱温度低于 100℃时，不要点火，以免检测器积水受潮。

火焰光度检测器是一种质量型检测器。缺点是线性范围较窄，测磷为 10^5，测硫只有 10^1～10^2。

（5）碱焰离子化检测器（alkali flame ionization detector，AFID）。碱焰离子化检测器又称氮、磷检测器（NPD）。它是由氢火焰离子化检测器发展而来的一种离子化检测器。是将碱金属盐置于火焰附近，蒸发形成蒸气渗入火焰中，使有机磷、氮、硫化合物的响应，比氢火焰高 10^3～10^5 倍。碱焰离子化检测器在火焰中加入碱金属盐有两种方式：一种是在铂丝圈上浸盐溶液或熔盐。另一种是将碱金属盐压成片或压在金属环内。盐圈或盐片置火焰上方或下方。所用盐类为第一、二主族元素的硫酸盐、碳酸盐及卤化物。一般溴化铯对磷，硫酸铷对氮化物最适宜。氯化钾、硫酸钾、硫酸钠等效果也很好。

碱焰离子化检测器比火焰光度检测器结构简单。不仅能测硫、磷化合物，而且对氮及砷、硒、铝、锡等金属化合物也有很高的灵敏度。而有机物农药大多数都是磷、硫、氮及砷的化合物。因此，对农药污染监测很有意义。

（四）色谱工作站

初期的色谱仪由检测器输出的信号输送至记录仪记录色谱图。通过人工测量峰高或峰面积并进行计算，而后再进行定性和定量分析。而现代的色谱仪已随计算机技术的发展，将微型计算机系统与色谱仪相结合发展成为色谱工作站。

色谱工作站由硬件和软件两部分组成。硬件是一台微型计算机。软件包括色谱仪实时控制程序、峰识别和峰面积积分程序、定量计算程序、报告打印程序等。

色谱工作站具有数据处理功能、谱图再处理功能、色谱柱柱效评价功能、前后台处理功能以及对色谱仪的实时控制功能。数据处理功能包括色谱峰的识别、基线的校正、重叠峰和畸形峰的解析、计算峰参数（包括保留时间、峰高、峰面积、半峰宽等）、定量计算组分含量（定量方法包括归一化法、内标法、外标法等）。谱图再处理功能包括对已存储的色谱图整体或局部的调出；检查色谱峰的加入或删除；调整色谱图放大、缩小；色谱图的叠加或相减运算；人工调整色谱峰的起落点等。

色谱工作站对色谱仪的实时控制功能包括色谱仪的一般操作条件的控制，如程序升温、自动进样、流路及阀门切换的控制；检测器参数控制；自动调整、衰减、基线补偿的控制等。

色谱工作站还可利用计算机存储大量标准谱图，并能进行对比检索的功能，实现谱图检索，有利于化合物的鉴定。

第四节　气相色谱固定相

在气相色谱分析中，样品中各个组分能否完全分离开，在很大程度上取决于色谱固定相选择得是否合适。气相色谱固定相种类很多，按色谱条件下的物理状态，可分为固体固定相和液体固定相两大类。固体固定相包括常用固体吸附剂和有机聚合物固定相。液体固定相为高沸点有机液体称为固定液。固定液不是直接装在色谱柱内，而是涂渍在一种惰性固体表面，这种固体称为担体。因此担体是固定相的重要组成部分。

一、固体吸附剂

在气相色谱中，常用固体吸附剂有活性炭、硅胶、氧化铝和分子筛。现分别介绍如下：

1．活性炭

它是一种非极性固体吸附剂。吸附活性大，比表面积达 300～500 m^2/g，最高使用温度在 300℃以下。常用来分析永久性气体和低分子碳氢化合物。一般活性炭在使用前要经过处理，粉碎过筛后，用苯浸泡，然后用热水洗至无浑浊，最后在 180℃烘干，备用。

活性炭不宜用来分离高沸点化合物、极性化合物和活泼气体。为了扩大使用范围，提高柱效，曾进行对活性炭改性和发展新型炭质吸附剂。如制成了多孔性炭黑，又称炭分子筛。其表面积很大（1 000 m^2/g），能耐 400℃高温，特别适用于分析微量杂质。如分析乙烯中微量乙炔。

2．硅胶

是脱水硅酸，结构为 $SiO_2 \cdot xH_2O$，这是一种氢键型强极性吸附剂，比表面 500～700 m^2/g，孔径 1.0～7.0 nm，其分离能力决定于孔径大小及含水量。一般用来分析 C_1-C_4 烷烃，N_2O、SO_2、H_2S、COS、SF_6、CF_2Cl_2 等，由于在常温下，硅胶对 CO_2 是可逆吸附，可用来分离 CO_2 和 C_2H_6、C_2H_4、C_2H_2 等。

3．氧化铝

是一种中等极性吸附剂。比表面 100～300 m^2/g，使用前在 200～1 000℃活化。一般用来分离 C_1-C_4 烃类。

4．分子筛

分子筛是一种具有特殊吸附活性的吸附剂，是合成硅铝酸钠盐或钙盐。其结构为：

A 型：[Na_2O（CaO），Al_2O_3，$2SiO_2$]，分为 3A、4A、5A 型。

X 型：[Na_2O，Al_2O_3，$3SiO_2$]，分为 10X、13X 型。

它具有均匀孔隙结构和大的表面积（700～800 m^2/g），过去认为它能对不同分子直径的物质起过筛作用。实际上分离还是基于分子筛的极性。一般用于分离惰性气体：He、Ar 及 H_2、O_2、N_2、CH_4、CO、NO 和 N_2O 等。特别是常见的 O_2、N_2 分离。分子筛在常温对 CO_2 不可逆吸附，因而不能用来分离 CO_2。使用前在 400～500℃活化 2 h。分子筛很容易吸水失去活性，因此，分子筛在使用中要注意防止水汽进入柱内。

二、有机聚合高分子微球

高分子微球，又称高分子多孔小球固定相。它是一种具有特殊色谱性能的芳香族高分子交链聚合物。主要特点是：①选择性强，分离效果好，特别是对水、含羟基的化合物。作用力小，可提前洗出，是分析有机物中水的最有效固定相。②热稳定性好，无流失现象，一般可达 250℃长期使用。③具有一定比表面积，但吸附力较弱，对极性化合物亦能洗出对称色谱峰。④粒度均匀，使色谱柱填充均匀。机械强度好，不易破碎。⑤耐腐蚀，耐辐射。

国产高分子微球固定相牌号是 GDX，现已有 GDX101－GDX601 等多种牌号。GDX101、GDX201 是非极性；GDX301、GDX401 是中等极性；GDX501、GDX601 是强极性。国外同类固定相有 chromosorb 系列和 porapak 系列。

这类固定相不涂固定液直接使用，可用来分离氨、氯化氢等腐蚀性气体，低分子碳氢化合物，烷烃，芳烃，醇类，酸类，酮类，酯类，胺类等。使用前需要活化处理，一

般在 N_2 气下，比使用柱温高 20℃左右活化 5～10 h。

三、液体固定相

液体固定相是由担体和固定液两部分组成。是气相色谱中应用最广泛的一种固定相。一般是把固定液均匀涂在担体（惰性固体支撑物）上，然后再装入柱内用于分离各种混合物。

1．担体

担体的作用是提供一个大的惰性表面，用以承担固定液，使固定液以薄膜状态分布在其表面上。对担体的基本要求是：

（1）表面应是化学惰性，即表面没有吸附性或吸附性很弱，不直接参与色谱分离，不与分析试样起化学反应。

（2）担体表面孔径分布均匀，具有较大的比表面，使固定液具有较大分布表面，提高气液分配速率。

（3）热稳定性好，在色谱条件下不发生热分解。

（4）机械强度高，不易发生粉碎和结块。

气相色谱用的担体可分为硅藻土型和非硅藻土型两大类。非硅藻土担体主要有氟担体、玻璃担体、有机高分子担体、无机盐、海砂和素瓷等。硅藻土担体又分为红色担体和白色担体。它们都是天然硅藻土经煅烧而成。所不同的是白色担体在煅烧前于硅藻土原料中加入少量助熔剂，如碳酸钠。这两种硅藻土担体的化学组成和内部结构基本相似，但其表面结构却不同。目前大多数气、液色谱分析用硅藻土担体。

红色担体表面孔穴密集，孔径较小，表面积大，因此涂固定液量多，在同样大小柱中分离效率就比较高。机械强度也好。缺点是表面有吸附活性中心。一般适用于分析非极性或弱极性物质。

白色担体颗粒较疏松，机械强度不如红色担体。表面孔径大，表面积较小。因此，表面极性中心显着减少，吸附性小，一般用于分析极性物质。

为了消除担体表面吸附，减少色谱峰拖尾，担体在使用前需进行预处理。预处理方法有：①酸洗：先用水漂洗担体，除去细粉，后用 6 mol/L 盐酸浸煮 2 h 或浓盐酸加热浸煮 30 min，再用水洗至中性，110℃烘干 16 h。一般来说，酸洗担体适宜于分析酸性样品。②碱洗：一般在酸洗后进行碱洗。用 10%NaOH 甲醇溶液和担体回流，用水洗至中性。碱洗担体适宜分析胺类样品。③硅烷化：常用硅烷化试剂，以二甲基二氯硅烷$[(CH_3)_2SiCl_2]$效果最好，六甲基二硅胺$[(CH_3)_3SiNSi(CH_3)_3]$次之。硅烷化有湿法和干法两种。湿法是将 30 g 干燥担体浸泡在 100 ml 10%（体积分数）硅烷化试剂的甲苯溶液中，摇动 15～30 min，过滤。用甲苯洗 2～3 次，再用甲醇洗至中性，在 110℃干燥 4 h，备用。干法硅烷化在真空干燥器内进行，将担体 30 g 置培养皿内，放在干燥器上层，硅烷化试剂 20 ml 和一碟碳酸钠放在下部，静置 1 周。这样能有效地减少拖尾，特别是分析极性化合物，可显著地提高柱效和分离度。④釉化：用 10 倍体积 2%硼砂水溶液浸泡担体二昼夜，或 2%～3% Na_2CO_3-K_2CO_3（1∶1）浸泡 1 d，然后用蒸馏水把母液稀释 2 倍，洗涤，120℃烘干。870℃加热 3.5 h。升温至 980℃锻烧 40 min。这样在担体表面形成玻璃质薄层。目前已有预处理好的担体出售，可以直接使用。

选择担体的大致原则是：

当固定液含量大于 5%时，可选用硅藻土型担体（白色或红色）；当固定液含量小于 5%时，应选用处理过的担体。对于高沸点组分，可选用玻璃微球担体。对于强腐蚀性组分，可选用氟担体。

2．固定液

（1）固定液应满足如下要求

1）蒸气压低，热稳定性好，在操作温度下不分解。

2）化学稳定性好，不与被分析组分发生化学反应。

3）对被分析组分溶解度大，选择性高。

4）在使用温度下是液体。

在气—液色谱分析中，组分分子大部分时间即校正保留时间，是溶解在固定液中的，不被载气所传送。因此，组分能否分离取决于各组分在液相中的停留时间，也就是说和组分在气、液二相间的分配系数有关。而分配系数的大小是由组分和固定液分子之间的作用力所决定。分子间的作用力主要有如下几种：

1）静电力。是由于极性分子具有永久偶极矩而产生的静电作用力。此力在极性固定液上分离极性物质起主要作用。

2）诱导力。极性分子和非极性分子共存时，由于极性分子永久偶极矩的电场作用，非极性分子被极化产生诱导偶极矩，两分子互相吸引，这种力叫诱导力。这个作用力很小。在分离非极性分子和可极化分子的混合物时，可以利用极性固定液的诱导效应来分离这些混合物。

3）色散力。在非极性分子之间，由于分子中正负电中心瞬间相对位置的变化，产生瞬间偶极矩，而引起的分子间作用力。非极性组分与非极性固定液之间只存在色散力。

4）氢键力。氢键力是静电力的一种特殊类型。当氢原子和一个电负性很强的原子构成共价键时，它就有和另一个电负性很强的原子形成一种强的、有方向性的范德华力，这就是氢键力。含有—OH、—COOH、—COOR、$—NH_2$、>NH 等官能团的分子作固定液时，分析含氟、含氧、含氮化合物时，此种力起主要作用。

（2）固定液分类。据文献报道，气相色谱固定液已有几百种。为了便于根据分析样品选择合适固定液，将固定液作如下分类。

1）按固定液相对极性分类。固定液根据极性强弱分为非极性，弱极性，中等极性，强极性等。相对极性主要根据某些物质对在固定液上相对保留值来确定。常用物质对有苯-环己烷，正丁烷-丁二烯等。首先规定极性的β，β′-氧二丙腈极性为 100，非极性的鲨鱼烷极性为 0，然后测出物质对在上述两种固定液和待测固定液上的相对保留值。则被测固定液的相对极性 P_x 可由下式求出：

$$P_x = 100 - 100\frac{q_1 - q_x}{q_1 - q_2} \tag{13.37}$$

式中：q_1——苯-环己烷在β，β'-氧二丙腈柱上相对保留值的对数；

$$q_1 = \lg \frac{t'_{苯}}{t'_{环己烷}} \tag{13.38}$$

q_2——在鲨鱼烷上环己烷和苯的相对保留值的对数；

q_x——在待测固定液中环己烷和苯的相对保留值的对数。

根据上述方法，将固定液极性从 0～100 分为 100 等份。每 20 份为一组。用“+”表示。见表 13-3。

2）按固定液化学结构和所含官能团分类。这种分类便于按溶质与固定液的“结构相似”原则，选择固定液时参考。

烃类：包括烷烃和芳烃。如鲨鱼烷、阿皮松（Apiezon）、石蜡油、真空脂、聚乙烯、三苯甲烷等。这些都是非极性或弱极性固定液。

硅油和硅橡胶：主要有甲基硅油，甲基硅橡胶，这属弱极性。甲基、苯基硅油、甲基苯基硅橡胶。这一般属于弱极性或中等极性。此外还有氰基硅油、含氟硅油，一般属中等极性或强极性。

表 13-3　常用固定液的极性数据

固定液	相对极性	级别	固定液	相对极性	级别
角鲨烷	0	−1	XE−60	52	+3
阿皮松	7～8	+1	新戊二醇丁二酸聚酯	58	+3
SE−30，OV−1	13	+1	PEG−20M	68	+4
DC−550	20	+2	PEG−600	74	+4
己二酸二辛酯	21	+2	己二酸聚乙二醇酯	72	+4
邻苯二甲酸二辛酯	28	+2	己二酸二乙二醇酯	80	+4
邻苯二甲酸二壬酯	25	+2	双甘油	89	+5
聚苯醚 SD−124	45	+3	PCEP	98	+5
磷酸三甲酚酯	46	+3	β,β'-氧二丙腈	100	+5

醇和聚醇：如十六醇、丙三醇、聚乙二醇，均属强极性。

酯和聚酯：如邻苯二甲酸二壬酯、癸二酸二辛酯、聚乙二醇己二酸酯等，一般属中等极性固定液，少数属弱极性或强极性。

腈类：如苯乙腈、β,β'-氧二丙腈、四氰乙氧基丁烷，均属强极性固定液。

其他：胺和聚酰胺，如四（2-羟己基）乙二胺，聚亚酰胺；杂环类，如 7,8-苯并喹啉；砜类，如环丁砜等。

3）按固定液的特征常数分类。保留指数（I）：保留指数也称为 Kovats 指数。它与相对保留值不同。后者以单个化合物作为参比标准，而保留指数是以正构烷烃作为参比标准。保留指数定义为：

$$I_x = 100\left[Z + \frac{\lg V'_R(x) - \lg V'_R(z)}{\lg V'_R(z+1) - \lg V'_R(z)}\right] \tag{13.39}$$

$V'_R(x)$ 是组分 x 校正保留值；$V'_R(z+1)$，$V'_R(z)$ 是带有 z+1 和 z 个碳原子的两正构烷烃

的校正保留值。

注意选取作为参比标准的两正构烷烃的校正保留值在组分 x 的前后。

从定义可知被测组分的保留指数，就是相邻两个正构烷烃保留值对数之间的差值等分为 100 分，I_x 占据的分数也就相当于假设正构烷烃的保留指数。例如：乙酸正丁酯在 Apiezon 柱上，柱温为 100℃时的保留指数为 775.6，相当于具有 7.756 个碳原子数的正构烷烃的保留指数。此外，还有按特征常数分类。可参考有关参考书。

毛细管柱的高效以及制柱技术的完善，毛细管柱在气相色谱及气相色谱-质谱联用中得到了广泛的应用。而毛细管色谱柱性能的好坏与选用的固定液有直接的联系。能用于气相色谱的固定液虽然很多，但能成功用于毛细管柱的固定液，特别是耐高温、极性强的固定液为数更少。下面简单介绍能用于毛细管柱涂制的固定液类型。

（1）聚乙二醇类。聚乙二醇（PEG，又名 Carbowax）是一类应用极为广泛的固定液，根据分子量的不同有多种商品，如 Carbowax 400、600 和 20 M 等。由于大多数分子量不高，最高使用温度也只有 225℃。这类固定液存在的主要问题是化学稳定性差，载气中痕量水和氧都会引起这类固定液分解，宜用氢作载气。

以聚乙二醇与不同酸反应得到的酯类固定液是一类极性固定液，最高作用温度可达 275℃。若涂制在经硅烷化处理后的玻璃毛细管内壁，柱子性能将更稳定。同样，载气中微量的水和氧均会引起聚酯类固定液的分解。

（2）聚苯醚（PMPE）。这是一类效果较好的高温固定液，有良好的选择性和热稳定性，能用于各种毛细管柱的制备，已用于精油、多环芳烃的分析。但其合成较困难，使用不广泛。

（3）聚胺类（聚酰胺和聚酰亚胺）。这类固定液的极性较强，具有高的热稳定性和良好的润湿能力，尤其适用于毛细管柱的涂制。对各种醇类、胺类的分离特别有效。这类固定液对氧也很敏感和在有机溶剂中的溶解度较差。

（4）聚苯醚砜（PPES）。是具有聚酯类极性的超高温固定液，它在 400℃以下具有很好的热稳定性，最适用于 GC－MS。适用于胆甾醇异构体、煤焦油中多环芳烃等的分离。唯一缺点是黏度和熔点高，不利于低沸点组分的分析。

（5）聚硅氧烷类。这类固定液具有热稳定性高、成膜性好、可用范围宽、能在侧链上引入不同功能基团以适应各种需要等优点，是目前对各种化合物适用范围最广的固定液。特别是在毛细管气相色谱方面应用更为广泛。这类固定液有油状、凝胶状和橡胶状三种形态。根据美国四大公司的产品目录，聚硅氧烷类固定液的代号分别有 DC、OV、SE 和 SP 等。

为了提高柱效和热稳定性，20 世纪 70 年代起，就成功研制了以聚硅氧烷为骨架的手性聚硅氧烷固定液、高分子液晶固定液和冠醚聚硅氧烷固定液。其中由于冠醚分子具有氧原子等组成的富电子环腔结构，使它具有许多特殊的化学性质。将冠醚联接到聚硅氧烷上得到的固定液，将其涂制成的石英毛细管柱，具有出色的色谱柱性能而被关注和推广应用。

固定液的选择一般根据“相似相溶原则”，即选择的固定液与被测组分的化学结构相似，极性相似，则分子间的作用力就强，溶解度就大，选择性也就高。

1）分离非极性物质，一般选用非极性固定液，这时试样中各组分按沸点次序先后流出色谱柱。沸点低的先出峰，沸点高的后出峰。

2）分离极性物质，选用极性固定液。这时试样中各组分主要按极性顺序分离，极性小的先流出色谱柱，极性大的后流出色谱柱。

3）分离非极性和极性混合物时，一般选用极性固定液。这时非极性组分先出峰，极性组分后出峰。

4）对于能形成氢键的试样，如醇、酚、胺和水等的分离。一般选择极性的或是氢键型的固定液。这时试样中各组分按与固定液分子间形成氢键能力大小先后流出。不易形成氢键的先流出，最易形成氢键的最后流出。

5）对于复杂的难分离的物质，可以用两种或两种以上的固定液。

固定液选择是否适合，直接影响到色谱分离的好坏。以上仅是对固定液的大致选择原则。主要还是靠实践以及参考有关的文献资料。

四、分辨率及操作条件的选择

1．分辨率（R）

分辨率是定量描述混合物中相邻两组分在色谱柱中分离情况的主要指标。它等于相邻两组分保留值之差与两组分峰底宽之和一半的比值，即：

$$R=\frac{t_{R(2)}-t_{R(1)}}{\frac{1}{2}(Y_1+Y_2)}$$

或

$$R=\frac{t_{R(2)}-t_{R(1)}}{(2\Delta t_{1/2(1)}+2\Delta t_{1/2(2)})} \tag{13.40}$$

分辨率有时也称为分离度。对两等高的峰，$R=1$ 时，两峰稍有重叠。$R=1.5$ 时，可完全分开，对定量分析则要求 $R=1$ 或大于 1。对于不等高的峰，则根据峰比和定量分析误差要求，对 R 值要求不同。

2．色谱分离条件的选择

分离条件选择要根据样品性质和分析要求而定。主要是根据最难分离物质对选择色谱条件。下面就有关问题进行讨论。

（1）样品及其预处理。分析前应对样品来源及大致组成情况有初步了解及对分析的要求。如试样是天然产物还是合成产物；试样中各组分的大致含量及沸点范围；进行纯度检查或是进行定性和定量分析。

有些试样不宜于直接进行气相色谱测定，需要进行预处理，这主要包括：除去样品中腐蚀性物质，如无机强酸、溴、氯等；除去某些高分子量的物质和难气化的无机物，如油脂、胶状物、矿物质等，以免注入色谱仪，造成气化室、气体管路、检测器的堵塞和污染。

有些物质极性很强，挥发性很低，不适合直接进行气相色谱分析。这类化合物可通过化学反应，定量转化为挥发性衍生物，以降低极性和沸点。

酸类：主要是有机羧酸，包括一元酸、二元酸、多元酸、芳香酸、羟基酸及磺酸等。

一般转化成低沸点酯类，如甲酯、丁酯、α-氯乙酯等。常用酯化方法有甲醇-三氟化硼法和重氮甲烷法。

氨基酸：氨基酸含有氨基和羧基两种官能团，极性强，挥发性低。常用的酯化法有：α-氯甲酸甲酯法、N-甲酰甲酯法和N-三氟乙酰化甲酯法。

羧基化合物：主要是醇和酚类，包括多元醇、多元酚以及甾体化合物、糖类等。大多数低级醇和一元酚，可直接进行色谱测定，高分子量羟基化合物，可用下述方法制备适用于气相色谱分析的衍生物：乙酰化法或三氟乙酰化法、硅烷化法和甲醚化法。

醛和酮：低级醛和酮可直接进行气相色谱测定，高级醛可氧化成酸，然后甲酯化。醛亦可在甲醇－氯化氢作用下生成缩醛。醛和酮还可与羟胺作用生成肟。这个反应也可用于甾体化合物分析。

胺类：一般转化成酰胺衍生物，常用的有乙酰、二氟乙酰、丙酰和五氟丙酰衍生物。

酯：包括甘油酯和类酯物。一般采用皂化、酯化、酯交换、还原、酰化、氧化使转化成酯肪酸酯，或低级酯肪酸。

碳水化合物：一般是转化成缩醛、缩酮或硅烷化后，进行气相色谱测定。

无机化合物：很多金属元素与有机螯合剂作用，生成低沸点金属螯合物，其中常用的是β-二酮类螯合剂，如三氟乙酰丙酮、六氟乙酰丙酮等。反应可在水溶液中进行，生成的螯合物用苯或乙烷等有机溶剂萃取。这种方法已用于测定铍、铬、铝、铁、锌、锰、镓等元素。性质极相近的稀土元素，亦可生成β-二酮螯合物，用气相色谱测定。

（2）分离条件选择。最难分离物质对的确定：最难分离物质对是结构相差最小，分子量相差最小或沸点相差很小的一对物质，有时还得通过色谱试分离才能确定难分离物质对。而一般是针对试样中最难分离物质对选择色谱分离条件。

固定液的选择：一般根据“结构相似”和“相似相溶”的原则，即选择固定液要与被分离组分相似。在固定液部分已讲过。

载气流速选择：根据式（13.18），用在不同流速下测得的塔板高度 H 对流速 u 作图，得 H—u 曲线图，如图 13-8 所示。在曲线的最低点，塔板高度 H 最小，此时柱效最高，该点所对应的流速即为最佳流速。在实际工作中，为了缩短分析时间，往往使流速稍高于最佳流速。

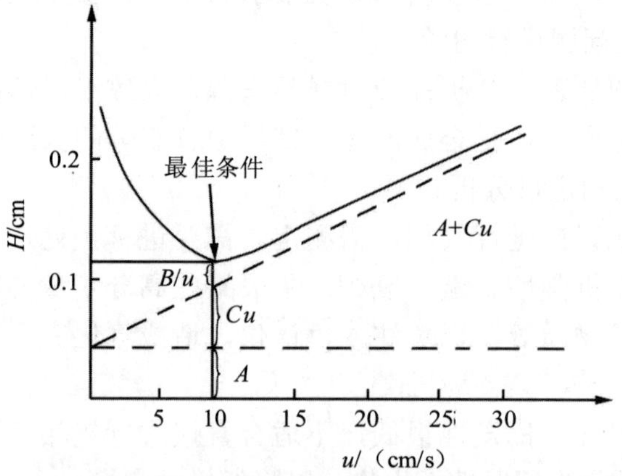

图 13-8　塔板高度与载气线速的关系

担体的选择：担体粒度小，有利于提高柱效，但太小时不易填充均匀，所以要求颗粒大小均匀，使λ下降，H 变小。固定液膜薄而均匀，使液相传质阻力降低。同时要求担体表面积大，孔径分布均匀。

固定液含量选择：固定液用量也有一个适中值。固定液含量太高会使担体颗粒之间阻力增加，柱效下降，一般不超过担体的 30%。但含量太低时，又不能把担体表面覆盖住。一般对低挥发性化合物，最好用低含量固定液，挥发性大的样品用高含量固定液。

柱温的选择：柱温是一个重要的操作参数，直接影响分离效能和分析速度。首先柱温不能高于固定液的最高使用温度，否则固定液挥发流失。从分离的角度考虑，宜采用较低的柱温。但柱温太低，被测组分在两相中的扩散速率大为减小，分配不能迅速达到平衡，峰形变宽，柱效下降，并延长了分析时间。选择的原则是，在使最难分离的组分有尽可能好的分离的前提下，尽可能采用较低的柱温。但以保留时间适宜，峰形不拖尾为度。对于沸点范围较宽的试样，宜采用程序升温。使低沸点、高沸点样品都能达到很好的分离。

柱长：加大柱长对分离有利。但区域扩展加剧，传质阻力增加，分析时间延长。一般试样选用 1～3 m 的填充柱子较适宜。对于复杂的试样应选择毛细管柱。

第五节　定性分析

气相色谱是一种高效、快速的分离技术，可在很短时间内分离几十种甚至上百种组分的混合物。但应用气相色谱法进行定性分析，却不如其他分析方法。这主要是不能直接从色谱图给出定性结果，而需要与已知物对照，利用色谱文献数据或其他分析方法才能给出定性结果。

一、与已知物对照定性

用已知纯物质与未知样品对照定性，是气相色谱的主要定性方法，也是最可靠的定性方法。其定性的依据是保留值。

在一定的固定相和色谱操作条件下，各组分的保留值是一定的。因此，可以利用已知物的保留值（时间、体积、距离）和未知物的保留值对照进行定性。

如果样品较复杂，色谱峰间距太小，准确测定保留值有一定困难，也可采用在未知混合物中加入已知物，若待定性的组分的峰比原来增大，则表示样品中可能含有该已知物的成分。

二、利用文献保留数据定性

有时需要定性的化合物，实验室没有纯样品，这就得借助文献上色谱保留值定性。

1．相对保留值

利用文献上化合物的相对保留值作为定性依据。在定性中，测定同一色谱条件下相对保留值，即可对照，给出定性结果。

2．利用比保留值定性

比保留值（V_g）是单位重量固定液的保留体积，V_g 值不受柱长、固定液含量和载气流速等操作条件的影响，仅与柱温有关。文献上报道的许多化合物在一定固定液上的 V_g 值，可作为定性参考。测定 V_g 值要准确测定固定液的量，由于固定相流失，使测定结果不准，测定操作也较麻烦。

3．保留指数定性

为了克服上述定性指标的误差，1958 年 Kovats 提出了保留指数的概念。几十年来，积累了很多保留指数的文献。现在，保留指数是保留值最有价值的表达方式，广泛用在气相色谱定性分析上。

保留指数的定义，前面已讲。正构烷烃的保留指数，在任何色谱条件下定为 100Z（具有 Z 碳原子数的正构烷烃）。如己烷、庚烷、辛烷的保留指数分别为 600、700、800。则被测组分的保留指数，相当于假设的某正构烷烃的保留指数。

欲求某组分的保留指数，只要选两相邻正构烷烃与组分混合在一起，进行色谱分析，在给定色谱条件下，该组分保留值刚好在两烷烃之间。例如在阿皮松 L 柱上，100℃测定乙酸正丁酯的保留指数。两正构烷烃为正庚烷和正辛烷，各组分保留时间在记录纸上距离为：

乙酸正丁酯	310.0 mm	lg310.0=2.491 4
正庚烷	174.0 mm	lg174.0=2.240 6
正辛烷	373.4 mm	lg373.4=2.572 2

因为 $Z=7$，所以：

$$I=100[\frac{2.4914-2.2406}{2.5722-2.2406}+7]=75.6+700=775.6$$

即乙酸正丁酯相当于 7.75 个碳原子的正构烷烃的保留指数。

保留指数的特点：

（1）保留指数与柱温的关系。在同一色谱柱上，在较小温度范围内，保留指数与柱温呈线性关系。利用这个规律可用内插法求出不同柱温上的保留指数。例如某物质的保留指数在 100℃时是 654，150℃是 688，则可求出 125℃的保留指数为 671。

（2）保留指数受柱温影响较小，通常温度改变 1℃，保留指数变化约 0.05%，测定值与文献值易于重复，便于用文献值进行定性。

（3）同系物的保留指数呈线性关系，随着分子中增加一个次甲基，保留指数增加 100，与色谱柱的性质无关。

（4）在不同极性色谱柱上，非极性组分保留指数无明显变化，而极性组分保留指数变化很大。物质在极性色谱柱上保留指数 I_p 与非极性柱上保留指数 I_n 的差，称为保留指数增量。即，$\Delta I=I_p \sim I_n$，ΔI 是物质结构特性的反映。如烷烃ΔI，在 20～50；烯烃，ΔI 30～50；醛、酮，ΔI 170～260；醇，300～360；硝基化合物，ΔI 340～410。根据ΔI，可帮助推出物质的可能结构。

保留指数的有效数字为三位，测定准确度和重复性都很好，误差在 1%以内。因此，只要固定液相同，就可利用文献保留指数定性。

三、与其他仪器联合使用进行定性

气相色谱是分离混合物的有效工具，但对复杂混合物的定性分析，如果没有纯样，很难对未知物进行定性分析。而质谱、红外光谱等是鉴定未知物的有效工具。已发展起来的色谱－质谱，色谱－红外光谱联用，就是把质谱或红外光谱作为色谱的一个定性检测器，分离和定性同时进行。

第六节 定量分析

在一定操作条件下，被分析物质的重量 W_i 与检测器产生的信号（色谱图上表现为峰面积 A_i 或峰高 h）成正比。即：

$$W_i=f_i \cdot A_i \quad 或 \quad W_i=f_i \cdot h$$

这两式就是色谱定量分析的依据。由上式可知，在定量分析中需要：①准确测定峰面积或峰高；②准确求出定量校正因子；③正确选用定量计算方法。把 A_i 或 h 换算成百分含量。

一、峰高和峰面积测量方法

峰高直接从色谱图量出，可用 mm、cm 表示。

峰面积是色谱图曲线所包围的面积。峰面积测量的准确度，直接影响定量结果。下面介绍几种峰面积的测量方法。

1．近似测量法

对称峰，峰面积可按下式计算：

$$A=1.065\times h\times y_{1/2} \tag{13.41}$$

式中：A——峰面积；

h——峰高；

$y_{1/2}$——半峰宽。

当做绝对测量时，如测灵敏度，应乘以系数 1.065。但在色谱定量中作相对计算时，1.065 可以约去，即直接用峰高乘半峰宽计算。

不对称峰，峰面积可按下式计算：

$$A=h\times\frac{1}{2}(y_{0.15}+y_{0.85}) \tag{13.42}$$

式中：$y_{0.15}$、$y_{0.85}$——峰高 0.15、0.85 处的峰宽。

2. 峰高乘保留值法

上述测定峰面积方法，对于窄峰、小峰、半峰宽度测量误差可达 10%～20%。因此，测定误差较大，峰高乘保留值法，是相对测量中以容易测定的保留时间（t）或色谱图上的保留距离（d），代替半峰宽来计算峰面积：

$$A=h\times d \tag{13.43}$$

3. 真实面积测量法

采用积分仪可以准确地测出色谱图的真实面积，也有采用剪纸称量法测量。即把色谱峰剪下来直接称重，每个峰的重量代表相应的峰面积。如果记录纸均匀性好，可得到较准确的结果。这种方法用得较少。由于积分仪已得到较普遍的应用，目前峰面积多采用积分仪直接求得。新型号的色谱仪由色谱工作站完成。

二、定量校正因子

1. 定量校正因子的意义

大量实验表明，同一种物质在不同类型的检测器上有不同的响应信号；同一检测器对不同物质的响应值不同。因此，即使相同量的不同物质，其峰面积往往不相等。混合物组分的峰面积百分率不等混合物中各组分的百分含量。为了使检测器产生的响应信号能真实反映物质的含量，就要对响应值进行校正，在作定量计算时就要引入定量校正因子。

校正因子表示方法主要有校正因子 f_i 和响应值 S_i 两种。

f_i 的物理意义是：单位峰面积所代表的被测组分的量：

$$f_i=\frac{W_i}{A_i} \tag{13.44}$$

S_i 的物理意义是：单位重量的物质所相当的峰面积：

$$S_i=\frac{A_i}{W_i} \tag{13.45}$$

单位相同时，f_i 与 S_i 的关系是互为倒数，即 $f_i=\frac{1}{S_i}$。所以，用 S_i 校正峰面积时应除以峰面积。而使用 f_i 应乘峰面积。f_i、S_i 都叫绝对校正因子。绝对校正因子是随操作条件而变化的，要求准确进样，这是比较困难的。在定量工作中都是用相对校正因子。

相对校正因子，即某物质与一标准物质绝对校正因子之比。常用标准物质，对热导池是苯，对氢火焰离子化检测器是正庚烷。

$$f'_{\mathrm{W}}=\frac{f_i(W)}{f_{\mathrm{s}}(W)}=\frac{A_{\mathrm{s}}\cdot W_i}{A_i\cdot W_{\mathrm{s}}} \tag{13.46}$$

$$S'_{\mathrm{W}}=\frac{S_i(W)}{S_{\mathrm{s}}(W)}=\frac{A_i\cdot W_{\mathrm{s}}}{A_{\mathrm{s}}\cdot W_i} \tag{13.47}$$

式中：W、A——被测物质和标准物质重量和峰面积；

i、s——被测组分和标准物质。S' 又叫相对响应值。

由于进入检测器的物质量可以是重量、摩尔数、体积。因此，校正因子也有相对重量校正因子（f'_W），相对摩尔校正因子 f'_M，相对体积校正因子 f'_V。

$$f'_M = \frac{f_i(M)}{f_s(M)} = \frac{A_s \bullet W_i \bullet M_s}{A_i \bullet W_s \bullet M_i} = f'_W \frac{M_s}{M_i} \tag{13.48}$$

$$f'_V = \frac{f_i(V)}{f_s(V)} = \frac{A_s \bullet W_i \bullet M_s \times 22.4}{A_i \bullet W_s \bullet M_i \times 22.4} = f'_M \tag{13.49}$$

对于气体分析，摩尔校正因子与体积校正因子相同。M_i 和 M_s 分别为组分和标准物质的分子量。

2．定量校正因子的测定

相对校正因子的测定，一般将待测的纯组分与标准物质配制成一定配比的混合试样，进行色谱分析，测定相应的峰面积，根据式（13.44）或式（13.45）计算相对校正因子。测定相对校正因子的色谱分析条件最好与分析未知样的条件相近。

相对定量校正因子是一个能在不同实验室通用的常数，其数值与检测器类型有关（如热导池不同于氢火焰离子化检测器），而与检测器结构、特性（例如钨丝热导池、热敏电阻热导池）以及操作条件（如柱温、载气流速、固定液）无关。对氢火焰离子化检测器与载气性质无关。对热导池检测器用 H_2 或 He 作载气，其校正因子可以通用，误差不超过 3%。它们之间的相对克分子校正因子可由下式换算：

$$f'_{M_{i/s}(H_2)} = 0.68 f'_{M_{i/s}(He)} + 14 \tag{13.50}$$

当用 N_2 作载气时，相对校正因子差别很大，故不能通用。常见化合物的定量校正因子，可从手册或专著中查到。

三、定量方法

气相色谱定量方法很多，常用的有下面几种：

1．归一化法

样品中所有组分均能从色谱柱洗出并都有相应色谱峰，同时已知组分的相对校正因子，则可求出各组分的重量百分含量。

$$P_i\% = \frac{W_i}{W_1 + W_2 + \cdots + W_i + \cdots + W_n} \times 100 =$$

$$\frac{A_i f'_{W_i}}{A_1 f'_{W_1} + A_2 f'_{W_2} + \cdots + A_i f'_{W_i} + \cdots + A_n f'_{W_n}} \times 100 =$$

$$\frac{A_i f'_{W_i}}{\sum A_n f'_{W_n}} \times 100 \tag{13.51}$$

式中：P_i——组分 i 的质量分数，%；

f'_{W_i}——组分 i 的相对重量校正因子。

若样品中各组分的校正因子相近，如用热导池检测器时，组分分子量相差不大或具有较高分子量，它们的重量校正因子相近；用氢火焰离子化检测器时，烷烃、烯烃、炔烃、芳香烃（苯和甲苯除外），它们重量校正因子相近。在这种情况下，可直接按峰面积求出组分的质量分数。

归一化法的优点是：不必准确知道进样量；仪器与操作条件稍有变动时，对结果影响较小；计算方便，特别适用于多组分的工厂例行分析。缺点是，样品中所有组分必须全部出峰，某些不需定量的组分也要测出其校正因子和峰面积。因此，该法在使用中受到一定限制。

2. 内标法

当色谱柱不能使所有组分都洗出，或检测器不是对所有组分都有响应，或在定量分析中只要求测定某一个或几个组分，其他组分因含量过高或过低而难以测定时，可用内标法定量。这是在一定量（W）样品，加入一定量（W_S）某纯物质作内标。选用的内标物为样品中不存在的物质，且不与样品作用，能与样品中各组分在色谱柱中分离。

其计算公式可推导如下：

$$P_i = \frac{W_i}{W} \times 100\%$$

$$P_S = \frac{W_S}{W} \times 100\%$$

$$\frac{P_i}{P_S} = \frac{W_i}{W_S}$$

$$P_i = \frac{W_i}{W_S} \times P_S =$$

$$\frac{A_i \cdot f'_{W_i}}{A_S \cdot f'_{W_S}} \times P_S \tag{13.52}$$

式中：P_i——组分 i 的质量分数，%；

P_S——内标物与样品的质量比，%；

W——样品重量；

W_S——加入内标物的重量；

A_i、A_S——分别为组分 i 和内标物的峰面积；

f'_{W_i}、f'_{W_S}——分别为组分 i 和内标物 S 的相对校正因子。

若内标物与测定相对校正因子的标准物为同一物质，则

$$f'_{W_S} = 1,$$

$$P_i = \frac{A_i}{A_S} \times f'_{W_i} \times P_S \tag{13.53}$$

内标法没有归一化法那些限制，定量准确度较高。但每次分析需要称样，操作比较麻烦。

3. 外标法

外标法又称已知样校正法或定量进样法。欲测定样品中组分 i 的含量，用纯的组分 i 配制成已知浓度的标准样，在同样操作条件下，分析标准样和未知样。要求准确定量进样。根据组分量与相应峰面积或峰高呈线性关系，则在标准样与未知样进样量相等时

$$P_i = \frac{A_i}{A_{iS}} \times P_{iS} \tag{13.54}$$

式中：P_i ——组分 i 在试样中的质量分数，%；

P_{iS}——组分 i 在标准样品中的质量分数，%；

A_i ——试样中组分 i 峰面积；

A_{iS}——标样中组分 i 峰面积。

在色谱分析中是按体积（液体、气体）进样，式（13.54）在标样和试样比重相等或相近时适用。考虑到比重上的差别，最好用质量浓度，即单位体积试样中被测组分的质量（W/V）表示。

$$c_i = \frac{A_i}{A_S} \times c_{iS} \tag{13.55}$$

式中：c_i ——单位体积试样中 i 的量；

c_{iS}——单位体积标样中配制组分 i 的量。

试样和标样中的溶剂成分应一致。

外标法常用峰高作定量依据，有时又称为峰高定量法。

在应用上，亦可用纯组分（或纯组分的溶液）以不同量定量进样分析，求出组分量对峰面积（或峰高）的校正曲线，在同样操作条件下分析未知样时，根据组分的峰面积，即可从校正曲线上求出组分含量。这又称为校正曲线定量法。

外标法的标准物就是测定组分本身。比较适用于固定组分的定量分析。但此法要求严格控制操作条件，且要求准确定量进样。而归一化法和内标法不要求准确定量进样。

四、气相色谱分析在环境监测中的应用

由于气相色谱具有高灵敏度和高效分离的特点，已成为国内外环境有机污染物的重要分析方法。例如美国国家环保局，在筛选优先监测 114 种有机污染物时，就选用了费用较质谱法低廉的 12 组气相色谱及液相色谱法。这 12 组分析方法即为美国国家环保局（EPA）后来正式颁布的《城市和工业废水有机化合物分析方法》一书中 601～612 方法的前身，筛选阶段所用的 GC—MS 法是此书 624、625 方法的前身。加上测定 2,3,7,8-四氯二苯并（TCDD）的 GC—MS 法，一共组成该书的 15 个方法。

我国已颁布的国家监测标准分析方法中，工业废水中总硝基化合物的测定；水质中五氯酚、苯系物、吡啶、烷基和有机磷农药的测定；固定污染源中氯乙烯、乙醛、乙烯醛、丙烯腈、非甲烷总烃的测定；空气质量监测中的三甲胺、甲苯、二甲苯乙烯、硫化氢、甲硫醇、甲硫醚、二甲二硫；以及土壤质量和生物质量中的六六六和滴滴涕的测定；

粮食和果蔬质量的有机磷农药的测定。都是用气相色谱法。此外，气相色谱法还广泛应用于环境科学研究之中。

例如，用 GDX－502 为酚的定量吸附剂，在常温下采集试样，用氯仿解析后，在以液晶 PBOB 为固定液的色谱柱上，苯酚、邻甲酚、2,6-二甲酚、间甲酚、对甲酚、2,5-二甲酚和 3,4-二甲酚能得到很好地分离并被测定。

弹性毛细石英柱氢火焰离子化检测器吹脱-捕集气相色谱法同时测定底质中二氯甲烷、三氯甲烷、四氯化碳、四氯乙烯、苯等 25 种易挥发有机污染物。

用 GC－MS 土壤中未挥发性有机物。定性主要采用计算机检索，保留时间对照及文献参照。定量采用特征离子峰面积与浓度作校准曲线的外标法。测定了二甲苯、乙苯、异丙苯、丙苯、正十一烷至正二十七烷等 48 种有机化合物。

用固相萃取热离子特殊检测毛细管气相色谱测定水中对硫磷、对硫磷甲基、对氧磷、敌敌畏、乐果等 16 种有机磷农药。

用超临界流体萃取－气相色谱法测定粮谷和茶叶中六氯苯、五氯硝基苯、艾氏剂、狄氏剂、敌菌丹、三氯杀螨砜等 17 种有机氯农药残留量。

固相微萃取气相色谱火焰热解和质谱检测测定天然水中 EPTC、草达灭、毒草安、氟乐灵、莠去津、扑灭津、特丁津、扑草净和草不绿 9 种除草剂。

气相色谱－质谱，电子捕获检测器用内标法定量，测定了沉积物中多环芳烃和有机氯农药。同时测定多环芳烃萘、苊、芴、菲、芘等 15 种，有机氯农药α-BHC、β-BHC、δ-BHC、γ-BHC 等 17 种。取得了良好的结果。

习题

1. 简要说明气相色谱分析的分离原理。
2. 气相色谱具有哪些基本特点？在应用上有哪些局限性？
3. 气相色谱仪主要由哪几个部分组成，它们各自的作用是什么？
4. 气相色谱常用检测器有哪几种？原理是什么？各有什么特点？
5. 色谱定性分析的依据是什么？主要有哪些定性方法？
6. 何谓保留指数？应用保留指数作定性指标有什么优点？
7. 色谱定量分析中，为什么要用定量校正因子？在什么情况下可以不用校正因子？
8. 有哪些常用的色谱定量方法？试比较它们的优缺点及适用情况。
9. 已知在混合酚试样中，仅含有苯酚、邻甲酚、间甲酚和对甲酚四种组分。经乙酰化处理后，用液晶柱测得色谱图，图上各组分色谱峰的峰高、半峰宽以及已测得各组分的校正因子分别如下。求各组分的百分含量。

	苯酚	邻甲酚	间甲酚	对甲酚
峰高	64.0	104.1	89.2	70.0
半峰宽/mm	1.94	2.40	2.85	3.22
校正因子 F	0.85	0.95	1.03	1.00

10．用内标法测定环氧丙烷中的水分含量，称取 0.011 5g 甲醇，加到 2.267 9g 样品中，进行两次色谱分析，数据如下：

分析次数	水分峰高/mm	甲醇峰高/mm
1	150.0	174.0
2	148.0	172.3

已知水和内标甲醇的相对重量校正因子为 0.55 和 0.58，计算水分的百分含量，取平均值。

参考文献

[1] 韦进宝，吴峰．环境监测手册[M]．北京：化学工业出版社，2006．
[2] 大连化物所．气相色谱法[M]．北京：科学出版社，1978.
[3] 达世禄．色谱学导论[M]．武汉：武汉大学出版社，1988.
[4] 吴采樱，曾昭睿．现代毛细管柱气相色谱法[M]．武汉：武汉大学出版社，1990.
[5] 韦进宝，吴峰. 环境监测手册. 北京：化学工业出版社，2006.

第十四章　高效液相色谱

第一节　概　述

液相色谱法开始阶段是用大直径的玻璃管柱在室温和常压下用液位差输送流动相，称为经典液相色谱法，此方法柱效低、时间长（常有几个小时）。20 世纪 60 年代，由于气相色谱对高沸点有机物分析的局限性，为了分离蛋白质、核酸等不易气化的大分子物质，气相色谱的理论和方法被重新引入经典液相色谱。人们采用高压泵，加快液相色谱液体流动相的流动速率，改进固定相，以提高柱效，采用高灵敏度检测器，这样，经典的液相色谱便发展成高效、高速、高灵敏度的液相色谱法。亦称为高效液相色谱法（High Performance Liquid Chromatography，HPLC），高压液相色谱法（High Pressure Liquid Chromatography，HPLC）或是高速液相色谱法（High Speed Liquid Chromatography，HSLP）。

高效液相色谱与经典液相色谱相比有以下优点：

（1）速度快，通常分析一个样品在 15～30 min，有些样品甚至在 5 min 内即可完成。

（2）分辨率高，可选择固定相和流动相以达到最佳分离效果。

（3）灵敏度高，紫外检测器可达 0.01 ng，荧光和电化学检测器可达 0.1 pg。

（4）柱子可反复使用，用一根色谱柱可分离不同的化合物。

（5）样品量少，容易回收——样品经过色谱柱后不被破坏，可以收集单一组分或做制备。

一、高效液相色谱和气相色谱比较

1. 高效液相色谱和气相色谱有如下主要共同点

（1）气相色谱的理论基本上也适用于高效液相色谱。如塔板理论、保留值、分配系数、分配比、速率理论等均可应用于液相色谱。仪器结构和操作技术，也基本相似。

（2）定性、定量的原理和方法完全一样。高效液相色谱也是根据保留值定性，根据峰高或峰面积定量。

（3）高效液相色谱与气相色谱一样，可与其他分析仪器联用，用以研究复杂的混合物。

2. 高效液相色谱与气相色谱的差别

（1）高效液相色谱使用范围比气相色谱广。气相色谱只能分析沸点 500℃以下，相对分子质量 450 以下的物质。无机物（除气体外）大多数用气相色谱分析比较困难。液相色谱不仅可分析大多数用气相色谱能分析的物质，也可分析沸点在 500℃以上，相对分子质量在 450 以上的物质。高分子化合物、无机物等均可用高效液相色谱分析。

（2）气相色谱用气体作流动相，载气种类较少，性质也比较相近，改变载气对柱效和分离能力影响较小。而高效液相色谱用液体作流动相。液体品种多，可以是水溶液，也可以是有机溶剂，性质差别大，可供选择范围广。流动相对柱效和分析速度都起重要作用。

（3）气相色谱固定相多是一般固体吸附剂和以硅藻土为担体的高沸点有机液体，成本较低。高效液相色谱固定相大都是新型吸附剂，化学键合固定相。粒度小，成本较高。样品容量也较高。

（4）仪器原理及结构也有所差别。高效液相色谱仪具有高压输液泵，色谱柱也可以不用恒温箱。检测器的原理和结构与气相色谱也不同。检测器结构要复杂些，灵敏度要低些。

（5）由于流动相性质的差别（气体和液体），使得液相色谱的速率理论使用的参数与气相色谱不完全相同。

二、高效液相色谱的特点

在经典液体柱色谱的基础上，采用高压泵、高效固定相和高灵敏的检测器的高效液相色谱具有如下的特点。

1．高压

为了加速流动相的流动速度，必须对流动相施加高压。在高效液相色谱中，流动相和进样压力一般可高达 14.7～29.4 MPa，甚至高达 49.03 MPa 以上。高压是高效液相色谱的一个特点。但高压并不存在爆炸危险。因为液体不易被压缩。

2．高速

由于流动相流动速率较快，一般可达 1～10 ml/min，有的还要高，因此，一般样品的分析时间，可在 1 h 内完成。

3．高效

高效是指色谱柱能有效地分离复杂组分的样品。现在的高效液相色谱柱其塔板数每米都在 2 000～5 000 塔板。有时一根柱子可分离 100 种以上的组分。

4．高灵敏度

现在高效液相色谱仪都采用高灵敏度的检测器，使分析方法具有很高的灵敏度。如紫外检测器的最小检测量可达 10^{-9} g；荧光检测器的灵敏度可达 10^{-12} g。

第二节 高效液相色谱的基本理论

液相色谱的流动相是液体，而气相色谱的流动相是气体。液体和气体的性质有明显的差别。如液体的扩散系数比气体约小 10^5 倍；液体黏度比气体约大 10^2 倍；液体表面张

力比气体约大 10^4 倍；液体密度比气体约大 10^3 倍；气体可压缩，而液体是不可压缩的。这些性质的差别影响到溶质在液相色谱柱中的扩散和传质过程。因此液相色谱速率理论方程和气相色谱的速率理论不完全相同。由 Giddings、Snyder 等人提出的液相色谱速率方程如下：

$$H = H_e + H_d + H_m + H_s + H_{sm}$$

式中：

1．涡流扩散项 H_e

$$H_e = 2\lambda d_p$$

含义与气相色谱相同。

2．纵向扩散项 H_d

$$H_d = \frac{C_d D_m}{u}$$

当试样分子在色谱柱内随流动相向前移动时，由于分子本身的运动所引起的纵向扩散，与分子在流动相中的扩散系数 D_m 成正比，与流动相的线速度 u 成反比。在液相色谱中，由于分子在液体中的扩散系数比在气体中小 4～5 个数量级，因此，当流动相的线速度大于 0.5 $cm \cdot s^{-1}$ 时，纵向扩散项对色谱峰扩展的影响实际上是可以忽略的。

3．传质阻力项

（1）固定相传质阻力项 H_s

$$H_s = \frac{C_s d_f^2}{D_s} u$$

试样分子从流动相进入到固定液内进行质量交换的传质过程，取决于固定液的液膜厚度 d_f 和试样分子在固定液内的扩散系数 D_s。为减小由固定相的传质引起的色谱峰扩展，对液－液分配色谱法，可使用薄的固定相层；对吸附、排阻和离子交换色谱法，则可使用小的颗粒填料来解决。使用扩散系数大的液相固定液或减小流动相的流速，也可改善传质，但与分子扩散作用相矛盾。

（2）流动相传质阻力项。分子在流动相中的传质过程有两种形式，即在流动的流动相中的传质和滞留的流动相中的传质。

1）流动的流动相中的传质阻力项 H_m

$$H_m = \frac{C_m d_p^2}{D_m} u$$

流动相在色谱柱内的流速并不是均匀的，因为靠近填充物颗粒的流动相的流动要稍慢些，即靠近固定相表面的试样分子走的距离比中间的要短些，这种引起塔板高度变化的影响与固定相粒度 d_p 的平方和流动相的线速度 u 成正比，与试样分子在流动相中的扩散系数 D_m 成反比。C_m 是容量因子 k 的函数，其值取决于柱直径、形状和填充的填料结构，当柱填料规则排布并紧密填充时，C_m 降低。

2）滞留的流动相中的传质阻力项 H_{sm}

$$H_{sm}=\frac{C_{sm}d_p^2}{D_m}u$$

由于固定相的多孔性，造成某部分流动相滞留在固定相的微孔内停滞不动，流动相中的试样分子与固定相进行质量交换，必须先从流动相扩散到滞留区。如果固定相的微孔既小又深，此时传质速率就慢，对色谱峰的扩展影响就大，这种影响在传质过程起着主要作用。固定相的颗粒越小，它的微孔孔径越大，传质途径就越小，传质速率也越高，因而柱效越高。由于滞留区传质与固定相的结构有关，所以改进固定相就成为提高液相色谱柱效的一个重要因素。上式中 C_{sm} 是与颗粒微孔中被流动相所占据部分的分数及容量因子有关的一个常数。

综上所述，由于柱内色谱峰扩展所引起的塔板高度的变化可归纳为：

$$H=2\lambda d_p+\frac{C_d d_m}{u}+(\frac{C_m d_p^2}{D_m}+\frac{C_{sm}d_p^2}{D_m}+\frac{C_s d_f^2}{D_s})u$$

上式可进一步简化为：

$$H=A+\frac{B}{u}+Cu$$

此式与气相色谱法的速率方程式是一致的，只是影响柱效的主要因素是传质项，而纵向扩散项可忽略不计。要提高液相色谱的分离效率，必须提高柱内填料装填的均匀性、减小粒度、使用低黏度的流动相或适当提高柱温以降低流动相黏度，从而加快传质速率，其中减小粒度是提高柱效的最有效途径。但同时必须注意到，提高柱温将降低色谱峰分辨率，减小流动相的流速虽然可以降低传质阻力项的影响，但却会使纵向扩散增加并延长分析时间。可见，色谱分析过程是一个复杂的过程，各种因素相互影响又相互制约。

第三节　高效液相色谱分离类型的选择

任何一种分离类型都不是万能的。每一种分离类型只对某一分离对象具有最佳的分离效果。通常色谱类型的选择，主要根据试样分子量、溶解度和分子结构。

1．相对分子质量

挥发性的低分子质量化合物，宜用气相色谱分离。相对分子质量在 200～2 000 之间，可用液—固、液—液、离子交换色谱分离。相对分子质量在 2 000 以上，用空间排斥色谱。

2．溶解度

样品在水、异丙醇、异辛烷、苯、三氯甲烷等常见溶剂中的溶解情况，有助于我们选择合适的液相色谱技术。一般水溶性化合物，最好用离子交换色谱分离。能溶于稀酸或稀碱的试样，可用离子交换色谱。溶于苯、异辛烷等油溶试样，可用液固色谱。样品溶于四氯化碳，可用液—液色谱。

3．分子结构

脂肪或芳香族化合物用液—固色谱或液—液色谱分离。一般用液—固色谱分离异构体，液—液色谱分离同系物。聚合物，一般用空间排斥色谱。

综上所述，可列出如下的选择分离类型的参考图。

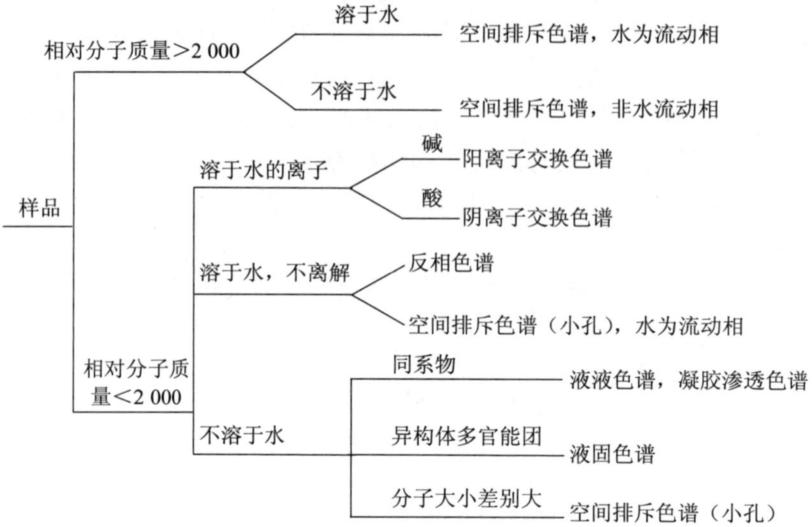

第四节 高效液相色谱流动相

一、流动相的基本要求

液相色谱中流动相就是溶剂，也称为载液。对流动相的基本要求是：

（1）流动相不与色谱柱或固定相起化学反应，不溶解固定相，以免固定相流失。不改变固体吸附剂的吸附活性，不与吸附剂起不可逆吸附。

（2）能很好溶解分析试样。

（3）适用于所选择的检测器。如用紫外检测器时，要求流动相在紫外区吸收很弱。采用示差折光检测器时，要求与样品成分折光指数有较大差别。

（4）溶剂黏度小，扩散系数大，以减小传质阻力。

（5）沸点合适，易于回收分离样品；纯度高，成本低，容易清洗等。

二、流动相的极性和活性

在分配色谱中溶剂的极性和吸附色谱中溶剂的活性都是一个很重要的因素。根据介电常数和使用经验，液相色谱中常用溶剂按极性大小排列如下：

水，甲醛，乙腈，醋酸甲酯，乙醇，氨基丙醇，四氢呋喃，异丁醇，正丁醇，正戊醇，醋酸丁酯，硝基甲烷，三氯甲烷，二氯乙烷，苯，甲苯，二甲苯，四氯化碳，环己烷，己烷，庚烷，石油醚。

为了选择合适极性的流动相，对分配色谱来说，则先在纸色谱上试一个分离条件，对于吸附色谱来说，可用薄层色谱来试分离。

溶解在流动相中的气体，在高压下解除压力后会析出。影响分离效率和检测器的稳定性。因此，使用前要经过脱气处理。

三、梯度淋洗

高效液相色谱中，为了提高柱效和分析速度，特别是缩短强保留化合物的保留时间，改善洗出峰形，常采用梯度淋洗技术。梯度淋洗，亦称为溶剂程序改变。就是在色谱分析过程中改变流动相的化学成分，从而改变流动相的极性或离子强度等。梯度淋洗的优点是：

（1）缩短总的分析时间，可提高分析速度1～19倍。

（2）提高分离度。

（3）改善色谱峰形状，拖尾少。

（4）提高柱效，峰形扩张小，降低最低检出量。

溶剂组分变化产生响应的检测器，不适合用梯度淋洗。梯度淋洗，常会引起基线漂移、噪音、假峰。梯度淋洗主要用在未知和复杂样品的初步研究。在具体操作上，以一种溶剂为主，然后以一定流量和速度加入另一种溶剂，使流动相极性改变。淋洗能力逐渐增强。

第五节　高效液相色谱固定相

一、固定相的基本要求

（1）从涡流扩散角度来看，为降低板高，载体的颗粒直径应尽量小些，均匀些，以便获得紧密的、均匀的填充。

（2）固定液液膜厚度应该小一些，以降低传质阻力。

（3）为保证色谱渗透性，防止高压下颗粒变形或粉碎，填充剂要有足够强度。

（4）载体制作重复性好，寿命长，热稳定性好，耐溶剂，不与样品起化学反应。

二、液－固色谱固定相

高效液相色谱吸附剂，大部分以硅胶为基体，此外也有氧化铝、分子筛、聚酰胺等。其主要类型有：

1．全多孔硅珠

它是用油相成球、气相成球以及有机硅水解等方法制备。由有机硅水解而制备得的多孔小珠体，称为全多孔硅珠。它具有粒度大，易于装柱；表面积大，柱容量大，允许较大进样量；制作工艺较简单，成本低等优点。缺点是装填密度小，孔径深，传质阻力大，因而柱效不够高。

2．表面多孔硅珠

亦称薄壳型硅珠。它是用 100 μm 以下的球形实心玻璃珠作基料，用有机高聚物为黏结剂，将纳米（nm）级的细硅胶或氧化铝粉黏在表面上，经高温烧结，形成一多孔薄层。

薄壳硅珠粒度比较大，易装柱。只有薄层吸附层，孔浅，孔径均匀，因而传质阻力小，柱效高。分离速度快。缺点是比表面积小，柱的负荷低，因而允许进样量小，易发生过载现象。

3．堆积硅珠

它是将毫微米二氧化硅凝积成 5～10 μm 的“堆积硅珠”。这种硅珠粒度很小，不存在大颗粒的深孔，传质快，具有高速高效能。它综合了全多孔硅珠和薄壳硅珠的特点。

三、液—液分配色谱固定相

原则上，气相色谱固定液在这里都可使用。上述液－固色谱的吸附剂，都可作担体。但是液－液色谱中存在的固定液流失，使得分离的稳定性和重复性不易保证。为了减小固定液流失带来的影响，在液－液色谱中，都要加一段预饱和柱，即在普通液相色谱担体上涂上高含量（如 30%）与分析柱相同的固定液，让流动相先通过预饱和柱，事先用固定液把流动相饱和。

由于流动相对分离有影响，因此，常用的固定液只有极性不同的几种，如β，β'-氧二丙腈，聚乙二醇，三甲撑乙二醇和鲨鱼烷等。

四、化学键合固定相

它是用化学反应方法通过化学键合将有机分子结合到吸附剂或担体表面而形成的固定相。这是高效液相色谱固定相重大发展。通常是用上述三种硅珠为基质，由氟有机物键合到其表面而成。化学键合固定相的特点是：

（1）消除了吸附剂表面不均一性，并可通过改变表面键合有机分子的种类来改变选择性。

（2）无液相流失，提高了柱子的稳定性和使用寿命。

（3）由于牢固的化学键，耐各种溶剂，特别有利于梯度淋洗，样品和溶剂回收均很方便。

（4）柱效高，选择性好。

第六节　高效液相色谱仪

图 14-1 是高效液相色谱仪流程示意图。其中主要的组成部分是输液系统、进样器、色谱柱和检测器。

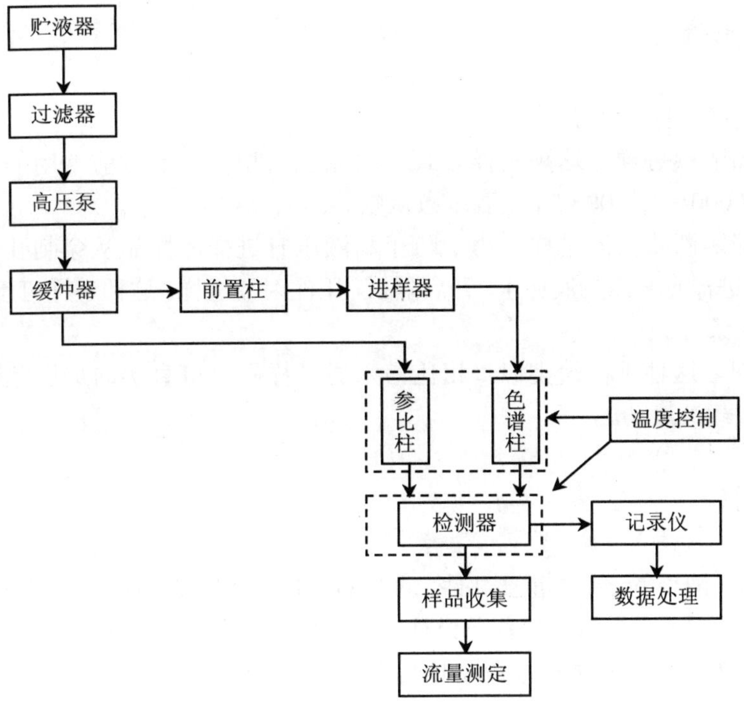

图 14-1　高效液相色谱仪流程示意图

一、输液系统

输液系统的作用是保证流动相能正常的工作。它由流动相贮液罐、脱气装置、输液泵和程序控制器（即梯度洗脱装置）组成。

1．输液泵

输液泵是在高压条件下，将贮液罐中的流动相稳定、连续不断地送入流路系统，使样品在色谱柱中得以分离。输液泵应尽可能满足下列条件：①输液泵能在 150～300 kg/cm^2 的压力下连续工作；②能给出无脉动的恒定流量；③泵应能耐化学腐蚀。此外还应具有死体积小，易于清洗和维修方便等。输液泵主要有两大类：一类是恒流泵，输出流量恒定。如应用广泛的往复泵。往复泵的流量恒定，内体积小，适合于梯度洗脱。另一类是恒压泵，输出压力恒定。此类泵不适用于梯度洗脱。

2．梯度洗脱装置

它是按照一定程序连续改变流动相的组成，以提高分离效率和加快分析速度的一种装置。梯度洗脱装置有两种类型：一类是溶剂在常压下混合，然后用泵输送至色谱柱内，称为低压梯度装置或外梯度系统；另一类叫高压梯度装置或内梯度系统，是在流动相进柱之前，用两台高压泵分别把两种极性强度不同的溶剂输送至混合室进行混合，然后进入色谱柱。溶液比例变化的程序，可事先通过电子系统，自动控制。

二、进样系统

高效液相色谱进样方式主要有：

（1）注射器隔膜进样。这种进样方式与气相色谱相同，是目前常用的进样方式。这种进样可用于 7 000～15 000 kPa 载液压力范围。

（2）注射器隔断式停流进样。为了防止高液压时进样，样品从穿刺孔外泄，进样口装有金属隔板，进样时暂停载液加压，开启隔板，用注射器进样。这种进样可用于 15 000 kPa 以上载液的色谱条件。

（3）进样阀。这种进样阀类似气相色谱六通进样阀。可直接向加压色谱系统加入样品，而不需停止载液流动。

三、色谱柱

色谱柱是高效液相色谱仪的重要部件。通常采用的是厚壁玻璃管（压力应低于 7 000 kPa）或内壁经仔细抛光的不锈钢管来制作色谱柱。柱内径一般为 2～6 mm，柱长为 10～100 cm，多采用直型柱。为了防止柱填料被流动相带走，在柱末端装有孔径为 2～5 μm 的烧结不锈钢或多孔聚四氟乙烯滤板。柱的装填主要有干法装填和浆法装填两种。

四、检测器

高效液相色谱分析的灵敏度取决于检测器的检测灵敏度。已报道检测器的类型很多，但目前应用较多的主要的检测器有紫外吸收检测器、示差折光检测器、荧光检测器和二极管阵列检测器。

1．紫外吸收检测器

紫外吸收检测器是目前高效液相色谱仪最常用的检测器。对具有紫外吸收的样品，其最小检测质量浓度可达 10^{-9} g/ml。可用于痕量分析。它的检测原理是基于待测组分对特定波长的紫外光的选择性吸收，而且在一定浓度范围内待测组分浓度与吸光度成正比。由于紫外吸收检测器灵敏度高，因此，即使对紫外吸收较弱的物质，也可用这种检测器进行检测。对紫外几乎没有吸收的物质，如很多无机离子，可通过柱前或柱后衍生技术，使之转化为对紫外有吸收的物质，而实现紫外检测，扩大了紫外吸收检测器的应用范围。紫外吸收检测器还具有对温度和流速不敏感的特性。因此，很适于梯度洗脱。它的缺点是不能直接用于检测没有紫外吸收的物质。

2．示差折光检测器

光的折射是一普遍存在的现象。即任意一束光线由一种介质射入到另一种介质时，由于两种物质的折射率不同便产生折射现象。溶液的折射率是溶剂（流动相）和溶质（待测组分）各自的折射率乘以各自的摩尔浓度之和。示差折光检测器是基于溶有溶质的流动相和纯流动相之间折射率之差来表示溶质在流动相中浓度的变化。只要溶质和流动相的折射率有 0.1 的差别，就可检测到 1 mg/ml 的溶质。差值愈大，灵敏度愈高。

示差折光检测器分为偏转式和反射式两种类型。是一种中等灵敏度的通用型检测器。在合适条件下，能检测出低至 3 μg/ml 的样品。它的主要缺点是对温度很敏感，不能用于一般的梯度洗脱。

3．荧光检测器

荧光是某些物质受紫外光照射后，能吸收紫外光线而处于激发状态，随之辐射出比紫外光波长长的光线，这种光线一般是可见的，称为荧光。荧光检测器的工作原理是，当入射紫外光强一定，溶液的厚度不变，被测溶质浓度较低时，溶质受激而产生的荧光强度与被测溶质的浓度成正比。测得荧光的强度就可求得被测溶质的浓度。具有芳香环并带有给电子取代基的化合物，或具有共轭不饱和体系的化合物、某些链状化合物，都可发生荧光。因此，许多生物化合物包括某些代谢物、药物、氨基酸、胺类、维生素和甾族化合物都能用荧光检测器检测。某些不产生荧光的化合物，可经过荧光衍生化后进行荧光检测。设计合理的荧光检测池体，可以使荧光检测对溶剂量或组成的变化不敏感。因此，荧光检测器适用于梯度洗脱。

荧光检测器是一种高灵敏、选择性强的检测器。灵敏度可达 10^{-10} g/ml。优于紫外吸收检测器。使用荧光检测器需要注意的是，某些能使荧光熄灭的物质的干扰，如卤素离子、重金属离子，氧分子及硝基化合物等。

4．二极管阵列检测器

二极管阵列检测器首先让光束通过流通池，然后经全息光栅衍射分光后，按波长间隔 2 nm 顺序聚焦在阵列的发光二极管上，实时记录各个波长下的吸光值，从而得到每个色谱峰在最佳吸收波长下的响应值和它的紫外吸收图。由于它可在 1 ms 的时间内完成紫外－可见光波长的扫描，因此可在 HPLC 色谱流出的每一时刻，在给出色谱峰的同时，得到该峰的紫外－可见吸收峰，给出定量和紫外光谱定性的信息。即可给出每个色谱峰的保留时间－吸光度－吸收波长三维色谱图。它具有①可进行全波长检测。一次进样可以检测到样品不同吸收波长下的所有组分；②光谱分辨率高，可以检测色谱峰的纯度；③灵敏度高；④基线噪音小，线性范围宽等特点。

除上述四种检测器外，还有其他的检测器，如电导检测器、安培检测器、红外吸收检测器等。它们都各自具有某些特性，特别适用在某些方面的检测。

五、高效液相色谱在分析中的应用

由于高效液相色谱能高效、高灵敏、快速分析高沸点、相对分子质量在 400 以上，以及热稳定性差的有机化合物，特别是随着高效液相色谱－质谱联用技术的成熟，不仅扩大高效液相色谱的应用领域，而且成为环境有机污染物分析和鉴定的重要工具，为环境有机污染物在环境中的迁移、转化、生态效应、生命周期评价等研究，提供重要的手段。例如，具有毒性、致癌作用的多环芳烃、苯胺类以及残留的有机农药分析，随着高效液相色谱仪器的普及，正在越来越多地得到应用。简单举例如下。

应用反相高效液相色谱法，采用 Hypersil BDS 色谱柱，以甲醇－水作流动相，梯度洗脱，UV－254 nm 检测，外标法定量，同时测定废水中苯胺、对硝基苯胺、间硝基苯胺、联苯胺、邻硝基苯胺、2,4-二硝基苯胺及 *N*,*N*-二甲基苯胺的含量。

高效液相色谱法测定水中痕量多环芳烃（PAHs），是以等体积的二氯甲烷作溶剂，超声波提取水中痕量 PAHs。甲醇－水作流动相，梯度淋洗，用程序可变波长荧火检测器可测定菲、蒽、荧蒽、芘、苯并[*a*]芘等 6 种 PAHs。

固相萃取－HPLC 测定水中 16 种多环烃。水中 16 种多环芳烃萘、苊烯、苊、芴、菲、蒽、荧蒽、芘、苯并[*a*]蒽、苯并[*b*]荧蒽、苯并[*k*]荧蒽、苯并[*a*]芘、二苯并[*a*,g,*h*]蒽、苯并[*g*,*h*,*i*]和茚并[1,2,3–*c*,*d*]芘。先用固相萃取技术对水样进行前处理，然后用甲醇－水进行梯度洗脱，用紫外检测器在 254 nm 进行检测。

膜萃取盘在线痕量富集液相色谱测定地表水中极性污染物（农药）：苯并咪唑氨基甲酸甲酯、氨基氯达嗪酮、西玛三嗪和 4-氯苯胺。用水－乙腈作淋洗液，梯度淋洗，紫外检测器于 230 nm 波长处检测。

支持液膜富集液相色谱测定天然水中三嗪除草剂。流动相为乙酸钠－乙腈，用紫外检测器在 254 nm 波长处检测。检测限在 0.03～0.16 μg/L 范围内。

固相萃取－高效液相色谱－质谱联机在线分析水中痕量除草剂。以乙腈－水为流动相，梯度洗脱，紫外检测器于 220 nm 波长处检测。该方法仅用 45 min 就可完成水样中 7 种除草剂－阿特拉津、西草净、西玛津、杀草净、敌稗、乙草胺和甲磺隆的分析。

第七节 离子色谱法

早在 20 世纪 40 年代就已应用离子交换树脂进行离子性化合物的分离。但直到 1975 年斯莫尔（Small）等人发表了“应用电导检测器的新颖交换色谱法”，才作为一种新型的液相色谱法出现。离子色谱法的出现，解决了长时期以来阴离子缺乏灵敏、快速的分析方法，是分析化学的一项突破。离子色谱法测定的质量浓度范围是 mg/L～μg/L 级。如果增加进样量（一般是 50 μl）或采用浓缩柱，灵敏度还可提高一个数量级。通过选择不同的分离方式、分离柱和淋洗液，可得到很好的选择性。样品一般不需作预处理或只需作简单的稀释或过滤。

一、离子色谱法类型

离子色谱法按分离方式可分为离子交换色谱法（ion exchange chromatography，IEC）、离子排斥色谱法（ion exclusion chromatography，IEC）、离子对色谱法（ion pair chromatography，IPC）、离子抑制色谱法（ion suppression chromatography，ISC）和金属配合物离子色谱法（metal complex ion chromatography，MCIC）。前三种是目前主要的应

用方法，而后两种目前仅作分离方式应用报道。

离子交换色谱法是基于流动相中溶质离子（待测组分离子）和固定相表面离子交换基团之间的离子交换过程。固定相主要是以聚苯乙烯和多孔硅胶作基质（载体），在其表面导入了离子交换功能基的离子交换剂。阴离子的分离主要是采用季铵基作功能基的阴离子交换剂；阳离子的分离主要采用磺酸基和羧酸基作功能基的阳离子交换剂。

离子排斥色谱法的分离是基于 Donnan 膜平衡、体积排阻和分配平衡。固定相是具有较高交换容量的全磺化交联聚苯乙烯阳离子交换树脂。离子排斥色谱适用于从强酸中分离弱酸以及弱酸的相互分离。也可用于氨基酸、醛及醇的分析。

离子对色谱法的分离主要基于吸附与分配。固定相是普通 HPLC 常用的低极性十八烷基或十八烷基键合硅胶。分离操作时，在流动相中加入一种与溶质离子带相反电荷的离子对试剂，使之与溶质离子形成中性的疏水性化合物。离子对色谱法可用于生物医药的离子性有机物、工业品中离子性表面活性剂以及环境、农业样品中过渡金属离子配合物的分析。

离子抑制色谱法的分离机理和离子对色谱法相似。不过它是通过控制流动相的 pH 值，使弱酸或弱碱的离解得到抑制，以未离解的分子状态在两相间分配或吸附。主要用于有机弱酸和弱碱的分析。

金属配合物离子色谱法利用金属离子与相应的有机配位体作用，生成金属配合物而进行分离和检测。

另外，人们还习惯地将使用抑制柱的离子色谱法称为双柱离子色谱法或抑制型离子色谱法；把不使用抑制柱的离子色谱法称作单柱离子色谱法或非抑制型离子色谱法。

二、色谱过程的保留作用

离子色谱法是液相色谱的分支。是利用被测物质的离子性进行分离和检测的液相色谱法。因此液相色谱法的基本理论，如保留值、塔板理论、速率理论、定性和定量分析方法，也都适用于离子色谱法。现仅介绍色谱过程的保留作用。

溶质分子（待测组分）在色谱柱中只有处于流动相中时，才能从柱后流出。用溶质在流动相中的摩尔分数 R 值来量度色谱柱对溶质的保留作用。设 n_s，n_m 分别表示溶质在固定相和流动相中的摩尔数，则

$$R = n_m / (n_m + n_s) \tag{14.1}$$

规定溶质在固定相和流动相中摩尔数之比为容量因子 k'，即

$$k' = n_s/n_m \tag{14.2}$$

$$R = 1/(1 + k') \tag{14.3}$$

设色谱柱内固定相的体积为 V_s，流动相体积为 V_m。则 $n_s = c_s V_s$，$n_m = c_m V_m$

$$k' = \frac{c_s V_s}{c_m V_m} = K\frac{V_s}{V_m} \tag{14.4}$$

式中：c_s、c_m——某组分在固定相和流动相中的浓度。

对于线性洗脱色谱，分配系数 K 为常数，R 也应是常数。R 愈大，溶质从柱后流出愈快。溶质在色谱柱内平均迁移速度 v_s 应等于流动相线速度乘以溶质在流动相中的摩尔分数 R：

$$v_s=VR \tag{14.5}$$

当 R 为零时，溶质完全不移动，R 为 1，则溶质和流动相以相同的速度迁移。

在离子交换色谱中，常用重量分配系数 D_g 来表示溶质（待测组分）在淋洗液（流动相）和树脂间（固定相）的分配平衡。设 $c(A)_m$ 为溶质在淋洗液中的浓度，单位为 mol/L；$m(A)_r$ 为每克干离子交换树脂上溶质离子的毫摩尔数（或毫克当量数），单位为 mmol/g，则

$$D_g=m(A)_r/c(A)_m \tag{14.6}$$

也有采用树脂床体积分配系数 D_V 来表示溶质在淋洗液和树脂间的分配平衡：

$$D_V=D_g\rho \tag{14.7}$$

式中：ρ——树脂床密度，ρ=干树脂重量（g）/树脂床体积（ml）。

设在离子交换色谱中，色谱柱内干树脂的质量为 W_s，则在树脂内溶质的摩尔数为 $V_s m(A)_r$；在流动相中溶质的摩尔数 $V_m c(A)_m$；代入式（14.2）得：

$$k'=W_s m(A)_r/V_m c(A)_m=D_g W_s/V_m$$

$$D_g=k'V_m/W_s$$

$$V_r=D_g W_s=D_V W_s/\rho \tag{14.8}$$

现设用阴离子交换树脂 B－Rx 为色谱固定相，在树脂和淋洗液达到平衡后，树脂上吸附的相反电荷离子即为淋洗液阴离子 B^{x-}。当样品阴离子 A^{y-}进入色谱柱后，将与淋洗液阴离子 B^{x-}争夺树脂上的正电荷位置，这种交换过程可表示如下：

$$xA^{y-}+yB-Rx \rightleftharpoons yB^{x-}+xA-Ry$$

反应的平衡常为 K_B^A，也可称为 A^{y-}阴离子对 B^{x-}阴离子的选择性系数：

$$K_B^A=\frac{[A-Ry]^x[B]^y}{[A]^x[B-Rx]^y} \tag{14.9}$$

样品阴离子 A^{y-}的量通常小于树脂总容量的 2%。因此，树脂上主要是淋洗液离子为 B^{x-}。[B－Rx]项可以当成树脂的交换容量［容量］，即单位重量或单位体积离子交换树脂所能交换某离子的毫摩尔数。[B]项即为淋洗液浓度 c（淋洗液），而[A－Ry]/[A]，恰为阴离子 A^{y-}的分配系数 D_g，所以

$$K_{\mathrm{B}}^{\mathrm{A}}=\frac{D_{\mathrm{g}}^{x}c(\text{淋洗液})^{y}}{[\text{容量}]^{y}}$$

根据式（14.8）得：$K_{\mathrm{B}}^{\mathrm{A}}=\dfrac{[V_{\mathrm{r}}]^{x}c(\text{淋洗液})^{y}}{W_{\mathrm{s}}^{x}[\text{容量}]^{y}}$

$$\lg V_{\mathrm{r}}'=-Y/x\lg c(\text{淋洗液})+y/x\lg\ [\text{容量}]+1/x\lg K_{\mathrm{B}}^{\mathrm{A}}+\lg W_{\mathrm{s}} \qquad (14.10)$$

式（14.10）为阴离子交换色谱中保留体积的基本方程。表明了各种实验参数对保留体积的影响。离子交换树脂的交换容量越大，淋洗液浓度越小，保留体积就越大。淋洗液离子的电荷越高，淋洗能力就越强。各阴离子的选择性系数 $K_{\mathrm{B}}^{\mathrm{A}}$ 决定其保留特性，是衡量该离子对离子交换树脂亲和力大小的量度。常用某离子作参比离子来比较一系列离子的选择性系数。在季铵型强碱阴离子交换树脂上，各阴离子的选择性系数次序为：

$$ClO_4^- > I^- > HSO_4^- > SCN^- > CCl_3COO^- > CF_3COO^- = NO_3^- = Br^- > NO_2^- = CN^- > Cl^-$$

$$\geqslant BrO_3^- > OH^- > HCO_3^- > H_2PO_4^- > IO_3^- > CH_3COO^- > F^-$$

在阳离子交换色谱中，样品阳离子 A^{y+}与淋洗液阳离子 B^{x+}争夺阳离子交换树脂上的负电荷位置，其交换反应为：

$$xA^{y+}+yB-Rx \rightleftharpoons yB^{x+}+xA-Ry$$

阳离子 A^{y+}对 B^{x+}的选择性数为 $K_{\mathrm{B}}^{\mathrm{A}}$。用同样方法可得出阳离子 A^{y+}的校正保留体积 V_{r}' 的基本公式：

$$\lg V_{\mathrm{r}}'=-y/x\lg c(\text{淋洗液})+y/x\lg[\text{容量}]+1/x\lg K_{\mathrm{B}}^{\mathrm{A}}+\lg W_{\mathrm{s}} \qquad (14.11)$$

各阳离子的选择性次序为：

$$Th^{4+} > Fe^{3+} > Al^{3+} > Ba^{2+} > Ti^{4+}(SO_4^{2-})_2 = Pb^{2+} > Sr^{2+} > Ca^{2+} > Co^{2+} > Ni^{2+} = Cu^{2+} > Zn^{2+} =$$

$$Mg^{2+} > UO_2^{2+}(NO_3^-)_2 = Mn^{2+} > Ag^+ > Cs^+ > Be^{2+}SO_4^{2-} = Rb^+ > Cd^{2+} > K^+ > NH_4^+ > Na^+ > H^+ > Li^+$$

在离子色谱中，样品的保留效应往往不限于上述简单的离子交换影响，还可能受到流动相和固定相中离子交换功能基作用、离子水解和络合作用的影响。

三、离子色谱仪

1. 离子色谱仪的组成

离子色谱仪一般由淋洗液贮器、输液泵、进样器、色谱柱、检测器和数据处理系统（记录仪、积分仪或化学工作站）等部分组成。如果是抑制型离子色谱仪，则还有抑制柱。图 15-2 为抑制型离子色谱仪构造示意图。在离子色谱法中，尤其是抑制型离子色谱法，通常用强酸或强碱作淋洗液，泵、色谱柱和液体输送管道等为全塑料系统，以避免带来金属离子污染。而不能用于金属离子的测定。

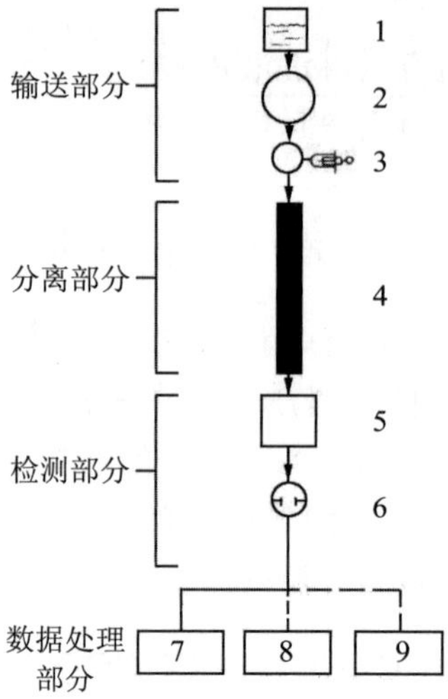

图 14-2 抑制型离子色谱仪构造示意图

1. 淋洗液槽；2. 泵；3. 进样阀；4. 分离柱；5. 抑制柱；
6. 电导池；7. 记录仪；8. 积分仪；9. 计算机

色谱柱是色谱分离的核心部件，柱管材料为惰性，一般在室温下使用。柱内径为 4～8 mm，柱长 50～100 mm，比普通液相色谱柱短。柱内填充色谱固定相。离子色谱固定相由基质和功能基团两部分组成。基质用作功能基团的载体，通常制备成数微米至数十微米粒径的球形颗粒。主要是有机聚合物和硅胶。功能基团与流动相接触，产生离解，在固定相表面形成带电荷的离子交换层，分离就在离子交换层中实现。阳离子交换剂的功能基团主要是能离解出 H^+的磺酸基、羧酸基和磷酸基；阴离子交换剂的功能基团主要是季铵基。

输液泵和进样器与高效液相色谱相同。

离子色谱仪的主要检测器为两大类，即电化学检测器和光学检测器。电化学检测器包括电导和安培两种检测器。其中电导检测器最常使用。光学检测器包括紫外-可见和荧光检测器，其检测原理与高效液相色谱相同。紫外-可见光检测器主要用于过渡金属、重金属和稀有元素的测定；荧光检测器主要用于氨基酸的测定。

2．抑制反应和抑制柱

我们知道电导检测器是一通用型检测器，因为每种离子都能导电，都具有相应的电导。而淋洗液（流动相）的电导，一般都较待测离子高两个数量级，可完全掩盖待测离子的信号。为了消除这种影响，淋洗液需先通过一填充有高容量的离子交换树脂的交换柱，称为抑制柱。

在抑制柱上将发生如下的重要反应。在阴离子分离中，最简单的淋洗液是 NaOH，淋洗离子 OH^-从分离柱的阴离子交换位置置换待测阴离子，然后使淋洗液通过填充高容量 H^+型阳离子交换树脂抑制柱，这样在抑制柱上将发生如下的交换反应：

$$R-H^+ + NaOH \rightarrow R-Na + H_2O$$

$$R-H^+ + NaA \rightarrow R-Na + HA$$

式中：R——离子交换树脂；

A^-——待测阴离子。

中和反应是阴离子抑制柱反应的一种，其通式为：

$$nR-H^+ + C_n{}^+A^{n-} \rightarrow nR-C^+ + H_nA$$

式中：H_nA——弱酸，一般用其碱金属盐作淋洗液；

C——碱金属离子。为了得到较小的淋洗液背景电导，H_nA 的 pKa 应大于 6。

在阳离子分离中，一般用无机酸作为淋洗液，如 HCl。淋洗液由阳离子交换柱流出后，进入填充 OH^-型高容量阴离子换树脂的抑制柱。将发生如下反应：

$$R-OH^- + HCl \rightarrow R-Cl^- + H_2O$$
$$R-OH^- + C^+Cl^- \rightarrow R-Cl^- + C^+-OH$$

从以上反应可知，对阴离子测定来讲，样品阴离子转变为对应的酸。而阳离子的测定，则样品离子转变为对应的碱，提高了待测离子的检测灵敏度。淋洗液则转变为很弱的酸或水，使其背景电导大大降低。正因为有了这样的抑制柱反应，才使得离子色谱的应用成为可能。

3．微膜抑制器

微膜抑制器的构造是由流动相室和再生液室组成，尤如一个分隔成两部分的方盒。流动相室在中间，两边各有一个再生液室。流动相室和再生液室内都有一个高交换容量的离子交换网屏，在流动相室和再生液室之间和有一片薄的离子交换膜。两部分是相通的，离子交换网屏分别用作流动相和再生液的通道。进行试样测定时，流动相通过中间的流动相室，再生液则从相反的方向通过两个再生液室。从而实现连续自动再生的目的。

微膜抑制器具有死体积小和高交换容量的特点。其死体积可减少到 50 μl 以下。这有利于提高抑制型电导检测的灵敏度和分离度。微膜抑制器的高交换容量不仅由于淋洗离子在膜壁上具有高的扩散效率，而且还因网屏本身也具有离子交换能力。网屏的离子交换容量与抑制器的容量成正比。微膜抑制器的高容量，不仅扩大了淋洗剂选择的范围，而且也允许使用高离子强度的淋洗剂，这对缩短强保留溶质的分析时间很有意义。

微膜抑制器的另一特点是使用寿命长。在正常操作条件下几乎不需要更换与维修。

由于微膜抑制器具有的高容量、连续自动再生的特性，使得梯度淋洗技术能成功地应用于电导检测型离子色谱中。

4．自动再生电解抑制器

自动再生电解抑制器的抑制原理其实也很简单。首先将水电解产生 H^+和 OH^-离子。然后利用离子交换膜选择性透过的性质，选择性地允许 H^+能通过阳离子交换膜进入流动相（NaOH 水溶液）中，将 NaOH 中和生成水。从而降低了背景电导，提高检测灵敏度。

对于电解阴离子抑制器的工作原理与此相似，不同的只是采用阴离子交换膜，只允许阴离子 OH^-通过，并进入流动相（HCl 溶液），与流动相发生中和反应生成水。

电解抑制器可以抑制约 100 mmol/L 的酸或碱流动相的背景电导。从抑制器出来的流动相变成了纯水，可以循环至抑制器再生室作电解的水源。从而形成了一个循环式的自动再生抑制系统。目前，以强碱（如 NaOH）作流动相的阴离子分析体系和以强酸（如 HCl）作流动相的阳离子分析体系占离子色谱日常分析的大部分。因此，目前很多离子色谱仪都安装有这种自动再生抑制器。为使用带来极大的方便。这种抑制器的另一个优点是可用于梯度洗脱。

1979 年以后，出现了单柱离子色谱法即非抑制柱式。它是采用低交换容量的离子交换树脂作为柱填料，用低电导的淋洗液。同样也可得到满意的结果。

四、淋洗液

选择适当的淋洗液是改善分离度的有效方法。淋洗液的选择主要依据所采用检测器和溶质离子的性质。一般来讲，淋洗离子与固定相之间的作用力应和溶质离子与固定相之间的作用力相当，抑制型电导检测的淋洗液在通过抑制器后应能转变成电导率低的弱电解质；非抑制型电导检测的淋洗液本身应具较低的电导率。

抑制型阴离子色谱常用的淋洗液是碳酸盐溶液。其中以 $NaHCO_3$、Na_2CO_3 混合淋洗液的应用最为广泛。因为只要改变两种物质的浓度比，就可以得到不同淋洗能力和 pH 值的淋洗液。具有宽广的适用范围和良好的选择性。

非抑制型离子色谱法，柱流出物直接进入电导检测器检测，要求淋洗液的背景电导很低。因此，这类淋洗液都是弱电解质溶液。最常用的是 NaOH 或苯二甲酸盐的碱性溶液。

阳离子的分离与分析，盐酸和硝酸（0.001～0.01 mol/L）是最常用的无机酸淋洗液。稀无机酸淋洗液既可用于抑制型离子色谱，也可用于非抑制型离子色谱。均苯四甲酸、吡啶二甲酸和酒石酸等离解度较大的羧酸，适合于二价和变价金属离子的洗脱。因为它们既能提供一定浓度的 H^+作淋洗离子，又对碱土金属和过渡金属有一定配位作用，有利于金属离子的洗脱。

五、离子色谱在环境分析中的应用

离子色谱（IC）分析具有高灵敏度、高选择性的特点，已被广泛应用于大气、水体、生物、土壤等方面环境样品中的离子分析和监测，尤其是某些阴离子的监测分析已成为标准分析方法。如美国 4110 标准方法就是用来测定地表水、地下水、废水以及饮用水中普通阴离子。我国环境标准 GB/T 13580.5—1992 采用离子色谱法测定大气降水中氟、氯、亚硝酸盐、硝酸盐、硫酸盐的测定。有关 IC 在环境分析与监测中的应用，简列于表 14-1。

表 14-1　IC 在环境分析中的应用

样品	离子	分离柱	流动相	检测方法
饮用水	卤代乙酸	Lichrospher 100C_{18} Ionpac AS9		UV 或 CD
饮用水 地下水	ClO_4^-	Ionpac AS11	NaOH	SCD
海水	I^-	苯乙烯-二乙烯苯共聚物	$HClO_4$+NaCl+Na_3PO_4	UV
饮用水	IO_3^-、Br^-、BrO_3^-、SO_4^{2-} $S_2O_3^{2-}$、含氧卤化物	低容量离子交换柱	柠檬酸铵	NSCD
水样	无机阴离子	低容量离子交换柱	2,6-吡啶二羧酸	UV 或 CD
雨水	Cl^-、NO_3^-、SO_4^{2-}	TSKgel IC Anion－SW	苯甲酸、苯二甲酸、萘磺酸	UV
自来水	F^-、Cl^-、NO_2^-、NO_3^-、PO_4^{3-}、 SO_4^{2-}	TSKgel IC Anion－SW	邻苯二甲酸氢钾+硼酸 缓冲液+丁醇，pH7.3	UV
天然水	Fe^{3+}、Ca^{2+}、Pb^{2+}、Zn^{2+}、 Ni^{2+}、Co^{2+}、Cd^{2+}、Mn^{2+}	HypersilC_{18}	辛磺酸盐+酒石酸+乙腈	UV－Vis
废水	SCN^-、$S_2O_3^{2-}$、SO_3^{2-}、 SO_4^{2-}、$S_4O_6^{2-}$	Dionex 阴离子交换柱	Na_2CO_3+$NaHCO_3$	CD
废水	Cu^{2+}、Pb^{2+}、Zn^{2+}、Ni^{2+}、Co^{2+}、 Cd^{2+}、Fe^{2+}、Mn^{2+}	Water μBondapak C_{18}	NaOH+酒石酸+柠檬酸	UV－Vis
土壤	Cl^-、NO_2^-、NO_3^-、 SO_3^{2-}、SO_4^{2-}、PO_4^{3-}、 SeO_3^{2-}、SeO_4^{2-}	Vydac301 IC	邻苯二甲酸	CD
土壤	F^-、Cl^-、NO_2^-、NO_3^-、PO_4^{3-}、 SO_4^{2-}	Dionex AS3	Na_2CO_3+$NaHCO_3$	CD
土壤	CN^-、Cl^-、Br^-、I^-	Vydac 302 IC	邻苯二甲酸氢钾	A
土壤	Li^+、Na^+、K^+、Rb^+、Cs^+	Dionex 阳离子交换柱	HCl	CD
土壤	Mg^{2+}、Ca^{2+}、Sr^{2+}、Ba^{2+}	Dionex 阳离子交换柱	HCl+二盐酸化间苯二胺	CD
土壤	Pb^{2+}、Zn^{2+}、Co^{2+}、Fe^{3+}、Mn^{2+}	Waters μBondapak C_{18}		
沉积物	AsO_3^{3-}、AsO_4^{3-}	Dionex AS1	Na_2CO_3+$NaHCO_3$	CD
空气	SO_2、NO_2	Dionex AS-4A	Na_2CO_3+$NaHCO_3$	CD
汽车尾气	NH_3、烷基胺	阳离子交换柱	HNO_3	CD
空气	NO_3^-、SO_4^{2-}、Cl^-、 有机酸	Dionex AS-3	Na_2CO_3+$NaHCO_3$	CD
气溶胶	①Cl^-、NO_2^-、 NO_3^-、SO_4^{2-} ②Na^+、NH_4^+、K^+ ③F^-	①wescan anion/R ②wescan anion/R ③wescan 离子排斥柱	①邻苯二甲酸氢钾 ②HNO_3 ③H_2SO_4	CD
烟道气	①Cl^-、SO_4^{2-}、SO_3^2 ②Na^+、NH_4^+、K^+、 Ca^{2+}、Mg^{2+}	①阴离子交换柱 ②阳离子交换柱	①Na_2CO_3+$NaHCO_3$ ②HNO_3	CD
燃烧气体	F^-、Cl^-、NO_x、 SO_4^{2-}、SO_3^2、Br^-	阴离子交换柱	Na_2CO_3+$NaHCO_3$	CD

注：摘自丁明玉等著，《离子色谱原理与应用》，2001。

第八节　毛细管电泳

毛细管电泳（Capillary Electrophoresis，CE）又称高效毛细管电泳（HPCE），是 20 世纪 80 年代发展起来的分析方法。CE 是经典电泳技术和现代微柱分离相结合的产物。毛细管电泳和高效液相色谱都是高效分离技术。但毛细管电泳用迁移时间取代高效液相色谱的保留时间，分析速度快，分析时间一般不超过 30 min，分析所需样品为纳升级，流动相用量仅需数毫升。

一、毛细管电泳分离模式

毛细管电泳有如下六种分离模式。

（1）毛细管区带电泳（CZE），又称毛细管自由电泳，是 CE 中最基本、应用最普遍的一种模式。

（2）胶束电动毛细管色谱（MECC）。是将一些离子型表面活性剂（如十六烷基磺酸钠，SDS）加到缓冲液中，当其浓度超过临界浓度后即形成有一疏水内核、外部带负电的胶束。在电场中，胶束以较低速度向阴极移动。溶质在水相和胶束相（准固定相）之间产生分配，中性粒子因其本身疏水性不同，在两相间分配就有差异，疏水性强的和胶束结合牢，流出时间就长，最终按中性粒子疏水性不同而分离。主要用于中性物质的分离测定。

（3）毛细管凝胶电泳（CGE）。它是基于凝胶的多孔性，溶质按分子大小而分离。由于凝胶黏度大，减少溶质的扩散，所得峰形尖锐，柱效高，如用甲基纤维素制备无胶筛分介质，可分离、测定蛋白质和 DNA 分子量或碱基数。

（4）毛细管等电聚焦（CIEF）。它是通过管壁涂层使电渗流减到最小，以防蛋白质吸附破坏稳定的聚焦区带，再将样品与两性电解质混合进样，两端贮瓶分别为酸和碱。加高压（6～8 kV）3～5 min 后，毛细管内部建立 pH 梯度，蛋白质在毛细管中向各自等电点聚焦，形成明显的区带。最后改变检测器末端贮瓶内的 pH，使聚焦的蛋白质依次通过检测器而被确认，主要用于蛋白质的分离、测定。

（5）毛细管等速电泳（CITP）。它是采用先导电解质和后继电解质，使溶质按其电泳淌度不同而被分离。常用于分离、测定离子性物质。目前应用尚不多。

（6）毛细管电色谱（CEC）。它是将 HPLC 中众多的固定相微粒填充到毛细管中，以样品与固定相之间的相互作用为分离机制，以电渗流为流动相驱动力的色谱过程。由于有较高的选择性，近年来得到较快的发展，已成为液相色谱的研究热点之一。

二、毛细管电泳的特点

毛细管电泳具有如下的一些特点：①灵敏度高。如用紫外检测器的检测限可达 10^{-15}～10^{-13} mol，激光诱导荧光检测器则达 10^{-21}～10^{-19} mol；②毛细管柱一般不需要填充或复杂的处理，价格相对较低，约为色谱柱的 10%～20%；③操作环境是在水介质缓冲液中，而液相色谱常采用有机溶剂，产生环境污染；④样品用量小，每次进样仅为纳升级；⑤溶剂消耗量少，这是因为是在电场驱动下运行，所消耗的溶剂约为色谱消耗量的百万分之一；⑥分离柱效高，每米理论塔板数为几十万，高者可达几百万乃至千万，有利于分离生物大分子；⑦对样品预处理要求低，应用范围广，无机物、有机物、离子或电中性分子，都可以用同一根毛细管柱进行分离，仅仅需要改变所用缓冲溶液，而不像高效液相色谱那样需要变换柱内固定相。

三、毛细管电泳的基本原理

1. 分离原理

毛细管电泳统指以高压电场为驱动力，以毛细管为分离通道，依据样品中各组分之间淌度和分配行为上的差异而实现分离的一类液相分离技术。分离后的组分，可用紫外检测器、荧光检测器、电化学检测器等进行检测。

各种粒子的分离原理如下：电解质溶液中，带电粒子在电场作用下，以不同的速度向所带电荷相反方向迁移的现象，称为电泳。毛细管电泳所用石英毛细管柱，在 pH＜3 时，其内表面和溶液接触时形成一双电层。在高电压作用下，双电层中的水合阳离子引起流体整体地朝负极方向移动的现象叫电渗。粒子在毛细管内的电解质中迁移速度等于电泳和电渗流（EOF）两种速度的矢量和。正离子的运动方向和电渗流一致，故最先流出；中性粒子的电泳流速度为“零”，故其迁移速度相当于电渗流速度；负离子运动方向和电渗流方向相反，但由于电渗流速度一般都大于电泳流速度，因此它将在中性粒子之后流出。这样，因各种粒子迁移速度不同而实现分离。

增加电场强度，可以提高迁移速度。但高的电场强度也导致电流增加，引起毛细管中电解质产生自热（焦耳热）。自热将使流体在径向产生抛物线形温度分布，即管轴中心温度高于近壁处温度，使管轴中心的溶质分子比近管壁的分子迁移更快，造成谱带展宽，柱效下降。因此，加快散热是减少自热引起温差的重要措施。目前有的采用液体冷却方式，可得到良好的分离效果。

2. 毛细管电泳的基本表达式

毛细管电泳的分离模式不同，基本表达式亦不同，毛细管区带电泳（CZE）是毛细管电泳中最基本、应用最普遍的一种模式，下面仅介绍 CZE 的基本表达式。

CZE 的迁移时间 t 可用下式表达：

$$t=\frac{L_{\mathrm{d}}L_{\mathrm{t}}}{(\mu_{\mathrm{ep}}+\mu_{\mathrm{eo}})V}$$

式中：μ_{ep}——电泳淌度；

μ_{eo}——电渗淌度；

V——外加电压；

L_{t}——毛细管总长度；

L_{d}——进样端到检测器之间毛细管长度。理论塔板数为：

$$N=\frac{(\mu_{\mathrm{ep}}+\mu_{\mathrm{eo}})V}{2D}$$

式中：D——扩散系数。

分离度 R 为：

$$R = 0.177(\mu_1 - \mu_2)\left[\frac{V}{D(\overline{\mu}_{ep} + \mu_{eo})}\right]^{1/2}$$

式中：μ_1、μ_2——二溶质的电泳淌度；

$\overline{\mu}_{ep}$——二溶质的平均电泳淌度。

CE 进样常用电动进样和压差进样。电动进样的进样量 Q 为：

$$Q=\frac{(\mu_{ep}+\mu_{eo})V_i \pi r^2 c t_i}{L_t}$$

式中：V_i —— 进样电压；

r —— 毛细管内半径；

c —— 样品浓度；

t_i —— 进样时间。

压差进样量为：

$$Q=\frac{\Delta P \pi r^4 c T_i}{8\eta L_t}$$

式中：ΔP —— 毛细管两端的压力差；

η —— 溶液黏度。

CZE 需要优化的操作参数有电压、缓冲液的组成、浓度及 pH 值。柱长一定时，迁移时间随操作电压的增加而缩短；在一定范围内，柱效随电压增大而增大，但过一极点后，柱效反而下降。定量分析时，还需要注意样品制备、迁移时间的重复性、定量较正因子等因素。

四、毛细管电泳仪器

毛细管电泳仪器的基本结构如图 14-3 所示。

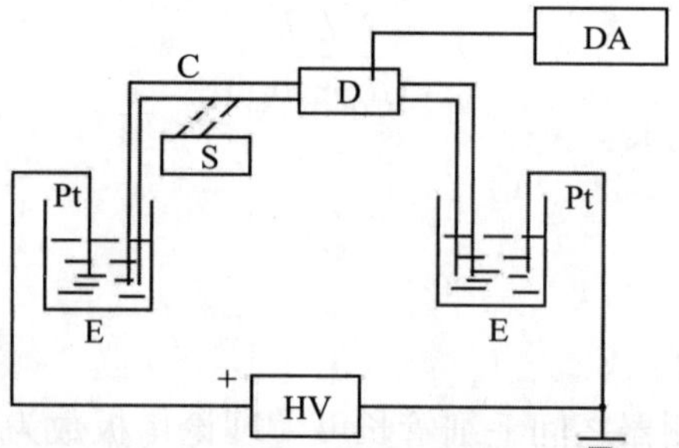

图 14-3 毛细管电泳仪器基本结构示意图

HV 为高压电源；Pt 为铂电极；DA 为数据采集系统；C 为毛细管；D 为在柱检测器；E 为电极槽；S 为样品

毛细管电泳仪器其主要部件是高压直流电源、进样装置、毛细管和检测器。前三个部件容易实现，困难之处在于检测器，尤其是光学检测器。这是由于毛细管电泳溶质区带的超小体积的特性导致光程太短，而圆柱形毛细管作光学表面也不够理想，因此对检测器灵敏度要求相当高。

CE 中应用最广泛的检测器是紫外－可见光检测器。这种检测器按检测方式可分为固定波长或可变波长检测器和二极管陈列或波长扫描检测器两类。前一类检测器具有结构简单、灵敏度较后一类高；后一类检测器能提供时间－波长－吸光度的三维图谱。优点是在线紫外光谱可用来定性、鉴别未知物。缺点是较前一类灵敏度低。提高灵敏度的方法一般有：①优化检测器波长。②减少检测器噪音，如采用提高光源强度；用聚焦、狭缝等减小背景光的影响，采用电子和数字滤波；采用良好的信号放大系统。③扩展吸光光路长度。如采用矩形或偏形毛细管等。

荧光检测器、电化学检测器和质谱检测器等也都得到应用。

五、毛细管电泳在环境分析中的应用

尽管毛细管电泳出现的时间还很短，但由于它具有高灵敏度，分析速度快，所需样品量少和高分离效率，在环境分析中得到了迅速的应用。其中主要用于多环芳烃（PAHs）、农药残留物、金属离子和无机阴离子的监测分析。

Terabe 运用十六烷基磺酸钠（SDS）－尿素 MEKC 体系对多氯联苯和 PAHs 进行分离研究。Nie 等人采用阳离子型的季铵盐缓冲液构成 MEKC，并结合激光诱导荧光检测(LIF)在线分离了浓度为 10^{-20} mol/L 的 PAHs。Bruggemann 等人用硼酸－SDS 系统在 10 min 内分离了 7 种 PAHs，使用二极管陈列检测器可达到 10^{-12} g 的检测限。Brown 等人运用环糊精系统分析了受污染土壤中的 PAHs。

农药包括除草剂和杀虫剂。Juug 等通过对芳酸盐除草剂进行衍生并结合 MEKC，进样 4nl 时，采用激光诱导检测器检测限达 2×10^{-15} g。

碱金属、碱土金属和无机阴离子的 CE 分离后，大多采用间接紫外检测。刘莉丽等曾对阳离子进行过系统研究，有效分离了 11 种金属阳离子——K、Na、Li、Ba、Sr、Mg、Mn、Fe、Co、Ni 和 Zn，并成功地用于新加坡水样的分析（7 种金属离子）。

第九节　毛细管电色谱

一、毛细管电色谱的原理及特点

毛细管电色谱（CEC）是毛细管电泳的一种分离模式。毛细管电色谱是在毛细管中填充或在毛细管壁涂布、键合色谱固定相，依靠电渗流（electroosmotic flow，EOF）推动流动相，使中性和带电荷的样品分子根据它们在色谱固定相和流动相间吸附、分配平衡常数的不同和电泳速率不同而达到分离分析的一种分析方法。

毛细管电色谱相对于常规的液相色谱而言，具有如下的特点：①流动相采用电渗流驱动，不存在压力差，因此可以使用更小粒度的固定相和更长的色谱柱，极大地提高了柱效，同时电渗流驱动的塞状流型消除了压力驱动的抛物线形的径向扩散对柱效的影响，使柱效较高效液相色谱高 1～2 倍。②毛细管电色谱是微柱分离分析技术，很容易实现与其他分析技术，如质谱、红外光谱等技术联用。③适合于离子性和中性化合物的分离分析。④可采用各种液相色谱的固定相。

二、毛细管电色谱仪

毛细管电色谱仪和毛细管电泳仪基本相同。主要由以下几部分组成：①压力驱动或电动驱动进样装置；②可进行电渗流或压力操作的色谱柱；③检测器；④高压电源。

毛细管电色谱的检测器与毛细管电泳检测器完全相同。主要有紫外－可见光检测器、荧光检测器和电化学检测器等。

三、毛细管电色谱在环境分析中的应用

虽然毛细管电色谱发展的时间并不很长。但已开始应用于环境污染物的分析。其中有农药残留分析。Mayer 等人用 CEC 技术测定了农药 cinosulfnron 及其副产物。实验条件为：25 cm × 100 μm，i.d.填充 3 μm ODS 键合硅胶毛细管柱；电压 25 kV；柱温 25℃；流动相：乙腈/pH 3.0 的 25 mmol/L－乙酸铵缓冲液（70/30，V/V）；检测波长 240 nm。可分离分析 13 种组分。

TNT 及其降解产物的分析。实验条件为：色谱柱为 34 cm×75 mm，i.d.填充 1.5 μm 无孔 ODS Ⅱ硅胶，填充长度 21 cm；流动相，甲醇/10 mmol/L－磷酸盐和 5 mmol/L SDS 缓冲液（20/80，V/V）；电压 12 kV；检测波长 254 nm；在 7 min 内对 14 种成分进行了基线分离。

Saeed 等人用反相 CEC 分离分析单羟基和双羟基取代苯酚类化合物，并应用于香烟烟雾中酚类化合物的测定，样品的检测下限约 0.5 μg/ml。

Zhang 等人采用反相 CEC 技术，在等度洗脱条件下，在 10 min 内，2，4-二硝基苯肼羰基化合物衍生的 15 种化合物获得了好的分离。色谱柱为 27 cm × 75 μm，i.d.填充 3 μm C_{18} 键合硅胶；流动相为乙腈/TEF/5 mmol/L Tris-HCl（pH 8）（60/4/36，V/V/V）；电压 20 kV；检测波长 360 nm；柱温 35℃。

近年来，CEC 也被应用于无机离子的分离分析。所用的固定相为离子交换填料。Kitagawa 等人采用离子交换加压 CEC 和间接检测技术分离了 SO_4^{2-}、SO_3^{2-}、$S_2O_3^{2-}$ 阴离子，镧系元素，Li、Na^+、K^+、NH_4^+ 阳离子和 Li^+、Na^+、K^+、Cl^-、NO_2^-、NO_3^-、I^-、ClO_4^-、$S_2O_3^{2-}$ 阴阳离子混合物。

习题

1．高效液相色谱可分为几种类型？各适于分离哪些组分？

2．高效液相色谱中采用哪几类固定相？各有什么优缺点？
3．什么叫梯度淋洗？与气相色谱中程序升温有何不同？
4．试述紫外检测器、示差折光检测器和荧光检测器的原理及其适用范围。
5．离子色谱与高效液相色谱中的离子交换色谱有何异同？
6．什么是抑制型离子色谱法？
7．简述毛细管电泳的原理。
8．毛细管电泳有哪些分离模式？

参考文献

[1] 钱沙华，韦进宝．环境仪器分析[M]．北京：中国环境科学出版社，2004.
[2] 牟世芬，刘开录．离子色谱[M]．北京：科学出版社，1986.
[3] 张世森．环境监测技术[M]．北京：高等教育出版社，1992.
[4] 金恒亮．高压液相色谱法[M]．北京：原子能出版社，1981.
[5] 丁明玉，田松柏．离子色谱原理与应用[M]．北京：清华大学出版社，2001.
[6] 罗国安，王义明．毛细管电泳的原理及应用[J]．色谱，1995，13（4）．
[7] 丁永生，薛俊，林炳承．毛细管电泳在环境分析中的应用[J]．色谱，1998，16（3）．
[8] 邹汉法，刘震，叶明亮，等．毛细管电色谱及其应用[M]．北京：科学出版社，2001.
[9] 阎吉昌，徐书绅，张兰英．环境分析[M]．北京：化学工业出版社，2002.
[10] 韦进宝，吴峰．环境监测手册[M]．北京：化学工业出版社，2006.

第十五章　仪器分析的联用技术

联用技术是指由一种分离技术与一种或两种鉴定方法相结合，或由两种（甚至三种）分析方法相结合，对化学反应机理进行研究，对待测样品进行定性、定量或者结构分析的一种技术。两种技术密切结合并发挥各自的优点，能有效地研究化学反应机理，提高分析的灵敏度、准确度，增强对复杂混合物的分辨力，获得两种技术单独使用所不具有的功能。联用技术为分析、检测成分复杂、性质相近、含量低的环境污染物提供了有效、可靠的分析与监测手段，是仪器分析和分析仪器的发展方向之一。

近十多年，联用技术得到较快的发展。这表现在一些成熟的联用技术已有商品仪器，得到推广应用；另一方面又不断提出新的联用技术。本章主要介绍电化学与光谱和色谱的联用，色谱与质谱、光谱的联用。

第一节　光谱电化学

光谱电化学是光化学分析和电分析化学的一种联用技术。它是利用电分析化学将待测物质电解富集至电极表面，然后用灵敏的光化学分析法进行检测。因此，方法灵敏度高。目前主要用于研究电极过程动力学，也可用于元素形态分析。

一、概述

光谱电化学是在 20 世纪 60 年代，由 R.N.Adams 和 T.Kuwana 首先提出并完成了邻苯二胺衍生物电氧化机理的研究。

光谱电化学是将光谱技术和电化学方法结合起来，在一个电解池内同时进行测量的一种方法。通常，以电化学产生待测信号，用光谱技术来监测产生的信号。光谱电化学主要用于研究电极过程机理、测量式量电极电位（$E^{0'}$）、电子转换数、电极反应速率常数以及扩散系数等。

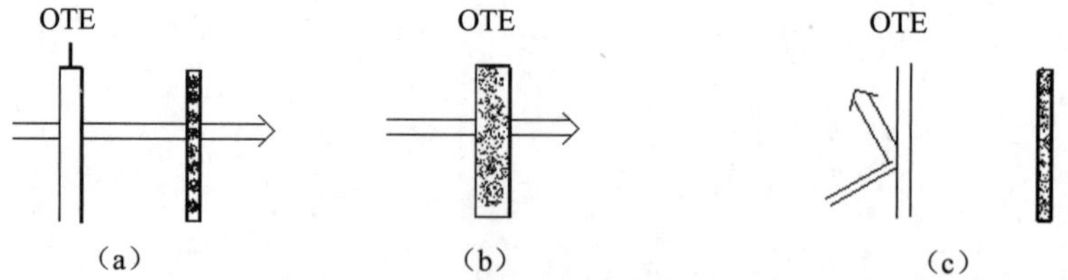

图 15-1　光谱电化学方法的类型

光谱电化学方法一般按光的入射电极方式可分为两类，即光透射法（图 15-1a，b）和光反射法（图 15-1c）。光透射法是入射光横穿过电极和其临界的溶液。这里又可因电解方式不同而有半无限扩散（图 15-1a）和薄层耗竭性电解两种。反射法是入射光束通过光透电极（OTE）的背面，渗入电极溶液界面，其入射角刚大于临界角，则光线完全反射（图 15-1c）。后者称为反射光谱电化学法。目前，光谱电化学主要有薄层光谱电化学、表面增强的拉曼光谱电化学和电致化学发光。此外，还有光声光谱电化学、电子自旋共振电化学、电子和离子能谱电化学等。

二、薄层光谱电化学

1. 电极与电池结构

光谱电化学所用的光透电极（OTE）对光谱和电化学性质上都有要求。理想的电极应是透光性好，电阻值低。事实上，很难同时满足两者的要求。一般采用折中的办法。即第一种是材料的导电性好而其透光性差，如用金属丝做成的网栅。第二种是材料的透光性好而导电性差。这种电极多采用导电性薄膜沉积于透明体（玻璃或石英）上，膜愈薄透光性愈好，但电阻相对地增大。目前已有多种光透电极，其中以金属网栅电极应用最广，尤其是金网栅最为通用。其优点是材料容易弯曲、加工，组成电池容易，导电性好，透光适度又无光谱范围的限制，有商品可买，其结构如图 15-2 所示。

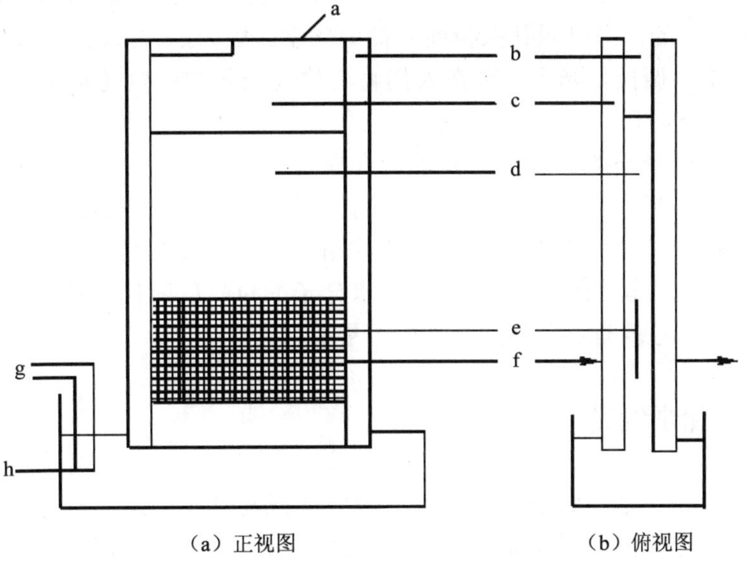

图 15-2　光透薄层电池（金网栅）

a. 吸溶液口；b. 聚四氟乙烯胶带；c. 玻璃片；d. 溶液；e. 透光金网栅；f. 入射光的光程；g. 参比电极和辅助电极；h. 贮液池

2. $E^{0'}$ 和 n 的测定

薄层光谱电化学主要研究光透电极 $E^{0'}$ 与薄层电解结合在光透薄层电极上的反应。如用薄层光谱电化学测定可逆和准可逆体系的 $E^{0'}$ 和 n。根据待测物质选择电解扫描电压范围和测量光吸收的波长。每改变一次电压扫描并待平衡后记录一次吸收谱。由吸收光谱图分别求得待测物质完全还原时的光吸收 A_1，完全氧化时的光吸收 A_3，氧化态和还原态混合物的光吸收 A_2。由下式计算溶液中氧化态和还原态的浓度比：

$$\frac{[O]}{[R]}=\frac{\dfrac{(A_2-A_1)}{\varepsilon b}}{\dfrac{(A_3-A_2)}{\varepsilon b}}=\frac{(A_2-A_1)}{(A_2-A_3)} \tag{15.1}$$

式中：ε——待测物的克分子吸收系数；

b——光程。

以外加电压为纵坐标，氧化态与还原态浓度比为横坐标作图，得一直线。由直线的斜率即可计算得电极反应的电子转移数 n，其截距即为 $E^{0'}$。此外，可用薄层光谱电化学方法测定体系的热力学函数和化学反应的速率常数。

三、表面增强的拉曼光谱

一般的拉曼光谱十分微弱。若利用共振作用，可以使拉曼光谱增强 10^4～10^6 倍。实验表明，凡是有吸附现象产生就可以增强拉曼光谱。在化学电池中，电极表面的吸附诱导产生偶极子作用并进一步产生极化作用，因而增强了拉曼光谱。这种方法是 Van Duyne 等于 1975 年提出的，当时叫共振拉曼光谱电化学。因为这种方法是利用电化学电极的表面吸附而增强了共振拉曼光谱，现在人们将它称为表面增强拉曼光谱（Surface Enhanced Raman Spectroscopy）。

表面增强拉曼光谱的优点：（1）可以在稠密介质中以高分辨率和宽广的频率范围获得固体表面吸附的振动光谱，它具有极好的分子识别能力，是监测电化学产物的一种有用工具。（2）可以在分子水平上提供电极/电解质介面的结构与性质方面的许多信息，提供有关分子取向和键能的线索。（3）由于水分子的拉曼散射信号特别微弱，比较容易避免溶剂水的干扰，这就有利于在水介质中开展有关研究。

四、电致化学发光

电致化学发光，是电解的氧化还原产物之间或与体系中某一组分进行化学反应而发光的过程。这种化学反应是由带相反电荷的离子自由基参与的，而带相反电荷的离子自由基又是由电化学反应产生，所以称为电化学发光（Electrochemi Luminescence）或电致化学发光（Electro-genefated Chemiluminescence）。电致化学发光是电分析化学和光分析化学相结合的产物，所以具有光谱电化学的特点。它不但可以进行定性分析、定量分析，还可以进行机理研究，确定发射态的本性和产生受激态的效率等。它还能利用电化学的特点进行分离、富集来提高选择性和灵敏度。因此，它越来越广泛地被应用于无机、有机高分子、生物、医药和环境科学中。例如，可以不经分离就能测定人血和尿中的草酸盐含量，能测定芳香族有机化合物和痕量的无机离子。

第二节　色谱电化学

色谱电化学是液相色谱和电分析化学的联用。它可将液相色谱仪和电化学检测器直接对接，而不需要接口装置。适用于痕量和复杂样品的分析。发展迅速，已有商品仪器生产。

色谱电化学系统如图 15-3 所示。样品中各组分经液相色谱柱分离后进入电化学检测器而被检测。在检测器中，由于电化学反应而引起的物质转换的速率（克分子数/秒）正比于瞬时浓度，于是所得电流直接反映淋洗出的化合物的量，为时间的函数。如图 15-4 所示。

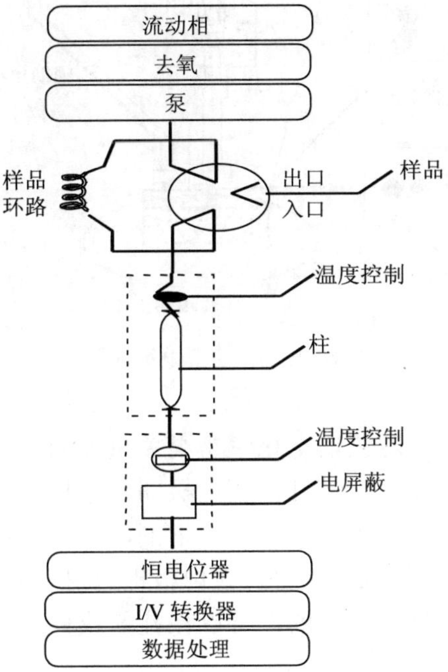

图 15-3　液相色谱电化学系统

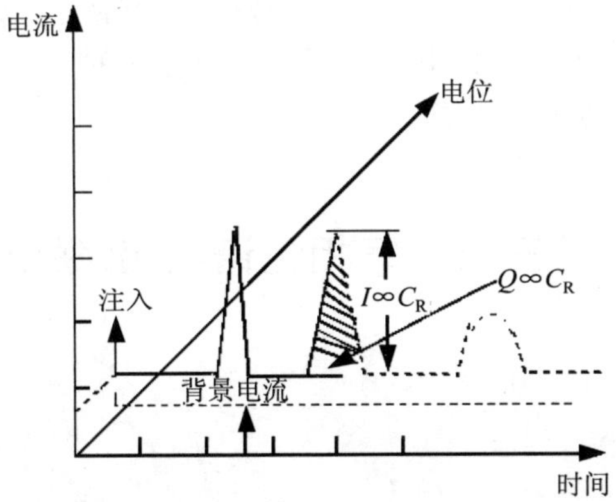

图 15-4　柱流出物的电流－时间关系图

色谱电化学使用的流动电解池的体积应很小，并能迅速响应，从而能准确地表征浓度分布。薄层电解池为最适用的电化学检测器电解池。将工作电极嵌在池槽壁中（图 15-5），这种电解池的有效体积通常介于 0.1～1 μl。因此，即使使用高速或微孔柱，色谱浓度分布形状也不被破坏。

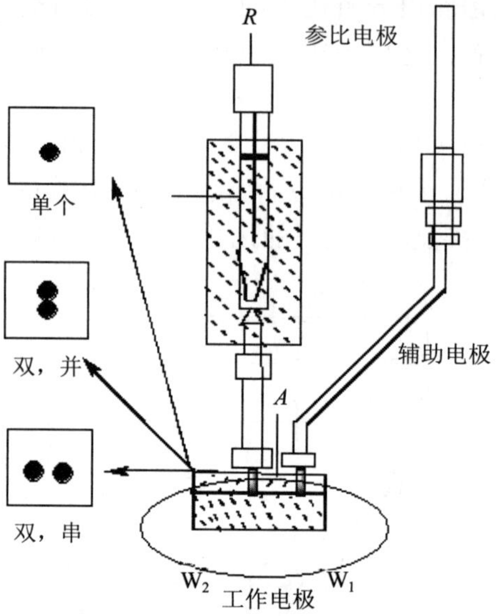

图 15-5 薄层电解池

电解池工作电极的选择，对色谱电化学是至关重要的。要求电极表面对在所选定的电位下的流动相，应为物理和化学惰性。碳电极和汞电极都适用。其中以玻碳电极最适用。它能适用于几乎所有在液相色谱中所用的溶剂，并且可用于很宽的电位范围。对于较难还原的物质，使用汞电极比玻碳更好。汞电极也适用于很多含硫化合物的检测。

对于色谱柱流出物不具有电活性的，可以在柱前或柱后进行衍生化反应，以生成电活性物质进行检测。

色谱电化学不用光化学检测器，从而克服了光化学检测器对无发色基团或发色基团弱的组分进行检测的困难，实现了高灵敏度对碳水化合物、醇类、醛类、胺（伯、仲、叔、季以及氨基酸）、有机硫化物（硫酸盐、亚砜、硫烃类、硫醚、硫醇等）、无机阴离子和无机阳离子等物质的检测。因此，色谱电化学是一种多功能、高灵敏度和高选择性的分析方法，是痕量分析的有力工具。

第三节 气相色谱-质谱联用

一、概述

质谱法的特点是鉴别能力强、灵敏度高、响应速度快。不足之处是，它仅适于做单一的纯样品的定性分析。而实际样品，尤其是环境样品往往是很复杂的混合物，质谱法不能直接对它们进行分析。气相色谱，尤其是毛细管柱气相色谱，则是强有力的分离手段，特别适合于分离复杂的有机物样品。所以气相色谱-质谱联用，主要是毛细管气相色谱-质谱联用。同时，质谱和气相色谱在工作状态上均为气相动态分析，除了工作气压之外，色谱的每一特征都能和质谱相匹配，且都具有灵敏度高、样品用量少的共同特点。因此，毛细管柱色谱-质谱联用，既发挥了毛细管气相色谱的高分辨率，又发挥了质谱法的高鉴别率，已成为鉴定未知物结构的最有效工具之一，广泛应用于分析领域之中。

二、气相色谱-质谱联用

自 1957 年霍姆斯（J.C. Holmes）和莫雷尔（F.A. Morrell）首次实现气相色谱和质谱联用以后，这一技术得到很快的发展和广泛的应用。目前 GC－MS 已成为有机物定性鉴定的重要手段之一。GC－MS 联用仪系统如图 15-6 所示。

联用仪中的气相色谱仪将样品中各组分分离后，通过接口依次将各组分输入质谱仪检测。计算机系统交互式地控制气相色谱、接口和质谱仪，进行数据采集、处理，是 GC－MS 的中央控制单元。

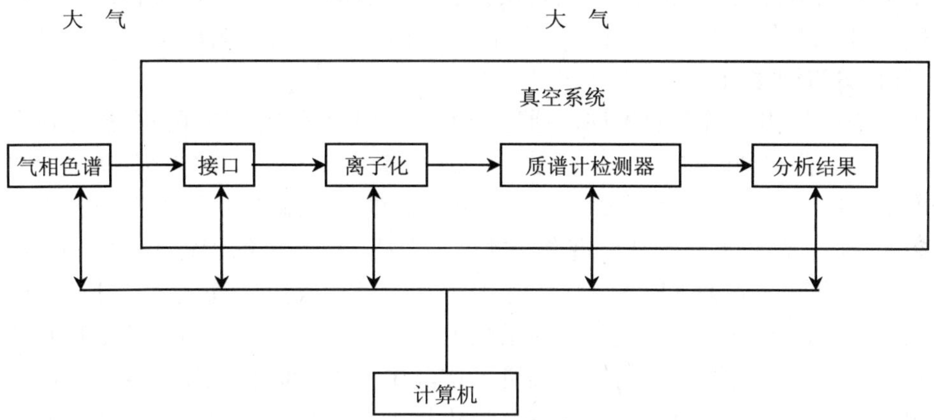

图 15-6　GC－MS 联用仪组成框图

三、气相色谱-质谱联用的接口

1．气相色谱-质谱联用中对“接口”的要求

所谓“接口”，简单地讲就是两种分析仪器联用的匹配组件或装置。它的作用是协调前后两种仪器的输出和输入间的矛盾。它的存在既不能影响前一级仪器的分析性能，又要同时满足后一级仪器对样品进样的要求和仪器工作的条件。

在色谱联用中对接口的要求是：

（1）可进行有效的样品传递，以保持整个联用仪器的灵敏度。

（2）样品通过接口的传递应具有良好的重现性，以保证整个分析的重现性良好。

（3）接口应容易进行前一级仪器和后一级仪器操作模式和操作条件的选择。

（4）样品在通过接口时一般不应发生任何化学变化，如发生化学变化，则要遵循一定规律，以便通过后一级仪器分析结果，可推断出发生化学变化前的组成和结构。

（5）接口不影响前级色谱分离的柱效。

（6）接口装置，结构尽可能简单、稳固、可靠、操作简单、方便，样品通过接口的速度应尽可能快。

理想的接口是能除去全部的载气，但却能将待测物毫无损失地从气相色谱仪传输到质谱仪。实际工作中用传输产率 y、浓缩系数 N、延时 t 和峰展宽系数 H 来评价接口性能。当 $y \to 100\%$、足够的 N、$t \to 0$、$H \to 1$ 的接口几乎达到理想状态。下面介绍目前常用的 GC－MS 接口。

2．直接导入型接口

气相色谱的毛细管柱通过一段内径约 0.5mm，长 56cm 的不锈钢毛细管和转换阀。打开转换阀时，色谱流出物通过连接毛细管直接引入质谱仪的离子源。由于载气氦气是惰性气体不发生电离，而待测物被电离成离子。离子在电场作用下加速向质量分析器运动，载气未被电离而不受电场影响，被真空泵抽走。使用这种接口的载气仅限于氦或氢气。气相色谱仪出口载气流量不能高于 2 ml/min，一般为 0.7～1.0 ml/min。否则质谱仪的检测灵敏度下降。色谱柱的最大流速受质谱仪真空泵流量的限制。最高工作温度和最高柱温接近。接口组件结构简单，容易维护，传输率达 100%。应用较为广泛。

3．开口分流型接口

这种接口，气相色谱毛细管柱，通过一个带有限流毛细管的开口分流接口和转换阀与质谱仪连接。开口分流接口为一个 T 形三通玻璃管，内套一个较小的玻璃套管。工作时，将毛细管的出口部分插入玻璃套管中，并用硅橡胶垫圈堵塞毛细管柱与 T 形三通玻璃管之间的空隙。限流毛细管从玻璃套管的另一端插入，与毛细管柱出口端相距约 1 mm。在三通玻璃管的第三个通道导入一定流速的氦气，以形成保护气氛。打开转换阀时，色谱流出物通过限流毛细管定量地进入质谱仪的离子源。过多的色谱柱流出物和载气随氦气流出接口。限流毛细管多采用铂毛细管，在其中插入不同直径和长度的铂丝以获得适宜的气阻。这种接口结构简单，但色谱仪流量较大时，分流比较大，产率较低，不适用于填充柱的条件。

4．分子分离器接口

气相色谱毛细管柱通过分子分离器和转换阀与质谱仪连接。为了使气流通过分子分离器时能产生有效的喷射，必须在毛细管柱的出口处加入适量的尾吹气。打开转换阀时，色谱柱流出物通过分子分离器分离载气后进入质谱仪的离子源。

分子分离器的主要作用，在于使色谱仪出口压力适应质谱仪真空条件的需要，同时将载气分子分离掉，使样品待测组分进一步浓缩。因此要求分子分离器死区小，吸附分解效能低，样品浓缩程度高。常用的分子分离器有：喷射分离器、微孔玻璃分离器、硅橡胶式分离器、半透膜分离器。

四、毛细管柱色谱-质谱联用（GC^2—MS）色谱操作条件

毛细管柱色谱—质谱联用的色谱部分，主要作用是对混合物进行分离，将分离后的单个组分输入质谱仪进行鉴定。因此色谱操作条件除了满足混合物分离这一条件外，同时还必须适应色谱—质谱联用的特点。

1．载气的选择

用于 GC^2－MS 联用中的载气，必须为化学惰性，不干扰质谱图，具有能使载气中样品富集的某些性质，不干扰总离子流的检测。因而载气选用主要从载气的分子量、电离电位及连接方式等方面考虑。虽然 He 和 H_2 均可作 GC^2—MS 的载气，但用 He 作载气可以消除由于载气电离而形成的大量的本底电流，He 比 H_2 更为有利。另外，为了减少 GC^2－MS 中的载气总量，经常采用较低的载气流量及较高的柱温。

2．毛细管柱柱型的选择

根据毛细管柱内壁涂渍固定相的情况，可分为涂壁并管柱（WCOT）和涂层开管柱（SCOT）。一般来说，涂壁开管柱柱效率高，但柱容量较小；而涂层开管柱柱效较涂壁开管柱稍低，但有较大的样品负荷量，是两种比较适用于 GC^2－MS 的毛细管柱型。

3．固定液的选择

在 GC^2－MS 联用分析中，固定液的选择除考虑分离效果外，还要考虑固定液的“流失”问题。因为固定液流失会造成复杂的质谱图本底。为了减少固定液的流失应注意：①尽可能选用耐高温的固定液及交联毛细管柱；②固定液的涂渍量不要太高；③在使用之前要充分老化，一般是在高于预定最高操作温度 20～30℃下通载气老化 24 h；④可在柱子的出口串联一根很短的固定液流失吸附柱，以降低质谱的本底。常用固定液为 OV－101、OV－1、OV－17、Superox-4、OV－225、Dexil－300 等，它们的最高使用温度均可达 250℃以上。

4．最大样品量

在 GC^2－MS 中最大的样品量应该是不使柱子分离度严重下降时的样品量。在 GC^2－MS 中，为了同时得到一般组分的含量及痕量组分的含量，常常作两次进样分析。第一次是使用正常样品量以保持柱效；第二次使用超过极限的最大样品量，以满足痕量分析的需要。

五、应用

GC—MS 联用在分析检测和研究的许多领域起着越来越重要的作用。在环境监测中许多有机污染物，特别是一些浓度低的有机污染物，如二噁英等的标准方法中就是 GC—MS。对以环境激素污染物为主的有机污染物的监测，各国更是以 GC^2—MS 分析法为标准方法。在药物研究、生产、质控、法庭科学中对燃烧、爆炸现场的调查，以及各种残留物的调查；工业生产的许多领域，如石油、食品、化工；以至体育比赛中对兴奋剂的检查，都离不开 GC^2—MS。

第四节 气相色谱-傅里叶红外光谱联用

一、概述

红外光谱在结构分析中可提供完整的分子结构信息，特别是对异构体的判别比质谱法准确。更由于傅里叶红外光谱技术的发展，能提供高灵敏度（ng 级）、高扫速（4～20 次/s）和高的波数精度（0.01 cm^{-1}），从而使得毛细管气相色谱－傅里叶红外光谱的联用不仅成为可能，而且取得了成功。这种联用技术为复杂试样的分离及鉴定得以实现。而红外光谱仪成为色谱的“检测器”。这种“检测器”是非破坏性的，为色谱的馏分提供了分子结构信息。

GC－FTIR 联机检测的基本过程为：试样经气相色谱分离后各馏分按保留时间顺序进入接口，与此同时，经干涉仪调制的干涉光汇聚到接口，与各组分作用后产生的信号被汞镉碲（MCT）液氮低温光电检测器检测。计算机数据系统存储采集到的干涉图信息，经计算采集累加到傅里叶变换与其他一些相应数学处理而得到的信息主要有红外重组色谱图和蒸气相红外图。从红外图吸收峰的强度及出现的波数位置，可以推测组分的化学结构，也可从标准库（约一万张）中进行检索，判定组分结构。

二、GC－FTIR 接口

接口包括传输线和接口两部分。

1. 传输线是连接 GC 毛细管出口与 FTIR 接口之间的金属毛细管

为防止样品在管内凝聚吸附，传输线应保持比柱温稍高的温度。为减少色谱柱分离后的各组分出现扩散、混合，尽量采用细而短的管线。

2. 接口

目前商品化的接口有两种类型，光管接口与冷冻捕集接口。其中以光管接口目前应用最为广泛。

（1）光管接口。光管气体池简称光管。它是一个内径 1～3 mm、长 40 cm 左右的硬质玻璃管，内壁镀金反射层，管两头装上 KBr 窗片组成管状气体池，连接处用 vesper 材料密封。接近窗口处一端有气体引入口，另一端有引出口。红外光通过一端的 KBr 窗口射到光管内壁上，经多次反射后从另一端 KBr 窗口引出，经聚集汇聚到高灵敏度的 MCT（汞镉碲）半导体检测器上，取得色谱各馏分的红外光谱的信息。

为防止样品在光管中的吸附和凝集，传输线和光管需加热保温。一般温度高于柱子最高温度 10～30℃。为防止光管中 KBr 窗片吸潮引起透光率下降，应保持光管温度较高的同时，还应注意有较低的湿度。为防止因光管和传输线内径大于毛细管柱内径，可能造成压力、载气线速降低而引起分离度下降。可在毛细管柱出口添加尾吹气的方法。

（2）冷冻捕集接口。冷冻捕集接口又称低温收集器。其关键部分是直径 100 mm、厚 6 mm，由高导热系数的无氧铜并在表面镀金，其侧面抛成精密圆柱面的冷盘。此盘被置于 1.3×10^{-4} Pa 的真空室内。借助氦冷冻机将其保持在 12 K 左右，冷盘由步进电机带动匀速旋转，随着气相色谱－红外光谱运行。当以 98%He 和 2% Ar 为色谱载气携带馏分经传输线和喷嘴射向冷盘的反射面时，氩和样品组分被冻结在反射面上。氦气不冷凝。红外光束经反射、聚焦到冷盘反射面上，最后再聚焦到 MCT 红外检测器的接收面上。因此，当冷盘转旋 180°，即可被红外光谱仪测量而得到色谱图和组分的红外光谱。

三、应用

随着 GC—FTIR 联用技术的不断发展和完善，目前它已成为复杂有机混合物定性、定量的有效手段。在环境监测、医药、化工、食品、石油工业和生化领域都得到广泛应用。尤其适用于具有类似官能团特征的混合物的分析，对于研究反应历程有较高的理论意义和实用价值。

在环境污染物分析方面，GC-FTIR 联用测定石油化工废水中的挥发性有机物，以气相色谱分离，红外光谱仪定性，氢火焰离子化检测器（FID） 定量。为提高红外分析灵敏度，水样前处理采用高富集倍数的吹脱捕集技术，并使用大吹脱体积，两级捕集方式；色谱柱采用大口径石英毛细管柱，以减小分流，增加进样量。本方法成功地实现 GC - FTIR-FID 联机，使未知物定性、定量能够一次完成。

GC-FTIR 同样也可用于精细化工合成方面的研究工作。例如对羟基联苯液相催化加氢反应是制备对环己基苯酚的重要途径之一，但是由于选择性催化加氢反应是一个平行连串复杂反应，反应物的两个苯环加氢的难易程度不同，使得产物中含有多个异构体，用通常的分析方法难以对异构体进行区分鉴定。辛俊娜等人使用 GC-FTIR 联用分析手段，通过对苯环的对位和单取代位置的波数特征进行分析，可以鉴定出加氢反应的主产物是对环己基苯酚，副产物是由对环己基环己醇和对苯基环己醇的异构体组成。

第五节　高效液相色谱-质谱联用技术

对于热稳定性差或不易挥发的样品难以用气相色谱法分析，却易于用高效液相色谱分析。据统计，气相色谱能分析 15%～20%的有机物，而液相色谱能分析的有机物占总数的 85%。可见，液相色谱-质谱联用具有极大的分析潜力。

一、接口

气相色谱－质谱联用中，采用各种分离器以去除载气，而在液相色谱-质谱联用中，要去除的是溶剂等液体。而且这些液体流量大（约 1 ml/min），分子量大，它们对质谱的真空度和本底造成的影响不仅较气相色谱大，同时液相色谱测定的样品难以气化，在电离源内电离也较困难。所以联用接口设计难度较气相色谱-质谱联用的困难大。对液相色谱-质谱接口要满足以下要求：

（1）对高效液相色谱的性能不能降低且能发挥它的各种分离能力。

（2）对质谱不要限制它的各种操作，要保持质谱仪良好的真空度并减少样品的沾污，要发挥质谱检测的灵敏度和动态范围宽的优点。

（3）接口本身要求死体积小，有高的稳定性，对各类化合物有相同的传递率，不受溶剂和溶质的影响。

下面介绍一些主要的接口技术。

1．直接输入法

将来自色谱柱的液流用精密针形阀分流出 1%，以很小的流速（10～12 μl/min）经毛细管直接进入质谱仪的化学电离源。一般淋洗用的溶剂，如甲醇、氯仿、四氢呋喃、甲腈、水和烷烃均可作化学电离反应试剂。当过量的溶剂与试样分子直接进入化学电离源时，其中占优势的溶剂分子经电子轰击后产生离子，这些离子再与试样分子反应生成各种形式的试样离子。当溶剂为极性分子时，产生（M＋H）$^+$试样离子。非极性溶剂，则仅出现（M－H）$^+$试样离子。这种联用技术适用于正相、反相色谱及梯度淋洗等操作。这种方法不用分离溶剂，不需预先气化，有利于难气化的试样分析。但这种方法只利用色谱流出液的 1%，影响检测灵敏度的提高。

2．薄膜分离器

薄膜分离器由三级硅橡胶薄膜组成。色谱柱流出的液体先经过瞬时蒸发器（长 15 cm，内径 0.25 mm 的不锈钢毛细管）使之气化，然后通过不锈钢管与分离器连接。经过渗透膜后的蒸气通过接管与下级渗透膜中心相连。两层渗透膜之间不能透过的蒸气可被抽出。为了使在分离过程中样品和溶剂保持蒸气状态，整个分离器体系要保持一定温度。这种薄膜分离器还用于分离极性溶剂中的非极性试样，试样利用率高，但是试样必须先气化，工作温度一般不能高于 250℃，使用范围受到限制。

3．热喷雾接口

热喷雾接口设计中喷雾探针取代了直接进样杆的位置，流动相经过喷雾探针时被加热到低于流动相完全蒸发点 5～10℃的温度，体积膨胀后以超声速喷出探针，形成由微小的液滴、粒子和蒸气组成的雾状混合物。被分析物分子在此条件下可以生成一定份额的离子进入质谱系统以供检出。热喷雾接口的主要特点是可以适应较大的液相色谱流动相流速（约 1.0 ml/min），较强的加热蒸发作用可以适应于含水较多的流动相，得到比较广泛的应用。

4．电喷雾电离（ESI）接口

由 Fenn 等人研究、开发的电喷雾电离接口技术，是一项非常实用、高效的“软”离子化技术。具有离子化效率高，可选择多种离子化模式、稳定的多电荷离子产生，使蛋白质分子质量测定范围可高达几十万甚至上百万原子质量单位，以及使热不稳定化合物得以分析并产生高丰度的准分子离子峰。配套的电喷雾电离（ESI）接口主要由接口本身以及由气体加热、真空度指示和附加机械泵组成的控制单元。喷口一般由双层同心管组成，外层通入氮气作为喷雾气体，内层输送流动相及样品溶液。某些接口还增加了“套气”设计，目的是改善喷雾条件，提高离子化效率。离子化室和聚焦单元之间由一根内径为 0.5 mm、带惰性金属（金或铂）包头的玻璃毛细管连通。它的主要作用是为形成离子化室和聚焦单元的真空差，形成聚焦单元对离子化室的负压，传输由离子化室形成的离子进入聚焦单元并隔离加在毛细管入口处的 3～8 kV 的高电压。通过化学工作站切换高电压的极性，构成不同的离子化模式，适应不同的分析需要。离子聚焦由两个锥形分离器和静电透镜组成。可施加不同的调谐电压。

它的工作原理是这样的：当一定流速的溶液和流动相进入喷口后，经喷雾作用分散成直径为 1～3 μm 的细小液滴。在喷口和毛细管入口之间设置的几千伏特的电压作用下，表面电荷分布不均匀和受静电引力作用的液滴被破碎成为更细小的液滴。在加热的干燥氮气的作用下，液滴中的溶剂快速蒸发，当表面电荷增大至库仑排斥力大于表面张力时发生爆裂，产生带电的子液滴，子液滴中的溶剂继续蒸发并引起再次爆裂。如此循环往复直至液滴表面形成很强的电场，而将离子由液滴表面排入气相中，完成离子化过程。进入气相的离子在高电场和真空梯度的作用下进入玻璃毛细管，经聚焦后，送入质谱离子源进行质谱分析。

没有干燥气体装置的接口，液体流量必须限制在数μl/min，以保证足够的离子化效率。如接口有干燥气体装置，液体流量可大到数百μl/min，甚至 1 000 μl/min 以上。这样的流量可满足常规液相色谱柱良好分离的要求，实现与质谱的在线联机操作。

二、应用

液相色谱-质谱联用仪器，其分析结果的重现性和线性范围，可满足一般的定量分析要求。在药物、化工、临床医学、环境污染物监测等许多领域得到广泛应用。

第六节 液相色谱-傅里叶红外光谱联用

由于液相色谱可用于分离、分析沸点高、极性强、热稳定性差、大分子的化合物，尤其是生化活性物质。液相色谱-傅里叶红外光谱联用，就能使多种化合物的有效分离、定量分析和结构鉴定的目标得以实现。

（一）接口

LC－FTIR 的接口方法基本上分为流动池法和流动相去除法两类。

1．流动池接口

流动池接口有平板式透射流动池、柱式透射流动池和柱内流动池三种类型。

样品经液相分离后的馏分随流动相依次进入流动池，并被同步跟踪的 FTIR 对进入流动池的馏分进行红外光谱检测。经对流动相与待分析组分的叠加谱图作差谱处理。进而通过红外数据库进行计算机检索。就可得到鉴定结果。

流动池法具有接口装置简单、操作方便等优点。但难以彻底消除流动相的干扰，不适用于梯度淋洗技术和难以采用信号平均技术来提高红外谱图的信噪比等。

2．流动相去除接口

流动相去除接口是通过物理或化学方法将流动相去除，并将馏分依次凝聚在某种介质上后，再逐一检测各组分的红外谱图。流动相去除接口装置复杂，但能消除流动相的干扰，适用于梯度淋洗和进行离线红外检测时，可使用信号平均技术等。

（二）应用

液相色谱-红外光谱联用是一种具有广阔应用前景的技术。尤其是用其他测试技术难以分析的一些样品，更显出其优越性。现举例说明其在环境分析中的应用情况。

直链烷基苯磺酸盐（LAS）由于具有优良的去污功效因而得到广泛的使用。而这些表面活性剂进入到水体后会产生一系列的环境问题。因此尽管采用 HPLC 技术，通过改变流动相和利用不同的检测器可以很好地将这类化合物分离，但是对分离的组分不能提供任何的结果信息。单一的利用 FTIR 技术可以提供直链烷基苯磺酸盐的结构信息，但是由于灵敏度低和无法选择性的分析组分，FTIR 也不能很好地完成分析工作。Mottaleb 通过采用 HPLC–FTIR 联用技术很好地分析了含有 10 个碳到 13 个碳的 LAS，通过和标准样品相比较，检测阴离子型表面活性剂。István 等人采用 HPLC–FTIR 联用技术分离检测了多种氯氰菊酯农药。

第七节　色谱-ICP/MS 联用

ICP/MS 具有检出限低、分析速度快、动态范围宽、能同时分析多种元素和能进行同位素分析等优点。由于可在大气压下进样，便于与色谱联用。因此，色谱-ICP/MS 的联用已成为痕量和超痕量元素形态分析的强有力的工具。

一、ICP 电离源

在 ICP 放电过程中，绝大多数元素均成高度电离状态存在，而且大多数离子都以单电荷离子形式存在，其电离度超过 90%。另外，ICP 电离源在常压工作，要求样品以气体、蒸气或气溶胶的形式进入等离子体。因此，ICP 电离源是一个非常适宜与各种色谱联用的电离源。

二、气相色谱-ICP/MS 联用技术

由于由气相色谱柱流出的流出物为气体，这样气相色谱与 ICP/MS 间的接口，可以简单地使用一根短的传输管联接。但必须满足在传输过程中不会在传输管中产生冷凝，保证样品以气态的形式从 GC 传输到 ICP/MS 的等离子体矩管。

为避免样品的冷凝，接口分为两类：直接联接和通过喷雾室联接。直接联接是将传输管直接插入到等离子矩管内管的中心，而不通过 ICP/MS 原有的喷雾室。然后根据待测物的性质确定给传输管的加热温度。直接联接口的主要缺点是，由 GC 流出的流出物组分变化将会影响等离子体的稳定，使优化等离子体工作条件困难，常常因此而得不到连续的信号。另外，做常规 ICP/MS 和 GC-ICP/MS 分析时要拆卸和安装接口。采用通过喷雾室联接，适用于采用气溶胶载气，GC 的流出物需要在喷雾室与水溶液气溶胶混合，然

后再引入到等离子矩管中。

三、液相色谱-ICP/MS 联用技术

（一）接口

常规 ICP/MS 分析样品进样是液态，而液相色谱流动相的流速与 ICP/MS 进样的速度兼容，这就可以用雾化器作为 LC 与 ICP/MS 联用的接口。

1．气动雾化器

气动雾化器有同心型和交叉流型，在 LC-ICP/MS 联用中使用最多。通过提高传输效率，来提高灵敏度。但这也将使流动相中溶剂过多地进入等离子矩，使等离子体的反射功率提高，导致等离子体不稳定，甚至可能损坏高频发生器。为此可通过气溶胶进入等离子矩前的脱溶剂措施来消除。一般采用冷却雾室（cooled spray chamber）使溶剂冷却达到脱溶剂作用。也可采用膜干燥器和 Peltier 冷凝器来脱除溶剂。

2．低流速雾化器

这类雾化器可有效降低引入样品对等离子体稳定性的影响。这种雾化器有超声雾化器和直接进样雾化器两种类型。

（1）超声雾化器。这种雾化器的核心是压电传感器。当液体样品引入到传感器片后，在传感器表面形成一层薄膜，通过传感器的高频振动进行雾化。它既不受载气流速的影响，又能以很高效率获得雾滴颗粒小而分布均匀的高质量气溶胶。

（2）直接进样雾化器。雾化器直接装在矩管内，取消了雾化室。直接进样雾化器具有 100%的传输效率、死体积小、冲洗时间短、记忆效应小、提高了灵敏度和精度等优点。但价格昂贵。

（二）液相色谱条件的选择

除接口问题外，还有一个主要问题是由 LC 流动相的组成[包括有机改性剂（甲醇、乙腈等）、配位剂或离子对试剂]引起的等离子体不稳定甚至熄灭。流动相中高浓度盐也可能导致雾化器和采样锥堵塞。从改善等离子体稳定性来考虑，甲醇作为流动相的有机改性剂优于乙腈；洗脱时宜采用等度洗脱，不宜使用梯度洗脱。因为使用梯度洗脱将不断地改变进入等离子体的溶剂组成，导致等离子体的不稳定。在选择流动相中配位剂或离子对试剂的浓度时，既要考虑有利于分离，也要考虑有利于等离子体的稳定性。在优化流动相的组成时，要使其中盐的浓度尽可能低，以避免 ICP/MS 雾化器、采样锥和截取锥的堵塞。

四、色谱-ICP/MS 联用技术的应用

色谱-ICP/MS 联用技术主要应用于元素的形态分析。它主要利用色谱的高分离能力将不同形态的元素分开，然后利用 ICP/MS 具有的检测限低、分析速度快、动态范围宽、能同时分析多种元素、可进行同位素分析等优点，对试样中不同形态的元素进行分析。

例如，食品中无机砷的测定液相色谱-电感耦合等离子体质谱法，是我国的标准方法（GB/T 23372—2009）。

砷在生物地球化学循环过程中以及在生物体中发生甲基化等过程，其化学存在形态发生了一系列变化。目前，在环境和生物体中存在的砷化合物形态有 50 多种。不同形态的砷其环境毒理学性质相差迥异，砷总量的测定已经不能够充分反映砷化合物的环境健康效应。砷形态分析研究对砷的环境毒理学和生物地球化学循环研究具有重要的意义。

习题

1．什么是联用技术？
2．联用技术有哪些优点？
3．什么是接口？它在联用技术中有什么作用？
4．气相色谱和液相色谱分别和质谱联用时，它们的接口是否相同？为什么？
5．举例说明联用技术在环境分析与监测中的意义。

参考文献

[1] 蒲国刚，袁倬斌，吴守国. 电分析化学[M]. 合肥：中国科技大学出版社，1993.
[2] 达世禄. 色谱学导论[M]. 武汉：武汉大学出版社，1988.
[3] 吴禾樱，曾昭睿. 现代毛细管柱色谱法[M]. 武汉：武汉大学出版社，1990.
[4] 王敬尊，瞿慧生. 复杂样品的综合分析——剖析技术概论[M]. 北京：化学工业出版社，2000.
[5] 汪正范，杨树民，吴侔天，等. 色谱联用技术（第 2 版）[M]. 北京：化学工业出版社，2007.
[6] 张荣贤，孙桂芳，气相色谱-红外光谱联机测定石油化工废水中挥发性有机物[J]. 分析化学，2000，28（7）：9-15.
[7] 苏婷婷，王锐，宫红. GC/FTIR 联用技术及其在化学反应研究中的应用进展[J]. 现代仪器，2004，4：28-30.
[8] 辛俊娜，徐强，张华，等. 气相-红外光谱联用技术鉴定对羟基联苯加氢产物的异构体[J]. 光谱学与光谱分析，2008，28（4）：784-787.

附录一

常用名词的中英文对照

第一部分　光学分析法

英文	中文
Absorbance	吸光度
Absorption cell	吸收池
Absorption effect	吸收效应
Absorption limit	吸收限
Additive nature of absorbance	吸光度加和性
Accuracy	准确度
Alternating current arc	交流电弧
Amplifier	放大器
Analytical line	分析线
Ashing curve	灰化曲线
Ashing temperature	灰化温度
Atomic absorption spectrophotometer	原子吸收分光光度计
Atomic absorption spectrometry (AAS)	原子吸收光谱法
Atomic emission spectrometry (AES)	原子发射光谱法
Atomic fluorescence spectrometry (AFS)	原子荧光光谱法
Atomic spectrum line	原子光谱线
Atomization	原子化
Blackness	黑度
Blazed grating	闪耀光栅
Burner	燃烧器
Calibration curve method	校准曲线法
Carrier gas	载气
Characteristic concentration	特征浓度
Characteristic line	特征谱线
Characteristic quantity	特征量
Charge-coupled device (CCD)	电荷耦合器件
Charge injection device (CID)	电荷注入器件
Chemical shift	化学位移
Coherence pathway	相干路径
Colorimetrical cylinder	比色管
Color developing agent	显色剂
Combination tune	组合频

英文	中文
Confidence degree	置信度
Conjugation effect	共轭效应
Continuous spectrum	连续光谱
Coupling constant	耦合常数
Cross-polarization (CP)	交叉极化
Deshielding	去屏蔽
Detection limit	检出限
Detector	检测器
Deuterium lamp	氘灯
Differential spectrophotometry	示差分光光度法
Diffraction	衍射
Direct current arc	直流电弧
Dispersion	色散率
Dry	干燥
Dual wavelength spectrophotometry	双波长分光光度法
Duty cycle	占空比
Echelle grating	中阶梯光栅
Electrical signal	电信号
Electromagnetic radiation	电磁辐射
Electromagnetic spectrum	电磁波谱
Electromagnetic wave	电磁波
Electron spin resonance spectrometry	电子自旋共振波谱法
Energy dispersion	能量色散
Excitation potential	激发电位
Excitation source	激发源
Excited state	激发态
Fermi resonance	费米共振
Filter	过滤器
Flame atomizer	火焰原子化器
Flame photometry	火焰光度法
Fluorescence quenching	荧光猝灭
Fourier transform infrared spectrometry（FT-IR）	傅里叶变换红外光谱法
Free Induction Decay (FID)	自由感应衰减
Frequency	频率
Frequency domain	频域
Frequency doubling	倍频
Fundamental frequency	基频
Graphite furnace atomizer	石墨炉原子化器
Grating	光栅
Grating spectrograph	光栅摄谱仪
Grating spectrometer	光栅光谱仪

英文	中文
Ground state	基态
Ground state atom	基态原子
Group frequency	基团频率
Gyromagnetic ratio	磁旋比
Hollow-cathode lamp	空心阴极灯
Hydrogen lamp	氢灯
Inductive coupled frequency plasma (ICP)	电感耦合等离子体
Inductively coupled plasma mass spectrometry (ICP-MS)	电感耦合等离子体质谱仪
Infrared active	红外活性
Infrared nonactive	红外非活性
Infrared spectrometry（IR）	红外光谱法
Interference	干涉
Internal standard method	内标法
Ionization potential	电离电位
Ion-pair	离子对
Isoabsorptive point	等吸收点
J-resolved spectroscopy (JRES)	J-分解谱
Lambert-Beer law	朗伯-比尔定律
Lambert-Bouguer's law	朗伯-波格定律
Larmor frequency	拉摩尔频率
Laser Raman spectrometry	激光拉曼光谱法
Light quantum	光量子
Light source	光源
Line broadening	谱线增宽
Line profile	谱线轮廓
Longitudinal (spin-lattice) relaxation time (T_1)	纵向（自旋-晶格）弛豫时间
Magic-angle Spinning	魔角自旋
Magnetic nuclear	磁性核
Magnetisation	磁化强度
Magnetogyric ratio	磁旋比
Mass absorption confficients	质量吸收系数
Matrix effect	基体效应
Microphotometer	测微光度计
Microwave (MW)	微波
Mol absorptivity	摩尔吸光系数
Molecular absorption spectrometry	分子吸收光谱法
Molecular fluorescence spectrometry (MFS)	分子荧光光谱法
Molecular phosphorescence spectrometry (MPS)	分子磷光光谱法
Molecular rotation spectrum	分子转动光谱
Molecular vibration spectrum	分子振动光谱
Mole-Ratio method	摩尔比法

英文	中文
Nebulizer	雾化器
Nuclear magnetic moment	核磁矩
Nuclear magnetic resonance spectrometry (NMR)	核磁共振波谱法
Nuclear Overhauser Effect (NOE)	核磁欧氏效应
Nuclear Overhauser Effect Spectroscopy (NOESY)	二维 NOE 谱
Nuclear-spin quantum number	核自旋量子数
Optical Analysis Method	光学分析法
Photoelectric effect	光电效应
Photoelectric spectrometer	光电光谱仪
Photomultiplier tube（PMT）	光电倍增管
Plasma gas	等离子气
Polarization effect	偏振效应
Precision	精密度
Prism	棱镜
Proportional counter	正比计数器
Pulse duration	脉冲宽度
Pulse height	脉冲高度
Pulse height analyzer（PHA）	脉冲高度分析器
Pulse intensity	脉冲强度
Puncture voltage	击穿电压
Qualitative spectrometric analysis	光谱定性分析
Quantitative spectrometric analysis	光谱定量分析
Quantum efficiency	量子效率
Quantum transition	跃迁
Recovery	回收率
Reflection grating	反射光栅
Refraction effect	折射效应
Relaxation	弛豫
Resolution	分辨率
Resonance line	共振线
Resonoscope fluorescence	共振荧光
Resonoscope quantum transition	共振跃迁
Relative standard deviation（RSD）	相对标准偏差
Sampler	采样器
Scattering effect	散射效应
Scintillation detector	闪烁探测器
Self maintaining discharge	自持放电
Self-absorption	自吸
Self-reversal	自蚀
Semiconductor detector	半导体探测器
Sensitivity	灵敏度

英文	中文
Shielding effect	屏蔽效应
Short-wave length limit	短波限
Signal-to-noise Ratio (S/N)	信噪比
Source of radiation	辐射源
Spectral analysis	光谱分析法
Spectral bandwidth	光谱通带
Spectral range	光谱范围
Spectrogram	光谱图
Spectrometer	光谱仪
Spectrophotometry	分光光度法
Spectroscopic crystal	分光晶体
Spectroscopy system	分光系统
Spectrum	光谱
Spectrum buffer agent	光谱缓冲剂
Spectrum projector	光谱投影仪(映谱仪)
Spin	自旋
Spin motion	自旋运动
Spin-lock	自旋锁
Spin-spin coupling	自旋耦合
Spin-spin splitting	自旋裂分
Spread speed	传播速度
Standard addition method	标准加入法
Standard deviation	标准偏差
Standard solution	标准溶液
Subsection charge-coupled device (SCD)	分段式电荷耦合器件
Total suspended particulate (TSP)	总悬浮颗粒物
Transmittance	透光率
Transmittance grating	透射光栅
Transverse (spin-spin) relaxation time (T_2)	横向（自旋-自旋）弛豫时间
Ultraviolet-visible absorption spectrometry (UV-VIS)	紫外-可见吸收光谱法
Vibration coupling	振动的耦合
Volatility	波动性
Vortex flow	涡流
Wavelength dispersion	波长色散
Wave number	波数
Wavelength	波长
Wave-particle duality	波粒二象性
Xenon lamp	氙灯
X-ray fluorescence spectrometry（XRF）	X 射线荧光光谱法

第二部分　电化学分析法

英文	中文
Activity	活度
Activity coefficient	活度系数
Adsorption current	吸附电流
Adsorption wave	吸附波
Alternating-current polarography	交流极谱法
Amperometric titration	电流滴定法
Anodic current	阳极电流
Anodic stripping voltammetry	阳极溶出伏安法
Calomel electrode	甘汞电极
Catalytic wave	催化波
Cathodic current	阴极电流
Cathodic stripping voltammetry	阴极溶出伏安法
Concentration polarization	浓差极化
Conductometric titration	电导滴定法
Constant current electrolysis	恒电流电解法
Coulometric titration	库仑滴定法
Current efficiency	电流效率
Dead-stop end point	永停终点法
Decomposition voltage	分解电压
Depolarized electrode	去极化电极
Depolarizer	去极化剂
Differential pulse polarography	微分脉冲极谱法
Diffusion current	扩散电流
Dropping mercury electrode	滴汞电极
Electrolytic cell	电解池
Electric conductivity	电导率
Electrocapillary curve	电毛细管曲线
Electrogravimetry	电质量法
Electrolysis	电解
Faradaic current	法拉第电流
Glass electrode	玻璃电极
Glassy carbon electrode	玻碳电极
Half-wave potential	半波电位
High frequency conductometric titration	高频电导滴定法
Hydrogen electrode	氢电极
Ilkovič equation	尤考维奇方程式

英文	中文
Indicating electrode	指示电极
Internal electrogravimetry	内电解法
Ionic strength	离子强度
Ions elective electrode	离子选择性电极
Irreversible wave	不可逆波
Isoelectric point	等电点
Kinetic current	动力电流
Limiting current	极限电流
Liquid junction potential	液接电位
Maxima suppressor	极大抑制剂
Mercury film electrode	汞膜电极
Membrane potential	膜电位
Migration current	迁移电流
Mobility	迁移率
Nernst equation	能斯特方程
Normal pulse polarography	常规脉冲极谱法
Oscillopolarographic titration	示波极谱滴定法
Over voltage	过电压
Oxidation-reduction potential	氧化还原电位
Peak current	峰电流
Peak potential	峰电位
Platinum electrode	铂电极
Polarographic wave	极谱波
Polarized electrode	极化电极
Polarographic maxima	极谱极大
Polarography	极谱法
Potentiometric titration	电位滴定法
Pulse polarography	脉冲极谱法
Reference electrode	参比电极
Residual current	残余电流
Reversible wave	可逆波
Salt bridge	盐桥
Silver electrode	银电极
Spectroelectrochemistry	光谱电化学
Square wave polarography	方波极谱法
Standard hydrogen electrode	标准氢电极
Standard potential	标准电位
Supporting electrolyte	支持电解质
Ultra-micro electrode	超微电极
Voltammetry	伏安法

第三部分　色谱分析法

英文	中文
Adsorption chromatography	吸附色谱法
Adsorption column	吸附柱
Affinity chromatography	亲和色谱法
Array Detection (AD)	阵列检测器
Atmosphere Pressure Chemical Ionization (APCI)	大气压化学电离
Atmosphere Pressure Ionization (API)	大气压电离
Auxiliary gas	辅助气体
Base peak	基峰
Boundary electrophoresis	界面电泳
Capillary column	毛细管柱
Capillary zone electrophoresis (CZE)	毛细管区带电泳
Carrier gas	载气
Chemical Ionization (CI)	化学电离
Chemically bonded phase	化学键合相
Chiral stationary phase	手性固定相
Chromatography	色谱法
Chromatography peak	色谱峰
Daughter ion	子离子
Differential refractive index detector	示差折光率检测器
Double-focusing mass spectrometer	双聚焦质谱仪
Eddy diffusion	涡流扩散
Electrochemical detector	电化学检测器
Electron capture detector (ECD)	电子捕获检测器
Electron Impact (EI)	电子轰击
Electrophoresis	电泳
Electrospray Ionization	电喷雾
Fast Atom Bombardment (FAB)	快原子轰击
Field Desorption (FD)	场解析
Field Ionization (FI)	场电离
Fingerprint chromatogram	指纹色谱图
Flame ionization detector (FID)	火焰离子化检测器
Flame photometric detector (FPD)	火焰光度检测器
Fourier Transform – Ion Cyclotron Resonance	傅里叶变换离子回旋共振
Fourier transform mass spectrometer	傅里叶变换质谱仪
Gas chromatograph-Fourier transform infrared spectrometer (GC-FTIR)	气相色谱-傅里叶红外光谱联用仪
Gas chromatograph-mass spectrometer (GC-MS)	气相色谱-质谱联用仪
Gas chromatography (GC)	气相色谱法

英文	中文
Gel electrophoresis	凝胶电泳
Ghost peak	假峰
Golay equation	戈雷方程式
High performance liquid chormatography (HPLC)	高效液相色谱法
High voltage electrophoresis	高压电泳
Internal standard	内标物质
Ion beam	离子束
Ion chromatography (IC)	离子色谱法
Ion exchange	离子交换剂
Ion Trap	离子阱
Ionization energy	电离能
Isotopic abundance	同位素丰度
Liquid chromatography-mass spectrometer (LC-MS)	液相色谱-质谱联用仪
Liquid solid chormatography (LSC)	液固色谱法
Longitudinal diffusion	纵向扩散
Marker	标记物
Mass charge rat (m/z)	质荷比
Mass Spectrometer – Mass Spectrometer (tandem MS) (MS-MS)	质谱-质谱（多级质谱）联用
Mass spectrum (MS)	质谱
Micellar electrokinetic capillary chromatograph	毛细管胶束电动色谱法
Molecular ion peak	分子离子峰
Normalized intensity	归一化强度
Packed column	填充柱
Paper chromatography	纸色谱法
Parent ion	母离子
Partition chromatography	分配色谱法
Partition column	分配柱
Pyrolyzer	裂解器
Quadrupole mass spectrometer (QMS)	四极质谱仪
Reversed phase liquid chromatography (RPLC)	反相液相色谱法
Silylanization	硅烷化
Size exclusion chromatography (SEC)	体积排除色谱法
Supercritical fluid chromatography	超临界流体色谱法
Thermal conductivity detector (TCD)	热导池检测器
Thermospray Ionization (TSI)	热喷雾电离
Thin layer chromatography (TLC)	薄层色谱法
Time-of-flight mass spectrometer (TOF-MS)	飞行时间质谱仪
Total ion current (TIC)	总离子流
Ultraviolet-visible detector	紫外-可见光检测器
Van Deemter equation	范弟姆特方程式
Zone electrophoresis	区带电泳

附录二

部分物理常数

名称	符号	数值
阿伏加德罗常数	N_A	6.023×10^{23} mol^{-1}
玻耳兹曼常量	k	$1.380\ 658\times10^{-23}$ J·K^{-1}
普朗克常量	h	6.626×10^{-34} J·s
光在真空中的速度	c	2.998×10^{8} m·s^{-1}
元电荷	e	1.602×10^{-19} C
电子[静]质量	m_e	9.11×10^{-31} kg
质子[静]质量	m_p	1.67×10^{-27} kg
中子[静]质量	m_n	1.67×10^{-27} kg
摩尔气体常数	R	8.31 J·mol^{-1}·K^{-1}
法拉第常数	F	9.65×10^{4} C·mol^{-1}
理想气体的摩尔体积 （273.15 K 和 101.325 kPa）	V_m	2.24×10^{-2}m^{3}·mol^{-1}

附录三

元素的第一电离势

元　素	电离势/eV	元　素	电离势/eV
Ar	15.755	Ir	9
Ac	6.9	K	4.339
Ag	7.574	Kr	13.996
Al	5.984	La	5.61
As	9.81	Li	5.39
At	9.5	Mg	7.644
Au	9.22	Mn	7.432
B	8.296	Mo	7.10
Ba	5.21	N	14.53
Be	9.32	Na	5.138
Bi	7.287	Nb	6.88
Br	11.84	Nd	5.51
C	11.256	Ne	21.559
Ca	6.111	Ni	7.633
Cd	8.991	O	13.614
Ce	5.6	Os	8.5
Cl	13.01	P	10.484
Co	7.86	Pb	7.415
Cr	6.764	Pd	8.33
Cs	3.893	Po	8.43
Cu	7.724	Pr	5.46
Dy	6.8	Pt	9.0
Er	6.08	Pu	5.1
Eu	5.67	Ra	5.277
F	17.418	Pb	4.176
Fe	7.87	Re	7.87
Fr	4.0	Rh	7.46
Ga	6.0	Rn	10.746
Ge	7.88	Ru	7.364
H	13.595	S	17.357
He	24.481	Sb	8.639
Hf	7	Sc	6.54
Hg	10.43	Se	9.75
I	10.454	Si	8.149
In	5.785	Sm	5.6
Sn	7.342	Tm	5.81
Sr	5.692	U	6.08
Ta	7.88	V	6.74
Tb	5.98	W	7.98
Tc	7.28	Xe	12.127
Te	9.01	Y	6.38
Th	6.95	Yb	6.2
Ti	6.82	Zn	9.391
Tl	6.106	Zr	6.84

附录四

几种原子光谱分析法检出限的比较

元素	火焰原子吸收光谱法 D.L./ (μg·ml^{-1})	石墨炉原子吸收光谱法 D.L./ pg	原子荧光光谱法 D.L./ (μg·ml^{-1})	电感耦合等离子体发射光谱法 D.L./ (μg·ml^{-1})
Ag	0.001	0.1	0.000 01	0.004
Al	0.03	1	0.000 6	0.000 2
As	0.03	8	≤0.000 01	0.02
Au	0.02	1	0.003	0.04
B	2.5	200	—	0.005
Ba	0.02	6	0.008	0.000 01
Bi	0.05	4	0.003	0.05
Ca	0.001	0.4	0.000 08	0.000 02
Cd	0.001	0.08	0.000 001	0.001
Co	0.002	2	0.005	0.002
Cr	0.002	2	0.001	0.000 3
Cu	0.001	0.6	0.000 5	0.000 1
Fe	0.004	10	0.008	0.000 3
K	0.003	40	—	0.1
Li	0.001	3	—	0.000 3
Mg	0.000 1	0.04	0.000 1	0.000 05
Mn	0.000 8	0.2	0.000 4	0.000 06
Mo	0.03	3	0.012	0.000 2
Na	0.000 8	—	0.000 1	0.000 2
Ni	0.005	9	0.002	0.000 4
P	21	3	—	0.04
Pb	0.01	2	≤0.000 01	0.002
Sb	0.03	5	≤0.000 01	0.2
Sc	0.1	60	—	0.003
Se	0.1	9	≤0.000 01	0.03
Si	0.1	—	0.6	0.01
Sn	0.05	2	≤0.000 01	0.03
Ti	0.09	40	0.002	0.000 2
U	20.0	—	—	0.03
V	0.02	3	0.03	0.000 2
W	3.0	—	—	0.001
Y	0.3	—	—	0.000 06
Yb	0.02	—	—	0.000 04
Zn	0.001	0.7	≤0.001	0.002
Zr	4.0	300	—	0.000 4

附录五

元素标准溶液的配制

待测元素	基准物质	标准溶液的配制方法
Ag	$AgNO_3$	将 1.575 0 g 已在 110℃干燥过的硝酸银溶解于硝酸（0.1 mol/L）中，用硝酸（0.1 mol/L）准确地稀释至 1 L
Al	金属铝	将 1.000 0 g 高纯金属铝加热溶解于 100 ml 盐酸（1∶1）中，冷却后用水稀释至 1 L。盐酸浓度约为 1 mol/L
As	As_2O_2	将 1.320 0 g 三氧化二砷溶解于尽量少的氢氧化钠溶液（1 mol/L）中，用水稀释，用盐酸调节溶液至弱酸性，然后用水准确地稀释至 1 L
Au	金属金	将 0.100 0 g 高纯金溶解于数毫升王水中，在水浴中蒸干后，加入 1 ml 盐酸，蒸干，用盐酸和水溶解，再用水准确地稀释至 100 ml 中，盐酸浓度约为 1 mol/L
Ba	$BaCO_3$	将 1.524 0 g 碳酸钡溶解于盐酸中，赶走二氧化碳后用水准确地稀释至 1 L，盐酸浓度约为 1 mol/L
Be	金属铍	将 0.100 0 g 高纯金属铍加热溶解于盐酸（1:1）中，冷却后用水准确地稀释至 100 ml，盐酸浓度约为 1 mol/L
Bi	金属铋	将 1.000 0 g 高纯金属铋溶解于硝酸中，用水准确地稀释至 1 L，硝酸浓度约为 1 mol/L
Ca	$CaCO_3$	将 2.500 0 g 已在 110℃干燥过的碳酸钙溶解于盐酸中，赶走二氧化碳后，用水准确地稀释至 1 L。盐酸浓度约为 1 mol/L
Cd	金属镉	将 1.000 0 g 高纯金属镉溶解于少量硝酸中，在水浴中蒸干，加入 5 ml 盐酸，再蒸干。加入盐酸和水溶解，用水准确地稀释至 1 L。盐酸浓度约为 1 mol/L
Co	金属钴	将 1.000 0 g 高纯金属钴溶解于少量硝酸中，在水浴上蒸干，加入 5 ml 盐酸，再蒸干。加盐酸和水溶解，用水准确地稀释 1 L。盐酸浓度约为 1 mol/L
Cr	$K_2Cr_2O_7$	将 2.833 0 g 已在 120℃干燥过的重铬酸钾溶解于水中，用水准确地稀释至 1 L
	金属铬	将 1.000 0 g 纯金属铬溶解于盐酸中，用水准确地稀释至 1 L
Cs	CsCl	将 0.126 7 g 氯化铯溶解于水中，用水准确地稀释至 100 ml
Cu	金属铜	将 1.000 0 g 高纯金属铜溶解于少量硝酸中，在水浴中蒸干，加入 5 ml 盐酸，再蒸干。加盐酸和水溶解，用水准确地稀释至 1L。盐酸浓度约为 1 mol/L
Fe	金属铁	将 1.000 0 g 高纯金属铁溶解于 30 ml 盐酸中，加数毫升硝酸氧化后，用水准确地稀释至 1 L。盐酸浓度约为 0.1 mol/L
Hg	$HgCl_2$	将 1.354 0 g 二氯化汞溶解于水中，用水准确地稀释至 1 L
In	金属铟	将 0.100 0 g 高纯金属铟溶解于 5 ml 硝酸中，煮沸，赶走氮的氧化物后，用水准确地稀释至 100 ml
K	KCl	将 1.907 0 g 氯化钾溶解于水中，用水准确地稀释至 1 L
Li	LiCl	将 0.611 0 g 氯化锂溶解于水中，用水准确稀释至 100 ml
Mg	金属镁	将 1.000 0 g 高纯金属镁溶解于少量盐酸（6 mol/L）中，用水准确地稀释至 1 L
Mn	金属锰	将 1.000 0 g 高纯金属锰溶解于少量硝酸中，在水浴上蒸干后，加入 5 ml 盐酸，再蒸干，加数滴盐酸和水溶解，用水准确地稀释至 1 L
Mo	MoO_3	将 1.500 0 g 精制的氧化钼（MoO_3）溶解于少量的氢氧化钠溶液或氨水中，用水准确地稀释至 1L
Na	NaCl	将 2.545 0 g 氯化钠溶解于水中，用水准确地稀释至 1 L

待测元素	基准物质	标准溶液的配制方法
Nb	金属铌	将 0.100 0 g 高纯金属铌溶解于加有数滴硝酸的氢氟酸中，蒸干后，溶解于 10 ml 氢氟酸（40%）中，用水准确地稀释至 100 ml。配制铌的硫酸溶液时，取一定量的铌标准溶液，加入硫酸，加热，至三氧化硫白烟冒尽，用水稀释至一定体积
Ni	金属镍	将 1.000 0 g 高纯金属镍溶解于少量硝酸中，在水浴上蒸干后，加入 5 ml 盐酸，再蒸干，加盐酸和水溶解，用水准确地稀释至 1 L。盐酸浓度约为 0.1 mol/L
Pb	金属铅	将 1.000 0 g 高纯金属铅溶解于少量硝酸（6 mol/L）中，用水准确地稀释至 1 L
Pd	金属钯	将 0.100 0 g 高纯金属钯溶解于王水中，在水浴上蒸干后，加入盐酸，再蒸干。加盐酸和水溶解，用水准确地稀释 100 ml。盐酸浓度约为 1 mol/L
Sb	$K[Sb(C_4H_2O_5)(OH)_2]$	将 1.334 3 g 干燥的酒石酸锑钾 $K[Sb(C_4H_2O_5)(OH)_2]$溶解于水，用水准确地稀释至 500 ml
	金属锑	将 1.000 0 g 金属锑溶解于盐酸和过氧化氢中，用水准确地稀释至 1 L
Se	SeO_2	将 1.405 0 g 升华精制的二氧化硒溶解于水中，用水准确地稀释 1 L
Si	SiO_2	将 0.214 0 g 无水二氧化硅置于铂金坩埚中，用 2 g 碳酸钠熔融，用水溶解后，准确地稀释至 100 ml
Sn	金属锡	将 1.000 0 g 高纯金属锡加热溶解于适量盐酸（6 mol/L）中，用盐酸（6 mol/L）准确地稀释至 1 L
Sr	$SrCO_3$	将 1.685 0 g 碳酸锶溶解于盐酸中，赶走二氧化碳后，用水准确地稀释至 1 L。盐酸浓度约为 1 mol/L
Ta	金属钽	将 0.100 0 g 高纯金属钽溶解于加有数滴硝酸的氢氟酸中，蒸干后溶解于 10 ml 氢氟酸（40%）中，用水准确地稀释至 100 ml。配制钽的硫酸溶液时，取一定量的钽标准溶液，加入硫酸，加热至三氧化硫白烟冒尽，用水稀释至一定体积
Te	金属碲	将 1.000 0 g 金属碲溶解于王水中，蒸干后，加入 5 ml 盐酸，再蒸干，加酸和水溶解，用水准确地稀释至 1 L。盐酸浓度约为 6 mol/L
Ti	金属钛	将 0.100 0 g 金属钛溶解于氢氟酸中，蒸干后溶解于 10 ml 氢氟酸（40%）中，用水准确地稀释至 100 ml。配制钛的硫酸溶液时，取一定量的钛标准溶液，加入硫酸，加热至三氧化硫白烟冒尽。用水稀释至一定体积。硫酸浓度约为 0.5 mol/L
V	NH_4VO_3	将 2.300 0 g 偏钒酸铵溶解于 100 ml 硫酸（4.5 mol/L）中，用水准确地稀释至 1 L
Zn	金属锌	将 1.000 0 g 金属锌溶解于稍过量的盐酸中，用水准确地稀释至 1 L。盐酸浓度约为 1 mol/L
Zr	金属锆	将 0.100 0 g 金属锆溶解于氢氟酸中，蒸干后溶解于 10 ml 氢氟酸（40%）中，用水准确地稀释至 100 ml。配制锆的硫酸溶液时，取一定量的锆标准溶液，加入硫酸，加热至三氧化硫白烟冒尽，用水稀释至一定体积。硫酸浓度约为 0.25 mol/L
	$ZrOCl_2 \cdot 8H_2O$	将 3.531 0 g 氯氧化锆 $ZrOCl_2 \cdot 8H_2O$ 溶解于盐酸（4 mol/L）中，用盐酸（4 mol/L）准确地稀释至 1 L

注：标准溶液质量浓度为 1 $mg \cdot ml^{-1}$，将其适当稀释可制成测定用的标准溶液。